U0270957

变频器应用与维修
实例精解

高安邦　胡乃文　主编　　刘献礼　主审

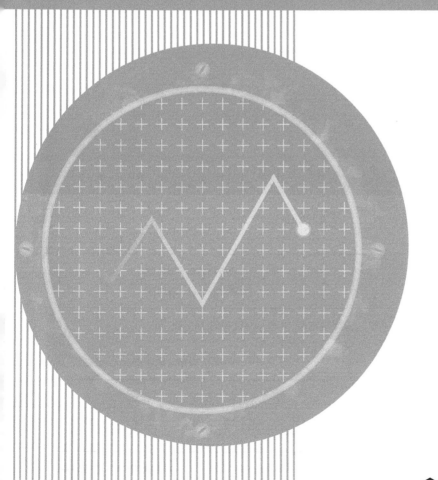

化学工业出版社
· 北京 ·

本书采用实例精解的形式介绍了常用变频器的应用及维修相关知识。全书共分6章：第一章介绍变频器技术基础，重点介绍变频器的原理及开发应用所必需的硬/软件资源，这些都是学习变频器技术的理论根基和必备条件；第二章介绍典型变频器的基本操作应用，这是开发变频器应用系统的基础；第三～五章分门别类地介绍了变频器在节能、机床、装卸与搬运以及生产自动化等各领域的应用案例；第六章介绍变频器的运行及维修技术。本书在介绍变频器的原理和应用方法的基础上，以应用实例为样板，使读者学会变频器的基本应用；然后举一反三，真正设计出适合实际工程应用的变频器项目。

本书内容实用、图文并茂、实例选取典型、阐述清晰透彻。本书既可作为变频器应用技术人员的指导书，也可作为大中专院校相关专业的参考书。

图书在版编目（CIP）数据

变频器应用与维修实例精解/高安邦，胡乃文主编. —北京：化学工业出版社，2019.11（2021.9重印）
ISBN 978-7-122-34928-6

Ⅰ.①变… Ⅱ.①高…②胡… Ⅲ.①变频器-基本知识 Ⅳ.①TN773

中国版本图书馆CIP数据核字（2019）第153280号

责任编辑：要利娜　李军亮　　　　　　　　　　文字编辑：孙凤英
责任校对：宋　夏　　　　　　　　　　　　　　装帧设计：刘丽华

出版发行：化学工业出版社（北京市东城区青年湖南街13号　邮政编码100011）
印　　装：北京捷迅佳彩印刷有限公司
787mm×1092mm　1/16　印张39½　字数1066千字　2021年9月北京第1版第3次印刷

购书咨询：010-64518888　　　　　　　　　　售后服务：010-64518899
网　　址：http://www.cip.com.cn
凡购买本书，如有缺损质量问题，本社销售中心负责调换。

定　　价：138.00元

本书编写人员

主　　编：高安邦　　胡乃文

副主编：吴开宇　　崔　冰

参　　编：马　欣　　罗泽艳

主　　审：刘献礼

序

    ▶▶▶

电气自动化技术是多种学科的交叉综合，特别是在电力电子、微电子及计算机技术迅速发展的今天，电气自动化技术更加日新月异。

交流变频调速技术是电气自动化技术极重要的发展方向，随着现代控制理论在交流变频调速系统中的应用，作为交流变频调速系统核心技术的变频器的性能也得到了飞跃性的提高。通用变频器传动已成为实现工业电气自动化的主要手段之一，在各种生产机械中，如风机、水泵、生产线、机床、纺织机械、塑料机械、造纸机械、食品机械、石化设备、工程机械、矿山机械、钢铁机械等，都有着广泛的应用，可以提高自动化水平、提高机械性能、提高生产效率、提高产品质量等。

目前市场上的通用变频器产品品牌、种类越来越多，不同公司的产品各有特点，使用起来差异较大，尤其是在应用选型方面，面对众多的品牌和功能参数往往难以轻易下定论，在售后服务和维修方面也有许多不便和困难。如果不能做到胸有成竹，不预先弄清楚它的技术要点，就匆匆下手，就难免造成不必要的损失。现代交流变频调速的关键核心和难点技术是变频器，然而如何以最快的速度、最有效的方法、在最短的时间内学会和掌握变频器的应用技术，这是广大变频器用户最亟待解决的问题。解决这些问题的重要手段之一就是在源头上多下功夫。比如，编写一些高质量的实用科技图书，以"授人以渔"的方法，帮助读者真正掌握变频器产品的基础知识和各种实用开发技术，解决在实际工程项目开发过程中所遇到的各种困扰，从而更快、更好地完成各种实用项目的开发和设计。

本书以最具有代表性的新一代通用变频器为样机，在编者多年从事教学与科研工作的基础上，借鉴相关领域专家学者的研究成果，从工程应用的角度出发，以大量应用实例的形式，系统、全面地介绍了常用变频器实际应用的全过程，给读者展现出一个个完美的、实用的变频器应用单元或系统，使读者不仅知其然，而且知其所以然。

本书以图文相结合的形式表达，语言通畅、叙述清楚、讲解细致、通俗易懂。书中内容以实例为引导，由浅入深，由简到繁，循序渐进，可以满足不同要求、不同层次的读者需要。它能给初学者提供示范和样板，并达到举一反三的学习效果。为了满足广大工程技术人员对变频器应用系统设计的需要，便于读者全面、系统、深入地掌握变频器的最新应用技术，本书以变频器的工程应用为目的，在广泛吸收国内外先进标准、先进设计思想的基础上，全面系统地介绍了变频器在节能、机床、装卸与搬运以及生产自动化等方面的最新应用技术，突出了先进性、综合性、实用性，对各类电气设计人员都具有普遍实用的示范、指导、启迪和参考价值。本书以翔实的编程实例介绍了变频器的应用，真正达到了理论与实践的有机结合。不仅便于教学，而且便于自学。概言之，本书内容具有下列特点：

① 引入学科交叉内容，介绍一些新思想、新方法和新技术；

② 较系统地论述了通用变频器的应用技术，尤其是通用变频器网络通信技术及现场总线技术的基础知识，符合现代工业自动化技术发展的需求；

③ 着重从工程实际应用出发，突出理论联系实际，因而具有很强的工程性、实用性。

我们期待这本新书的出版对提高变频器技术人员的应用能力和水平会有很大的帮助。

刘献礼教授

哈尔滨理工大学机械动力工程学院院长

邵俊鹏教授

哈尔滨理工大学机械动力工程学院

前言

▶▶▶

变频器是应用变频技术与微电子技术，通过改变电动机工作电源频率方式来控制交流电动机的电力控制设备。变频器主要由整流（交流变直流）、滤波、逆变（直流变交流）、制动单元、驱动单元、检测单元微处理单元等组成。变频器靠内部IGBT的闭合与断开来调整输出电源的电压和频率，根据电动机的实际需要提供电源电压，进而达到节能、调速的目的。另外，变频器还有很多的保护功能，如过流、过压、过载保护等。随着工业自动化程度的不断提高，变频器也得到了非常广泛的应用。目前我国已成为通用变频器应用大国，应用水准与发达国家也已相差无几，在工业自动化技术应用方面取得可喜的成绩，并给我国的工业自动化事业带来了深刻的变革，产生了巨大的社会和经济效益，其中有的技术已接近或达到世界先进水平。

虽然变频器的应用范围很广，但对于许多工程技术人员来说，变频器技术尚属于一门较新的技术，因此，需要通过一本较为通俗易懂、能"授人以渔"的实用好书去学变频器的应用技术。本书正是为了这个目的而编写的。

本书是编者多年来从事教学研究和科研开发实践经验的概括和总结。参加本书编写工作的有哈尔滨理工大学高安邦教授（本书选题事宜、制订编写大纲、统筹安排编写工作等）、哈尔滨理工大学胡乃文高级工程师（第一～三章）、哈尔滨理工大学吴开宇副教授（第四章）、保定电力职业技术学院崔冰讲师/硕士（第五章）、哈尔滨信息工程学院马欣讲师/硕士和哈尔滨锅炉华崴集团技术部罗泽艳工程师（合编第六章）。全书由高安邦教授主持编写并负责统稿，聘请了哈尔滨理工大学机械动力工程学院院长刘献礼教授担当主审，他对本书的编写提供了大力支持，提出了宝贵的编写意见。此外，三亚技师学院的高家宏、高鸿升、佟星、郜普艳、李梦华、谢越发、谢礼德、樊文国、孙佩芳、沈洋、冯坚、吴英旭、王海丽、陈瑾、刘曼华、黄志欣、孙定霞、尚升飞、吴多锦、唐涛、钟其恒、王启名等，淮安信息职业技术学院的杨帅、薛岚、陈银燕、关士岩、陈玉华、毕洁廷、赵冉冉、刘晓艳、王玲、姚薇、居海清、蒋继红、吴会琴、卢志珍、刘业亮、张守峰、丁艳玲、张月平、张广川、尹朝辉、裴立云、朱绍胜、于建明、邱少华、王宇航、马鑫、陆智华、余彬、邱一启、张纷、武婷婷、司雪美、朱颖、杨俊、周伟、陈忠、陈丹丹、杨智炜、霍如旭、张旭、宋开峰、陈晨、丁杰、姜延蒙、吴国松、朱兵、杨景、赵家伟、李玉驰、张建民、施赛健等也为本书做了大量的辅助性工作。本书的编写得到了哈尔滨理工大学、黑龙江科技大学、哈尔滨信息工程学院、保定电力职业技术学院、哈尔滨锅炉集团公司、哈尔滨锅炉华崴集团公司等学校及单位的大力支持，在此表示最真诚的感激之情！

鉴于编者的水平有限，书中难免有不足之处，恳请读者和专家们不吝批评指正，以便今后加以完善。

编　者

目录

参考文献 ……………………………………………………………… **619**

变频器简介

第一节 变频器的分类方法和应用领域

一、变频器的基本结构

变频器的种类很多，其内部结构也各有不同，但它们的基本结构都是相似的。它们的主要区别只是主回路工作方式不同，控制电路和检测电路等具体线路不同。对于矢量控制方式的变频器来说，它需要进行大量的运算，其运算电路有时还有一个以数字信号处理器（DSP）为主的转矩运算，用 CPU 和相应的磁通检测及调节电路。

图 1-1 是大多数变频器都具有的硬件结构。变频器主要有整流电路、直流中间电路、逆变电路和控制电路。

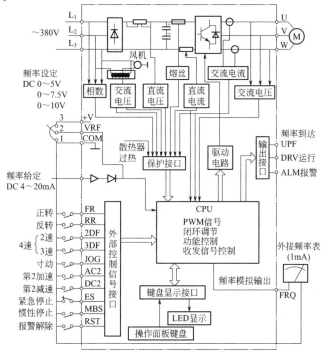

图 1-1 变频器基本结构原理图

整流电路由全波整流桥组成，它将三相或单相的工频电源进行全波整流，并给逆变电路和控制电路提供所需要的直流电源。整流电路按其控制方式分，可以是直流电压源，也可以是直流电流源。

直流中间电路对整流电路的输出进行平滑，以保证逆变电路和控制电路能获得质量较高的直流电源。当整流电路是电压源时，直流中间电路的主要元件是大容量的电解电容器；而整流电路是电流源时，直流中间电路的主要元件是大容量的电感器。由于电动机制动的需要，在直流中间电路中，有时还包括制动电阻器及其控制电路。

逆变电路是变频器的主要组成部分之一。它的主要作用是在控制电路的控制下，将平滑电路输出的直流电源，转换成频率和电压都任意可调的交流电源。逆变电路的输出，就是变频器的输出，用它实现对电动机的调速控制。

变频器的控制电路包括主控制电路、信号检测电路、驱动电路、外部接口电路以及保护电路等几个部分，这是变频器的核心部分。控制电路的优劣决定了变频器性能的优劣。控制电路的主要作用是将检测电路得到的各种信号送到运算电路，根据运算结果为变频器逆变电路提供驱动信号，并对变频器以及电动机提供必要的保护措施。控制电路还通过 A/D 和 D/A 转换电路等，对外部接口接收/发送多种形式的信号和给出系统内部的工作状态，以便使变频器能够与外部设备配合，以进行各种高性能的控制。

二、变频器的分类方法

变频器的种类很多，分类方法也有好几种。

（1）按频率变换模式分

① 交-交变频器　交-交变频器又称直接变频装置。它把频率固定和电压固定的交流电源变换成频率和电压连续可调的交流电源。这种交-交变频器省去了中间直流环节，变频效果较高。但所用器件数量颇多，总投资较大。它连续可调的输出频率范围较窄，一般为工频的 50% 以下，主要用于容量较大的低速拖动系统中。

② 交-直-交变频器　这种变频器先把工频交流电整流成直流电，再把直流电逆变成连续可调的交流电。由于把直流电逆变成交流电的环节较易控制，频率调节范围较宽，具有明显的优势，是目前普及应用最主要的一种变频器。

（2）按主回路储能方式分

① 电流型变频器　电流型变频器的直流中间电路，所采用的储能元件是大容量电感器。由于采用电感器进行滤波，输出直流电流波形比较平直。电源内阻抗很大，对负载来说基本上是个电流源，所以称为电流型变频器。如图 1-2(a) 所示的电流型变频器中，电动机定子电压的控制是通过检测电压后，对电流进行控制的方式来实现的。电流型变频器的一大优势是可以进行四象限运行，将能量回馈电网。特别是对负载电流较大时仍能适应，这种方式适用于频繁可逆运转的变频器。

② 电压型变频器　在电压型变频器中，其直流中间电路所采用的储能元件，是大电解电容。由于采用电解电容进行滤波，输出直流电压波形比较平坦。在理想情况下，可以看成是一个内阻为零的电压源。如图 1-2(b) 所示。

（3）按电压的调制方法分

① PAM 变频器　PAM（脉幅调制）变频器输出电压的大小是通过改变电压的幅值来进行调制的。小容量变频器中基本上不用这种方法。

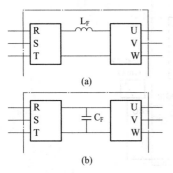

图 1-2　电流型与电压型变频器

② PWM（脉宽调制）　这种调制方法的变频器，其输出电压的大小，通过改变输出脉冲的占空比进行调制。目前普遍应用的是占空比按正弦波规律安排的正弦波脉宽调制方式。图 1-3 所示为 PWM 调压原理。在图 1-3(a) 中，把三角波与正弦波合成，通过逻辑控制就可以得到相应于信号波幅值的脉宽调制输出波形，它与正弦波等效。如图 1-3(b) 和图 1-3(c) 所示。

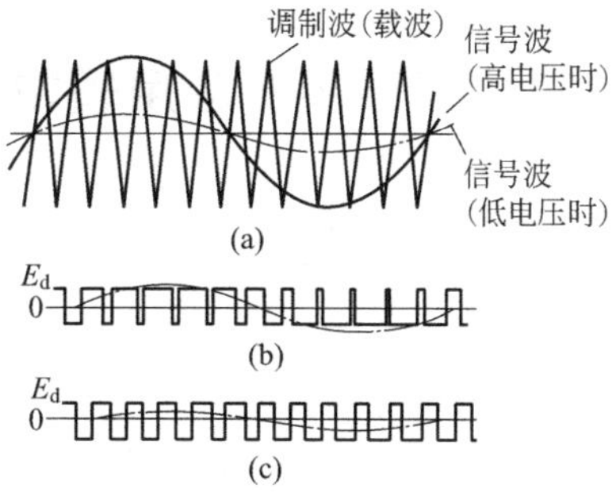

（4）按控制方式分

① U/f 控制变频器　U/f 控制变频器是一种比较简单的控制方式。它的基本特点是对变频器输出的电压和频率按一定比例同时控制，得到所需要的转矩。采用 U/f 控制方式的变频器，控制电路成本较低，多用于对精度要求不高的通用变频器。

图 1-3　PWM 调压原理

② 转差频率控制变频器　转差频率控制方式是对 U/f 控制方式的改进。在采用这种控制方式的变频器中，电动机的实际速度由安装在电动机上的转速传感器和变频器设定频率得到。而变频器的输出频率则由电动机的实际转速与所需转差频率的和被自动设定，从而达到在进行调速控制的同时控制电动机输出转矩的目的。通常，这种变频器只有采用厂商指定的变频器专用电动机，才能达到预期的调节性能。

单相交频器主要用于输入单相交流电源，对三相交流电动机进行调速控制的场合。

常见变频器的类别与应用如表 1-1 所示。

表 1-1　变频器的类别与应用

变频器类别		常见型号举例	主要特点
通用变频器	普通型	康沃：CVF-G1、G2 森兰：SB40、SB61 安邦信：AMB-G7 英威腾：INVT-G9 时代：TVF2000	只有 U/f 控制方式，故机械特性略"软"，调速范围较小，轻载时磁路容易饱和
	高性能型	康沃：CVF-V1 森兰：SB80 英威腾：CHV 台达：VFD-A、B 艾默生：VT3000 富士：5000G11S 安川：CIMR-G7 ABB：ACS800 A-B：Power Flex700 瓦萨：VACON NX 丹佛士：VLT5000 西门子：440	具有矢量控制功能，故机械特性"硬"，调速范围大，不存在磁路饱和问题。如有转速反馈，则机械特性很"硬"，动态响应能力强，调速范围很大，可进行四象限运行
专用变频器	风机水泵用	康沃、富士、安川等：P 系列 森兰：SB12 三菱：FR-A140 艾默生：TD2100 西门子：430	只有 U/f 控制方式，但增加了节能功能、工频的切换功能、睡眠和唤醒功能等
	起重机械用	三菱：FR241E ABB：ACC600	具有大惯量、四象限运行的功能
	电梯用	艾默生：TD3100 安川：VS-676GL5	具有磁通矢量控制、转差不差、负载转矩自适应功能
	注塑机用	康沃：CVF-ZS/ZC 英威腾：INVT-ZS5/ZS7	具有过载能力力强、响应速度快、提供低频时的高转矩输出功能
	张力控制用	艾默生：TD3300 三肯：SAMCO-vm05	可以实现张力闭环控制和张力开环控制的功能

三、变频器的应用领域

变频器的应用目前已遍及国民经济各部门的传动领域，主要如下。

（1）在节能方面的应用

在节能方面的变频调速应用已被认为是最理想、最有发展前途的调速方式之一。风机、泵类负载采用变频调速后，节电率可以达到20%～60%，这是因为风机、泵类负载的耗电功率基本与转速的三次方成正比。当用户需要的平均流量较小时，风机、泵类采用变频调速后其转速降低，节能效果非常可观。而传统的风机、水泵、压缩机在采用变频调速后，可以节省大量电能，所需的投资在较短的时间内就可以收回。因此，在该领域中变频调速应用得最多。目前应用较成功的有恒压供水、各类风机、中央空调和液压泵的变频调速。

（2）在自动化控制系统方面的应用

由于变频器内置有32位或16位的微处理器，具有多种算术逻辑运算和智能控制功能，输出频率精度高达0.01%～0.1%，还设置有完善的检测、保护环节。因此，变频器在自动化控制系统中获得了广泛的应用。例如：化纤工业中的卷绕、拉伸、计量、导丝；玻璃工业中的平板玻璃退火炉、玻璃窑搅拌、拉边机、制瓶机；电弧炉制动加料、配料系统以及电梯的智能控制等。

（3）在产品工艺和质量方面的应用

变频器还可以广泛应用于传送、起重、挤压和机床等各种机械设备控制领域，它可以提高工艺水平和产品质量，减少设备的冲击和噪声，延长设备的使用寿命。采用变频调速控制后，使机械系统简化，操作和控制更加方便，有的甚至可以改变原有的工艺规范，从而提高了整个设备的功能。常见几类设备的负载特性和转矩特性如表1-2所示。

表 1-2　常见几类设备的负载特性和转矩特性

应用		负载特性				负载转矩特性			
		摩擦性负载	重力负载	流体负载	惯性负载	恒转矩	恒功率	降转矩	降功率
流体机械	风机、泵类			√				√	
	压缩机		√			√			
	齿轮泵	√				√			
	压榨机				√	√			
	卷扳机、拔丝机	√				√			
	离心铸造机				√				
金属加工机床	自动车床	√							√
	转塔车床					√			
	车床及加工中心						√		√
	磨床、钻床	√				√			
	刨床	√					√		√
输送机械	电梯控制装置		√			√			
	电梯门	√				√			
	传送带	√				√			
	门式提升机		√			√			
	起重机、升降机升降		√			√		√	
	起重机、升降机平移	√				√			

续表

应用		负载特性				负载转矩特性			
		摩擦性负载	重力负载	流体负载	惯性负载	恒转矩	恒功率	降转矩	降功率
输送机械	运载机				√	√			
	自动仓库	√	√			√			
加工机械	搅拌器			√		√			
	农用机械、挤压机					√			
	分离机				√				
	印刷机、食品加工机械					√			
	商业清洗机				√				√
	鼓风机						√		
	木材加工机	√				√			

第二节　典型富士变频器的硬软件资源

既然目前的变频器实际是一个高性能的计算机系统，那么，要使用好任何一种变频器，都必须首先熟练掌握它的硬软件资源。

一、富士变频器简介

日本富士电机有限公司生产多种电器产品，变频器也是它的重要产品之一，其中 FRENIC5000G9S/P9S 是它的最新产品，分为 200V 和 400V 两大系列。200V 表示输出为三相 220V 50Hz，400V 表示输出为三相 380V 50Hz。P9S 系列主要用于风机泵类设备，G9S 用于普通电气设备，较之 P9S 过载能力强、驱动转矩大、变频范围宽。配用的电动机为 0.2～280kW 共分 24 个规格。产品除具有高性能的 U/f 式变频功能外，还具有转矩矢量控制功能，根据负载状态计算出最佳控制电压及电流矢量。由于采用了新型的计算机芯片，大幅度地提高了低速区域内的运算精度和运算速度。在 1Hz 运算时，实现了 ＞150％ 的启动转矩，1min 过载能力达 150％；0.5s 过载能力达 200％。在全部工作频率范围内可自动提升转矩，转矩的响应速度也较老式有所提高。产品还采用了第三代 IGBT 功率元件，效率高噪声低，新开发的 PWM 控制技术改善了电流波形，可人为地选择 PWM 载波频率以适应环境要求的最小噪声状态。新产品采用新型的高密度集成电路和高效率冷却技术，产品的外形较小。

产品采用发光二极管式数字显示和液晶显示参数的组合式显示面板，采用对话式触摸面板的手工编汇器。显示器具有日语/英语/汉语三种显示方式，以适应不同国家的需要。监视器能显示运行频率、电流、电压、线速度、转矩、维护信息等 28 种参量。

变频器还具有自整定功能，可自动设定电动机的特性，适应高性能运转的要求，具有自动节能功能，能进行节能运转。具有内部速度设定和计时器功能，可实现 7 级速度曲线运转功能，可设定加速时间、运转时间、旋转方向等。

二、富士变频器的技术性能

1. 富士 FRENIC5000G11S 系列

（1）技术性能

富士 FRENIC5000G11S 系列变频器技术性能见表 1-3。

表1-3 富士FRENIC5000G11S系列变频器技术性能

项目		规范
型号 FRN□□G11S-4CX		0.4　0.75　1.5　2.2　3.7　5.5　7.5　11　15　18.5　22　30　37　45　55　75　90　110　132　160　200　220　280　315　355　400
标准适配电动机/kW		0.4　0.75　1.5　2.2　3.7　5.5　7.5　11　15　18.5　22　30　37　45　55　75　90　110　132　160　200　220　280　315　355　400
额定输出	额定容量/kV·A ①	1.1　1.9　3.0　4.2　6.5　9.5　13　18　22　28　33　45　57　69　85　114　134　160　192　231　287　316　396　445　495　563
	额定输出电压/V ②	三相,380V,400V,415V(400V)/50Hz,380V,400V,440V/60Hz
	额定输出电流/A ③	1.5　2.5　3.7　5.5　9.0　13　18　24　30　39　45　60　75　91　112　150　176　210　253　304　377　415　520　585　650　740
	额定过载电流	150%额定输出电流 1min,200%0.5s　　　　150%额定输出电流 1min,180%0.5s
	额定输出频率/Hz	50,60
输入电源	相数、电压、频率	三相,380~480V,50/60Hz　　三相,380~440V/50Hz④　三相,380~480V/60Hz④
	电压、频率允许波动	电压:+10%~-15%,(相间不平衡率⑤≤2%)频率:+5%~-5%
	瞬间低电压耐量⑥	310V以上时继续运行。由额定电压降低至310V以下时,能继续运行15ms。等待电源恢复,进行再启动控制 如选择再继续运行,则输出频率稍微下降,等待电源恢复
	额定输入电流/A ⑦　有DCR	0.82　1.5　2.9　4.2　7.1　10.0　13.5　19.8　26.8　33.2　39.3　54　67　81　100　134　160　196　232　282　352　385　491　552　624　704
	额定输入电流/A ⑦　无DCR	1.8　3.5　6.2　9.2　14.9　21.5　27.9　39.1　50.3　59.9　69.3　86　104　124　150　—　—　—　—　—　—　—　—　—　—　—
	需要电源容量/kV·A ⑧	0.7　1.2　2.2　3.1　5.0　7.2　9.7　15　20　24　29　38　47　57　70　93　111　136　161　196　244　267　341　383　433　488

续表

项目		规范
输出频率 — 调整	最高输出频率	50~400Hz 可变设定
	基本频率	25~400Hz 可变设定
	启动频率	0.1~60Hz 可变设定 保持时间 0.0~10.0s
	载波频率②	0.75~15kHz 可变设定 / 0.75~10kHz 可变设定
输出频率 — 频率精度		模拟设定:最高输出频率的±0.2%[(25±10)℃]以下 数字设定:最高输出频率的±0.01%(-10~+50℃)以下
输出频率 — 频率设定分辨率		模拟设定:最高输出频率的1/3000[例:0.02Hz(60Hz设定时)、0.15Hz(400Hz设定时)] 键盘面板设定:0.01Hz(99.99Hz以下)、0.1Hz(100.0Hz以上) 链接设定:能选择以下两种之一 •最高输出频率的1/20000[例:0.003Hz(60Hz设定时)、0.02Hz(400Hz设定时)] •0.01Hz(固定)
控制 — 电压-频率特性		基本频率和最高频率时的输出电压可分别设定,范围为320~480V(有AVR控制)

控制 — 转矩提升

	恒转矩特性负载	2次方转矩特性负载	比例转矩特性负载
自动(设定代码)	0.0	—	—
手动(设定设定代码)	2.0~20.0	0.1~0.9①	1.0~1.9

控制 — 启动转矩:200%以上(动态转矩矢量控制时) … 180%以上(动态转矩矢量控制时)

制动 — 标准

	恒转矩特性负载	2次方转矩特性负载	比例转矩特性负载
制动转矩	150%	100%以上	约20%④ 约10%~15%④
制动时间/s	5	5	—
制动使用率/%ED	5 3 3 2	5 3 2 2	没有限制 没有限制

续表

<table>
<tr><td colspan="3">项目</td><td colspan="26">规范</td></tr>
<tr><td rowspan="4">制动</td><td rowspan="3">选件</td><td>制动转矩</td><td colspan="11">150%以上</td><td colspan="15">100%以上</td></tr>
<tr><td>制动时间/s</td><td>45</td><td colspan="2">45</td><td>30</td><td colspan="2">20</td><td colspan="4">10</td><td>8</td><td colspan="15">10</td></tr>
<tr><td>制动使用率/%ED</td><td>22</td><td colspan="2">10</td><td>7</td><td colspan="2">5</td><td colspan="4">5</td><td>5</td><td colspan="15">10</td></tr>
<tr><td colspan="2">直流制动</td><td colspan="26">制动开始频率 0.1～60.0Hz，制动时间 0.0～30.0s，制动动作值 0%～100%，各数值能可变设定
①制动动作过程中输入运行命令，将按启动频率再启动运行
②正转↔反转切换运行时，直流制动不作用
③在有运行命令的条件下，降低设定频率，直流制动不作用</td></tr>
<tr><td colspan="3">防护结构
(IEC 60529)</td><td colspan="11">IP40 全封闭</td><td colspan="15">IP00 开放式(IP20 封闭式可选用订购)</td></tr>
<tr><td colspan="3">冷却方式</td><td colspan="11">自冷</td><td colspan="15">风扇冷却</td></tr>
<tr><td colspan="3">质量/kg</td><td>2.2</td><td>2.5</td><td>3.8</td><td>3.8</td><td>3.8</td><td>6.5</td><td>6.5</td><td>10</td><td>10</td><td>10.5</td><td>10.5</td><td>29</td><td>34</td><td>39</td><td>40</td><td>48</td><td>70</td><td>70</td><td>100</td><td>100</td><td>140</td><td>140</td><td>250</td><td>250</td><td>360</td><td>360</td></tr>
</table>

①额定输出电压按 440V 计算，电源电压降低时，额定容量亦下降。
②不能输出比电源电压高的电压。
③驱动低阻抗的高频电动机等场合，允许输出电流可能比额定值小。
④当电源电压大于 380～398V/50Hz、380～430V/60Hz 时，必须切换变频器内部的分接头。
⑤三相电源电压不平衡率大于 2%时，应使用功率因数改善直流电抗器（DCR）。

$$\text{电源电压不平衡率}(\%)=\frac{\text{最大电压(V)}-\text{最小电压(V)}}{\text{三相平均电压(V)}}\times 67\text{[按照 IEC 61800—3(5.2.3)标准]}$$

⑥按 JEMA 规定的标准负载条件（相当标准适配电动机的 85%负载）下的试验值。
⑦按富士电机公司规定条件下的计算值。
⑧按标准适配电动机负载和使用直流电抗器（DCR）（≤55kW 时为选件）条件下的数据。
⑨为了保护变频器，对应周围温度和输出电流情况，载频有时会自动降低。
⑩设定 0.1 时，启动转矩能达到 50%以上。
⑪标准适配电动机的场合（由 60Hz 减速停止时的平均转矩，随电动机的损耗而改变）。

（2）通用规格

富士 FRENIC5000G11S 系列变频器通用规格见表 1-4。

表 1-4　富士 FRENIC5000G11S 系列变频器通用规格

项目		规范	接点输入	晶体管输出
控制	控制方式	• U/f 控制 • 动态转矩矢量控制(无传感器矢量控制) • 带 PG 矢量控制(选件)	(PG/Hz)	
	运行操作	键操作:按 **FWD** 或者 REV 键运行(正转/反转) 按 **STOP** 键停止		
		外部信号(接点输入):正转/停止、反转/停止、自动旋转命令等		
		链接运行 • RS485(标准)通信控制运行 • 各种 Bus(选件)连接运行	(LE)	
	频率设定	键操作:由 **∧**、**∨** 键设定		
		外部电位器:由外部电阻(1~5kΩ)设定		
		模拟输入:由外部电压、电流设定 • 0~10V DC→10~0V DC(端子 12) • 0~10V DC(0~5V DC)(端子 12) • 4~20mA DC→20~4mA DC(端子 C1) • 4~20mA DC(端子 C1) • 按照模拟信号极性可逆运行 • 由接点输入信号(IVS)切换 0~±10V DC(0~±5V DC)(端子 12) 正/反作用		
		UP/DOWN 控制:接点输入信号 ON 期间,设定频率上升(UP 信号)或下降(DOWN 信号)	(UP,DOWN)	
		多步频率选择:最多能选择 16 种(0~15 步)	(SS1,SS2,SS4,SS8)	
		数字信号:由"12 位并行信号(12 位二进制)"设定(选件)		
		链接运行:RS485(标准)、T 链(富士专有)、各种现场总线(选件)	(LE)	
		程序运行:最多能设定 7 步	(TU、TO、STG1、2、4)	
	点动运行	由 **FWD**、**REV** 键操作或由接点输入信号(FWD,REV)操作运行	(JOG)	
	运行状态信号	晶体管输出(4 点):运行中、频率到达、频率检出、过载预报、欠电压停止、转矩限制中等		
		继电器输出(2 点) • 可选信号继电器输出 • 总报警继电器输出		
		模拟输出(1 点):输出频率、输出电流、输出电压、输出转矩、负载率、输出功率等		
		脉冲输出(1 点):输出频率、输出电流、输出电压、输出转矩、负载率、输出功率等		

项目		规范	接点输入	晶体管输出
控制	加速、减速时间(曲线)	0.01～3600s		
		加/减速时间 4 种,分别独立设定,由接点输入信号(2 点)组合选择	(RT1、RT2)	
		可选用以下 4 种加减速模式 • 直线加减速 • S 形加减速(弱型) • S 形加减速(强型) 曲线加减速		
	主动驱动	加速时间超过 60s 时,自动限制输出转矩和自动延长加速时间至设定值的 3 倍范围		
	频率限制	设定上限和下限频率值,上限和下限频率设定范围 G11S:0～400Hz;P11S:0～120Hz		
	频率偏置	能设定偏置频率,设定范围 G11S:－400～＋400Hz;P11S:－120～＋120Hz		
	增益(频率设定信号)	设定模拟输入信号和输出频率的比例关系 例:电压输入信号 0～＋10V DC,设定增益 100%,10V DC 相应设定最高频率 电压输入信号 0～＋5V DC,设定增益 200%,5V DC 相应设定最高频率		
	跳越频率	可设定 3 跳越点,公共跳越幅值设定范围:0～30Hz		
	引入运行	将正在旋转(包括反转)的电动机(不使其停止)平衡无冲击地引入变频器运行	(STM)	
	瞬时停电再启动	瞬时停电时,不使电动机停止,电源恢复后,变频器再启动运行 如选择"继续运行",则变频器继续输出,控制频率缓慢下降,在速度下降最少情况下再启动		
	商用电切换运行	备有商用电←→变频器运行平稳切换的控制信号 内部设有商用电←→变频器运行平稳切换顺序功能	(SW50) (SW60)	(SW88) (SW52-1)
	转差补偿控制	• 补偿对应负载增加的速度下降,进行稳速控制 • 若设定 0.00,则动态转矩矢量控制动作时,将自动以富士标准电机的额定转差作为补偿基准。若首次设定补偿值,则设定的补偿值有效		
		能单独设定第 2 电动机的补偿值		
	下垂控制	对应负载转矩增加使速度下降(－9.9～0.0Hz),P11S 系列无此功能		
	转矩限制	对输出转矩限制在预先设定的限制值(恒转矩范围转矩率、恒功率范围负载率)以下		
		设定第 2 限制值后,能用接点输入信号切换	(TL2/TL1)	
	转矩控制	能以模拟输入信号(端子 12)比例控制输出转矩,P11S 系列无此功能	(Hz/TRQ)	

续表

项目		规范	接点输入	晶体管输出
控制	PID 控制	用模拟反馈信号的 PID 控制 ①设定信号 • 键操作（∧、∨键）：设定频率（Hz）/最高频率（Hz）×100% • 电压输入（端子 12）：0～±10V DC/0～100% • 电压输入（端子 C1）：4～20mA DC/0～100% • 电压输入＋电流输入（端子 12＋端子 C1）：0～＋10V DC/0～100%＋4～20mA DC/0～100% • 有极性信号控制可逆运行（端子 12）：0～±10V DC/0～±100% • 有极性信号控制可逆运行（端子 12＋端子 V1）：0～±10V DC/0～±100% • 反动作（端子 12）：＋10～0V DC/0～100% • 反动作（端子 C1）：20～40mA DC/0～100% • 程序运行：设定频率（Hz）/最高频率（Hz）×100%； • DI 选件输出：BCD 输入，设定频率（Hz）/最高频率（Hz）×100%；二进制输入，满量程（100%） • 多步频率设定：设定频率（Hz）/最高频率（Hz）×100% • RS485：设定频率（Hz）/最高频率（Hz）×100% ②反馈信号：端子 12（0～＋10V DC/0～100% 或＋10～＋0V DC/0～100%） 端子 C1（4～20mA DC/0～100% 或 20～4mA DC/0～100%）	（Hz/PID）	
	再生回避控制	即使不用制动电阻，自动延长减速时间（设定的减速时间的 3 倍范围），防止 **OU** 跳闸 恒速运行时，进行升高频率控制，防止 **OU** 跳闸		
	第 2 电动机设定	• 由 1 台变频器切换运行 2 台电动机 • 能设定第 2 台电动机的基本频率、额定电流、转矩提升、电子热继电器等 • 内部设定第 2 台电动机常数（可以自整定），电动机 1 和 2 都能实行动态转矩矢量控制	（M2/M1）	（SWM2）
	自动节能运行	轻载运行时，能按最节能方式控制运行		
	冷却风扇 ON/OFF 控制	检测变频器内部温度，温度低时使冷却风扇停止运行		
	万能 DI	有相应的输出信号指示冷却风扇的 ON/OFF 状态		（FAN）
		设定某输入端子，任意连接外部接点输入信号，该信号有无传送给上位主机	（U-DI）	
	万能 DO	通过传送，输出上位机的命令信号		（U-DO）
	零速度控制	对带有 PG 的电动机，能控制使其保持旋转角度。旋转的电动机减速后能实现保持动作	（ZERO）	

续表

项目		规范	接点输入	晶体管输出
		规范		
		LED 监视器显示	LCD 监视器画面显示	
显示	运行中	按照功能设定能显示以下内容 • 输出频率 1（转差补偿前） • 输出频率 2（转差补偿后） • 设定频率 • 输出电流 • 输出电压 • 电动机同步转速 • 线速度（使用 PG 卡选件时，显示 PG 反馈量） • 负载转速（使用 PG 卡选件时，显示 PG 反馈量） • 转矩计算值 • 输入功率 • PID 命令值 • PID 远方命令值 • PID 反馈量	①棒圆指示 • 输出频率 • 输出电流 ②输出转矩 ③测试功能。测试接点输入信号、晶体管输出信号的有无（I/O 检查），显示模拟输入输出信号和脉冲输出信号的大小 ④电动机负载检查。测定在设定时间内的最大电流、平均电流和平均制动功率 ⑤维护信息 • 输入功率 • 负载率 • 散热板温度 • 运行时间 • 主电路电容器寿命 • 冷却风扇运行时间 • 控制电路板的寿命等	
	停止时	显示设定值或输出值	能选择 LCD 画面显示用语种 • 中文　• 英文　• 日文	
	跳闸时	显示跳闸原因（以代码表示） • **OC1**（加速时过电流） • **dbH**（DB 电阻过热） • **OC2**（减速时过电流） • **OL1**（电动机 1 过载） • **OC3**（恒速运行时过电流） • **OL2**（电动机 2 过载） • **EF**（对地短路） • **OLU**（变频器过载） • **Lin**（电源缺相） • **OS**（过速保护） • **FUS**（熔继器断路） • **PG**（PG 异常） • **OU1**（加速时过电压） • **Er1**（存储器异常） • **OU2**（减速时过电压） • **Er2**（面盘通信异常） • **OU3**（恒速运行时过电压） • **Er3**（CPU 异常） • **LU**（欠电压） • **Er4**（选件通信异常） • **OH1**（散热板过热） • **Er5**（选件异常） • **OH2**（外部报警） • **Er7**（输出配线连接不良） • **OH3**（变频器内部过热） • **Er8**（RS485 通信异常）	显示跳闸前时刻的详细工况数据 • 输出频率（转差补偿前） • 晶体管输出端子状态 • 输出电流 • 报警历史 • 输出电压 • 同时发出的报警 • 频率计算值 • 频率设定值 • 运行状态：FWD/REV；IL（电流限制）；VL/LU（电压限制/欠电压）；TL（转矩限制） • 累计运行时间 • 直流中间电路电压 • 变频器内部温度 • 散热板温度 • 通信出错次数（键盘面板） • 通信出错次数（RS485） • 通信出错次数（选件卡） • 接点输入端子状态（远方） • 接点输入端子状态（通信）	
	运行中或跳闸时	报警历史：能保存显示过去 4 次跳闸原因（代码）		
		保存和显示最新跳闸原因的详细数据		

续表

项目		规范	接点输入	晶体管输出
显示	充电指示灯	主电路直流电压约大于 50V 时,此灯点亮		
保护	过载保护	使用电子热继电器和检出内部温度方法保护变频器		
	过电压保护	制动时检出中间直流电压过电压,变频器停止运行		
	电涌保护	避免侵入主电路电源线和地之间的电涌电压的影响,保护变频器		
	欠电压保护	检出直流中间电路欠电压时,变频器停止运行		
	输入缺相保护	检出输入电源缺相时,变频器停止运行		
	过热保护	检测变频器散热板的温度,保护变频器		
	短路保护	输出侧短路引起过电流时,保护变频器		
	对地短路保护	• 输出侧对地短路引起过电流时,保护变频器(≤22kW) • 输出侧对地短路时,检出零相电流,保护变频器(≥30kW)		
	电动机保护 (过载预报)	• 设定电子热继电器功能,电子热继电器动作时,变频器停止运行,保护电动机 • 切换第 2 电动机运行时,能设定第 2 电动机用的电子热继电器 2		
		使变频器停止运行前,能按照预先设定值输出过载预报信号		
	制动电阻保护	• 对≤7.5kW 变频器,由变频器内部功能保护(对 P11S 为≤11kW) • 对≥11kW 变频器,由安装于制动电阻上的热继电器检出过热、停止放电动作实现保护(对 P11S 为≥15kW)		
	失速防止	加减速和恒速运行中,输出电流超过限制值时动作,避免跳闸		
	输出缺相检出	进行自整定时,如检出输出电路阻抗不平衡,则保护动作,输出报警信号		
	PTC 热 敏电阻保护	能用 PTC 热敏电阻保护电动机		
	自复位再 启动功能	跳闸停止时,能自动复位后再启动运行 Lin、FUS、$OH2$、LU、EF 以及各种 Er 跳闸场合,不自动复位再启动		
环境	使用场所	室内、没有腐蚀性气体、可燃气体、灰尘和不受阳光直照		
	周围温度	−10～+50℃(40℃以上时,≤22kW 机种必须取下通风盖)		
	周围湿度	5％～95％RH(不结露)		
	海拔高度	≤1000m,1000～3000m 降功率使用(−10％/1000m)		
	振动	2～9Hz 以下为 3mm,9～20Hz 以下为 9.8m/s²,20～55Hz 以下为 2m/s²,55～200Hz 以下为 1m/s²		
	保存	周围温度	−25～65℃		
		周围湿度	5％～95％RH(不结露)		

（3）富士 FRENIC5000P/G11S 系列变频器技术规范

① 通用规范　其通用规范见表 1-5。

表1-5　富士 FRENIC5000P/G11S 系列变频器通用规范

项目	规范																		
型号 FRN□□ P11S-4 CX	7.5	11	15	18.5	22	30	37	45	55	75	90	110	132	160	200	220	280	315	355
输出额定　标准适配电动机/kW	7.5	11	15	18.5	22	30	37	45	55	75	90	110	132	160	200	220	280	315	355
额定容量/kV·A	12.5	17.5	22.8	28.1	33.5	45	57	69	85	114	134	160	192	231	287	316	396		
额定输出电压/V	三相,380V,400V,415V(440V)/50Hz,380V,400V,440V,460V/60Hz																		
额定输出电流/A	16.5	23	30	37	44	60	75	91	112	150	176	210	253	304	377	415	520		
额定过载电流	110%额定输出电流1min																		
额定输出频率/Hz	50,60																		
相数、电压、频率	三相,380~480V,50/60Hz　　三相,380~440V/50Hz(*4)　三相,380~480V/60Hz																		
电压、频率允许波动	电压:-15%~10%[相间不平衡率(*5)≤2%],频率:-5%~5%																		
输入电源　瞬时低电压耐量	310V以上时继续运行。由额定电压降低至310V以下时,能继续运行15ms,如选择再起动功能稍微下降,则输出频率稍作下降,进行再启动控制																		
额定输入电流(A)　有DCR	13.5	19.8	26.8	33.2	39.3	54	67	81	100	134	160	196	232	282	352	385	491	—	—
额定输入电流(A)　无DCR	27.9	39.1	50.3	59.9	69.3	86	104	124	150	—	—	—	—	—	—	—	—	—	—
需要电源容量/kV·A	9.7	15	20	24	29	38	47	57	70	93	111	136	161	196	244	267	341	—	—
输出频率调整　最高输出频率	50~120Hz可变设定																		
基本频率	25~120Hz可变设定																		
启动频率	0.1~60Hz可变设定																		
载波频率	0.75~15kHz可变设定　0.75~10kHz可变设定　0.75~6kHz可变设定																		
频率精度	模拟设定:最高输出频率的±0.2%[(25±10)℃]以下　数字设定:最高输出频率的±0.01%(-10~+50℃)以下																		

续表

项目			规范
输出 频率	频率设定分辨率		模拟设定：最高输出频率的 1/3000[例：0.02Hz(60Hz 设定时)，0.04Hz(120Hz 设定时)] 键盘面板设定：0.01Hz(99.99Hz 以下)，0.1Hz(100.00Hz 以上) 通信设定：能选择以下两种之一 • 最高输出频率的 1/20000[例：0.003Hz(60Hz 设定时)，0.006Hz(120Hz 设定时)] • 0.01Hz(固定)

控制

电压/频率特性：基本频率和最高频率时的输出电压可分别设定，范围为 320～480V(有 AVR 控制)

转矩提升	恒转矩特性负载	2次方转矩特性负载	比例转矩特性负载
自动(设定代码)	0.0	0.0	—
手动设定(设定代码)	2.0～20.0	0.1～0.9(＊10)	1.0～1.9
启动转矩	50%以上	约20%	10%～15%

制动

制动		规范
标准	制动转矩	100%以上　　没有限制
	制动时间/s	15　　10　　7　　8
	制动使用率/%ED	3.5　　3.5
选件	制动转矩	70%以上　　没有限制
	制动时间/s	10　　6　　8　　7　　8
	制动使用率/%ED	3.5　　3　　4　　7　　8

直流制动：制动开始频率 0.1～60.0Hz，制动时间 0.0～30.0s，制动动作值 0%～80%，各数值能可变设定
①制动动作过程中输入运行命令，将按启动频率再启动运行
②正转↔反转切换运行时，直流制动不作用
③在有运行命令的条件下，降低设定频率，直流制动不作用

防护结构 IEC(60529)	IP40 全封闭	IP00 开放式(IP20 封闭式可选用订购)
冷却方式		风扇冷却

质量/kg
6.1　6.1　10　10　10.5　29　29　34　39　40　48　70　70　100　140　140

② 详细技术规范　其详细技术规范见表 1-6。

表 1-6　富士 FRENIC5000P/G11S 系列变频器详细技术规范

项目			详细技术规范
控制	控制方式		正弦波 PWM 控制[U/f 控制、转矩矢量控制①、PG 反馈矢量控制(选件)]
	输出频率	最高频率	G11S：50～400Hz 可变设定　P11S：50～120Hz 可变设定
		基本频率	G11S：25～400Hz 可变设定　P11S：25～120Hz 可变设定
		启动频率	0.1～60Hz 可变设定　保持时间 0.0～10.0s
		载波频率	G11S：0.75～15kHz(≤55kW)　0.75～10kHz(≥75kW) P11S：0.75～15kHz(≤22kW)　0.75～10kHz(30～75kW)　0.75～6kHz(≥90kW)
		频率精度	模拟设定：最高频率设定值的±0.2%[(25±10)℃]以下 数字设定：最高频率设定值的±0.01%(−10～+50℃)以下
		频率设定分辨率	模拟设定：最高频率设定值的 1/3000[例：0.02Hz(60Hz 时)，0.05Hz(150Hz 时)] 数字设定：0.01Hz(小于 99.99Hz 时)，0.1Hz(大于 100.0Hz 时)
	电压/频率特性		对应基本频率的输出电压设定范围为 320～480V 对应最高频率的输出电压设定范围为 320～480V
	转矩提升		自动：对应负载转矩自动最佳调整 手动：代码选择 0.1～20.0(递减转矩用的节能方式和恒转矩的增强方式)
	加速、减速时间		0.01～3600s •加速、减速时间有 4 种，可分别独立设定，由接点输入信号选择 •除直线加减速方式外，还有 S 形加减速(弱型/强型)和曲线加减速可以选用
	直流制动		制动开始频率 0.0～60.0Hz，制动时间 0.0～30.0s 制动动作值 0～100%(G11S)，0～80%(P11S)
	附加功能		上限/下限频率、偏置频率、频率设定增益、跳越频率、引入运行、瞬时停电再启动、商用电运行切换、转差补偿控制、自动节能运行、再生回避控制、下垂控制、转矩限制(2 级切换)、转矩控制、PID 控制、第 2 电动机切换、冷却风扇 ON/OFF 控制
运行	运行操作		键盘面板：运行键 FWD REN 、停止键 STOP 端子输入：正转/停止命令、反转/停止命令、自由旋转命令、报警复位、加减速选择、多步频率选择等。
	频率设定		键盘面板：A V 键设定 外部电位器：电位器(1～5kΩ)设定 模拟输入：0～+10V(0～+5V)，4～20mA，0～±10V(可逆运行) +10～0V(反动作)，20～4mA(反动作) 增/减控制：数字设定频率，UP 键 ON 时频率上升，DOWN 键 ON 时频率下降 多步频率选择：数字设定频率，由接点输入信号(4 点)组合选择，最多 15 步频率 通信运行：按照 RS485(标准)接口通信运行 程序运行：按照预设程序(最多 7 段)和预设循环方式运行 点动运行：数字设定频率，由 FWD REV 键或接点输入信号操作点动运行
	运行状态信号		开路集电极晶体管输出(4 点)：运行中、频率到达、频率值检测、过载预报等 继电器输出(2 点)：总报警输出、可选信号输出 模拟输出(1 点)：输出频率、输出电流、输出电压、输出转矩、输入功率等 脉冲输出(1 点)：输出频率、输出电流、输出电压、输出转矩、输入功率等
显示	数字显示器(LED)		输出频率、设定频率、输出电流、输出电压、电机同步转速、线速度、负载转速、转矩计算值、输入功率、PID 命令值、PID 反馈量、报警代码
	液晶显示(LCD)		运行信息、操作指导、功能代码、功能名称、设定数据、报警信息、测试功能、电动机负载率测定功能[测定时间(rms)内电流的最大值/平均值]、维护信息(累计运行时间、主电路电容器容量测定、散热板温度等)

续表

项目		详细技术规范
显示	语种	中文、英文、日文
	灯指示	充电(有电压)、运行显示
	保护功能	过电流、短路、对地短路、过电压、欠电压、过载、过热、熔断器断路、电机过载、外部报警、输入缺相、输出缺相(自整定时)、制动电阻过热保护、CPU/存储器异常、键盘面板通信异常、PTC 热敏电阻保护、浪涌保护、失速防止等

①转矩矢量控制即无 PG 反馈矢量控制。

2. 富士 FRENIC5000G11UD 系列

（1）变频器技术性能

其见表 1-7。

表 1-7　富士 FRENIC5000G11UD 系列变频器技术性能

控制	控制方式		正弦波 PWM 控制[U/f 控制、转矩矢量控制、PG 反馈矢量控制(选件)]
	输出频率	最高频率/Hz	50～20 可变设定
		基本频率/Hz	25～20 可变设定
		启动频率/Hz	0.1～60 可变设定保持时间 0.0～10.0s
		载波频率/kHz	2～15
		频率精度　模拟设定	最高频率设定值的±0.2%[(25±10)℃]以下
		频率精度　数字设定	最高频率设定值的±0.01%(-10～50℃)以下
		频率设定分辨率　模拟设定	最高频率设定值的 1/3000(例:0.02Hz,60Hz 时;0.05Hz,150Hz 时)
		频率设定分辨率　数字设定	0.01Hz(小于 99.99Hz 时),0.1Hz(大于 100.0Hz 时)
	电压/频率特性		对应基本频率的输出电压设定范围:320～480V(400V 系列);80～240V(200 系列)　对应最高频率的输出电压设定范围:320～480V(400V 系列);80～240V(200 系列)
	加速、减速时间/s		0.01～3600。除直线加减速方式外,还有 S 形加减速(弱型/强型)和曲线加减速可以选用
	直流制动		制动开始频率 0.0～60.0Hz,制动时间 0.0～30.0s　制动动作值 0～100(G11S),0～80%(P11S)
	附加功能		上限/下限频率、偏置频率、频率设定增益、跳跃频率、引入运行、瞬时停电再启动、市电运行切换、转差补偿控制、自动节能运行、再生回避控制、下垂控制、转矩限制(2 级切换)、转矩控制、PID 控制、第 2 电动机切换、冷却风扇开/关控制
运行	运行操作		键盘面板:运行键、停止键　端子输入:正转/停止命令、反转/停止命令、自由旋转命令、报警复位、加减速选择、多步频率选择等
	频率设定		键盘面板 ∧ ∨ 键设定　外部电位器:电位器(1～5kΩ)设定　模拟输入:0～10V(0～5V),4～20mA,0～±10V(可逆运行)　10V～0V(反动作),20～4mA(反动作)　增/减控制:数字设定频率,UP 键接通时频率上升,DOWN 键接通时频率下降　多步频率选择:数字设定频率, 由接点输入信号(4 点)组合选择,最多 15 步频率　链接运行:按照 RS485(标准)接口通信运行　程序运行:按照预设程序(最多 7 段)和预设循环方式运行　寸动运行:数字设定频率,由运行键或接点输入信号操作寸动运行

运行	运行状态信号	开路集电极晶体管输出(4点);运行中、频率到达、频率值检测、过载预报等 继电器输出(2点);总报警输出、可选信号输出 模拟输出(1点);输出频率、输出电流、输出电压、输出转矩、输入功率等 脉冲输出(1点);输出频率、输出电流、输出电压、输出转矩、输入功率等
显示	数字显示器(LED)	输出频率、设定频率、输出电流、输出电压、电机同步转速、线速度、负载转速 转矩计算值、输入功率、PID命令值、PID反馈量、报警代码
	液晶显示(LCD)	运行信息、操作指导、功能代码、功能名称、设定数据、报警信息、测试功能、电动机负载率测定功能(测定时间内电流的最大值/平均值)、维护信息(累计运行时间、主电路电容器容量测定、散热板温度等)
	语种	中文、英文、日文
	灯指示	充电(有电压)、运行显示
	保护功能	过电流、短路、对地短路、过电压、欠电压、过载、过热、熔断器断路、电机过载、外部报警、输入缺相、输出缺相(自整定时)、制动电阻过热保护、CPU/存储器异常、键盘面板通信异常、PTC热敏电阻保护、电涌保护、失速防止等
环境	使用场所	室内,海拔不高于1000m,没有腐蚀性气体、可燃气体、油溅、灰尘和不受阳光直晒
	周围温度/℃	−10~50(40℃以上时,对≤22kW机种必须取去通风盖)
	周围相对湿度	5%~95%(不结露)
	振动	小于5.9m/s²(0.6g)
	保存 周围温度/℃	−20~65
	周围相对湿度	5%~95%(不结露)

（2）变频器标准规格

其见表1-8。

表1-8 富士 FRENIC5000G11UD 系列变频器标准规格

						3.7	5.5	7.5	11	15	18.5	22
标准适用电动机功率/kW						3.7	5.5	7.5	11	15	18.5	22
驱动装置型号①						3.7	5.5	7.5	11	15	18.5	22
额定输出	额定容量②/kV·A					6.8	9.9	13	18	22	29	34
	电压/V	380V、400V、415V(440V)、50Hz;380V、440V、460V、60Hz③										
	额定电流/A					9.0	13.5	18.5	24.5	32	37	45
	额定过载	额定输出电流的150%,10s										
	额定频率/Hz	50,60										
输入电源	相数,电压,频率	三相,380~480V,50Hz/60Hz										
	容许变动范围	电压10%~15%(相间不平衡率3%以内),频率±5%										
	所需要电源容量④/kV·A					5.0	7.2	9.7	15	20	24	29

续表

控制	速度控制范围	3～1500～1800r/min(4极电动机)					
	载波频率⑤	2～15kHz可变设定(22kW)					
	型号	内藏				BU3-220-4	BU3-37-4C
	制动时间⑥	60s				20s	20s
	使用率/%ED⑥	50%				10%	5%
	可能连接最小电阻值/Ω		130	80	60	34.4	22.0
防护等级(IEC60529)		IP40					
冷却方式					风扇冷却		

①表示 FRN□□□G11UD-4C1 的□□□。
②表示额定输出电压为 400V 的场合。
③输出电压不能高于电源电压。
④表示标准适用电动机负载，并使用直流电抗器（选件）时的值。
⑤为保护驱动装置，根据周围温度和输出电流情况，载波频率可能会自动下降。
⑥ "制动时间"和"使用率%ED"如下图所示，可根据额定转矩，按照减速制动条件进行计算。

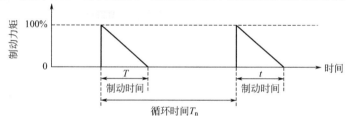

注：使用率%ED 的考虑方法
①制动时间及使用率（%ED）不足的场合，请提高制动单元的容量。
②BU37-4C 在使用选件的风扇单元后，制动能力提高。

3. 富士 FRENIC5000G7S 系列

（1）技术规范

其见表 1-9。

表 1-9　富士 FRENIC5000G7S 系列变频器技术规范

项目		规范
主电路方式		电压型 IGBT 式正弦波 PWM 变频器
电动机控制方式		矢量控制 无传感器矢量控制 U/f 控制 矢量控制(同步电动机) 运行模拟模式
速度功能	最高转速	按变频器输出频率换算为 200Hz。2P:12000r/min;4P:6000r/min,但 PG 脉冲率小于 100kHz;6P:4000r/min U/f 控制为 400Hz
	控制范围　矢量控制	1:1000(使用 1024P/R PG,按 4 极电机换算,最低速度～基本速度为 1.5～1500 r/min) 1:4(恒转矩领域;恒功率领域)

项目			规范
速度功能	控制范围	无传感器控制 *U/f* 控制	1∶100(按 4 极电机换算,最低速度～基本速度为 15～1500r/min) 1∶4(恒转矩领域∶恒功率领域)
	控制响应	矢量控制	100Hz(最大)
		无传感器控制	20Hz(最大)
	控制精度	矢量控制	模拟设定∶最高速度的±0.1%[(25±10)℃] 数字设定∶最高速度的±0.005%(−10～50℃)
		无传感器控制	模拟设定∶最高速度的±0.5%[(25±10)℃] 数字设定∶最高速度的±0.5%(−10～+50℃)
	设定分辨率		最高速度的 0.005%
控制功能	运行操作		键操作∶FWD、REV 键运行(正转、反转),STOP 键停止 输入信号∶正转命令、反转命令、自由旋转命令、复位命令、多步速度命令选择等
	速度设定		键操作∶由 ∧、∨ 键设定 电位器设定∶用电位器(3 端子∶1～5kΩ)设定 模拟信号∶0～±10V 设定 增/减(UP/DOWN)控制∶外部信号(DI 信号)在 ON 期间控制速度的增(UP)或减(DOWN) 多步速度命令∶由 4 点外部信号(DI 信号)组合选择 15 步运行速度 数字信号∶使用选件卡,能以"16 位平行信号"设定 串行链接运行∶由标准内置 RS485 接口或使用各种通信选件,能通过通信设定 点动运行∶选择点动模式,由 FWD 键或 REN 外部信号运行
	运行状态信号		晶体管输出信号∶运行中、速度到达、速度检出、过载预报、转矩限制中等模拟信号∶电动机转速、输出电压、转矩、负载率等
	加速/减速时间		0.01～3600s(加速和减速各有 4 种设定,由外部信号选择) (除线性加减速外,另可选择 S 字加减速)
	速度设定增益		模拟速度设定和电动机转速之间的比例关系,能在 0%～200%范围内设定
	跳越速度		能设定 3 个跳越点和 1 个跳越幅值
	引入运行		能将正在旋转的电动机,不使其停止直接引入变频器运行(矢量控制或无传感器的矢量控制时)
	瞬时停电时再启动		设定自动再启动功能时,能不使电动机停止再启动变频器运行
	转差补偿控制		能补偿负载增加时的速度下降值,实现稳定运行(*U/f* 控制时)
	下垂控制		能实现速度下垂特性的控制
	转矩控制		能将输出转矩限制在预先设定的限制值以下(能选择 4 象限相同的或驱动、制动不同的限值) 限制值能以模拟设定或由外部信号(2 级)设定(矢量控制或无传感器矢量控制时)
	PID 控制		能对模拟量输入实现 PID 控制
	冷却风扇 ON/OFF 控制		温度低时使冷却风扇停止,能降低噪声
	转矩偏置		
	速度限制功能		
	电动机选择功能		可选择 3 种电动机
	多绕组电动机驱动功能		选用功能

(2) 适用不同负载的变频器

① 用于恒转矩负载,过载电流 150%,1min,CT 系列,见表 1-10。

表 1-10 CT 系列

型号 FRN VG7S-4	3.7	5.5	7.5	11	15	18.5	22	30	37	45	55	75	90	110	132	160	200	220	280	315	355	400
标准适配电动机容量/kW	3.7	5.5	7.5	11	15	18.5	22	30	37	45	55	75	90	110	132	160	200	220	280	315	355	400
额定容量/kV·A	6.8	10	14	18	24	29	34	45	57	69	85	114	134	160	192	231	287	316	396	445	495	563
额定电流/A 连续	9.0	13.5	18.5	24.5	32.0	39.0	45.0	60.0	75.0	91.0	112	150	176	210	253	304	377	415	520	585	650	740
额定电流/A 1min	13.5	20.0	27.5	36.5	48.0	58.5	67.5	90.0	113	137	168	225	264	315	360	456	566	623	780	878	975	1110
相数、电压、频率	三相380~480V,50Hz/60Hz											三相380~440V/50Hz,380~480V/60Hz										
容许波动	电压-15%~+10%,频率-5%~+5%,电压不平衡率2%以内																					
瞬时低电压耐量	从额定电压降低至310V以上时,继续运行,电压低于310V时,能持续运行15ms																					
额定输入电流/A 有DCR	7.1	10	13.5	19.8	26.8	33.2	39.3	54	67	81	100	134	160	196	232	282	352	385	491	552	624	704
额定输入电流/A 无DCR	14.9	21.5	27.9	39.1	50.3	59.9	69.3	86	104	124	150	—	—	—	—	—	—	—	—	—	—	—
需要电源容量/kV·A	5.0	7.0	9.4	14	19	24	28	38	47	57	70	93	111	136	161	196	244	267	341	383	432	488
制动方式、制动转矩	电阻放电制动,150%制动转矩。制动电阻为外置选件。≥132kW,制动单元为外置选件																					
载频/kHz	0.75~15															0.75~10						
质量/kg	8	8	8	12.5	12.5	25	25	30	35	40	41	50	72	72	100	100	140	140	250	250	300	360
防护结构	~15kW:IP20封闭式,18.5kW~:IP00开启式(可对应应用IP20封闭式)																					

② HT 系列，适用于起重运输的负载，过载电流 200％/170％，1s，见表 1-11。

表 1-11　HT 系列

型号 FRN VG7S-4		3.7	5.5	7.5	11	15	18.5	22	30	37	45	55
标准适配电动机容量/kW		3.7	5.5	7.5	11	15	18.5	22	30	37	45	55
额定容量/kV·A		6.8	10	14	18	24	29	34	44	57	69	85
额定电流/A		9.0	13.5	18.5	24.5	32.0	39.0	45.0	58.0	75.0	91.0	112
		13.5	20.0	27.5	36.4	48.0	58.5	67.5	90.0	113	137	168
		16	22.7	31.6	42.9	59.1	73.5	85.1	96.0	120	150	182
输入电源	相数、电压、频率	三相,380～480V,50Hz/60Hz					三相,380～440V/50Hz,380～480V/60Hz					
	容许波动	电压-15％～+10％、频率-5％～+5％、电压不平衡率 2％以内										
	瞬时低电压耐量	从额定电压降低至 310V 以上时继续运行,电压低于 310V 时,能持续运行 15ms										
	额定输入电流/A　有 DCR	7.1	10	13.5	19.8	26.8	33.2	39.3	54	67	81	100
	无 DCR	14.9	21.5	27.9	39.1	50.3	59.9	69.3	86	104	124	150
	需要电源容量/kV·A	5.0	7.0	9.4	14	19	24	28	38	47	57	70
载频/kHz		0.75～15										
质量/kg		8	8	8	12.5	12.5	25	25	30	35	40	41
防护结构		～15kW:IP20 封闭式;18.5kW～:IP00 开启式(可对应选用 IP20 封闭式)										
转矩	额定/％	100％										
	1min 额定/％	150％										
	10s 额定/％	200％(80％额定速度以下)/170％(额定速度)						170％				
制动方式、制动转矩		电阻放电制动,150％制动转矩。制动电阻为外置选件										

③ VT 系列，适用于风机、泵负载，过载电流 110％，1min，见表 1-12。

④ 富士 RHC 系列高功率因数电源再生 PWM 变频器技术规范

其见表 1-13。

三、富士变频器的基本功能

变频器的基本功能包括控制功能、显示功能、保护功能和使用环境等。

（1）控制功能

① 运转与操作　可用编汇器上的键盘操作启动与停止，也可用外部信号控制启停、正反转、加速、减速、多级频率选择等。

② 频率设定　可用键盘操作设定，也可用外接电位器控制频率，还可用 4～20mA 电流信号控制频率。可用外部开关量信号控制电动机按某一频率运行，最多可进行 8 级选择。

③ 运转状态信号　设备可输出（集电极开路）开关量信号，指示系统的运转状态，如"正在运转中""频率到达""频率控制""转矩限制中"等，也可输出模拟信号指示某些状态的参数，如"输出频率""输出电流""输出转矩""负载量"等。

④ 加速时间/减速时间设定　设定范围为 0.2～3600s，能独立设定 4 种加/减速方式，并能由外部信号选择。能设定加/减速曲线的类型，如直线型、曲线型等。

⑤ 上/下限频率　可由软件设定设备运转的上限频率及下限频率。

表 1-12　VT 系列

型号 FRN VG7S-4	3.7	5.5	7.5	11	15	18.5	22	30	37	45	55	75	90	110	132	160	200	220	280	315	355	400
标准适配电动机容量/kW	5.5	7.5	11	15	18.5	22	30	37	45	55	75	90	110	132	160	200	220	280	315	355	400	500
额定容量/kV·A	10	14	18	24	29	34	45	57	69	85	114	134	160	192	231	287	316	396	445	495	563	731
额定电流/A 上行为(连续)	13.5	18.5	24.5	32.0	39.0	45.0	60.0	75.0	91.0	112	150	176	210	253	304	377	415	520	585	650	740	960
额定电流/A 下行为(1min)	14.9	20.4	27	35.2	42.9	49.5	68	82.5	100	123	165	194	231	278	334	415	457	583	655	737	847	1056
相数、电压、频率	三相 380~440V/50Hz,380~480V/60Hz																					
容许波动	电压-15%~+10%,频率-5%~+5%,电压不平衡率2%以内																					
瞬时低电压耐量	从额定电压降低至310V以上时,继续运行,电压低于310V时,能持续运行15ms																					
输入电源 额定输入电流/A 有DCR	10	13.5	19.8	26.8	33.2	39.3	54	67	81	100	134	160	196	232	282	352	385	491	552	624	704	880
输入电源 额定输入电流/A 无DCR	21.5	27.9	39.1	50.3	59.9	69.3	86	104	124	150	—	—	—	—	—	—	—	—	—	—	—	—
需要电源容量/kV·A	7.0	9.4	14	19	24	28	38	47	57	70	93	111	136	161	196	244	267	341	383	432	488	610
制动方式、制动转矩	电阻放电制动,150%制动转矩。制动电阻为外置选件,≥132kW,制动单元为外置选件																					
载频/kHz	0.75~10														0.75~6							
质量/kg	8	8	8	12.5	12.5	25	25	30	35	40	41	50	72	72	100	100	140	140	250	250	300	360
防护结构	~15kW:IP20封闭式;18.5kW~:IP00开启式(可对应适用IP20封闭式)																					

表 1-13　富士 RHC 系列高功率因数电源再生 PWM 变频器技术规范

200 V 系列

电源电压	200 V 系列				
型号(RHC□□□~□□)	7.5·2A	15·2A	22·2A	37·2A	55·2A
适用变频器额定功率/kW	5.5,7.5	11,15	18.5,22	30,37	45,55
输出 额定功率/kW	8.5	17.0	25.2	41.0	62.0
输出 输出电压/V	340V				
控制方式	正弦波 PWM 控制,功率因数控制,直流电压控制				

400 V 系列

电源电压	400 V 系列								
型号(RHC□□□~□□)	7.5·4A	15·4A	22·4A	37·4A	55·4A	75·4A	110·4A	160·4A	220·4A
适用变频器额定功率/kW	5.5,7.5	11,15	18.5,22	30,37	45,55	75	90,110	132,160	200,220
输出 额定功率/kW	8.8	17.0	25.2	41.0	62.0	83.0	124	181	249
输出 输出电压/V	680V								
控制方式	正弦波 PWM 控制,功率因数控制,直流电压控制								

续表

	项目	200V系列					400V系列								
输入	电源电压	三相200~210V/200~220V 50/60Hz					三相380,400~420V/400~440V 50/60Hz								
	输入电源 电压、频率允许波动	电压-15%~+10%,频率±5%,电压不平衡率≤3%													
	需要电源容量/kV·A	10	20	29	47	69	10	20	29	47	69	97	144	211	291
额定	连续额定值	100%													
	过载额定值	150%,1min													
	输入功率因数	95%以上(100%负载时)													
	保护功能	过电压,过电流,过载,过热,电源频率异常,存储器异常,欠电压(欠电压亦能选择自动返回),AC/DC熔断器断路(仅≥30kW有此功能)													
显示	动作显示(监视)	输入电压、输入电流、输入功率、输出电压(7段LED显示)													
	报警显示	对各保护动作相应有7段LED显示 报警发生后,30ABC(1C接点)为ON													
	充电指示灯(红色)	主电容器有充电电压时点亮													
	防护等级	IP40					IP40					IP00			
					IP00										
	冷却方式	强迫风冷													
环境	设置场所	室内,海拔1000m以下,没有腐蚀性气体、可燃气体,灰尘和不受阳光直晒													
	周围温度	-10~+50℃													
	湿度	20%~90%RH(不结露)													
	振动	5.0m/s²以下													
	约重/kg	12	12	28	44		12	12	26	33	60	85	120	175	

⑥ 频率设定的增益　可设定模拟信号（来自外电位的）与输出频率之间的比例关系范围为 0%～200%。

⑦ 偏置频率　可将 0 频率设定为非 0 的偏置频率，满足特殊系统的要求。

⑧ 跳变频率　当系统运转的频率接近机械系统的固有频率时，会产生不良的共振现象，可人工设定跳变频率防止系统在此频率点运行，可设定最多 3 点。

⑨ 瞬间停电再启动　有 4 种选择方式，使正在运转的电动机瞬间停电后能平稳地重新启动运行。

⑩ 自动补偿控制　在 U/f 控制方式中，可自动设定转矩提升的补偿量，也可手动进行固定补偿设置。

⑪ 第 2 台电动机设定　通过软件控制一台变频器可控制 2 台电动机，可设定第 2 台电动机的各种参数。

⑫ 自动节能运转　对于轻负载运行方式，能自动减弱 U/f 比，减少损失，节能运转。

（2）显示功能

① 运转中（或停止时）显示输出频率、输出电流、输出电压、电动机转速、负载轴转速、线速度、输出转矩等，并能显示单位，在液晶显示画面上能显示测试功能、输入信号和输出信号的模拟值。

② 在设定状态时能显示各种功能码及有关数据。

③ 出现故障跳闸时能显示跳闸原因及有关数据。

（3）保护功能

① 过载保护　根据设备的热保护电路进行过载保护。

② 过压保护　在系统制动时，当中间直流电路的电压过高时进行保护。

③ 电涌保护　针对侵入到主电路电源线之间和接地之间的电涌采用保护措施。

④ 欠压保护　当中间级电路的电压过低时启动保护电路。

⑤ 过热保护　根据设备内的温度检测元件的信号保护设备。

⑥ 短路保护　当输出端短路时保护设备。

⑦ 接地保护　当输出端产生接地过电流时动作。

⑧ 电动机保护　根据外部的电动机保护信号保护变频器。

⑨ 防止失速　在加减速中限制过电流。

（4）使用环境

① 用于不含腐蚀性气体、易燃性气体，无灰尘，避免阳光直接照射的场合。

② 环境温度 −10～+500℃。

③ 环境湿度 20%～90%RH。

（5）使用操作

5.5～7.5kW 的产品外形如图 1-4 所示。编程器装于前面板上，也可卸下用电缆连接，实行外部控制。前面板可卸下，内部装有外部连接线的接线端子。变频器驱动电动机的电源线及各种控制信号均由此处接出。变频器的各种功能均通过编程器进行软件设置。对设置完成的程序可自动保存在机内不丢失。

图 1-5 是富士 FRENIC50000G9S/P9S 的接线图。各接线端子的功能见表 1-14。说明如下：

① 主回路

a. R、S、T 为主回路电源端子，不需要考虑相序。

b. U、V、W 为逆变器输出端子，按正确相序接至三相交流电动机，相序不正确会使电动机反转。

图 1-4　5.5～7.5kW 产品的外形图

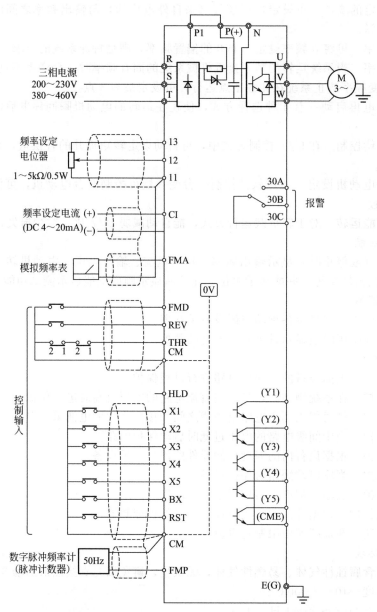

图 1-5 富士 FRENIC50000G9S/P9S 的接线图

注：1. 端子 CME 与端子 CM 和 11 是相互隔离的。2. 用外部开关连接 FWD 或 THR 端子时，
应先去除出厂时接在其上的短路接线。

表 1-14 各接线端子的功能

分类	标记	端子名称	说明
频率设定	13	电位器电源	频率设定电位器用稳压电源＋10VDC(最大输出电流：10mA)
	12	电压输入	0～＋10V DC(0 到最大输出频率的范围)
	C1	电流输入	＋4～＋20mA DC(0 到最大输出频率的范围)
	11	公共端	端子 12、13、C1 和 V1 公共端
命令输入	FWD	正转运行命令	FWD-CM：接通,电动机正向运行；断开,电动机减速停止

续表

分类	标记	端子名称	说明
命令输入	REV	反转运行命令	REV-CM:接通,电动机反向运行;断开,电动机减速停止
	HLD	3线运行停止命令	HLD-CM接通时,FWD或REV端子的脉冲信号能自保持,能由短时接通的按钮操作
	BX	电动机滑行停止命令	BX-CM接通时,电动机将滑行停止,不输出任何报警信号
	THR	外部故障跳闸命令	THR-CM断开,发生OH2跳闸,电动机将滑行停止,报警信号(OH2)自保持
	RST	报警复位	变频器报警跳闸后,RST-CM瞬时接通(≥0.1s),使报警复位
监视输出	FMA-11	模拟监视器	输出0～+10V DC电压,正比于由F46/0～F46/3选择的监视信号。0:输出频率;2:输出转矩;1:输出电流;3:负载率
	FMP-CM	频率监视器(脉冲输出)	脉冲频率=F43×变频器输出频率
接点输出	30A,30B,30C	报警输出	保护功能动作时,输出接点信号
控制输入	X1,X2,X3	多步速度选择口	端子X1、X2和X3的ON/OFF组合能选择8种不同的频率
	X4,X5	选择加/减速时间2、3或4	端子X4和X5的ON/OFF组合能选择4种不同的加/减速时间
	CM	公共端	接点输入信号和脉冲输出信号(FMP)的公共端
开路集电极输出	Y1	输出1	由F47选择各端子功能 0:变频器正在运行(RUN) 1:频率到达信号(FAR) 2:频率值检测信号(FDT) 3:过载预报信号(OL) 4:欠压信号(LU) 5:键盘操作模式 6:转矩限制模式 7:变频器停止模式 8:自动再启动模式 9:自动复位模式 C:程序运行各步时间到信号(TP) D:程序运行一个循环完成信号(TO) E:程序运行步数信号(由3个输出端子Y3、Y4和Y5编码指示) F:报警跳闸模式时的报警指示信号(由4个输出端子Y2、Y3、Y4和Y5编码指示)
	Y2	输出2	
	Y3	输出3	
	Y4	输出4	
	Y5	输出5	
	CME	开路集电极输出的公共端	公共端或开路集电路输出信号

c. P_1、P(+)为内部直流电路中为改善功率因数而外接的直流电抗器,一般可将其短路。

d. P(+)、DB为外接制动电阻端子。对于≤7.5kW逆变器产品,自带制动电阻。如制动功率不够,可将内部电阻拆去,接入较大功率的电阻。

e. 对于≥11kW的逆变器,若内部无制动电路和制动电阻,应在P(+)、N(-)两端子上接入外部制动电路(制动单元),而将制动电阻接至此制动单元上。

制动单元与制动电阻具有富士的配套产品出售。

f. E(G)是设备的接地端子,它可保护人身安全并减小噪声。

② 控制回路

a. 13、12、11为频率控制输入端。可用一个1～10kΩ的电位器接入,调节此电位器可控制变频器输出频率的高低。

b. C1、11 为频率控制输入端。它为电流信号输入端，当电流在 4～20mA 变化时，输出频率可以从 0Hz 变化到最高频率。

c. FWD、CM 为正转/停止输入端，开关量输入，即当二点短路时电动机正转，断开时电动机停止运行，

d. REV、CM 为反转/停止输入端，开关量输入。

e. THR、CM 为外部报警信号输入端，开关量输入。

f. HLD、CM 为自保选择信号，接通后可保持 FWD 或 REV 的信号，开关量输入。

g. RST、CM 为异常恢复，接通后可解除变频器的故障状态，恢复正常运行。

h. BX、CM 为自由运转信号输入。接通后，变频器切断输出，电动机自由运转。

i. X_1、X_2、X_3、X_4、X_5、CM 是变频器的多种用途的开关输入信号。

j. FMA、11 两点接入直流电压表，可指示变频器的输出，可由软件设定为频率、电位、转矩、负载率等。

k. FMP、11 两点输出脉冲信号。接入频率计，可监视变频器频率输出。

l. Y_1、Y_2、Y_3、Y_4、Y_5、CME 为变频器输出信号端，它具有多种功能（由软件设定），为三极管集电极开路输出信号。

m. 30A、30B、30C 为变频器的报警信号输出触头。

该系列变频器操作面板如图 1-6 所示，分为三部分区域。上部显示窗采用发光二极管的数字显示（LED），它可显示多种数据。中部显示窗为液晶显示器，可显示文字、模拟波形等，主要用于编程。下部为各种操作按键，其中包括编程（PRG）、运行（RUN）、停止（STOP）、复位（RESET）、功能/数据（FUNC/DATA）、增量（∧）、减量（∨）、移位（切换）（＞＞）等。

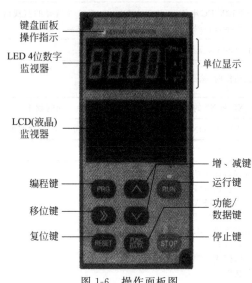

键盘面板操作指示
LED 4位数字监视器
单位显示
LCD(液晶)监视器
增、减键
编程键
运行键
移位键
功能/数据键
复位键
停止键

图 1-6　操作面板图

使用操作面板可对变频器进行各种功能的软件设置，对变频器进行运转控制、运行状态显示等。

四、富士变频器常用的一些软件代码功能

G9/P9 变频器共有 95 种软件代码功能，分为基本功能、输入端子 1、加速/减速时间控制、第 2 电动机控制、模拟监视输出、输出端子、输入端子 2，频率控制 LED 和 LCD 监视器、程序运行、特殊功能 1、电动机特性、特殊功能 2 等多种功能。现仅对几种常用功能加以介绍。

（1）"00" 功能

此功能为频率命令（FREQ COMND）。

进入功能后，选 "0" 则输出频率由编程器设定，采用增量（∧）、减量（∨）可进行调整。选 "1" 则外部电位器经 11、12、13 端子的输入电压控制输出频率。选 "2" 则由 11、12、13 端的输入电压与 C1、11 端输入电流联合控制输出频率。

（2）"01"功能

此功能为运行操作（OPR METHOD）。

进入功能后，选"0"，用编程器上的 RUN 和 STOP 键控制电动机运行。选"1"用 FWD 或 REV 端信号控制电动机运行。

例：如选 '00'：0：30、'01'：0，通电后按 RUN 键，则电动机以 30Hz 的频率旋转。按 STOP 键后电动机停止。

如选 '00'：1、'01'：1，则通电后短接 RWD、CM 后电动机正转，调整外接电位器的动臂则可控制电动机有不同的转速。

（3）"02"功能

此功能为最高频率（MAX Hz）。

可设定频率范围为 50～400Hz（G9 型）或 50～120Hz（P9 型），对普通电动机只能设定为 50Hz，如有特殊需要可提高至 60～70Hz。对更高频率的运行受电动机各方面参数的限制，这是不允许的，对于专门设计的高速电动机才能使用。

（4）"03"功能

此功能为基本频率 1（BASE Hz-1）。

采用 U/f 型变频方式，当基本频率小于最大频率时，0 到基本频率的范围一般为 U/f 方式运转，基本频率到最大频率的范围一般为恒压变频输出方式。

（5）"04"功能

此功能为额定电压 1（RATED V-1），又称最大输出电压。

设定增量为 1V，出厂设定值为 380V。

例："02"：60，"03"：50，"04"：380，输出曲线如图 1-7 所示。机器运行后调整输入电位器，0～50Hz（对 2 极电动机，0～3000r/min）一段为 U/f 型变频方式，属于恒转矩工作方式。50～60Hz（3000～3600r/min）为恒压变频方式，属于恒功率工作方式，类似直流电动

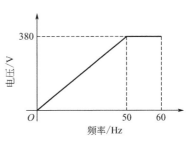

图 1-7　设定的输出曲线

机的额定转速下恒转矩调速，额定转矩以上弱磁调速的恒功率调速方式。

（6）"07"功能

此功能为转矩提升 1（TRQ BOOST1），选择数据范围为 0～20.0。

① 数据 0.0 为变频器根据电动机的参数自动补偿转矩提升值。

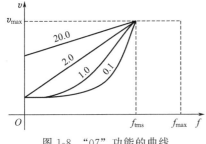

图 1-8　"07"功能的曲线

② 数据 0.1～1.5 为非线性（递减）曲线（见图 1-8）。

③ 数据 2.0～20.0 为线性提升曲线，数据为 0.1～20.0 时为手动设定转矩提升值。

（7）"52"功能

这一功能是"53"～"59"功能的入口控制。只有 F52＝1 时，才能修改"53"～"59"的功能。

（8）"57"功能

此功能为启动频率（START Hz）。

此功能仅当 F52（"52"功能）＝1 时才能被修改，设定值范围为 0.2～60Hz。

例：F52＝1，F57＝1，则变频器运行时，调整输入电位器的值，可控制输出频率。当电位器阻值从 0 开始增加，但阻值很小时电动机不动，只有阻值增大到使输出频率达到 1Hz

以上后，电动机才开始转动。这种设置可防止输入小电压时电动机爬行，或输入电压为 0 时，由于干扰信号造成的电动机爬行不能"锁零"的毛病。

（9）"59"功能

此功能为频率设定信号滤波器（FIL TER）。

仅当 F52＝1 时，F59 的参数才能修改。此功能用于系统有较强干扰信号混入到模拟信号输入端（当采用电位信号输入时，由于输入信号线较长会引入较强干扰）时，变频器内部可采用数字滤波器滤除干扰。设定范围为 0.01～5s。此设定值为数字滤波器的时间常数。但实际设定的参数应选得合适，太小不能起到滤波作用，太大则系统的响应时间过慢。

（10）"05""06"功能

"05"功能：加速时间 1（ACC TIME1）。

"06"功能：减速时间 1（DEC TIME1）。

"加速时间"为从启动到达最大频率所用的时间，设定范围为 0.01～3600s。"减速时间"为从最大频率到达停止所用的时间，设定范围同上。当设定值为"0.00"时表示电动机滑行停止。

（11）"60"功能

"60"功能为 F61～F79 功能的入口控制。

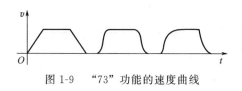

图 1-9   "73"功能的速度曲线

（12）"73"功能

此功能为加速/减速方式的模式选择（ACC PTN）。

0：线性加速和减速（图 1-9）；

1：S 曲线加速和减速（图 1-9）；

2：非线性加速和减速（图 1-9）。

此功能与 F05/F06 功能配合可获得良好的启动性能曲线，达到启动平稳、无冲击、起动速度快的良好效果。

（13）"15""16"功能

"15"功能：驱动时，达到启动平稳、无冲击、启动限制（DRV TORQVE）。

"16"功能：制动时，转矩限制（BRK TORQVE）。

此二功能用于驱动或制动时，使最大转矩限制在某一值上，防止电流过大跳闸。取值范围为 20～180.999，当取 180.999 时为不限制。

（14）"20"～"26"功能

此功能为多步速度设定 1～7。

每一种功能可设定一种速度，设定频率后，依靠外接信号端子 X_1、X_2、X_3 的组合控制信号可获得 7 种控制速度。组合方式由 $X_3X_2X_1$ 组成的二进制数所决定（当取 000 时，速度由 "00" 功能确定）。

（15）"33"～"38"功能

"33"功能：加速时间 2（ACC TIME2）。

"34"功能：减速时间 2（DEC TIME2）。

"35"功能：加速时间 3（ACC TIME3）。

"36"功能：减速时间 3（DEC TIME3）。

"37"功能：加速时间 4（ACC TIME4）。

"38"功能：减速时间 4（DEC TIME4）。

以上功能用于程序运行时的多种速度的控制，设定范围为 0.01～3600s。这些功能受输

入端子 X_4、X_5 的控制。

当 X_4＝OFF 与 X_5＝OFF 时，为加速时间 1/减速时间 1 的设定。

当 X_4＝ON 与 X_5＝OFF 时，为加速时间 2/减速时间 2 的设定。

当 X_4＝OFF 与 X_5＝ON 时，为加速时间 3/减速时间 3 的设定。

当 X_4＝ON 与 X_5＝ON 时，为加速时间 4/减速时间 4 的设定。

此功能与以上功能结合在一起可由外部开关量信号通过端子控制电抗进行各种不同程序速度的控制。

（16）"65" 功能

此功能为程序运行时模式选择（PATTERN）。

仅当 F60＝1 时才能修改此功能。此功能有三种选择。0：一般运行；1：程序运行一个循环后结束；2：程序运行一个循环后按最后速度继续运行。这种功能是软件控制的程序运行方式。

（17）"66"～"72" 功能

此功能为程序运行第 1 步～第 7 步的每步运行时间和加/减速方式的设置。每步运行时间设置的范围为 0.01～6000s。

加减速方式按表 1-15 设置。

表 1-15　加减速方式设置

代码	转向	加速/减速	代码	转向	加速/减速
F1	正转	加速 1/减速 1（取决于 F05 和 F06 设置）	R1	反转	加速 1/减速 1（取决于 F05 和 F06 设置）
F2	正转	加速 2/减速 2（取决于 F33 和 F34 设置）	R2	反转	加速 2/减速 2（取决于 F33 和 F34 设置）
F3	正转	加速 3/减速 3（取决于 F35 和 F36 设置）	R3	反转	加速 3/减速 3（取决于 F35 和 F36 设置）
F4	正转	加速 4/减速 4（取决于 F37 和 F38 设置）	R4	反转	加速 4/减速 4（取决于 F37 和 F38 设置）

若 F66＝10.00：F2，F67＝11.00：F1，F68＝11.00：R4，F69＝11.00：R2，F70＝11.00：F2，F70＝11.00：F4，F70＝11.00：F2，F65＝1，则电动机按图 1-10 所示的速度图运行循环一次结束。图中的匀速度 11～17 的值取决于 F20～F26 的设置。T_1＝10s，T_2～T_7＝11s，程序运行的启动和停止可使用编程器上的 RUN 和 STOP 键或使用 FWD/REV 端子用外信号控制。

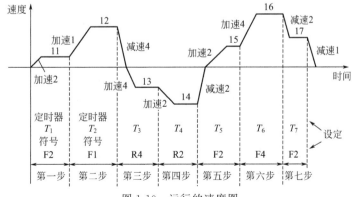

图 1-10　运行的速度图

（18）"29" 功能

此功能为转矩矢量控制（TRQ VECTOR）。

当 F29＝1 时，电动机运行于转矩矢量控制方式。

当 F29＝0 时，电动机运行于普通工作方式。

（19）"78" 功能

此功能为语种设置。

仅当 F60＝1 时，才能修改此功能。

F78＝0 为英文，F78＝1 为中文，F78＝2 为日文（对于日语/英语型号的变频器，F78＝0 为日文，F78＝1 为英文）。

五、变频器典型电路设计及应用举例

（1）变频器的基本接线及电路设计

图 1-11 为基本控制电路图。三相 380V 交流电通过空气开关 QF_1，再经过交流接触器 KM_1 接入到变频器 BF 的电源输入端 R、S、T 上。变频器输出变频电压（U、V、W），经热继电器 RJ_1 接到负载电动机 M 上。

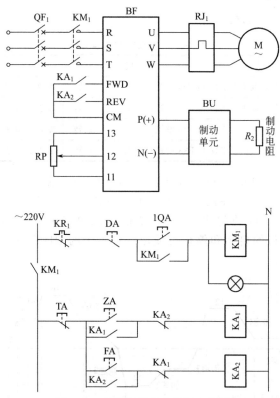

图 1-11　变频器的基本控制电路图

制动电阻 R_2 通过制动单元 BU 接到变频器的制动电阻输入端 P（＋）、N（－）上。对于 7.5kW 以下的变频器，无制动单元，直接将制动电阻 R_2 接到 P（＋）、N（－）上即可。出厂时 7.5kW 以下的变频器机器上带有功率较小的制动电阻，对于频繁制动和转矩较大的情况应拆掉，换用较大功率的电阻。

空气开关（又称断路器）起到总电源开关的作用。同时它还具有短路和过载保护的作用。一般变频器的铭牌以它所驱动的电动机的容量为准，但实际的消耗功率应大一些。因此

开关 QF_1 应按表 1-16 所示的变频器容量来选择。

表 1-16 400V 系列电动机功率与变频器消耗电功率的对照表

配用电动机/kW	0.4	0.75	1.5	2.2	3.7	5.5	7.5	11	15	18.5	22
变频器容量/kV·A	1.1	1.9	2.8	4.2	6.9	10	14	18	23	30	34

接触器一般来讲不是必需的,使用它的作用是:当整个设备需要停电时,比拉空气开关方便些,另外系统出现电气故障时(例如热继电器动作时)可以通过它来迅速切断电路。KM_1 的参数的选择与 QF_1 的选择方法相同。热继电器 RJ_1 起到电动机过热保护的作用,参数选择方法应按实际电动机 M 的容量来选择。

制动电阻的作用是:当电动机出现制动情况时,电动机会有一部分能量回输到变频器内部来,造成变频器的主电路中的直流环节部分的直流电压上升。由于电动机回输能量造成的过高电压经电子开关接通制动电阻,将这部分能量消耗掉。这个电阻的选择较复杂,它受多种因素的影响(富士公司有标准的配套电阻出售)。

实际选用时可由以下经验公式选取电阻功率:

$$W_R = W_D \times 0.13 \tag{1-1}$$

式中,W_D 为电动机功率,kW。

对 400V 系列变频器,电阻值:

$$R = 450/W_D \tag{1-2}$$

对 200V 系列变频器,电阻值:

$$R = 112.5/W_D \tag{1-3}$$

例如对于 30kW 电动机

$$W_R = 30kW \times 0.13 = 3.9kW$$

对 400V 系列:

$$R = 450/30\Omega = 15\Omega$$

对 200V 系列:

$$R = 112.5/30\Omega = 3.75\Omega$$

实际选用时,可按计算结果 ±10% 选用。

正反转控制通过 FWD、REV、CM 的开关信号来进行。最简单情况可由普通开关来控制。本电路通过按钮控制继电器 KA_1、KA_2 来进行。这种电路可实现远程的控制。对于较高级的设备可由 PLC 可编程控制器来进行控制。电位器 RP 为变频器的输出频率控制电位器,它可选用 $1\sim5k\Omega$,0.5W 的电位器。除上面介绍的变频器输入输出信号外,还包括 $X_1\sim X_5$、BX、RST 等输入信号端子,Y1~Y5、30A、30B、30C 等输出信号端子。各输入信号端子(包括前面介绍的 FWD、REV)变频器内部均为光耦合器,具体接线电路如图 1-12 所示。S_1 为外部控制开关,放在外部现场上,当外部接线较长时,应采用屏蔽线,防止引入干扰。输出信号 Y1~Y5、CME 内部为三极管集电极开路输出。具体接线见图 1-13,一般输出端 Y1 可接一继电器 KA,最大允许负载电流为 50mA,最大电压为 27V。一般可选用 24V、阻值大于 480Ω 的线圈的继电器。继电器 KA 线圈上并联的二极管,起到保护内部三极管的作用。在电路的开关过程中,继电器线圈 KA 会产生反电势,可通过此二极管将能量放掉。此继电器 KA 的触点可控制外部的有关电路。

输出信号 30A、30B、30C 为报警输出信号,变频器出现故障时,内部继电器动作,它的触点即为此三点。30C、30B 为常闭点,30C、30A 为常开点。接点容量为 250V、AC 0.3A。

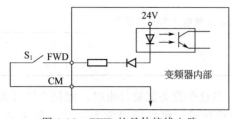

图 1-12　FWD 的具体接线电路

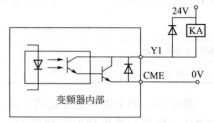

图 1-13　Y1,CME 的具体接线电路

（2）采用变频器的开环系统举例

采用变频器的开环控制系统应用的例子是很多的，下面举一个旋转平面磨床控制的例子。图 1-14(a) 表示出了平面磨床台面与砂轮的关系。如果电动机采用固定速度，那么砂轮在圆台中心与圆台外圆处的加工精度就不相同，影响了加工精度。如采用变频器控制电动机的转速，在外圆处速度较低些，随着砂轮向中心的移动而逐渐增加电动机的速度，而使研磨速度恒定，这样就提高了加工精度和生产效率。

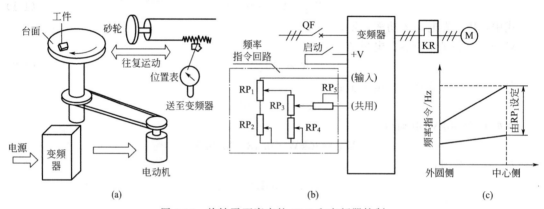

图 1-14　旋转平面磨床的 PLC 和变频器控制

旋转平面磨床变频器控制原理如图 1-14(b) 所示。图中的可变电阻 RP$_1$～RP$_5$ 用来设定变额器的输出频率，根据图 1-14(c) 所示的特性设定。可变电阻 RP$_3$ 最大时调整 RP$_5$，设定中心速度，根据 RP$_1$ 设定最大速度。

由于输入速度只取决于砂轮相对于轮台的物理位置，而电动机上并无实际速度参数反馈到系统中来，因此这种控制属于开环控制。当系统的负载变化时可能要影响电动机速度的变化。

（3）采用变频器的闭环系统举例

【例 1-1】　污水处理厂水位变频调速控制

在污水处理厂，污水经过净化处理后，要在排水池中沉淀一段时间，再排入江河中。这就要求放入的水量与排出的水量相等，使水池的水位恒定。一种方法是对排水泵上的电动机进行启停控制。然而，这种控制方案电动机的启停过于频繁，对于电动机的寿命不利，如果采用变频调速电动机，控制水泵的流量，则节能效果显著，又能延长电动机的寿命，控制原理见图 1-15。

整个系统构成位置控制闭环系统。由水位计检测出来的水位信号与设定水位信号相比较，偏差值送入 PID 调节器进行控制量计算。输出的控制信号作为变频器的输入，变频器的输出控制电动机运转，进而控制水泵进行排水运行。当排水量大于入水量时，必然造成水位低于设定水位，这时 PID 调节器输出较小的控制量使电动机 M 降低转速，使排水量减少，而使水位上升。反之，会使水位下降。自动调节的结果，使水位保持在设定值上。

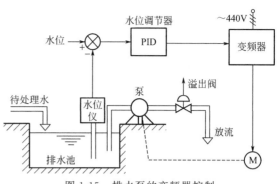

图 1-15　排水泵的变频器控制

【例 1-2】　小型线材轧机变频调速控制

见图 1-16，图中 Z_1 表示轧辊，它由两个支撑辊、两个工作辊组成。M_1 电动机为交流电动机，拖动其运转。Z_2 与 Z_3 为左、右卷取辊，由交流电动机 M_2、M_3 拖动。由于所轧制的线材为特殊金属，只能用无张力控制的方案，因此采用卷取辊与轧制辊之间的线材产生活套的方法进行轧制。左右两边活套的位置由 RP_1 和 RP_2 的检测元件测出。只要控制活套的位置不变，即可保持主轧辊与卷取辊同步运行。在这个系统中，主轧电动机 M_1 采用开环控制。它主要控制轧机的速度。左右卷取部分构成位置闭环控制，达到整个系统协调控制的目的。左卷取系统的闭环系统控制框图如图 1-17 所示。电位器 RP_0 为活套位置设定电位器，电位器 RP_1 为实际活套位置检测电位器，二者相比较后，偏差值送入 PID 调节器控制变频器，进而使 Z_1 与 Z_2 同步运行。

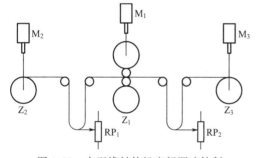

图 1-16　小型线材轧机变频调速控制

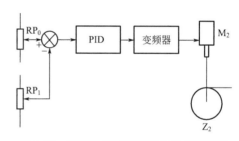

图 1-17　左卷取系统的闭环系统控制框图

这种控制系统由于全部采用交流电动机，克服了老式直流电动机系统的机构庞大、维护不方便的缺点，整个系统体积小、设备简单、维护方便、控制精度高，充分显示了交流变频调速的优点。

第三节　典型三菱系列变频器的硬软件资源

日本三菱变频器是在我国应用较多的变频器之一。其特点是功能设置齐全，编码方式简单明了，较易掌握。其典型产品有 FR-A500 系列等，FR-A540 是其新系列。

一、三菱系列变频器的硬件接线端子图

三菱 FR-A500 硬件接线端子图如图 1-18 所示。三菱 FR-A540 硬件接线端子图如图 1-19 所示。

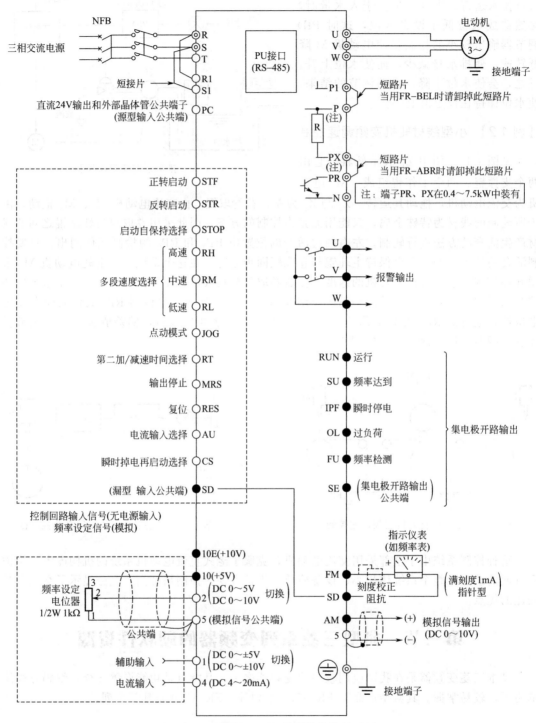

图 1-18 三菱 FR-A500 的硬件接线端子图

◎主回路端子；○控制回路输入端子；●控制回路输出端子

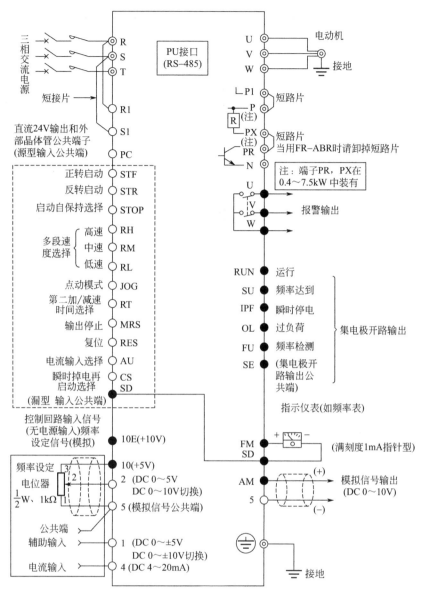

图 1-19 三菱 FR-A540 的硬件接线端子图

◎主回路端子；○控制回路输入端子；●控制回路输出端子

二、三菱系列变频器端子说明

（1）三菱 FR-A540 主回路端子说明（表 1-17）

表 1-17 三菱 FR-A540 主回路端子说明

端子记号	端子名称	说明
R、S、T	交流电源输入	连接工频电源
U、V、W	变频器输出	接三相笼形电动机
R1、S1	控制回路电源	与交流电源端子 R、S 连接

端子记号	端子名称	说明
P、PR	连接制动电阻器	在 P-PR 之间连接选件制动电阻器
P、N	连接制动单元	连接制动单元
P、P1	连接改善功率因数 DC 电抗器	连接选件改善功率因数用电抗器
PR、PX	连接内部制动回路	用短路片 PX-PR 间短路时（出厂设定），内部制动回路便生效（7.5kW 以下装有）
○	接地	变频器外壳接地用，必须接大地

（2）三菱 FR-A540 控制回路端子说明（表 1-18）

表 1-18　三菱 FR-A540 控制回路端子说明

类型		端子记号	端子名称	说明	
输入信号	开关量输入	STF	正转启动	STF 处于 ON 便正转，处于 OFF 便停止。程序运行模式时为程序运行开始信号（ON 开始，OFF 停止）	STF、STR 同时为 ON，电动机停止
		STR	反转启动	STR 信号 ON 为逆转，OFF 为停止	
		STOP	启动自保持选择	使 STOP 信号处于 ON，可以选择启动信号自保持	
		RH、RM、RL	多段速度选择	用 RH、RM 和 RL 信号的组合可以选择多段速度	输入端子功能选择（Pr. 180 ～ Pr. 186)用于改变端子功能
		JOG	点动模式选择	JOG 信号 ON 时选择点动运行	
		RT	第二加/减速时间选择	RT 信号处于 ON 时，选择第二功能	
		AU	电流输入选择	AU 信号处于 ON 时，变频器可用直流 4～20mA 作为频率设定信号	
		CS	瞬停电再启动选择	CS 信号预先处于 ON，瞬时停电再恢复时变频器可自动启动	
		MRS	输出停止	MRS 信号为 ON(20ms 以上)时，变频器输出停止	
		RES	复位	用于解除保护回路动作的保持状态，使变频器复位	
		SD	公共输入端子（漏型）	接点输入端子和 FM 端子的公共端。当某开关量端子与 SD 接通时，该开关量为 ON	
	模拟信号频率设定	10E	频率设定用电源	10V DV，允许负荷电流 10mA	
		10		5V DC，允许负荷电流 10mA	
		2	频率设定（电压）	输入 0～5V DC（或 0～10V DC）时，5V(10V DC)对应于最大输出频率	
		4	频率设定（电流）	DC 4～20mA，20mA 为最大输出频率。只有在端子 AU 信号为 ON 时，该输入信号有效	

三、三菱系列变频器主要功能说明

1. 三菱系列变频器的型号及性能规范

（1）三菱 FR-A240E 系列

① 通用规范（表 1-19）

表 1-19 三菱 FR-A240E 的通用规范

<table>
<thead>
<tr><th colspan="4">型号
FR-A240E □□□</th><th>0.4K</th><th>0.75K</th><th>1.5K</th><th>2.2K</th><th>3.7K</th><th>5.5K</th><th>7.5K</th><th>11K</th><th>15K</th><th>18.5K</th><th>22K</th><th>30K</th><th>37K</th><th>45K</th><th>55K</th></tr>
</thead>
<tbody>
<tr><td rowspan="10">输出</td><td colspan="2">适用电机/kW</td><td>CT</td><td>0.4</td><td>0.75</td><td>1.5</td><td>2.2</td><td>3.7</td><td>5.5</td><td>7.5</td><td>11</td><td>15</td><td>18.5</td><td>22</td><td>30</td><td>37</td><td>45</td><td>55</td></tr>
<tr><td>额定
电流/A</td><td>T_a 50℃ | f_c 14.5kHz</td><td>CT</td><td>1.5</td><td>2.5</td><td>4</td><td>6</td><td>9</td><td>12</td><td>17</td><td>23</td><td>31</td><td>38</td><td>43</td><td>57</td><td>71</td><td>86</td><td>110</td></tr>
<tr><td colspan="2">适用电机/kW</td><td>VT</td><td>0.4</td><td>0.75</td><td>1.5</td><td>2.2</td><td>3.7</td><td>7.5</td><td>11</td><td>15</td><td>18.5</td><td>22</td><td>30</td><td>37</td><td>45</td><td>55</td><td>75</td></tr>
<tr><td>额定
电流/A</td><td>T_a 45℃ | f_c 1kHz</td><td>VT</td><td>1.8</td><td>3</td><td>4.8</td><td>6.7</td><td>9</td><td>14</td><td>21</td><td>29</td><td>39</td><td>48</td><td>57</td><td>71</td><td>96</td><td>108</td><td>138</td></tr>
<tr><td rowspan="2" colspan="2">额定容量/kV·A</td><td>CT</td><td>1.1</td><td>1.9</td><td>3</td><td>4.5</td><td>6.9</td><td>9.1</td><td>13</td><td>17.5</td><td>23.6</td><td>29</td><td>32.8</td><td>43.4</td><td>54</td><td>65</td><td>84</td></tr>
<tr><td>VT</td><td>1.3</td><td>2.3</td><td>3.6</td><td>5.1</td><td>6.9</td><td>10.6</td><td>16</td><td>22.1</td><td>29.7</td><td>36.5</td><td>43.4</td><td>54.1</td><td>73.2</td><td>82.3</td><td>105.2</td></tr>
<tr><td rowspan="2" colspan="2">过负载电流</td><td>CT</td><td colspan="15">150%60s 200% 0.5s(反时限特性)</td></tr>
<tr><td>VT</td><td colspan="15">120%60s 150% 0.5s(反时限特性)</td></tr>
<tr><td colspan="3">输出电压</td><td colspan="15">三相 0 到最大输入电压(可调)50/60Hz</td></tr>
<tr><td rowspan="2">再生制
动力矩</td><td colspan="2">最大值/时间</td><td colspan="8">100%/5s</td><td colspan="7">20%</td></tr>
<tr><td colspan="2">容许制动率</td><td colspan="8">2%ED</td><td colspan="7">连续再生</td></tr>
<tr><td colspan="3">保护结构</td><td colspan="8">封闭型(IP20)</td><td colspan="7">开放型(IP00)</td></tr>
<tr><td colspan="3">冷却方式</td><td colspan="15">强制风冷(带风扇散热)</td></tr>
<tr><td colspan="3">大约质量/kg</td><td>4.0</td><td>4.0</td><td>4.0</td><td>4.0</td><td>4.0</td><td>8.2</td><td>8.2</td><td>16</td><td>16</td><td>30</td><td>30</td><td>35</td><td>54</td><td>54</td><td>72</td></tr>
</tbody>
</table>

② 技术规范（表 1-20）

表 1-20 三菱 FR-A240E 的技术规范

<table>
<tbody>
<tr><td rowspan="16">运行特性</td><td rowspan="2">频率设定信号</td><td>模拟输入</td><td>DC 0~5V,0~10V,0~±5V,0~±10V,4~20mA</td></tr>
<tr><td>数字输入</td><td>使用参数单元,BCD3 位或 12bit 二进制(使用选件 FR-EPA 或 FR-EPE 时)</td></tr>
<tr><td rowspan="7">输入信号</td><td>启动信号</td><td>可以分别选择正转、反转和启动信号自保持输入</td></tr>
<tr><td>多段速度选择</td><td>最大可达 7 速选择(各速度可在 0~400Hz 内设定,运行中可用参数单元改变运行速度)</td></tr>
<tr><td>第二加速/减速时间选择</td><td>0~3600s 可分别设定加速和减速</td></tr>
<tr><td>点动运行选择</td><td>备有点动(JOG)运行模式选择端子</td></tr>
<tr><td>电流输入选择</td><td>选择频率设定信号 DC 4~20mA(4 号端子)的输入</td></tr>
<tr><td>输出停止</td><td>瞬时断开变频器输出(频率、电压)</td></tr>
<tr><td>异常复位</td><td>解除保护功能动作时的保持状态</td></tr>
<tr><td colspan="2">运行功能</td><td>上、下限频率设定,频率跳变运行,外部热继电器输入选择,极性可逆选择,瞬停再启动运行/工频(电源)切换运行,正转/逆转防止,转差补偿,运行模式选择,自动调整功能</td></tr>
<tr><td rowspan="2">输出信号</td><td>运行状态</td><td>变频器正在运行,频率达到、瞬时停电(电压不足)、频率检测、第二频率检测、负载力矩高速频率控制(FR-A241E 专有)、起重机制动顺序(FR-A241E 专有)、正使用 PU 运行、过负荷报警(再生制动预报警)、正在程序模式进行、电子热继电器预报警等等,其中可选择 4 种,集电极开路输出</td></tr>
<tr><td>异常(变频器跳闸)</td><td>接点输出——IC 接点(AC 230V、0.3A;DC 30V、0.3A),集电极开路……报警指令(4 位)输出</td></tr>
</tbody>
</table>

运行特性	输出信号	表示仪表用	输出频率、电机电流(正常或最大值)、输出电压、频率设定值、运行速度、电机力矩、整流桥输出电压(正常或最大值)、再生制动使用率、电子热继电器负荷率、输入功率、输出功率、负荷仪表、电机励磁电流等等,其中可以选择 2 种,可同时脉冲列输出(1440Hz/满刻度)和模拟输出(DC 0~10V)
控制特性	控制方式		高载波频率正弦波 PWM 控制(可以选择 U/f 控制或磁通矢量控制)
	输出频率范围		0.2~400Hz
	频率设定分辨度	模拟输入	0.015Hz/60Hz(2 号端输入;12bit/0~10V,11bit/0~5V;1 号端输入;12bit/-10~+10V,11bit/-5~+5)
		数字输入	0.002Hz/60Hz(PU 使用时 0.01Hz)
	频率精度		最大频率的±0.2%内[(25±10)℃]/模拟输入时;设定输出频率的 0.01%以内/数字输入时
	电压/频率特性		基底频率可在 0~400Hz 任意设定,可以选择恒力矩,平方力矩曲线
	启动力矩		150%/1Hz(磁通矢量控制)
	力矩提升		手动和自动力矩提升
	加速、减速时间设定		0~3600s 可以分别设定加速(减速),可以选择直线或 S 形加减速模式
	直流制动		动作频率(0~120Hz);动作时间(0~10s);动作电压(0~30%)可变
	失速防护动作水平		可以设定动作电流(0%~200%可变),可以选择是否使用这种功能

(2) FR-A500 系列多功能通用变频器的主要技术指标 (表 1-21)

表 1-21　FR-A500 系列多功能通用变频器的主要技术指标

控制特性	控制方式		柔性 PWM 控制/高频载波 PWM 控制、可选 U/f 控制或磁通矢量控制
	输出频率范围		0.2~400Hz
	频率设定分辨率	模拟输入	0.015Hz/60Hz;端子 2 输入:12bit/0~10V,11bit/0~5V;端子 1 输入:12bit/-10~10V,11bit/-5~5V
		数字输入	0.01Hz
	频率精度		模拟量输入时最大输出频率的±0.2%,数字量输入时设定输入频率的 0.01%
	电压/频率特性		可在 0~400Hz 任意设定,可选择恒转矩或变转矩曲线
	启动转矩		0.5Hz 时 150%
	转矩提升		手动转矩提升
	加/减速时间设定		0~3600s,可分别设定加速和减速时间,可选择直线型或 S 型加/减速模式
	直流制动		动作频率 0~120Hz,动作时间 0~10s,电压 0%~30%可变
	失速防止动作水平		可设定动作电流 0%~200%,可选择是否使用这种功能
运行特性	频率设定信号	模拟量输入	0~5V,0~10V;0~±10V,4~20mA
		数字量输入	使用操作面板或参数单元 3 位 BCD 或 12 位二进制输入(使用 FR-A5AX 选件)
	启动信号		可分别选择正转、反转和启动信号自保持输入(三线输入)
	输入信号	多段速度选择	最多可选择 15 种速度(每种速度可在 0~400Hz 内设定),运行速度可通过 PU(FR-DU04/FR-PU04)改变
		第二、第三加/减速度选择	0~3600s(最多可分别设定三种不同的加/减速时间)
		点动运行选择	具有点动运行模式选择端子

运行特性	输入信号	电流输入选择	可选择输入频率设定信号 4～20mA(端子 4)
		输出停止	变频器输出瞬时切断(频率、电压)
		报警复位	解除保护功能动作时的保持状态
	运行功能		上、下限频率设定,频率跳变运行,外部热继电器输入选择,极性可逆选择,瞬时停电再启动运行,工频电源/变频器切换运行,正转/反转限制,转差率补偿,运行模式选择,离线自动调整功能,在线自动调整功能,PID 控制,程序运行,计算机网络运行(RS485)
	输出信号	运行状态	可从变频器正在运行,上限频率,瞬时电源故障,频率检测,第 2 频率检测,第 3 频率检测,正在程序运行,正在 PU 模式下运行,过负荷报警,再生制动预报警,零电流检测,输出电流检测,PID 下限,PID 上限,PID 正/负作用,工频电源-变频器切换,接触器 1、2、3,动作准备,抱闸打开请求,风扇故障和散热片过热预报警中选择五个不同的信号通过集电极开路输出
		报警(变频器跳闸)	接点输出/接点转换(AC 230V、0.3A,AC 30V、0.3A),集电极开路/报警代码(4bit)输出
		指示仪表	可从输出频率、电机电流(正常值或峰值)、输出电压、设定频率、运行速度、电机转矩、整流桥输出电压(正常值或峰值)、再生制动使用率、电子过电流保护负载率、输入功率、负载仪表、电动机励磁电流中分别选择一个信号从脉冲串输出(1440 脉冲/s,满量程)和模拟输出(0～10V)
显示	PU(FR-DU04/FR-PU04)	运行状态	可选择输出频率、电动机电流(正常值或峰值)、输出电压、设定频率、运行速度、电机转矩、过负载、整流桥输出电压(正常值或峰值)、电子过电流保护、负载率、输入功率、输出功率、负载仪表、电动机励磁电流、累积动作时间、实际运行时间、电能表、再生制动使用率和电动机负载率用于在线监视
		报警内容	保护功能动作时显示报警内容可记录 8 次(对于操作面板只能显示 4 次)
	附加显示	运行状态	输入端子信号状态,输出端子信号状态,选件安全状态,端子安排状态
		报警内容	保护功能即将动作前的输出电压、电流、频率、累积动作时间
		对话式引导	借助于帮助菜单显示操作指南,故障分析
保护/报警功能			过电流断路(正在加速、减速、恒速),再生过电压断路,欠电压,瞬时停电,过负载,电子过电流保护,制动晶体管报警,接地过电流,输出短路,主回路组件过热,失速防止,过负载报警,制动电阻过热保护,散热片过热,风扇故障,参数错误,PU 脱出

（3）FR-A500 风机水泵专用型通用变频器的主要技术指标（表 1-22）

表 1-22　FR-A500 风机水泵专用型通用变频器的主要技术指标

控制特性	控制方式		柔性 PWM 控制、高频载波 PWM 控制、可选择 U/f 控制
	输出频率范围		0.5～120Hz
	频率设定分辨率	模拟输入	0.015Hz/60Hz;端子 2 输入:12bit/0～10V,11bit/0～5V;端子 1 输入:12bit/－10～10V,11bit/－5～5V
		数字输入	0.01Hz
	频率精度		模拟量输入时最大输出频率的±0.2%以内,数字量输入时设定输入频率的 0.01%以内
	电压/频率特性		可在 0～120Hz 任意设定,可选择恒转矩或变转矩曲线
	转矩提升		手动转矩提升
	加/减速时间设定		0～3600s(可分别设定加速和减速时间),可选择直线型或 S 型加/减速模式
	直流制动		动作频率 0～120Hz,动作时间 0～10s,电压(0%～30%)可变
	失速防止动作水平		可设定动作电流(0%～120%),可选择是否使用这种功能

运行特性	频率设定信号	模拟量输入	0～5V,0～10V,0～±10V 4～20mA
		数字量输入	使用操作面板或参数单元3位BCD或12位二进制输入(FR-A5AX选件)
	启动信号		可分别选择正转、反转和启动信号自保持输入(三线输入)
	输入信号	多段速度选择	最多可选择7种速度[每种速度可在0～120Hz内设定,运行速度可通过PU(FR-DU04/FR-PU04)]改变
		第二加/减速度选择	0～3600s(最多可分别设定2种不同的加/减速时间)
		点动运行选择	具有点动运行模式选择端子
		电流输入选择	可选择输入频率设定信号4～20mA(端子4)
		瞬时停止再启动选择	瞬时停止时是否再启动
		外部过热保护输入	在外部安装的过热继电器当使变频器停止时的接点输入
		连接FR-HC	变频器运行许可输入和瞬时停电检测输入
		外部直流制动开始信号	直流制动开始的外部输入
		PID控制有效	进行PID控制时的选择
		PU,外部操作的切换	从外部进行PU外部操作切换
		PU,运行的外部互锁	从外部进行PU运行的互锁切换
		输出停止	变频器输出瞬时切断(频率,电压)
		报警复位	解除保护功能动作时的保持状态
	运行功能		上、下限频率设定,频率跳跃运行,外部热继器输入选择,极性可逆选择,瞬时停电再启动运行,工频电源/变频器切换运行,正转/反转限制,运行模式选择,PID控制,计算机网络运行(RS485)
	输出信号	运行状态	可从变频器正在运行,频率到达,瞬时电源故障,频率检测,第2频率检测,正在PU模式下运行,过负载报警,电子过电流保护预报警,零电流检测,输出电流检测,PID下限,PID上限,PID正/负作用,工频电源/变频器切换,MC1、2、3,动作准备,风扇故障和散热片过热预报警中选择五个不同的信号通过集电极开路输出
		报警	变频器跳闸时,接点输出/接点转换(AC 230V 0.3A,DC 30V 0.3A)集电极开路……报警代码(4bit)输出
		指示仪表	可从输出频率、电动机电流(正常值或峰值)、输出电压、设定频率、运行速度、整流桥输出电压(正常值或峰值)、再生制动使用率、电子过电流保护、负载率、输入功率、输出功率、负载仪表中选择一个从脉冲串输出(1440脉冲/s,满量程)和模拟输出(0～10V)
显示	附加显示	运行状态	输入端子信号状态,输出端子信号状态,选件安全状态,端子安全状态
		报警内容	保护功能即将动作前的输出电压/电流/频率/累计通电时间
		对话式引导	借助于帮助菜单显示操作指南,故障分析
保护/报警功能			过电流跳闸(正在加速、减速、恒速),再生过电压跳闸,欠电压,瞬时停电,过负载跳闸(电子过电流保护),接地过电流,输出短路,主回路组件过热,失速防止,过负载报警,散热片过热,风扇故障,参数错误,选件故障,PU脱出,再试次数溢出,输出欠相,CPU错误,DC 24V电源输出短路,操作面板用电源短路

（4）FR-V540 系列（表 1-23）

表 1-23　FR-V540 系列的性能

型号 FR-V540-□□K		1.5	2.2	3.7	5.5	7.5	11	15	18.5	22	30	37	45	55
输出	适用电机功率/kW[①]	1.5	2.2	3.7	5.5	7.5	11	15	18.5	22	30	37	45	55
	额定容量/kV·A	3.1	4.5	6.9	9.8	13	18.7	25.2	30.4	35.8	43.8	58.1	68.5	91
	额定电流/A	9	13	20	28.5	37.5	54	72.8	88	103.5	126.5	168	198	264
	过载能力[②]	150%60s,200%0.5s(反时限特性)												
	再生制动力矩　最大值	100%,2%ED[③⑥]							20%连续[⑥]					
	再生制动力矩　允许使用率													
输入电源	电压,频率	三相;380～480V,50/60Hz												
	电压允许波动范围	323～528V,50/60Hz												
	频率允许波动范围	+5%												
	瞬时电压不足	330V 以上连续正常工作,330V 以下只保持 15ms 运行												
	电源容量/kV·A[④]	5.0	6.5	10	14	19	23	33	39	48	57	77	90	123
保护结构[⑤]		锁闭型(IP20 NEMA1)							开放型(IP00)					
散热方式		强制风冷												
大约质量/kg		3.5	3.5	6	6	14	14	14	14	24	35	35	50	52

输出	适用电机功率/kW	75	90	110	132	160	220	250
	额定容量/kV·A[①]	114	135	166	187	229	288	350
	额定电流/A	165	195	240	270	330	415	505
	过载能力[②]	150%60s,200%0.5s(反时限特性)						
	电压	三相,380～480V,50/60Hz						
输入电源	电压,频率	三相,380～480V,50/60Hz						
	电压允许波动范围	323～528V,50/60Hz						
	频率允许波动范围	+5%						
	电源容量/kV·A[④]	114	135	166	187	229	288	350
保护结构		开放型(IP00)						
散热方式		强制风冷						
大约质量/kg		75		120		220		235

①指输出电压为 400V 时的额定容量。

②过载能力是以过电流和额定电流之比（%）表示的，反复使用时，必须等待变频器和电机减到 100%负载时的温度以下。

③短时额定为 5s。

④电源容量随着电源阻抗（包括输入电抗器和线路阻抗）的不同而异。

⑤当使用内置式选件并打开接线盖时为 IP00。

⑥对于容量为 1.5～15kW 的变频器，使用合适的外置式制动电阻可以使制动能力提高到：100%制动转矩/10%ED。

（5）FR-V540（L）系列（表 1-24）

表 1-24　FR-V540（L）系列的性能

控制特性	控制方式	柔性 PWM 控制或高载波频率正弦波 PWM 控制,闭环矢量控制/开环矢量控制(专用版本)或 U/f 控制

控制特性	控制模式		速度控制、转矩控制和位置控制(不同模式可以进行切换)		
	转速范围		0~3600r/min(0~150r/min 为恒转矩区)		
	速度设定精度	模拟量输入	最大设定速度的 0.03%		
		数字量输入	最大设定速度的 0.003%		
	再生制动转矩/最大再生制动使用率		1.5~5.5kW——100%转矩,2%ED 7.5~55kW——20%转矩(连续)		
	加减速时间		0~3600s(可选择线性或 S 曲线方式,可选择齿隙补偿)		
输入信号	模拟量输入信号	端子号	设定范围	速度控制模式	转矩控制模式
		2	0~10V(精度0.03%)	速度给定	速度限制
		1	0~±10V(精度0.05%)	辅助速度设定/励磁给定/再生转矩限制	速度限制补偿/励磁给定/正反转速度限制
		3	0~±10V(精度0.05%)	转矩限制/转矩偏置	转矩给定
		(选件 FR-V5AX)6	0~±10V(精度0.003%)	速度设定/转矩限制	速度限制/转矩给定
	数字量输入信号	3 个固定功能端子	可以自定义为以下信号:反转,多段速选择(最多 15 段速),遥控设定,点动(注 1),第 2(3)功能选择,输出停止,启动信号自保持,预励磁,控制模式切换,转矩限制选择,启动时间调整,S 曲线切换,PID 控制选择;主轴定位命令,抱闸打开完成信号,转矩偏置选择 1(2),P 控制选择;伺服 ON;HC 连接和 PU/外部控制互锁		
		3 个多功能端子			
		3 个多功能端子(选件 FR-V5AX)			
输出信号	继电器输出	1 个继电器输出 (230V AC,0.3A;30V DC,0.3A)	可以自定义为以下信号:变频器运行 2,速度到达,瞬时停止再启动,速度检测,第 2(3)速度检测,PU 操作模式,过负载报警,再生制动预报警,电子热继电器预报警,输出电流检测,零电流检测;PID 下限,PID 上限,PID 正(反)转输出,变频器准备好,变频器准备好 2,抱闸打开请求,风扇故障,散热器过热预报警,主轴定位完成,正转中,反转中,低速中,转矩检测,再生制动中,轻微故障,轻微故障 2,报警,维修时间到,启动时间调整完成,遥控输出,输出速度检测,第 2(3)输出速度检测,定位完成和调试卡运行状态		
	集电极开路输出	3 个多功能端子			
		3 个多功能端子(选件 FR-V5AY)			
		7 个多功能端子(选件 FR-A5AY)			
	模拟量输出	0~+/-10V 12 位 1 通道	可以自定义为以下信号:速度,输出电流,输出电压,预设速度,输出频率,电机转矩,直流母线电压,再生制动使用率,电子过流保护负载率,输出电流峰值,直流母线电压峰值,负载率,电机励磁电流,电机输出功率,参考电压输出,转矩指令,转矩电流指令和转矩监视		
		0~10V 12 位 1 通道			
		0~10V 10 位 1 通道			
		0~20mA 10 位 1 通道(选件 FR-A5AY)			
	脉冲串输出(选件 FR-V5AY)		A 相、B 相和 Z 相(A、B 相可以分频输出) 输出形式:集电极开路或差分驱动		

续表

运行功能		最大/最小速度设定,速度跳变,外部热继电器输入选择,极性可变运行,辅助设定比例功能,瞬时停电再启动,正转/反转防止,操作模式选择,离线自动调整,在线自动调整,简易增益设定,通信运行,遥控设定,抱闸顺序控制,第2功能,第3功能,多段速运行,自由停车,掉电停止,PID控制,速度前馈,模型自适应控制,主从控制,转矩偏置,12位数字量给定(选件FR-A5AX),12位数字量给定(选件FR-V5AH),脉冲串输入(选件FR-A5AP),电机热电阻接口(选件FR-V5AX)
显示	参数单元 (FR-Du04-1或FR-PU04V)	可以从以下信号中选择:速度,输出电流,输出电压,预设速度,输出频率,电机转矩,直流母线电压,再生制动使用率,电子过流保护负载率,输出电流峰值,直流母线电压峰值,输入/输出端子状态,负载率,电机励磁电流,位置脉冲,累积运行时间,实际运行时间,电机负载率,转矩指令,转矩电流指令,反馈脉冲,电机输出功率和转矩监视
	报警定义	当保护功能被触发时,显示报警定义。变频器保存过去8次报警记录(通过操作面板仅可以显示过去四次记录)
	保护功能	过电流跳闸(加速/减速/恒速时),再生制动过电压跳闸(加速/减速/恒速时),欠压,接地故障,电源(12/24/操作面板)输出短路,失速防止,外部热继电器动作,散热器过热,风扇故障,选件报警,参数错误,PU脱离,编码器无信号,速度误差过大,超速,位置误差过大,CPU故障,编码器相序出错,输出相序出错,再试次数溢出,制动顺序出错
环境	环境温度	$-10\sim+50^{\circ}\text{C}$
	环境湿度	90%RH以下
	保存温度	$-20\sim+65^{\circ}\text{C}$
	周围环境	室内(无腐蚀性气体、易燃气体、油雾和灰尘)
	海拔高度,振动	最高海拔1000m,振动$5.9\text{m/s}^2(0.6g)$以下

2. 三菱变频器常用的软件功能

（1）FR-A540的常用功能（表1-25）

表1-25　三菱FR-A540的常用功能

类别	功能码	功能名称	数据码	设定单位	出厂设定
基本功能	0	转矩补偿	0～30%	0.1%	6%/4%/3%/2%
	1	上限频率	0～120Hz	0.01Hz	120Hz
	2	下限频率	0～120Hz	0.01Hz	0Hz
	3	基本频率	0～400Hz	0.01Hz	50Hz
	4	多段速频率1(高速)	0～400Hz	0.01Hz	30Hz
	5	多段速频率2(中速)	0～400Hz	0.01Hz	60Hz
	6	多段速频率3(低速)	0～400Hz	0.01Hz	10Hz
	7	加速时间	0～3600s/0～360s	0.1s/0.01s	5s/15s
	8	减速时间	0～3600s/0～360s	0.1s/0.01s	5s/15s
	9	电子热保护	0～500A0	0.01A	I_N
标准运行功能	10	直流制动起始频率	0～120Hz,9999	0.01Hz	3Hz
	11	直流制动时间	0～10s,8888	0.1s	0.5s
	12	直流制动电压	0～30%	0.1%	4%/2%
	13	启动频率	0～60Hz	0.01Hz	0.5Hz

类别	功能码	功能名称	数据码	设定单位	出厂设定
	14	配用负荷	0～5	1	0
	15	点动频率	0～400Hz	0.01Hz	5Hz
	16	点动加/减速时间	0～3600s/0～360s	0.1s/0.01s	0.5s
	17	MRS 输入选择	0,2	1	0
	18	高速上限频率	120～400Hz	0.01Hz	120Hz
	19	基本频率电压	0～1000V,8888,9999	0.1V	9999
	20	加/减速基准频率	1～400Hz	0.01Hz	50Hz
	21	加/减速时间单位	0,1	1	0
	22	失速防止动作水平	1%～200%,9999	0.1%	50%
	23	额定频率以上失速防止动作水平	1%～200%,9999	0.1%	9999
标准	24	多段速设定(速度 4)	0～400Hz,9999	0.01Hz	9999
运行	25	多段速设定(速度 5)	0～400Hz,9999	0.01Hz	9999
功能	26	多段速设定(速度 6)	0～400Hz,9999	0.01Hz	9999
	27	多段速设定(速度 7)	0～400Hz,9999	0.01Hz	9999
	28	多段速度输入补偿	0,1	1	0
	29	加/减速曲线	0,1,2,3	1	0
	30	再生制动使用率变更选择	0,1,2	1	0
	31	回避频率 1A	0～400Hz,9999	0.01Hz	9999
	32	回避频率 1B	0～400Hz,9999	0.01Hz	9999
	33	回避频率 2A	0～400Hz,9999	0.01Hz	9999
	34	回避频率 2B	0～400Hz,9999	0.01Hz	9999
	35	回避频率 3A	0～400Hz,9999	0.01Hz	9999
	36	回避频率 3B	0～400Hz,9999	0.01Hz	9999
	38	5V(10V)输入时的频率	1～400Hz	0.1Hz	50Hz
输出端子功能	41	频率到达动作范围	1%～100%	0.1%	10%
	42	输出频率检测	0～400Hz	0.01Hz	6Hz
	43	反转输出频率检测	0～400Hz,9999	0.01Hz	9999
	54	FM 端子功能选择	1～3,5～14,17,18,21	1	1
	55	频率监视基准	0～400Hz	0.01Hz	50Hz
输入端子功能	56	电流监视基准	0～500A	0.01A	I_N
	58	再启动加速时间	0～60s	0.1s	1.0s
附加	59	遥控功能选择	0,1,2	1	0
	60	智能模式选择	0～8	1	0
	61	智能模式基准电流	0～500A,9999	0.01A	9999
	62	加速电流基准	0～200%,9999	0.1%	9999
运行选择功能	63	减速电流基准	0～200%,9999	0.1%	9999
	64	升降机模式启动频率	0～10Hz,9999	0.01Hz	9999
	70	特殊再生制动使用率	0～15%,0～30%	0.1%	0
	71	配用电动机	0～8,13～18,20,23,24	1	0
	72	载波频率	0～15	1	2
	73	0～5V/0～10V 选择	0～5,10～15	1	1
	74	输入滤波器时间常数	0～8	1	1

续表

类别	功能码	功能名称	数据码	设定单位	出厂设定
运行选择功能	75	复位/PU 检测/PU 停止	0～3,14～17	1	14
	76	报警编码输出选择	0,1,2,3	1	0
	77	数据码禁止写入	0,1,2	1	0
	78	禁止反转选择	0,1,2	1	0
	79	操作模式选择	0～8	1:PL 2:外部	3:组合模式 1 4:组合模式 2
电动机参数	80	电动机容量	0.4～55kW,9999	0.01kW	9999
	81	电动机磁极数	2,4,6,12,14,16,9999	1	9999
	82	电动机励磁电流	0～9999	1	9999
	83	电动机额定电压	0～1000V	0.1V	400V
	84	电动机额定频率	50～120Hz	0.01Hz	50Hz
	89	速度控制增益	0～200.0%	0.1%	100%
	90	电动机常数(R_1)	0～9999		9999
	91	电动机常数(R_2)	0～9999		9999
	92	电动机常数(L_1)	0～9999		9999
	93	电动机常数(L_2)	0～9999		9999
	94	电动机常数(X)	0～9999		9999
	95	在线自动整理选择	0,1	1	0
	96	自动调整设计/状态	0,1,101	1	0
PID 控制	128	PID 动作选择	10,11,20,21		10
	129	PID 比例常数	0.1%～1000%,9999	0.1%	100%
	130	PID 积分时间	0.1～3600s,9999	0.1s	1s
	131	上限	0～100%,9999	0.1%	9999
	132	下限	0～100%,9999	0.1%	9999
	133	PU 操作的目标值	0～100%	0.01%	0
	134	PID 微分时间	0.01～10.0s,9999	0.01s	9999
工频切换功能	135	工频切换输出端子选择	0,1	1	0
	136	KM 切换互锁时间	0～100.0s	0.1s	1.0s
	137	启动等待时间	0～100.0s	0.1s	0.5s
	138	报警时工频切换选择	0,1	1	0
	139	工频/变频自动切换选择	0～60.00Hz,9999	0.01Hz	9999
端子功能选择	输入端子	180	RL 端子功能选择	端子名称:RL,RH,RT,AU,JOG,CS,OH,REX 设定值:0,2,3,4,5,6,7,8 例:①将 RT 端子设置为 OH 端子,应预置 Pr.183＝7 ②将 AU 端子设置为 REX 端子,应预置 Pr.184＝8	
		181	RM 端子功能选择		
		182	RH 端子功能选择		
		183	RT 端子功能选择		
		184	AU 端子功能选择		
		185	JOG 端子功能选择		
		186	CS 端子功能选择		
	输出端子	190	RUN 端子功能选择	端子名称:SU,IPF,OL,FU,KA1,KA2,KA3 设定值:1,2,3,4,17,18,19 例:将 IPF 端子定义为 KA1,应预置 Pr.192＝17	
		191	SU 端子功能选择		
		192	IPF 端子功能选择		
		193	OL 端子功能选择		
		194	FU 端子功能选择		
		195	ABC 端子功能选择		

类别	功能码	功能名称	数据码		设定单位	出厂设定
程序运行	200	程序运行分/秒选择	0,2:分钟,秒		1	0
	201	程序设定1 1～10	0～1:旋转方向 0～400,9999:频率 0～99.59:时间		1 0.1Hz 分钟或秒	0 9999 0
	211	程序设定1 11～20	0～1:旋转方向 0～400,9999:频率 0～99.59:时间		1 2.1Hz 分钟或秒	0 9999 0
	221	程序设定1 21～30	0～1:旋转方向 0～400,9999:频率 0～99.59:时间		1 4.1Hz 分钟或秒	0 9999 0
	231	时间设定	0～99.59			0
多段速度设定	232	多段速度设定(速度8)	0～400Hz,9999		0.01Hz	9999
	233	多段速度设定(速度9)	0～400Hz,9999		0.01Hz	9999
	234	多段速度设定(速度10)	0～400Hz,9999		0.01Hz	9999
	235	多段速度设定(速度11)	0～400Hz,9999		0.01Hz	9999
	236	多段速度设定(速度12)	0～400Hz,9999		0.01Hz	9999
	237	多段速度设定(速度13)	0～400Hz,9999		0.01Hz	9999
	238	多段速度设定(速度14)	0～400Hz,9999		0.01Hz	9999
	239	多段速度设定(速度15)	0～400Hz,9999		0.01Hz	9999
停止选择	250	停止方式选择	0～100s,9999		0.1s	9999
标准功能	900	FM端子校准	—		—	—
	901	AM端子校准	—		—	—
	902	电压给定频率偏置	0～10V	0～60Hz	0.01Hz	0V(0Hz)
	903	电压给定频率增益	0～10V	0～400Hz	0.01Hz	5V(50Hz)
	904	电压给定频率偏置	0～20mA	0～60Hz	0.01Hz	4mA(0Hz)
	905	电流给定频率	0～20mA	0～400Hz	0.01Hz	20mA(50Hz)

（2）FR-V540（L）的功能参数表（表1-26）

表1-26　FR-V540（L）的功能参数表

功能	参数号	名称	设定范围	最小设定单位	出厂设定
基本功能	0	转矩提升[1][8]	0%～31%	0.1%	6%、4% 3%、2%
	1	上限频率	0～120Hz	0.01Hz	120Hz
	2	下限频率	0～120Hz	0.01Hz	0Hz
	3	基底频率	0～400Hz	0.01Hz	50Hz
	4	多段速度设定(高速)	0～400Hz	0.01Hz	60Hz
	5	多段速度设定(中速)	0～400Hz	0.01Hz	30Hz
	6	多段速度设定(低速)	0～400Hz	0.01Hz	10Hz
	7	加速时间	0～3600s/0～360s	0.1s/0.01s	5s/15s[6]

功能	参数号	名称	设定范围	最小设定单位	出厂设定
基本功能	8	减速时间	0～3600s/0～360s	0.1s/0.01s	5s/15s⑥
	9	电子过电流保护	0～500A	0.01A	额定输出电流
标准运行功能	10	直流制动动作频率	0～120Hz,9999	0.01Hz	3Hz
	11	直流制动动作时间	0～10s,8888	0.1s	0.5s
	12	直流制动电压	0%～30%	0.10%	4%/2%⑥
	13	启动频率	0～60Hz	0.01Hz	0.5Hz
	14	适用负荷选择①	0～5	1	0
	15	点动频率	0～400Hz	0.01Hz	5Hz
	16	点动加/减速时间	0～3600s/0～360s	0.1s/0.01s	0.5s
	17	MRS输入选择	0,2	1	0
	18	高速上限频率	120～400Hz	0.01Hz	120Hz
	19	基底频率电压①	0～1000V,8888,9999	0.1V	9999
	20	加/减速参考频率	1～400Hz	0.01Hz	50Hz
	21	加/减速时间单位	0,1	1	0
	22	失速防止动作水平	0～200%,9999	0.1%	150%
	23	倍速时失速防止动作水平补正系数	0～200%,9999	0.10%	9999
	24	多段速度设定(速度4)	0～400Hz,9999	0.01Hz	9999
	25	多段速度设定(速度5)	0～400Hz,9999	0.01Hz	9999
	26	多段速度设定(速度6)	0～400Hz,9999	0.01Hz	9999
	27	多段速度设定(速度7)	0～400Hz,9999	0.01Hz	9999
	28	多段速度输入补偿	0,1	1	0
	29	加/减速曲线	0,1,2,3	1	0
	30	再生制动使用率变更选择	0,1,2	1	0
	31	频率跳变1A	0～400Hz,9999	0.01Hz	9999
	32	频率跳变1B	0～400Hz,9999	0.01Hz	9999
	33	频率跳变2A	0～400Hz,9999	0.01Hz	9999
	34	频率跳变2B	0～400Hz,9999	0.01Hz	9999
	35	频率跳变3A	0～400Hz,9999	0.01Hz	9999
	36	频率跳变3B	0～400Hz,9999	0.01Hz	9999
	37	选择速度表示	0,1～9998	1	0
输出端子功能	41	频率到达动作范围	0～100%	0.1%	10%
	42	输出频率检测	0～400Hz	0.01Hz	6Hz
	43	反转时输出频率检测	0～400Hz,9999	0.01Hz	9999
第二功能	44	第二加/减速时间	0～3600s/0～360s	0.1s/0.01s	5s
	45	第二减速时间	0～3600s/0～360s,9999	0.1s/0.01s	9999

功能	参数号	名称	设定范围	最小设定单位	出厂设定
第二功能	46	第二转矩提升①	0～30％,9999	0.10％	9999
	47	第二 U/f(基底频率)①	0～400Hz,9999	0.01Hz	9999
	48	第二失速防止动作电流	0％～200％	0.10％	150％
	49	第二失速防止动作频率	0～400Hz,9999	0.01	0
	50	第二输出频率检测	0～400Hz	0.01Hz	30Hz
显示功能	52	DU/PU 主显示数据选择	0～20,22,23,24,25,100	1	0
	53	PU 水平显示数据选择	0～3,5～14,17,18	1	0
	54	FM 端子功能选择	1～3,5～14,17,18,21	1	1
	55	频率监示基准	0～400Hz	0.01Hz	50Hz
	56	电流监示基准	0～500A	0.01A	额定输出电流
自动再启动功能	57	再启动自由运行时间	0,0.1～5s,9999	0.1s	9999
	58	再启动上升时间	0～60s	0.1s	1.0s
附加功能	59	遥控设定功能选择	0,1,2	1	0
运行选择功能	60	智能模式选择	0～8	1	0
	61	智能模式基准电流	0～500A,9999	0.01A	9999
	62	加速时电流基准值	0～200％,9999	0.10％	9999
	63	减速时电流基准值	0～200％,9999	0.10％	9999
	64	提升模式启动频率	0～10Hz,9999	0.01Hz	9999
	65	再试选择	0～5	1	0
	66	失速防止动作降低开始频率	0～400Hz	0.01Hz	50Hz
	67	报警发生时再试次数	0～10,101～110	1	0
	68	再试等待时间	0～10s	0.1s	1s
	69	再试次数显示和消除	0		0
	70	特殊再生制动使用率	0～15％/0～30％/0％③	0.10％	
	71	适用电动机	0～8,13～18,20,23,24	1	0
	72	PWM 频率选择	0～15	1	2
	73	0～5V/0～10V 选择	0～5,10～15	1	1
	74	输入滤波器时间常数	0～8	1	1
	75	复位选择/PU 脱离检测/PU 停止选择	0～3,14～17	1	14
	76	报警编码输出选择	0,1,2,3	1	0
	77	参数写入禁止选择	0,1,2	1	0
	78	逆转防止选择	0,1,2	1	0
	79	操作模式选择	0～8	1	0

续表

功能	参数号	名称	设定范围	最小设定单位	出厂设定
电动机参数	80	电动机容量	0.4～55kW,9999	0.01kW	9999
	81	电动机极数	2,4,6, 12,14,16,9999	1	9999
	82	电动机励磁电流④	0～9999	1	9999
	83	电动机额定电压	0～1000V	0.1V	200V/400V②
	84	电动机额定频率	50～120Hz	0.01Hz	9999
	89	速度控制增益	0～200.0%	0.10%	100%
	90	电动机常数(R1)④	0～9999		9999
	91	电动机常数(R2)④	0～9999		9999
	92	电动机常数(L1)④	0～9999		9999
	93	电动机常数(L2)④	0～9999		9999
	94	电动机常数(X)④	0～9999		9999
	95	在线自动调整选择	0,1	1	0
	96	自动调整设定/状态	0,1,101	1	0
U/f 5点可调特性	100	U/f_1(第一频率)①	0～400Hz,9999	0.01Hz	9999
	101	U/f_1(第一频率电压)①	0～1000V	0.1V	0
	102	U/f_2(第二频率)①	0～400Hz,9999	0.01Hz	9999
	103	U/f_2(第二频率电压)①	0～1000V	0.1V	0
	104	U/f_3(第三频率)①	0～400Hz,9999	0.01Hz	9999
	105	U/f_3(第三频率电压)①	0～1000V	0.1V	0
	106	U/f_4(第四频率)①	0～400Hz,9999	0.01Hz	9999
	107	U/f_4(第四频率电压)①	0～1000V	0.1V	0
	108	U/f_5(第五频率)①	0～400Hz,9999	0.01Hz	9999
	109	U/f_5(第五频率电压)①	0～1000V	0.1V	0
第三功能	110	第三加/减速时间	0～3600s /0～360s 9999	0.1s/0.01s	9999
	111	第三减速时间	0～3600s /0～360s 9999	0.1s/0.01s	9999
	112	第三转矩提升①	0～30.0%,9999	0.10%	9999
	113	第三U/f(基底频率)①	0～400Hz,9999	0.01Hz	9999
	114	第三失速防止动作电流	0～200%	0.10%	150%
	115	第三失速防止动作频率	0～400Hz	0.01Hz	0
	116	第三输出频率检测	0～400Hz,9999	0.01Hz	9999
通信功能	117	站号	0～31	1	0
	118	通信速率	48,96,192	1	192
	119	停止位长/字长	0,1(数据长8) 10,11(数据长7)	1	1
	120	有/无奇偶校验	0,1,2	1	2

续表

功能	参数号	名称	设定范围	最小设定单位	出厂设定
通信功能	121	通信再试次数	0~10,9999	1	1
	122	通信校验时间间隔	0,0.1~999.8s,9999	0.1	0
	123	等待时间设定	0~150ms,9999	10ms	9999
	124	有/无 CR,LF 选择	0,1,2	1	1
PID 功能	128	PID 动作选择	10,11,20,21		10
	129	PID 比例常数	0.1%~1000%,9999	0.10%	100%
	130	PID 积分时间	0.1~3600s,9999	0.1s	1s
	131	上限	0~100%,9999	0.10%	9999
	132	下限	0~100%,9999	0.10%	9999
	133	PU 操作时的 PID 目标设定值	0~100%	0.01%	0
	134	PID 微分时间	0.01~10.00s,9999	0.01s	9999
工频切换选择	135	工频电源切换输出端子选择	0,1	1	0
	136	接触器(MC)切换互锁时间	0~100.0s	0.1s	1.0s
	137	启动等待时间	0~100.0s	0.1s	0.5s
	138	报警时的工频电源/变频器切换选择	0,1	1	0
	139	自动变频器/工频电源切换选择	0~60.00Hz,9999	0.01Hz	9999
齿隙	140	齿隙加速停止频率⑦	0~400Hz	0.01Hz	1.00Hz
	141	齿隙加速停止时间⑦	0~360s	0.1s	0.5s
	142	齿隙减速停止频率⑦	0~400Hz	0.01Hz	1.00Hz
	143	齿隙减速停止时间⑦	0~360s	0.1s	0.5s
显示	144	速度设定转换	0,2,4,6,8,10,102,104,106,108,110	1	4
附加功能	148	在 0V 输入时的失速防止水平	0~200%	0.10%	150%
	149	在 10V 输入时的失速防止水平	0~200%	0.10%	200%
电流检测	150	输出电流检测水平	0~200%	0.10%	150%
	151	输出电流检测时间	0~10s	0.1s	0
	152	零电流检测水平	0~200.0%	0.10%	5.0%
	153	零电流检测时间	0~1s	0.01s	0.5s
子功能	154	选择失速防止动作时电压下降	0,1	1	1
	155	RT 信号执行条件选择	0,10	1	0
	156	失速防止动作选择	0~31,100	1	0
	157	OL 信号输出延时	0~25s,9999	0.1s	0
	158	AM 端子功能选择	1~3,5~14,17,18,21	1	1
附加功能	160	用户参数组读出选择	0,1,10,11	1	0

续表

功能	参数号	名称	设定范围	最小设定单位	出厂设定
瞬时停电再启动	162	瞬停再启动动作选择	0,1	1	0
	163	再启动第一缓冲时间	0～20s	0.1s	0s
	164	再启动第一缓冲电压	0～100%	0.1%	0
	165	再启动失速防止动作水平	0～200%	0.10%	150%
初始化监视器	170	电能表清零	0		0
	171	实际运行时间清零	0		0
用户功能	173	用户第一组参数注册	0～999	1	0
	174	用户第一组参数删除	0～999,9999	1	0
	175	用户第二组参数注册	0～999	1	0
	176	用户第二组参数删除	0～999,9999	1	0
端子安排功能	180	RL 端子功能选择	0～99,9999	1	0
	181	RM 端子功能选择	0～99,9999	1	1
	182	RH 端子功能选择	0～99,9999	1	2
	183	RT 端子功能选择	0～99,9999	1	3
	184	AU 端子功能选择	0～99,9999	1	4
	185	JOG 端子功能选择	0～99,9999	1	5
	186	CS 端子功能选择	0～99,9999	1	6
	190	RUN 端子功能选择	0～199,9999	1	0
	191	SU 端子功能选择	0～199,9999	1	1
	192	IPF 端子功能选择	0～199,9999	1	2
	193	OL 端子功能选择	0～199,9999	1	3
	194	FU 端子功能选择	0～199,9999	1	4
	195	A,B,C 端子功能选择	0～199,9999	1	99
附加功能	199	用户初始值设定	0～999,9999	1	0
程序运行	200	程序运行分/秒选择	0,2:分钟,秒 1,3:小时,分	1	0
	201	程序设定 1 1～10	0～2:旋转方向 0～400,9999: 频率 0～99.59:时间	1 0.1Hz 分钟或秒	0 9999 0
	211	程序设定 2 11～20	0～2:旋转方向 0～400,9999: 频率 0～99.59:时间	1 0.1Hz 分钟或秒	0 9999 0
	221	程序设定 3 21～30	0～2:旋转方向 0～400,9999: 频率 0～99.59:时间	1 0.1Hz 分钟或秒	0 9999 0
	231	时间设定	0～99.59		0
多段速度运行	232	多段速度运行(速度 8)	0～400Hz,9999	0.01Hz	9999
	233	多段速度运行(速度 9)	0～400Hz,9999	0.01Hz	9999
	234	多段速度运行(速度 10)	0～400Hz,9999	0.01Hz	9999

功能	参数号	名称	设定范围		最小设定单位	出厂设定	
多段速度运行	235	多段速度运行(速度11)	0～400Hz,9999		0.01Hz	9999	
	236	多段速度运行(速度12)	0～400Hz,9999		0.01Hz	9999	
	237	多段速度运行(速度13)	0～400Hz,9999		0.01Hz	9999	
	238	多段速度运行(速度14)	0～400Hz,9999		0.01Hz	9999	
	239	多段速度运行(速度15)	0～400Hz,9999		0.01Hz	9999	
子功能	240	柔性PWM设定	0,1		1	1	
	244	冷却风扇运行选择	0,1		1	0	
停止选择	250	停止方式选择	0～100s,9999		0.1s	9999	
掉电停机方式选择	261	掉电停机方式选择	0,1		1	0	
	262	起始减速频率降	0～20Hz		0.01Hz	3Hz	
	263	起始减速频率	0～120Hz,9999		0.01Hz	50Hz	
	264	掉电减速时间1	0～3600/0～360s,9999		0.1s/0.01s	5s	
	265	掉电减速时间2	0～3600/0～360s,9999		0.1s/0.01s	9999	
	266	掉电减速时间转换频率	0～400Hz		0.01Hz	50Hz	
选择功能	270	挡块定位/负荷转矩高速频率控制选择	0,1,2,3		1	0	
高速频率控制	271	高速设定最大电流	0～200%		0.1%	50%	
	272	中速设定最大电流	0～200%		0.1%	100%	
	273	电流平均范围	0～400Hz,9999		0.01Hz	9999	
	274	电流平均滤波常数	1～4000		1	16	
挡块定位	275	挡块定位励磁电流低速倍率	0～1000%,9999		1%	9999[5]	
	276	挡块定位PWM载波频率	0～15,9999		1	9999[5]	
顺序制动功能	278	制动开始频率[3]	0～30Hz		0.01Hz	3Hz	
	279	制动开启电流[3]	0～200%		0.1%	130%	
	280	制动开启电流检测时间[3]	0～2s		0.1s	0.3s	
	281	制动操作开始时间[3]	0～5s		0.1s	0.3s	
	282	制动操作频率[3]	0～30Hz		0.01Hz	6Hz	
	283	制动操作停止时间[3]	0～5s		0.1s	0.3s	
	284	减速检测功能选择[3]	0,1		1	0	
	285	超速检测频率[3]	0.30Hz,9999		0.01Hz	999	
校准功能	900	FM端子校准					
	901	AM端子校准					
	902	频率设定电压偏置	0～10V	0～60Hz	0.01Hz	0V	0Hz
	903	频率设定电压增益	0～10V	1～400Hz	0.01Hz	5V	50Hz
	904	频率设定电流偏置	0～20mA	0～60Hz	0.01Hz	4mA	0Hz
	905	频率设定电流增益	0～20mA	1～400Hz	0.01Hz	20mA	50Hz

功能	参数号	名称	设定范围	最小设定单位	出厂设定
附加功能	990	蜂鸣器控制	0,1	1	1

①表示当选择先进磁通矢量控制模式时,忽略该参数设定。

②FR-A540（400V 系列）的出厂设定为 400V。

③当 Pr. 80、Pr. 81≠9999 且 Pr. 60＝7 或 8 可以设定。

④当 Pr. 80、Pr. 81≠9999 且 Pr. 77＝801 时可以存取。

⑤当 Pr. 270＝1 或 3 且 Pr. 80、Pr. 81≠9999 时可以存取。

⑥此设定由变频器容量决定。

⑦当 Pr. 29＝3 时可以存取。

⑧此设定由变频器容量决定：0.4kW/1.5～3.7kW/5.5、7.5kW/11kW。

⑨此设定由变频器容量决定：0.4～1.5kW/2.2～7.5kW/11kW 以上。

（3）报警码（表 1-27）

表 1-27 变频器的报警码

操作面板显示 FR-DU04	参数单元 FR-PU04	名称		说明
E. OC1	OC DuringAcc	加速时	过电流断路	当变频器输出电流达到或超过大约额定电流的 200％时,保护回路动作,停止变频器输出
E. OC2	Steady Spd OC	定速时		
E. OC3	OC During Dec	减速时 停止时		
E. OV1	OV During Acc	加速时	再生过电压断路	如果来自运行电动机的再生能量使变频器内部直流主回路电压上升达到或超过规定值,保护回路动作,停止变频器输出,也可能是由电源系统的浪涌电压引起的
E. OV2	Steady Spd OV	定速时		
E. OV3	OV During Dec	减速时停止时		
E. THM	Motor Overload	过负荷断路（电子过电流保护）	电动机	变频器的电子过电流保护功能检测到由于过负荷或定速运行时,冷却能力降低引起的电动机过热。当达到预设值的 85％时,预报警（TH 指示）发生。当达到规定值时,保护回路动作,停止变频器输出。多极电动机类的特殊电动机或两台以上电动机运行时,不能用电子过电流保护功能保护电动机,需在变频器输出回路安装热继电器
E. THT	Inv. Overload		变频器	如果电流超过额定输出电流的 150％而未发生过电流断路（OC）（200％以下）,反时限特性使电子过电流保护动作,停止变频器的输出（过负荷延时:150％,60s）
E. IPF	In st. Pwr. Loss		瞬时停电保护	停电（变频器输入电源断路也一样）超过 15ms 时,此功能动作,停止变频器输出,以防止控制回路误动作。同时,报警输出接点打开（B-C）和闭合（A-C）①。如果停电时间持续超过 100ms,报警不输出,如果电源恢复时,启动信号是闭合的,变频器将再启动（如果瞬时停电在 15ms 以内,控制回路仍然运行）

操作面板显示 FR-DU04	参数单元 FR-PU04	名称	说明
E. U VT	Under Voltage	低电压保护	如果变频器电源电压降低,控制回路将不能正常动作,导致电动机转矩降低或发热增加,因此,如果电源电压降至 150V(对于 400V 系列大约为 300V),此功能停止变频器输出。当 P-PI 间无短路片时,低电压保护功能也动作
E. FIN	H/Sink O/Temp	散热片过热	如果散热片过热,温度传感器动作使变频器停止输出
FN	Fan Failure	风扇故障	变频器内含一冷却风扇,当冷却风扇由于故障或运行与 Pr.244"冷却风扇运行选择"的设定不同时,操作面板上显示 FN,并且输出风扇故障信号(FAN)和轻微故障信号(LJ)
E. BE	Br. Cet. Fault	制动晶体管报警	由于制动晶体管损坏使制动回路发生故障,此功能停止变频器输出。在此情况下,变频器电源必须立刻关断
E. GF	Ground Fault	输出侧接地故障过电流保护	如果在变频器输出(负荷)侧发生接地故障和对地有漏电流时,此功能停止变频器的输出,在低接地电阻时发生接地故障,可能过电流保护(E. OC1~E. OC3)动作
E. OHT	OH Fault	外部热继电器动作②	为防止电动机过热,外部继电器或电动机内部安装的温度继电器断开,这类接点信号进入变频器使其输出停止。如果继电器接点自动复位,变频器只有在复位后才能重新启动
E. OLT	Stall Prey STP (失速防止动作 时显示 OL)	加速时	如果电流超过变频器额定输出电流,此功能降低输出频率使负载电流减小,以防止变频器出现过电流跳闸。当负载电流降到 150%③ 以下后,此功能再增大频率使变频器加速到达设定频率
		恒速运行时	如果电流超过变频器额定输出电流,此功能降低输出频率使负载电流减小,以防止变频器出现过电流跳闸。当负载电流降到 150%③ 以下后,此功能再增大频率到达设定频率
		减速运行时	如果电动机再生能量超过制动能力,此功能增大频率以防止过电压跳闸。如果电流超过变频器额定输出电流,此功能增大输出频率使负载电流减小,以防止变频器出现过电流跳闸。当负载电流降到 150%③ 以下后,此功能再降低频率
E. OPT	Option Fault	选件报警	如果变频器内置专用选件由于设定错误或连接(接口)故障将停止变频器输出,当选择了提高功率因数转换器时,如果将交流电源连接到 R、S、T 端,此报警也会显示

续表

操作面板显示 FR-DU04	参数单元 FR-PU04	名称	说明
E. PE	Corrupt Memory	参数错误	如果存储参数设定时发生 E^2PROM 故障,变频器将停止输出
E. PUE	PU Leave Out	PU 脱出发生	当在 Pr. 75"复位选择/PU 脱出检测/PU 停止选择"中设定 2、3、16 或 17,如果变频器和 PU 之间的通信发生中断,例如操作面板或参数单元脱出,此功能将停止变频器的输出。当 Pr. 121 的值设定为"9999"用 RS485 通过 PU 接口通信时,如果连续发生通信错误次数超过允许再试次数,此功能将停止变频器的输出。如果通信停止时间达到 Pr. 122 设定的时间,此功能将停止变频器的输出
E. REF	Retry No Over	再试次数超出	如果在再试设定次数内运行没有恢复,此功能将停止变频器的输出
E. LF		输出相断开保护	当变频器输出侧三相(U、V、W)中有一相断开时,此功能停止变频器的输出
E. CPU	CPU Fault	CPU 错误	如果内置 CPU 算术运算在预定时间内没有结束,变频器自检将发出报警并停止输出
E. P24		直流 24V 电源输出短路	当从 PC 端子输出的直流 24V 电源被短路,此功能切断电源输出,同时,所有外部接点输入关断,通过输入 RES 信号不能复位变频器。需要复位时,用操作面板复位或关断电源,重新合闸
E. CTE		操作面板电源短路	当操作面板电源(PU 接口的 P5S)短路时,此功能切断电源输出,同时,不能用操作面板(参数单元)和通过 PU 接口用 RS485 通信进行复位。需要复位时,输入 RES 信号或关断电源,重新合闸
		制动电阻过热保护	7.5kW 以下的变频器内含有一制动电阻,当来自电动机的再生制动率达到规定值的 85% 时,预报警(RB 指示)发生。如果超过规定值,制动暂时停止动作,防止电阻过热
E. MB1～E. MB7		顺序制动错误	如果在使用顺序制动功能时发生顺序错误,此功能将停止变频器的输出

①如果 Pr. 195(A、B、C 端子功能选择)设定为出厂设定。

②仅当 Pr. 180～Pr. 186 中任一个设定为"OH"时,外部热继电器动作才有效。

③表示失速防止动作水平被设定为 150%,如果该值被改变,失速防止按新值动作。

（4）报警后的对策（表1-28）

表 1-28　报警后的对策

操作面板的显示	检查点	处理	故障程度	
			重	轻
E. OC1	加速是否太快? 检查是否输出短路或接地	增加加速时间	0	

续表

操作面板的显示	检查点	处理	故障程度	
			重	轻
E. OC2	负荷是否突变？检查是否输出短路或接地	保持负荷稳定	0	
E. OC3	减速是否太快？检查是否输出短路或接地电动机机械抱闸动作太快	增加减速时间检查抱闸动作	0	
E. OV1	加速是否太快	增加加速时间	0	
E. OV2	负荷是否突变	保持负荷稳定	0	
E. OV3	减速是否太快	增加减速时间（设定与负荷 GD^2 相应的减速时间），降低制动率	0	
E. THM	是否过负荷使用电动机	减轻负荷，增加变频器和电动机的容量	0	
E. THT			0	
E. IPE	检查瞬时停电的原因	恢复电源	0	
E. UVF	是否大容量电动机启动？P-PI间的短路片或直流电抗器是否连接	检查供电系统，连接 P-PI 端子间的跳线或自流电抗器	0	
E. FIN	环境温度是否太高	将环境温度调整到规定的范围内	0	
E. BE	制动率是否正确	减小负荷的 GD^2，降低制动率	0	
E. GF	检查电动机或电缆是否对地故障	解决接地故障	0	
E. OHT	检查电动机是否过热	降低负荷和运行频率	0	
E. OLT	是否过负荷使用电动机	减轻负荷，增加变频器和电动机的容量	0	
E. OPT	检查选件接口是否松脱	可靠连接	0	
E. PE	输入参数的次数是否太多	更换变频器	0	
E. PUE	是否没有插牢 DU 或 PU	可靠安装 DU 或 PU	0	
E. RET	检查报警发生的原因		0	
E. LF	检查断开的输出相	检修断开相序	0	
E. CPU	检查松脱的接口	更换变频器，可靠连接	0	
E. P24	检查 PC 端子是否短路	修复短路	0	
E. CTE	检查 PU 连接电缆是否短路	检查 PU 和电缆	0	
FN	冷却风扇是否正常	更换风扇		0
E. MB1～E. MB7	检查抱闸顺序是否正常		0	
PS	外部运行时是否使用了操作面板的"STOP"键进行停止	检查负荷状态		
RB	制动电阻使用是否过于频繁	增加减速时间		
TH	是否负荷过大？是否突然加速	减小负荷量或频繁运行		
OL	电动机是否在过负荷情况下使用？是否突然减速	减轻负荷，降低抱闸频率		

（5）外部放置型选件（表1-29）

表 1-29　外部放置型选件

名称	型号	用途、规格等	适用变频器
参数单元 （8 种语言）	FR-PU04	LCD 显示的对话式参数单元（可选用日语、英语、德语、法语、西班牙语、意大利语、瑞典语和芬兰语）	适用于所有型号
参数单元连接电缆	FR-CB2□□	操作面板或参数单元的连接电缆	
外设散热片配件	FR-A5CN□□	借助于这一选件，可以仅将变频器的发热部分移到控制板的背面	1.5～55K,根据容量
全封闭结构配件	FR-A5CV□□	借助于这一选件，可以对应于全封闭规格（IP40）	0.4～22K,根据容量
电线管连接用配件	FR-A5FN□□	用于直接连接导线套管	30～55K,根据容量
安装互换配件	FR-A5AT□□	为了使其与以前的机种有相同的安装尺寸而使用的安装板	0.4～55K,根据容量
EMC 规格认可的噪声滤波器[3]	SF□□	符合 EMC 规格的噪声滤波器（EN50081-2）	0.4～55K,根据容量
高频制动电阻	FR-ABR-(H)□□[1]	用于改善变频器内部的制动能力	0.4～7.5K,根据容量
浪涌电压抑制滤波器	FR-ASF-H□□	抑制变频器输出侧的浪涌电压	0.4～5.5K,根据容量
改善功率因数用直流电抗器	FR-BEL-(H)□□[1]	用于改善变频器的输入功率因数（综合功率因数约为 95%）和电源配合使用	0.4～55K,根据容量
改善功率因数用交流电抗器	FR-BAL-(H)□□[1]	用于改善变频器的输入功率因数（综合功率因数约为 90%）和电源配合使用	0.4～55K,根据容量
无线电噪声滤波器	FR-BIF-(H)□□[1]	用于降低无线电噪声	适用于所有型号
线噪声滤波器	FR-BSF01	用于降低线噪声（适用于 3.7kW 以下）	
	FR-BLF	用于降低线噪声	
BU 制动单元	BU-1500 至 15K,H7.5K 至 H30K	用于改善变频器的制动能力（用于大惯性负荷或逆向性负荷）	根据容量
制动单元	FR-BU-15K 至 55K,H15K 至 55K	用于改善变频器的制动能力（用于大惯性负荷或逆向性负荷）。制动单元和制动电阻一起使用	根据容量
制动电阻	FR-BB-15K 至 55K,H15K 至 55K		
能量回馈单元	FR-RC-15K 至 55K,H15K 至 55K	可将电动机产生的制动能量再生后回馈到电网的节能型高性能制动单元	根据容量
提高功率因数整流器	FR-HC7.5K 至 55K,H7.5K 至 H55K	提高功率因数整流器切换整流电路到整流输入电流波形为正弦波,对于抑制谐波非常有效（与标准附件一起使用）	
手动控制箱	FR-AX[4]	单独运行用,带频率表,频率设定电位器,启动开关	适用于所有型号
联动设定操作箱	FR-AL[4]	借助外部信号（0～5VDC,0～10VDC）联动运行（1VA）[2]	
3 速设定箱	FR-AT[4]	高、中、低三速切换运行（1.5V·A）	

名称	型号	用途、规格等	适用变频器
遥控设定箱	FR-FK④	用于远距离操作,可以从多个地方进行操作(5V·A)	
比率设定箱	FR-FH④	用于比率运行,可以设定5台变频器的比率(3V·A)	
跟踪设定箱	FR-FP④	利用测速发电动机(PG)的信号,实行跟踪运行(2V·A)	
主速设定箱	FR-FG④	多台(最多35台)变频器并列运行用主速设定器(5V·A)	
软启动设定箱	FR-FC④	用于软启动、停止。可并列加/减速(3V·A)	
位移检测器	FR-FD④	用于同速运行与位移检测器、自整角机组合使用(5V·A)	
前置放大器箱	FR-FA④	可以作为A/V变换或运算放大器使用(3V·A)	适用于所有型号
测速发电机	QVAH-10④	用于随动运行。70/35V AC 500Hz(2500r/min)	
位移检测器	YVGC-500W-NS④	用于同步运行(检测机械位移)。输出90V AC/90°	
频率设定电位器	WA2W1kΩ④	用于设定频率。绕线型2W1kΩB特性	
频率表	YM 206 R11mA④	专用频率表(刻度可达120Hz)。动圈式直流电流表	
校正用电阻	RV 24 Yn 10kΩ④	用于校正频率表的刻度。炭膜式B特性	
变频器设置软件	FR-SWO-SETUP-WE	支持从变频器的启动至维护的每一步。(FR-SWO-SETUP-WJ是日本版)	

①400V系列在型号上附有"H"。FR系列操作,设定箱的电源规格为200V AC 50Hz,200V/220V AC 60Hz,115V AC 60Hz。

②额定损耗功率。

③安装变频器用的互换配件(FR-A5AT□□),有些型号例外。

④仅可用于日本国内规格的选件。

(6)内置专用选件(表1-30)

表1-30 内置专用选件

名称	型号	功能
12位数字输入	FR-A5AX	·用于3位BCD或12位二进制编码的数字信号高精度地设定变频器频率的输入接口 ·可以调整增益、偏置
数字输出	FR-A5AY	·此选件可从变频器26个标准输出信号任选7个信号从集电极开路输出
扩展模拟量输出		·可输出监视FM和AM端子以外的16个信号,例如,输出频率 ·可连接20mA DC或5V(10V)DC表
继电器输出	FR-A5AR	·此选件可从变频器26个标准输出信号任选3个信号从继电器输出
定位控制、PLG输出②	FR-A5AP	·与安装于工作机械主轴的位移检测器(旋转编码器)组合使用,可以使主轴停止在指定位置(定位控制) ·用旋转编码器检测电动机的旋转速度,将这个检测信号反馈给变频器,自动地补偿速度的变化。因此,即使发生负荷波动,也可以保持电动机速度的稳定 ·可以用操作面板和参数单元对当前主轴位置和实际电动机速度进行监视
脉冲串输出		·可以用脉冲串信号向变频器输入速度指令
通信 计算机网络	FR-A5NR	·通过计算机用户程序例如个人计算机或FA控制器用通信电缆连接,对变频器进行操作/监视/参数更改 ·用双绞线抗噪声通信系统

续表

名称	型号	功能
继电器输出	FR-A5NR	·能够从变频器本身的标准装备输出信号中任选一种作为继电器接点(1c 接点)进行输出
通信 Profibus DP	FR-A5NP	·通过计算机或 PLC 对变频器进行操作/监视/参数更改
DeviceNetTM	FR-A5ND	·通过计算机或 PLC 对变频器进行操作/监视/参数更改
CC-Link①	FR-A5NC	·通过 PLC 对变频器进行操作/监视/参数更改
Modbus Plus	FR-A5NM	·通过计算机或 PLC 对变频器进行操作/监视/参数更改

①CC-Link 是 Control&Communication Link 的简称。
②定位控制时，若从外部输入停止位置指令，需要 FR-A5AX（12 位数字输入）。

第四节　典型西门子变频器的硬软件资源

德国西门子变频器典型的产品有 MM420 和 MM440 等。

一、德国西门子变频器的硬件接线图

MM420 的硬件接线端子图如图 1-20 所示，MM440 的硬件接线端子图如图 1-21 所示。

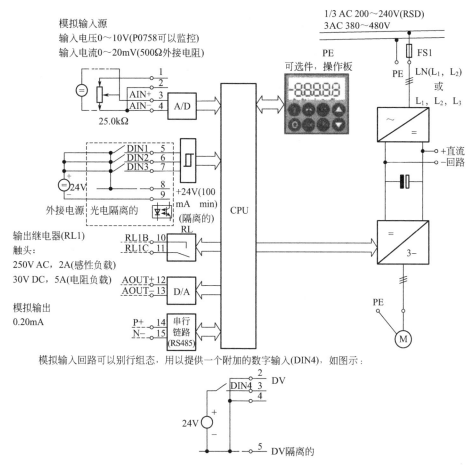

图 1-20　MM420 的硬件接线端子图

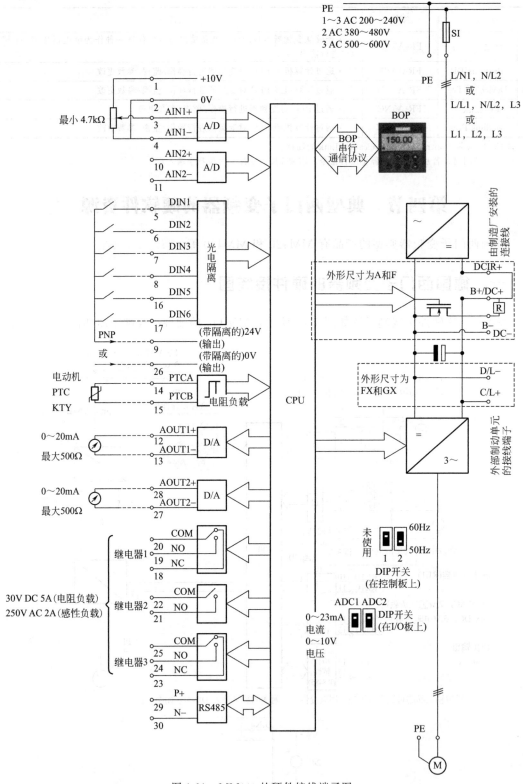

图 1-21　MM440 的硬件接线端子图

二、德国西门子变频器的主要技术数据

MM420 主要技术数据见表 1-31，MM440 主要技术数据见表 1-32，MM3 主要技术数据见表 1-33。

表 1-31 MM420 主要技术数据

输入电压和功率范围	单相 AC 200～240(1±10%)V 0.12～3kW		
	三相 AC 200～240(1±10%)V 0.12～5.5kW		
	三相 AC 380～480(1±10%)V 0.37～11kW		
输入频率	47～63Hz		
输出频率	0～650Hz		
功率因数	≥0.7		
变频器效率	96%～97%		
过载能力	1.5 倍额定输出电流,60s(每 300s 一次)		
投运电流	小于额定输入电流		
控制方式	线性 U/f,二次方 U/f(风机的特性曲线),可编程 U/f,磁通电流控制(FCC)		
PWM 频率	2～16kHz(每级调整 2kHz)		
固定频率	7 个,可编程		
跳转频带	4 个,可编程		
频率设定值的分辨率	0.01Hz,数字设定 0.01Hz,串行通信设定 10 位,模拟设定		
数字输入	3 个完全可编程的带隔离的数字输入;可切换为 PNP/NPN		
模拟输入	1 个,用于设定值输入或 PI 输入(0～10V),可标定;可作为第 4 小数字输入使用		
继电器输出	1 个,可组态为 30V 直流 5A(电阻负载)或 250V 交流 2A(感性负载)		
模拟输出	1 个,可编程(0～20mA)		
串行接口	RS232,RS485		
电磁兼容件	可选用 EMC 滤波器,符合 EN55011A 级或 B 级标准		
制动	直流制动,复合制动		
保护等级	IP20		
工作温度范围	−10～50℃		
存放温度	−40～70℃		
湿度	相对湿度 95%,无结露		
海拔	海拔 1000m 以下使用时不降低额定参数		
保护功能	欠电压、过电压、过负载、接地故障、短路、防失速、闭锁电动机、电动机过温 I^2t,PTC,变频器过温、参数 PIN 编号保护		
标准	UL、CUL、CE、C-tick		
标记	通过 EC 低电压规范 73/23/EEC 和电磁兼容性规范 89/336/EEC 的确认		
外形尺寸和质量(不带密封盖板)	箱体外部尺寸	$W×H×D$/mm	质量/kg
	A	73×173×149	1.0
	B	149×202×172	3.3
	C'	193×245×195	5.0

表 1-32   MM440 主要技术数据

	项目	恒转矩	平方转矩
输入电压和功率范围	单相 AC 200～240(1±10％)V	0.12～3kW	0.12～4.0kW
	三相 AC 200～240(1±10％)V	0.12～45kW	0.24～45kW
	三相 AC 380～480(1±10％)V	0.37～75kw	0.55～90kW
	三相 AC 500～480(1±10％)V	0.75～75kW	1.5～90kW
输入频率	47～63Hz		
输出频率	0～650HZ		
功率因数	≥0.7		
变频器效率	96％～97％		
过载能力（恒转矩）	150％负载过载能力,5min 内持续时间 60s;或 1min 内持续 3s,200％过载		
启动冲击电流	小于额定输入电流		
控制方式	矢量控制,力矩控制、线性 U/f;二次方 U/f(风机曲线);可编程 U/f;磁通电流控制(FCC)、低功率模式		
PWM 频率	2～16kHz(每级改变量为 2kHz)		
固定频率	15 个,可编程		
跳转频带	4 个,可编程		
频率设定值的分辨率	0.01Hz,数字设定;0.01Hz,串行通信设定;10 位模拟设定		
数字输入	3 个完全可编程的带隔离的数字输入;可切换为 PNP/NPN		
模拟输入	2 个,0～10V,0～20mA,－10～10V;0～10V,0～20mA		
继电器输出	3 个可组态为 DC 30V/5A(电阻性负载),250V AC/2A(感性负载)		
模拟输出	2 个,可编程(0/4～20mA)		

表 1-33   MM3 主要技术数据

项目	MMV(6SE32)	MDV(6SE32)
功率范围	AC 120W～3kW,230V 单相	AC 5.5～45kW,230V 三相
	AC 120W～4kW,230V 三相	AC 7.5～75kW,400V 三相
	AC 370W～7.5kW,400V 单相	AC 2.2～37kW,575V 三相
电压范围	208～240(1±10％)V	208～240(1±10％)V;380～500(1±10％)V
	380～500(1±10％)V	525～575(1±15％)V
输入频率	47～63Hz	
功率因数	0.98	
变频器效率	97％	
相对湿度	95％	
存储温度	－40～70℃	
操作温度	0～50℃	0～40℃(50℃无盖)
保护等级	IP20/NEMA1	IP20/NEMA1 及 IP56/NEMA4

续表

项目	MMV(6SE32)	MDV(6SE32)
冷却方式	风扇冷却	
输出频率精度	0.01Hz	
输出频率	0～650Hz	
过载能力	200%3s,150%60s	
控制方式	U/f,FCC,SVC(无速度传感器矢量控制)	
开关量输入	6 路	
模拟量输入 1	0～10、0/4～20mA PID 输入,10 位精度	
模拟量输入 2	0/4～20mA,10 位精度	
模拟量输出	无	0/4～20mA
继电器输出 1	DC 30V 2A,AC 240V 0.8A,常开	
继电器输出 2	DC 30V 2A,AC 240V 0.8A	
RS485 接口	D 型端子	
PID 闭环控制	自带 PID	
制动单元	自带	选件
复合制动	有	
快速电流限幅	有	
外部电动机保护	PTC 温度传感器输入	
内部电动机保护	I^2t 过热保护	
变频器保护	接地、短路保护、欠电压、过电压、过热、过电流	

三、典型 MM420 变频器操作常用的软件参数表

该表见表 1-34。

表 1-34　西门子 MM420 变频器操作常用的参数表

参数号	功能	参数范围	说明
P0003	用户访问级	0～4	=0　用户定义的参数表 =1　标准级 =2　扩展级 =3　专家级 =4　维修级
P0004	参数过滤器	0～22	=2　变频器参数 =3　电动机参数 =7　命令二进制 I/O =8　ADC 模-数转换和 DAC 数-模转换 =10　设定值通道/RFG 斜坡函数发生器 =12　驱动装置的特征 =13　电动机的控制 =20　通信 =21　报警/警告/监控 =22　工艺参量控制器,例如 PID

参数号	功能	参数范围	说明
P0005	显示选择	2~2294	＝21　实际频率 ＝22　实际转速 ＝25　输出电压 ＝26　直流回路电压 ＝27　输出电流
P0006	显示方式	0~4	＝1　在运行准备状态下显示频率的设定值,在运行状态下显示输出频率 ＝2　在运行准备状态下交替显示 P0005 的值和 r0020 的值,在运行状态下只显示 P0005 的值 ＝3　在运行准备状态下交替显示 r0002 值和 r0020 值,在运行状态下只显示 r0002 的值 ＝4　在任何情况下都显示 P0005 的值
P0007	背光延迟时间	0~2000	＝0　背光长期亮光缺省状态 ＝1~2000　以"s"为单位的延迟时间,经过这一延迟时间以后断开背光显示
P0010	调试参数过滤器	0~30	＝0　准备 ＝1　快速调试 ＝2　变频器 ＝29　下载 ＝30　工厂的设定值
P0011	锁定用户定义的参数	0~65535	第1步　设定 P0003＝3 专家级用户 第2步　转到 P0013 的下标 0~16 用户列表 第3步　将用户定义的列表中要求看到的有关参数,输入 P0013 的下标 0~16
P0012	用户定义的参数解锁	0~65535	以下这些数值是固定的并且是不可修改的 －P0013 下标 19＝12 用户定义的参数解锁 －P0013 下标 18＝10 调试参数过滤器
P0013	用户定义的参数	0~65535	－P0013 下标 17＝3 用户访问级 第4步　设定 P0003＝0 使用户定义的参数有效
P0040	能量消耗计量表复位	0、1	＝0　不复位 ＝1　将 r0039 复位为 0
P0100	使用地区欧洲/北美	0~2	＝0　欧洲(kW)频率缺省值 50Hz ＝1　北美(hp)频率缺省值 60Hz ＝2　北美(kW)频率缺省值 60Hz
P0210	直流供电电压	0~1000	
P0290	变频器过载时的反应措施	0~3	＝0　降低输出频率通常只是在变转矩控制方式时有效 ＝1　跳闸 F0004 ＝2　降低调制脉冲频率和输出频率 ＝3　降低调制脉冲频率,然后跳闸 F0004
P0291	变频器保护的配置	0、1	＝0　在输出频率低于 2Hz 时,禁止脉冲频率自动降低的控制位 ＝1　在输出频率低于 2Hz 时,允许脉冲频率自动降低的控制位
P0292	变频器的过载报警	0~25	定义变频器过温时,跳闸温度与发出报警信息的温度门限值之间的温度差
P0294	变频器 I^2t 过载报警	10.0~100.0	变频器 I^2t 的计算用于估算变频器过载的最大允许时间,当达到这一允许时间时,I^2t 的计算值定为 ＝100%
P0295	变频器冷却风机断电延迟时间	0~3600	定义变频器停机以后,其冷却风机延时断电的时间以"s"计

参数号	功能	参数范围	说明
P0300	选择电动机的类型	1、2	＝1 同步电动机 ＝2 异步电动机
P0304	电动机额定电压	10～2000	铭牌数据电动机额定电压(V)
P0305	电动机的额定电流	0.01～10000.00	电动机的额定电流(A)
P0307	电动机的额定功率	0.01～2000.00	电动机的额定功率(kW/hp)
P0308	电动机的额定功率因数	0.000～1.000	电动机的额定功率因数(cosφ)
P0309	电动机额定效率	0.0～99.9	电动机额定效率
P0310	电动机额定频率	12.00～650.00	电动机的额定频率(Hz)
P0311	电动机额定转速	0～40000	电动机的额定转速(r/min)
P0335	电动机的冷却	0、1	＝0 自冷,采用安装在电动机轴上的风机进行冷却 ＝1 强制冷却,采用单独供电的冷却风机进行冷却
P0340	电动机参数的计算	0、1	＝0 不计算 ＝1 完全参数化
P0344	电动机的质量	1.0～6500.0	设定电动机的质量(kg)
P0346	磁化时间	0.000～20.000	设定电动机的磁化时间(s)
P0347	去磁时间	0.000～20.000	
P0350	定子电阻	0.0001～2000.0	与变频器连接的电动机的定子电阻线间单位(Ω)
P0610	电动机 I^2t 过温的应对措施	0～2	＝0 除报警外无应对措施 ＝1 报警并降低最大电流 I_{max} 引起输出频率降低 ＝2 报警和跳闸 F0011
P0611	电动机 I^2t 时间常数	0～16000	
P0614	电动机 I^2t 过载报警电平	0.0～400.0	确定产生报警信号,A0511 变频器过温的 I^2t(％)值
P0640	电动机过载因子(％)	10.0～400.0	以电动机额定电流 P0305 的"％"值表示的电动机过载电流限值
P0700	选择命令源	0～6	＝0 工厂的缺省设置 ＝1 BOP 键盘设置 ＝2 由端子排输入 ＝4 通过 BOP 链路的 USS 设置 ＝5 通过 COM 链路的 USS 设置 ＝6 通过 COM 链路的通信板 CB 设置
P0701	数字输入 1 的功能	0～99	＝0 禁止数字输入 ＝1 ON/OFF1 接通正转/停车命令 1 ＝2 ON reverse/OFF1 接通反转/停车命令 1 ＝3 OFF2,停车命令 2——按惯性自由停车 ＝4 OFF3,停车命令 3——按斜坡函数曲线快速降速停车

参数号	功能	参数范围	说明
P0702	数字输入 2 的功能	0～99	＝9　故障确认 ＝10　正向点动 ＝11　反向点动 ＝12　反转
P0703	数字输入 3 的功能	0～99	＝13　MOP 电动电位计升速,增加频率 ＝14　MOP 降速,减少频率 ＝15　固定频率设定值直接选择 ＝16　固定频率设定值直接选择＋ON 命令 ＝17　固定频率设定值二进制编码选择＋ON 命令
P0704	数字输入 4 的功能	0～99	＝25　直流注入制动 ＝29　由外部信号触发跳闸 ＝33　禁止附加频率设定值 ＝99　使能 BICO 参数化
P0719	命令和频率设定值的选择	0～66	＝0　　命令＝BICO 参数 设定值＝BICO 参数 ＝1　　命令＝BICO 参数 设定值＝MOP 设定值 ＝2　　命令＝BICO 参数 设定值＝模拟设定值 ＝3　　命令＝BICO 参数 设定值＝固定频率 ＝4　　命令＝BICO 参数 设定值＝BOP 链路的 USS ＝5　　命令＝BICO 参数 设定值＝COM 链路的 USS ＝6　　命令＝BICO 参数 设定值＝COM 链路的 CB ＝10　命令＝BOP 设定值＝BICO 参数 ＝11　命令＝BOP 设定值＝MOP 设定值 ＝12　命令＝BOP 设定值＝模拟设定值 ＝13　命令＝BOP 设定值＝固定频率 ＝14　命令＝BOP 设定值＝BOP 链路的 USS ＝15　命令＝BOP 设定值＝COM 链路的 USS ＝16　命令＝BOP 设定值＝COM 链路的 CB ＝40　命令＝BOP 链路的 USS 设定值＝BICO 参数 ＝41　命令＝BOP 链路的 USS 设定值＝MOP 设定值 ＝42　命令＝BOP 链路的 USS 设定值＝模拟设定值 ＝43　命令＝BOP 链路的 USS 设定值＝固定频率 ＝44　命令＝BOP 链路的 USS 设定值＝BOP 链路的 USS ＝45　命令＝BOP 链路的 USS 设定值＝COM 链路的 USS ＝46　命令＝BOP 链路的 USS 设定值＝COM 链路的 CB ＝50　命令＝COM 链路的 USS 设定值＝BICO 参数 ＝51　命令＝COM 链路的 USS 设定值＝MOP 设定值 ＝52　命令＝COM 链路的 USS 设定值＝模拟设定值 ＝53　命令＝COM 链路的 USS 设定值＝固定频率 ＝54　命令＝COM 链路的 USS 设定值＝BOP 链路的 USS ＝55　命令＝COM 链路的 USS 设定值＝COM 链路的 USS ＝56　命令＝COM 链路的 USS 设定值＝COM 链路的 CB ＝60　命令＝COM 链路的 CB 设定值＝BICO 参数 ＝61　命令＝COM 链路的 CB 设定值＝MOP 设定值 ＝62　命令＝COM 链路的 CB 设定值＝模拟设定值 ＝63　命令＝COM 链路的 CB 设定值＝固定频率 ＝64　命令＝COM 链路的 CB 设定值＝BOP 链路的 USS ＝65　命令＝COM 链路的 CB 设定值＝COM 链路的 USS ＝66　命令＝COM 链路的 CB 设定值＝COM 链路的 CB
P0724	数字输入采用的防颤动时间	0～3	＝0　无防颤动时间 ＝1　防颤动时间为 2.5ms ＝2　防颤动时间为 8.2ms ＝3　防颤动时间为 12.3ms
P0725	PNP/NPN 数字输入	0,1	＝0　NPN 方式→低电平有效 ＝1　PNP 方式→高电平有效

参数号	功能	参数范围	说明
P0731	数字输出 1 的功能	0.0~4000.0	＝52.0　变频器准备,0 闭合 ＝52.1　变频器运行准备就绪,0 闭合 ＝52.2　变频器正在运行,0 闭合 ＝52.3　变频器故障,0 闭合 ＝52.4　OFF2 停车命令有效,1 闭合 ＝52.5　OFF3 停车命令有效,1 闭合 ＝52.6　禁止合闸,0 闭合 ＝52.7　变频器报警,0 闭合 ＝52.8　设定值/实际值偏差过大,1 闭合 ＝52.9　PZD 控制过程数据控制,0 闭合 ＝52.A　已达到最大频率,0 闭合 ＝52.B　电动机电流极限报警,1 闭合 ＝52.C　电动机抱闸 MHB 投入,0 闭合 ＝52.D　电动机过载,1 闭合 ＝52.E　电动机正向运行,0 闭合 ＝52.F　变频器过载,1 闭合 ＝53.0　直流注入制动投入,0 闭合 ＝53.1　变频器频率低于跳闸极限值,0 闭合 ＝53.2　变频器低于最小频率,0 闭合 ＝53.3　电流大于或等于极限值,0 闭合 ＝53.4　实际频率大于比较频率,0 闭合 ＝53.5　实际频率低于比较频率,0 闭合 ＝53.6　实际频率大于/等于设定值,0 闭合 ＝53.7　电压低于门限值,0 闭合 ＝53.8　电压高于门限值,0 闭合 ＝53.A　PID 控制器的输出在下限幅值(P2292),0 闭合 ＝53.B　PID 控制器的输出在上限幅值(P2291),0 闭合
P0748	数字输出反相	0、1	＝0　否 ＝1　是
P0753	ADC 的平滑时间	0~10000	定义模拟输入的滤波 PT1,滤波器时间单位为 ms
P0756	ADC 的类型	0、1	0　单极性电压输入 0~+10V 1　带监控的单极性电压输入 0~+10V
P0757	标定 ADC 的 X1 值	0~10	
P0758	标定 ADC 的 Y1 值	−99999.9~99999.9	
P0759	标定 ADC 的 X2 值	0~10	
P0760	标定 ADC 的 Y2 值	−99999.9~99999.9	
P0761	ADC 死区的宽度	0~10	定义模拟输入特性死区的宽度
P0762	信号丢失的延迟时间	0~10000	定义模拟设定值信号丢失到故障码 F0080 出现之间的延迟时间

参数号	功能	参数范围	说明
P0771	DAC 的功能	0.0～4000.0	=21　模拟输出的功能实际频率按 P2000 标定 =24　模拟输出的功能实际输出频率按 P2000 标定 =25　模拟输出的功能实际输出电压按 P2001 标定 =26　模拟输出的功能实际直流回路电压按 P2001 标定 =27　模拟输出的功能实际输出电流按 P2002 标定
P0773	DAC 平滑时间	0～1000	定义对模拟输出信号的平滑时间(ms)
P0776	DAC 的类型	0	=0　电流输出 模拟输出是按 0～20mA 的电流输出来设计的,在模拟输出电压为 0～10V 的情况下端子 12/13 上接有一个 500Ω 的电阻
P0777	DAC 标定的 X1 值	−99999.9～99999.9	输出信号/mA 20 P0780 Y2 P0788 Y1 模拟输入电压/V 0　P0777 P0779 (−100%)　X1　X2　100%
P0778	DAC 标定的 Y1 值	0～20	
P0779	DAC 标定的 X2 值	−99999.9～99999.9	
P0780	DAC 标定的 Y2 值	0～20	
P0781	DAC 的死区宽度	0～20	设定模拟输出的死区宽度,以"mA"表示
P0800	二进制互联输入下载参数置 0	0～4000.0	=722.0　数字输入1(要求 P0701 设定为 99BICO) =722.1　数字输入2(要求 P0702 设定为 99BICO) =722.2　数字输入3(要求 P0703 设定为 99BICO)
P0801	二进制互联输入下载参数置 1	0～4000.0	=722.0　数字输入1(要求 P0701 设定为 99BICO) =722.1　数字输入2(要求 P0702 设定为 99BICO) =722.2　数字输入3(要求 P0703 设定为 99BICO)
P0840	二进制互联输入正向运行的 ON/OFF1 命令	0～4000.0	=722.0　数字输入1(要求 P0701 设定为 99BICO) =722.1　数字输入2(要求 P0702 设定为 99BICO) =722.2　数字输入3(要求 P0703 设定为 99BICO) =722.3　数字输入4,经由模拟输入(要求 P0704 设定为 99) =19.0　经由 BOP/AOP 的 ON/OFF1 命令
P0842	二进制互联输入反向运行的 ON/OFF1 命令	0～4000.0	=722.0　数字输入1(要求 P0701 设定为 99BICO) =722.1　数字输入2(要求 P0702 设定为 99BICO) =722.2　数字输入3(要求 P0703 设定为 99BICO) =722.3　数字输入4,经由模拟输入(要求 P0704 设定为 99) =19.0　经由 BOP/AOP 的 ON/OFF1 命令
P0844	二进制互联输入第一个 OFF2 停车命令	0～4000.0	=722.0　数字输入1(要求 P0701 设定为 99BICO) =722.1　数字输入2(要求 P0702 设定为 99BICO) =722.2　数字输入3(要求 P0703 设定为 99BICO) =722.3　数字输入4,经由模拟输入(要求 P0704 设定为 99) =19.0　经由 BOP/AOP 的 ON/OFF1 命令 =19.1　OFF2 经由 BOP/AOP 的操作按惯性自由停车

参数号	功能	参数范围	说明
P0845	二进制互联输入第二个OFF2停车命令	0～4000.0	＝722.0　数字输入 1(要求 P0701 设定为 99BICO) ＝722.1　数字输入 2(要求 P0702 设定为 99BICO) ＝722.2　数字输入 3(要求 P0703 设定为 99BICO) ＝722.3　数字输入 4,经由模拟输入(要求 P0704 设定为 99) ＝19.0　经由 BOP/AOP 的 ON/OFF1 命令 ＝19.1　OFF2 经由 BOP/AOP 的操作按惯性自由停车
P0848	二进制互联输入第一个OFF3停车命令	0～4000.0	＝722.0　数字输入 1(要求 P0701 设定为 99BICO) ＝722.1　数字输入 2(要求 P0702 设定为 99BICO) ＝722.2　数字输入 3(要求 P0703 设定为 99BICO) ＝722.3　数字输入 4,经由模拟输入(要求 P0704 设定为 99) ＝19.0　经由 BOP/AOP 的 ON/OFF1 命令
P0849	二进制互联输入第二个OFF3停车命令	0～4000.0	＝722.0　数字输入 1(要求 P0701 设定为 99BICO) ＝722.1　数字输入 2(要求 P0702 设定为 99BICO) ＝722.2　数字输入 3(要求 P0703 设定为 99BICO) ＝722.3　数字输入 4,经由模拟输入(要求 P0704 设定为 99) ＝19.0　经由 BOP/AOP 的 ON/OFF1 命令
P0852	二进制互联输入脉冲使能	0～4000.0	＝722.0　数字输入 1(要求 P0701 设定为 99BICO) ＝722.1　数字输入 2(要求 P0702 设定为 99BICO) ＝722.2　数字输入 3(要求 P0703 设定为 99BICO) ＝722.3　数字输入 4,经由模拟输入(要求 P0704 设定为 99)
P0918	CB(通信板)地址	0～65535	可以采用两种方式来设定总线地址 ＝1　通过 PROFIBUS 模板上的 DIP 开关设定 ＝2　由用户输入地址
P0927	怎样才能更改参数	0～15	指定可以用于更改参数的接口
P0952	故障的总数	0～8	显示存入 r0947 最后的故障码中的故障数
P0970	工厂复位	0、1	＝0　禁止复位 ＝1　参数复位
P0971	从 RAM 到EEPROM的数据传输	0、1	＝0　禁止传输 ＝1　启动传输
P1000	频率设定值的选择	0～66	＝0　无主设定值 ＝1　电动电位计设定 ＝2　模拟输入 ＝3　固定频率设定 ＝4　通过 BOP 链路的 USS 设定 ＝5　通过 COM 链路的 USS 设定 ＝6　通过 COM 链路的通信板 CB 设定
P1001	固定频率 1	−650.00～650.00	定义固定频率 1 的设定值
P1002	固定频率 2	−650.00～650.00	定义固定频率 2 的设定值
P1003	固定频率 3	−650.00～650.00	定义固定频率 3 的设定值
P1004	固定频率 4	−650.00～650.00	定义固定频率 4 的设定值
P1005	固定频率 5	−650.00～650.00	定义固定频率 5 的设定值
P1006	固定频率 6	−650.00～650.00	定义固定频率 6 的设定值
P1007	固定频率 7	−650.00～650.00	定义固定频率 7 的设定值

参数号	功能	参数范围	说明
P1016	固定频率方式位 0	1～3	=1　直接选择
P1017	固定频率方式位 1	1～3	=2　直接选择＋ON 命令 =3　二进制编码选择＋ON 命令
P1018	固定频率方式位 2	1～3	
P1020	二进制互联输入固定频率选择位 0	0.0～4000.0	P1020＝722.0→数字输入 1 P1021＝722.1→数字输入 2
P1021	二进制互联输入固定频率选择位 1	0.0～4000.0	P1022＝722.2→数字输入 3 本参数只有在 P0701～P0703＝99,数字输入功能＝BICO 的情况下才能访问
P1022	二进制互联输入固定频率选择位 2	0.0～4000.0	
P1031	MOP 的设定值存储	0、1	=0　PID-MOP 设定值不存储 =1　存储 PID-MOP 设定值
P1032	禁止 MOP 的反向	0、1	=0　允许反向 =1　禁止反向
P1035	二进制互联输入使能 MOP UP-升速命令	0.0～4000.0	=722.0　数字输入 1(要求 P0701 设定为 99BICO) =722.1　数字输入 2(要求 P0702 设定为 99BICO) =722.2　数字输入 3(要求 P0703 设定为 99BICO) =722.3　数字输入 4,经由模拟输入(要求 P0704 设定为 99) =19.D　经由 BOP/AOP 增加 MOP 的频率设定值
P1036	二进制互联输入使能 MOP DOWN-减速命令	0.0～4000.0	=722.0　数字输入 1(要求 P0701 设定为 99BICO) =722.1　数字输入 2(要求 P0702 设定为 99BICO) =722.2　数字输入 3(要求 P0703 设定为 99BICO) =722.3　数字输入 4,经由模拟输入(要求 P0704 设定为 99) =19.E　经由 BOP/AOP 降低 MOP 的频率设定值
P1040	MOP 的设定值	−650.00～650.00	确定电动电位计控制 P1000＝1 时的设定值
P1055	二进制互联输入使能正向点动	0.0～4000.0	=722.0　数字输入 1(要求 P0701 设定为 99BICO) =722.1　数字输入 2(要求 P0702 设定为 99BICO) =722.2　数字输入 3(要求 P0703 设定为 99BICO) =722.3　数字输入 4,经由模拟输入(要求 P0704 设定为 99) =19.8　经由 BOP/AOP 正向点动
P1056	二进制互联输入使能反向点动	0.0～4000.0	=722.0　数字输入 1(要求 P0701 设定为 99BICO) =722.1　数字输入 2(要求 P0702 设定为 99BICO) =722.2　数字输入 3(要求 P0703 设定为 99BICO) =722.3　数字输入 4,经由模拟输入(要求 P0704 设定为 99) =19.9　经由 BOP/AOP 反向点动
P1058	正向点动频率	0.00～650.00	
P1059	反向点动频率	0.00～650.00	

参数号	功能	参数范围	说明
P1060	点动的斜坡上升时间	0.00～650.00	设定斜坡曲线的上升时间,这是点动所用的加速时间
P1061	点动的斜坡下降时间	0.00～650.00	设定斜坡曲线的下降时间,这是点动所用的减速时间
P1070	模拟量互联输入主设定值	0.0～4000.0	=755 模拟输入1设定值 =1024 固定频率设定值 =1050 电动电位计MOP设定值
P1071	模拟量互联输入主设定值标定	0.0～4000.0	=755 模拟输入1设定值 =1024 固定频率设定值 =1050 电动电位计MOP设定值
P1074	二进制互联输入禁止附加设定值	0.0～4000.0	=722.0 数字输入1(要求P0701设定为99BICO) =722.1 数字输入2(要求P0702设定为99BICO) =722.2 数字输入3(要求P0703设定为99BICO) =722.3 数字输入4,经由模拟输入(要求P0704设定为99)
P1075	模拟量互联输入附加设定值	0.0～4000.0	=755 模拟输入1设定值 =1024 固定频率设定值 =1050 电动电位计MOP设定值
P1076	模拟量互联输入附加设定值标定	0.0～4000.0	=1 1.0 100%的标定 =755 模拟输入1设定值 =1024 固定频率设定值 =1050 电动电位计MOP设定值
P1080	最低频率	0.00～650.00	设定最低的电动机频率(Hz)
P1082	最高频率	0.00～650.00	设定最高的电动机频率(Hz)
P1091	跳转频率1	0.00～650.00	确定一个跳转频率,用于避开机械共振的影响,被抑制跳越过去的频带范围为本设定值±P1101跳转频率的频带宽度
P1092	跳转频率2	0.00～650.00	
P1093	跳转频率3	0.00～650.00	
P1094	跳转频率4	0.00～650.00	
P1101	跳转频率的频带宽度	2.00～10.00	给出叠加在跳转频率上的频带宽度,单位为Hz
P1110	二进制互联输入禁止负的频率设定值	0.0～4000.0	=0 禁止 =1 允许
P1113	二进制互联输入反向	0.0～4000.0	=722.0 数字输入1(要求P0701设定为99BICO) =722.1 数字输入2(要求P0702设定为99BICO) =722.2 数字输入3(要求P0703设定为99BICO) =722.3 数字输入4,经由模拟输入(要求P0704设定为99) =19.B 经由BOP/AOP控制反向
P1120	斜坡上升时间	0.00～650.00	斜坡函数曲线不带平滑圆弧时,电动机从静止状态加速到最高频率P1082所用的时间
P1121	斜坡下降时间	0.00～650.00	斜坡函数曲线不带平滑圆弧时,电动机从最高频率P1082减速到静止停车所用的时间
P1124	二进制互联输入使能点动斜坡时	0.0～4000.0	=722.0 数字输入1(要求P0701设定为99BICO) =722.1 数字输入2(要求P0702设定为99BICO) =722.2 数字输入3(要求P0703设定为99BICO)

参数号	功能	参数范围	说明
P1130	斜坡上升曲线的起始段圆弧时间	0.00~40.00	定义斜坡函数上升曲线起始段平滑圆弧的时间,单位为 s
P1131	斜坡上升曲线的结束段圆弧时间	0.00~40.00	定义斜坡函数上升曲线结束段平滑圆弧的时间,单位为 s
P1132	斜坡下降曲线的起始段圆弧时间	0.00~40.00	定义斜坡函数下降曲线起始段平滑圆弧的时间,单位为 s
P1133	斜坡下降曲线的结束段圆弧时间	0.00~40.00	定义斜坡函数下降曲线结束段平滑圆弧的时间,单位为 s
P1134	平滑圆弧的类型	0、1	=0　连续平滑 =1　断续平滑
P1135	OFF3 的斜坡下降时间	0.00~650.00	发出 OFF3 命令后,电动机从最高频率减速到静止停车所需的斜坡下降时间
P1140	二进制互联输入 RFG 使能	0.0~4000.0	确定 RFG(斜坡函数发生器)使能命令的信号源
P1141	二进制互联输入 RFC 开始	0.0~4000.0	确定 RFG(斜坡函数发生器)起始命令的信号源
P1142	二进制互联输入 RFG 使能设定值	0.0~4000.0	确定 RFG(斜坡函数发生器)使能设定值命令的信号源
P1200	捕捉再启动	0~6	=0　禁止捕捉再启动功能 =1　捕捉再启动功能总是有效,从频率设定值的方向开始搜索电动机的实际速度 =2　捕捉再启动功能在上电故障 OFF2 命令时激活,从频率设定值的方向开始搜索电动机的实际速度 =3　捕捉再启动功能在故障 OFF2 命令时激活,从频率设定值的方向开始搜索电动机的实际速度 =4　捕捉再启动功能总是有效,只在频率设定值的方向搜索电动机的实际速度 =5　捕捉再启动功能在上电故障 OFF2 命令时激活,只在频率设定值的方向搜索电动机的实际速度 =6　捕捉再启动功能在故障 OFF2 命令时激活,只在频率设定值的方向搜索电动机的实际速度
P1202	电动机电流捕捉再启动	10~200	设定捕捉再启动功能所用的搜索电流,它的数值以电动机额定电流 P0305 的"%"值表示
P1203	搜索速率捕捉再启动	10~200	设定一个搜索速率,变频器在捕捉再启动期间按照这一速率改变其输出频率,使它与正在自转的电动机同步。以缺省值的"%"值输入其设定值
P1210	自动再启动	0~5	=0　禁止自动再启动 =1　上电后跳闸复位,P1211 禁止 =2　在主电源跳闸/接通电源后再启动,P1211 禁止 =3　在故障/主电源跳闸后再启动,P1211 使能 =4　在主电源跳闸后再启动,P1211 使能 =5　在主电源跳闸/故障/接通电源后再启动,P1211 禁止

续表

参数号	功能	参数范围	说明
P1211	再启动 重试的次数	0～10	规定 P1210 自动再启动激活后,如果启动失败,变频器重试再启动的次数
P1215	抱闸制动使能	0～1	＝0　禁止电动机抱闸制动 ＝1　使能电动机抱闸制动
P1216	抱闸制动释放 的延迟时间	0～20.0	
P1217	斜坡曲线结束 后的抱闸时间	0～20.0	
P1230	二进制互联 输入使能 直流制动	0.0～ 4000.0	＝722.0　数字输入 1(要求 P0701 设定为 99BICO) ＝722.1　数字输入 2(要求 P0702 设定为 99BICO) ＝722.2　数字输入 3(要求 P0703 设定为 99BICO) ＝722.3　数字输入 4,经由模拟输入(要求 P0704 设定为 99)
P1232	直流制动电流	0～250	确定直流制动电流的大小,以电动机额定电流 P0305 的"％"值表示
P1233	直流制动的 持续时间	0～250	＝0　OFF1 之后不投入直流制动 ＝1～250　在规定的持续时间内投入直流制动
P1236	复合制动电流	0～250	定义直流电流叠加到交流波形的程度,以电动机额定电流 P0305"％"值的 形式输入变频器
P1240	直流电压 U_{dc} 控制器的配置	0～1	＝0　禁止直流电压 U_{dc} 控制器 ＝1　最大直流电压 $U_{dc\text{-}max}$ 控制器使能
P1243	最大直流电压 U_{dc-max} 控制器 的动态因子	10～200	定义直流回路控制器的动态因子,以"％"表示
P1250	直流电压 U_{dc} 控制器的 增益系数	0.00～10.00	输入直流电压控制器的比例增益系数
P1251	直流电压 U_{dc} 控制器的 积分时间	0.1～1000.0	输入 U_{dc} 控制器的积分时间
P1252	直流电压 U_{dc} 控制器的 微分时间	0.0～1000.0	输入 U_{dc} 控制器的微分时间
P1253	直流电压 U_{dc} 控制器的 输出限幅	0～600	限制最大直流电压控制器的最大输出电压
P1254	U_{dc} 接通电平 的自动检测	0～1	＝0　禁止 ＝1　使能
P1300	变频器的 控制方式	0～3	＝0　线性特性的 U/f 控制 ＝1　带磁通电流控制 FCC 的 U/f 控制 ＝2　带抛物线特性平方特性的 U/f 控制 ＝3　特性曲线可编程的 U/f 控制
P1310	连续提升	0.0～250.0	定义线性 U/f 和平方 U/f 方式下所加电压提升量的大小,以 P0305 电动 机额定电流的"％"值表示
P1311	加速度提升	0.0～250.0	在设定值的变化为正时,向电动机施加加速度提升,并在达到速度设定值 后,结束提升。加速度提升值以 P0305 电动机额定电流的"％"值表示

参数号	功能	参数范围	说明
P1312 (3)	启动提升	0.0～250.0	发出 ON 命令后的启动过程中,在 U/f(线性的或平方的)曲线上附加一个恒定的线性偏移量(启动提升值),该提升值以 P0305 电动机的额定电流的"%"值表示,并在第一次达到设定值时取消附加的启动提升值。这一功能适用于启动具有大惯性的负载
P1316	提升的编程点(end点)频率	0.0～100.0	确定 U/f 曲线上的一个点频率达到这一点时,提升值达到其编程值的 50%,这一数值用 P0310 电动机的额定频率的"%"值表示
P1320	可编程的 U/f 特性曲线频率坐标 1	0.00～650.00	设定 U/f 坐标(P1320/1321～P1324/1325),用于编程确定 U/f 特性曲线
P1321	可编程的 U/f 特性曲线电压坐标 1	0.00～3000.00	
P1322	可编程的 U/f 特性曲线频率坐标 2	0.00～650.00	
P1323	可编程的 U/f 特性曲线电压坐标 2	0.00～3000.00	
P1324	可编程的 U/f 特性曲线频率坐标 3	0.00～650.00	
P1325	可编程的 U/f 特性曲线电压坐标 3	0.00～3000.00	$P1310 = P1310(\%)/100(\%) \times r0395(\%)/100(\%) \times P0304(V)$
P1333	FCC 的起始频率	0.0～100.0	定义投入 FCC 磁通电流控制功能的起始频率,以电动机额定频率 P0310 的 % 值表示
P1335	滑差补偿	0.0～600.0	动态地调整变频器的输出频率,使电动机保持恒速运行,不随负载的变化而变化
P1336	滑差限值	0.0～600.0	滑差补偿功能投入时加到频率设定值上的滑差补偿量的限幅值,滑差补偿的限幅值以 r0330 电动机额定滑差的"%"值表示
P1338	U/f 特性的谐振阻尼增益系数	0.00～10.00	定义 U/f 特性谐振阻尼的增益系数
P1340	I_{max} 最大电流控制器的频率控制比例增益系数	0.000～0.499	确定 I_{max} 控制器频率控制的比例增益系数
P1341	I_{max} 控制器的频率控制积分时间	0.000～50.000	I_{max} 控制器的积分时间常数
P1350	电压软启动	0～1	=0 直接跳到提升电压 =1 电压平滑地上升
P1800	脉冲频率	2～16	设定变频器功率开关的调制脉冲频率,这一脉冲频率每级可改变 2kHz,如果 380V/480V 变频器选择的脉冲频率大于 4kHz,那么电动机的最大连续工作电流应降低
P1802	调制方式	0～2	=0 SVM/ASVM 空间矢量调制/不对称空间矢量调制自动方式 =1 不对称 SVM =2 空间矢量调制

续表

参数号	功能	参数范围	说明
P1803	最大调制	20.0~150.0	设定最大调制系数
P1820	输出相序反向	0、1	=0 相序正向 =1 相序反向
P1910	选择电动机数据是否自动检测识别	0~2	=0 禁止自动检测功能 =1 自动检测 R_s 定子电阻,并改写参数数值 =2 自动检测 R_s,但不改写参数数值
P2000	基准频率	0.00 ~650.00	串行链路(相当于 4000H)模拟 I/O 和 P/D 控制器采用的满刻度频率设定值
P2001	基准电压	10~2000	经由串行链路(相当于 4000H)传输时采用的满刻度输出电压,即 100%
P2002	基准电流	0.10~10000.00	经由串行链路(相当于 4000H)传输时采用的满刻度输出电流
P2009 (2)	USS 规格化	0、1	=0 禁止 =1 使能规格化
P2010 (2)	USS 波特率	3~9	=3 1200 波特 =4 2400 波特 =5 4800 波特 =6 9600 波特 =7 19200 波特 =8 38400 波特 =9 57600 波特
P2011 (2)	USS 地址	0~31	为变频器指定一个唯一的串行通信地址
P2012 (2)	USS 协议的 PZD 过程 数据长度	0~4	定义 USS 报文中 PZD 部分 16 位字的数目。USS 报文中 PZD 部分用于传输频率主设定值,并控制变频器的运行
P2013 (2)	USS 协议 的 PKW 长度	0~127	定义 USS 报文中 PKW 部分 16 位字的数目。USS 报文中 PKW 部分用于读写各个参数的数值 =0 字数为 0 =3 3 个字 =4 4 个字 =127 PKW 长度是可变的
P2014 (2)	USS 报文的 停止传输 时间	0~65535	定义一个时间 T_off,如果通过 USS 通道接收不到报文,那么在延迟 T_off 时间以后将产生故障信号 F0070
P2016 (4)	模拟量互联 输入将 PZD 发送到 BOP 链路 USS	0.0~4000.0	选择经由 BOP 链路传输到串行接口的信号 P2016(0) 发送的字 0 P2016(1) 发送的字 1 P2016(2) 发送的字 2 P2016(3) 发送的字 3
P2019 (4)	模拟量互联 输入将 PZD 数据发送到 COM 链路 USS	0.0~4000.0	P2019(0) 发送的字 0 P2019(1) 发送的字 1 P2019(2) 发送的字 2 P2019(3) 发送的字 3
P2040	报文停止时间	0~65535	本参数定义一个时间,如果通过链路 SOL 接收不到报文,那么在延迟这一时间以后,将产生故障信号 F0070

参数号	功能	参数范围	说明
P2041 (5)	通信板参数	0～65535	配置通信板 CB
P2051 (4)	模拟量互联输入将 PZD 发送到 CB	0.0～4000.0	将 PZD 与 CB 接通
P2100 (3)	选择故障报警信号的编号	0～65535	最多可以为 3 种故障或报警信号,选择发生故障后应采取的非缺省变频器生产厂未定义措施
P2101 (3)	停车措施的数值	0～4	=0 不采取措施没有显示 =1 采用 OFF1 停车 =2 采用 OFF2 停车 =3 采用 OFF3 停车 =4 不采取措施只发报警信号
P2103	二进制互联输入第一个故障应答	0.0～4000.0	=722.0 数字输入1(要求 P0701 设定为 99BICO)
P2104	二进制互联输入第二个故障应答	0.0～4000.0	=722.1 数字输入2(要求 P0702 设定为 99BICO) =722.2 数字输入3(要求 P0703 设定为 99BICO) =722.3 数字输入4,经由模拟输入(要求 P0704 设定为 99)
P2106	二进制互联输入外部故障	0.0～4000.0	
P2111	报警信号的总数	0～4	显示自从上次复位以来报警信号的总数(最多 4 个),把这一参数设定为 0 时,可使报警信号的历史记录复位
P2115 (3)	AOP 实时时钟	0～65535	显示 AOP 实时时钟的时间
P2120	故障计数器	0～65535	指示故障报警事件的总数。每发生一个故障报警事件,这一参数的数值就增 1
P2150	回线频率 f_hys	0.00～10.00	定义频率和速度与门限值进行比较所采用的回线大小
P2155	门限频率 f_1	0.00～650.00	设定一个门限频率 f_1,用于与经过滤波的实际速度或频率进行比较
P2156	门限频率 f_1 的延迟时间	0～10000	设定速度或频率与门限频率 f_1 比较结果的延迟时间
P2164	监测速度偏差的回线频率	0.00～10.00	设定一个回线频率,用于检测允许的速度(或频率)偏差(对设定值的)
P2167	关断频率 f_off	0.00～10.00	设定门限频率达到这一频率时切断变频器
P2168	关断延迟时间 T_off	0～10000	定义一个时间,在关断变频器之前,变频器还可以在低于关断频率 P2167 的情况下允许运行的时间
P2170	门限电流 I_thresh	0.0～400.0	定义一个以电动机额定电流 P0305 的"％"值表示的门限电流 I_thresh,用于与实际电流 I_act 进行比较
P2171	电流的延迟时间	0～10000	指定与门限电流比较结果的延迟时间
P2172	直流回路的门限电压	0～2000	定义一个直流回路的门限电压,用于与其实际电压进行比较

续表

参数号	功能	参数范围	说明
P2173	直流回路门限电压的延迟时间	0～10000	指定直流回路电压对门限电压比较结果的延迟时间
P2179	判定负载消失的电流门限值	0.0～10.0	判定是否发出报警信号 A0922 负载消失的电流门限值,以 P0305 电动机额定电流的"%"值表示
P2180	判定无负载的延迟时间	0～10000	在经过这一延迟时间以后发出报警信号;没有负载
P2200	二进制互联输入允许 PID 控制器投入	0.0～4000.0	这一参数允许用户投入/禁止 PID 控制器功能。设定为 1 时,允许投入 PID 闭环控制器
P2201	PID 控制器的固定频率设定值 1	−200.00～200.00	定义 PID 设定值 1 的固定频率
P2202	PID 控制器的固定频率设定值 2	−200.00～200.00	定义 PID 设定值 2 的固定频率
P2203	PID 控制器的固定频率设定值 3	−200.00～200.00	定义 PID 设定值 3 的固定频率
P2204	PID 控制器的固定频率设定值 4	−200.00～200.00	定义 PID 设定值 4 的固定频率
P2205	PID 控制器的固定频率设定值 5	−200.00～200.00	定义 PID 设定值 5 的固定频率
P2206	PID 控制器的固定频率设定值 6	−200.00～200.00	定义 PID 设定值 6 的固定频率
P2207	PID 控制器的固定频率设定值 7	−200.00～200.00	定义 PID 设定值 7 的固定频率
P2216	PID 固定频率设定值方式-位 0	1～3	=1　直接选择 =2　直接选择+ON 命令 =3　二进制编码选择+ON 命令
P2217	PID 固定频率设定值方式-位 1	1～3	
P2218	PID 固定频率设定值方式-位 2	1～3	
P2220	二进制互联输入 PID 固定频率设定值选择位 0	0.0～4000.0	=722.0　数字输入 1(要求 P0701 设定为 99BICO) =722.1　数字输入 2(要求 P0702 设定为 99BICO) =722.2　数字输入 3(要求 P0703 设定为 99BICO) =722.3　数字输入 4 经由模拟输入(要求 P0704 设定为 99)

续表

参数号	功能	参数范围	说明
P2221	二进制互联输入 PID 固定频率设定值选择位 1	0.0～4000.0	=722.0　数字输入 1(要求 P0701 设定为 99BICO) =722.1　数字输入 2(要求 P0702 设定为 99BICO) =722.2　数字输入 3(要求 P0703 设定为 99BICO)
P2222	二进制互联输入 PID 固定频率设定值选择位 2	0.0～4000.0	
P2231	PID-MOP 的设定值存储	0、1	=0　不存储 PID-MOP 的设定值 =1　允许存储 PID-MOP 的设定值
P2232	禁止 PID-MOP 设定值反向	0、1	=0　允许反向 =1　禁止反向
P2235	二进制互联输入使能 PID-MOP 升速 UP-命令	0.0～4000.0	=722.0　数字输入 1(要求 P0701 设定为 99BICO) =722.1　数字输入 2(要求 P0702 设定为 99BICO) =722.2　数字输入 3(要求 P0703 设定为 99BICO) =19.D　键盘的 UP 升速按钮
P2236	二进制互联输入使能 PID-MOP 降速 DOWN-命令	0.0～4000.0	=722.0　数字输入 1(要求 P0701 设定为 99BICO) =722.1　数字输入 2(要求 P0702 设定为 99BICO) =722.2　数字输入 3(要求 P0703 设定为 99BICO) =19.E　键盘的 DOWN 降速按钮
P2240	PID-MOP 的设定值	−200.00～200.00	=722.0　数字输入 1(要求 P0701 设定为 99BICO) =722.1　数字输入 2(要求 P0702 设定为 99BICO) =722.2　数字输入 3(要求 P0703 设定为 99BICO) =19.D　键盘的 UP 升速按钮
P2253	模拟量互联输入 PID 设定值信号源	0.0～4000.0	=755　模拟输入 1 =2224　固定的 PID 设定值 =2250　已激活的 PID 设定值
P2254	模拟量互联输入 PID 微调信号源	0.0～4000.0	
P2255	PID 设定值的增益系数	0.00～100.00	这是 PID 设定值的增益系数。输入的设定值乘以这一增益系数后,使设定值与微调值之间得到一个适当的比率关系
P2256	PID 微调信号的增益系数	0.00～100.00	这是 PID 微调信号的增益系数。采用这一增益系数对微调信号进行标定后,再与 PID 主设定值相加
P2257	PID 设定值的斜坡上升时间	0.00～650.00	设定 PID 设定值的斜坡上升时间
P2258	PID 设定值的斜坡下降时间	0.00～650.00	设定 PID 设定值的斜坡下降时间
P2261	PID 设定值的滤波时间常数	0.00～60.00	为平滑 PID 的设定值设定一个时间常数
P2264	模拟量互联输入 PID 反馈信号	0.0～4000.0	=755　模拟输入 1 设定值 =2224　PID 固定设定值 =2250　PID-MOP 的输出设定值

续表

参数号	功能	参数范围	说明
P2265	PID反馈滤波时间常数	0.00~60.00	定义PID反馈信号滤波器的时间常数
P2267	PID反馈信号的上限值	−200.00~200.00	P2267=100%，相当于4000hex
P2268	PID反馈信号的下限值	−200.00~200.00	以"%"值的形式设定反馈信号的下限值
P2269	PID反馈信号的增益	0.00~500.00	允许用户对PID反馈信号进行标定，以"%"值的形式表示。增益系数为100.0%时，表示反馈信号仍然是其缺省值，没有发生变化
P2270	PID反馈功能选择器	0~3	=0 禁止 =1 平方根 =2 平方 =3 立方
P2271	PID传感器的反馈形式	0、1	=0 禁止 =1 PID反馈信号反相
P2280	PID比例增益系数	0.000~65.000	允许用户设定PID控制器的比例增益系数
P2285	PID积分时间	0.000~60.000	设定PID控制器的积分时间常数
P2291	PID输出上限	−200.00~200.00	设定PID控制器输出的上限幅值，以"%"值表示
P2292	PID输出下限	−200.00~200.00	设定PID控制器输出的下限幅值，以"%"值表示
P2293	PID限幅值的斜坡上升/下降时间	0.00~100.00	设定PID输出最大的斜坡曲线斜率
P3900	结束快速调试	0~3	=0 不用快速调试 =1 结束快速调试，并按工厂设置使参数复位 =2 结束快速调试 =3 结束快速调试，只进行电动机数据的计算
P3950	隐含参数的存取	0~225	存取用于研究开发只限专家的特殊参数和工厂功能
P3980	调试命令的选择	0~66	在可任意编程的BICO参数和用于调试的固定命令/设定值之间切换命令和设定值的信号源。命令和设定值的信号源可以互不相关地进行更改。十位数字选择命令信号源，个位数字选择设定值信号源
P3981	故障复位	0、1	=0 故障不复位 =1 故障复位

四、 MM420变频器操作常用的故障代码表与报警信息表

该表见表1-35。

表 1-35　MM420 变频器操作常用的故障代码表与报警信息表

故障代号	引起故障可能的原因	故障诊断和应采取的措施
F0001 过电流	①电动机的功率与变频器的功率不对应 ②电动机的导线短路 ③有接地故障	检查以下各项 ①电动机的功率 P0307 必须与变频器的功率 P0206 相对应 ②电缆的长度不得超过允许的最大值 ③电动机的电缆和电动机内部不得有短路或接地故障 ④输入变频器的电动机参数必须与实际使用的电动机参数相对应 ⑤输入变频器的定子电阻值 P0350 必须正确无误 ⑥电动机的冷却风道必须通畅,电动机不得过载 ⑦增加斜坡时间 ⑧减少提升的数值
F0002 过电压	①直流回路的电压 r0026 超过了跳闸电平 P2172 ②供电电源电压过高或者电动机处于再生制动方式下引起过电压 ③斜坡下降过快或者电动机由大惯量负载带动旋转而处于再生制动状态下	检查以下各项 ①电源电压 P0210 必须在变频器铭牌规定的范围以内 ②直流回路电压控制器必须有效(P1240),而且正确地进行了参数化 ③斜坡下降时间 P1121 必须与负载的惯量相匹配
F0003 欠电压	①供电电源故障 ②冲击负载超过了规定的限定值	检查以下各项 ①电源电压 P0210 必须在变频器铭牌规定的范围以内 ②检查电源是否短时掉电或有瞬时的电压降低
F0004 变频器过温	①冷却风机故障 ②环境温度过高	检查以下各项 ①变频器运行时冷却风机必须正常运转 ②调制脉冲的频率必须设定为缺省值 ③冷却风道的入口和出口不得堵塞 ④环境温度不能高于变频器的允许值
F0005 变频器 I^2t 过温	变频器过载 ①工作/停止间隙周期时间不符合要求 ②电动机功率 P0307 超过变频器的负载能力 P0206	检查以下各项 ①负载的工作/停止间隙周期时间不得超过指定的允许值 ②电动机的功率 P0307 必须与变频器的功率 P0206 相匹配
F0011 电动机 I^2t 过温	①电动机过载 ②电动机数据错误 ③长期在低速状态下运行	检查以下各项 ①电动机的数据应正确无误 ②检查电动机的负载情况 ③提升设置值 P1310、P1311、P1312 过高 ④电动机的热传导时间常数必须正确 ⑤检查电动机的 I^2t 过温报警值
F0041 电动机定子电阻自动检测故障	电动机定子电阻自动检测故障	①检查电动机是否与变频器正确连接 ②检查输入变频器的电动机数据是否正确
F0051 参数 EEPROM 故障	存储不挥发的参数时出现读/写错误	①进行工厂复位并重新参数化 ②更换变频器
F0052 功率组件故障	读取功率组件的参数时出错或数据非法	更换变频器
F0060 Asic 超时	内部通信故障	①确认存在的故障 ②如果故障重复出现,请更换变频器
F0070CB 设定值故障	在通信报文结束时不能从 CB 通信板接收设定值	①检查 CB 板的接线 ②检查通信主站
F0071 报文结束时 USS RS232-链路无数据	在通信报文结束时不能从 USS BOP 链路得到响应	①检查通信板 CB 的接线 ②检查 USS 主站

续表

故障代号	引起故障可能的原因	故障诊断和应采取的措施
F0072 报文结束时 USS RS485 链路无数据	在通信报文结束时不能从 USS COM 链路得到响应	①检查通信板 CB 的接线 ②检查 USS 主站
F0080 ADC 输入 信号丢失	①断线 ②信号超出限定值	检查模拟输入的接线
F0085 外部故障	由端子输入信号触发的外部故障	封锁触发故障的端子输入信号
F0101 功率组件 溢出	软件出错或处理器故障	①运行自测试程序 ②更换变频器
F0221 PID 反馈信号 低于最小值	PID 反馈信号低于 P2268 设置的最小值	①改变 P2268 的设置值 ②调整反馈增益系数
F0222 PID 反馈信号 高于最大值	PID 反馈信号超过 P2267 设置的最大值	①改变 P2267 的设置值 ②调整反馈增益系数
F0450 BIST 测试故障	故障值 ＝1　有些功率部件的测试有故障 ＝2　有些控制板的测试有故障 ＝4　有些功能测试有故障 ＝8　有些 I/O 模块的测试有故障（仅指 MM420） ＝16　上电检测时内部 RAM 有故障	①变频器可以运行,但有的功能不能正确工作 ②更换变频器

五、 MM420 变频器操作常用的报警信息表

该表见表 1-36。

表 1-36　MM420 变频器操作常用的报警信息表

故障	引起故障可能的原因	故障诊断和应采取的措施
A0501 电流限幅	①电动机的功率与变频器的功率不匹配 ②电动机的连接导线太短 ③接地故障	检查以下各项 ①电动机的功率必须与变频器功率相对应 ②电缆的长度不得超过最大允许值 ③电动机电缆和电动机内部不得有短路或接地故障 ④输入变频器的电动机参数必须与实际使用的电动机一致 ⑤定子电阻值必须正确无误 ⑥增加斜坡上升时间 ⑦减少提升的数值 ⑧电动机的冷却风道是否堵塞,电动机是否过载
A0502 过压限幅	①电源电压过高 ②负载处于再生发电状态 ③斜坡下降时间太短	①变频器的输入电源电压应在允许范围以内 ②增加斜坡下降时间
A0503 欠压限幅	①供电电源太低 ②供电电源电压短时中断	电源电压 P0210 应保持在允许范围内
A0504 变频器过温	变频器散热器的温度 P0614 超过了报警电平,将使调制脉冲的开关频率降低和/或输出频率降低	检查以下各项 ①环境温度必须在规定的范围内 ②负载状态和工作停止周期时间必须适当 ③变频器运行时冷却风机必须运行

故障	引起故障可能的原因	故障诊断和应采取的措施
A0505 变频器 I^2t 过温	变频器温度超过了报警电平,如果已参数化为 P0610＝1,将降低电流	工作停止周期的工作时间应在规定范围内
A0506 变频器的工作停止周期	散热器温度与 IGBT 的结温超过了报警的限定值	工作停止周期和冲击负载应在规定范围内
A0511 电动机 I^2t 过温	电动机过载	检查以下各项 ①P0611 电动机的 I^2t 时间常数的数值应设置适当 ②P0614 电动机的 I^2t 过载报警电平的数值应设置适当 ③是否长期运行在低速状态 ④提升的设置值是否太高
A0541 电动机数据自动检测已激活	已选择电动机数据自动检测 P1910 或检测正在进行	等待直到电动机参数自动检测结束
A0600RTOS 超出正常范围	软件出错	
A0710 CB 通信错误	变频器与 CB(通信板)通信中断	检查 CB 的硬件
A0711 CB 组态错误	CB(通信板)报告有组态错误	检查 CB 的参数
A0910 直流回路最大电压 $V_{dc\text{-}max}$ 控制器未激活	直流回路最大电压 $V_{dc\text{-}max}$ 控制器未激活,因为控制器不能把直流回路电压 r0026 保持在 P2172 规定的范围内 ①如果电源电压 P0210 一直太高,就可能出现这一报警信号 ②如果电动机由负载带动旋转,使电动机处于再生制动方式下运行,就可能出现这一报警信号 ③在斜坡下降时,如果负载的惯量特别大,就可能出现这一报警信号	检查以下各项 ①输入电源电压 P0756 必须在允许范围内 ②负载必须匹配 ③在某些情况下要加装制动电阻
A0911 直流回路最大电压 $V_{dc\text{-}max}$ 控制器已激活	直流回路最大电压 $V_{dc\text{-}max}$ 控制器已激活,因此斜坡下降时间将自动增加,从而自动将直流回路电压 r0026 保持在限定值 P2172 以内	①检查变频器的输入电压 ②检查斜坡下降时间
A0912 直流回路最小电压 $V_{dc\text{-}min}$ 控制器已激活	如果直流回路电压 r0026 降低到最低允许电压 P2172 以下,直流回路最小电压 $V_{dc\text{-}min}$ 控制器将被激活 ①电动机的动能受到直流回路电压缓冲作用的吸收,从而使驱动装置减速 ②短时的掉电并不一定会导致欠电压跳闸	
A0920 ADC 参数设定不正确	ADC 的参数不应设定为相同的值,因为这样将产生不合乎逻辑的结果 ①标记 0 参数设定为输出相同 ②标记 1 参数设定为输入相同 ③标记 2 参数设定输入不符合 ADC 的类型	各个模拟输入的参数不允许设定为彼此相同的数值

故障	引起故障可能的原因	故障诊断和应采取的措施
A0921 DAC 参数设定 不正确	DAC 的参数不应设定为相同的值,因为这样将产生不合乎逻辑的结果 ①标记 0 参数设定为输出相同 ②标记 1 参数设定为输入相同 ③标记 2 参数设定输出不符合 DAC 的类型	各个模拟输出的参数不允许设定为彼此相同的数值
A0922 变频器 没有负载	①变频器没有负载 ②有些功能不能像正常负载情况下那样工作,输出电压很低,例如在 0Hz 时所加的提升值为 0	①检查加到变频器上的负载 ②检查电动机的参数是否与实际使用的电动机相符 ③有的功能可能不正确工作,因为没有正常的负载条件
A0923 同时请求 正向和 反向点动	同时具有向前点动和向后点动 P1055/P1056 的请求信号,这将使 RFC 的输出频率稳定在它的当前值,向前点动和向后点动信号同时激活	确信向前点动和向后点动信号没有同时激活

第五节　其他部分国内外通用变频器功能码汇编

一、中国南普 NPG92 系列变频器

（1）控制端子说明

控制端子配置如图 1-22 所示。

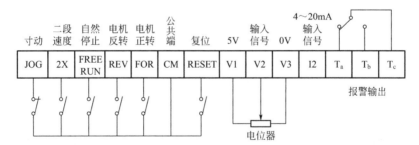

图 1-22

标记	名称	说明
JOG	寸动模式	JOG-CM 短接,电机以 5Hz 立即运转,断开则立即停止,如果寸动速度不够高,可用 2X 代用
2X	二段速度	2X-CM 短接,输出频率用 VR4 设定,加减速时间用 VR5 设定
FREE RUN	自然停止	FREE RUN-CM 短接,电机将不受变频器控制自动停止,但接点需保持,否则变频器会自动再启动,用 VR3 调节减速时间,上述两点短路时,变频器立即依 VR3 设定的减速时间值计时,时间一到立即为待命启动状态,如果计时完毕且上述两点打开,则变频器自动启动
REV	反向运转	REV-CM 短接,电机反转,如在正常运转时发生,则变频器以 VR3 所设定的时间减速至零,再反转到原来转速
FOR	正向运转	FOR-CM 短接,电机正转,上述两点在出厂时已短接
CM	公共端	输入信号的公共端

标记	名称	说明
RESET	复位	复位端子
V1	基本偏压	本端子的基本偏压为直流 5V，由 PC 板 7505 稳压块所产生，供面板可调电位器使用
V2	控制信号正端	输入 0～5V 直流、0～10V 直流信号，后者输入请将 DSW-1 推上
V3	控制信号负端	供上述外接信号使用，切勿与地相连
I2	电流控制信号正	输入 4～20mA 直流，请将 DSW-2 推上，负为 V3 端子
T_a,T_b,T_c	报警输出	本接点可使用容量达 380V AC 3A，本辅助接点在变频器跳脱时才动作

图 1-22　中国南普 NPG92 系列变频器控制端子配置

(2) 功能设定表（表 1-37）

表 1-37　功能设定表

RSW	显示功能	VR 调整范围
RSW-0	输出频率 0～60/125Hz	VR0：30～62.5；60～125
RSW-1	启动转矩	VR1：51～58/50Hz；60～68/60Hz
RSW-2	加速时间	VR2：0.2～150s
RSW-3	减速时间	VR3：0.2～150s
RSW-4	二段速度频率	VR4：0～60/125Hz
RSW-5	二段速度加减时间	VR5：0.2～150s
RSW-6	输入信号 0～5V(DC)	
RSW-7	6 极电机回转数 0～127/254(×10r/min)	
RSW-8	2 极电机回转数 0～380/762(×10r/min)	
RSW-9	4 极电机回转数 0～190/381(×10r/min)	
RSW-A	过载能力	VR6：50%～110%和 OFF

二、西门子 MICRO MASTER / MIDI MASTER 系列变频器

(1) 控制端子说明

控制端子配置如图 1-23 所示。

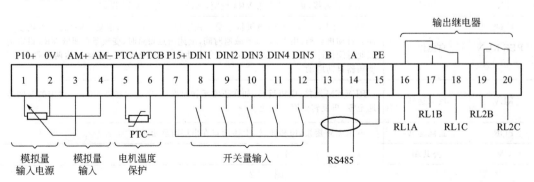

控制端子	标志	值	功能	备注
1	P10+	+10V	电源	最大 3mA
2	0V	0V	电源	接地
3	AIN+	0~10V/0~20mA	模拟量输入	接至正端
4	AIN−	或 2~10V/4~20mA	模拟量输入	接至负端
5	PTCA		电机 PTC 输入	
6	PTCB		电机 PTC 输入	
7	P15+	+15V	开关量输入 1~5 的电源	最大 20mA
8	DIN1		开关量输入 1	13~33V
9	DIN2		开关量输入 2	13~33V
10	DIN3		开关量输入 3	13~33V
11	DIN4		开关量输入 4	13~33V
12	DIN5		开关量输入 5	13~33V
13	B		RS485"B"线	用于 USS 协议网
14	A		RS485"A"线	用于 USS 协议网
15	PE		保护接地	用于 USS 协议网
16	RL1A		继电器 1	常闭
17	RL1B		继电器 1	常开
18	RL1C		继电器 1	公共点
19	RL2B		继电器 2	常开
20	RL2C		继电器 2	公共点

注：模拟量输入电位器参数为 5kΩ/0.5W。

图 1-23　西门子 MICRO MASTER/MIDI MASTER 系列变频器控制端子配置图

（2）控制面板说明

西门子系列变频器控制面板如图 1-24 所示。

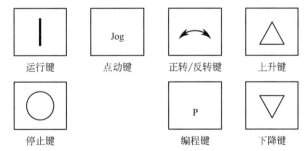

图 1-24　西门子系列变频器控制面板

① 运行键　用于启动变频器，此键可通过 P121＝0 来封锁。

② 停止键　用于停止变频器。

③ 编程键　用于参数和参数值之间的转换。

④ 上升键　用于使参数号、参数索引号和参数值向较高值变化。此键可以改变频率的功能，可通过参数 P124＝0 来封锁。

⑤ 下降键　用于使参数号、参数索引号和参数值向较低值变化。

⑥ 点动键 在变频器停止时按下此键使变频器启动并且在预设的频率值下运转。一旦此键释放，变频器即停止。当变频器运转时，此键无效。

⑦ 正转/反转键 本按键可通过参数 P123＝0 来封锁，用于改变电机旋转方向。

（3）参数修改方法

西门子系列变频器操作键盘使用方法如图 1-25 所示。

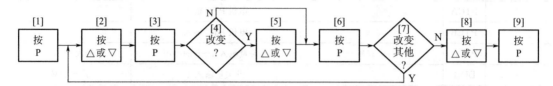

图 1-25 西门子 MICRO MASTER/MIDI MASTER 系列变频器操作键盘使用方法

说明：要想改变 P009 以上的参数，必须首先设置 P009 到 002 或 003。

［1］显示变到"P000"。

［2］选择要改变的参数。

［3］观看当前所选参数的值。

［4］您想改变这个值吗？如果不改变，进入第［6］。

［5］参数值增加（△）或减少（▽）。

［6］"锁定"这个新参数值到存储器（如果改变），返回到参数号的显示。

注：当改变频器参数时，如果增加分辨率到 0.01，那么首先按 P 键，到参数显示，再按下直到显示变为"——.no"（n 为小数点后面第一位，如参数值＝"055.8"，那么 n 为 8）。按△或▽键改变参数值（范围在 00～99 之间），然后按下 P 键两次回到参数显示。

［7］还有其他参数需要修改吗？如果有，回到步骤［2］。

［8］上调参数到 P944 或下调到 P000。如果向上调，显示自动停在 P944，但如果再按△键，参数会循环到 P000。

［9］退出，回到正常运行显示。

如参数设置出现错误，所有参数可以恢复到初始状态。做法是设置 P944＝1，然后按下 P 键。

（4）功能码表（表 1-38）

表 1-38 功能码表

参数	功能	参数范围［工厂设定］	参数	功能	参数范围［工厂设定］
P000	运行显示		P006	频率给定类型选择	0～2 [0]
P001*	显示选择	0～6 [0]	P007	允许/封闭前面板上按键	0～1 [1]
P002*	给定积分器上升时间/s	0～650.0 [10.0]	P009*	参数保护级别设定	0～3 [0]
P003*	给定积分器下降时间/s	0～650.0 [10.0]	P011	频率给定值存储	0～1 [0]
P004*	平滑区域时间	0～40.0 [0.0]	P012*	最小电机频率/Hz	0～659.00 [0.00]
P005*	频率给定值（数字）/Hz	0～650.00 [0.00]	P013*	最大电机频率/Hz	0～650.00 [50.00]

续表

参数	功能	参数范围 [工厂设定]	参数	功能	参数范围 [工厂设定]
P014*	跳变频率/Hz	0~650.00 [0.00]	P051	控制功能选择,DIN1(端子8)	0~17 [1]
P015*	自动再启动	0~1 [0]	P052	控制功能选择,DIN2(端子9),第四个固定频率	0~17 [2]
P016*	瞬停再启动	0~2 [0]	P053	控制功能选择,DIN3(端子10),第三个固定频率	0~17 [6]
P017	平滑类型	0~1 [0]	P054	控制功能选择,DIN4(端子11),第二个固定频率	0~17 [6]
P018	故障后自动再启动	0~1 [0]	P055	控制功能选择,DIN5(端子12),第一个固定频率	0~17 [6]
P021*	最小模拟量频率/Hz	0~650.00 [0.00]	P056	数字输入时间	0~2 [0]
P022*	最大模拟量频率/Hz	0~650.00 [50.00]	P061	继电器输出 RL1 选择	0~11 [6]
P023*	模拟量输入类型	0~2 [0]	P062	继电器输出 RL2 选择	0~11 [8]
P024*	附加模拟量给定	0~1 [0]	P063	外部制动释放延迟/s	0~20.0 [1.0]
P025*	模拟量输出	0~105 [0]	P064	外部制动停止时间/s	0~20.0 [1.0]
P031*	右转点动频率/Hz	0~650.00 [5.00]	P065	继电器门槛电流	0~99.9 [1.0]
P032*	左转点动频率/Hz	0~650.00 [5.00]	P071*	滑差补偿/%	0~200 [0]
P033*	点动积分给定器上升时间/s	0~650.0 [10.0]	P072*	滑差限幅/%	0~500 [250]
P034*	点动积分给定器下降时间/s	0~650.0 [10.0]	P073*	直流制动/%	0~250 [0]
P041*	第一个固定频率/Hz	0~650.0 [5.00]	P074*	温度保护的电机降额曲线	0~3 [0]
P042*	第二个固定频率/Hz	0~650.00 [10.00]	P075*	制动电阻/Ω	0/50~250 [0]
P043*	第三个固定频率/Hz	0~650.00 [20.00]	P076*	开关频率	0~10 [0]
P044*	第四个固定频率/Hz	0~650.00 [40.00]	P077	控制模式	0~2 [1]
P045*	固定频率给定 1~4 取反	0~7 [0]	P078*	连续提升/%	0~250 [100]
P046*	第五个固定频率/Hz	0~650.00 [0.00]	P079*	启动提升/%	0~250 [0]
P047*	第六个固定频率/Hz	0~650.00 [0.00]	P081	电机额定频率/Hz	0~650.00 [50.00]
P048*	第七个固定频率/Hz	0~650.00 [0.00]	P082	电机额定转速/(r/min)	0~9999 [☆☆☆]
P049*	第八个固定频率/Hz	0~650.00 [0.00]	P083	电机额定电流/A	0.1~99.9 [☆☆☆]
P050	固定频率给定 5~8 取反	0~7 [0]	P084	电机额定电压/V	0~1000 [☆☆☆]

参数	功能	参数范围 [工厂设定]	参数	功能	参数范围 [工厂设定]
P085	电机额定功率/kW	0～50.0 [☆☆☆]	P123	放开/封锁点动键	0～1 [1]
P086*	电机电流限幅/%	0～250 [150]	P124	放开/封锁△键	0～1 [1]
P087*	电机 PTC 的使用	0～1 [0]	P131	频率给定/Hz	0.00～650.00 [—]
P088	自动校准	0～1 [0]	P132	电机电流/A	0.0～99.9 [—]
P089*	定子电阻/Ω	0.01～100.00 [☆☆☆]	P133	电机转矩/%	0～250 [—]
P091*	从站地址	0～30 [0]	P134	直流环节电压/V	0～1000 [—]
P092*	波特率	3～7 [6]	P135	电机转速/(r/min)	0～9999 [—]
P093*	间隔时间/s	0～240 [0]	P910*	本机/遥控方式	0～3 [0]
P094*	串行口额定系统设定/Hz	0～650.00 [50.00]	P922	软件版本	0～9999 [—]
P095	USS 相容性	0～2 [0]	P923*	设备系统号	0～255 [0]
P101*	在欧洲/美国运行	0～1 [0]	P930	最后一次错误代码	0～9999 [—]
P111	额定功率/kW	0.0～50.00 [☆☆☆]	P931	最后一次报警类别	0～9999 [—]
P121	放开/封锁启动键	0～1 [1]	P944	重新恢复到工厂的设定	0～1 [0]
P122	放开/封锁正反转键	0～1 [1]			

注：* 表示可以在运行中修改的参数。
☆☆☆表示值的大小取决于变频器的容量。

三、富士 FVR-G7S 系列通用变频器

（1）控制端子说明

该变频器控制端子配置如图 1-26 所示。

（2）控制面板说明

FVR-G7S 允许从键板面盘或通过到控制端子的信号直接实现全部操作。面盘还能获得故障信息，监视操作数据，以及选择功能码，以重新设定数据码数值。

加上电源时 FVR-G7S 数字监视器会显示"0000"片刻，然后闪烁工厂预置频率"60.00Hz"。按 SHIFT 键，操作人员可监视变频器的运行状态。输出频率（Hz）、电流（A）、电机的同步速度（r/min）和线速度（m/min）都可显示，如图 1-27 所示。图形显示器可使数据设定和输入、输出状态显示更加容易、方便。各键或窗口的功能及作用见表 1-39。

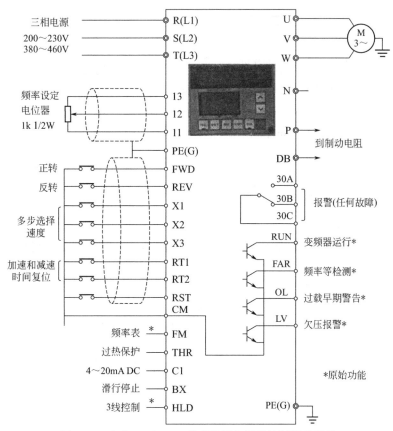

图 1-26 富士 FVR-G7S 系列通用变频器控制端子配置

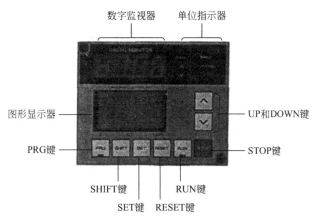

图 1-27 富士 FVR-G7S 系列通用变频器操作键盘结构

表 1-39 键或窗口的功能及作用

键或窗口	功能及作用	键或窗口	功能及作用
数字监视器	在程序方式中,功能码显示于最左边二位数字,数据码在最右边二位数字;在运行方式中,显示监视数据;当变频器跳闸时显示故障信息	SET 键	按 SET 键显示所选功能的数据码(或图形显示上的数据),它还用来存储设定数据
		单位指示器	由一个 LED 灯亮来指示显示数据的单位

键或窗口	功能及作用	键或窗口	功能及作用
图形显示器	此显示用棒图表示频率和输出电流，并且表示控制 I/O 信号的有或无；此显示还使程序方式中的数据设定容易	UP 和 DOWN 键	可用此键改变参考频率；在程序方式中，能改变功能码或预置数据
		STOP 键	此键用于停止电机，使变频器进入停止方式，红的 LED 亮
PRG 键	此键用来切换到程序方式，以及解除程序方式；在程序方式中，PRG 键上的 LED 灯亮	RUN 键	此键用于启动电机，并且变频器进入运行方式，绿的 LED 亮
SHIFT 键	在程序方式中，每次按 SHIFT 键都改变显示的功能码；在运行和停止方式中，按 SHIFT 键改变监视数据的显示	RESET 键	按此键解除跳闸方式，并回到停止方式；在程序方式中，按此键能选择另外的功能码

（3）参数修改方法

① 功能码选择　要进入功能码按 PRG 键，FVR-G7S 会立即进入程序方式，同时由 PRG 键上的 LED 灯（红）指示。程序方式由三个功能块组成（图 1-28），它们被定义为基本、标准和高水平。由功能码 NO.22 选择任何一个功能块（注意，"基本"块为工厂预置）。要选择希望的功能码，接 SHIFT 或 UP/DOWN 箭头键。SHIFT 键可在功能块范围内快速查找（00…04…08）。UP/DOWN 键以箭头所指方向转换功能码。

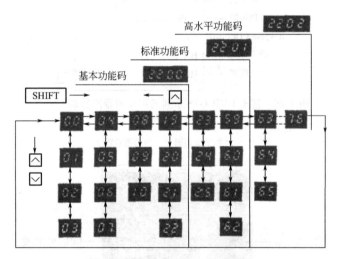

图 1-28　程序方式的三个功能块

② 重新设定数据码　所有数据码在装货前由工厂预置。要改变设定值，首先选择希望的功能码数字，并按 SET 键在数字显示器上显示数据码数字（注意，一些功能在图形显示器上显示），这样能用 UP/DOWN 箭头键按需要改变数据。按 SET 将设定值存入存储器。此步骤一旦完成，继续用 RESET 键进行下一个希望的功能码。当全部设定步骤完成时，按 PRG 键（红的 LED 灭），以恢复正常变频器操作。

对于图 1-29 说明如下：[1] 接通电源，操作信号都为 OFF；[2] 按 PRG 键；[3] 选择功能码，按上升/下降键或 SHIFT 键盘；[4] 调现行的数据；[5] 选择新的数据；[6] 存储数据，在写数据完成之后 5s 内不得关掉电源；[7] 程序方式结束，操作回到停机方式。

（4）功能码表

① 基本功能　见表 1-40。

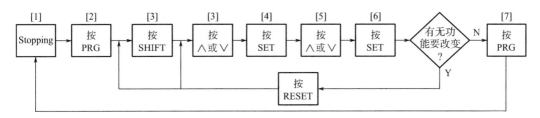

图 1-29　重新设定数据码步骤

表 1-40　基本功能

功能码		说明	工厂设定值	备注
00	LED 数字监视选择	00:输出频率(Hz)　01:输出电流(A) 02:输出电压(V)　03:电机同步速度(r/min) 04:线速度(m/min)	00	
01	图表式监视选择	00:频率,电流　01:输入信号状态 02:输入/输出信号状态	00	
02	电机噪声喊小	00～05;6 模式	03	
03	FM 端子输出水平校准	00～99;100 步	85	
04～06	转矩提升	自动或 32 模式＋微调可选	00 13 00	04:自动转矩提升 05:转矩提升 06:微调
07～09	自动加速/减速/控制 加速时间 1 减速时间 1	00:无效　01:有效 0.01～3600s 0.01～3600s	00 6SEC 6SEC	07:自动控制 08:加速时间 09:减速时间
10	制造商使用功能		00	
11	最大频率	00:50Hz　01:60Hz　02:100Hz 03:120Hz　04:任意(0～400Hz)	00	
12	基频	00:50Hz　01:60Hz　02:任意(0～400Hz)	00	
13	最大输出电压	00:200V(400V)　01:220V(440V) 02:230V(460V)　03:任意 0,1～240V(0,2～460V)	03	
14	电机极数	02～12;2～12 极	04	02:2 极　04:4 极
15	操作命令	00:键板操作　01:端子操作 02:连接操作	00	
16	频率命令	00:数字量(键板)　01:模拟量(电压) 02:模拟量(电流)	00	
17	加速/减速时间	00:线性　01:非线性(S 曲线 1) 02:非线性(S 曲线 2)	00	
18	正常/高转矩动能制动	00:正常　01:高	00	
19	模式操作	00:无效　01:有效	00	
20	瞬时电源故障后重新启动	00:无效　01:有效	00	
21	线速度系数	0.00～200	0.01	
22	功能块选择	00:基本功能　01:基本和标准　02:全部	00	
23～28	加速/减速时间 加速时间 23、24 和 25 减速时间 26、27 和 28	0.01～3600s	23,26:10 24,27:15 25,28:3	

功能码		说明	工厂设定值	备注
29~42	多步速度设定第1~7	0.00~400Hz	0Hz	
	计数器第1~7	0.01~3600s	0SEC	
43	电子热过载继电器	00:无效　01:设定值范围选择	00	30%~50%
44 45	高和低限定器	0~100%	44:100% 45:0%	
46	基频	0~100%	0%	
47	频率设定信号增益	0~200%	0~100%	
48~50	跳跃频率1、2和3	0~400Hz	0Hz	
51	跳跃频率范围	0~5Hz	0Hz	
52	直流制动	00:无效　01:有效	00	
53~55	直流制动	0~60Hz,0~15%,0.01~30s	53:0Hz 54:0% 55:0.1s	
56	启动频率	0.2~60Hz	1Hz	
57	电流限定器	00:无效　01:有效(30%~150%)	00	
58	转差补偿控制	00:无效　01:有效	00	
59	频率水平检测	0~400Hz	50Hz	
60	FDT和FAR信号滞后	0~30Hz	10Hz	
61	运行信号结束频率	0~400Hz	0Hz	
62	过载早期警告信号	70%~150%	100%	

② 高水平功能　见表1-41。

表1-41　高水平功能

功能码		说明	工厂设定值	备注
63	X1、X2和X3端子功能	00:多步速度设定　01:升降控制 02:直流制动控制	00	
64	FWD/REV命令保持(3线控制)	00:2线控制　01:3线控制 02:模式操作命令保持	00	
65	LV、OL和FAR端子输出码	00:原始/允许端子标示改变 01:模式操作中速度步进监视	00	
66	LV端子功能	00:欠压信号　01:过压信号	00	
67	OL端子功能	00:过载早期警告信号　01:电流监视器 02:欠压或重新启动信号	00	
68	FAR端子功能	00:频率等效检测信号(FAR) 01:频率水平检测信号(FDT) 02:变频器停止信号	00	
69	RUN端子功能	00:变频器运行信号 01:模式操作中每一步的结束信号 02:模式操作中每个循环结束信号	00	

续表

功能码		说明	工厂设定值	备注
70	FM 端子功能	00:频率监视信号(模拟量/数字量) 01:电流监视信号(模拟量)	00	
71	输入变频器的单元号	00:中央变频器　01～15:本地变频器	15	
72	连接单元的编号	00～15:连接到中央变频器上的全部本地/次本地变频器	00	
73	连接方式	00:无效　01:无效 02:单独监视　03:联合操作	00	
74	连接操作中的运行命令输入(中央变频器)	00:键板　01:端子	00	
75	变频器单元号	00～15:指定单元号　16:所有单元	00	
76	电流限定方式转换控制	00:方式 1　01～99:方式 2	00	
77	任选卡用	00～99	00	
78	任选卡用	00～99	00	
79	任选卡用	00～99	00	
82	连接操作中操作码	00:正常操作　01:参数拷贝	01	

四、三肯 SAMC0-i 系列通用变频器

(1) 控制端子说明

该系列通用变频器控制端子如图 1-30 所示。

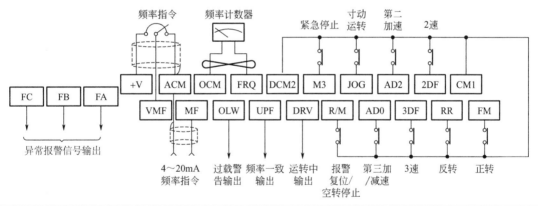

端子标记		端子名称	内容说明	
控制电路输入端	DCM1 DCM2	数字信号共用端	数字信号共用端对 FR-ES 的继电器接点状态的输入信号的共用端子	
	FR	正转端子	FR-DCM1、2 之间短路时正转,开路时停转	
	RR	反转端子	RR-DCM1、2 之间短路时反转,开路时停转	
	2DF*	第 2 速选择端	2DF-DCM1、2 之间短路时选择第 2 速(切换功能码 Cd066 而成图形运转定时器的复位输入信号端来动作)	2DF、3DF 都同 DCM1、2 短路时选为第 4 速
	3DF*	第 3 速选择端	3DF-DCM1、2 之间短路时选择第 3 速(切换功能码 Cd067 而成优先选择第 1 速频率指令 IRF 端子输入信号)	

图 1-30

端子标记		端子名称	内容说明	
控制电路输入端	JOG*	寸动运转选择端	JOG-OCM1、2 之间短路时,可选择寸动运转模式(切换 Cd068,配合 2DF、3DF 端子来选择第 5~8 速)	
	AD2	第 2 加减速时间选择端	AD2-DCM1、2 短路时选择第 2 加减速时间	AD2、AD3 都同 DCM1、2 短路时选为第 4 加减速时间
	AD3	第 3 加减速时间选择端	AD3-DCM1、2 短路时选择第 3 加减速时间(切换功能码 Cd069 而成运转信号保持端来动作)	
	R/M	复位信号端空转停止端	R/M-DCM1、2 之间短路时,电机成空转停止状态;短路后再开放,若已输入 FR 或 RR 信号,则变频器就会再启动;若在报警停机之间就成为报警状态的清除信号;以 R/M 端子使电机空转停止时,务必在输入 R/M 信号的同时,将 FR、RR 端子的信号转成 OFF	
	ES*	紧急停止端	是以外部异常信号来使变频器停机的端子,ES-DCM1、2 间短路时,变频器即报警停机,可作为驱动多台电机时的外部热敏器端子来进行使用,可以 Cd070 切换输入信号模式	
	ACM	模拟信号共用端	模拟信号共用端(用于+V、VRF、IRF 的频率设定信号的共用端)	
	+V	设定频率用电位器端子	接电位器(5kΩ,0.3W 以上)	
	VRF	频率设定用端子(电压信号)	输入 DC0~10V,信号电压同输出频率成正比,10V 时成增益频率(Cd055)的设定值(用于 Cd002=2,3,5 时);输入阻抗约 6kΩ;切换 Cd002,也可改为 0~5V	
	IRF	频率设定用端子(电流信号)	输入 DC4~20mA,信号电流同输出频率成正比,20mA 时成增益频率(Cd055)的设定值(用于 Cd002=4,5 时);输入阻抗约 240Ω	
控制电路的输出端	OCM	输出共用端	输出信号共用端(DRV-OLW 的开路集电极输出及 FRQ 信号的共用端子)	
	DRV*	运转中输出端	变频器运转中为 L 电平,停止中及直流制动中为 H 电平(开路集电极输出 24V 50mA),切换 Cd062,即可作为欠压中及图形运转周期结束输出端子来进行动作	
	UPF*	频率一致信号输出端	输出频率同 1 速设定频率一致时为 L 电平(开路集电极输出 24V 50mA),以 Cd063 来选择对多挡速度的所有设定频率的一致信号及频率到达(Gd056)信号	
	OLW*	过载警告信号输出端	当输出电流超出设定值(Cd048 之值)时为 L 电平(开路集电极输出 24V 50mA),切换 Cd064,即可作为过载预报(电子热敏器 80%)或作为散热片的过热警告信号(95℃)进行动作	
	FRQ*	频率计用端子	接 DC 1mA 的频率表(Cd059 时,仪表偏差标准频率为 1mA),能以 Cd060 及 △、▽来调整偏差(切换功能指令码 Cd065,即可连接频率计数器及输出电流表)	
	FA FB FC	异常报警信号输出端	为表明是因变频器内部的保护功能动作而导致停机状态时的接点输出端子 正常时:FA-FC 开,FB-FC 闭 异常时:FA-FC 闭,FB-FC 开 接点容量:AC 250V 0.3A	

注：* 标记表示多功能端子。
FR、RR 端子仅在 Cd001＝2 (运转由外部端子指令) 时才有效。
VRF、IRF 端子仅在 Cd002＝2~5 (频率由外部模拟信号指令) 时才有效。
JOG、2DF、3DF 同时被输入时,以 JOG 模式为最优先。

图 1-30 三肯 SAMC0-i 系列通用变频器控制端子配置

(2) 控制面板说明

该系列通用变频器操作面板如图 1-31 所示。

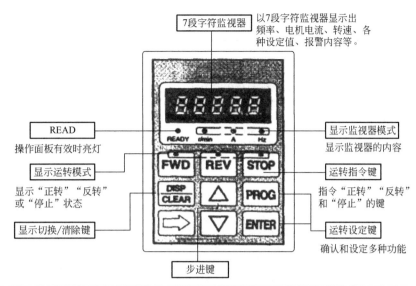

图 1-31　三肯 SAMC0-i 系列通用交频器操作面板

类别	键的显示	功能概况
运转指令键	FWD	开始正转方向的运转
	REV	开始反转方向的运转
	STOP	停止运转 若是报警状态,则解除报警信号
显示切换/ 清除键	DISP CLEAR	若是状态显示模式,则切换 7 段字符监视器的显示内容 若是功能指令码显示模式,即清除输入的数值数据,或使这以前的 ENTER 键操作无效
步进键	⇨	若是状态显示模式,可直接设定频率 若是频率直接设定或功能指令码显示模式,数值输入位将向右移动
	△	若是状态显示模式,可步进设定频率的上升方向 若是频率直接设定或功能指令码显示模式,数值输入位的数值将增多
	▽	若是状态显示模式,可步进设定频率的下降方向 若是频率直接设定或功能指令码显示模式,数值输入位的数值将减少
运转设 定键	PROG	可切换状态显示模式或功能指令码显示模式
	ENTER	确定 7 段字符监视器所显示的数值数据

（3）功能码表（表 1-42）

表 1-42　功能码表

指令码 Cd		功能名称	数据内容	单位	出厂设定
基本运转功能	000	选择监视器的显示内容	1:频率(Hz) 2:输出电流(A) 3:转速(r/min) 4:无单位	1	1
	001*	选择运转指令	1:操作面板 2:外部端子信号 3:串行通信(选用功能)	1	1

指令码 Cd	功能名称	数据内容	单位	出厂设定
基本运转功能				
002 *	1 速频率设定方法的选择	1:操作面板 2:外部模拟信号(0~5V) 3:外部模拟信号(0~10V 或电位器) 4:外部模拟信号(4~20mA) 5:外部模拟信号(0~10V,4~20mA 的合计值) 6:步进设定(选用功能) 7:二进制设定(选用功能) 8:BCD 设定(选用功能) 9:串行设定(选用功能)	1	1
003 *	U/f 图形	1:直线图形 2:平方降低图形(较弱) 3:平方降低图形(较强)	1	1
004	转矩补偿	0%~10%(最高电压比)	0.1%	2
005	基准频率电压	0:输出电压无自动调整 50~480V	1	380
006	基准频率	30~400Hz	0.01Hz	50
007	上限频率	30~400Hz	0.01Hz	60
008	下限频率	0.2~200Hz	0.01Hz	0.2
009	启动方式	1:由启动频率启动 2:转速跟踪启动 3:直流制动后由启动频率启动	1	1
010	启动频率	0.2~20Hz	0.01Hz	1
011	运转开始频率	0~20Hz	0.01Hz	0
012	启动延迟时间	0~5s	0.1s	0
013	制动方式	1:减速停止 2:减速停止＋直流制动 3:空转停止	1	1
014	直流制动开始频率	0.5~20Hz	0.01Hz	0.5
015	直流制动时间	0.1~10s 25.5:连续	0.1s	2
016	直流制动力	1~15	1	5
加减速设定功能	017 *	加减速模式	1:直线 2:S 字	1	1
	018	加减速基准频率	10~120Hz	0.01Hz	50
	019	第 1 加速时间	0~6500s	0.1s	* 1
	020	第 2 加速时间			* 2
	021	第 3 加速时间			* 3
	022	第 4 加速时间			* 4
	023	第 1 减速时间	0~6500s	0.1s	* 5
	024	第 2 减速时间			* 6
	025	第 3 减速时间			* 7
	026	第 4 减速时间			* 8
	027	JOG 加减速时间	0~20s	0.1s	0.1
运转频率设定功能	028	JOG(寸动)频率	0.1~60Hz	0.01Hz	5
	029	1 速频率	0~400Hz	0.01Hz	0
	030	2 速频率			10
	031	3 速频率			20

续表

指令码 Cd		功能名称	数据内容	单位	出厂设定
运转频率设定功能	032	4 速频率	0~400Hz	0.01Hz	30
	033	5 速频率			40
	034	6 速频率			50
	035	7 速频率			60
	036	8 速频率			5
	037	第 1 跳跃频率下端	0~400Hz	0.01Hz	0
	038	第 1 跳跃频率上端			
	039	第 2 跳跃频率下端			
	040	第 2 跳跃频率上端			
	041	第 3 跳跃频率下端			
	042	第 3 跳跃频率上端			
保护设定功能	043	输出电流限制功能设定值	50%~200%(对额定电流的比率)	1%	150
	044	电子热敏器设定值	0:无功能 1:20%~105%	1%	100
	045	恒速时的输出电流限制功能	0:无 1:有	1	0
	046	瞬停后的再启动	0:不再启动 1:再启动	1	0
	047	报警自动复位	0:无自动复位功能 1:有自动复位功能	1	0
多功能端子选择功能	065	FRQ 输出端子的功能	1:频率计 2:电流计(预定电流的 200%=1mA) 3:计数器(输出频率的 10 倍)	1	1
	066 *	2DF 输入端子的功能	1:选择 2 速 2:图形运转定时器的复位(选用功能)	1	1
	067 *	3DF 输入端子的功能	1:选择 3 速 2:优先选择 IRF 端子信号	1	1
	068 *	JOG 输入端子的功能	1:选择寸动运转 2:选择多挡 5~8 速	1	1
	069 *	AD3 输入端子的功能	1:选择第 3、第 4 加减速时间 2:运转信号保持功能	1	1
	070	ES 输入端子的功能	1:NO 外部热敏器信号 2:NC 外部热敏器信号	1	1
无速度传感器选择功能	071 *	电机控制模式的选择	1:U/f 控制模式 2:无速度传感器控制模式 3:内藏 PID 控制模式(选用功能) 4:反馈控制模式(选用功能) 5:配备速度传感器的控制模式(选用功能) 6:简易型节能控制模式(选用功能) 7:自动节能控制模式 1(选用功能) 8:自动节能控制模式 2(选用功能) 9:电机参数自动测定模式 1 10:电机参数自动测定模式 2	1	1
	072	转矩限制(电动)	20%~200%	1%	100
	073	转矩限制(制动)	10%~100%	1%	40
	074	启动励磁电流倍率	1~15	1	5

续表

指令码 Cd		功能名称	数据内容	单位	出厂设定
无速度传感器选择功能	075	启动励磁时间	0～10.0(设定 0 为无启动励磁)	0.1s	*10
	076	制动励磁电流倍率	1～15	1	5
	077	制动励磁时间	0～10.0(设定 0 为无制动励磁)	0.1s	1
	078 *	电机额定电流	0.1～999.9A	0.1A	*11
	079 *	电机额定频率	1:50Hz 2:60Hz	1	*11
	080 *	电机额定转速	1～24000r/min	1r/min	*11
	081 *	电机绝缘类别	1:A 级 2:E 级 3:B 级 4:F 级 5:H 级	1	*11
	082	速度增益调整	0.50～2.00	0.01	1.00
	083	外部模拟信号的输入平均次数	1～500	1	10
	084～089	工厂调整用			
	090 *	S 字加速开始曲线	0～100	1%	50
	091 *	S 字加速到达曲线	0～100	1%	50
	092 *	S 字中部加速梯度	0～100	1%	0
	093 *	S 字减速开始曲线	0～100	1%	50
	094 *	S 字减速到达曲线	0～100	1%	50
	095 *	S 字中部减速梯度	0～100	1%	0
其他功能	096	操作功能锁定	0:可更改功能码数据(无锁定功能) 1:不可更改功能数据(不包括 Cd096)	1	0
	097	检查冷却风扇	0,1:进行风扇的检查	1	0
	098	读取报警内容	0,1:开始读取 9:消除记录	1	0
	099	数据初始化	0,1:进行初始化 2:消除电机参数自动测定功能所测电机参数 9:包括工厂调整用的所有功能码数据初始化	1	0
	100	远方/近方操作面板的切换	0,1:功能转移到另一方	1	0
任选件功能	101 *	选择运转图形	0:通常运转 1:多挡速图形运转 2:扰动图形运转	1	0
	102	图形运转的重复次数	0:连续 1～250:重复次数	1	1
	103 至 109 110	图形运转定时 T1～T7 运转间歇时间 T0	0.0～6500.0	0.1s	10.0
	111	中途暂停的减速时间	1～4:Cd023～025 的数据	1	1
	112	暂停后的启动加速时间	1～4:Cd019～022 的数据	1	1
	113 ～ 119	T1～T7 中的正反转、加减速	X X └─ (1～4: 加减速指定值) └─ (1: 正转 2: 反转)		11 11 11 11 12 12 12

续表

指令码 Cd	功能名称	数据内容	单位	出厂设定
120＊	模拟输入信号的切换（PID、扰动图形、节能模式兼用）	0:不输入模拟信号　1:输入 0～5V 2:输入 0～10V 3:输入 4～20mA	1	0
121	扰动调制比例或简易节能比例	0～50%	1%	0
122 123 124	PID 控制比例增益 PID 控制积分增益 PID 控制微分增益	0.00～100.00	0.01	0.1 0.1 0.00
125	反馈输入信号的滤波时间常数	1～100(设定值 t＝10ms)	10ms	1
126＊	多功能反馈控制的基板动作选择	1:PG 反馈控制　2:TG 反馈控制 3:PID 反馈控制	1	1
127＊	反馈信号的选择	1:±10V　2:±24V　3:4～20mA	1	1
128＊	PG 脉冲的相数	1:1 相 2:2 相　} 开路集电极输出形 3:1 相 4:2 相　} 驱动器输出形	1	2
129＊	PG 脉冲相数	1～5000	1	600
130＊	TG 电压系数	0.1～10.0V	0.1V	3
131	0 速信号频率	0.00～60.00Hz	0.0Hz	0.00
132～135	工厂调整用			
136 137	模拟信号输出功能 1（DA1） 模拟信号输出功能 2（DA2）	0:此功能不动作　1:设定频率 2:输出频率　3:输出电流 4:直流电流　5:散热片温度 6:负载率 7:模拟输入值(电压信号输入基板) 8:模拟输入值(电流信号输入基板)	1	0
138 139	模拟信号输出系数 1（DA1） 模拟信号输出系数 2（DA2）	0.0～20.0	0.1	1.0
140 141 142	继电器输出功能 1（RY1） 继电器输出功能 2（RY2） 继电器输出功能 3（RY3）	0:此功能不动作　1:运转中 1 2:欠压中　3:图形运转周期的结束 4:运转中 2　5:频率一致(1 速) 6:频率一致(1～8 速) 7:频率到达 8:过载预报值 9:过载警告(电子热敏器) 10:散热片温度警告(95℃)	1	1 5 8
145	工厂调整用			
146	串行通信功能	0:此功能不动作 1:非连续模式 2:连续模式	1	0
147	变频器编号	1～32	1	1
148	通信速度	1:1200bit/s 2:2400bit/s 3:4800bit/s	1	3

任选件功能

指令码 Cd		功能名称	数据内容	单位	出厂设定
任选件功能	148	通信速度	4:9600bit/s 5:19200bit/s	1	3
	149	奇偶校验位	0:无 1:奇数 2:偶数	1	1
	150	停止码	1:1 位 2:2 位	1	1
	151	终止码	0:CR,LF 1:CR	1	0

五、富士 FRN-G9S / P9S 系列变频器

（1）控制端子说明

该系列变频器控制端子配置如图 1-32 所示。

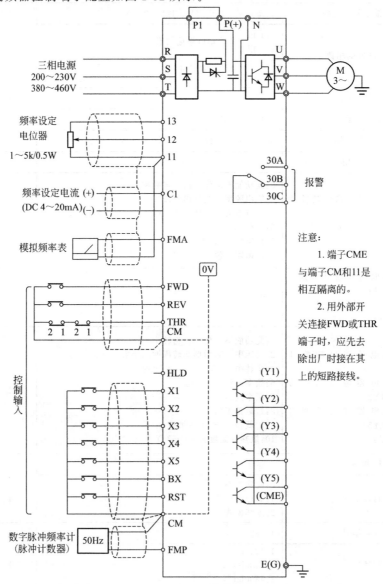

分类	标记	端子名称	说明
频率设定	13	电位器电源	频率设定电位器用稳压电源＋10V DC(最大输出电流:10mA)
	12	电压输入	0～＋10V DC/0 至最大输出频率
	C1	电流输入	＋4～＋20mA DC/0 至最大输出频率
	11	公共端	端子 12、13、C1 和 V1 公共端
命令输入	FWD	正转运行命令	FWD-CM:接通,电动机正向运行;断开,电动机减速停止
	REV	反转运行命令	REV-CM:接通,电动机反向运行;断开,电动机减速停止
	HLD	3 线运行停止命令	HLD-CM 接通时,FWD 或 REV 端子的脉冲信号能自保持,能由短时接通的按钮操作
	BX	电动机滑行停止命令	BX-CM 接通时,电动机将滑行停止,不输出任何报警信号
	THR	外部故障跳闸命令	THR-CM 断开,发生 OH2 跳闸,电动机将滑行停止,报警信号(OH2)自保持
	RST	报警复位	变频器报警跳闸后,RST-CM 瞬时接通(≥0.1s),使报警复位
监视输出	FMA-11	模拟监视器	输出 0～＋10V DC 电压;正比于由 F46/0～F46/3 选择的监视信号　0:输出频率　2:输出转矩　1:输出电流　3:负载率
	FMP-CM	频率监视器(脉冲输出)	脉冲频率＝F43×变频器输出频率
接点输出	30A,30B,30C	报警输出	保护功能动作时,输出接点信号
控制输入	X1,X2,X3	多步速度选择	端子 X1、X2 和 X3 的 ON/OFF 组合能选择 8 种不同的频率 X
	X4,X5	选择加/减速时间 2、3 或 4	端子 X4 和 X5 的 ON/OFF 组合能选择 4 种不同的加/减速时间
	CM	公共端	接点输入信号和脉冲输出信号(FMP)的公共端
开路集电极输出	Y1	输出 1	由 F47 选择各端子功能 代码功能 0:变频器正在运行(RUN) 1:频率到达信号(FAR) 2:频率值检测信号(FDT) 3:过载预报信号(OL) 4:欠压信号(LU) 5:键盘操作模式 6:转矩限制模式 7:变频器停止模式 8:自动再启动模式 9:自动复位模式 C:程序运行各步时间到信号(TP) d:程序运行一个循环完成信号(TO) E:程序运行步数信号 (由 3 个输出端子 Y3、Y4 和 Y5 编码指示) F:报警跳闸模式时的报警指示信号 (由 4 个输出端子 Y2、Y3、Y4 和 Y5 编码指示)
	Y2	输出 2	
	Y3	输出 3	
	Y4	输出 4	
	Y5	输出 5	
	CME	开路集电极输出的公共端	公共端或开路集电路输出信号

图 1-32　富士 FRN-G9S/P9S 系列变频器控制端子配置

（2）控制面板说明

该系列变频器操作面板如图 1-33 所示。

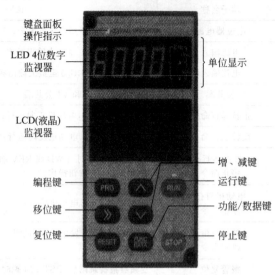

键盘面板操作指示
LED 4位数字监视器
单位显示
LCD(液晶)监视器

增、减键
运行键
功能/数据键
停止键

编程键
移位键
复位键

标记	键名	说明
》	移位键	正常模式时,不管停止或运行,用于切换数字监视器或图形监视器的显示内容(频率、电流、电压、转矩等) 编程设定模式时,用于移动数据设定值的位 选择功能码时用于移动光标
∧ ∨	增、减键	设定数据时,∧键增加设定值,∨键减少设定值 正常模式时,∧键增加频率设定值,∨键减少频率设定值
STOP	停止键	停止运行键(仅在选择键盘面板操作时有效)
RUN	运行键	启动运行键(仅在选择键盘面板操作时有效)
PRG	编程键	正常模式或编程设定模式的选择键
FUNCTION	功能/数据键	用于各功能数据的读出和写入;另外在 LCD 监视器上设定数据时,用于在画面上读出和写入数据 用于存入改变后的设定频率值
RESET	复位键	报警停止状态复位到正常模式;编程设定模式时,使从数据更新模式转为功能选择模式 取消设定数据写入

图 1-33 富士 FRN-G9S/P9S 系列变频器操作面板

（3）参数修改方法

图 1-34 是改变功能 05 "加速时间" 的数据设定的操作过程。该例可示范说明一般的数据设定方法。

对照图 1-34,将操作过程说明如下:

[1]：运行监视画面转为选择画面后,按 "编程键" 出现中上画面。

[2]：用 "增、减键" 移动光标,选择所需要的功能。按 "功能/数据键",出现右上角画面。

[3]：按 "增、减键" 改变设定数据,这时可以用 "移位键" 移动数位。改变设定数据后,出现右下角画面。

[4]：按 "功能/数据键",存入数据。数据存入后出现的画面如中下画面所示。

[5]：数据存入结束后,自动返回选择画面,如左下角画面所示。

[6]：用 "编程键",由选择画面返回正常画面,出现左上角所示画面。

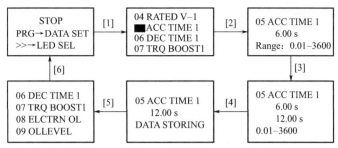

图 1-34　改变功能 05 "加速时间"的数据设定的操作过程

（4）功能码表（表 1-43）

表 1-43　功能码表

分类	功能		LCD 显示	设定范围
	代码	名称		
基本功能	00	频率设定命令	00 FREQ COMND	0：键盘操作（∧ 或 ∨ 键） 1：电压输入（端子 12 和 V1）或电压和电流输入（端子 12，V1 和 C1）
	01	操作方法	01 OPR METHOD	0：模数操作（RUN 或 STOP 键） 1：FWD 或 REV 端子命令信号操作
	02	最高频率	02 MAX Hz	G9S：50～400Hz　P9S：50～120Hz
	03	基本频率 1	03 BASE Hz-1	G9S：50～400Hz　P9S：50～120Hz
	04	额定电压 1 （最大输出电压 1）	04 RATED V-1	0：正比于输入（无 AVR 功能） 80～240V（200V 系列） 320～480V（400V 系列）
	05	加减时间 1	05 ACC TIME1	0.01～3600s
	06	减速时间 1	06 DEC TIME1	0.00（滑行停止），0.01～3600s
	07	转矩提升 1	07 TRQ BOOST1	0.0（自动设定），0.1～20.0（手动设定）
	08	电子热过载（选择）继电器 （保护电动机）（数据）	08 ELECTRN OL	0：不动作 1：动作（适用于 4 极标准电动机） 2：动作（适用于富士 4 极逆变器电动机）
	09		09 OL LEVEL	约为逆变器额定电流的 20%～105%
	10	瞬时停电后再启动	10 RESTART	0：不动作 1（停电发生时跳闸和报警） 1：不动作 2（电源恢复时跳闸和报警） 2：动作（平稳恢复） 3：动作（瞬时停止和按停电前的频率再启动） 4：动作（瞬时停止和按启动频率再启动）
	11	频率限制（上限）	11 H LIMITER	G9S：0～400Hz　P9S：0～120Hz
	12	（下限）	12 L LIMITER	G9S：0～400Hz　P9S：0～120Hz
	13	偏置频率	13 FREQ BIAS	G9S：0～400Hz　P9S：0～120Hz
	14	频率设定信号增益	14 FREQ GAIN	0.0%～200.0%
	15	转矩限制（驱动）	15 DRV TORQUE	20%～180.999%（999：不限制）
	16	（制动）	16 BRK TOROUE	0.20%～180999%（999：不限制）
	17	直流制动（开始频率）	17 DC BRK Hz	0.0%～60.0Hz
	18	（制动值）	18 DC BRKLVL	0.0%～100%
	19	（制动时间）	19 DC BRKT	0.0（直流制动不动作），0.1～300s

功能			LCD 显示	设定范围
分类	代码	名称		
基本功能	20	多步频率设定　频率1	20 MULTI Hz-1	
	21	多步频率设定　频率2	21 MULTI Hz-2	
	22	多步频率设定　频率3	22 MULTI Hz-3	C9S：0.00,0.20～400.0Hz
	23	多步频率设定　频率4	23 MULTI Hz-4	P9S：0.00,0.20～120Hz
	24	多步频率设定　频率5	24 MULTI Hz-5	
	25	多步频率设定　频率6	25 MULTI Hz-6	
	26	多步频率设定　频率7	26 MULTI Hz-7	
	27	电子热过载继电器（保护制动电阻）	27DBR OL	0：不动作 1：动作（约7.5kW,内装DB电阻） 2：动作（约7.5kW,外接选件DB电阻）
	28	转差补偿控制	28SLIP COMP	－9.9Hz～＋5.0Hz
	29	转矩矢量控制	29 TRQ VECTOR	0：无效　　1：有效
	30	电动机极数	30 MTR POLES	2～14(偶数)
	31	功能组（32～41）	31■ 32～41■	0：不显示功能码32～41 1：显示功能码32～41
输入端子功能	32	X1～X5输入端子功能选择	32 X1～X5 FUNC	0000～2222 X1和X2端子功能由第1位代码设定 　32/0＃＃＃：多步速度选择 　32/1＃＃＃：上升/下降控制1 　32/2＃＃＃：上升/下降控制2 X3端子功能由第2位代码设定 　32/＃0＃＃：多步速度选择 　32/＃1＃＃：从商用电到逆变器的切换运行 　　（商用电为50Hz） 　32/＃2＃＃：从商用电到逆变器的切换运行 　　（商用电为60Hz） X4端子功能由第3位代码设定 　32/＃＃0＃：加/减速时间选择（2种） 　32/＃＃1＃：电流输入信号选择（4～20mA　DC） 　32/＃＃2＃：直流制动命令 X5端子功能由第4位代码设定 　32/＃＃＃0：加/减速时间选择 　　（用X4和X5组合,4种可选） 　32/＃＃＃1：第2电动机的U/f选择 　32/＃＃＃2：数据保护（允许修改数据）
加速/减速时间	33	加速时间2	33 ACC TIME2	
	34	减速时间2	34 DEC TIME2	
	35	加速时间3	35 ACC TIME3	0.01～3600s
	36	减速时间3	36 DEC TIME3	0.00(滑行停止),0.01～3600s
	37	加速时间4	37 ACC TIME4	
	38	减速时间4	38 DEC TIME4	
第2电动机	39	基本频率2	39BASE Hz-2	G9S：50～400Hz　P9S：50～120Hz
	40	额定电压2（最大输出电压2）	40RATED V-2	0：正比于输入（无AVR功能） 80～240V(200V系列) 320～480V(400V系列)
	41	转矩提升2	41 TRQ BOOST2	0.1～20.0(手动设定)
	42	功能组（43～51）	42■43～51■	0：不显示功能码43～51 1：显示功能码43～51

续表

分类	代码	名称	LCD 显示	设定范围
模拟监视输出	43	FMP(脉冲倍率)端子(电压调整)	43 FMP PULSES	6～100
	44		44 FMP V-ADJ	50～120
	45	FMA(电压调整)端子(功能)	45 FMA V-ADJ	65～200
	46		46 FMA FUNC	0:输出频率 1:输出电流 2:输出转矩 3:负载率
输出端子功能	47	Y1～Y5 端子功能	47 Y1～Y5 FUNC	00000～FFFFF 5 个端子分别由 5 位数字选择下列功能 0:逆变器正在运行(RUN) 1:频率到达信号(FAR) 2:频率值检测信号(FDT) 3:过载预报警信号(OL) 4:欠电压检测信号(LU) 5:键盘操作模式 6:转矩限制 7:逆变器停止 8:自动再启动 9:自动复位 C:程序运行步时间到信号(TP) d:程序运行循环结束信号(TO) E:程序运行步号指示 (使用 3 个输出端子 Y3、Y4 和 Y5 编码表示) F:报警跳闸时表示跳闸原因信号 (使用 4 个输出端子 Y2、Y3、Y4 和 Y5 编码表示)
	48	FAR 功能信号(检测幅值)	48 FAR HYSTR	0.0～10.0Hz
	49	FDT 功能信号 (检测频率值)	49 FDT LEVEL	G9S:0～400Hz P9S:0～120Hz
	50	(滞后范围)	50 FDT HYSTR	0.0～30.0Hz
	51	OL 功能信号(电流值)	51 OL WARNING	约逆变器额定电流的 20%～105%
	52	功能组(53～59)	52■53～59■	0:不显示功能码 53～59 1:显示功能码 53～59
频率控制	53	跳越频率(跳越频率 1)	53 JUMP Hz1	G9S:0～400Hz P9S:0～120Hz
	54	(跳越频率 2)	54 JUMP Hz2	
	55	(跳越频率 3)	55 JUMP Hz3	
	56	(宽度)	56 JUMP HYSTR	0～30Hz
	57	启动频率(频率)	57 START Hz	0.2～60.0Hz
	58	(保持时间)	58 HOLDING t	0.0～10.0s
	59	频率设定信号滤波器	59 FILTER	0.01～5.00s
	60	功能组(61～79)	60■61～79■	0:不显示功能码 61～79 1:显示功能码 61～79
LED 和 LCD 监视器	61	LED 监视器(功能)	61 LED MNTR1	0～8(9 种可选)
	62	(停止模式显示)	62 LED MNTR2	0:设定值 1:输出值
	63	机械速度和线速度系数	63 SPEED COEF	0.01～200.00[频率(Hz)的乘数]
	64	LCD 监视器(功能)	64 LCD MNTR	0:显示 RUN 或 STOP 1:棒图显示设定频率和输出频率 2:棒图显示输出频率和输出电流 3:棒图显示输出频率和电动机转矩 4:棒图显示驱动转矩和制动转矩

功能			LCD 显示	设定范围
分类	代码	名称		
程序运行	65	程序运行(模式选择)	65 PATTERN	0:无效 1:单循环 2:连续循环 3:单循环结束后按第 7 步速度继续运行
	66 67 68 69 70 71 72	(第 1 步) (第 2 步) (第 3 步) (第 4 步) (第 5 步) (第 6 步) (第 7 步) * 设定运行时间、旋转方向和加速/减速时间	66 STAGE1 67 STAGE2 68 STAGE3 69 STAGE4 70 STAGE5 71 STAGE6 72 STAGE7	运行时间,0.00～6000s 代码　正转/反转　加速/减速 F1　　正转　　加速 1/减速 1 F2　　正转　　加速 2/减速 2 F3　　正转　　加速 3/减速 3 F4　　正转　　加速 4/减速 4 R1　　反转　　加速 1/减速 1 R2　　反转　　加速 2/减速 2 R3　　反转　　加速 2/减速 3 R4　　反转　　加速 4/减速 4
	73	加速/减速(模式选择)方式	73 ACC PTN	0:线性　1:S 曲线 2:非线性(适用于变转矩负载)
	—			
特殊功能 1	75	节能运行	75 ENERGY SAV	0:无效　1:有效
	76	反向旋转禁止	76 REV LOCK	0:无效　1:有效
	77	数据初始化(数据复位)	77 DATA INIT	0:手动设定值 1:返回出厂设定值
	78	语种(JPN/ENG)	78 LANGUAGE	0:日语　1:英语
	79	LCD 监视器辉度	79 BRIGHTNESS	0(亮)～10(暗)
	80	功能组(81～94)	80■81～94■	0:不显示功能码 81～94 1:显示功能码 81～94
	81	电动机声音(载频)	81 MTR SOUND	0(低载频)～10(高载频)
	82	瞬时停电再启动(等待时间)	82 RESTART t	0.0～5.0s
	83	(频率下降率)	83 FALL RATE	0.00～100.00
	84	自动复位(次数)	84 AUTO-RESET	0～7
	85	(复位间隔时间)	85 RESET INT	2～20s
电动机特性	86	电动机 1(容量) (额定电流) (空载电流)	86 MOTOR CAP	0:大 1 级容量　1:标准适配容量 2:小 1 级容量　2:小 2 级容量
	87		87MOTOR1-Ir	电流设定值(A)0.00～2000A
	88		88 MOTOR1-Io	电流设定值(A)0.00～2000A
	89	电动机 2(额定电流)	89MOTOR2-Ir	电流设定值(A)0.00～2000A
	90	电动机 1(调谐) 阻抗(%R1 设定) (%X 设定)	90 TUNING	0:无效　1:有效
	91		91%R1 SET	设定百分值 0.00%～50.00%
	92		92% X SET	设定百分值 0.00%～50.00%
特殊功能 2	93	制造厂专用功能	93 DD FUNC1	
	94		94 DD FUNC1	
	95	数据保护	95 DATA PRTC	0:可以修改数据 1:不可以修改数据

六、日立 J300 系列变频器

（1）控制端子说明

该系列变频器控制端子配置如图 1-35 所示。

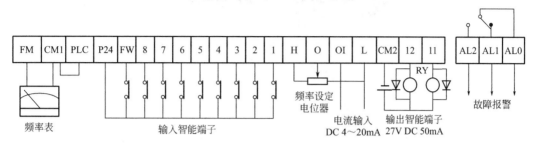

类别	端子符号	端子说明和功能	智能端子的标准设定	
输入监视信号	FM	频率监视		
	CM1	输入和监视公共端子		
	PLC	序列发生器(PLC)外部电源的公共端子		
	P24	频率监视和智能输入端子的内部电源		
	FW	正转		
	8	智能输入端子 8	REV	反转运行
	7	智能输入端子 7	CF1	多段速(一段)
	6	智能输入端子 6	CF2	多段速度(二段)
	5	智能输入端子 5	CH1	第 2 级加/减速
	4	智能输入端子 4	FRS	自由滑行输入
	3	智能输入端子 3	JG	寸动
	2	智能输入端子 2	AT	电流输入选择
	1	智能输入端子 1	RS	复位
频率命令输入	H	用于频率指令的电源		
	O	电压频率命令		
	OI	电流频率命令		
	L	频率命令公共端子		
输出信号	CM2	智能输出公共端子		
	12	智能输出端子 12	RUN	运行信号
	11	智能输出端子 11	FA1	频率到达信号
故障报警输出	AL2	正常:AL0-AL1 闭合		
	AL1	不正常,断电:AL0-AL1 断开 接点额定值:250V AC 2.5A 电阻负载		
	AL0	30V DC 3.0A 电阻负载		

图 1-35 日立 J300 系列变频器控制端子

（2）控制面板说明及操作方法

① 键盘配置　如图 1-36 所示。各键的名称如下：

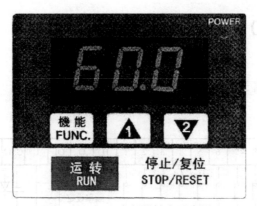

图 1-36　J300 变频器键盘示意图

a. 监视（LED 显示）：此显示表明频率、电机电流、电机转速和跳闸历史等。

b. FUNC：功能（function）键，此键用于修改命令，当在设定数据和参数之后按此键时，它们被自动存储。

c. ▲和▼：数字的增减键，这些键用于修改数据和增减频率。

d. RUN：运行键。此键用于启动（当选择端子运行时，此键不工作）。

e. STOP/RESET：停止/复位键。此键用于停止电机或复位错误（不管选择操作器或端子，此键均工作。若使用扩展功能，此功能有效）。

② 键盘操作方法　图 1-37 所示为 J300 变频器键盘操作方法。其过程为：

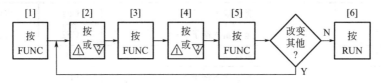

图 1-37　J300 变频器键盘操作方法

[1]：通电后按"功能键"一次进入参数设定与修改状态。

[2]：按"数字增、减键"选择所需要的功能模式。

[3]：按"功能键"一次进入所选择的功能模式的设定或修改状态。

[4]：按"数字增、减键"设定或修改所选择的功能模式。

[5]：按"功能键"一次，储存所设定的值或数据。

[6]：按"运行键"结束设置过程。

（3）功能结构介绍

日立公司 J300 系列变频器的主要功能有显示功能（d0～d11）、基本功能（F2～F14）、扩展功能（A0～A65）和端子功能（C0～C21）。详细情况可查阅日立公司 J300 系列变频器使用说明书。

七、三菱公司 FR-A240 系列通用变频器

（1）控制端子说明

该系列通用变频器控制端子配置如图 1-38 所示。

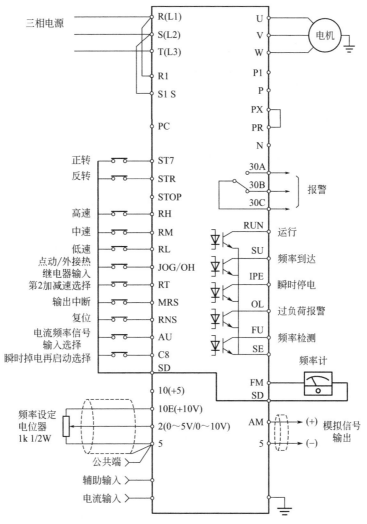

图 1-38

类别		端子记号	端子名称	内容说明	
控制电路输入信号	接点（启动功能选择等）	STF	正转启动	STF-SD 间处于 ON 便正转，处于 OFF 便停止；程序运行模式时为程序运行开始信号（ON 开始，OFF 停止）	STF，STR-SD 间同时为 ON 时，便为停止指令
		STR	反转启动	STR-SD 间 ON 为反转，OFF 为停止	
		STOP	启动的保持选择	当 STOP-SD 间处于 ON，可以选择启动信号自保持	
		RH，RM，RL	多段速度选择	用 RH，RM，RL-SD 间处于 ON 的组合，最大可以选择 7 种速度；程序运行模式时便成为 1 组、2 组、3 组的选择信号（当 Pr，79＝8，端子 RH 的功能变为运行模式切换功能）	
		JOG/OH	点动模式选择或外部热继电器输入	JOG-SD 间 ON 时选择点动运行，用启动信号（STF 或 STR）可以点动运行；另外，由于外部热继电器动作使变频器停止时，可以切换为热继电器接点输入端子	
		RT	第 2 加减速时间选择	RT-S 间处于 ON 时选择第 2 加减速时间；设定了"第 2 力矩提升""第 2U/f（基底频率）"时，也可以 RT-SD 间处于 ON 时选择这些功能	
		MRS	输出停止	MRS-SD 间为 ON（20ms 以上）时，变频器输出停止；用电磁制动停止电机时，用于断开变频器的输出；还可以作为直流制动开始信号和 PU 运行外部互锁信号使用（当 Pr，11＝8888 时，借助于将 MRS-SD 间短路，开始直流制动的动作）	

类别		端子记号	端子名称	内容说明	
控制电路输入信号	接点（启动功能选择等）	RES	复位	用于解除保护回路动作的保持状态；使端子 RES-SD 间处于 ON 0.1s 以上后，请处于 OFF 状态	
		AU	电流频率信号输入选择	只在端子 AU-SD 间为 ON 时，才可用频率设定信号 DC 4～20mA 运行	
		CS	瞬停再启动选择	CS-SD 预先处于 ON，再接电时便可自动启动，但用这种运行必须通过参数进行再启动设定，出厂时设定为不能再启动	
		SD	公共输入端子	接点输入端子和 FM 的公共端子，与控制回路的公共端子绝缘	
		PC	外接 PLC 公共端	在连接 PLC 等的晶体管输出（集电极开路）时，将晶体管输出用的外部电源公共端接到这个端子，可以防止因回流电流的误动作	
	模拟频率设定	10E	频率设定用电源	DC 10V，容许电流 10mA	在出厂时状态连接频率设定器时，请与端子 10 连接；接于 10E 时，请改变端子 2 的输入规格
		10		DC 5V，容许电流 10mA	
		2	频率设定（电压）	DC 0～5V（或 0～10V），5V（10V）为最大输出频率；输入、输出成比例；用参数单元进行输入 DC 0～5V（出厂时）和 DC 0～10V 的切换；输入阻抗 10kΩ，容许最大电压为 DC 20V	
		4	频率设定（电流）	DC 4～20mA，20mA 为最大输出频率，输入、输出成比例；只在端子 AU-SD 间处于 ON 时，该输入信号有效，输入阻抗 250Ω，容许最大电流 30mA	
		1	频率辅助设定	输入 DC 0～±5V 或 0～±10V 时，端子 2 或 4 的频率设定信号与这个信号相加；用参数单元进行输入 DC 0～±5V 和 DC±10V（出厂时）的切换；输入阻抗 10kΩ，容许电压 DC±20V	
		5	频率设定公共端	频率设定信号（端子 2、1 或 4）和端子 AM 的公共端子，与控制回路的公共回路不绝缘，请不要接大地	
控制电路输出信号	接点	A,B,C	异常输出	指示变频器的保护功能动作，输出停止的 1C 接点输出，AC 200V 0.3A，DC 30V 0.3A；异常时，B-C 间不导通（A-C 间导通），正常时则相反	
	集电极开路	RUN	变频器正在运行	变频器输出频率为启动频率（出厂时为 0.5Hz，可变更）以上时为 L 水平，正在停止和正在直流制动时为 H 水平（＊＊），容许负荷为 DC 24V 0.1A	
		SU	频率到达	输出频率达到设定额率的±10%（出厂值，可变更）时为 L 水平，正在加减速和停止时为 H 水平（＊＊），容许负荷为 DC 24V 0.1A	
		OL	过负荷报警	借助于电流限制功能失速防护动作时为 L 水平，失速防护解除时为 H 水平，容许负荷为 DC 24V 0.1A	
		IPF	瞬时停电	瞬时停电，电压不足保护动作时为 L 水平，容许负荷为 DC 24V 0.1A	
		FU	频率检测	输出频率为任意设定的检测频率以上时为 L 水平，以下为 H 水平，容许负荷为 DC 24V 0.2A	
	脉冲	SE	集电极开路输出公共端	端子 RUN、SU、OL、IPF、FU 的公共端子，与控制电路的公共端子绝缘	
	模拟	FM	表示仪表用	可以从输出频率 26 种监视项目中选一种，输出信号与监视项目的大小成比例，可同时使用 FM 和 AM	出厂时的输出项目，频率容许负荷电流 1mA
		AM	模拟信号输出		出厂时的输出项目，频率输出信号 DC 0～10V，容许负荷电流 1mA

图 1-38　三菱公司 FR-A240 系列通用变频器控制端子配置

（2）控制面板说明

各键的名称及功能如图 1-39 所示。

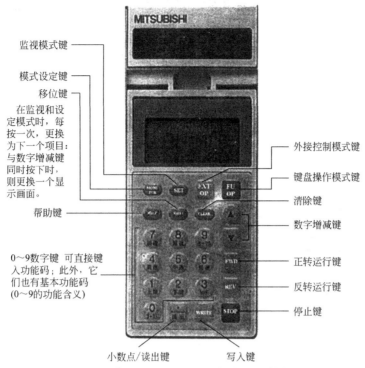

图 1-39 三菱公司 FR-A240 系列变频器的键盘配置

（3）参数修改方法

FR-A240 变频器参数数据修改方法如图 1-40 所示。

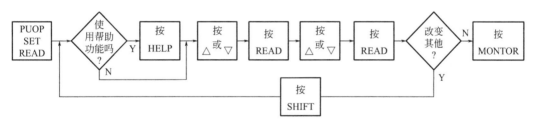

图 1-40 三菱公司 FR-A240 系列变频器参数数据修改方法

（4）功能码表

三菱公司 FR-A240 系列变频器的功能码采用连续编码方式，各类功能的编码范围如表 1-44 所示。功能码表见表 1-45。

表 1-44 各类功能的编码范围

序号范围	功能类别	序号范围	功能类别
0～9	基本功能	57、58	再启动功能
10～39	标准运行功能	59	附加功能
40～43	多功能输出端子功能	60～81	动作选择功能
44～50	第二功能	82～231	辅助功能
51～56	显示功能	900～905	校正功能

表 1-45　功能码表

功能	参数编号	名称	画面显示	设定范围	单位	出厂设定
基本功能	0	力矩提升（手动）	Trq. Bst1	0～30%	1%	6%/3%
	1	上限频率	Max. F1	0～120Hz		120Hz
	2	下限频率	Min. F1	0～120Hz		0
	3	基底频率	VF base F1	0～400Hz	0.01Hz	60Hz
	4	多速设定（高速）	Preset F1	0～400Hz		60Hz
	5	多速设定（中速）	Preset F2	0～400Hz		30Hz
	6	多速设定（低速）	Preset F3	0～400Hz		10Hz
	7	加速时间	Acc. T1	0～3600s/0～360s	0.1s/0.01s	5s/15s
	8	减速时间	Dec. T1	0～3600s/0～360s	0.1s/0.01s	5s/15s
	9	电子热继电器	Set THM	0～500A	0.01A	额定输出电流
标准运行功能	10	直流制动动作频率	DC Br. F	0～120Hz,9999	0.01Hz	3Hz
	11	直流制动动作时间	DC Br. T	0～10s,888	0.1s	0.5s
	12	直流制动电压	DC Br. V	0～30%	1%	6%/3%
	13	启动频率	Start F	0～60Hz	0.01Hz	0.5Hz
	14	负载种类	Load VF	0、1、2、3、4、5	1	0
	15	点动频率	JOG F	0～400Hz	0.01Hz	5Hz
	16	点动加减速时间	JOG T	0～3600s/0～360s	0.1s/0.01s	0.5s
	17	外接的继电器输入	JOG/OH	0～7	1	0
	18	高速上限频率	Max. F2	120～400Hz	0.01Hz	120Hz
	19	基底频率电压	VFbaseV	0～1000V,9999,8888	0.1V	9999
	20	加减速基准频率	ACC/DecF	0～400Hz	0.01Hz	60Hz
	21	加减速时间单位	Incr. T	0,1	1	0
	22	失速防护动作水平	Stll Pv1	0～200%,9999	0.1%	150%
	23	倍速时失速防护动作水平修正值	Stll Pv2	0～200%,9999	0.1%	9999
	24	多段速度设定（4速）	Preset F4	0～400Hz,9999	0.01Hz	9999
	25	多段速度设定（5速）	Preset F5			
	26	多段速度设定（6速）	Preset P6			
	27	多段速度设定（7速）	Preset F7			
	28	多段速输入补偿	Pre. Comp	0,1	1	0
	29	加减速曲线	Acc/Dec P	0、1、2、3	1	0
	30	再生制动使用率设定	Br. Set	0～5	1	0
	31	频率跳变 1A/（电脑通信写入 E2PROM 选择）	F jump 1A	0～400Hz,9999(0,1,9999)	0.01Hz	9999
	32	频率跳变 1BA/（通信速度）	F jump 1B	0～400Hz,9999 (12,24,48,96,9999)	0.01Hz	9999
	33	频率跳变 2A/（运行指令选择）	F jump 2A	0～400Hz,9999(0,1,9999)	0.01Hz	9999

续表

功能	参数编号	名称	画面显示	设定范围	单位	出厂设定
标准运行功能	34	频率跳变 2B/（速度指令选择）	F jump 2B	0～400Hz,9999(0,1,9999)	0.01Hz	9999
	35	频率跳变 3A/（电脑通信启动模式选择）	F jump 3A	0～400Hz,9999(0,1,9999)	0.01Hz	9999
	36	频率跳变 3B/（配置点数目选择）	F jump 3B	0～400Hz,9999(0～31,9999)	0.01Hz	9999
	37	旋转速度表示	Dispunit	2,4,6,8,10,11～9998	1	4
	38	自动力矩提升/[5V(10V)频率输入]	A. TrqBst	0～200%(1～400Hz) 0.1%(0.01Hz)	0(60Hz)	
	39	自动转矩提升动作开始电流/(＊20mA输入频率)	No Load 1	0～500A(1～400Hz)	0.01A (0.01Hz)	0(60Hz)
多功能输出端子功能	40	输出端子分配	Selectop	0～9999	1	1234
	41	频率达到的动作范围	SU Range	0～100%	0.1%	10%
	42	输出频率检测	Set FU FW	0～400Hz	0.01Hz	6Hz
	43	反转时输出频率检测	Set FU RV	0～400Hz,9999	0.01Hz	9999
第2功能	44	第2加减速时间	AC/Dec T2	0～3600s/0～360s	0.1s/0.01s 0.1%	5s
	45	第2减速时间	Dec T2	0～3600s/0～360s,9999		9999
	46	第2转矩提升	Trq. Bst2	0%～30%,9999		
	47	第2 U/f（基底频率）	VP base F2	0～400Hz,9999	0.01Hz	
	48	第2失速防护动作电流/（通信资料长度）	Stall 2I	0～200%(0,1,9999)	0.1%	150%
	49	第2失速防护动作频率/（停止位元长度）	Stall 2F	0～400Hz,9999(0,1,9999)	0.01Hz	0Hz
	50	第2输出频率检测/（均等核对）	Set FU2	0～400Hz(0,1,2,9999)	0.01Hz	30Hz
显示功能	51	机身 LED 表示数据选择/（代码 CR、LF 选择）	Set LED	1～14,17,18(0,1,2,9999)	1	1
	52	PU 主显示数据选择/（通信再尝试次数）	Set Main	0,17～20,23,24(0～10,9999)	1	0(1)
	53	PU 水平显示数据选择/（信号交换相隔时间）	Set LvI	0～3,5～14,17,18 (0,0.1～9998,9999)	1(0.1s)	1(0)
	54	FM、AM 端子功能选择	Set FM	1～3,5～14,27,18,21,101～103, 105～114,117,118,121	1	1
	55	频率显示基准	Calb FM F	0～400Hz	0.01Hz	60Hz
	56	电流显示基准	Calb FM I	0～500A	0.01A	额定输出电流
再启动功能	57	再启动自由运行时间	Restart T1	0～5s,9999	0.1s	9999
	58	再启动加速时间	Restart T2	0～5s	0.1s	1s
附加功能	59	遥控设定功能选择/（输入端子分配）	Rmt Set	0,1,2(0～9998,9999)	1	0(9999)

功能	参数编号	名称	画面显示	设定范围	单位	出厂设定
动作选择功能	60	智能模式选择/(输入滤波常数选择)	Lnt,Mode	0～6(1～8,9999)	1	0(9999)
	61	智能模式基准电流/(音调控制选择)	—	0～500A,9999(0,1)	0.01A(1)	9999(0)
	62	智能模式加速基准电流/(电机回路断开检测)	—	0～200%,9999(0～200%,9999)	0.1%(0.01%)	9999(5%)
	63	智能模式减速基准电流/(电机回路断开检测动作时)	—	0～200%,9999(0.05～1s,9999)	0.1%(0.01s)	9999(0.5s)
	64	升降机模式启动频率/(恒力矩输出范围滑差补偿)	—	0～10Hz,9999(0,9999)	0.01Hz	9999
	65	启动再试选择	Retry	0～5	1	0
	66	失速防护动作降低开始频率	Stll CoF	0～400Hz	0.01Hz	60Hz
	67	报警发生时再试行的次数	Retry No	0～10(101～110)	1	0
	68	再试行的等待时间	Retry t	0～10s,9999	0.1s	1s
	69	再试行次数显示取消	Retry N	0	—	0
	70	特殊再生制动使用率	Br. Drty	0～15%/0～30%/0	0.1%	0
	71	适用电机	Set Motor	0～6,13～16,20	1	0
	72	PWM频率选择	PWM F	0.7～14.5kHz	0.1kHz	14.5kHz
	73	0～5V、0～10V选择	Extf/10V	0～5,10～15	1	1
	74	输入滤波器的时间常数/电流输入信号选择	IP Filter	0～8(0,1)	1(1)	1(0)
	75	复位选择/PU脱出检测	RES Mode	0,1,2,3	1	0
	76	报警指令输出选择(滑差补偿反应时间)	Alarm OP	0,1,2,3(0.01～10s,9999)	1(0.01s)	1(0.5s)
	77	参数写入禁止选择	Enable Wr	0,1,2	1	0
	78	反转防止选择	Enable FR	0,1,2	1	0
	79	运行模式选择	Cont Mode	0～5,7,8	1	0
	80	电机容量	Motor kW	0.4～375kW,9999	0.01kW	9999
	81	电机极数/(电机额定滑差率)	Mpole No	2,4,6,12,14,16,9999(0～10%,9999)	1(0.01Hz)	9999
辅助功能	82	厂家设定用参数,请不要设定				
	83	电机额定电压	MotorV	0～1000V	0.1V	400
	84	电机额定频率	Motor f	50～120Hz	0.01Hz	60
	85～95	厂家设定用参数,请不要设定				
	96	自动调整设定/状态(频率跳变3B)	Auto Tune	0,1,101(0～400Hz,9999)	1(0.01Hz)	0(9999)
	97～99	厂家设定用参数,请不要设定				

功能	参数编号	名称	画面显示	设定范围		单位	出厂设定	
辅助功能	145	参数单元语言切换	PU Lang	0,1,2,3		1	0	
	100～154	内置选用参数,详细资料请参照选件的使用手册,100～109也用于$U/f5$点可调整特性,126～132在FR A024/044中可作为多段速设定(8～15速)						
	152	电机开路检测水平	—	0～50%		0.1%	5%	
	153	电机开路检测时间	—	0.05～1s		0.1s	0～5s	
	155	RT端子响应定时选择	RT Set	0,1,10,11		1	0	
	156	失速防护动作选择	Stll Prv	0～31,100		1	0	
	157	OL信号输出延时	OL delay	0～25s		0.1s	0	
	158	AM端子功能选择	AM Set	1～3,5～14,17,18,21,9999		1	9999	
	159	低速域降低载波频率选择	PWM 3f	0,1		1	0	
	160～199	内置选用参数						
	200～231	程序运行设定用参数						
校正功能	900	FM端子校正	FM Tune	—		—	—	
	901	AM端子校正	AM Tune	—		—	—	
	902	频率设定电压偏置	Ext. V bias	0～10V	0～60Hz	0.01	0V	0Hz
	903	频率设定电压增益	Ext. V gain	0～10V	1～400Hz	0.01Hz	5V	60Hz
	904	频率设定电流偏置	Ext. 1 bias	0～20mA	0～60Hz	0.01Hz	4mA	0Hz
	905	频率设定电流增益	Ext. 1 gain	0～20mA	1～400Hz	0.01Hz	20mA	60Hz
定位功能	82	定位停止时励磁电流低速位率	—	0～100%,9999		0.1%	9999	
	83	定位停止时PWM载波频率	—	0.7～14.5kHz,9999		0.1kHz	9999	
力矩控制	96	定位停止时选择/15速运行选择	—	0,1,5		1	0	

八、安川公司 VS-616 PC5 / P5 系列通用变频器

(1) 控制端子说明

该系列通用变频器控制端子配置如图 1-41 所示。

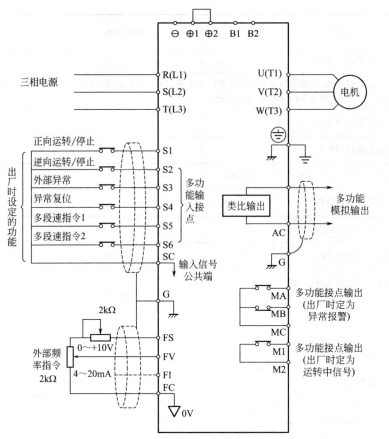

种类	编号	名称	端子功能		信号标准
运转输入信号	S1	正转/停止	闭→正转,开→停止		DC 24V 8mA,光耦合隔离
	S2	反转/停止	闭→反转,开→停止		
	S3	外部异常输入	闭→异常,开→正常	端子 S1～S6 为多功能端子,no35～no39	
	S4	异常复位	闭→复归		
	S5	主速/辅助切换	闭→辅助频率指令		
	S6	多段速指令 2	闭→多段速指令 2 有效		
	SC	公共端	与端子 S1～S6 短路时信号输入		
模拟输入信号	FS	速度指令电源	速度指令设定用电源端子		+15V,20mA
	FV	速度指令电压输入	0～10V/100%频率	no42:0 FV 有效	0～10V(20kΩ),4～20mA(250Ω)
	FI	速度指令电流输入	4～20mA/100%频率	no42:1 FI 有效	
	FC	公共端	端子 FV、FI 速度指令公共端		—
	G	屏蔽绞线端子	连接屏蔽绞线屏蔽护套		—
运转输出信号	M1	运转中信号输出（A 接点）	运转中结点闭合	多功能信号输出（no41）	接点容量 AC 250V、1A 以下,DC 30V、1A 以下
	M2				
	MA	异常输出信号 MA、MC A 接点	异常时 端子 MA—MC 闭	多功能信号输出（no41）	
	MB	MB、MC B 接点	端子 MB—MC 开		
	MC				

种类	编号	名称	端子功能		信号标准
模拟输出	AM	频率计输出(电流计)	0～10V/100％频率(可设定 0～10V/100％电流)	多功能模拟输出(no48)	0 ～ ＋ 10V 20mA 以下
	AC	公共端			

图 1-41　安川公司 VS-616 PC5/P5 系列变频器控制端子配置

（2）控制面板说明

该系列通用变频器控制面板如图 1-42 所示。

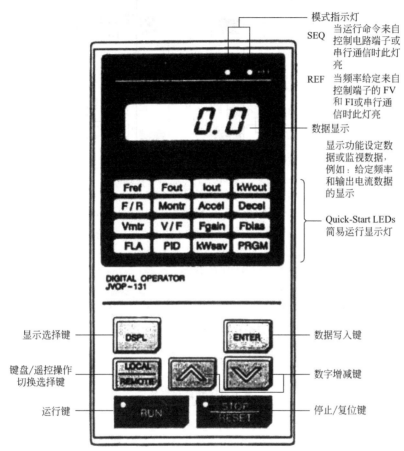

Quick-Start LEDs	说　明	备注	Quick-Start LEDs	说　明	备注
Fref	频率指令设定/监看		Vmtr	电机额定电压设定/读出	＊
Fout	输出频率监看		V/F	V/F 曲线设定/读出	＊
Iout	输出电流监看		Fgain	频率指令增益设定/读出	＊
kWout	输出电功率监看		Fbias	频率指令偏差设定/读出	＊
F/R	运转方向设定/读出		FLA	电机额定电流设定/读出	＊
Montr	监视项目的选择		PID	PID 控制机能选择	＊
Accel	加速时间		kWsav	省能源控制机能切换	＊
Decel	减速时间	＊	PRGM	参数的设定/读出	＊

注：＊表示停止时才能设定/读出。

图 1-42　安川公司 VS-616 PC5/P5 系列变频器控制面板

（3）参数修改方法

下面以运转方法选择（n02）的设定为例介绍数字操作器的使用方法。

已知变频器的出厂设置为：运转指令由外部端子控制，频率指令也为外部端子控制。现需要修改为：运转指令由外部端子控制，频率指令为操作器控制。具体修改方法如图 1-43 所示。其过程为：

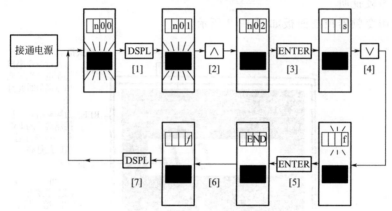

图 1-43　安川公司 VS-616 PC5/P5 变频器数据修改方法示范

[1]：接通电源之后，按动"DSPL"若干下，直到出现参数的设定/读出为止（PRGM）。

[2]：按"∧"键，选择参数"n02"（运转方法选择）。

[3]：按"ENTER"键，进入参数修改状态。

[4]：按"∨"键将"3"改为"1"。

[5]：按"ENTER"键，存储结束设定。

[6]：经过 1s 后，修改后的参数被存储完毕。

[7]：再次按"DSPL"返回初始状态。

（4）功能码表（表 1-46）

表 1-46　功能码表

功能	参数No.	名称	说明		设定范围	单位	出厂设定
参数群选择参数初始化	001	密码	0:参数 n001 可设定/读出，参数 n002～n108 仅可读出 1:第 1 功能(n001～n034)可设定/读出，第 2 功能(n035～n049)及第 3 功能(n050～n108)仅可读出 2:第 1 功能、第 2 功能可设定/读出，第 3 功能仅可读出 3:第 1、2、3 功能均可设定/读出 6:2 线式控制初期化 7:3 线式控制初期化		0～7	1	1
运转方法选择	002	运转方法选择	运转指令 0:操作器 1:外部端子 2:操作器 3:外部端子	频率指令 操作器 操作器 外部端子 外部端子	0～8	1	3

续表

功能	参数No.	名称	说明		设定范围	单位	出厂设定
运转方法选择	002	运转方法选择	4:操作器 5:外部端子 6:传输控制 7:传输控制 8:传输控制	传输控制 传输控制 传输控制 操作器 外部端子	0~8	1	3
输入电压设定	003	输入电压设定	变频器输入电压设定 200V级:150~255.0V 400V级:323~506.0V			0.1V	200V 400V
停止方法选择	004	停止方法选择	0:减速停止 1:自由运转停止 2:按计时功能1自由运转停止 (STOP后,RUN输入有效) 3:按计时功能2自由运转停止 (常态时,RUN输入有效)		0~3	1	0
电机回转方向选择	005	电机运转方向选择	0:正转指令动作时电机反时针运转 1:正转指令动作时电机顺时针运转		0.1	1	0
	006	禁止反转选择	0:可以反转 1:禁止反转		0.1	1	0
操作器功能选择	007	REMOTE/LOCAL键功能选择	0:REMOTE/LOCAL键功能无效 1:REMOTE/LOCAL键功能有效		0.1	1	1
	008	STOP键功能选择	0:STOP键在运转指令由操作器控制时有效 1:STOP键在任何运转状态均优先有效		0.1	1	1
	009	频率指令设定方法选择	0:在操作器上设定频率后不按ENTER键也有效 1:在操作器上设定频率后须按ENTER键才有效		0.1	1	1
	010	V/F曲线选择	0~E:15条固定V/F曲线选择 F:任意V/F曲线设定可修改,n012~n018设定值 (输出电压限制有效) FF:任意V/F曲线设定 (输出电压输入电压限制)		0~F	1	1
V/F曲线设定	011	电机额定电压	操作器上Vmtr的表示值设定范围同参数n003		150.0~250.0	0.1V	200.0
	012	最高频率 F_{MAX}			50.0~400.0	0.1Hz	60.0
	013	最高电压值 V_{MAX}			0.1~255.0	0.1V	200.0
	014	最高电压频率 F_A			0.2~400.0	0.1Hz	60.0
	015	中间频率 F_B			0.1~399.9	0.1Hz	3.0
	016	中间频率电压值 V_C			0.1~255.0	0.1V	60.0
	017	最低频率 F_{MIN}			0.12~10.0	0.1Hz	1.5
	018	最低频率电压值 V_{MIN}	设定值符合下列公式 n017≤n015≤n014≤n012		0.1~50.0	0.1V	10.0
加/减速时间设定	019	加速时间1	频率由0~100%时间		0.0~3600s	0.1s	10s
	020	减速时间2	频率由100%~0时间				
	021	加速时间1	多功能输入时动作功能同n019				
	022	减速时间2	多功能输入时动作功能同n020				

（V/F曲线设定图示：纵轴 V，标注 m013、m016、m018；横轴 F，标注 m017 m015 m014 m012）

功能	参数No.	名称	说明	设定范围	单位	出厂设定
S曲线时间选择	023	S曲线时间选择	0:S曲线无效 1:S曲线时间0.2s 2:S曲线时间0.5s 3:S曲线时间1.0s	0~3	1	1
频率指令选择	024	数字操作器显示模式	0:0.1Hz单位 1:0.1%单位 2~39:r/min 单位,r/min＝120×频率(Hz)/n024,n024电机极数设定 40~3999,第4位为小数点位置,第1~3位是设定100%速度时的设定值 4 3 2 1	0~3999	1	0
	025	频率指令1	主速频率设定值,操作器上Fref值	由参数n024决定		0.0
	026	频率指令2	多功能接点输入且多段速指令1设定时有效	0~9999		
	027	频率指令3	多功能接点输入且多段速指令2设定时有效			
	028	频率指令4	多功能接点输入且多段速指令1、2设定时有效			
	029	寸动频率指令	多功能接点输入且寸动频率设定时有效		1	6
输出频率限制	030	频率指令上限	以最高输出频率(n012)为100%	0~100	1%	100
	031	频率指令下限	以最高输出频率(n012)为100%			0
电机保护功能选择	032	电机额定电流	设定电机铭牌上的额定电流,设定范围为变频器额定电流10%~200%	—	0.1A	—
	033	电机保护选择	0:电机保护功能 1:标准电机(时间常数8min) 2:标准电机(时间常数5min) 3:专用电机(时间常数8min) 4:专用电机(时间常数5min)	0~4	1	1
冷却风扇过热时停止方法选择	034	冷却风扇过热时停止方法选择	0:减速停止(减速时间1) 1:自由停止 2:减速停止(减速时间2) 3:继续运转(警告显示)	0~3	1	3
外部端子控制多功能输入选择	035	端子S2功能	0:反向运转指令(2线式) 1:正转/反转指令(3线式) 2:外部异常(a接点输入) 3:外部异常(b接点输入) 4.外部复位 5:LOCAL/REMOTE切换 6:传输控制/外部端子切换 7:急停止 8:主速频率指令输入标准(电压/电流)选择 9:多段速指令1 10:多段速指令2 11:寸动频率指令 12:二段加减速时间切换 13:外部BB指令(a接点) 14:外部BB指令(b接点) 15:速度寻找(从最高频率)	0~24	1	0(1)

续表

功能	参数 No.	名称	说明	设定范围	单位	出厂设定
外部端子控制多功能输入选择	035	端子 S2 功能	16:速度寻找(目前频率指令) 17:参数设定许可/禁止切换 18:PID 控制积分值复位信号 19:PID 控制取消信号 20:Tuner 功能 21:变频器过热警告(OH3) 22:模拟信号取样/保持切换 23:KEB 指令(a 接点) 24:KEB 指令(b 接点)	0~24	1	0(1)
	036	端子 S3 功能	功能设定同参数 n035			2
	037	端子 S4 功能	功能设定同参数 n035	2~24	1	4
	038	端子 S5 功能	功能设定同参数 n035			9
	039	端子 S6 功能	功能设定同参数 n035 25:频率加速/减速功能 26:传输控制回路测试	2~26	1	10
多功能输出选择	040	端子 MA-MB-MC 功能	0:异常 1:运转中 2:频率一致 3:任意频率一致 4:频率检出(输出检出≤n073) 5:频率检出(输出检出≥n073) 6:过转矩检出中(a 接点) 7:过转矩检出中(b 接点) 8:外部 BB 中 9:运转状态 10:变频器运转准备完了 11:Timer 功能 12:自动复位中 13:过载(OL)预警 14:频率指令消失中 15:传输指令消失中 16:PID 反馈消失中 17:OH1 警告	0~17 0~8	1 1	0 0
	041	端子 M1-M2 功能	功能设定同参数 n040	0~17	1	1
频率指令功能选择	042	输入模拟信号种类选择	0:频率指令由 FV(0~10V)控制 1:频率指令由 FI(4~20mA)控制	0,1	1	0
	043	辅助模拟输入信号选择	0:0~10V 输入(J1 必须剪断) 1:4~20mA 输入	0,1	1	1
	044	频率指令保留选择	0:主速频率不保留 1:主速频率记忆 n025 的值	0,1	1	0
	045	频率指令消失时处理方式	0:频率指令消失时不检测 1:以指令消失前 80%频率运转	0,1	1	0
	046	频率指令增益	模拟输入(10V,20mA)对应输出频率的增益	0~200	1%	100
	047	频率指令偏差	模拟输入(0V,4mA)对应输出频率的偏差	−100~+100	1%	0

续表

功能	参数No.	名称	说明	设定范围	单位	出厂设定
模拟输出选择	048	模拟输出项目选择端子(AM-AC)	0:输出频率(10V/n012) 1:输出电流(10V/额定电流) 2:输出功率(10V/额定功率) 3:直流电压 10V/400V(200V 级),10V/800V(400V 级)	0～3	1	0
	049	模拟输出增益	模拟输出电压标准调整	0.01～2.00	0.01	1.00
载波频率调整	050	载波频率	设定值为 1、2、4～6:载波频率为设定值×2.5kHz 设定值为 7～9:载波频率最大为 25kHz	1～9	1	依容量不同
瞬时停电处理及速度寻找	051	瞬时断电处理	0:自由停止 1:瞬停允许时间内继续运转 2:断电后继续运转,故障不检出	0～2	1	0
	052	速度寻找动作标准	速度寻找电流标准设定	0～200	1%	150
	053	最小 BB 时间	速度寻找电流标准设定	0.5～5.0	0.1s	依容量不同
	054	速度寻找中 V/F	速度寻找中 V/F 设定	0～100	1%	
	055	瞬停补偿时间	瞬停保护运转时间设定	0.0～2.0	0.1s	
异常再启动	056	异常再启动次数	异常后,自行再启动次数设定	0～10	次	0
	057	异常接点动作选择	0:异常再启动时,异常接点输出 1:异常再启动时,异常接点不输出	0～1	1	1
跳跃频率	058	跳跃频率 1	设定变频器输出跳跃频率值	0.0～400	0.1Hz	0.0
	059	跳跃频率 2				0.0
	060	跳跃频率幅度	设定变频器输出跳跃频率范围	0.0～25.5		1.0
累积工作时间设定	061	累积工作时间功能选择	0:通电时间累积 1:运转时间累积	0～1	1	1
	062	累积工作时间 1	工作时间累积值	0～9999	1Hz	
	063	累积工作时间 2	工作时间累积值	0～27	10^4Hz	
直流制动	064	直流制动电流	直流制动电流以变频器额定电流为100%	0～100	1%	50
	065	停止时直流制动时间	停止时直流制动时间设定	0.0～10.0	1s	0.5
	066	启动时直流制动时间	启动时直流制动时间设定			0.0
转矩补偿	067	转矩补偿增益	自动转矩补偿时设定值	0.0～3.0	0.1	1.0
	068	电机线间电阻	变频器作转矩补偿时使用,工厂出厂时已预设适当值,一般无变更必要	0.0～65.53	0.001Ω	安川标准电机设定值
	069	铁损		0～9999	1W	
失速防止	070	减速中失速防止	0:减速中失速防止功能无效 1:减速中失速防止功能有效	0.1	1	1
	071	加速中失速防止标准	加速中失速防止电流标准设定	30～200	1%	170
	072	运转中失速防止标准	运转中失速防止电流标准设定			160
任意频率检出	073	频率检出标准	配合参数 n40、n41 频率检出设定值	0.0～400	0.11Hz	0.0

续表

功能	参数 No.	名称	说明	设定范围	单位	出厂设定
过转矩检出 (0L3)	074	过转矩检出功能选择	0:过转矩检出功能无效 1:速度一致中检出,检出后继续运转 2:运转中检出,检出后继续运转 3:速度一致中检出,检出后停止输出 4:运转中检出,检出后停止输出	0～4	1	0
	075	过转矩检出能力	过转矩检出能力设定,以变频器额定电流为100%	30～200	1%	160
	076	过转矩检出时间	过转矩检出时间设定	0.1～10	0.1s	0.1
时间功能	077	ON Delay 时间	配合多功能输入、输出端点的时间功能设定 ON Delay 时间	0.0～25.5	0.1s	0.0
	078	OFF Delay 时间	配合多功能输入、输出端点的时间功能设定 OFF Delay 时间			
制动电阻过热保护	079	制动电阻热保护(rH)	0:制动电阻器过热保护无效 1:制动电阻器过热保护有效	0,1	1	0
输入输出缺相检出	080	输入缺相检出标准(SPI)	输入缺相电压标准设定,100%对应 DC 400V(200V 级)、800V(400V)级	1～100	1%	7
	081	输入缺相检出时间(SPI)	输入缺相检出时间设定,检出时间=1.28s×n081 值	2～255	1	8
	082	输出缺相检出标准(SPO)	输出缺相电流标准设定,100%对应额定电流	0～100	1%	0
	083	输出缺相检出时间(SPO)	输出缺相检出时间设定	0.0～1.0	0.1s	0.2
PID 控制	084	PID 控制功能选择	0:无 PID 控制功能 1:PID 控制,偏差 D 值控制 2:PID 控制,回馈 D 控制	0,2	1	0
	085	检出调整用增益	回馈校正增益值调整	0.00～10.0	0.01	1.00
	086	比例增益(P)	P 控制的比例增益设定	0.0～10.0	0.1	1.0
	087	积分时间(I)	I 控制的积分时间设定	0.0～100.0	0.1	10.0
	088	微分时间(D)	D 控制的微分时间设定	0.00～1.0	0.01s	0.00
	089	PID 的补偿(OFFSET)调整	PID 控制,输出频率补偿调整,最大输出频率的 100%	−109～109	1%	0
	090	积分(I)上限值	积分上限值的设定	0～109	1%	100
	091	PID 的一次延续时间设定	0:PID 回馈消失时不送出检出信号 1:PID 回馈消失时送出检出信号	0.0～2.5	0.1s	0.0
	092	回馈消失时检出选择	0:PID 回馈消失时不送出检出信号 1:PID 回馈消失时送出检出信号	0.1	1	0
	093	回馈消失时检出标准	PID 回馈信号消失时标准设定	0～100	1%	0
	094	回馈消失时检出时间	PID 回馈信号消失检测时间设定	0.0～25.5	0.1s	1.0

续表

功能	参数 No.	名称	说明	设定范围	单位	出厂设定
省能源控制	095	省能源控制选择	0:省能源控制无效 1:省能源控制有效	0,1	1	1
	096	省能源系数 K2	省能源增益系数 K2 值设定	0.00~655.0	0.01	依容量设定
	097	省能源电压下限（60Hz 时）	设定于 60Hz 时电压最低值对应电机额定电压 100%	0~120	1%	50
	098	省能源电压下限（6Hz 时）	设定于 6Hz 时电压最低值对应电机额定电压 100%	0~25	1%	12
	099	功率平均时间	省能源模式的功率平均时间设定($t=25\text{ms}$)	1~200	1	1
	100	Tuning 的电压限制	Tuning 时电压范围限制	0~100	1%	0
	101	100%输出时电压变化值	测试运转时 100%电压变化值设定	0.1~10.0	0.1%	0.5
	102	5%输出时电压变化值	测试运转时 5%电压变化值设定			0.2
传输控制（MODBUS 通信）	103	传输时间超出检出选择	0:时间超出(Overtime)不检出 1:时间超出(Overtime)检出	0,1	1	1
	104	传输错误时停止方法选择	0:减速停止(减速时间 1) 1:自由停车 2:减速停止(减速时间 2) 3:继续运转(警告表示)	0~3	1	1
	105	频率单位选择	0:0.1Hz/1 1:0.01Hz/1 2:100%/30000 3:0.1%/1	0~3	1	0
	106	站别设定	通信站别设定	0~31	1	0
	107	传输率选择	0:2400bit/s 1:4800bit/s 2:9600bit/s	0~2	1	2
	108	同位元选择	0:无同位元 1:偶同位元 2:奇同位元		1	1

典型变频器的基本操作
应用实例精解

第一节 三菱公司 FR-A500 系列通用变频器的基本操作应用

【例 2-1】 封闭式变频器的拆卸和安装

　　三菱公司 FR-A500 系列通用变频器的外部结构有开启式和封闭式两种。开启式的散热性能好，但接线端子外露，适用于电气柜内部的安装；封闭式的接线端子全部在内部，不打开盖子是看不见的。本例对封闭式变频器进行简单的拆卸和安装，以便实际认知变频器。

　　封闭式变频器的外部特征如图 2-1 所示，中间有按键和显示窗的部件是参数单元，也叫操作单元，左上角有两个指示灯，上面是电源指示灯，下面是报警指示灯，电源进线和电动机的出线孔在变频器的下部，图中看不见。

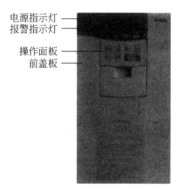

图 2-1　封闭式变频器的外观

　　拆卸前盖板和操作面板后看到的结构如图 2-2 所示。通用变频器的铭牌如图 2-3 所示。变频器较详细的外观和结构如图 2-4 所示。

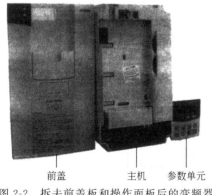

图 2-2　拆去前盖板和操作面板后的变频器

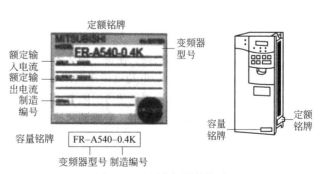

图 2-3　通用变频器的铭牌

　　前盖板的拆装如图 2-5 所示，步骤如下：

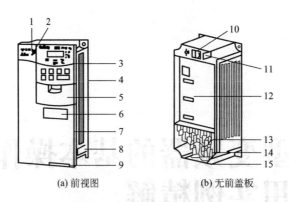

(a) 前视图   (b) 无前盖板

图 2-4   变频器的外观和结构

1—电源灯；2—报警灯；3—操作面板（FR-DU04）；4—制动电阻（安装在背面，7.5kW 以下变频器装有内置制动电阻）；
5—辅助盖板；6—选件接线口；7—前盖板；8—定额铭牌；9—容量铭牌；10—PU 接口（具体有标准插座转换接口，
用于 FR-485 电缆）；11—标准插座转换接口隔间；12—内置选件安装位置；
13—控制回路端子排；14—主回路端子排；15—接线盖

① 手握着前盖板上部两侧向下推。

② 握着向下的前盖板向身前拉，就可将其拆下［带着 PU（FR-DU04/FR-PU04）时也可以连参数单元一起拆下］。

图 2-5   前盖板的拆装

前盖板的安装步骤如下：

① 将前盖板的插销插入变频器底部的插孔。

② 以安装插销部分为支点将盖板完全推入机身。

注意：安装前盖板前应拆去操作面板；为确保安全，请断开电源再拆卸和安装。

操作面板的拆装如图 2-6 所示。一边按着操作面板上部的按钮，一边拉向身前，即可拆下。操作面板安装时，垂直插入并牢固装上。

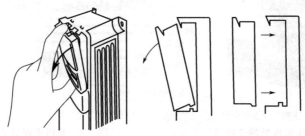

图 2-6   操作面板的拆装

连接电缆的安装如图 2-7 所示，步骤如下：

① 拆去操作面板。

② 拆下标准插座转换接口（将拆下的标准插座转换接口放置在标准插座转换接口隔间处）。

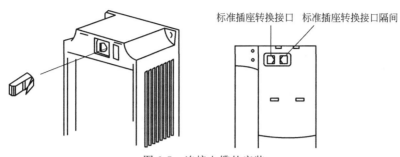

图 2-7　连接电缆的安装

③ 将电缆的一端牢固插入机身的插座上，将另一端插到 PU 上。

注意：请不要在拆下前盖板的状态下安装操作面板。

【例 2-2】 通用变频器的面板操作

众多的生产设备都需要电动机的正反转运行来拖动。诸如升降机是工厂生产机械中比较常见的设备，其上升和下降就是由电动机的正反转运行来拖动的。若利用变频器对三相笼式异步电动机的正反转进行控制，其接线图如图 2-8(a) 所示。变频器的正反转运行曲线如图 2-8(b) 所示。现要求利用变频器面板（RJ）操作控制电动机分别进行正反转连续运行（运行频率分别为 20Hz、30Hz 和 50Hz）和点动运行（35Hz）。该如何进行实地操作呢？其操作步骤：

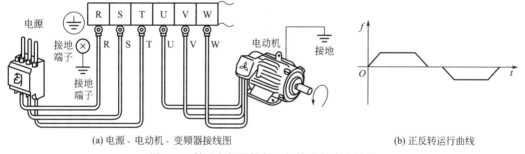

(a) 电源、电动机、变频器接线图　　　　　　　　　　(b) 正反转运行曲线

图 2-8　利用变频器控制三相笼式异步电动机

1. 熟知通用变频器基本参数的功能

（1）通用变频器的基本功能参数

通用变频器主要的基本功能参数见表 2-1。

表 2-1　通用变频器主要的基本功能参数

参数号	参数名称	设定范围	出厂设定值
0	转矩提升	0～30%	3%或 2%
1	上限频率	0～120Hz	120Hz
2	下限频率	0～120Hz	0Hz
3	基底频率	0～400Hz	50Hz

续表

参数号	参数名称	设定范围	出厂设定值
4	多段速度(高速)	0～400Hz	60Hz
5	多段速度(中速)	0～400Hz	30Hz
6	多段速度(低速)	0～400Hz	10Hz
7	加速时间	0～3600s	5s
8	减速时间	0～3600s	5s
9	电子过流保护	0～500A	依据额定电流整定
10	直流制动动作频率	0～120Hz	3Hz
11	直流制动动作时间	0～10s	0.5s
12	直流制动电压	0～30%	4%
13	启动频率	0～60Hz	0.5Hz
14	适用负荷选择	0～5	0
15	点动频率	0～400Hz	5Hz
16	点动加减速时间	0～360s	0.5s
17	MRS端子输入选择	0,2	0
20	加、减速参考频率	1～400Hz	50Hz
77	参数禁止写入选择	0,1,2	0
78	逆转防止选择	0,1,2	0
79	操作模式选择	0～8	0

（2）基本功能参数的功能

① 转矩提升（Pr.0） 此参数主要用于设定电动机启动时的转矩大小，通过设定此参数，补偿电动机绕组上的电压降，改善电动机低速时的转矩性能，假定基底频率电压为100%，用百分数设定 Pr.0 时的电压值。设定过大，将导致电动机过热；设定过小，启动力矩不够，一般最大值设定为10%，如图 2-9 所示。

② 上限频率（Pr.1）和下限频率（Pr.2） 这是两个设定电动机运转上限和下限频率的参数。Pr.1 设定输出频率的上限，如果运行频率设定值高于此值，则输出频率被钳位在上限频率；Pr.2 设定输出频率的下限，若运行频率设定值低于这个值，运行时被钳位在下限频率值上。在这两个值确定之后，电动机的运行频率就在此范围内设定，如图 2-10 所示。

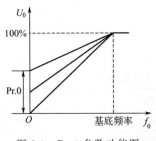

图 2-9 Pr.0 参数功能图

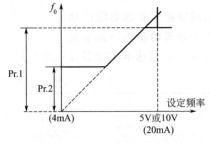

图 2-10 Pr.1、Pr.2 参数功能图

③ 基底频率（Pr.3） 此参数主要用于调整变频器输出到电动机的额定值，当用标准电动机时，通常设定为电动机的额定频率，当需要电动机运行在工频电源与变频器切换时，设

定与电源频率相同。

④ 多段速度（Pr. 4、Pr. 5、Pr. 6）　用此参数将多段运行速度预先设定，经过输入端子进行切换。各输入端子的状态与参数之间的对应关系见表 2-2。

表 2-2　各输入端子的状态与参数之间的对应关系表（一）

输入端子状态	RH	RM	RL	RM、RL	RH、RL	RH、RM	RH、RM、RL
参数号	Pr. 4	Pr. 5	Pr. 6	Pr. 24	Pr. 25	Pr. 26	Pr. 27

Pr. 24、Pr. 25、Pr. 26 和 Pr. 27 也是多段速度的运行参数，与 Pr. 4、Pr. 5、Pr. 6 组成七种速度的运行。

设定多段速度参数时应注意以下几点：

a. 在变频器运行期间，每种速度（频率）均能在 0～400Hz 范围内被设定。

b. 多段速度在 PU 运行和外部运行时都可以设定。

c. 多段速度比主速度优先。

d. 运行期间参数值可以改变。

e. 以上各参数之间的设定没有优先级。

在以上七种速度的基础上，借助于端子 REX 信号，又可实现八种速度。其对应的参数是 Pr. 232～Pr. 239，见表 2-3。

表 2-3　各端子的状态与参数之间的对应关系表（二）

参数号	REX	REX、RL	REX、RM	REX、RM、RL	REX、RH	REX、RH、RL	REX、RH、RM	REX、RH、RM、RL
对应端子	Pr. 232	Pr. 233	Pr. 234	Pr. 235	Pr. 236	Pr. 237	Pr. 238	Pr. 239

注：REX 端子通过 Pr. 180～Pr. 186 的参数设定来确定。

⑤ 加、减速时间（Pr. 7、Pr. 8）及加、减速基准频率（Pr. 20）　Pr. 7、Pr. 8 用于设定电动机加速、减速时间，Pr. 7 的值设得越大，加速时间越长；Pr. 8 的值设得越大，减速越慢。Pr. 20 是加、减速基准频率，Pr. 7 设的值就是从 0Hz 加速到 Pr. 20 所设定的基准频率的时间，Pr. 8 设定的值就是从 Pr. 20 所设定的基准频率减速到 0Hz 的时间，如图 2-11 所示。

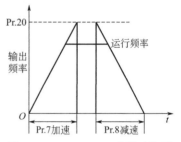

图 2-11　Pr. 7、Pr. 8 参数功能图

⑥ 电子过流保护（Pr. 9）　通过设定电子过流保护的电流值，可防止电动机过热，得到最优的保护性能。设定过流保护应注意以下事项：

a. 当变频器带动两台或三台电动机时，此参数的值应设为"0"，即不起保护作用，每台电动机外接热继电器来保护。

b. 特殊电动机不能用过流保护和外接热继电器保护。

c. 当控制一台电动机运行时，此参数的值应设为 1～1.2 倍的电动机额定电流。

⑦ 点动运行频率（Pr. 15）和点动加、减速时间（Pr. 16）　Pr. 15 参数设定点动状态下的运行频率。当变频器在外部操作模式时，用输入端子选择点动功能（接通控制端子 SD 与 JOG 即可）；当点动信号 ON 时，用启动信号（STF 或 STR）进行点动运行；在 PU 操作模式时，用操作单元上的操作键（FWD 或 REV）实现点动操作。用 Pr. 16 参数设定点动状态下的加、减速时间，如图 2-12 所示。

⑧ 操作模式选择（Pr. 79）　这是一个比较重要的参数，确定变频器在什么模式下运行，具体工作模式见表 2-4。

表 2-4　**Pr. 79 设定值及其相对应的工作模式表**

Pr. 79 设定值	工作模式
0	电源接通时为外部操作模式,通过增、减键可以在外部和 PU 间切换
1	PU 操作模式(参数单元操作)
2	外部操作模式(控制端子接线控制运行)
3	组合操作模式 1,用参数单元设定运行频率,外部信号控制电动机启停
4	组合操作模式 2,外部输入运行频率,用参数单元控制电动机启停
5	程序运行

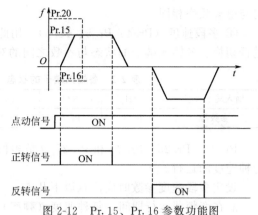

图 2-12　Pr. 15、Pr. 16 参数功能图

⑨ 直流制动相关参数（Pr. 10、Pr. 11、Pr. 12）　Pr. 10 是直流制动时的动作频率,Pr. 11 是直流制动时的动作时间（作用时间）,Pr. 12 是直流制动时的电压（转矩）,通过这三个参数的设定,可以提高停止的准确度,使之符合负载的运行要求,如图 2-13 所示。

⑩ 启动频率（Pr. 13）　Pr. 13 参数设定电动机开始启动时的频率,如果频率（运行频率）设定值较此值小,电动机不运转,若 Pr. 13 的值低于 Pr. 2 的值,即使没有运行频率（即为"0"）,启动后电动机也将运行在 Pr. 2 的设定值,如图 2-14 所示。

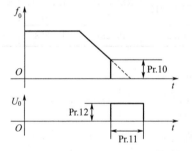
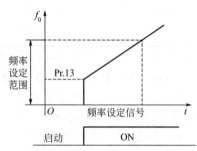

图 2-13　Pr. 10、Pr. 11、Pr. 12 参数功能图 　　　图 2-14　Pr. 13 参数功能图

⑪ 负载类型选择参数（Pr. 14）　用此参数可以选择与负载特性最适宜的输出特性（U/f 特性）,如图 2-15 所示。

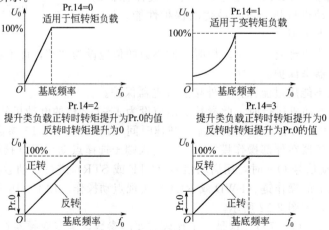

图 2-15　负载类型选择参数功能图

⑫ MRS 端子输入选择　用于选择 MRS 端子的逻辑，如图 2-16 所示。

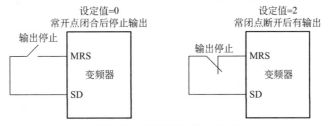

图 2-16　MRS 端子输入选择

⑬ 参数禁止写入选择（Pr.77）和逆转防止选择（Pr.78）　Pr.77 用于参数写入禁止或允许，主要用于参数被意外改写反转，具体设定值见表 2-5。

表 2-5　Pr.77、Pr.78 的设定值及其相应功能

参数号	设定值	功能
Pr.77	0	在 PU 模式下,仅限于停止可以写入(出厂设定)
	1	不可写入参数,但 Pr.75、Pr.77、Pr.79 参数可以写入
	2	即使运行时也可以写入
Pr.78	0	正转和反转均可(出厂设定值)
	1	不可反转
	2	不可正转

2. 掌握功能单元操作及参数设定方法

（1）功能单元

通用变频器的功能单元根据变频器生产厂家的不同而千差万别，但是它们的基本功能相同。主要功能有以下几个方面：显示频率、电流、电压等；设定操作模式、操作命令、功能码；读取变频器运行信息和故障报警信息；监视变频器运行；变频器运行参数的自整定；故障报警状态的复位。

诸如三菱公司的 FR-A500 系列变频器的功能单元如图 2-17 所示，有关功能及状态见表 2-6 和表 2-7。

表 2-6　各按键功能

按键	功能说明
MODE 键	可用于选择操作模式或设定模式
SET 键	用于确定频率和参数的设定
▲／▼ 键	用于连续增加或降低运行频率,按下这个键可改变频率,在设定模式中按下此键,则可连续设定参数
FWD 键	用于给出正转指令
REV 键	用于给出反转指令
STOP RESET 键	用于停止运行 用于保护功能动作、输出停止时,复位变频器

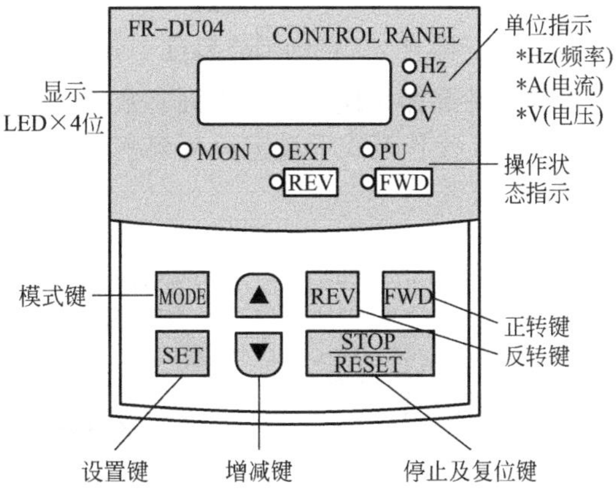

图 2-17　FR-A500 的功能单元

表 2-7 单位显示和运行状态显示

显示	说明	显示	说明
Hz	显示频率时点亮	PU	PU 操作模式时点亮
A	显示电流时点亮	EXT	外部操作模式时点亮
V	显示电压时点亮	FWD	正转时闪烁
MON	监视显示模式时点亮	REV	反转时闪烁

按 MODE 键改变监视显示,如图 2-18 所示。

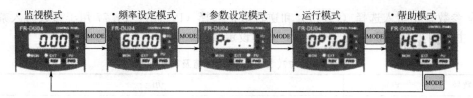

图 2-18 监视显示

显示内容如图 2-19 所示。监视器显示运转中的指令;EXT 指示灯亮表示外部操作;PU 指示灯亮表示 PU 操作;EXT 和 PU 灯同时亮表示 PU 和外部操作组合方式;监视显示在运行中也能改变。

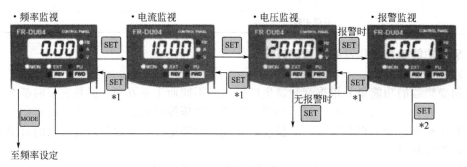

图 2-19 显示内容

注:①按下标有 *1 的 SET 键超过 1.5s 能把电流监视模式改为上电监视模式。

②按下标有 *2 的 SET 键超过 1.5s 能显示包括最近 4 次的错误指示。

③在外部操作模式下转换到参数设定模式。

在 PU 操作模式下设定运行频率,如图 2-20 所示。

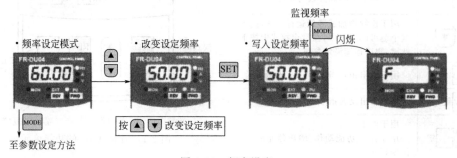

图 2-20 频率设定

（2）参数设定方法

① 一个参数值的设定既可以用数字键设定，也可以用 ▲ / ▼ 键增减。

② 按下 SET 键 1.5s 写入设定值并更新。

例：把 Pr.79"运行模式选择"设定值从"2"（外部操作模式）变更到"1"（PU 操作模式）的设定方法如图 2-21 所示。

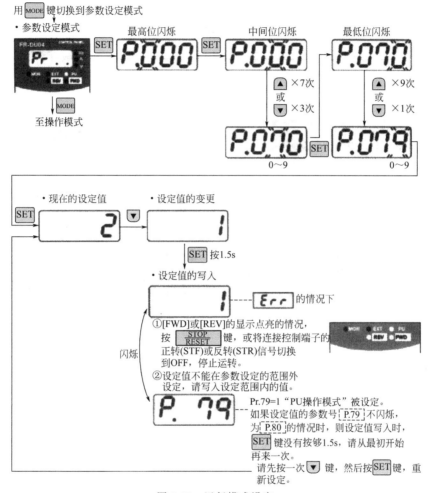

图 2-21 运行模式设定

操作模式的设定如图 2-22 所示。

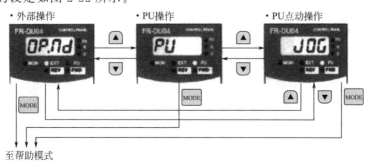

图 2-22 操作模式设定

帮助模式操作如图 2-23 所示。

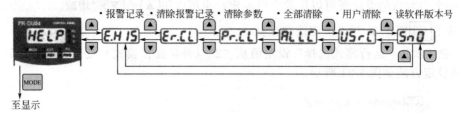

图 2-23　帮助模式操作

报警记录显示如图 2-24 所示。用 ▲ / ▼ 键能显示最近的 4 次报警（带有 "." 的表示最近的报警）。当没有报警存在时，显示 "E. _ _ 0"。

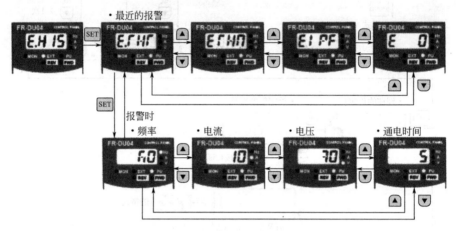

图 2-24　报警记录显示

报警记录清除操作如图 2-25 所示。

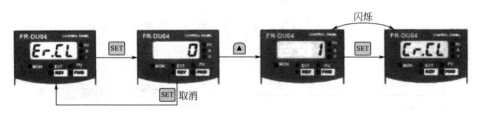

图 2-25　报警记录清除操作

将参数值初始化到出厂设定值，校准值不被初始化。Pr.77 设定为 "1" 时，即选择参数写入禁止，参数值不能被消除，如图 2-26 所示。

图 2-26　参数清除方法

将参数值和校准值全部初始化到出厂设定值，如图 2-27 所示。

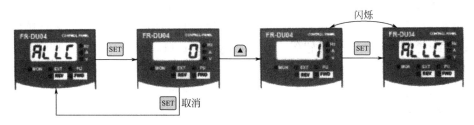

图 2-27　初始化为出厂设定值

初始化用户设定参数，其他参数被初始化为出厂设定值，如图 2-28 所示。

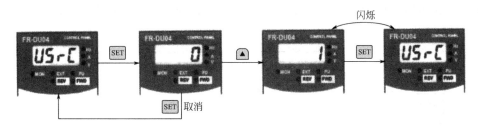

图 2-28　初始化为用户设定参数

用操作面板（FR-DU04）将参数值拷贝到另一台变频器上（仅限 FR-A500 系列）。操作过程是：从源变频器读取参数值，连接操作面板到目标变频器并写入参数值。向目标变频器写入参数，请用暂时切断电源或其他的方法，务必在运转前复位变频器。具体操作如图 2-29 所示。

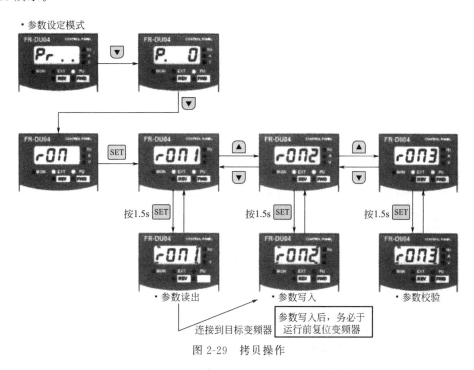

图 2-29　拷贝操作

注：①在拷贝功能执行时，监视显示闪烁，当拷贝完成后显示返回到亮的状态。

② 如果在读出中有错误发生，则显示"read error（E. rE1）"。

③ 如果在写入中有错误发生，则显示"write error（E. rE2）"。

④ 如果在参数校验中有差异，相应参数号和"verify error（E. rE3）"交替显示；如果是频率设定或点动频率设定出现差异，则"verify error（E. rE3）"闪烁。按 SET 键，忽略此显示并继续进行校验。

⑤ 当目标变频器不是 FR-A500 系列，则显示"model error（E. rE4）"。

3. 进行通用变频器的面板操作

（1）变频器的基本操作实践

1）变频器的面板操作

① 仔细阅读变频器的面板介绍，掌握在监视模式下（MON 灯亮）显示 Hz、A、V 的方法，以及变频器的运行方式 PU 运行（PU 灯亮）、外部运行（EXT 灯亮）之间的切换方法。

② 全部清除操作。为了调试能够顺利进行，在开始前要进行一次"全部清除"的操作（全部清除并不是将参数的值清为 0，而是将参数设置为出厂值），步骤如下：

a. 按下 MODE 键至运行模式，选择 PU 运行（PU 灯亮）；

b. 按下 MODE 键至帮助模式；

c. 按下 ▲/▼ 键至"ALLC"；

d. 按下 SET 键，再按图 2-30 进行操作。

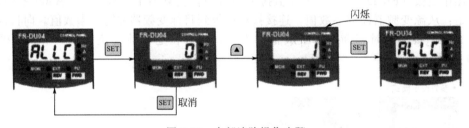

图 2-30　全部清除操作步骤

③ 参数预置。变频器在运行前，通常要根据负载和用户的要求，给变频器预置一些参数，如上、下限频率及加、减速时间等。

例如，将上限频率预置为 50Hz，查参数表得上限频率功能码为 Pr.1，预置有下面两种方法：

a. 方法一

• 按下 MODE 键至参数给定模式，此时显示"Pr…"。

• 按下 ▲/▼ 键改变功能码，使功能码为 1。

• 按下 SET 键，读出原数据。

• 按下 ▲/▼ 键更改数据为 50。

• 按下 SET 键 1.5s，写入给定。

b. 方法二

• 按下 MODE 键至参数给定模式，此时显示"Pr…"。

• 按下 SET 键，再用 ▲/▼ 逐位将功能码翻至 P.001。

• 按下 SET 键，读出原数据。

• 按下 ▲/▼ 将原数据改为 50Hz。

如果此时显示器交替显示功能码 Pr.1 和参数 50.00，则表示参数预置成功（即已将上限频率预置为 50Hz）。否则预置失败，须重新预置。参照参数表查出下列有关的功能码，预置下列参数：

- 下限频率为 5Hz；
- 加速时间为 10s；
- 减速时间为 10s。

④ 给定频率的修改。例如，将给定频率修改为 40Hz。

a. 按下 MODE 键至运行模式，选择 PU 运行（PU 灯亮）。

b. 按下 MODE 键至频率设定模式。

c. 按下 ▲/▼ 键，修改给定频率为 40Hz。

2）变频器的运行　变频器正式投入运行前应试运行。试运行可选择频率为 5Hz 的点动运行，此时电动机应旋转平稳，无不正常的振动和噪声，能够平滑地增速和减速。

① PU 点动运行

a. 按下 MODE 键至运行模式。

b. 按下 ▲/▼ 键至 PU 点动操作（即 JOG 状态），PU 灯点亮。

c. 按下 REV 或 FWD 键，电动机旋转，松开则电动机停转。

② 外部点动运行

a. 按图 2-31 外部点动接线图进行接线。

b. 预置点动频率 Pr.15 为 6Hz。

c. 预置点动加减速时间 Pr.16 为 10s。

d. 按下 MODE 键选择运行模式。

e. 按下 ▲/▼ 键选择外部运行模式（OP.nd），EXT 灯亮。

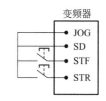

图 2-31　外部点动接线图

f. 保持启动信号（变频器正、反转控制端子 STF 或 STR）为 ON，即 STF 或 STR 与公共点 SD 接通，点动运行。

（2）变频器 PU 控制模式的参数单元操作

PU 运行就是利用变频器的面板直接输入给定频率和启动信号。

1）主电路接线　按照图 2-8(a)，将变频器、电源及电动机三者相连接。

2）参数设定及运行频率设定　先按照运行曲线和控制要求确定有关参数，然后进行设定。

① 参数设定表见表 2-8。

② 运行频率。运行频率分别设定为：第一次 20Hz；第二次 30Hz；第三次 50Hz。

表 2-8　参数设定表

参数名称	参数号	设置数据
上升时间	Pr.7	4s
下降时间	Pr.8	3s
加、减速基准频率	Pr.20	50Hz
基底频率	Pr.3	50Hz
上限频率	Pr.1	50Hz
下限频率	Pr.2	0Hz
运行模式	Pr.79	1

3）操作步骤

① 连续运行

a. 将电源、电动机和变频器连接好。

b. 经检查无误，方可通电。

c. 按操作面板上的 MODE 键两次，显示 [参数设定] 画面，在此画面下设定参数 Pr.79＝1，"PU" 灯亮。

d. 依次按表 2-8 设定相关参数。

e. 再按操作面板上的 MODE 键，切换到 [频率设定] 画面下，设定运行频率为 20Hz。

f. 返回 [监视模式]，观察 "MON" 和 "Hz" 灯亮。

g. 按 FWD 键，电动机正向运行在设定的运行频率上（20Hz），同时，FWD 灯亮。

h. 按 REV 键，电动机反向运行在设定的运行频率上（20Hz），同时，REV 灯亮。

i. 再分别在 [频率设定] 画面下改变运行频率为 30Hz、50Hz，反复练习 g. 和 h. 这两步。

j. 操作完毕后应断电拆线，清理现场。

② 点动运行操作

a. 设定参数。在 "PU" 状态下，操作 MODE 键，调出 [参数设定] 画面，设定参数 Pr.15＝35Hz（点动状态下的运行频率），Pr.16＝4s（点动状态下的加减速时间）。

b. 按 MODE 键两次，进入 "操作模式"，此时显示 "PU" 字样，再按下 "▲" 键，即可显示 "JOG" 字样，进入点动状态。

当设定 Pr.79＝0 时，接通电源即为 [外部操作] 模式（EXT 灯亮），这时通过操作 "▲" 键可切换到 "PU" 下，再按下 "▼" 键进入点动状态。

c. 返回 [监视] 模式，按下操作单元面板上的 FWD 或 REV 键，即正向点动或反向点动，运行在 35Hz，加、减速时间由 Pr.16 的值决定（4s）。

③ 注意事项

a. 切不可将 R、S、T 与 U、V、W 端子接错，否则，会烧坏变频器。

b. 电动机为 Y 形接法。

c. 操作完成后注意断电，并且清理现场。

d. 运行中若出现报警现象，要复位后重新运行。

（3）通用变频器操作实践的自我测试

升降机的上升、下降是典型的正反转控制，为了减缓启动、停止时的冲击，可适当地延长加、减速时间。若运行曲线如图 2-32 所示，图中正向启动时，刚开始慢速运行至 8Hz，重物起来后加速到 45Hz，快要达到相应高度时减速到 10Hz，运行到所需高度慢速停下，下降时运行情况相同。

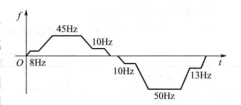

图 2-32　升降机运行曲线

试用 "PU" 方式运行此曲线。运行时，不需考虑低速运行，正向直接加速到 45Hz 运行，反向直接加速到 50Hz 运行（停止时的 10Hz 和 13Hz 不考虑）。

【例 2-3】　变频器的外部运行操作

某升降机中变频器和三相笼式异步电动机的外部控制模式接线图如图 2-33 所示。用外部接线的方式控制电动机的升降运行，由外接电位器（1W、1kΩ 的电位器）来控制运行频率，运行曲线如图 2-34 所示。该如何对变频器进行外部运行操作？其步骤如下：

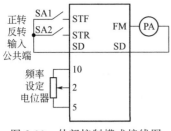

图 2-33　外部控制模式接线图

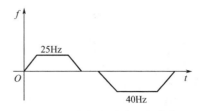

图 2-34　变频器升降运行曲线

1. 按照变频器基本原理接线图进行变频器的接线

各种系列的变频器都有其标准的接线端子，虽然这些接线端子与其自身功能的实现密切相关，但都大同小异。变频器接线主要有两部分：一部分是主电路接线，另一部分是控制电路接线。

（1）基本原理接线图

日本三菱公司 FR-A500 系列变频器的基本原理接线如图 2-35 所示。

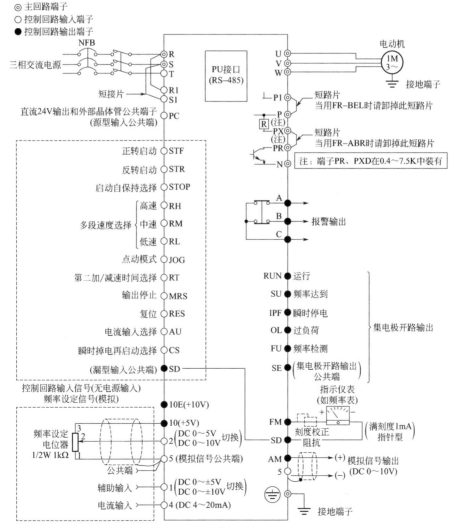

图 2-35　变频器的基本原理接线图

（2）主回路端子

1）主接线端子示意图如图 2-36 所示。

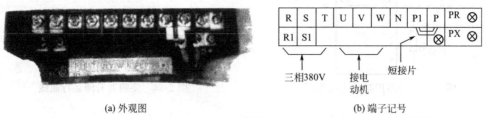

| R | S | T | U | V | W | N | P1 | P | PR | ⊗ |
| R1 | S1 | | | | | | | | PX | ⊗ |

三相380V　接电动机　短接片

(a) 外观图　　　　　　　　(b) 端子记号

图 2-36　主接线端子示意图

2）主接线端子功能介绍。

B、S、T：交流电源输入端，交流电源与变频器之间一般通过空气断路器相连接。

U、V、W：变频器输出端。

R1、S1：变频器控制回路电源，要保证可靠直接连接到电网。

P、N：连接制动单元，无制动单元用短接片短接。

P1、P：连接改善功率因数的直流电抗器，不需直流电抗器时用短接片短接。

P、PR：连接制动电阻器。

PR、PX：厂家用端子，用户不得改接。

⏚：接地端子，变频器外壳必须接大地。

（3）控制回路端子

1）控制回路接线端子示意图如图 2-37 所示。

A	B	C	PC	AM	10E	10	2	5	4	1
RL	RM	RH	RT	AU	STOP	MRS	RES	SD	FM	
SE	RUN	SU	IPF	OL	FU	SD	STF	STR	JOG	CS

(a) 外观图　　　　　　　　(b) 断子记号

图 2-37　控制回路接线端子示意图

2）控制回路端子功能介绍。

① 输入开关信号端子功能见表 2-9。

表 2-9　输入开关信号端子功能表

端子	功能
STF	正向启动，STF 接通（简称 STF，ON），电动机正向启动运转；STF 断开（简称 STF，OFF），电动机停止
SD	输入开关电路的公共端子，也是变频器机内 24V 电源的负端
STR	反向启动，STR，ON，电动机启动；STR，OFF，电动机停止
STOP	启动运行自保，启动后 STOP，ON，则 STF（STR）断开，不影响电动机运行
MRS	输出停止。MRS 接通 20ms 以上时间，变频器无输出
RES	复位按钮。RES 接通 0.1s 以上时间后断开，可以解除保护回路动作的保持状态
JOG	点动模式选择

端子	功能
RH、RM、RL	信号的组合可以选择多段速度
RT	智能端子。RT 出厂设定为第二功能选择端子,RT 为 ON 时选择第二加减速时间,用于多段速度程序控制
AU	智能端子。出厂时 AU 设定为电流输入信号选择,AU 为 ON 时变频器才可以用直流 4～20mA 作为频率设定信号
CS	智能端子。出厂时 CS 设定为瞬时停电再启动功能,CS 为 ON,变频器具有瞬停再启动功能
PC	直流 24V 电源正端,0.1A 输出

RT、AU、CS 3 个智能端子,每个端子的功能有 16 种,由功能指令设定一种运行。

② 输入模拟信号端子。

10:+5V DC 频率设定电源端子,允许负荷电流 10mA。

10E:+10V DC 频率设定电源端子,允许负荷电流 10mA。

2:频率设定电压输入端,0～5V (0～10V)。输入阻抗 10kΩ,允许最高电压 20V。

4:频率设定电流输入端,4～20mA。输入阻抗 250Ω,允许最大电流 30mA。

1:辅助频率设定端,输入阻抗 10kΩ,允许电压 ±20V DC。

5:频率设定公共端,2、1、4 和模拟输出信号端子 AM 的公共端子,不能接大地。

③ 输出信号端子。

a.输出保护端子 A、B、C:指示变频器因保护功能动作而停止输出的转换接点。

正常时　A-C OFF　B-C ON

故障时　A-C ON　B-C OFF

触点参数:AC 230V 0.3A

　　　　　DC 30V 0.3A

b.输出智能端子 RUN、SU、OL、IPF、FU 及公共端 SE:输出智能端子的每个端子有 21 种功能,可通过功能指令设定其中一种功能运行。

RUN:出厂设定为"变频器正在运行",当变频器输出频率为启动频率以上时为低电平,变频器停止或直流制动状态时为高电平。低电平表示集电极开路输出用的晶体管处于 ON(导通)状态,高电平则为 OFF(关断)状态。端点参数:DC 24V、0.1A。

SU:出厂设定为"频率到达",变频器输出频率达到设定频率的 ±10% 时为 ON,正在加、减速或停止时为 OFF。

OL:出厂设定为"过负荷报警",当失速保护功能动作时为 ON,失速保护解除,恢复正常时为 OFF。

FU:出厂设定为"频率检测",输出频率为设定频率以上时为 ON,以下为 OFF。

公共端 SE:是 5 个输出端子的公共端,集电极开路输出的公共端。

c.输出监视端子 FM、AM 也是智能端子,可以从 16 种监视项目中选一种作为输出。

FM:指示仪表用,出厂设定输出频率(数字信号),容许负荷电流 2mA/60Hz 时,1400 脉冲/s,FM 的另一端为 SD。

AM:模拟信号输出,出厂设定输出电压信号(模拟信号),允许负荷电流 1mA/电压 DC 0～10V。和 AM 配合输出模拟信号的另一端子为 5。

d.通信接口,PU 接口。

通过操作面板的接口,进行 RS-485 通信(串口)。

通信标准:EIA FR-485 标准。

通信方式：多任务通信。

通信速率：最大 19200 波特率。

最长距离：500m。

2. 按照外部控制模式进行操作

外部运行操作，就是用变频器控制端子上的外部接线控制电动机启停和运行频率的一种方法，是通过 Pr.79 的值来进行操作模式切换的，此时参数单元操作无效，这种操作模式在实际中应用较多。

（1）以 50Hz 运行操作

主电路按图 2-8 接线，控制电路按图 2-33 接线，外部控制操作步骤见表 2-10。

表 2-10　外部控制操作步骤

步骤	说明	图示
1	上电→确认运行状态 将电源处于 ON，确认操作模式中显示"EXT"（没有显示时，用 MODE 键设定到操作模式，用 ▲ / ▼ 键切换到外部操作）	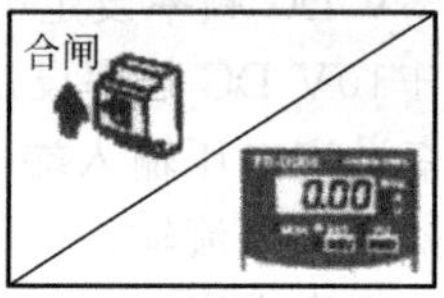
2	开始 将启动开关（STF 或 STR）处于 ON 表示运转状态的 FWD 和 REV 闪烁 注：如果正转和反转开关都处于 ON，电动机不启动 如果在运行期间，两开关同时处于 ON，电动机减速至停止状态	
3	加速→恒速 顺时针缓慢旋转电位器（频率设定电位器）到满刻度 显示的频率数值逐渐增大，显示为 50.00Hz	
4	减速 逆时针缓慢旋转电位器（频率设定电位器）到底 频率显示逐渐减小到 0。电动机停止运行	
5	停止 断开启动开关（STF 或 STR）	

（2）外部点动操作

运行时，保持启动开关（STF 或 STR）接通，断开则停止。

① 设定 Pr.15 "点动频率"和 Pr.16 "点动加/减速时间"。

② 选择外部操作模式。

③ 接通点动信号，并保持启动信号（STF 或 STR）接通，进行点动运行。点动信号的使用端子，请安排在 Pr.180～Pr.186（输入端子功能选择）。

3. 进行变频器的外部运行操作

（1）外部控制模式的启、停操作

① 主电路接线如图 2-8 所示。

② 设定参数 Pr.79＝2，操作单元上"EXT"灯亮。

③ 控制电路接线图如图 2-33 所示。

④ 接通 SD 与 STF 端子，转动电位器，电动机正向加速运行。

⑤ 断开 SD 与 STF 端子连线，电动机停止运行。

⑥ 接通 SD 与 STR 端子，转动电位器，电动机反向加速运行。

⑦ 断开 SD 与 STR 端子连线，电动机停止运行。

（2）升降机升降运行的外部操作

1）外部运行曲线如图 2-34 所示。

2）操作步骤。

① 连续运行

a. 主回路接线同上。

b. 控制回路按图 2-33 接线。

c. 检查无误后通电。

d. 在〔PU 模式〕下设定表 2-11 中的参数。

表 2-11　参数设定表

参数名称	参数号	设置数据	参数名称	参数号	设置数据
上升时间	Pr.7	5s	上限频率	Pr.1	45Hz
下降时间	Pr.8	4s	下限频率	Pr.2	0Hz
加、减速基准频率	Pr.20	45Hz	运行模式	Pr.79	1
基底频率	Pr.3	45Hz			

e. 设 Pr.79＝2，EXT 灯亮。

f. 接通 SD 与 STF，转动电位器，电动机正向逐渐加速至 25Hz。

g. 断开 SD 与 STF，电动机停止运行。

h. 接通 SD 与 STR，转动电位器，电动机反向逐渐加速至 40Hz。

i. 断开 SD 与 STR，电动机停止。

j. 操作完毕断电后再拆线，并且清理现场。

② 点动运行（Pr.79＝2 下的点动）

a. 接通 SD 与 JOG，变频器处于外部点动状态。

b. 设定参数 Pr.15＝35Hz，Pr.16＝4s。

c. 接通 SD 与 STF，正向点动运行在 35Hz；断开 SD 与 STF，电动机停止运行。

d. 接通 SD 与 STR，反向点动运行在 35Hz；断开 SD 与 STR，电动机停止运行。

3）注意事项。

① 不能将 R、S、T 与 U、V、W 端子接错，否则会烧坏变频器。

② 当 STR 和 STF 同时与 SD 接通时，相当于发出停止信号，电动机停止运行。

③ 绝对不能用参数单元上的 STOP 键停止电动机运行，否则报警显示"P"（最简捷的清除方法是关掉电源，重新开启）。

（3）外部运行操作的自我测试

用变频器外部控制模式控制电动机的运行，拟定的运行曲线如图 2-38 所示。用外接电位器（1W、1kΩ 的电位器）控制运行频率，试按要求设置参数、接线、调试运行，然后改变基本参数值反复操作（不需考虑低速运行，正向直接加速到 50Hz 运行，反向直接加速到 50Hz 运行）。

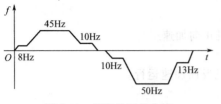

图 2-38　拟定的运行曲线

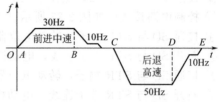

图 2-39　平板车运行曲线图

【例 2-4】　变频器的组合运行操作

工厂车间内在各个工段之间运送钢材等重物时常使用的平板车，就是正反转变频调速的应用实例，它的运行速度曲线如图 2-39 所示。

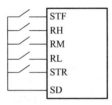

图 2-40　组合操作控制接线图

图 2-39 中的 A—C 段是装载时的正转运行，C—B 段是卸下重物后空载返回时的反转运行，前进、后退的加减速时间由变频器的加、减速参数来设定。当前进到接近放下重物的位置 B 时，减速到 10Hz 运行，以减小停止时的惯性；同样，当后退到接近装载的位置 D 时，减速到 10Hz 运行，减小停止的惯性。现要求用外部按钮控制电动机的启停，接线图如图 2-40 所示，用面板（PU）调节电动机的运行频率。这种用参数单元控制电动机的运行频率，外部接线控制电动机启停的运行模式，是变频器组合运行模式的一种，是工业控制中常用的方法。下面就介绍如何实现该模式。

1. 相关技术知识

组合运行操作是应用参数单元和外部接线共同控制变频器运行的一种方法。一般来说有两种，一种是参数单元控制电动机的启停，外部接线控制电动机的运行频率；另一种是参数单元控制电动机的运行频率，外部接线控制电动机的启停。

当需用外部信号启动电动机，用 PU 调节频率时，将"操作模式选择"设定为 3（Pr.79＝3）；当需用 PU 启动电动机，用电位器或其他外部信号调节频率时，则将"操作模式选择"设定为 4（Pr.79＝4）。

如果启动用外部信号控制，频率用 PU 调节时，则设定 Pr.79＝3，按图 2-40 所示的组合操作控制模式接线图接线，以 50Hz 运行。此时外部频率设定信号和 PU 的正/反转键不起作用。操作步骤见表 2-12。

表 2-12　组合操作步骤

步骤	说明	图示
1	上电 电源 ON	合闸

续表

步骤	说明	图示
2	操作模式选择 将 Pr.79"操作模式选择"设定为"3" 选择组合操作模式,运行状态"EXT"和 "PU"指示灯都亮	P.79 闪烁 3
3	开始 将启动开关处于 ON(STF 或 STR) 注:如果正转和反转都处于 ON,电动机 不启动,如果在运行期间,同时处于 ON,电 动机减速至停止(当 Pr.250="9999")	正转 反转 50.00
4	运行频率设定 用参数单元设定运行频率为 60Hz 运行状态显示"REV"或"FWD" 选择频率设定模式并进行单步设定 注:单步设定是通过按 ▲ / ▼ 键连 续地改变频率的方法。按下 ▲ / ▼ 键 改变频率	▲ ▼ <单步设定>
5	停止 将启动开关处于 OFF(STF 或 STR) 电动机停止运行	0.00

2. 变频器的组合运行操作

(1) 外部信号控制启停,操作面板设定运行频率

1)参数设定。参数设定见表 2-13。

表 2-13　参数设定表

参数号	设定值	功能	参数号	设定值	功能
Pr.79	3	组合操作模式 1	Pr.7	3	加速时间
Pr.1	50	上限频率	Pr.8	5	减速时间
Pr.2	0	下限频率	Pr.9	1	电子过流保护(电动机 250W)
Pr.3	50	基底频率	Pr.4	40	高速反转频率
Pr.20	50	加、减速基准频率	Pr.6	15	低速正转频率

2)按图 2-41 接线。

3)操作步骤。

① 主回路接线同上。

② 控制回路按图 2-41 接线。

③ 检查无误后通电。

④ 在"PU"(参数单元模式)下设定表 2-13 中的参数。

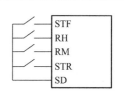

图 2-41　PU 控制频率
的接线图

⑤ 设 Pr. 79＝3，"EXT"灯和"PU"灯同时亮。

⑥ 设 Pr. 4＝40Hz，RH 端子对应的运行参数；设 Pr. 6＝15Hz，RL 端子对应的运行参数。

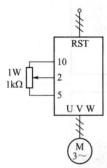

图 2-42　外部控制频率的接线图

⑦ 在接通 RH 与 SD 前提下，SD 与 STF 导通，电动机正转运行在 40Hz；SD 与 STR 导通，电动机反转运行在 40Hz。

⑧ 在接通 RL 与 SD 前提下，SD 与 STF 导通，电动机正转运行在 15Hz；SD 与 STR 导通，电动机反转运行在 15Hz。

⑨ 在"频率设定"画面下，设定频率 f＝30Hz，仅接通 SD 与 STF（或 STR），电动机运行在 30Hz。

⑩ 在两种速度下，每次断开 SD 与 STF 或 SD 与 STR，电动机均应停止运行。

⑪ 改变 Pr. 4、Pr. 6 参数的值反复操作。

（2）外接电位器设定频率，操作面板控制电动机启停

1）接线图如图 2-42 所示。

2）参数设定。参数设定见表 2-14。

表 2-14　参数设定表

参数号	设定值	功能	参数号	设定值	功能
Pr. 79	4	组合操作模式 2	Pr. 20	50	加、减速基准频率
Pr. 1	50	上限频率	Pr. 7	5	加速时间
Pr. 2	2	下限频率	Pr. 8	3	减速时间
Pr. 3	50	基底频率	Pr. 9	1	电子过流保护（电动机 250W）

3）操作步骤。

① 按图 2-42 接线。

② 设定参数 Pr. 79＝4，"EXT"和"PU"灯同时亮。

③ 按下操作面板上的 FWD 键，转动电位器，电动机正向加速。

④ 按下操作面板上的 REV 键，转动电位器，电动机反向加速。

⑤ 按下操作面板上的 STOP 键，电动机停止运行。

3. 变频器组合运行操作的应用

（1）图 2-39 运行曲线的优点

① 节省一个周期的运行时间，提高工作效率。

② 停车前的缓冲速度保证了停车精度，消除了对正位置的时间。

③ 由于加减速按恒加减速运行，没有振动，运行平稳，提高了安全性。

（2）接线步骤

① 控制回路按图 2-40 接线。

② 检查无误后通电。

③ 在"PU"（参数单元模式）下设定表 2-15 中的参数。

④ 设 Pr. 79＝3，"EXT"灯和"PU"灯同时亮。

⑤ 在接通 RM 与 SD 前提下，SD 与 STF 导通，平板车中速前进在 30Hz，当运行到 B 点时，RM 与 SD 断开，SD 与 RL 导通，低速前进运行在 10Hz，运行到 C 点时平板车停止运行。

表 2-15　参数设置表

参数号	设定值	功能	参数号	设定值	功能
Pr. 79	3	组合操作模式 1	Pr. 8	5	减速时间
Pr. 1	50	上限频率	Pr. 9	2	电子过流保护(电动机 300W)
Pr. 2	0	下限频率	Pr. 4	50	高速后退频率
Pr. 3	50	基底频率	Pr. 5	30	中速前进频率
Pr. 20	50	加、减速基准频率	Pr. 6	10	低速运行频率
Pr. 7	4	加速时间			

⑥ 在接通 RM 与 SD 前提下，SD 与 STF 导通，平板车高速后退在 50Hz，当运行到 D 点时，RH 与 SD 断开，SD 与 RL 导通，低速返回运行在 10Hz，运行到 E 点时平板车停止运行。

⑦ 反复操作，使平板车按图 2-39 所示的曲线运行。

（3）注意事项

① Pr. 4、Pr. 6 参数的设定在外部运行和 PU 操作（参数单元操作）下均可设定。

② 运行期间同时接通 SD 与 STF 和 STR，电动机停止运行。

③ 操作中注意安全。

④ 电动机使用 Y 形接法。

（4）变频器组合运行操作的自我测试

运行曲线如图 2-43 所示，请在 Pr. 79＝3 设定下按曲线上所标注的参数要求运行此曲线。

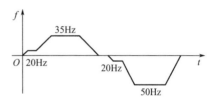

图 2-43　组合操作运行曲线示意图

【例 2-5】　变频器的程序运行操作

龙门刨床是机械制造业中必不可少的机械加工设备，主要由床身、横梁、刀架、立柱等部分组成，工作时被加工的零件固定在工作台上做往复运动，刀架装在横梁上，由垂直进给电动机拖动可以上下运动（即垂直方向进刀），由横向进给电动机拖动左右运动（即横向进给）。试用变频器对龙门刨床加工过程中的刀具运行进行控制。龙门刨床刀具运行曲线如图 2-44 所示，接线图如图 2-45 所示。

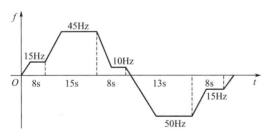

图 2-44　龙门刨床刀具运行曲线

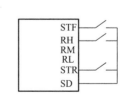

图 2-45　程序运行接线图

1. 相关技术知识

程序运行是变频器在生产机械、家用电器、运输工具控制中常用的运行方法，它是将预先需要运行的曲线及相关参数按时间（时间单位由 Pr. 200 参数设定）的顺序预置到变频器内部，接通启动信号后自动运行该曲线的一种方法。

FR-A540 型三菱变频器的程序运行分三组，根据需要可以选择一组或多组运行，可以进行单组或多组的重复运行，在程序运行设置下，一些端子的功能将发生变化。

程序控制即按照预先设定的时钟、电动机的运行频率、启动时间及旋转方向在内部定时器的控制下执行运行操作（注意：FR-A500 型变频器，当选购件 FR-A5AP 插入时，则不能进行程序运行）。

程序运行功能说明如下：

① 程序运行功能仅当 Pr.79＝5 时有效。

② 用 Pr.200 选择程序运行时间单位，可以在"分/秒"和"小时/分"之间选择程序运行时间。

③ 用 Pr.231 设定程序开始运行的时钟基准。变频器中有一个内部定时器 BAM，Pr.231 中设定的日期的参考时刻即为程序运行的开始时刻。当同时接通开始信号和组选择信号时，日期的参考时间定时器回到"0"，此时，可在 Pr.231 中设定日期的参考值。通过定时器的复位端子（STR）或者变频器本身的复位可消除日期参考时间。Pr.231 的设定范围取决于 Pr.200 的设定值，见表 2-16。

表 2-16　Pr.231 的设定范围

Pr.200 设定值	0	1	2	3
Pr.231 设定范围	最大 99min59s	最大 99h59min	最大 99min59s	最大 99h59min

④ 旋转方向、运行频率、启动时间可以定义为一个点，每 10 个点为一组，共分 3 个组。用 Pr.201～Pr.230 设定，见表 2-17。

表 2-17　程序运行分组

参数号	名称	组信号端子	备注
Pr.201～Pr.210	程序设定 1～10	RH	组 1
Pr.211～Pr.220	程序设定 11～20	RM	组 2
Pr.221～Pr.230	程序设定 21～30	RL	组 3

⑤ 程序运行时，既可选择单个组运行，也可选择两个或者更多的组按组 1、组 2、组 3 的顺序运行。既可选择单个组重复运行，也可选择多个组重复运行。程序运行输入/输出信号端子见表 2-18。

表 2-18　程序运行输入/输出信号端子

项目	名称	端子	说明
输入信号	第一组信号	RH	用于选择程序运行组
	第二组信号	RM	
	第三组信号	RL	
	定时器复位信号	STR	将日期的参考时间置 0
	程序运行启动信号	STF	输入则开始运行预定程序
输出信号	时间到达信号	SU	所选择的组运行完成时输出和定时器复位清零
	组选择信号	FU、OL、IPF	运行相关组的程序的过程中输出和定时器复位清零

2. 变频器的程序运行操作

（1）单组程序运行操作

下面选用第一组运行（RH 组）。

1）运行接线图如图 2-46(a) 所示。

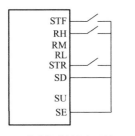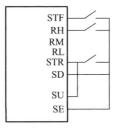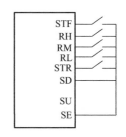

| (a) 单个组进行程序运行 | (b) 单个组进行重复运行 | (c) 多个组进行单次运行 |

图 2-46 程序运行模式接线图

2）基本参数设定（在 Pr.79＝1 下设定）见表 2-19。

表 2-19 基本参数设定表

参数号	设定值	功能	参数号	设定值	功能
Pr.1	50	上限频率	Pr.13	5	启动频率
Pr.2	0	下限频率	Pr.20	50	加、减速基准频率
Pr.3	50	基底频率	Pr.76	3	报警编码输出选择
Pr.7	3	加速时间	Pr.79	5	程序运行模式
Pr.8	4	减速时间			

3）程序运行曲线如图 2-47 所示。

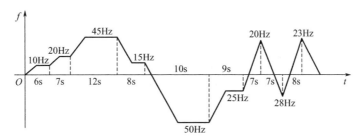

图 2-47 程序运行曲线

4）第一组运行参数设定（在 Pr.79＝5 下设定）见表 2-20。

表 2-20 第一组运行参数设定表

Pr.200＝2	Pr.201＝1,10,0.00
Pr.202＝1,20,0.06	Pr.203＝1,45,0.13
Pr.204＝1,15,0.25	Pr.205＝2,50,0.33
Pr.206＝2,25,0.43	Pr.207＝1,20,0.52
Pr.208＝2,28,0.59	Pr.209＝1,23,1.06
Pr.210＝0,0,1.14	

5）操作步骤。

① 非重复运行操作

a. 设置 Pr.79＝5。

b. 设置 Pr.200＝2（或 0）。

c. 读 Pr. 201 的值。

d. 在 Pr. 201 中输入"1"（即旋转方向为正转），然后按 SET 键 1.5s。

e. 输入"10"（运行频率为 10Hz），按 SET 键 1.5s。

f. 输入"0：00"（开始运行时间为 0min0s），按 SET 键 1.5s。

g. 按▲/▼键移动到下一个参数（Pr. 202）。

h. 依照步骤 d. ～步骤 f.，按表 2-20 设置其余参数。

i. 按图 2-46(a) 接线。

j. 确认 EXT 灯亮。

k. 接通 RH 与 SD，选组信号（单组运行选择 RH 组）。

l. 接通开始信号 STF，使内部定时器自动复位，电动机按照设定的曲线开始运行，运行一个周期后停止。

m. 断开 STF 与 SD，运行停止，同时内部定时器复位。

② 重复单组运行操作

a. 接通 SU 与 STR，如图 2-46(b) 所示。

b. 重复上述步骤 a.～步骤 l.，当组运行完毕时，将从输出端子 SU 输出一个信号，定时器复位清零，之后进行重复运转；当不需要运行时，断开 STF 即可。

6）注意事项。

① 如果在执行预定程序过程中，变频器电源断开后又接通（包括瞬间断电），内部定时器将复位，并且若电源恢复，变频器亦不会重新启动。若要继续开始运行，则关断预定程序开始信号（STF），然后再接通。这时，若需要设定日期参考时间，则在设定前应接通开始信号。

② 当变频器按程序运行接线时，下面的信号是无效的：AU、STOP、2、4、1、JOG。

③ 程序运行过程中，变频器不能进行其他模式的操作，当程序运行开始信号（STF）和定时器复位信号（STR）接通时，运行模式不能进行 PU 运行和外部运行之间的变换。

（2）多组程序运行操作

下面选择 RH 和 RM 组，将图 2-47 所示的曲线分两组运行。

① 基本运行参数设定与单组运行相同。

② 运行参数设定见表 2-21。

表 2-21　运行参数设定表

组号	参数	
RH 组	Pr. 200＝2	Pr. 201＝1,10,0.00
	Pr. 202＝1,20,0.06	Pr. 203＝1,45,0.13
	Pr. 204＝1,15,0.25	Pr. 205＝0,0,0.33
RM 组	Pr. 211＝2,50,0.00	Pr. 212＝2,25,0.10
	Pr. 213＝1,20,0.09	Pr. 214＝2,28,0.26
	Pr. 215＝1,33,0.33	Pr. 216＝0,0,0.41

（3）操作步骤

① 同时接通图 2-46(c) 中的 RH 与 SD、RM 与 SD。

② 接通 STF 与 SD，变频器先运行 RH 组，运行完成后再运行 RM 组，到 RM 组运行完成后，从 SU 端子输出时间到达信号。

③ 将 SU 与 STR 连接，SE 与 SD 连接，此时，变频器可以重复运行 RH 和 RM 组（两组重复运行）。

3. 变频器程序运行操作的应用

仍以上述龙门刨床为例，其运行曲线见图 2-44，接线图见图 2-45。

（1）工作台的速度运行曲线分析

曲线的形成说明如下：

① 刚开始时，工作台前进启动，刀具慢速切入，运行在 15Hz 上。

② 8s 后开始加速到稳定切削阶段，运行在 45Hz 上。

③ 15s 后开始减速退刀，在 10Hz 上运行 8s。

④ 随后工作台反向加速返回，运行在 50Hz 上。

⑤ 13s 后后退减速到 15Hz，随后工作台返回停止，完成一个运行周期。

（2）变频器参数设定

① 基本参数设定（在 Pr.79＝1 下设定）见表 2-22。

表 2-22 基本参数设定表

参数名称	参数号	设定值	参数名称	参数号	设定值
转矩提升	Pr.0	6%	加速时间	Pr.7	3s
上限频率	Pr.1	50Hz	减速时间	Pr.8	3s
下限频率	Pr.2	3Hz	启动频率	Pr.13	5Hz
基底频率	Pr.3	50Hz	电子过流保护	Pr.9	0(不起作用,外接热继电器保护)

② 运行参数设定（在 Pr.79＝5 下设定）见表 2-23。

表 2-23 运行参数设定表

参数名称	参数号	设定值	参数名称	参数号	设定值
程序运行分秒选择	Pr.200	2	程序设定	Pr.203	1,10,0.23
				Pr.204	2,50,0.31
程序设定	Pr.201	1,15,0.00		Pr.205	2,15,0.44
	Pr.202	1,45,0.08		Pr.206	0,0,0.52

（3）操作步骤

① 控制回路按图 2-46 接线。

② 检查无误后通电。

③ 基本参数设定（在 Pr.79＝1 下设定）见表 2-22。

④ 运行参数设定（在 Pr.79＝5 下设定）见表 2-23。

⑤ 接通 RH 与 SD，选组信号。

⑥ 接通开始信号 STF，使内部定时器自动复位，工作台按照图 2-47 所示的曲线开始运行，运行一个周期即停止。

⑦ 断开 STF 与 SD，运行停止。

注意：操作时垂直进刀、左右进刀、刀具上移限位等可用模拟开关代替。

（4）变频器程序运行操作的自我测试

运行曲线如图 2-48 所示，请在 Pr.79＝

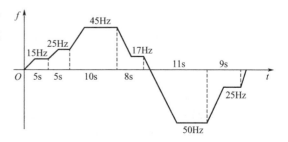

图 2-48 自我测试用的程序运行曲线

5 模式设定下按曲线上所标注的参数要求，单组重复运行此曲线。

【例 2-6】 变频器的 PID 控制运行操作

图 2-49 所示为某一个工厂的恒压供水电路，用压力传感器和变频器构成闭环控制系统，4 端和 5 端是反馈信号输入端，MP 是压力传感器，将压力信号变为电压或电流信号，正常工作时，K_1、K_2、K_3 均合上。工作时反馈值与目标值相比较，并按预置的 PID 值调整变频器的给定信号，从而达到改变电动机转速，以实现恒压供水之目的。

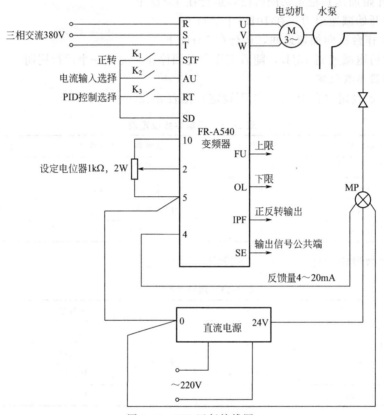

图 2-49 PID 运行接线图

变额器的 PID 控制是与传感器元件构成的一个闭环控制系统，为了实现对被控制量的自动调节，在温度、压力等参数要求恒定的场合应用十分广泛，是变频器在节能方面常用的一种方法。下面介绍变频器 PID 控制方面的相关技术知识。

1. 变频器 PID 控制的相关技术知识

PID 控制就是比例/积分/微分控制，变频器的 PID 控制有两种情况：一种是变频器内置的 PID 控制功能，给定信号通过变频器的端子输入，反馈信号也反馈给变频器的控制端，在变频器内部进行 PID 调节以改变输出频率；另一种是外部的 PID 调节器将给定量与反馈量比较后输出给变频器，加到控制端子作为控制信号。

（1）PID 闭环控制

PID 闭环控制是指将被控量的检测信号（即由传感器测得的实际值）反馈到变频器，并与被控量的目标信号相比较，以判断是否已经达到预定的控制目标的控制方法。如尚未达到，则根据两者的差值进行调整，直至达到预定的控制目标为止。

PID 控制是利用 PI 控制和 PD 控制的优点组合而成的控制。PI 控制由比例控制（P）和积分控制（I）组成，根据偏差及时间变化，产生一个执行量。PD 控制由比例控制（P）和微分控制（D）组成，根据改变动态特性的偏差速率，产生一个执行量。

反馈信号的接入有下面两种方法。

① 给定输入法　变频器在使用 PID 功能时，将传感器测得的反馈信号直接接到给定信号端，其目标信号由键盘给定。

② 独立输入法　变频器专门配置了独立的反馈信号输入端，有的变频器还为传感器配置了电源，其目标值可以由键盘给定，也可以由指定输入端输入。

（2）PID 调节功能的预置

① 预置 PID 调节功能　预置的内容是变频器的 PID 调节功能是否有效。这是十分重要的，因为变频器的 PID 调节功能有效后，其升、降速过程将完全取决于由 P、I、D 数据所决定的动态响应过程，而原来预置的"升速时间"和"降速时间"将不再起作用。

② 目标值的预置　PID 调节的根本依据是反馈量与目标值之间进行比较的结果。因此，准确地预置目标值是十分重要的。主要有以下两种方法：

a.面板输入式　只需通过键盘输入目标值即可。目标值通常是被测量实际大小与传感器量程之比的百分数。例如，空气压缩机要求的压力（目标压力）为 6MPa，所用压力表的量程是 0～10MPa，则目标值为 60%。

b.外接给定式　由外接电位器进行预置，调整较方便。

（3）变频器按 P、I、D 调节规律运行时的特点

① 变频器的输出频率 f_x 只根据实际数值与目标数值的比较结果进行调整，与被控量之间无对应关系。

② 变频器的输出频率 f_x 始终处于调整状态，其数值常不稳定。

2. 变频器的 PID 控制运行操作

（1）接线

按图 2-49 接线。

（2）运行参数设定

① 定义端子功能参数设定　定义端子功能参数见表 2-24。

② PID 运行参数设定　设定 PID 运行参数见表 2-25。

表 2-24　定义端子功能参数设定表

参数号	作用	功能
Pr.183=14	将 RT 端子设定为 X14 的功能	RT 端子功能选择
Pr.192=16	从 IPF 端子输出正反转信号	IPF 端子功能选择
Pr.193=14	从 OL 端子输出下限信号	OL 端子功能选择
Pr.194=15	从 FU 端子输出上限信号	FU 端子功能选择

表 2-25　运行参数设定表

参数号	作用	功能
Pr.128=20	检测值从端子 4 输入	选择 PID 对压力信号的控制
Pr.129=30	确定 PID 的比例调节范围	PID 的比例范围常数设定
Pr.130=10	确定 PID 的积分时间	PID 的积分时间常数设定
Pr.131=100%	设定上限调节值	上限值设定参数
Pr.132=0%	设定下限调节值	下限值设定参数

参数号	作用	功能
Pr. 133＝50％	外部操作时设定值由 2～5 端子间的电压确定,在 PU 或组合操作时控制值大小的设定	PU 操作下控制设定值的确定
Pr. 134＝3s	确定 PID 的微分时间	PID 的微分时间常数设定

（3）操作步骤

① 按上述要求设定参数。

② 按图 2-49 接线。

③ 调节 2～5 端子间的电压至 2.5V，设 Pr. 79＝2，"EXT" 灯亮。

④ 同时接通 SD 与 AU、SD 与 RT、SD 与 STF，电动机正转，改变 2～5 端子间的电压值。电动机转速可随着变化，始终稳定运行在设定值上。

⑤ 调节 4～20mA 电流信号，电动机转速也会随之变化，稳定运行在设定值上。

⑥ 设 Pr. 79＝1，"PU" 灯亮. 按 FWD 键（或 REV 键）和 STOP 键，控制电动机启停，稳定运行在 Pr. 133 的设定值上。

（4）注意事项

① 电位器用 1kΩ/1W 的碳膜式电位器。

② 传感器的输出用 Pr. 902～Pr. 905 的参数校正，输入设定值时，变频器停止运行，在 "PU" 下输入设定值。

③ 通过设定 Pr. 190～Pr. 192 的参数来确定输出信号端子的功能。

④ 采用变频器内部 PID 功能时，加减速时间由积分时间的预置值决定；当不采用变频器内部 PID 功能时，加减速时间由相应的参数决定。

（5）变频器 PID 控制运行操作的自我测试

试设计一运用变频器 PID 功能实现恒转速控制的电路图，说明其参数设置方法及操作步骤，并进行实际接线和运行操作。

【例 2-7】 PLC 与变频器的连接操作

通常 PLC 可以通过下面三种途径来控制变频器：

① 利用 PLC 的模拟量输出模块控制变频器；

② PLC 通过 485 通信接口控制变频器；

③ 利用 PLC 的开关量输入/输出模块控制变频器。

那么，这三种方法各有什么特点？通常选择哪种控制方法？具体的连接过程又是如何的呢？下面就介绍其相关技术知识。

1. PLC 与变频器的连接的相关技术知识

（1）PLC 与变频器的三种连接方法

① 利用 PLC 的模拟量输出模块控制变频器 PLC 的模拟量输出模块输出 0～5V 电压或 4～20mA 电流，将其送给变频器的模拟电压或电流输入端，控制变频器的输出频率。这种控制方式的硬件接线简单，但是 PLC 的模拟量输出模块价格相当高，有的用户难以接受。

② PLC 通过 RS-485 通信接口控制变频器 这种控制方式的硬件接线简单，但需要增加通信用的接口模块，这种模块的价格可能较高，熟悉通信模块的使用方法和设计通信程序可能要花较多的时间。

③ 利用 PLC 的开关量输入/输出模块控制变频器 PLC 的开关量输出/输入端一般可以

与变频器的开关量输入/输出端直接相连。这种控制方式的接线很简单，抗干扰能力强，用PLC 的开关量输出模块可以控制变频器的正反转、转速和加减速时间，能实现较复杂的控制要求。虽然只能有级调速，但对于大多数系统，这已足够了。

这里主要介绍 PLC 通过 RS-485 通信接口控制变频器的方法。

（2）PLC 通过 RS-485 通信接口控制变频器系统

该系统硬件组成如图 2-50 所示，主要由下列组件构成：

① FX2N-32MT-001 是该系统所用 PLC，为控制系统的核心。

② FX2N-485BD 为 FX2N 系列 PLC 的通信适配器，主要用于 PLC 和变频器之间数据的发送和接收。

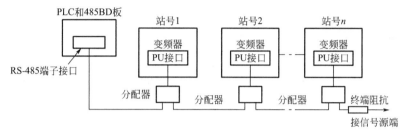

图 2-50　系统硬件组成

③ SC09 电缆用于 PLC 和计算机之间的数据传送。

④ 通信电缆采用五芯电缆，可自行制作。

（3）PLC 与 RS-485 通信接口的连接方式

变频器接口端子排定义如图 2-51 所示。

如图 2-52 所示，五芯电缆线的一端接 FX2N-485BD，另一端（图 2-51）用专用接口压接五芯电缆接变频器的 PU 口（将 FR-DU04 面板取下即可，具体操作见【例 2-1】）。

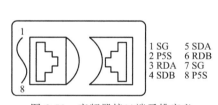

图 2-51　变频器接口端子排定义

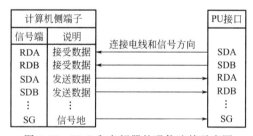

图 2-52　PLC 和变频器的通信连接示意图

（4）PLC 和变频器之间的 RS-485 通信协议和数据定义

1）PLC 和变频器之间的 RS-485 通信协议　PLC 和变频器之间进行通信，通信规格必须在变频器的初始化中设定，如果没有进行设定或有一个错误的设定，数据将不能进行通信。且每次参数设定后，需复位变频器，确保参数的设定生效。设定好参数后将按图 2-53

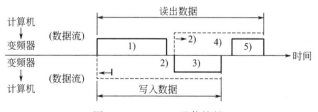

图 2-53　RS-485 通信协议

所示的协议进行数据通信。

2）数据传送形式

① 从 PLC 到变频器的通信请求数据

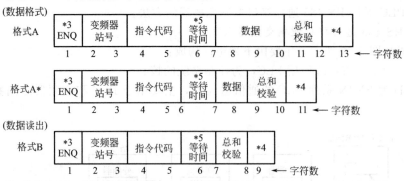

② 数据写入时从变频器到 PLC 的应答数据

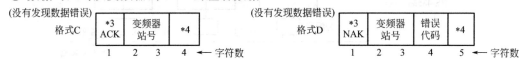

③ 读出数据时从变频器到 PLC 的应答数据

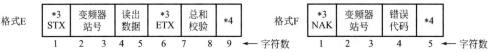

④ 读出数据时从 PLC 到变频器发送数据

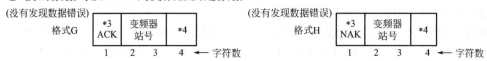

3）通信数据定义

① 操作指令见表 2-26。

表 2-26　操作指令表

操作指令	指令代码	数据内容	操作指令	指令代码	数据内容
正转	HFA	H02	频率输出	H6F	H0000～H2EE0
反转	HFA	H04	电流输出	H71	H0000～HFFFF
停止	HFA	H00	电压输出	H72	H0000～HFFFF
频率写入	HED	H0000～H2EE0			

② 变频器站号。规定与计算机通信的站号，在 H00～H1F（00～31）之间设定。

③ 指令代码。由计算机（PLC）发给变频器，指明程序工作（如运行、监视）状态。因此，通过响应指令代码，变频器可工作在运行和监视等状态。

④ 数据。数据表示与变频器传输的数据，例如，频率和参数等。依照指令代码，确认数据的定义和设定范围。

⑤ 等待时间。规定为变频器从接收到计算机（PLC）来的数据到传输应答数据之间的等待时间。根据计算机的响应时间在 0～150ms 之间来设定等待时间，最小设定单位为10ms。若设定值为 1，则等待时间为 10ms；若设定值为 2，则等待时间为 20ms。

注：Pr.123 响应时间设定不设定为 9999 的场合下，数据格式中的"响应时间"字节没有，而是作为通信请求数据，其字符数减少一个。

⑥ 总和校验代码。是指被校验的 ASCII 码数据的总和，即为二进制数的位数。一个字节最低为 8 位，表示 2 个 ASCII 码，以十六进制形式表示。

（5）程序设计

要实现 PLC 对变频器的通信控制，必须对 PLC 进行编程，通过程序实现 PLC 对变频器的各种运行控制和数据的传送。PLC 程序首先应完成 FX2N-485BD 通信适配器的初始化、控制命令字的组合、代码转换和变频器应答数据的处理工作。PLC 通信程序梯形图如图 2-54 所示。

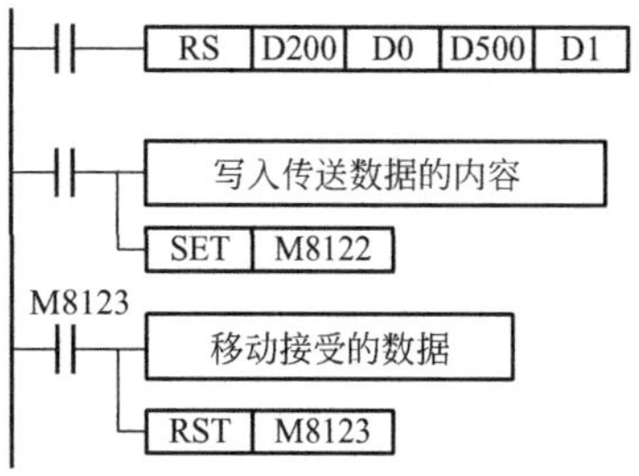

图 2-54　PLC 通信程序梯形图

2. PLC 与变频器连接的应用操作

（1）操作要求

① 会设定 PLC 与变频器通信所需的参数。

② 能够编写控制程序并调试。

（2）操作材料

三菱 PLC（FX2N-32MT-001）一台、FX2N 系统 PLC 的通信适配器 FX2N-485BD 一块、SC90 电缆、五芯通信电缆、万用表、常用电工工具、直流 24V 电源、导线、变频器 FR-A500、接触器、空气断路器、接线端子等。

（3）操作内容

① 对三菱变频器进行参数设置。需要设定的参数值见表 2-27。

表 2-27　需要设定的参数值

参数号	名称	设定值	说明
Pr. 117	站号	0	设定变频器站号为 0
Pr. 118	通信速率	96	设定波特率为 9600bit/s
Pr. 119	停止位长/数据位长	11	设定停止位 2 位，数据位 7 位
Pr. 120	奇偶校验有/无	2	设定为偶校验
Pr. 121	通信再试次数	9999	即使发生通信错误，变频器也不停止
Pr. 122	通信校验时间间隔	9999	通信校验终止
Pr. 123	等待时间设定	9999	用通信数据设定
Pr. 124	CR、LF 有/无选择	0	选择无 CR、LF

Pr. 122 号参数一定要设成 9999。否则，当通信结束以后且通信校验互锁时间到时，变频器会产生报警并且停止（E. PUE）。Pr. 79 号参数一定要设成 1，即 PU 操作模式。以上参数设置适用于 A500 和 E500。

② 复位变频器，确保参数的设定有效。

③ 对三菱 PLC 进行设置。三菱 FX 系列 PLC 在进行计算机连接（专用协议）和无协议通信（RS 指令）时，均需对通信格式（D8120）进行设定，其中，包含波特率、数据长度、奇偶校验、停止位和数据格式等。在修改了 D8120 设置后，确保关掉 PLC 的电源，然后再打开。D8120 设置如下：

$$D_{15} \cdots\cdots\cdots\cdots\cdots\cdots\cdots\cdots\cdots d_0$$

0000　　1100　　1000 .. 1110

0　　　　C　　　　8　　　E

即数据长度为 7 位、偶校验、2 位停止位、波特率为 9600bit/s、无标题符和终结符、没有添加和校验码，采用无协议通信（RS-485）。

④ 制作电缆将 PLC 与变频器连接。

⑤ 编写通信程序，实现通信。

PLC 通过 RS-485 通信控制变频器运行的参考程序为：

```
0    LD M8002
1    MOV HOC96 D8120
6    LD X001
7    RS D10 D26 D30 D49
16   LD M8000
17   OUT M8161
19   LD X001
20   MOV H5 D10
25   MOV H30 D11
30   MOV H31 D12
35   M0V H46 D13
40   MOV H41 D14
45   MOV H31 D15
50   MPS
51   ANI X003
52   MOV H30 D16
57   MPP
58   ANI X003
59   MOV H34 D17
64   LDP X002
66   CCD D11 D28 K7
73   ASCI D28 D18 K2
80   MOV K10 D26
85    MOV K0 D49
90   SET M8122
92   END
```

以上程序运行时，PLC 通过 RS-485 通信程序正转启动由变频器控制，停止则由 X3 端子控制。控制指令见表 2-26。

（4）自测试操作

有一台 PLC 通过 RS-485 通信控制变频器，要求：

① 当 M10 接通一次以后变频器进入正转状态。

② 当 M11 接通一次以后变频器进入停止状态。

③ 当 M12 接通一次以后变频器进入反转状态。

④ 当 M13 接通一次以后读取变频器的运行频率（D700）。

⑤ 当 M14 接通一次以后写入变频器的运行频率（D400）。

请设置 PLC 与变频器的参数、编写相应的控制程序，并进行安装及调试操作。

【例 2-8】 PLC 控制变频器实现电动机的正反转操作

在生产实践应用中，电动机的正反转控制是比较常见的。如图 2-55（a）所示，是大家熟悉的利用继电器接触器控制的正反转控制电路。如图 2-55（b）所示，是利用变频器实现电动机正反转控制的电路。那么，利用变频器是如何实现电动机正反转控制的呢？根据实际工作的要求，如何设置参数？利用变频器控制的正反转电路有什么优点？下面就介绍其相关技术知识。

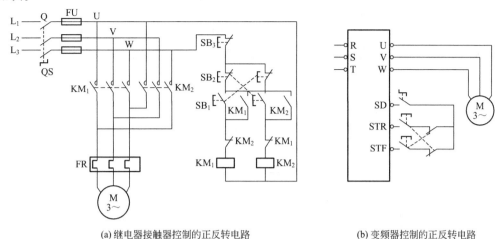

(a) 继电器接触器控制的正反转电路　　　　　　　(b) 变频器控制的正反转电路

图 2-55　电动机的正反转控制电路

1. PLC 控制变频器实现电动机正反转的相关技术知识

（1）变频器控制电动机正反转的方法

利用普通的电网电源运行的交流拖动系统，为了实现电动机的正反转切换，必须利用接触器等装置对电源进行换相切换。利用变频器进行调速控制时，只需改变变频器内部逆变电路换流器件的开关顺序，即可达到对输出进行换相的目的，很容易实现电动机的正反转切换，而不需要专门的正反转切换装置。

（2）控制电路

PLC 与变频器控制电动机正反转的控制电路和程序梯形图如图 2-56 和图 2-57 所示，按下 SB_1，输入继电器 X0 得到信号并动作，输出继电器 Y0 动作并保持，接触器 KM 动作，变频器接通电源。Y0 动作后，Y1 动作，指示灯 HL_1 亮。将 SA_2 旋至"正转"位，X2 得到信号并动作，输出继电器 Y10 动作，变频器的 STF 接通，电动机正转启动并运行。同时，Y2 也动作，正转指示灯 HL_2 亮。如 SA_2 旋至"反转"位，X3 得到信号并动作，输出继电器 Y11 动作。变频器的 STR 接通，电动机反转启动并运行。同时，Y3 也动作，反转指示灯 HL_3 亮。

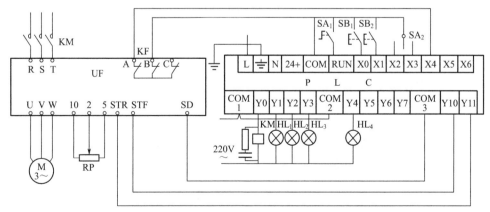

图 2-56　PLC 与变频器控制电动机正反转电路

当电动机正转或反转时，X2 或 X3 的常闭触点断开，使 SB_2（即 X1）不起作用，从而防止变频器在电动机运行的情况下切断电源。将 SA_2 旋至中间位置时，则电动机停转，X2、X3 的常闭触点均闭合。如果再按下 SB_2，则 X1 得到信号，使 Y0 复位，KM 断电并且复位，变频器脱离电源。电动机运行时，如果变频器因为发生故障而跳闸，则 X4 得到信号，一方面使 Y0 复位，变频器切断电源；另一方面，Y4 动作，指示灯 HL_4 亮。

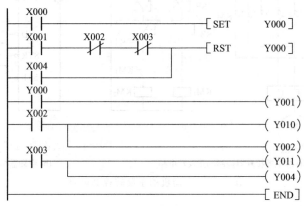

图 2-57　程序梯形图

（3）参数设置

参数设置值见表 2-28，具体设置方法见前述。

表 2-28　参数设置值

参数名称	参数号	参考值	参数名称	参数号	参考值
上升时间	Pr. 7	4s	上限频率	Pr. 1	50Hz
下降时间	Pr. 8	3s	下限频率	Pr. 2	0Hz
加减速基准频率	Pr. 20	50Hz	运行模式	Pr. 79	1
基底频率	Pr. 3	50Hz			

（4）使用变频器实现电动机正反转控制的优点

① 操作方便。

② 不需要停机操作，电流小。

2. PLC 控制变频器实现电动机正反转的应用操作

（1）操作要求

① 正确设置用 PLC 控制变频器实现电动机正反转所需要的参数。

设置变频器的参数，具体是 Pr. 7、Pr. 8、Pr. 20、Pr. 3、Pr. 1、Pr. 2、Pr. 79、Pr. 42、Pr. 43、Pr. 50、Pr. 116。

② 能够正确编程并调试、运行。

（2）操作材料

电工常用工具、直流 24V 电源、万用表、导线、变频器 FR-A500、三菱 PLC FX2N、接触器、空气断路器、接线端子等。

（3）操作内容

① 根据控制要求，设置变频器参数。参数设置值见表 2-28。

② 参考程序梯形图如图 2-57 所示。

③ 将 PLC 和变频器之间的连接线按照原理图连接。

④ 将变频器和电动机的连线接好，如图 2-58 所示。

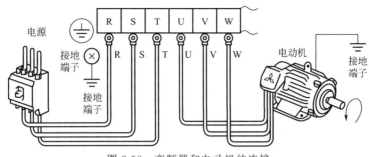

图 2-58　变频器和电动机的连接

⑤ 通电试验。

⑥ 测试。

a.使用转速表测量转速　测量方法：首先把反射纸剪成一正方块，贴在被测体（电动机转轴）上。按下"测量"键，当光束投射到目标时，用"监视符号"来确认是否正确，当读数值已确定（大约 2s）时松开测量开关。假如测量 RPM 低于 50RPM 时，建议把反射纸贴多一些，然后再把读数值依"反射纸"测量，即可得到稳定的高精度的数值。

b.检测上升和下降时间　用秒表和转速表配合，测量从 0 速到额定转速（上升）和从额定转速到 0 速（下降）的时间。

（4）操作注意事项

① 切不可将 R、S、T 与 U、V、W 端子接错，否则，会烧坏变频器。

② PLC 的输出端子只相当于一个触点，不能短接电源，否则，会烧坏电源。

③ 电动机为 Y 形接法。

④ 操作完成后注意断电，并且清理现场。

⑤ 运行中若出现报警现象，复位后要重新操作。

⑥ 若测量转速不准确，要检查参数设定是否准确。

（5）自测试操作

有一台升降机，用变频器控制，要求有正反转指示，正转运行频率为 45Hz，反转运行频率为 25Hz。试用 PLC 与变频器联合控制，进行接线、设置有关参数、编写程序，并进行自测试操作。

【例 2-9】　变频与工频的切换控制操作

现有一台电动机变频运行，当频率上升到 50Hz（工频）并保持长时间运行时，应将电动机切换到工频电网供电，让变频器休息或另作他用；另一种情况是当变频器发生故障时，则需将其切换到工频运行。一台电动机运行在工频电网，现工作环境要求它进行无级调速，此时必须将该电动机由工频切换到变频状态运行。

那么，如何来连接变频器与 PLC 呢？如何才能够正确控制变频与工频之间的切换？又需要设置哪些参数呢？下面就介绍相关技术知识。

1. 变频与工频的切换控制的相关技术知识

（1）变频与工频切换控制原理图

变频与工频切换控制原理图如图 2-59 所示。

（2）相关参数及端子功能介绍

要实现工频与变频的切换，必须正确地设置相关参数。下面就相关参数及有关端子功能作一介绍。

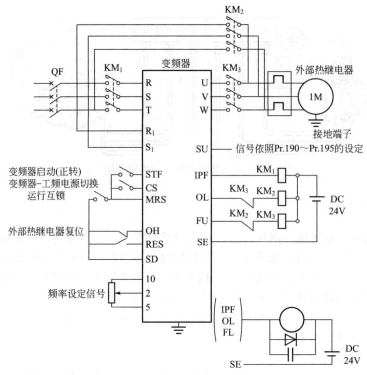

图 2-59 变频与工频切换控制原理图

1) 相关参数

Pr.135：工频电源-变频器切换顺序输出端子选择。

Pr.136：接触器切换互锁时间。

Pr.137：启动等待时间。

Pr.138：报警时的工频电源-变频器切换选择。

Pr.139：自动变频器-工频电源切换选择。

Pr.17：MRS 输入选择。

Pr.57：再启动自动运行时间（参考瞬停再启动操作）。

Pr.58：再启动缓冲时间（参考瞬停再启动操作）。

Pr.180～Pr.186：输入端子功能选择。

Pr.190～Pr.195：输出端子功能选择。

2) 端子功能　输入端子的状态与功能见表 2-29，其输入端对三个接触器线圈的控制效果见表 2-30。

表 2-29　输入端子的状态与功能

输入端子	状态	功能
STF(STR)	ON	变频器启动
CS	ON	变频器具备瞬停再启动,此处表示变频器具备工频-变频切换功能
MRS	ON	上述操作有效,否则无效
OH 外部热继电器常闭触点	ON	正常
	OFF	故障
RES	复位	变频器运行状态的初始化

表 2-30　输入端对三个接触器线圈的控制效果

端子	功能	开关状态	KM₁	KM₂	KM₃
MRS	操作是否有效	ON	ON	—	—
		OFF	ON	OFF	不变
CS	工频⇌变频	ON-变频运行	ON	OFF	ON
		OFF-工频运行	ON	ON	OFF
STF(STR)	启停控制	ON-运行	ON	—	—
		OFF-停止	OFF	OFF	OFF
OH	外部热继电器工况(常闭接点)	ON-正常	ON	—	—
		OFF-故障	OFF	OFF	OFF
RES	运行状态初始化	ON-初始化	不变	OFF	不变
		OFF-正常运行	ON	—	—

注：1.表中接触器 KM 状态"一"表示：
①变频运行时：KM₁，ON；KM₂，OFF；KM₃，ON。
②工频运行时：KM₁，ON；KM₂，ON；KM₃，OFF。
③"不变"表示保持信号运作前的状态。
2.变频器发生故障时，KM₁ 断开，R₁、S₁ 要避开 KM₁ 的控制，不论 KM₁ 导通与否，保持有电。
3.MRS OFF 不能运行。

IPF、OL、FU 为变频器的三个输出信号端子，分别控制直流接触器 KM₁、KM₂、KM₃ 的线圈，线圈上并联有保护二极管和一个指示灯（或发光二极管），它们可以显示变频器三个输出端子的工况。

（3）变频参数的设定

变频参数的设定见表 2-31。

表 2-31　变频参数的设定

参数号	名称	设定值	说明
Pr. 135	工频电源-变频器切换顺序输出端子	选择 0,无顺序输出,Pr. 136～Pr. 139 设定无意义 选择 1,有顺序输出	当用 Pr. 190～Pr. 195(输出端子功能选件)安排各端子控制 KM₁～KM₃ 时,由集电极开路端子输出。当各端子已有其他功能时,可由 FR-A5AR(选件)提供继电器输出
Pr. 136	KM 切换互锁时间	0～100.00s	设定 KM₂ 和 KM₃ 动作的互锁时间
Pr. 137	启动等待时间	0～100.00s	设定值应比信号输入到变频器时到 KM₃ 实际接通时的间隔精微长点(大约 0.3～0.5s)
Pr. 138	报警时的工频电源-变频器切换	0	变频器停止运行,电动机自由运转。当变频器发生故障时,变频器停止输出(KM₂ 和 KM₃ 断开)
		1	停止变频器运行,并自动切换变频器运行到工频电源运行。当变频器发生故障时,变频器运行自动切换到工频电源运行(KM₂ ON,KM₃ OFF)

参数号	名称	设定值	说明
Pr.139	自动变频器-工频电源切换选择	0~60.0Hz	电动机由变频器启动和运行到达设定频率,当输出频率达到或超过设定频率,变频器运行自动切换到工频电源运行。启动和停止通过变频器操作指令控制(STF 或 STR) 9999 不能自动切换

注:1. 当 Pr.135 设定为"0"以外的值时, Pr.139 的功能才有效。

2. 当电动机由变频器启动到达设定的切换频率时,变频器运行自动切换到工频电源运行。如果以后变频器的运行指令值(变频器的设定频率)降低或低于切换频率,工频电源运行不会自动切换到变频器运行。关断变频器运行信号(STF 或 STR),切换工频电源运行到变频器运行,使电动机减速到停止。

2. 变频与工频切换控制的应用操作

(1) 操作要求

① 能够对变频器的参数进行正确设置。具体参数是 Pr.160、Pr.57、Pr.58、Pr.78、Pr.135、Pr.136、Pr.137、Pr.138、Pr.139、Pr.184、Pr.193、Pr.194。

② 能够正确编写控制程序,输入 PLC 进行模拟调试,并安装及操作运行。

(2) 操作材料

电工常用工具、直流 24V 电源、万用表、导线、变频器 FR-A500、三菱 PLC FX2N、接触器、空气断路器、接线端子。

(3) 操作内容

① 连接 PLC 控制的变频与工频切换电路,如图 2-60 所示。

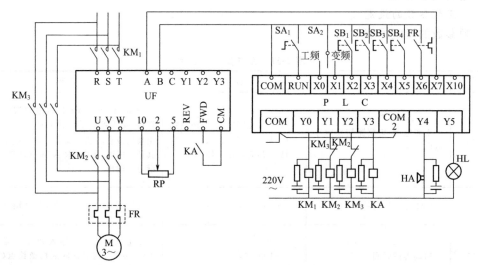

图 2-60 工频与变频切换电路

② 输入程序,模拟调试。参考程序梯形图如图 2-61 所示。

A 段:工频运行段

先将选择开关 SA2 旋至"工频运行位",使输入继电器 X0 动作,为工频运行做好准备。

按启动按钮 SB1,输入继电器 X2 动作,使输出继电器 Y2 动作并保持,从而接触器 KM3 动作,电动机在工频电压下启动并运行。按停止按钮 SB2,输入继电器 X3 动作,使输出继电器 Y2 复位,而接触器 KM3 失电,电动机停止运行。如果电动机过载,热继电器触点 FR 闭合,输入继电器 X6 动作,输出继电器 Y2、接触器 KM3 相继复位,电动机停止运行。

B 段：变频通电段

先将选择开关 SA$_2$ 旋至"变频运行"位，使输入继电器 X1 动作，为变频运行做好准备。

按下 SB$_1$，输入继电器 X2 动作，使输出继电器 Y1 动作并保持。一方面使接触器 KM$_2$ 动作，将电动机接至变频器输出端；另一方面，又使输出继电器 Y0 动作，从而接触器 KM$_1$ 动作，使变频器接通电源。

按下 SB$_2$，输入继电器 X3 动作，在 Y3 未动作或已复位的前提下，使输出继电器 Y1 复位，接触器 KM$_2$ 复位，切断电动机与变频器之间的联系。同时，输出继电器 Y0 与接触器 KM$_1$ 也相继复位，切断变频器的电源。

C 段：变频运行段

按下 SB$_3$，输入继电器 X4 动作，在 Y0 已经动作的前提下，输出继电器 Y3 动作并保持，继电器 KA 动作，变频器的 FWD 接通，电动机升速并运行。同

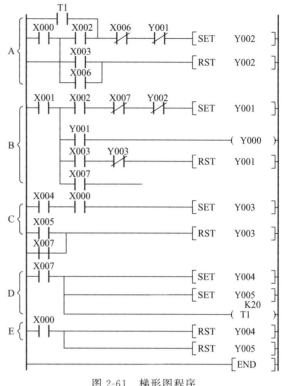

图 2-61　梯形图程序

时，Y3 的常闭触点使停止按钮 SB$_2$ 暂时不起作用，防止在电动机运行状态下直接切断变频器的电源。

按下 SB$_4$，输入继电器 X5 动作，输出继电器 Y3 复位，继电器 KA 失电断开，变频器的 STF 断开，电动机开始降速并停止。

D 段：变频器跳闸段

如果变频器因故障而跳闸，则输入继电器 X7 动作，一方面 Y1 和 Y3 复位，从而输出继电器 Y0、接触器 KM$_2$ 和 KM$_1$、继电器 KA 也相继复位，变频器停止工作；另一方面，输出继电器 Y4 和 Y5 动作并保持，蜂鸣器 HA 和指示灯 HL 工作，进行声光报警。同时，在 Y1 已经复位的情况下，时间继电器 T1 开始计时，其常开触点延时后闭合，使输出继电器 Y2 动作并保持，电动机进入工频运行状态。

E 段：故障处理段

报警后，操作人员应立即将 SA 旋至"工频运行"位。这时，输入继电器 X0 动作，一方面使控制系统正式转入工频运行方式；另一方面，使 Y4 和 Y5 复位，停止声光报警。

③ 合上电源开关，将外部操作模式转换为面板操作模式，初始化变频器，使变频器内的所有参数恢复到出厂设定值。

④ 在面板操作模式下，设定以下参数。

Pr. 135＝1

Pr. 136＝2.0s

Pr. 137＝1.0s

Pr. 138＝1

Pr. 139＝50Hz

Pr. 57＝0.5s

Pr. 58＝0.5s

Pr. 185＝7（JOG→OH）

Pr. 186＝6（CS）

Pr. 192＝17（IPF）

Pr. 193＝18（OL）

Pr. 194＝19（FU）

⑤ 将面板操作模式转换为外部操作模式。

⑥ 进行系统调试、运行。按下启动按钮使变频器运行，具体过程见前面的梯形图程序说明。

⑦ 结束，关机，最后切断电源开关。

（4）自测试操作

某学校的供水系统，由3台水泵控制供水，经过试验运行发现到了夜里，只需要一台电动机工频运行即可达到正常供水的压力。现在要求画出此系统的控制原理图、设置变频器的参数、编写控制程序，并进行安装及调试操作。

【例 2-10】 多段速调速的控制操作

现有一台生产机械共有7挡转速，相应的频率如图2-62所示，通过7个按钮来控制其

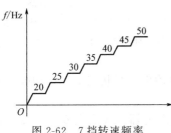

图 2-62　7挡转速频率

速度的转换。通过前面的介绍可知，变频器的调速可以连续进行，也可以分段进行，很显然此生产机械不需要连续调速，只需分段调速即可。

那么，应该如何实现对变频器的多段速调速呢？下面将通过具体的应用来介绍用PLC的开关量直接对变频器实现多段速调速的方法。

1. 变频器多段速控制的相关技术知识

（1）变频器的多段速控制功能及参数设置

变频器实现多段转速控制时，其转速挡的切换是通过外接开关器件改变其输入端的状态组合来实现的。以三菱FR系列变频器为例，要设置的具体参数有Pr. 4～Pr. 6、Pr. 24～Pr. 27。用设置功能参数的方法将多种速度先行设定，运行时由输入端子控制转换，其中，Pr. 4、Pr. 5、Pr. 6对应高、中、低三个速度的频率。设置时要注意以下几点：

① 通过对RH、RM、RL进行组合来选择各种速度。

② 借助点动频率Pr. 15、上限频率Pr. 1、下限频率Pr. 2，最多可以设定18种速度。

③ 在外部操作模式PU/外部并行模式下多段速才能运行。

（2）控制特点

一方面，变频器每个输出频率的挡位需要由三个输入端的状态来决定；另一方面，操作者切换转速所用的开关器件（通常是按钮开关或触摸开关），每次只有一个触点。因此，必须解决好转速选择开关的状态和变频器各控制端状态之间的变换问题。常用方法是通过PK来控制变频器的RH、RM、RL端子的组合来切换。

（3）多段速运行操作

① 七段速度运行曲线　七段速度运行曲线如图2-63所示，运行频率在图中已经注明。

② 基本运行参数设定　需要设定的基本运行参数见表2-32。

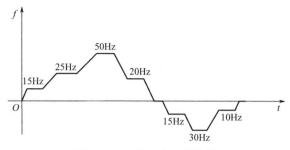

图 2-63　七段速度运行曲线

表 2-32　基本运行参数

参数名称	参数号	设定值	参数名称	参数号	设定值
提升转矩	Pr. 0	5%	减速时间	Pr. 8	3s
上限频率	Pr. 1	50Hz	电子过流保护	Pr. 9	3A(由电动机功率确定)
下限频率	Pr. 2	3Hz	加减速基准时间	Pr. 20	50Hz
基底频率	Pr. 3	50Hz	操作模式	Pr. 79	3
加速时间	Pr. 7	4s			

③ 七段速运行参数设定　七段速运行参数见表 2-33。

表 2-33　七段速运行参数

控制端子	RH	RM	RL	RM RL	RH RL	RH RM	RL RH RM
参数号	Pr. 4	Pr. 5	Pr. 6	Pr. 24	Pr. 25	Pr. 26	Pr. 27
设定值/Hz	15	25	50	20	15	30	10

2. 变频器多段速控制的应用操作

（1）操作要求

① 能正确设置变频器多段速调速的参数。

② 能正确编写控制程序并接线及调试运行操作。

（2）操作材料

电工常用工具、直流 24V 电源、万用表、导线、变频器 FR-A540、三菱 PLC FX2N、接触器、空气断路器、接线端子等。

（3）操作内容

1）按图 2-64 进行控制回路接线。

2）在 PU 模式（参数单元操作）下设定参数。

① 设定基本参数。需要设置的参数有 Pr. 4、Pr. 5、Pr. 6、Pr. 24、Pr. 25、Pr. 26、Pr. 27 等。在外部、组合、PU 模式下均可设定。

② 设定 Pr. 79＝3，"EXT"灯和"PU"灯均亮。

③ 按图 2-62 设定七段速度运行参数，填入表 2-34。

表 2-34　七段速度运行参数

控制端子	RH	RM	RL	RM RL	RH RL	RH RM	RL RH RM
参数号	Pr. 4	Pr. 5	Pr. 6	Pr. 24	Pr. 25	Pr. 26	Pr. 27
设定值/Hz							

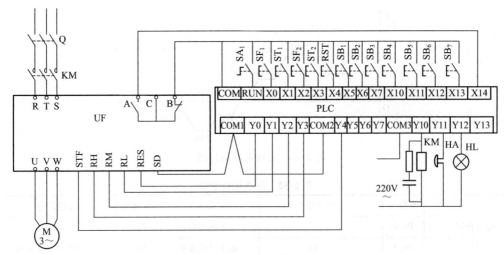

图 2-64 多段速控制接线图

图 2-64 中，SA_1 用于控制 PLC 的运行；SF_1 和 ST_1 用于控制接触器 KM，从而控制变频器的通电与断电；SF_2 和 ST_2 用于控制变频器的运行；RST 用于变频器排除故障后的复位；$SB_1 \sim SB_7$ 是 7 挡转速的选择按钮。各挡转速与输入端状态之间的关系见表 2-35。

表 2-35 7 挡转速与输入端状态关系表

各输入端的状态			转速挡位
RH	RM	RL	
OFF	OFF	ON	1
OFF	ON	OFF	2
OFF	ON	ON	3
ON	OFF	OFF	4
ON	OFF	ON	5
ON	ON	OFF	6
ON	ON	ON	7

3）编写、输入程序，调试运行。根据控制要求，该功能程序梯形图如图 2-65 所示，具体控制过程说明如下。

A 段：变频器的通电控制

按下 $SF_1 \rightarrow$ X0 动作 $\rightarrow$ Y4 未工作、变频器的 STF 和 SD 之间未接通的前提下自锁 $\rightarrow$ 接触器得电并动作 $\rightarrow$ 变频器接通电源。

按下 $ST_1 \rightarrow$ X1 动作 $\rightarrow$ 在 Y4 未工作、变频器的 STF 和 SD 之间未接通的前提下，Y10 释放 $\rightarrow$ 接触器 KM 失电，变频器切断电源。

B 段：变频器的运行控制

按下 $SF_2 \rightarrow$ X2 动作 $\rightarrow$ 若 Y10 已经动作、变频器已经通电，则 Y4 动作并自锁 $\rightarrow$ 变频器的 STF 和 SD 之间接通，系统开始升速并运行。

按下 $ST_2 \rightarrow$ X3 动作 $\rightarrow$ Y4 释放，系统开始降速并停止。

C 段：故障处理段

如变频器发生故障，变频器的故障输出端 B 和 A 之间接通 $\rightarrow$ X14 动作 $\rightarrow$ Y10 释放 $\rightarrow$ 接

触器 KM 失电，变频器切断电源。与此同时，Y11 和 Y12 动作，进行声光报警。

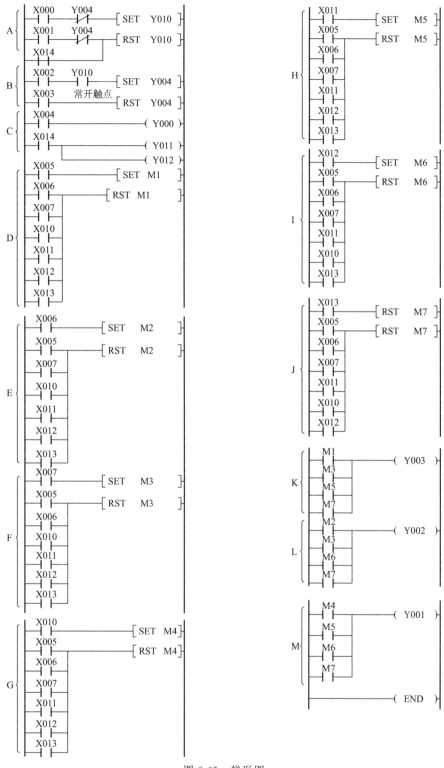

图 2-65 梯形图

当故障排除后，按下 RST→X4 动作→Y0 动作，变频器的 RES 与 SD 之间接通，变频器复位。

D～J 段：多挡速切换

以 D 段为例，说明如下：按下 SB₁→M1 动作并自锁，M1 保持第 1 转速的信号。当按下 SB₂～SB₇ 中任何一个按钮开关时，M1 释放。即 M1 仅在选择第 1 挡转速时动作。F～J 段以此类推。

K～M 段：多挡速控制

由表 2-33 可知：Y1 在第 1、第 3、第 5、第 7 挡转速时都处于接通状态，故 M1、M3、M5、M7 中只要有一个接通，则 Y3 动作，变频器的 RH 端接通；Y2 在第 2、第 3、第 6、第 7 挡转速时都处于接通状态，故 M2、M3、M6、M7 中只要有一个接通，则 Y2 动作，变频器的 RM 端接通；Y3 在第 4、第 5、第 6、第 7 挡转速时都处于接通状态，故 M4、M5、M6、M7 中只要有一个接通，则 Y1 动作，变频器的 RH 端接通。

现在以用户选择第 3 挡转速（$f_4 = 30\text{Hz}$）为例，说明其工作情况：

按下 SB₃→X7 动作，M3 动作（梯形图中的 F 段）。同时，如果在此之前 M1、M2、M4、M5、M6、M7 中有处于动作状态的话，则释放（梯形图中的 D、E、G、H、I、J 段），Y1、Y2 动作（梯形图中的 K、L 段），变频器的 Y1、Y2 端子接通，变频器将在第 3 挡转速下运行。

（4）注意事项

① 运行中出现"E. LF"字样，表示变频器输出至电动机的连线有一相断线（即缺相保护），这时返回 PU 模式下，进行清除操作，然后关掉电源重新开启即可消除，具体操作如图 2-66 所示。若不要此保护功能，设定 Pr.25=0。

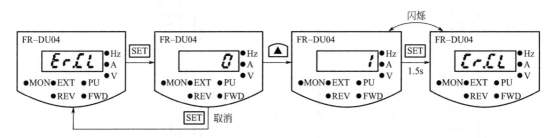

图 2-66　报警记录清除操作示意图

② 出现"E. TMH"字样，表示电子过流保护动作，同样在 PU 模式下，进行清除操作（图 2-67）。

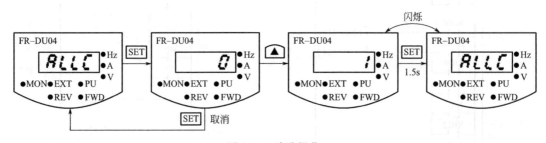

图 2-67　清除操作

③ Pr.79=4 的运行方式属于组合操作的另一种形式，即外部控制运行频率、参数单元控制电动机启停，实际中应用很少。

（5）自测试操作

某高楼为了实现恒压供水，使用压力传感器检测管内压力，当压力增大（用水量小）到上限压力时，减小泵的速度；当压力减小（用水量大）到下限压力时，提高泵的速度，从而实现管内压力的恒定。要求画出恒压供水 PLC 与变频器的接线图、设置运行参数、编写控制程序及运行操作。变频调速运行曲线如图 2-68 所示。

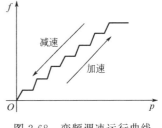

图 2-68　变频调速运行曲线

第二节　典型西门子 MM420 变频器的操作应用

【例 2-11】　MM420 变频器的接线、面板操作与基本参数设置运行

在实际使用中通常直接利用厂家生产的变频器，通过对一些参数的设置，以达到预期的效果。本例将使用西门子 MM420 变频器控制一台三相交流异步电动机，通过设置参数改变变频器输出频率来进行调速。常见的 MM420 系列变频器外观如图 2-69 所示。

1. 进行变频器的安装接线

通常西门子变频器在控制柜中的安装位置如图 2-70 所示。

图 2-69　MM420 系列变频器外观

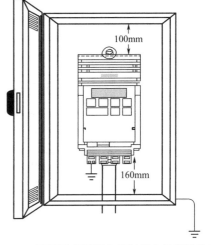

图 2-70　西门子变频器在控制柜中的安装位置

注意：① 不要将变频器装在经常发生振动的地方或电磁干扰源附近。

② 不要将变频器安装在有灰尘、腐蚀性气体等空气污染的环境里。

③ 不要将变频器安装在潮湿环境中，不要将变频器安装在潮湿管道下面，以避免引起凝结。

④ 安装应确保变频器通风口畅通。应保证控制柜内有足够的冷却风量。可用下列公式计算所需风量：

$$风量(\mathrm{m^3/h}) = \frac{变频器额定功率 \times 0.3}{控制柜内允许的温升} \times 3.1$$

必要时，安装风机进行散热。

MM420 接线端子图如图 2-71 所示，其中 1、2 为输出控制电压，1 为＋10V 电压，2 为 0V 电压；3 为模拟量输入＋端，4 为模拟量输入－端；5、6、7 为开关量输入端，8 输出

+24V 电压，作为开关量控制时的控制电压；9 为开关量使用外接电源控制时的接地端，10、11 为内部继电器对外输出的常开触点，12、13 为输出的 A/D 信号端，14、15 为 RS-485 通信口。

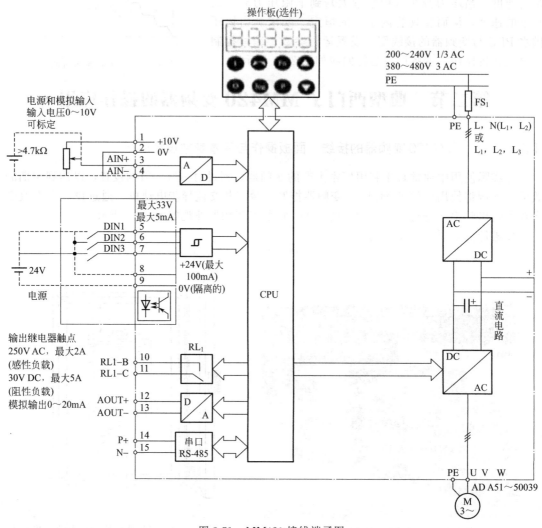

图 2-71　MM420 接线端子图

西门子 MM420 变频器的实际连接端子如图 2-72 所示，打开变频器的盖子后就可以连接电源和电动机的接线端子，电源和电动机的接线必须按照图 2-73 所示的方法进行。

接线时应将主电路接线与控制电路接线分别走线，控制电缆要用屏蔽电缆，为方便操作，可以将变频器的接线端子引线引出到控制面板，如图 2-74 所示，但实际使用时必须按照上述步骤进行接线。

通常变频器的设计允许它在具有很强电磁干扰的工业环境下运行，如果安装质量良好，就可以确保安全和无故障地运行。如果在运行中遇到问题，可按下面指出的措施进行处理。

① 确保机柜内的所有设备都已用短而粗的接地电缆

图 2-72　MM420 变频器的连接端子

可靠接地，并连接到公共的星形接地点或公共的接地母线。

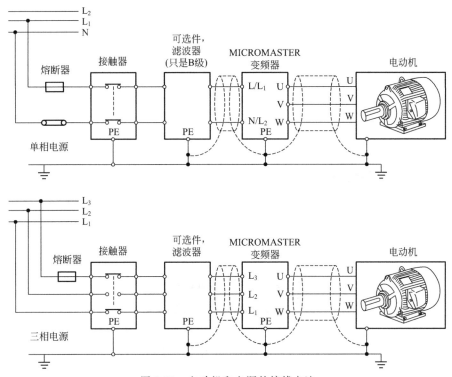

图 2-73　电动机和电源的接线方法

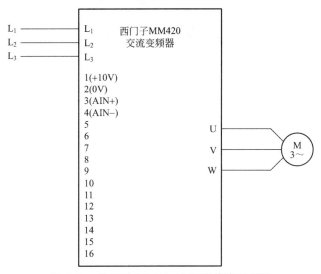

图 2-74　常用的 MM420 变频器接线原理图

　　② 确保与变频器连接的任何控制设备（例如 PLC）也像变频器一样，用短而粗的接地电缆连接到同一个接地网或星形接地点。

　　③ 由电动机返回的接地线直接连接到控制该电动机的变频器的接地端子 PE 上。

　　④ 接触器的触头最好是扁平的，因为这样在高频时阻抗较低。

　　⑤ 截断电缆的端头时应尽可能整齐，保证未经屏蔽的线段尽可能短。

⑥ 控制电缆的布线应尽可能远离供电电源线，使用单独的走线槽，在必须与电源线交叉时应采取 90°直角交叉。

⑦ 无论何时，与控制回路的连接线都应采用屏蔽电缆。

⑧ 确保机柜内安装的接触器应是带阻尼的，即在交流接触器的线圈上连接有 RC 阻尼回路，在直流接触器的线圈上连接有续流二极管，安装压敏电阻对抑制过电压也是有效的，当接触器由变频器的继电器进行控制时，这一点尤其重要。

⑨ 接到电动机的连接线应采用屏蔽的或带有铠甲的电缆，并用电缆接线卡子将屏蔽层的两端接地。

图 2-74 为常用的 MM420 变频器面板控制接线原理图，也是变频器主电路的接线原理图。当变频器只使用面板操作时，只需要按主电路的接线即可满足控制要求。

2. 完成 MM420 变频器参数设置

按图 2-74 在操作装置上接线完毕，检查无误后即可通电，进行参数设置。其参数输入方法如下：

（1）MM420 变频器操作面板

MM420 变频器操作面板如图 2-75 所示，各按键的作用如表 2-36 所示。

图 2-75　MM420 变频器操作面板

表 2-36　基本操作面板 BOP 上按键的作用

显示/按钮	功能	功能的说明
r0000	状态显示 LED	显示变频器当前的设定值
I	启动变频器	按此键启动变频器，缺省值运行时，此键是被封锁的，为了使此键的操作有效，应设定 P0700＝1
0	停止变频器	OFF1：按此键变频器将按选定的斜坡下降速率减速停车，缺省值运行时，此键被封锁，为了允许此键操作，应设定 P0700＝1 OFF2：按此键两次或一次但时间较长时，电动机将在惯性作用下自由停车，此功能总是能使用的
（转向键）	改变电动机的转动方向	按此键可以改变电动机的转动方向，电动机的反向用负号表示或用闪烁的小数点表示，缺省值运行时此键是被封锁的。为了使此键的操作有效，应设定 P0700＝1
jog	电动机点动	在变频器无输出的情况下，按此键将使电动机启动并按预设定的点动频率运行，释放此键时变频器停车，如果变频器/电动机正在运行，按此键将不起作用

（2）MM420 变频器参数设置方法

以将参数 P0010 设置值由默认的"0"改为"30"的操作流程为例：

① 按接线图完成接线，检查无误后方可送电，送电后面板显示如图 2-76 所示。

② 按编程键（P），LED 显示器显示"r0000"，如图 2-77 所示。

图 2-76　送电后面板显示

图 2-77　操作步骤②

③ 按上升键（△键），直到 LED 显示器显示"P0010"，如图 2-78 所示。

④ 按编程键（P 键），LED 显示器显示"P0010"，参数默认的数值为"0"，如图 2-79 所示。

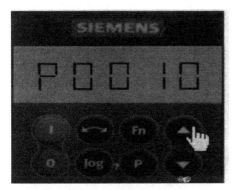

图 2-78　操作步骤③

图 2-79　操作步骤④

⑤ 按上升键（△键），直到 LED 显示器显示值增大到"30"，如图 2-80 所示。

⑥ 当达到设置的数值时，按编程键（P 键）确认当前设定值，如图 2-81 所示。

图 2-80　操作步骤⑤

图 2-81　操作步骤⑥

⑦ 按编程键（P 键）后，LED 显示器显示"P0010"，此时 P0010 参数的数值被修改成"30"，如图 2-82 所示。

⑧ 按照上述步骤可对变频器的其他参数进行设置。

⑨ 当所有参数设置完毕后，可按功能键（Fn 键）返回，如图 2-83 所示。

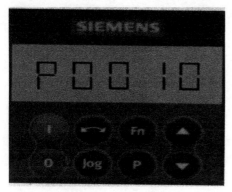
图 2-82　操作步骤⑦

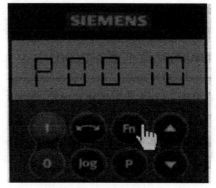
图 2-83　操作步骤⑨

⑩ 按功能键（Fn 键）后，面板显示"r0000"，再次按下编程键（P 键），可进入"r0000"的显示状态，如图 2-84 所示。

⑪ 按编程键（P 键），进入"r0000"的显示状态，显示当前参数，如图 2-85 所示。

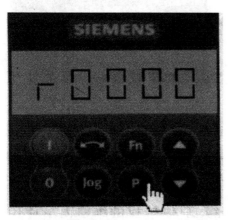
图 2-84　操作步骤⑩

图 2-85　操作步骤⑪

3. 熟知各种常用参数

（1）驱动装置的显示参数 r0000

功能：显示用户选定的由 P0005 定义的输出数据。

说明：按下 Fn 键并持续 2s，用户就可看到直流回路电压、输出电流和输出频率的数值以及选定的 r0000（设定值在 P0005 中定义）。

注意：电流、电压大小只能通过设定 r0000 参数显示读取，不能使用万用表测量。这是因为万用表只能测量频率为 50Hz 的正弦交流电，变频器输出的不是 50Hz 的正弦交流电，所以万用表的读数是没有意义的。

（2）用户访问级参数 P0003

功能：用于定义用户访问参数组的等级。

说明：对于大多数简单的应用对象，采用默认设定值（出厂默认值）就可以满足要求了。但若要 P0005 显示转速设定，必须设定 P0003＝3。

设定范围：0～4。

P0003＝0　用户定义的参数表——有关使用方法的详细情况请参看 P0003 的说明；

P0003＝1　标准级，可以访问最经常使用的一些参数；

P0003＝2　扩展级，允许扩展访问参数的范围，例如变频器的 I/O 功能；

P0003＝3　专家级，只供专家使用；

P0003＝4　维修级，只供授权的维修人员使用——具有密码保护。

出厂默认值：1。

（3）过滤器参数 P0004

功能：按功能的要求筛选过滤出与该功能有关的参数，这样可以更方便地进行调试。

说明：变频器可以在 P0004 的任何一个设定值时启动。

设定范围：0～22。

P0004＝0　全部参数；

P0004＝2　变频器参数；

P0004＝3　电动机参数；

P0004＝4　命令二进制 I/O；

P0004＝8　ADC 模-数转换和 DAC 数-模转换；

P0004＝10　设定值通道/RFG 斜坡函数发生器；

P0004＝12　驱动装置的特征；

P0004＝13　电动机的控制；

P0004＝20　通信；

P0004＝21　报警/警告/监控；

P0004＝22　工艺参量控制器，例如 PID。

出厂默认值：0。

注意：参数的标题栏中标有快速调试的参数，且只能在 P0010＝1 快速调试时进行设计。

（4）显示选择参数 P0005

功能：选择参数 r0000（驱动装置的显示）要显示的参量，任何一个只读参数都可以显示。

说明：设定值 21、25…对应的是只读参数号 r0021、r0025……

设定范围：2～2294。

P0005＝21　实际频率；

P0005＝22　实际转速；

P0005＝25　输出电压；

P0005＝26　直流回路电压；

P0005＝27　输出电流。

出厂默认值：21。

注意：若要 P0005 显示转速设定，必须设定 P0003＝3。

（5）调试参数过温器 P0010

功能：对与调试相关的参数进行过滤，只筛选出那些与特定功能组有关的参数。

设定范围：0～30。

P0010＝0　准备；

P0010＝1　快速调试；

P0010＝2　变频器；

P0010＝29　下载；

P0010＝30　工厂的设定值。

出厂默认值：0。

注意：在变频器投入运行之前应设定 P0010＝0。

（6）使用地区参数 P0100

功能：用于确定功率设定值，例如铭牌的额定功率 P0307 的单位是"kW"还是"hp"。

说明：除了基准频率 P2000 以外，还有铭牌的额定频率缺省值 P0310 和最大电动机频率 P1082 的单位也都在这里自动设定。

设定范围：0～2。

P0100＝0　欧洲（kW）频率缺省值 50Hz；

P0100＝1　北美（hp）频率缺省值 60Hz；

P0100＝2　北美（kW）频率缺省值 60Hz。

出厂默认值：0。

注意：本参数只能在 P0100＝2 快速调试时进行修改。

（7）电动机的额定电压参数 P0304

功能：设置电动机铭牌数据中的额定电压。

说明：设定值的单位为"V"。

设定范围：10～2000。

出厂默认值：400。

注意：本参数只能在 P0010＝1 快速调试时进行修改。当电动机为 Y 形接法时设定为 U_N，电动机为△形接法时设定为 $U_N/\sqrt{3}$，以保证电动机的相电压。

（8）电动机额定电流参数 P0305

功能：设置电动机铭牌数据中额定电流。

说明：

① 设定值的单位为"A"。

② 对于异步电动机，电动机电流的最大值定义为变频器的最大电流 r0209。

③ 对于同步电动机，电动机电流的最大值定义为变频器最大电流 r0209 的两倍。

④ 电动机电流的最小值定义为变频器额定电流 r0207 的 1/32。

设定范围：0.01～10000.00。

出厂默认值：3.25。

注意：本参数只能在 P0010＝1 快速调试时进行修改。当电动机为 Y 形接法时设定为 I_N，电动机为△形接法时设定为 $\sqrt{3}I_N$，以保证电动机的相电流。

（9）电动机额定功率参数 P0007

功能：设置电动机铭牌数据中的额定功率。

说明：设定值的单位为"kW"。

设定范围：0.01～2000.00。

出厂默认值：0.75。

注意：本参数只能在 P0010＝1 快速调试时进行修改。

（10）电动机的额定功率因数参数 P0308

功能：设置电动机铭牌数据中的额定功率。

设定范围：0.000～1.000。

出厂默认值：0.000。

注意：

① 本参数只能在 P0010＝1 快速调试时进行修改。

② 当参数的设定值为 0 时，将由变频器内部来计算功率因数。

(11) 电动机的额定频率参数 P0310

功能：设置电动机铭牌数据中的额定频率。

说明：设定值的单位为"Hz"。

设定范围：12.00～650.00。

出厂默认值：50。

(12) 电动机的额定转速参数 P0311

功能：设置电动机铭牌数据中的额定转速。

说明：

① 设定值的单位为"r/min"。

② 参数的设定值为 0 时，将由变频器内部来计算电动机的额定速度。

③ 对于带有速度控制器的矢量控制和 U/f 控制方式必须有这一参数值。

④ 在 U/f 控制方式下需要进行滑差补偿时，必须要有这一参数才能正常运行。

⑤ 如果这一参数进行了修改，变频器将自动重新计算电动机的极对数。

设定范围：0～40000。

出厂默认值：1390。

注意：本参数只能在 P0010＝1 快速调试时进行修改。

(13) 选择命令源参数 P0700

功能：选择数字的命令信号源。

设定范围：0～99。

P0700＝0 工厂的默认设置；

P0700＝1 BOP 键盘设置；

P0700＝2 由端子排输入；

P0700＝4 通过 BOP 链路的 USS 设置；

P0700＝5 通过 COM 链路的 USS 设置；

P0700＝6 通过 COM 链路的通信板 CB 设置。

出厂默认值：2。

注意：改变 P0700 参数时，同时也使所选项目的全部设置值复位为工厂的默认设置值。

(14) 频率设定值的选择参数 P1000

功能：设置选择频率设定值的信号源。

设定范围：0～66。

P1000＝1 MOP 设定值；

P1000＝2 模拟设定值；

P1000＝3 固定频率。

出厂默认值：2。

(15) 禁止 MOP 反向参数 P1032

功能：用于确定是否选择反向。

说明：可用电动电位计的设定来改变电动机的转向。

设定范围：0，1。

P1032＝0 允许反向；

P1032＝1 禁止反向。

出厂默认值：1。

注意：本参数必须在电动电位计 P1040 已经由 P1000 选作设定时才有意义。

(16) MOP 设定值参数 P1040

功能：确定电动电位计设定（P1000＝1）时的频率设定值。

说明：设定值的单位为"Hz"。

设定范围：-650.00～650.00。

出厂默认值：5.00。

(17) 最低频率参数 P1080

功能：本参数设定最低的电动机运行频率。

说明：设定值的单位为"Hz"。

设定范围：0.00～650.00。

出厂默认值：0.00。

注意：

① 这里设定的数值既适用于顺时针方向转动，也适用于反时针方向转动。

② 在一定条件下，例如，正在按斜坡函数曲线运行时，电流达到极限后，电动机运行的频率可以低于最低频率。

(18) 最高频率参数 P1082

功能：本参数设定最高的电动机运行频率。

说明：设定值的单位为"Hz"。

设定范围：0.00～650.00。

出厂默认值：50.00。

注意：

① 这里设定的数值既适用于顺时针方向转动，也适用于反时针方向转动。

② 电动机可能达到的最高运行速度受到机械强度的限制。

(19) 斜坡上升时间参数 P1120

功能：斜坡函数曲线不带平滑圆弧时电动机从静止状态加速到最高频率 P1082 所用的时间，如图 2-86 所示。

如果设定的斜坡上升时间太短，就有可能导致变频器跳闸过电流。

设定范围：0.00～650.00。

出厂默认值：10.00。

(20) 斜坡下降时间参数 P1121

功能：斜坡函数曲线不带平滑圆弧时电动机从最高频率 P1082 减速到静止停车所用的时间，如图 2-87 所示。

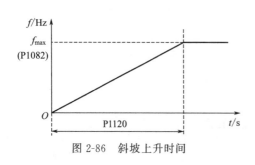

图 2-86　斜坡上升时间

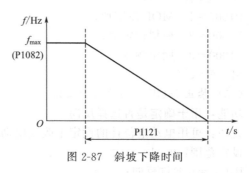

图 2-87　斜坡下降时间

说明：如果设定的斜坡下降时间太短，就有可能导致变频器跳闸过电流、电压。

设定范围：0.00～650.00。

出厂默认值：10.00。

4. 进行实地操作训练

（1）操作训练要求

① 根据操作要求，按照电气原理图完成线路的接线。

② 按照操作步骤要求进行线路的运行调试。

③ 时间：60min。

（2）操作训练内容

① 根据操作的要求，按照图 2-74 完成线路的接线。

② 检查接线正确无误后通电，设置变频器参数。

③ 运行调试，达到操作的要求。

（3）操作训练使用的设备、工具和材料

① 西门子 MM420 变频器 1 台。

② 三相交流异步电动机 1 台。

③ 连接导线若干。

（4）操作步骤

在确定接线无误的情况下，经检查后通电。

1）将变频器复位为工厂的默认设定值

① 设定 P0010＝30。

② 设定 P0970＝1，恢复出厂设置。

大约需要 10s 才能完成复位的全部过程，将变频器的参数复位为工厂的默认设置值。

2）设置电机参数

用于参数化的电动机铭牌数据如图 2-88 所示。

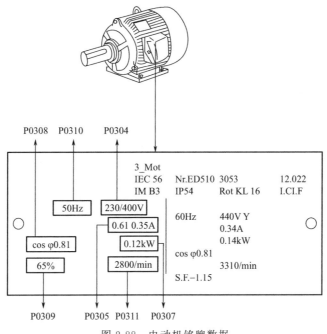

图 2-88　电动机铭牌数据

P0010＝1　快速调试；

P0010＝0　功率用"kW"，频率默认为50Hz；

P0304＝220　电动机额定电压"V"；

P0305＝1.81　电动机额定电流"A"；

P0307＝0.37　电动机额定频率"kW"；

P0310＝50　电动机额定功率"Hz"；

P0311＝1400　电动机额定转速"r/min"。

快速调试的流程图如图2-89所示。

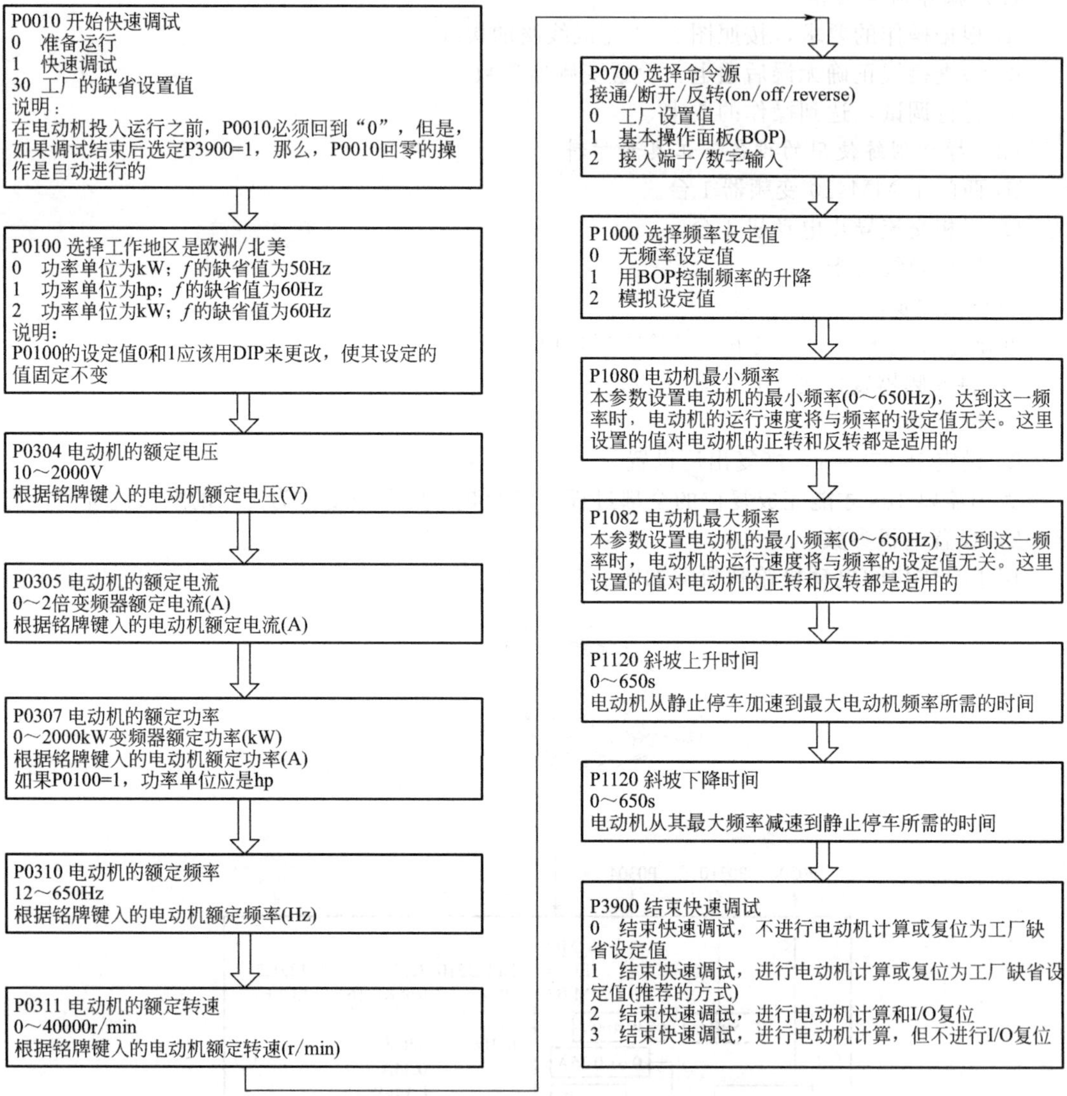

P0010 开始快速调试
0　准备运行
1　快速调试
30　工厂的缺省设置值
说明：
在电动机投入运行之前，P0010必须回到"0"，但是，如果调试结束后选定P3900＝1，那么，P0010回零的操作是自动进行的

P0100 选择工作地区是欧洲/北美
0　功率单位为kW；f的缺省值为50Hz
1　功率单位为hp；f的缺省值为60Hz
2　功率单位为kW；f的缺省值为60Hz
说明：
P0100的设定值0和1应该用DIP来更改，使其设定的值固定不变

P0304 电动机的额定电压
10～2000V
根据铭牌键入的电动机额定电压(V)

P0305 电动机的额定电流
0～2倍变频器额定电流(A)
根据铭牌键入的电动机额定电流(A)

P0307 电动机的额定功率
0～2000kW变频器额定功率(kW)
根据铭牌键入的电动机额定功率(A)
如果P0100＝1，功率单位应是hp

P0310 电动机的额定频率
12～650Hz
根据铭牌键入的电动机额定频率(Hz)

P0311 电动机的额定转速
0～40000r/min
根据铭牌键入的电动机额定转速(r/min)

P0700 选择命令源
接通/断开/反转(on/off/reverse)
0　工厂设置值
1　基本操作面板(BOP)
2　接入端子/数字输入

P1000 选择频率设定值
0　无频率设定值
1　用BOP控制频率的升降
2　模拟设定值

P1080 电动机最小频率
本参数设置电动机的最小频率(0～650Hz)，达到这一频率时，电动机的运行速度将与频率的设定值无关。这里设置的值对电动机的正转和反转都是适用的

P1082 电动机最大频率
本参数设置电动机的最小频率(0～650Hz)，达到这一频率时，电动机的运行速度将与频率的设定值无关。这里设置的值对电动机的正转和反转都是适用的

P1120 斜坡上升时间
0～650s
电动机从静止停车加速到最大电动机频率所需的时间

P1120 斜坡下降时间
0～650s
电动机从其最大频率减速到静止停车所需的时间

P3900 结束快速调试
0　结束快速调试，不进行电动机计算或复位为工厂缺省设定值
1　结束快速调试，进行电动机计算或复位为工厂缺省设定值(推荐的方式)
2　结束快速调试，进行电动机计算和I/O复位
3　结束快速调试，进行电动机计算，但不进行I/O复位

图2-89　快速调试的流程图

3）面板操作控制

P0010＝1　快速调试；

P1120＝5　斜坡上升时间；

P1121＝5　斜坡下降时间；

P0700＝1　选择由键盘输入设定值（选择命令源）；

P1000＝1　选择由键盘（电动电位计）输入设定值；

P1080＝0　最低频率；

P1082＝50　最高频率；

P1010＝0　准备运行；

P0003＝2　用户访问等级为扩展级；

P0004＝10　选择"设定值通道及斜坡发生器"；

P1032＝0　允许反向；

P0010＝30　设定键盘控制的频率。

【例 2-12】 MM420 变频器开关量操作

在实际使用中，要通过对变频器设置控制三相异步电动机，除了前一操作采用的变频器面板控制之外，还可以使用一个开关控制变频器的启动与停止，通过参数设置来达到控制要求的某一频率（或某一转速）。本操作使用带锁的按钮 SB$_{14}$、SB$_{15}$、SB$_{16}$ 来控制变频器 5、6、7 引脚，进而控制变频器的运行，如图 2-90 所示，控制按钮板如图 2-91 所示。

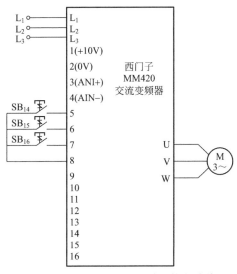

图 2-90　MM420 变频器开关量控制接线图

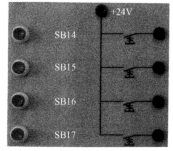

图 2-91　控制按钮板

1. 了解 MM420 变频器开关量操作的基本知识

MM420 变频器开关量的常用参数如下：

（1）正向点动频率参数 P1058

功能：选择正向点动时，由这一参数确定变频器正向点动运行的频率。

说明：所谓点动是指以很低的速度驱动电动机转动，点动操作由面板上的点动键（JOG键）控制，或由连接在一个数字输入端的不带锁的按钮控制，按下时接通，松开时自动复位，设定值的单位为"Hz"。

设定范围：0.00～650.00。

出厂默认值：5.00。

注意：点动时采用的上升和下降斜坡时间分别在参数 P1060 和 P1061 中设定。

（2）反向点动频率参数 P1059

功能：选择反向点动时，由这一参数确定变频器正向点动运行的频率。

说明：设定值的单位为"Hz"。

设定范围：0.00～650.00。

出厂默认值：5.00。

注意：点动时采用的上升和下降斜坡时间分别在参数 P1060 和 P1061 中设定。

（3）点动的斜坡上升时间参数 P1060

功能：设定点动斜坡曲线的上升时间，如图 2-92 所示。

说明：设定值的单位为"s"。

设定范围：0.00～650.00。

出厂默认值：10.00。

（4）点动的斜坡下降时间参数 P1061

功能：设定点动斜坡曲线的下降时间，如图 2-93 所示。

说明：设定值的单位为"s"。

设定范围：0.00～650.00。

出厂默认值：10.00。

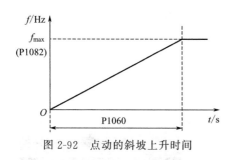

图 2-92 点动的斜坡上升时间   图 2-93 点动的斜坡下降时间

（5）数字输入 1 的功能参数 P0701

功能：选择数字输入 1（5 引脚）的功能。

设定范围：0～99。

P0701＝0   禁止数字输入；

P0701＝01   接通正转/停车命令 1；

P0701＝02   接通反转/停车命令 1；

P0701＝010   正向点动；

P0701＝011   反向点动；

P0701＝012   反转；

P0701＝013   MOP（电动电位计）升速（增加频率）；

P0701＝014   MOP 降速（减少频率）。

出厂默认值：1。

（6）数字输入 2 的功能参数 P0702

功能：选择数字输入 2（6 引脚）的功能。

设定范围：0～99。

P0702＝0   禁止数字输入；

P0702＝01   接通正转/停车命令 1；

P0702＝02   接通反转/停车命令 1；

P0702＝010   正向点动；

P0702＝011   反向点动；

P0702＝012　反转；

P0702＝013　MOP（电动电位计）升速（增加频率）；

P0702＝014　MOP降速（减少频率）。

出厂默认值：12。

（7）数字输入3的功能参数P0703

功能：选择数字输入3（7引脚）的功能。

设定范围：0～99。

P0702＝0　　禁止数字输入；

P0703＝01　接通正转/停车命令1；

P0703＝02　接通反转/停车命令1；

P0703＝09　故障确认；

P0703＝010　正向点动；

P0703＝011　反向点动；

P0703＝012　反转；

P0703＝013　MOP（电动电位计）升速（增加频率）；

P0703＝014　MOP降速（减少频率）。

出厂默认值：9。

注意：

① P0701、P0702、P0703的设置参数是相同的，分别控制5、6、7引脚的功能。

② 可将P0701、P0702、P0703设置为不同功能，独立进行控制。

③ P0701、P0702、P0703还可设置为多段频率控制，下面还将进行详细介绍。

2. 进行MM420变频器开关量操作训练

（1）操作训练要求

① 根据操作要求，按照电气原理图完成线路的接线。

② 按照操作步骤要求进行线路的运行调试。

③ 时间：60min。

（2）操作训练内容

① 根据操作的要求，完成线路的接线。

② 检查接线正确无误后通电，设置变频器参数。

③ 运行调试，达到操作的要求。

（3）操作训练使用的设备、工具和材料

① 西门子MM420变频器1台。

② 三相交流异步电动机1台。

③ 带锁按钮板1块。

④ 连接导线若干。

（4）操作步骤

在确定接线无误的情况下，经检查后通电。

1）将变频器复位为工厂的默认设定值

① 设定P0010＝30。

② 设定P0970＝1　恢复出厂设置。

大约需要10s才能完成复位的全部过程，将变频器的参数复位为工厂的默认设置值。

2）设置电机参数

P0010＝1　　快速调试；

P0100＝0　　　功率用"kW"，频率默认为50Hz；

P0304＝380　　电动机额定电压"V"；

P0305＝1.05　电动机额定电流"A"；

P0307＝0.37　电动机额定功率"kW"；

P0310＝50　　电动机额定频率"Hz"；

P0311＝1400　电动机额定转速"r/min"。

3）开关量操作控制

P0010＝1　　　快速调试；

P1120＝5　　　斜坡上升时间；

P1121＝5　　　斜坡下降时间；

P1000＝1　　　选择由键盘（电动电位计）输入设定值；

P1080＝0　　　最低频率；

P1082＝50　　最高频率；

P1010＝0　　　准备运行；

P1003＝2　　　用户访问等级为扩展级；

P1004＝7　　　选择数字和I/O通道；

P1032＝0　　　允许反向；

P1058＝10　　正向点动频率为10Hz；

P1059＝8　　　反向点动频率为8Hz；

P1060＝5　　　点动斜坡上升时间为5s；

P1061＝5　　　点动斜坡下降时间为5s；

P7000＝2　　　命令源选择"由端口输入"；

P0003＝2　　　用户访问级选择"扩展级"；

P1040＝30　　设定键盘控制的设定频率；

P0701＝1　　　ON接通正转，OFF停止；

按下带锁按钮 SB_{14}（5引脚），变频器就将驱动电动机正转，在P1120所设定的上升时间升速，并运行在由P1040所设定的频率值上。断开 SB_{14}（5引脚），则变频器就将驱动电动机在P1121所设定的下降时间驱动电动机减速至零。

将P0701设置为2，按下带锁按钮 SB_{14}（5引脚），变频器就将驱动电动机反转，在P1120所设定的上升时间升速，并运行在由P1040所设定的频率值上。断开 SB_{14}（5引脚），则变频器就将驱动电动机在P1121所设定的下降时间驱动电动机减速至零。

将 SB_{14} 换为不带锁的按钮，将P0701设置为10，按下按钮 SB_{14}（5引脚），变频器就将驱动电动机正转点动，在P1060所设定的点动上升时间升速，并运行在由P1058所设定的频率值上。断开 SB_{14}（5引脚），则变频器就将驱动电动机在P1061所设定的点动下降时间驱动电动机减速至零。

将 SB_{14} 换为不带锁的按钮，将P0701设置为11，按下按钮 SB_{14}（5引脚），变频器就将驱动电动机反转点动，在P1060所设定的点动上升时间升速，并运行在由P1059所设定的频率值上。断开 SB_{14}（5引脚），则变频器就将驱动电动机在P1061所设定的点动下降时间驱动电动机减速至零。

将P0701设置为0，则按下 SB_{14} 按钮无效。

依次将P0701替换为P0702、N703，则外部控制交由 SB_{15}（6引脚）、SB_{16}（7引脚）控制。

可分别设置P0701、P0702和P0703，分别做不同功能的控制。

【例 2-13】　MM420 变频器模拟量操作

在实际工作中经常碰到模拟量的控制信号，如压力、温度等，也时常用模拟量信号来控制变频器的输出。图 2-94(a) 所示为车床调速电位器给定形式，图 2-94(b) 为分段调速频率给定形式。

本操作介绍用一个电位器来替代模拟信号的输入，进一步了解模拟量控制变频器的参数设置情况，如图 2-95 所示，模拟量电压给定实验板如图 2-96 所示。

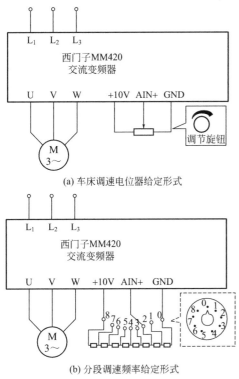

(a) 车床调速电位器给定形式

(b) 分段调速频率给定形式

图 2-94　模拟量控制的应用

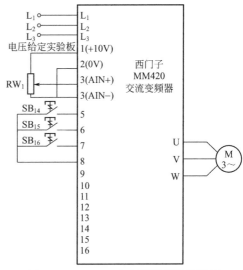

图 2-95　MM420 变频器模拟量接线图

1. 了解 MM420 变频器模拟量操作基本知识

MM420 变频器模拟量的常用参数如下：

（1）模拟量输入类型参数 P0756

功能：定义模拟输入的类型并允许模拟输入的监控功能投入。

设定范围：0～1。

P0756＝0　单极性电压输入 0～＋40V；

P0756＝1　带监控的单极性电压输入 0～＋10V。

出厂默认值：0。

注意：

① 如果模拟标定框编程的结果得到负的设定值输出（见 P0757～P0760），则本功能被禁止。

② 投入监控功能并定义一个死区 P0761 时，如果模拟输入电压低于 50％死区电压将产生故障状态 F0080。

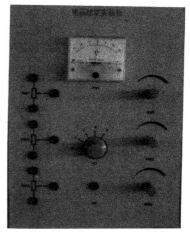

图 2-96　模拟量电压给定实验板

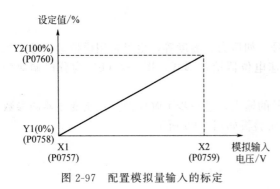

图 2-97 配置模拟量输入的标定

（2）标定模拟量输入的 X1 值参数 P0757

功能：配置模拟量输入最小电压值，如图 2-97 所示。

说明：设定值的单位为"V"。

设定范围：0～10。

出厂默认值：0。

（3）标定模拟量输入的 Y1 值参数 P0758

功能：配置模拟量输入最小电压值，对应的输出模拟量设定值，如图 2-97 所示。

说明：模拟量设定位是标称化以后采用基准频率的百分数表示的。

设定范围：−99999.9～99999.9。

出厂默认值：0.0。

（4）标定模拟量输入的 X2 值参数 P0759

功能：配置模拟量输入最大电压值，如图 2-97 所示。

说明：设定值的单位为"V"。

设定范围：0～10。

出厂默认值：10。

（5）标定模拟量输入的 Y2 值参数 P0760

功能：配置模拟量输入最大电压值，对应的输出模拟量设定值，如图 2-97 所示。

说明：模拟量设定值是标称化以后采用基准频率的百分数表示的。

设定范围：−99999.9～99999.9。

出厂默认值：100.0。

（6）模拟量输入死区的宽度 P0761（V）

功能：定义模拟输入特性死区的宽度。

应用举例：

1）模拟量输入值为 2～10V 对应于输出为 0～50Hz，如图 2-98 所示。

这一例子中将得到 2～10V 的模拟输入 0～50Hz，参数中 P0757＝2V，P0761＝2V，P2000＝50Hz。

2）模拟量输入值为 2～10V 对应于输出为 −50～＋50Hz，如图 2-99 所示。

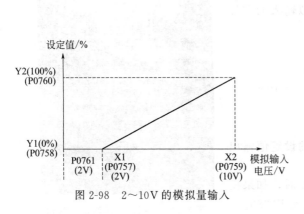

图 2-98 2～10V 的模拟量输入

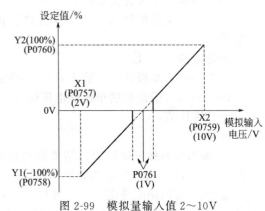

图 2-99 模拟量输入值 2～10V 对应于 −50～＋50Hz

这一例子中将得到 2～10V 的模拟输入－50～＋5Hz，带有中心为 0 且有 2V 宽度的支撑点死区，P0758＝－100％，P0761＝1V 中心两侧各 1V。

说明：设定值的单位为"V"。

设定范围：0～10。

出厂默认值：0。

注意：

① 如果 P0758 和 P0760ADC 标定的 Y1 和 Y2 坐标的值都是正的或都是负的，那么从 0V 开始到 P0761 的值为死区。

② 但是如果 P0758 和 P0760 的符号相反，那么死区在 x 轴与 ADC 标定曲线的交点的两侧。

③ 当设定中心为 0 时，频率最小值 P1080 应该是 0 在死区的末端没有回线。

（7）信号丢失的延迟时间参数 P0762

功能：定义模拟设定值信号丢失到故障码 F0080 出现之间的延迟时间。

设定范围：0～10000。

出厂默认值：10。

（8）基准频率 P2000

功能：模拟设定采用的满刻度频率设定值。

设定范围：1.00～650.00。

出厂默认值：50.00。

2. 进行 MM420 变频器模拟量操作训练

（1）操作训练要求

① 根据操作要求，按照电气原理图完成线路的接线。

② 按照操作步骤要求进行线路的运行调试。

③ 时间：60min。

（2）操作训练内容

① 根据操作的要求，完成线路的接线。

② 检查接线正确无误后通电，设置变频器参数。

③ 运行调试，达到操作的要求。

（3）操作训练使用的设备、工具和材料

① 西门子 MM420 变频器 1 台。

② 三相交流异步电动机 1 台。

③ 带锁按钮板 1 块。

④ 十转 10K 电位器模板 1 块。

⑤ 连接导线若干。

（4）操作步骤

在确定接线无误的情况下，经检查后通电。

1）将变频器复位为工厂的默认设定值

① 设定 P0010＝30。

② 设定 P0970＝1，恢复出厂设置。

大约需要 10s 才能完成复位的全部过程，将变频器的参数复位为工厂的默认设置值。

2）设置电动机参数

P0010＝1   快速调试；

P0100＝0   功率用"kW"，频率默认为 50Hz；

P0304＝380　　　电动机额定电压"V"；

P0305＝1.05　　电动机额定电流"A"；

P0307＝0.37　　电动机额定功率"kW"；

P0310＝50　　　电动机额定频率"Hz"；

P0311＝1400　　电动机额定转速"r/min"。

3）模拟量操作控制

P0010＝1　　　快速调试；

P1120＝5　　　斜坡上升时间；

P1121＝5　　　斜坡下降时间；

P1000＝2　　　选择由模拟量输入设定值；

P1080＝0　　　最低频率；

P1082＝50　　　最高频率；

P0010＝0　　　准备运行；

P0003＝2　　　用户访问等级为扩展级；

P0004＝10　　　选择"设定值通道和斜坡发生器"；

P0003＝3　　　用户访问级选择"专家级"；

P2000＝50　　　基准频率设定为50Hz；

P0701＝1　　　ON 接通正转，OFF 停止；

P0757＝0　　　标定模拟量输入的 X1 值；

P0758＝0　　　标定模拟量输入的 Y1 值；

P0759＝10　　　标定模拟量输入的 X2 值；

P0760＝100　　标定模拟量输入的 Y2 值。

按下带锁按钮 SB_{14}（5 引脚），则变频器便使电动机的转速由外接电位器 RW_1 控制。断开 SB_{14}（5 引脚），则变频器就将驱动电动机减速至零。

将 P0005 设定为 22，按下带锁按钮 SB_{14}（5 引脚），变频器显示当前 RW_1 控制的转速，可通过 Fn 键分别显示直流环节电压、输出电压、输出电流、频率和转速循环切换。

将 P0757 设定为 2，P0761 设定为 2，则变频器便使电动机的转速由外接电位器 RW_1 控制，同时 2V 以下变为模拟量控制的死区。

可分别改变 P0757、P0758、P0759、P0760、P0761 观察模拟量控制的现象。

【例 2-14】　MM420 变频器固定频率运行操作

在很多时候，要求一台电动机在不同工况下以不同的转速运行控制生产机械，例如龙门刨床系统、电梯系统等。图 2-100 为龙门刨床刨台往复运动的示意图，可见在不同工作时

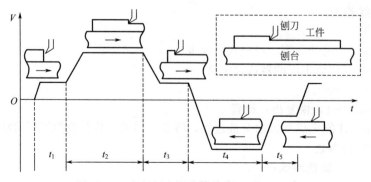

图 2-100　龙门刨床刨台往复运动的示意图

段，要求电动机的速度是不同的，此时就可采用多段频率控制变频器的形式控制不同时段电动机的转速。

通常可以使用一组开关配合，通过参数设置来控制变频器不同频段要求的某一频率（或某一转速）。本操作介绍用带锁按钮 SB_{14}、SB_{15}、SB_{16} 三个开关分别控制 5、6、7 数字量输入端，来实现固定频率控制，如图 2-101 所示。

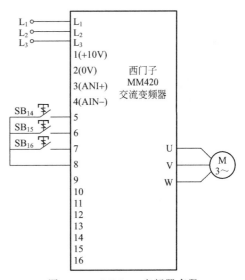

图 2-101　MM420 变频器多段
速度运行接线图

1. 了解 MM420 变频器固定频率运行操作基本知识

（1）MM420 变频器常用参数简介

① 数字输入 1 的功能参数 P0701

功能：选择数字输入 1（5 引脚）的功能。

设定范围：0～99。

P0701＝015　　固定频率设置（直接选择）；

P0701＝016　　固定频率设置（直接选择＋启动命令）；

P0701＝017　　固定频率设置（二进制编码选择＋启动命令）；

出厂默认值：1。

② 数字输入 2 的功能参数 P0702

功能：选择数字输入 2（6 引脚）的功能。

设定范围：0～99。

P0702＝015　　固定频率设置（直接选择）；

P0702＝016　　固定频率设置（直接选择＋启动命令）；

P0702＝017　　固定频率设置（二进制编码选择＋启动命令）；

出厂默认值：12。

③ 数字输入 3 的功能参数 P0703

功能：选择数字输入 3（7 引脚）的功能。

设定范围：0～99。

P0703＝015　　固定频率设置（直接选择）；

P0703＝016　　固定频率设置（直接选择＋启动命令）；

P0703＝017　　固定频率设置（二进制编码选择＋启动命令）；

出厂默认值：9。

④ 固定频率 1 参数 P1001

功能：定义固定频率 1 的设定值。

说明：设定值的单位为"Hz"。

设定范围：−650.00～650.00。

出厂默认值：0.00。

⑤ 固定频率 2 参数 P1002

功能：定义固定频率 2 的设定值。

说明：设定值的单位为"Hz"。

设定范围：−650.00～650.00。

出厂默认值：5.00。

⑥ 固定频率 3 参数 P1003

功能：定义固定频率 3 的设定值。

说明：设定值的单位为"Hz"。

设定范围：$-650.00 \sim 650.00$。

出厂默认值：10.00。

⑦ 固定频率 4 参数 P1004

功能：定义固定频率 4 的设定值。

说明：设定值的单位为"Hz"。

设定范围：$-650.00 \sim 650.00$。

出厂默认值：15.00。

⑧ 固定频率 5 参数 P1005

功能：定义固定频率 5 的设定值。

说明：设定值的单位为"Hz"。

设定范围：$-650.00 \sim 650.00$。

出厂默认值：20.00。

⑨ 固定频率 6 参数 P1006

功能：定义固定频率 6 的设定值。

说明：设定值的单位为"Hz"。

设定范围：$-650.00 \sim 650.00$。

出厂默认值：25.00。

⑩ 固定频率 7 参数 P1007

功能：定义固定频率 7 的设定值。

说明：设定值的单位为"Hz"。

设定范围：$-650.00 \sim 650.00$。

出厂默认值：30.00。

(2) 固定频率的控制方式

① 直接选择　将 P0701～P0703 参数均设置为 15，即直接选择。此时可通过 SB_{14}、SB_{15}、SB_{16} 分别控制 5、6、7 引脚选择输出的频率，5 引脚接通选择 FF1（P1001 中设置的第一段频率），6 引脚接通选择 FF2（P1002 中设置的第二段频率），7 引脚接通选择 FF3（P1003 中设置的第三段频率）。

注意：此时 SB_{14}（5 引脚）、SB_{15}（6 引脚）、SB_{16}（7 引脚）只是选择控制的频率，必须另加启动信号，才能使变频器投入运行，控制电动机的运行。

在这种操作方式下，一个数字输入选择一个固定频率，如果有几个固定频率输入同时被激活选中，固定频率是它们的总和，例如"FF1＋FF2＋FF3"。

例如：为加入启动信号，可将 5 引脚设置为正转启动，即将 P0701 设置为 1，将 P0702 和 P0703 设置为 15。按下 SB_{14}（5 引脚）电动机启动，此时可用 SB_{15}（6 引脚）、SB_{16}（7 引脚）选择 P1002、P1003 所设置的频率。

注意：此时 SB_{14}（5 引脚）作为启动信号，变频器才有输出，才能控制电动机的运行，则 P1001 中的频率不能输出。

② 直接选择＋启动命令　将 P0701～P0703 参数均设置为 16，即直接选择＋启动命令。此时可通过 SB_{14}、SB_{15}、SB_{16} 分别控制 5、6、7 引脚选择输出的频率，5 引脚接通选择 FF1（P1001 中设置的第一段频率），6 引脚接通选择 FF2（P1002 中设置的第二段频率），7 引脚接通选择 FF3（P1003 中设置的第三段频率）。选择固定频率时，既有选定的固定频率，又

带有启动命令把它们组合在一起。

在这种操作方式下，一个数字输入选择一个固定频率，如果有几个固定频率输入同时被激活选中，固定频率是它们的总和，例如"FF1+FF2+FF3"。

注意：此时 SB_{14}（5 引脚）、SB_{15}（6 引脚）、SB_{16}（7 引脚）既有选定的固定频率又带有启动命令，不必另加启动信号，变频器就有输出，可以控制电动机的运行。

③ 二进制编码选择＋启动命令　将 P0701～P0703 参数均设置为 17，即二进制编码选择＋启动命令。此时可通过 SB_{14}、SB_{15}、SB_{16} 分别控制 5、6、7 引脚以二进制编码选择输出的频率，且选择固定频率时，既有选定的固定频率又有启动命令把它们组合在一起。使用这种方法最多可以选择 7 个固定频率，各个固定频率的数值的选择方式如表 2-37 所示。

表 2-37　二进制编码选择固定频率

项目	7(P0703＝17)	6(P0702＝17)	5(P0701＝17)
FF1(P1001)	0	0	1
FF2(P1001)	0	1	0
FF3(P1003)	0	1	1
FF4(P1004)	1	0	0
FF5(P1005)	1	0	1
FF6(P1006)	1	1	0
FF7(P1007)	1	1	1
OFF(停止)	0	0	0

2. 进行 MM420 变频器固定频率运行操作训练

（1）操作训练要求

① 根据操作要求，按照电气原理图完成线路的接线。

② 按照操作步骤要求进行线路的运行调试。

③ 时间：60min。

（2）操作训练内容

① 根据操作的要求，完成线路的接线。

② 检查接线正确无误后通电，设置变频器参数。

③ 运行调试，达到操作的要求。

（3）操作训练使用的设备、工具和材料

① 西门子 MM420 变频器 1 台。

② 三相交流异步电动机 1 台。

③ 带锁按钮板 1 块。

④ 连接导线若干。

（4）操作步骤

在确定接线无误的情况下，经检查后通电。

1）将变频器复位为工厂的缺省设定值

① 设定 P0010＝30。

② 设定 P0970＝1，恢复出厂设置。

大约需要 10s 才能完成复位的全部过程，将变频器的参数复位为工厂的缺省设置值。

2）设置电机参数

P0010＝1　　　　快速调试；

P0010＝0　　　　　功率用"kW"，频率默认为50Hz；

P0304＝380　　　　电动机额定电压"V"；

P0305＝1.05　　　 电动机额定电流"A"；

P0307＝0.37　　　 电动机额定功率"kW"；

P0310＝50　　　　 电动机额定频率"Hz"；

P0311＝1400　　　 电动机额定转速"r/min"。

3）直接选择的固定频率控制

P0010＝1　　　　　快速调试；

P1120＝5　　　　　斜坡上升时间；

P1121＝5　　　　　斜坡下降时间；

P1000＝3　　　　　选择固定频率设定值；

P1080＝0　　　　　最低频率；

P1082＝50　　　　 最高频率；

P0010＝0　　　　　准备运行；

P0003＝3　　　　　用户访问级选择"专家级"；

P0004＝10　　　　 选择"设定值通道和斜坡发生器"；

P0701＝1　　　　　ON接通正转，OFF停止；

P0702＝15　　　　 固定频率设置（直接选择）；

P0703＝15　　　　 固定频率设置（直接选择）；

P1002＝10　　　　 第二段固定频率为10Hz；

P1003＝30　　　　 第三段固定频率为30Hz；

按下 SB_{14}（5引脚），电动机启动，此时可用 SB_{15}（6引脚）、SB_{16}（7引脚）选择 P1002、P1003所设置的频率；

断开 SB_{14}（5引脚），电动机减速为0，停止运行。

4）直接选择＋启动命令的固定频率控制

P0010＝1　　　　　快速调试；

P1120＝5　　　　　斜坡上升时间；

P1121＝5　　　　　斜坡下降时间；

P1000＝3　　　　　选择固定频率设定值；

P1080＝0　　　　　最低频率；

P1082＝50　　　　 最高频率；

P0010＝0　　　　　准备运行；

POO03＝3　　　　　用户访问级选择"专家级"；

P0004＝10　　　　 选择"设定值通道和斜坡发生器"；

P0701＝16　　　　 固定频率设置（直接选择＋启动命令）；

P0702＝16　　　　 固定频率设置（直接选择＋启动命令）；

P0703＝16　　　　 固定频率设置（直接选择＋启动命令）；

P1001＝－15　　　 第一段固定频率为－15Hz；

P1002＝10　　　　 第二段固定频率为10Hz；

P1003＝30　　　　 第三段固定频率为30Hz；

可用 SB_{14}（5引脚）、SB_{15}（6引脚）、SB_{16}（7引脚）选择 P1001、P1002、P1003所设置的频率；

断开 SB_{14}（5引脚）、SB_{15}（6引脚）、SB_{16}（7引脚），则电动机减速为0，停止运行。

5）二进制编码选择＋启动命令的固定频率控制

P0010＝1　　　快速调试；

P1120＝5　　　斜坡上升时间；

P1121＝5　　　斜坡下降时间；

P1000＝3　　　选择固定频率设定值；

P1080＝0　　　最低频率；

P1082＝50　　 最高频率；

P0010＝0　　　准备运行；

P0003＝3　　　用户访问级选择"专家级"；

P0004＝10　　 选择"设定值通道和斜坡发生器"；

P0701＝17　　 固定频率设置（二进制编码选择＋启动命令）；

P0702＝17　　 固定频率设置（二进制编码选择＋启动命令）；

P0703＝17　　 固定频率设置（二进制编码选择＋启动命令）；

P1001＝－15　 第一段固定频率为－15Hz；

P1002＝10　　 第二段固定频率为10Hz；

P1003＝30　　 第三段固定频率为30Hz；

P1004＝18　　 第四段固定频率为18Hz；

P1005＝36　　 第五段固定频率为36Hz；

P1006＝20　　 第六段固定频率为20Hz；

P1007＝－32　 第七段固定频率为－32Hz；

按下 SB_{14}（5引脚）、SB_{15}（6引脚）、SB_{16}（7引脚）不同组合方式，选择 P1001～P1007 所设置的频率，选择如表 2-36 所示。

断开 SB_{14}（5引脚）、SB_{15}（6引脚）、SB_{16}（7引脚），则电动机减速为 0，停止运行。

将 P0005 设置为 22，按下带锁按钮 SB_{14}（5引脚）、SB_{15}（6引脚）、SB_{16}（7引脚）不同组合方式，变频器显示当前控制的转速，可通过 Fn 键分别显示直流环节电压、输出电压、输出电流、频率、转速循环切换。

第三节　典型西门子 MM440 变频器的操作应用

【例 2-15】　用 MM440 变频器的面板控制电动机实现正反转实践训练

1. 训练目的

① 熟悉 MM440 变频器的基本操作面板。

② 掌握变频器基本参数的输入方法。

③ 熟练掌握变频器的运行操作。

2. 训练器材

① MM440 变频器实训操作台 1 套。

② 三相交流笼形异步电动机 1 台。

3. 训练内容

（1）MM440 变频器的框图

MM440 系列变频器有多种型号，额定功率范围从 120W 到 200kW（恒定转矩控制方式），或者可达 250kW（可变转矩控制方式），供用户选用。图 2-102 为 MM440 变频器的方框图。

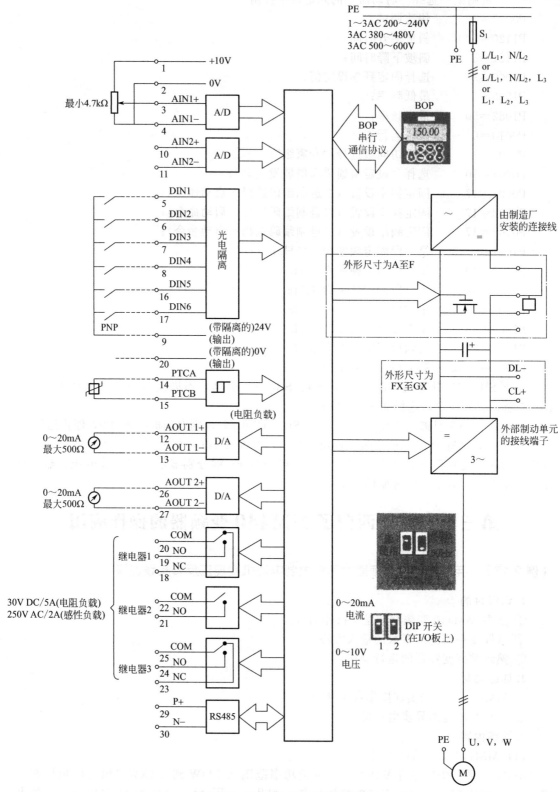

图 2-102 MM440 变频器的方框图

1）MM440 变频器的主要特性

① 6 个带隔离的数字输入：DIN7 和 DIN8，并可切换为 NPN/PNP 切换。

② 2 个模拟输入：模拟输入 1（AIN1）可以用于 0～10V、0～20mA、－10～＋10V；模拟输入 2（AIN2）可以用于 0～10V、0～20mA。

③ 多个继电器输出，多个模拟量输出（0～20mA）。

④ 多种供用户选择的可选件。

2）MM440 变频器的性能　具有矢量控制性能、U/f 控制性能、快速电流限制功能、PID 控制功能的闭环控制、自由功能块和动力制动的缓冲功能等。

3）MM440 保护特性　具有过电压/欠电压保护、变频器过热保护、接地保护和短路保护等特性。

（2）MM440 变频器的数字操作面板及使用

MM440 变频器装有状态显示板 SDP，如图 2-103(a) 所示。对于很多用户来说，利用 SDP 和制造厂的缺省设置值，就可以使变频器成功地投入运行。如果缺省设置值不适合设备情况，可以利用基本操作板 BOP 或高级操作板 AOP 修改参数值使之匹配起来。用 PCIBN 工具 "Drive Monitor" 或 "STARTER" 可以调整设置。

(a) 状态显示板SOP　　(b) 基本操作板BOP　　(c) 高级操作板AOP

图 2-103　MM440 变频器的数字操作面板

1）基本操作板简介　MM440 变频器具有默认的工厂设置参数，具有全面而完善的控制功能。

基本操作板（BOP）如图 2-103(b) 所示。BOP 具有五位数字的七段显示，可以显示参数的序号和数值、报警和故障信息，以及设定值和实际值。BOP 不能存储参数的信息。

表 2-38 表示采用基本操作面板（BOP）操作时，变频器的工厂缺省设置值。

表 2-38　用 BOP 操作时的缺省设置值

参数	说明	缺省值,欧洲(或北美)地区
P0100	运行方式,欧洲/北美	50Hz,kW(60Hz,hp)
P0307	功率(电动机额定值)	量纲 kW(hp),取决于 P0100 的设定值
P0310	电动机的额定频率	50Hz(60Hz)
P0311	电动机的额定转速	1395(1680)r/min(决定于变量)
P1082	最大电动机频率	50Hz(60Hz)

注意：在缺省设置时，用 BOP 控制电动机的功能是被禁止的。如果要用 BOP 进行控制，参数 P0700 应设置为 1，参数 P1000 也应设置为 1。变频器加上电源时，也可以把 BOP 装到变频器上，或从变频器上将 BOP 拆卸下来。如果 BOP 已经设置为 I/O 控制（P0700＝1），在拆卸 BOP 时，变频器驱动装置将自动停车。基本操作面板（BOP）上的按键及其功能说明见表 2-39。

表 2-39　基本操作面板 BOP 上的按键

显示、按钮	功能	功能的说明
⌂ -0000	状态显示	LCD 显示变频器当前的设定值
①	启动电动机	按此键启动变频器,缺省值运行时此键是被封锁的。为了使此键的操作有效,应设定 P0700＝1
⓪	停止电动机	OFF1:按此键,变频器将按选定的斜坡下降速率减速停车;缺省值运行时此键被封锁;为了允许此键操作,应设定 P0700＝1 OFF2:按此键两次(或一次,但时间较长),电动机将在惯性作用下自由停车 此功能总是"使能"的
↻	改变电动机的转动方向	按此键可以改变电动机的转动方向。电动机的反向用负号"－"表示或用闪烁的小数点表示。缺省值运行时此键是被封锁的,为了使此键的操作有效,应设定 P0700＝1
jog	电动机点动	在变频器无输出的情况下按此键,将使电动机启动,并按预设定的点动频率运行。释放此键时,变频器停车。如果变频器和电动机正在运行,按此键将不起作用
Fn	功能	此键用于浏览辅助信息 变频器运行过程中,在显示任何一个参数时按下此键并保持不动 2s,将显示以下参数值(在变频器运行中,从任何一个参数开始) ①直流回路电压(V) ②输出电流(A) ③输出频率(Hz) ④输出电压(V) ⑤由 P0005 选定的数值[如果 P0005 选择显示上述参数中的任何一个(③、④或⑤),这里将不再显示] 连续多次按下此键,将轮流显示以上参数 在显示任何一个参数(r××××或 P××××)时,短时间按下此键,将立即跳转到 r0000,如果需要的话,可以接着修改其他的参数。跳转到 r0000 后,按此键将返回到原来的显示点 在出现故障或报警的情况下,按此键可以将操作面板上显示的故障或报警信息复位
Ⓟ	访问参数	按此键即可访问参数
▲	增加数值	按此键即可增加面板上显示的参数数值
▼	减少数值	按此键可减少面板上显示的参数数值

变频器的参数只能通过基本操作板(BOP)、高级操作板(AOP)或串行通信接口进行修改。用基本操作板(BOP)修改和设定参数,使变频器具有期望的特性,例如斜坡时间,最小和最大频率等,选择的参数号和设定的参数值在五位数字的 LCD 上显示,r×××× 表示一个用于显示的只读参数,P×××× 是一个设定参数。

修改参数的数值时,BOP 有时会显示"busy",表明变频器正忙于处理优先级高的任务。

2) 基本操作板 BOP 更改参数　下面介绍更改参数 P0004 数值的步骤。参数 P0004 的作用是过滤，按照表 2-39 中的说明，可以用"BOP"更改任何一个参数。

改变 P0004——参数过滤功能改变：①按 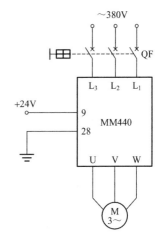，访问参数，显示结果为 r0000 ；②按 ▲/▼ 直到显示出 P0004，显示结果为 P0004 ；③按 P ，进入参数数值访问级，显示结果为 0 ；④按 ▲/▼ 达到所需要的数值，显示结果为 1 ；⑤按 P ，确认并存储参数的数值，显示结果为 P0004 。

改变参数值的一个数字：为了快速修改参数的数值，可以一个个地单独修改显示出的每个数字，步骤如下：①确信已处于某一参数的访问级；②按 Fn （功能键），最右边的一个数字闪烁；③按 ▲/▼ ，修改这位数字的数值；④再按 Fn （功能键），相邻的下一个数字闪烁；⑤执行②～④步，直到显示出所要求的数值；⑥按 P ，退出参数数值的访问级。

3）用 BOP 进行的基本操作　前提条件：P0010＝0（为了正确地进行运行命令的初始化）；P0700＝1（使能 BOP 的启动/停止按钮）；P1000＝1（使能电动电位计的设定值）。按下绿色键 I ，启动电动机。在电动机转动时按下 ▲ 键，使电动机升速到 50Hz，在电动机达到 50Hz 时按下 ▼ 键，电动机速度及其显示值都降低。用 ↻ 键改变电动机的转动方向。用红色按键 O 停下电动机。

4.训练步骤

（1）接线

按图 2-104 所示的 MM440 变频器基本控制接线图进行接线操作。

（2）参数设置

① 检查电路接线正确后，合上主电源开关 QF。

图 2-104　MM440 变频器接线图

② 恢复变频器工厂默认值：设定 P0010＝30 和 P0970＝1，按下 P 键，开始复位，复位过程大约为 3min，这样就保证了变频器的参数恢复到工厂默认值。

③ 设置电动机参数：电动机选用型号为 JW-5014，具体参数设置见表 2-40。电动机参数设置完成后，设 P0010＝0，变频器当前处于准备状态，可正常运行。

表 2-40　电动机参数设置

参数号	出厂值	设置值	说明
P0003	1	1	设用户访问级为标准级
P0010	0	1	快速调试
P0100	0	0	工作地区：功率以 kW 表示，频率为 50Hz
P0304	230	380	电动机额定电压（V）
P0305	3.25	0.95	电动机额定电流（A）
P0307	0.75	0.37	电动机额定功率（kW）
P0308	0	0.8	电动机额定电压因数
P0310	50	50	电动机额定频率（Hz）
P0311	0	2800	电动机额定转速

④ 设置电动机正向、反向运行面板基本操作控制参数，见表 2-41。

表 2-41　面板基本操作控制参数

参数号	出厂值	设置值	说明
P0003	1	1	设用户访问级为标准级
P0004	0	7	命令和数字 I/O
P0700	2	1	有键盘输入设定值(选择命令源)
P0004	0	10	设定值通道和斜坡函数发生器
P1000	2	1	由键盘(电动电位计)输入设定值
P1080	0	0	电动机运行的最低频率(Hz)
P1082	50	50	电动机运行的最高频率(Hz)
P0003	1	2	设定用户访问级为扩展级
P1040	5	50	设定键盘控制的频率值(Hz)

注意：当 P1032＝0 时允许反向，可以通过键入设定值来改变电动机的转速（既可以用数字输入，也可以用键盘上的升/降键增加/降低运行频率）。

（3）操作控制

① 在变频器的前操作面板上按下运行键"I"，于是变频器将驱动电动机升速，并运行在由 P1040 所设定的 50Hz 频率对应的 2800r/min 的转速上。

② 如果需要，则用🔄键改变电动机的转动方向。电动机的正反向转速（运行频率）可直接通过前操作面板上的🔼键或🔽键来增大或减小。当设置 P1031＝1 时，由增加🔼键/减少🔽键改变了的频率设定值被保存在内存中。

③ 如果需要，用户可根据情况改变所设置的最大运行频率 P1082 的设置值。

④ 在变频器的前操作面板上按停止键⓪，则变频器将驱动电动机降速至零。

【例 2-16】　用 MM440 变频器的输入端子控制电动机实现正反转的实践训练

1. 训练目的

① 熟悉 MM440 变频器的基本操作面板。

② 掌握变频器基本参数的输入方法。

③ 熟练掌握变频器的运行操作。

2. 训练器材

① MM440 变频器实训操作台 1 套。

② 三相交流笼形异步电动机 1 台。

3. 训练内容

用自锁按钮 SB₁ 和 SB₂ 控制 MM440 变频器，实现电动机正转和反转功能，电动机加/减速时间为 15s。DIN1 端口设为正转控制，DIN2 端口设为反转控制。

MM440 变频器有 6 个数字输入端口（DIN1～DIN6），即数字输入端 5、6、7、8、16、17，为 6 个完全可编程的数字输入端，经光电隔离转换传给 CPU 控制。每一个数字输入端口功能很多，可根据需要进行设置。P0701～P0706 为数字输入 1 功能～数字输入 6 功能，端子 9、28 是 24V 直流电源端，为变频器控制提供 24V 直流电源，端子 9 在作为数字输入使用时也可用于驱动模拟输入。要求端子 2 和 28（0V）必须连接在一起。

每一个数字输入功能设置参数值范围均为 0～99，默认值为 1，下面列出其中几个重要参数值，并说明其含义。

参数值为 0：禁止数字输入。

参数值为 1：ON/OFF1（接通正转/停止命令 1）。

参数值为 2：ON/OFF1（接通反转/停止命令 1）。

参数值为 3：OFF2（停止命令 2），按惯性自由停车。

参数值为 4：OFF3（停止命令 3），按斜坡函数曲线快速降速。

参数值为 9：故障确认。

参数值为 10：正向点动。

参数值为 11：反向点动。

参数值为 12：反转。

参数值为 13：MOP（点动电位计）升速（增加频率）。

参数值为 14：MOP 降速（减少频率）。

参数值为 15：固定频率设定值（直接选择）。

参数值为 16：固定频率设定值（直接选择＋ON 命令）。

参数值为 17：固定频率设定值（二进制编码选择＋ON 命令）。

参数值为 25：直流注入制动。

（1）电路接线

按图 2-105 所示电路进行接线操作。

（2）参数设置

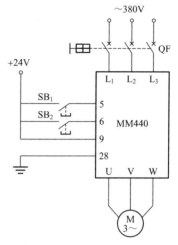

图 2-105　输入端子操作控制运行接线

① 检查电路接线正确后，合上主电源开关 QF。

② 恢复变频器工厂默认值：设定 P0010＝30 和 P0970＝1，按下 P 键开始复位，复位过程大约 3min，这样就保证了变频器的参数恢复到工厂默认值。

③ 设置电动机参数：电动机参数设置见表 2-40。电动机参数设置完成后，设 P0010＝0。

④ 设置数字输入控制端口参数，见表 2-42。

表 2-42　数字输入控制端口参数

参数号	出厂值	设置值	说明
P0003	1	1	设用户访问级为标准级
P0004	0	7	命令和数字 I/O
P0700	2	2	命令源选择"由端子排输入"
P0003	1	2	设用户访问级为扩展级
P0701	1	1	ON 接通正转，OFF 停止
P0702	1	2	ON 接通正转，OFF 停止
P0004	0	10	设定值通道和斜坡函数发生器
P1000	2	1	由键盘(电动电位计)输入设定值
P1080	0	0	电动机运行的最低频率(Hz)
P1082	50	50	电动机运行的最高频率(Hz)
P1120	10	15	斜坡上升时间(s)
P1121	10	15	斜坡下降时间(s)
P1040	5	40	设定键盘控制的频率值

（3）操作控制

① 电动机正向运行：当按下自锁按钮 SB_1 时，变频器数字输入端口 DIN1 为"ON"，电动机按 P1120 所设置的 15s 斜坡上升时间正向启动，经 15s 后稳定运行在 2260r/min 的转速上。此转速与 P1040 所设置的 40Hz 频率相对应。

放开自锁按钮 SB_1，数字输入端口 DIN1 为"OFF"，电动机按 P1121 所设置的 15s 斜坡下降时间停车，经 15s 后电动机停止运行。

② 电动机反向运行：如果要使电动机反转，则按下自锁按钮 SB_2，变频器数字输入端口 DIN2 为"ON"，电动机按 P1120 所设置的 15s 斜坡上升时间反向运动，经 15s 后稳定运行在 2260r/min 的转速上。此转速与 P1040 所设置的 40Hz 频率相对应。

放开自锁按钮 SB_2，数字输入端口 DIN2 为"OFF"，电动机按 P1121 所设置的 15s 斜坡下降时间停车，经 15s 后电动机停止运行。

【例 2-17】 用 MM440 变频器模拟操作信号控制电动机正反转的实践训练

1. 训练目的

① 熟悉 MM440 变频器的基本操作面板。
② 掌握变频器基本参数的输入方法。
③ 熟练掌握变频器的运行操作。

2. 训练器材

① MM440 变频器实训操作台 1 套。
② 三相交流笼形异步电动机 1 台。

3. 训练内容

MM440 变频器可通过基本操作板 BOP 按 ▲ 或 ▼ 键增加/减少输出频率，来设置正反向转速的大小；MM440 变频器可以通过 6 个数字输入端口对电动机进行正反转运行、正反转点动运行方向控制，也可以由模拟输入端控制电动机转速的大小。

MM440 变频器为用户提供了两对模拟输入端口 AIN1＋、AIN1－ 和 AIN2＋、AIN2－，即端口"3""4"和端口"10""11"，如图 2-106 所示，为用户提供模拟电压信号输入给定频率，经 A/D 转换传给 CPU 控制。

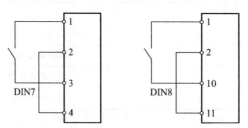

图 2-106 模拟输入作为数字输入时外部线路的连接

端子 1、2 提供 10V 的直流电源，当采用模拟电压信号输入给定频率时，为提高交流变频系统的调速功能必须配一个高精度的直流电源。

模拟输入回路可以另行配置，用于提供两个附加的数字输入（DIN7 和 DIN8），如图 2-106 所示。当模拟输入作为数字输入时，电压门限值如下：

1.75V DC＝OFF

3.70V DC＝ON

用自锁按钮 SB_1 和 SB_2 控制 MM440 变频器，实现电动机的正转和反转功能，由模拟输入端控制电动机转速的大小。DIN1 端口设为正转控制，DIN2 端口设为反转控制。如图 3-107 所示，控制过程如下。

4. 训练步骤

（1）电路接线

如图 2-107 所示，MM440 变频器的 "1" "2" 输出端为用户单元提供了高精度的 +10V 直流稳压电源。转速调节电位器 RP$_1$ 串接在电路中，调节 RP$_1$ 时，输入端口 AIN1+ 给定的模拟输入电压发生改变，变频器的输出量紧紧跟踪给定量的变化，平滑无级地调节电动机转速的大小。

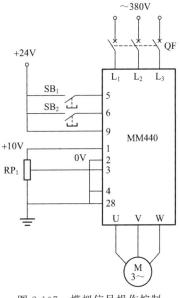

图 2-107　模拟信号操作控制

（2）参数设置

① 电路接线正确后，合上主电源开关 QF。

② 恢复变频器工厂默认值：设定 P0010＝30 和 P0970＝1，按下 P 键，开始复位，复位过程大约为 3min，这样就保证了变频器的参数恢复到工厂默认值。

③ 电动机参数设置见表 2-40。电动机参数设置完成后，设 P0010＝0，变频器当前处于准备状态，可正常运行。

④ 设置模拟信号操作控制参数。模拟信号操作控制参数见表 2-43。

表 2-43　模拟信号操作控制参数

参数号	出厂值	设置值	说明
P0003	1	1	设用户访问级为标准级
P0004	0	7	命令和数字 I/O
P0700	2	2	命令源选择"由端子排输入"
P0003	1	2	设用户访问级为扩展级
P0701	1	1	ON 连接正转，OFF 停止
P0702	1	2	ON 连接反转，OFF 停止
P0004	0	10	设定值通道和斜坡函数发生器
P1000	2	2	频率设定值选择为"模拟输入"
P1080	0	0	电动机运行的最低频率（Hz）
P1082	50	50	电动机运行的最高频率（Hz）

（3）操作控制

① 电动机正转控制。按下电动机正转自锁按钮 SB$_1$，数字输入端口 DIN1 为 "ON"，由外接电位器 RP$_1$ 来控制模拟电压信号从 0～+10V 变化，对应变频器的频率从 0～2800r/min 变化，当放开门锁按钮 SB$_1$ 时，电动机停止。

② 电动机反转控制。按下电动机反转自锁按钮 SB$_2$，数字输入端口 DIN2 为 "ON"，反转转速的大小仍由外接电位器 RP$_1$ 来调节，当放开自锁按钮 SB$_2$ 时，电动机停止。

【例 2-18】　用 MM440 变频器输入端子实现多段频率调速控制实践训练

1. 训练目的

① 进一步掌握变频器基本参数的输入方法。

② 掌握变频器的多段速频率控制。

2. 训练器材

① MM440 变频器实验操作台 1 套。

② 三相交流笼形异步电动机 1 台。

3. 训练内容

MM440 变频器的 6 个数字输入（DIN1～DIN6），可以通过 P0701～P0706 设置实现多频控制。每一频段的频率可分别由 P1001～P1015 参数设置，最多可实现 15 频段控制。在多频段控制中，电动机转速方向是由 P1001～P1015 参数所设置的频率正负决定的。6 个数字输入端口，哪些可用作电动机启停控制，哪些可用作多频率控制，是由用户任意确定的。一旦确定了某一数字输入端口控制功能，其内部参数的设置值必须与端口的控制功能相对应。

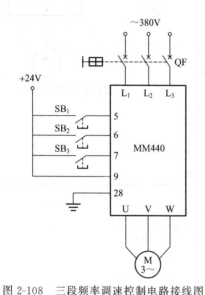

图 2-108　三段频率调速控制电路接线图

MM440 变频器控制实现电动机三段速频率运转。DIN3 端口设为电动机启/停控制，DIN1 和 DIN2 端口设为三段速频率输入选择，三段速度设置如下：

第一段：输出频率为 15Hz，电动机转速为 840r/min；

第二段：输出频率为 35Hz，电动机转速为 1960r/min；

第三段：输出频率为 50Hz，电动机转速为 2800r/min。

4. 训练步骤

（1）接线

三段频率调速控制电路接线图如图 2-108 所示，可照此进行接线操作。

（2）参数设置

检查电路接线正确后，合上主电源外开关 QF。恢复变频器工厂默认值：设定 P0010＝30 和 P0970＝1，按下 P 键，开始复位，复位过程大约为 3min，这样可保证变额器的参数恢复到工厂默认值。

设置电动机参数：电动机参数见表 2-40。电动机参数设置完成后，设 P0010＝0，变频器当前处于准备状态，可正常运行。设置三段固定频率控制参数，见表 2-44。

（3）操作控制

表 2-44　三段固定频率控制参数

参数号	出厂值	设置值	说明
P0003	1	1	设用户访问级为标准级
P0004	0	7	命令和数字 I/O
P0700	2	2	命令源选择"由端子排输入"
P0003	1	2	设用户访问级为扩展级
P0701	1	17	选择固定频率
P0702	1	17	选择固定频率
P0703	1	1	ON 接通正转,OFF 停止

参数号	出厂值	设置值	说明
P0004	0	10	设定值通道和斜坡函数发生器
P1000	2	3	选择固定频率设定值
P1001	0	15	设置固定频率 1（Hz）
P1002	5	35	设置固定频率 2（Hz）
P1003	10	50	设置固定频率 3（Hz）

当按下自锁按钮 SB_3 时，数字输入端口 DIN3 为"ON"，允许电动机运行。

第一段控制：当 SB_1 按钮接通、SB_2 按钮断开时，变频器数字输入端口 DIN1 为"ON"，端口 DIN2 为"OFF"，变频器工作在由 P1001 参数所设定的频率为 15Hz 的第一段上，电动机运行在对应的 840r/min 的转速上。

第二段控制：当 SB_1 按钮断开、SB_2 按钮接通时，变频器数字输入端口 DIN1 为"OFF"，端口 DIN2 为"ON"，变频器工作在由 P1002 参数所设定的频率为 35Hz 的第二段上，电动机运行在对应的 1960r/min 的转速上。

第三段控制：当 SB_1 按钮接通、SB_2 按钮接通时，变频器数字输入端口 DIN1 为"ON"，端口 DIN2 为"ON"，变频器工作在由 P1003 参数所设定的频率为 50Hz 的第三段上，电动机运行在对应的 2800r/min 的转速上。

电动机停车：当 SB_1、SB_2 按钮都断开时，变频器数字输入端口 DIN1、DIN2 均为"OFF"，电动机停止运行；或在电动机正常运行的任何频段，将 SB_3 断开使数字输入端口 DIN3 为"OFF"，电动机也能停止运行。

【例 2-19】 用 PLC 控制 MM440 变频器实现电动机正反转的实践训练

1. 训练目的

① 熟悉 MM440 变频器的基本操作面板。

② 掌握 PLC 与通用变频器面板操作控制。

③ 掌握 PLC 与通用变频器外部端子操作控制。

2. 训练器材

① MM 440 变频器实训操作台 1 套。

② 三相交流笼形异步电动机 1 台。

3. 训练内容

（1）PLC 控制变频器基本操作

随着变频器技术的发展，其在工业控制中的应用越来越广泛。在控制系统中，变频器主要作为执行机构来使用，有的变频器还有闭环 PID 控制和时间顺序控制的功能。PLC 和变频器都是以计算机技术为基础的现代工业控制产品，将二者有机地结合起来，用 PLC 控制变频器，是当代工业控制中十分普遍的。常见的控制要求有：

① 用 PLC 控制电动机的旋转方向、转速和加减速时间；

② 实现电动机的工频电源和变频电源之间的转换；

③ 实现变频器与多台电动机之间的切换控制；

④ 通过通信实现 PLC 对变频器的控制，将变频器纳入工厂自动化通信网络；

⑤ 变频器的输出频率控制。

（2）PLC 控制变频器输出频率的方法

① 用 PLC 模拟量输出模块提供变频器的频率给定信号。PLC 的模拟量输出模块输出的

直流电流信号送给变频器的模拟量转速给定输入端,用模拟量输出信号控制变频器的输出频率。这种控制方式的硬件接线简单,但是 PLC 的模拟输出量模块价格高,模拟信号可能会受到干扰信号的影响。

② 用 PLC 的数字输出信号有级调节变频器的输出频率。PLC 的数字量输出/输入点一般可以与变频器的数字量输入/输出点直接相连,这种控制方式的接线简单,抗干扰能力强。用 PLC 的数字量输出模块可以控制变频器的正反转有级调节转速和加减速时间。虽然只能有级调节,但是对于大多数系统已足够了。

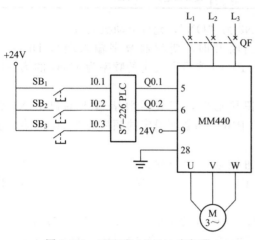

图 2-109 PLC 和 MM440 变频器
联机正反转控制接线图

③ 用串行通信提供频率给定信号。PLC 和变频器之间的串行通信除了可以提供频率给定信号外,还可以传送大量的参数设置信息和状态信息。

④ 用 PLC 的高速脉冲输出信号作为频率约定信号。

(3) PLC 对变频器的控制

图 2-109 所示为 PLC 和 MM440 变频器联机正反转控制的接线图。

通过 S7-226 PLC 和 MM440 变频器联机,实现 MM440 控制端口开关操作,完成对电动机正反转运行的控制。控制要求如下:

① 电动机正向运行时,正向启动时间为 8s,变频器输出频率 30Hz。

② 电动机反向运行时,反向启动时间为 8s,变频器输出频率 30Hz。

③ 电动机停止时,发出停止指令,10s 内电动机停止。

4. 训练步骤

(1) S7-226 PLC 输入/输出分配

根据控制要求写出 PLC 输入/输出分配,见表 2-45。

表 2-45 PLC 输入/输出分配

PLC 输入分配			PLC 输出分配	
电路符号	地址	功能	地址	功能
SB$_1$	I0.1	电动机正转按钮	Q0.1	电动机正转/停止
SB$_2$	I0.2	电动机停止按钮	Q0.2	电动机反转/停止
SB$_3$	I0.3	电动机反转按钮		

(2) PLC 程序设计及变频器参数设置

① PLC 程序设计的编程输入步骤省略,只画出梯形图,如图 2-110 所示。

② 变频器参数设置:变频器的操作步骤省略,只列出需要设置的参数,见表 2-46。

表 2-46 参数设置

参数号	出厂值	设置值	说明
P0003	1	1	设用户访问级为标准级
P0004	0	7	命令,二进制 I/O

续表

参数号	出厂值	设置值	说明
P0700	2	2	由端子排输入
P0003	1	2	设用户访问级为扩展级
P0701	1	1	ON 接通正转，OFF 停止
P0702	1	2	ON 接通反转，OFF 停止
P0004	0	10	设定值通道和斜坡函数发生器
P1000	2	1	频率设定值为键盘（MOP）设定值
P1080	0	0	电动机运行的最低频率（Hz）
P1082	50	50	电动机运行的最高频率（Hz）
P1120	10	8	斜坡上升时间（s）
P1121	10	10	斜坡下降时间（s）

（3）操作控制

① 电动机正向运行。当按下正转按钮 SB_1 时，MM440 的端口 DIN1 为"ON"，电动机按 P1120 所设置的 8s 斜坡上升时间正向启动，经 8s 后，电动机正向稳定运行在由 P1040 所设置的 30Hz 对应的转速上。

② 电动机反向运行。当按下反转按钮 SB_3 时，MM440 的端口 DIN2 为"ON"，电动机按 P1120 所设置的 8s 斜坡上升时间反向启动，经 8s 后，电动机反向运行在由 P1040 所设置的 30Hz 对应的转速上。

③ 电动机停车。无论电动机当前处于正向还是反向工作状态，当按下停止按钮 SB_2 时，MM440 的端口 DIN1 和 DIN2 为"OFF"，电动机按 P1121 所设置的 10s 斜坡下降时间正向（或反向）停车，经 10s 后电动机停止运行。

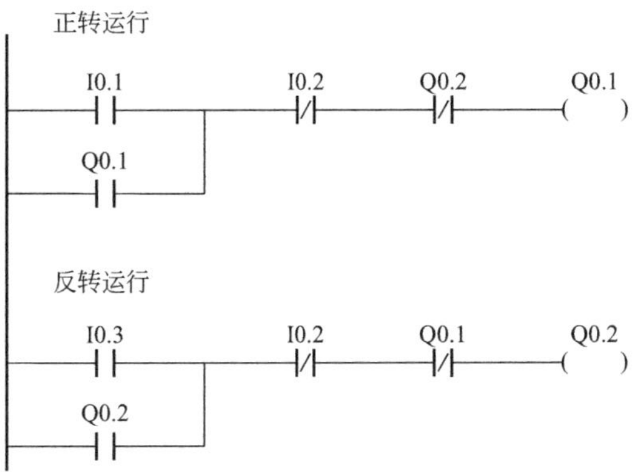

图 2-110 PLC 控制变频器正反转梯形图

5. 注意事项

PLC 的数字输入/输出分配不是唯一的，一旦输入/输出端口的功能和外围设备接线图确定后，PLC 程序设计就要与外围设备硬件的连接相对应。

【例 2-20】 PLC 控制 MM440 变频器实现电动机延时正反转的实践训练

1. 训练目的

① 熟练掌握 PLC 和变频器联机操作。

② 熟练掌握 PLC 和变频器联机调试。

2. 训练器材

① PLC 实训操作台 1 套。

② 变频器实训操作台 1 套。

③ 0.04kW 三相交流笼形异步电动机 1 台。

3.训练内容和步骤

通过 S7-226 PLC 和 MM440 变频器联机，实现 MM440 控制端口开关操作，完成对电动机正反向延时启动运行的控制。控制步骤如下：

（1）S7-226 PLC 输入/输出分配

根据控制要求写出 PLC 的输入/输出分配，见表 2-47。

表 2-47　S7-226 PLC 输入/输出分配

输　入			输　出	
电路符号	地址	功能	地址	功能
SB₁	I0.1	电动机正转按钮	Q0.1	电动机正转/停止
SB₂	I0.2	电动机停止按钮	Q0.2	电动机反转/停止
SB₃	I0.3	电动机反转按钮		

（2）绘制电路接线图

根据写出的 PLC 输入/输出分配表，绘制电路接线图，如图 2-111 所示。

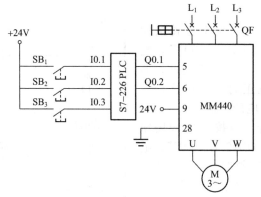

图 2-111　PLC 和 MM440 变频器联机延时正反向控制电路接线图

（3）PLC 程序设计及变频器参数设置

PLC 程序设计：PLC 程序设计的编程输入步骤省略，只列出梯形图，如图 2-112 所示。

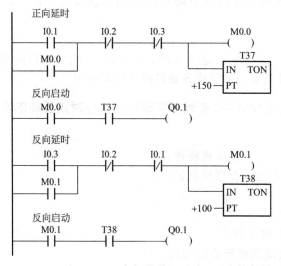

图 2-112　PLC 和 MM440 变频器联机延时正反向控制梯形图

变频器参数设置：变频器的操作步骤省略，只列出需要设置的参数，见表 2-48。

表 2-48　变频器参数设置表

参数号	出厂值	设置值	说明
P0003	1	1	设用户访问级为标准级
P0004	0	7	命令,二进制 I/O
P0700	2	2	由端子排输入
P0003	1	2	设用户访问级为扩展级
P0701	1	1	ON 接通正转,OFF 停止
P0702	1	2	ON 接通反转,OFF 停止
P0703	9	10	正向点动
P0704	15	11	反向点动
P0004	0	10	设定值通道和斜坡函数发生器
P1000	2	1	频率设定值为键盘(MOP)设定值
P1080	0	0	电动机运行的最低频率(Hz)
P1082	50	50	电动机运行的最高频率(Hz)
P1120	10	8	斜坡上升时间(s)
P1121	10	10	斜坡下降时间(s)
P1040	5	30	设定键盘控制的频率值(Hz)

（4）操作控制

① 电动机正向延时运行　当按下正转按钮 SB$_1$ 时，PLC 输入继电器 I0.1 得电，其动合触点闭合，位存储器 M0.0 得电，其动合触点闭合实现自锁，同时接通定时器 T37 并开始延时，当延时时间达到 15s 时，定时器 T37 输出逻辑"1"，输出继电器 Q0.1 得电，使 MM440 的数字输入端口 DIN2 为"ON"，电动机在发出正转信号延时 8s 后，按 P1120 所设置的 8s 斜坡上升时间正向启动，经 8s 后电动机正向运行在由 P1040 所设置的 30Hz 频率对应的转速上。

② 电动机反向延时运行　当按下反转按钮 SB$_3$ 时，PLC 输入继电器 I0.3 得电，其动合触点闭合，位存储器 M0.1 得电，其动合触点闭合实现自锁，同时接通定时器 T38 并开始延时，当延时时间达到 10s 时，定时器 T38 输出逻辑"1"，输出继电器 Q0.2 得电，使 MM440 的数字输入端口 DIN3 为"0N"，电动机在发出反转信号延时 10s 后，按 P1121 所设置的 8s 斜坡上升时间反向启动，经 8s 后电动机反向运行在由 P1040 所设置的 30Hz 频率对应的转速上。为了保证运行安全，在程序设计中，利用位存储器 M0.0 和 M0.1 的动断触点实现互锁。

③ 电动机停止　无论电动机当前处于正向还是反向工作状态，当按下停止按钮 SB$_2$ 时，输入继电器 I0.2 得电，其动断触点断开，使 M0.0（或 M0.1）失电，其动合触点断开取消自锁，同时使定时器 T1（或 T2）断开，输出继电器 Q0.1（或 Q0.2）失电，MM440 端口"5"（或"6"）为"OFF"，电动机按 P1121 所设置的 10s 斜坡下降时间正向（或反向）停车，经 10s 后电动机停止运行。

第三章

变频器基础应用实例精解

第一节　变频器在节能方面的应用

变频器最典型的应用是各类机械以节能为目的，用变频器进行调速控制，其中以风机、泵类最为典型。应用表明节约动力达70%以上。

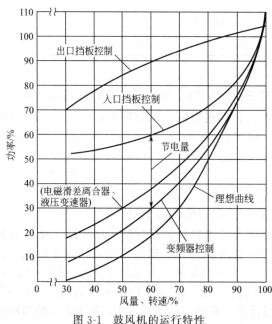

图 3-1　鼓风机的运行特性

风机水泵的特点是其负载转矩与转速的平方成正比，其轴功率与转速的立方成正比。因此，将电机以定速运转、用挡板阀门调节风量流量的方法，改用根据风量流量需要调节电机的转速就可获得节电效果。图 3-1 所示为鼓风机的运行特性。

电机以定速运转，调节风机风量的典型方法是采用挡板控制。根据挡板在风道中的安装位置可分为出口挡板控制和入口挡板控制。用出口挡板控制时，挡板关小则风阻增大，不能在宽范围内调节风量。另外，在低风量区轴功率减小不多，从节能的观点来看不适于风量控制。通常用入口挡板控制比出口挡板控制的控制范围广，且关小入口挡板时轴功率大体与风量成比例下降。

与挡板控制相比，转速控制的节电效果明显。如图 3-1 中的理想曲线表示用效率为100%的调速装置进行转速控制时所需的功率。实际上不同的调速器其效率是不同的。各类曲线与理想曲线的差距表示调速装置本身的损耗。由图可见，用电磁滑差离合器调速效率比较低，变频调速由于效率高，更接近理想曲线。变频调速时效率和容量、频率的关系如图 3-2 和图 3-3 所示。在图 3-2 中，容量减小使总的效率降低主要是由于电机效率降低造成的，变频器本身的效率与容量关系不大。图 3-3 在低速区效率的降低也是由于电机的缘故，如能采用高效节能型电机则可使总效率提高。

在研究泵的变频调速节能原理之前，先了解一下泵的机械特性。泵的转速在某一范围内变化时，流量、总扬程、轴功率有下列关系：

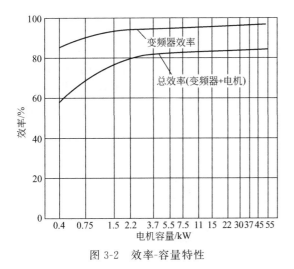

图 3-2 效率-容量特性

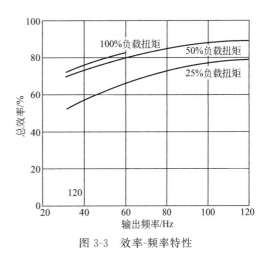

图 3-3 效率-频率特性

$$\frac{Q}{Q_0} = \frac{n}{n_0}$$

$$\frac{H}{H_0} = \left(\frac{n}{n_0}\right)^2$$

$$\frac{P}{P_0} = \left(\frac{n}{n_0}\right)^3$$

式中，n_0 为基准（额定）转速；n 为运行转速；Q_0 为 n_0 时的流量；Q 为 n 时的流量；H_0 为 n_0 时的扬程；H 为 n 时的扬程；P_0 为 n_0 时的功率；P 为 n 时的功率。

但是，对于实际的泵负载，通常存在一个与高低差有关的实际扬程，在进行变频调速运行时必须注意。泵的 $H\text{-}Q$ 特性和 $P\text{-}Q$ 特性如图 3-4 和图 3-5 所示。由图 3-4 可见，实际的运行点应由管路阻抗曲线与 $H\text{-}Q$ 特性的交点决定。例如，80％时的运转点不在 C 点，而是 D 点。轴功率也要考虑同样问题，即工作点不是与转速立方曲线直接相交。亦即当实际扬程越大，在相同的转速下（此处为80％）流量减少的比例也越大，使转速调节范围变窄，从而使节电效果变小。

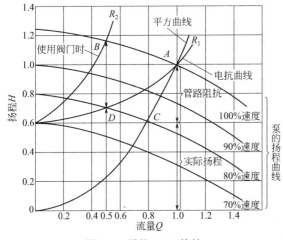

图 3-4 泵的 $H\text{-}Q$ 特性

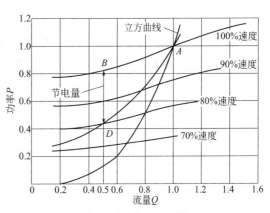

图 3-5 泵的 $P\text{-}Q$ 特性

下面把阀门控制与转速控制的节能效果作比较。在图 3-4 中，当流量从 1.0 变为 0.5 时，对于阀门控制通过关小阀门使阻抗曲线从 R_1 变为 R_2，则工作点由 A 转移到 B。若改用转速控制，则在同一阻抗曲线 R_1 上从 A 点转移到 D。从图 3-5 的 P-Q 特性上轴功率的变化可见，在阀门控制时由 100% 速度的 A 点转移到 B；而转速控制时，在由实际扬程决定的功率特性上由 A 点转移到 D，与阀门控制相比可获得相当于 BD 大小的节电效果。图 3-6 所示为泵采用变频调速时，轴功率随实际扬程 h_a 变化的实例。图中显示出，实际扬程越小，轴功率越接近理想的立方关系曲线，由于调速而产生的节电效果也越大。

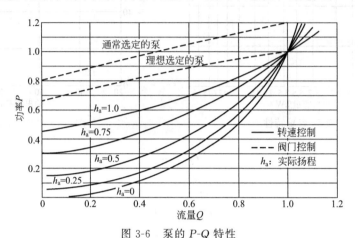

图 3-6　泵的 P-Q 特性

对于风机泵类机械只要求节能运转，故从投资方面考虑希望价格便宜。另一方面，某些风机泵类又是企业的重要设备，希望它能高可靠性地连续运转。故需要有从工频电源到变频器及从变频器到工频电源的自动切换功能，当发生瞬时停电时还能有自动再启动功能等。

（1）工频电源到变频器的切换控制

由鼓风机的运行特性来看，在高风量区（$90\%\sim100\%$ 风量），挡板控制和变频调速相比消耗功率相差无几，风量越低则用变频调速消耗的功率越显著减小。由于最大风量时用工频电源使电机运转其效率比变频时高，故高风量区一般采用工频电源恒速运转，可获得更好的节能效果。只有低风量区才采用变频调速，故变频器需设置由工频切换到变频运行的自动控制环节。由于风机切断电源后减速特别

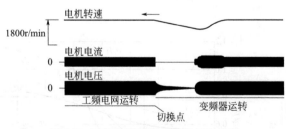

图 3-7　工频电源到变频器的切换控制

慢，从电机切离工频电源到电机残留电压衰减需数秒时间。为实现平滑无冲击的切换，防止切换时的过电流，用实测电机残留电压推算其频率，使接入变频器的输出频率与测出的频率一致，再使变频器由低电逐步升到规定的电压。切换控制过程如图 3-7 所示。

（2）变频器到工频电源的切换控制

① 非同步切换方式　如负载容许切换时的转矩变化，可用比电机容量小的变频器进行拖动。电机从变频器切出后，在电机残留电压衰减前的数秒间使其自由停车运转，然后投入工频电源。为了防止投入时产生过电流，可采用启动电抗器等。这种方式的优点是变频器容量小，但切换时有较大冲击电流，不能用于切换频率高的场合。

② 同步切换方式　同步切换方式是将变频器频率升高至工频，确认该频率与电网的频

率及相位一致，然后将电机由变频器切换到工频电网。与非同步方式相比，变频器容量增大并与电机容量相当，但切换时冲击电流小。

（3）泵风机负载用的 U/f 曲线模式

风机泵类机械称为减转矩负载，即随着转速降低，负载转矩大体与转速的平方成比例地减小。故变频器最好选用减转矩负载的 U/f 模式，如图 3-8 所示。由于该模式电压补偿值大，使电机输入电流减小，与恒转矩负载的 U/f 模式相比，可以提高电机和变频器的效率。图 3-9 表示在不同 U/f 模式下效率的差别。

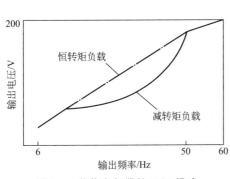

图 3-8　节能变频器的 U/f 模式　　图 3-9　不同 U/f 模式的效率

（4）瞬停再启动控制

对于企业节能运转的重要设备或是无人值班的节能设备，在电源瞬时停电后，复电后的再启动需要加以特殊的控制。亦即停电时不需停止电机，增设安全再启动环节，提高了节能运转系统的可靠性。

自动再启动的控制特性如图 3-10 所示。再启动的控制使变频器的输出频率与电机的转速一致，自动地、平滑地恢复到原来的稳定运转状态。具体的要求为：

① 电源复电后，自动给出再启动信号，调整变频器到初期状态。

② 根据自由停车中电机残留电压推算出电机角频率 ω，使变频器输出频率跟踪它。

③ 当电机残留电压经过数秒衰减后，再慢慢升高变频器输出电压使电机接入变频器。

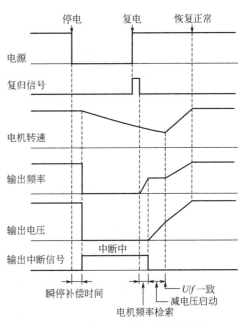

图 3-10　瞬停自动再启动的控制特性

【例 3-1】　变频器在供水系统中的应用实例

1.变频器用于供水泵统的几种方式

（1）市政生活用水或工业供水系统

当水源压力不足时，经蓄水池通过二次加压达到供水压力。

（2）消防专用供水系统

自来水压力能满足供水要求，或另有一套专用生活供水系统，这种消防系统一般都有一个足够大的蓄水池，由 1 台至多台消防泵组成。平时由其中一台泵保证压力，并定期对每台泵进行巡检，当消防信号到时，由变频器顺序启动每台泵以达到消防压力。

（3）生活、消防两用供水系统

生活、消防共用一个水池，系统至少由 3 台以上的泵组成，平时由 1～2 台泵保证生活压力，当消防信号到时，全力保证更高的消防压力。

（4）深井泵直接供水

这时深井泵的扬程选择不都很高。

2. 变频器恒压供水系统

恒压自动控制系统如图 3-11 所示。系统主要由 PLC 控制器、变频器、远传压力表、压力调节器、电控设备以及 3 台水泵等构成。系统还有一个控制柜，上面有电源电压、电流显示；变频器频率显示；几个泵运行方式显示；电机故障等各种故障显示灯；自动、变频自启动及手动运行方式显示等等。

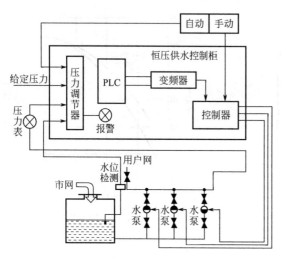

图 3-11　恒压自动控制系统示意图

由远传压力表测出水泵出水口管路水压，将模拟量送到压力调节器，与给定水压值（设定上下限）比较，通过智能型 PLC 控制器加、减泵以及变频器对水泵进行调速，来实现恒压供水，这样就构成了以设定压力为基准的压力闭环系统。同时，系统具有一次水位检测功能，在水位低限时报警和切断输出。该系统还设有多种保护功能，尤其是强电逻辑硬件互锁功能，从而保证正常供水，且可以做到无人值守。各泵的运行顺序为 1 号→2 号→3 号。其运行方式：

（1）手动运行

选择此方式时，按下按钮启动泵或使泵停机，可根据需要而分别启停 2 号、3 号泵。这种方式仅供检修时使用。

（2）自动运行

① 投泵程序。当启动信号输入时，变频器启动 1 号泵变频运行；当 1 号泵达到最高频率 50Hz，而管网压力仍低于压力设定值时，PLC 将开始计时；在规定时间内，若管网压力达到设定压力值，则 PLC 放弃计时，继续变频调压；在规定时间内，若管网压力仍低于设定压力值，PLC 立即关掉 1 号泵和变频器，延时 1s 后 1 号泵投入工频运行，变频器软启动 2 号泵变频运行；当 2 号泵达到最高频率 50Hz，而管网压力仍低于压力设定值时，按上述过程将 2 号泵投入工频运行，变频器软启动 3 号泵投入变频运行。

② 切泵程序。采用变频泵循环方式，系统以"后开先关"的顺序关泵。当变频器降至最低频率，而管网压力仍高于压力设定值时，PLC 将开始计时。在规定时间内，若管网压力降低至设定压力值，则 PLC 放弃计时，继续变频调压。在规定时间内，若管网压力仍高于设定压力值，PLC 将执行切除操作：如果系统工作状态是 1 台变频 1 台工频，则立即切除变频电机，并将工频运行电机转换为变频控制方式，同时设置变频器频率为 50Hz，然后通过运行调节程序调频直至满足要求；若 3 台电机同时工作，则首先切除 3 号电机，并将 2 号电机切换到变频控制方式，同时使变频器频率从 0Hz 迅速上升到 50Hz，如果变频器频率降至最低时，管网压力仍高于压力设定值，PLC 将切除 2 号电机，

并将 1 号电机切换到变频控制状态，设置变频器频率为工频 50Hz，最后运行调节程序直至管网压力达到设定值。

③ 有时电源会突然断电，若无人值班，恢复供水后水泵无法启动而造成断水，为此可以设置一种变频自启动方式。在电源恢复后，PLC 会发指令，蜂鸣器发出警告，然后按自动运行方式变频启动 1 号泵，直到稳定地运行在给定水压值。

④ 整个系统既有模拟量的输入/输出，又有开关量的输入/输出。模拟量单元用于采集水压量以及控制变频电机的转速，实时检测全部模拟信号，进行工程量转换，并与设定的上下限位比较；开关量单元用于控制电机的启停、故障的报警等。

泵组的切换如图 3-12 所示。

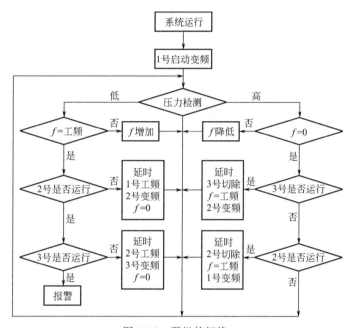

图 3-12　泵组的切换

以往许多的变频恒压供水装置在水压高时，直接切除 1 台工频泵，再由变频泵进行调节。这种切泵的方式显然存在供水水压的突变。而在该系统中，将变频器以工频运行方式转换到正在以工频运行的工频泵上，再逐渐减小频率，实现了变频恒压供水的无冲击切泵，使水压过渡平稳，防止出现水压大范围波动以及水压为零的短时断水现象，提高了供水质量。

（3）PLC 的选取

该系统为中型 PLC 自动控制系统，要求 PLC 能提供可编程逻辑分析和 PID 功能，故选用 SATTCONTORL 公司生产 PLC5 的 PLC。该控制器具有标准的输入、输出及通信单元，可用于较为恶劣的环境中，具有较强的抗干扰能力和扩展功能，编程方便。主要配件有中央处理单元 CPU45，电源单元 PSE，I/O 单元，包括数字输入板 IDPG、数字输出板 ODPG、模拟输入板 IBA、模拟输出板 OCAH、热电阻输入专用口、附属单元等。

（4）变频器的选取

本系统的变频器用来控制水泵电机，所以变频器要与水泵电机相匹配。根据基本负荷设计，选用日本三肯公司的 IPF-24 变频器，该变频器的工作电压为 380V，随机容量为 24kV·A。IPF-24 变频器可附加供水基板，具有控制四台泵的循环变频功能和固定方式切换功能。

3. 变频器风机调速控制系统示例

某助燃风机采用 4-68 型 No.8D 离心风机,额定流量 $18920m^3/h$,全压 0.75kPa,960 r/min;配用 Y132M2-6 电动机,380V,功率 5.5kW。变频器采用日本富士(FUJI)公司产品,型号为 FRN7.5G9S-4JE,装置容量 14kV·A,配接电机 7.5kW,输出频率 $0\sim$ 400Hz,最大输出电流 18A,输入电压为三相 380V,50Hz。这种机型主控板采用双 32 位 CPU,PWM 技术,输出功率元件采用 IGBT(绝缘栅双极型晶体管)模块。变频器操作面板采用一块键板(KEYPAD),键板通过一个插接口与变频器相连,辅以螺钉紧固。键板上有 LED 显示、液晶显示及 8 个软键,LED 显示输出电压、电流、频率、电机转速、转矩等运行参数,键板亦可以通过变频器上的 RS-232C 接口,利用选件电缆将键板远拉至 10m 处进行远方操作。变频器上除 $0\sim10V$ 或 $4\sim20mA$ 输入、外部电位器设定输入、频率输出($0\sim60Hz$,脉冲或模拟方式)、报警输出等连接端子外,还有外部制动等连接端子用于其他用途。

变频器调速系统主要由变频器、交流接触器、电压电流表、熔断器等组成,为了便于应急故障处理和手动控制,增设了总停按钮和控制按钮,如图 3-13 所示。

流量通过匀速管流量计检测,测量的差压值送到运算放大器 0A,在运算放大器输出端 V_{out} 得到 $0\sim10V$ 的可调节电压,用于控制变频器调节风量。频率调节设计成手动/自动两种方式,如图 3-14 所示。在自动方式下,变频器根据放大到 $0\sim10V$ 范围的匀速管流量计的输出电压实时调整输出频率;在手动方式下,操作人员可以通过改变变阻器 VR 的阻值改变输入到变频器的电压值,从而可以调整变频器的输出频率。

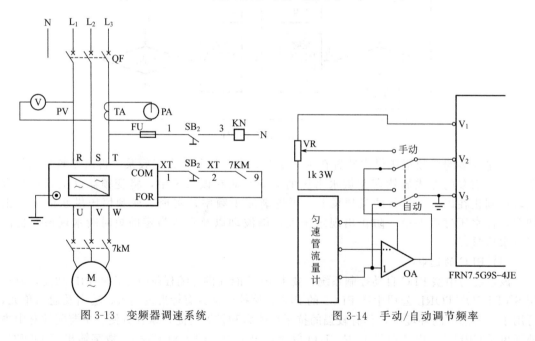

图 3-13 变频器调速系统　　　　图 3-14 手动/自动调节频率

在手动的运行状态下,逐步调节可调电阻 VR,测量记录变频器 V_2 端子的电压,并记录变频器的显示频率,可以得到调控电压-频率(风量)的曲线,如图 3-15 所示。当 V_2 端子的电压分别为 10V、6.5V、3V 时,对应的频率分别是 50Hz、32Hz、15Hz,助燃机的送风量分别为 $18920m^3/h$、$5670m^3/h$、$3780m^3/h$。相应的流量-电压曲线如图 3-16 所示。图中所示关系可以作为助燃风机风量的控制曲线。风量的控制程序可以利用一维查表方法实现。

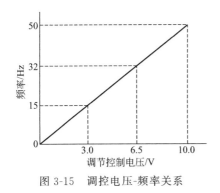

图 3-15　调控电压-频率关系

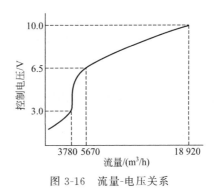

图 3-16　流量-电压关系

【例 3-2】　变频器在恒压供水方面的应用实例

1. 恒压供水的意义

用户用水的多少是经常变动的，因此供水不足或供水过剩的情况时有发生。而用水和供水之间的不平衡集中地反映在供水的压力上，即用水多而供水少，则压力低；用水少而供水多，则压力大。保持供水的压力恒定，可使供水和用水之间保持平衡，即用水多时供水也多，用水少时供水也少，从而提高了供水的质量。

恒压供水系统对于某些工业或特殊用户是非常重要的。例如在某些生产过程中，若自来水供水因压力不足或短时断水，可能影响产品质量，严重时使产品报废或设备损坏。又如当发生火警时，若供水压力不足或无水供应，不能迅速灭火，可能引起重大经济损失和人员伤亡。所以，某些用水区采用恒压供水系统，具有较大的经济和社会意义。

用变频调速来实现恒压供水，与用调节阀门来实现恒压供水相比较，节能效果十分显著（可根据具体情况计算出来）。其优点是：启动平稳，启动电流可限制在额定电流以内，从而避免了启动时对电网的冲击；由于泵的平均转速降低了，从而可延长泵和阀门等的使用寿命；可以消除启动和停机时的水锤效应；在锅炉和其他燃烧重油的场合，恒压供油可使油的燃烧更加充分，大大地减少了对环境的污染。

2. 两种恒压供水主体方案的比较

通常，在同一路供水系统中，设置多台常用泵，供水量大时多台泵全开，供水量少时开一台或两台。在采用变频调速进行恒压供水时，就存在着所有的水泵配用一台变频器还是每台水泵配用一台变频器的问题。这两种方案哪一种更好呢？比较结果见表 3-1。从比较结果可知，这两种方案都可采用，到底采用哪一种应视具体情况而定。

表 3-1　恒压供水两种方案比较

方案	所有的水泵仅配一台变频器	每台水泵配一台变频器
一次性投资	较小	较大
控制程序	较复杂	简单
切换死区	有切换死区	无切换死区
供水量＞100％时	使用总功率大	使用总功率小
压力稳定性	动态偏差大	动态偏差小
机动性	较低	较高

3. 用于恒值系统的控制方案

对于被控对象的数学模型比较复杂，生产工艺提出的恒定值的精确度又不高的变频调速控制系统，如果采用 PID 调节器方案进行调节变频器往往效果不理想，有时还不如开环控制的效果好。在这种情况下采用 BANG-BANG 控制方案效果比较理想。

对于被控对象的数学模型比较复杂，生产工艺提出的恒定值的精确度又很高的变频调速控制系统，如果采用大范围用 BANG-BANG 控制、小范围用 PID 调节器的方法往往效果也不是那么理想。在这种情况下采用模糊控制方案效果比较理想。

4. 恒压供水变频调速控制系统控制要点

（1）变频器的容量

一般地说，当由一台变频器控制一台电动机时，只需使变频器的配用电动机容量与实际电动机容量相符即可。当一台变频器同时控制两台电动机时，原则上变频器的配用电动机容量应等于两台电动机的容量之和。但在高峰负载时的用水量与两台水泵全速供水的供水量相差很多时，可考虑适当减小变频器的容量，但应注意留有足够的裕量。

（2）电动机的热保护

虽然水泵在低速运行时，电动机的工作电流较小。但是，当用户的用水量变化频繁时，电动机将处于频繁的升、降速状态，而升、降速的电流可能略超过电动机的额定电流，导致电动机过热。因此，电动机的热保护是必需的。对于这种由于频繁地升、降速而导致起来的温升，变频器内的电子热保护功能是难以起到保护作用的，所以应采用热继电器来进行电动机的热保护。

（3）主要的功能预置

① 最高频率：应以电动机的额定频率为变频器的最高工作频率。

② 升、降速时间：在采用 PID 调节器的情况下，升、降速时间应尽量设定得短一些，以免影响由 PID 调节器决定的动态响应过程。如变频器本身具有 PID 调节功能时，只要在预置时设定 PID 功能有效，则所设定的升速和降速时间将自动失效。

5. 恒压供水变频调速控制系统应用举例

某供水系统由主供水回路、备用回路、两个清水池及泵房组成，其中泵房装有 $1^{\#} \sim 6^{\#}$ 共六台 150kW 泵机。另外，还有多个电动闸阀或电动蝶阀控制各供水回路和水流量。由于该供水闸比较大，系统需要供水量少时开两台泵机向管网充压，供水量大时开六台泵机同时向管网充压。要想维持供水网的压力不变，根据反馈定理在管网系统的管道上安装了压力变送器作为反储元件，由于供水系统管道长、管径大，管网的充压都较慢，故系统是一个大滞后系统，不易直接采用 PID 调节器进行控制，而采用 C40P 参与控制的方式来实现对控制系统调节作用，用通用变频器 FRN160G7P-4 实现电动机的调速运行，如图 3-17 所示。另三台

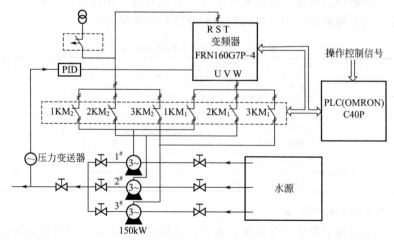

图 3-17　恒压供水系统泵机部分原理图

的泵机控制方式与图 3-17 相同。

（1）系统主要特点

该恒压供水系统的各部分主要特点与功能：

① 操作台 实现系统操作控制及参数的设定与显示。

② PLC 完成供水网的压力信号和操作控制信号的输入以及 PLC 的控制输出，实现对两台变频器的调速控制。

③ 变频器 具有手动和自动调速功能。

④ 切换装置 由继电器、接触器、开关等组成，实现一台变频器控制三台泵机的切换，以及在变频器故障时旁路泵机切换到工频运行。

该控制系统控制方案，既不属于"所有的水泵仅配一台变频器"的方案，又不属于"每台水泵配一台变频器"的方案，是一种混合型方案。

（2）系统的控制程序

本系统运行的关键是 PLC 程序的合理性、可行性问题。现说明如下：

系统程序包括启动子程序和运行子程序；运行子程序又包括参与调节子程序和电机切换子程序；电机切换子程序又包括加电机子程序和减电机子程序。PLC 的输入输出端子分配情况如表 3-2 所示。

表 3-2 PLC（C40P）输入输出端子分配

输入	功能	输出	功能
0002	模拟调节上限	0500	1KM$_1$ 动作（1$^\#$电机接变频器）
0003	模拟调节正常上	0501	1KM$_2$ 动作（1$^\#$电机接工频电源）
0004	模拟调节正常下	0502	2KM$_1$ 动作（2$^\#$电机接变频器）
0005	模拟调节下限	0503	2KM$_2$ 动作（2$^\#$电机接工频电源）
0006	启动	0504	3KM$_1$ 动作（3$^\#$电机接变频器）
0007	复位	0505	3KM$_2$ 动作（3$^\#$电机接工频电源）
0008	低速到达信号输入	0506	变频器启停
0009	更低速到达信号输入	0507	启动频率（50Hz）
0010	高速到达信号输入	0508	变频器低速
0011	更高速到达信号输入	0509	变频器更低速
0012		0510	
0013		0511	

加上启动信号（0006）后，此信号被自保持（0807），当条件满足（即 0004 为 1）时，开始启动程序，此时由 PLC 控制加上 1$^\#$电机变频运行（此时 0500、0506、0507 亮），同时定时器 T0 开始计时（10s），若计时完毕 0004 仍亮，则关闭 0500、0506（0507 仍亮），T2 延时 1s（延时有两方面原因：一是为了使开关充分熄弧，防止电网倒送电给变频器．烧毁变频器；二是为了让变频器减速为 0，以重新启动另一台电机。以下各延时同此原因，毋庸复述）。延时完毕，则 1$^\#$机投入工频运行，2$^\#$机投入变频运行（此时 0501、0502、0506、0507 亮），同时定时器 T1 开始计时（10s），若计时完毕 0004 仍未灭，则关闭 0502、0506（0500、0507 仍亮），T3 延时 1s，延时完毕，将 2$^\#$机投入工频运行，3$^\#$机投入变频运行（此时 0501、0503、0504、0506、0507 亮），再次等待 0507 灭掉后，则整个启动程序完成，转入正常运行调节程序，此后启动程序不再发生作用，直到下一次重新启动。

需要说明的是，启动过程中，无论何时，无论几台电机处于运行状态，0004 灭掉，则也应视为启动结束（0507 灭掉），转入相应程序。综合整个启动过程来看，完成三台电机的启动最多只需要 22s 的时间。

运行过程中，若模拟调节上、下限值均未达到（即 0003、0004 灭），则此时变频器处于模拟调节状态（此时相应电机运行信号和 0506 亮）。

若达到模拟调节上限值（0003 亮），则定时器 T4 马上开始定时（5s），定时过程中监控 0003，若 0003 又灭掉，则关计时器，继续模拟调节；若 T4 定时完毕，0003 仍亮，则启动低速（0508），进行多段速调节，同时定时器 T 开始定时（3s）；定时完毕，若 0003 仍亮，则关闭此多段速，启动更低速（0509），同时定时器 T6 定时（10s）；定时完毕，若 0003 仍亮，则关掉 0509，此后 0002 很快会通，转入切换动作程序。在此两级多段速调节过程中，无论何时，若 0002 亮，都会关闭相应多段速和定时器，同时进行切换动作（即转入切换程序）。同样，若无论何时 0003 灭掉，都关闭运行多段速和定时器，转入模拟调节。

若达到模拟调节下限值（0004 亮），则定时器 T7 开始定时（5s），定时过程中监控 0004，若 0004 又灭掉，则关闭计时器，继续模拟调节；若 T7 计时完毕，0004 仍亮，则启动高速（0507、0502），进行多段速调节，同时定时器 T8 开始定时（3s）；定时完毕，若 0004 仍亮，则关闭此多段速，启动更高速（0508、0509），同时定时器 T9 定时（10s）；定时完毕，若 0004 仍亮，则关掉 0508、0509，此后 0005 很快会通，转入加电机动作程序，在此两级多段速调节过程中，无论何时，若 0005 亮，都关闭相应多段速和定时器，同时进行加电机工作（即转加电机程序），同样，若无论何时 0004 灭掉，都关闭运行多段速和定时器，转模拟调节。

电机切换程序分为两部分：电机切除程序和加电机程序。此程序动作的条件是：启动结束后无论何时 0002 亮，一旦条件满足，即由 PLC 根据电动机的运行状况决定相应切换哪台电机，切换时只能切换工频运行电机。

若三台电机同时工作，则应由 PLC 来决定切除哪台工频运行电机，切除依据是三台电机对应计数器值的大小，谁大切谁，切除掉一台后，要由定时器定时（5s）等待，以便变频器调节一段时间，防止连续切除动作。这主要是考虑到本系统的非线性和大小惯性因素而采取的措施。

加电机程序：此程序的动作条件是启动结束后无论何时 0005 亮，一旦条件满足，立即关掉变频运行电机和变频器，延时一段时间后（原因同上），将原变频运行电机投入工频运行，同时打开变频器和将要启动电机的变频开关，完成加电机。

同样，若原有两台电机工作，则 0005 一亮，立即开始动作，准备加第三台电机，完成后立即转入调节。

若原来只有一台电机变频工作，则 0005 一亮，立即开始加电机的动作（无延时）（加电机依据是计数器值，谁小加谁），但加电机完一台以后，定时器要开始定时（5s）等待，让变频器调节一段时间，防止连续加电机动作。

需要指出的是，加电机过程较之切除电机过程要复杂许多，除以上所述外，主要是因为此时有六种情况，即 $1^{\#} \to 2^{\#}$、$1^{\#} \to 3^{\#}$、$2^{\#} \to 3^{\#}$、$2^{\#} \to 1^{\#}$、$3^{\#} \to 2^{\#}$、$3^{\#} \to 1^{\#}$，而切除动作只有三种，即切 $1^{\#}$ 机、切 $2^{\#}$ 机、切 $3^{\#}$ 机，这样就要分别考虑各种情况，完成精确动作。

综合整个运行程序，可以看出实现了三台电机的轮流切换，使整个系统工作协调，提高了效率和寿命，充分合理地使用了三台设备，满足了设计要求。

具体控制程序如下所示：

```
0000 LD          0701                          0001 LD          1315
```

0002 LD	0007	
0003 OR LD		
0004 CNT 41	#9000	
0005 LD	0702	
0006 LD	1315	
0007 LD	0007	
0008 OR LD		
0009 CNT 42	#9000	
0010 LD	0703	
0011 LD	1315	
0012 LD	0007	
0013 OR LD		
0014 CNT 43	#9000	
0015 LD	0004	
0016 AND NOT	0714	
0017 AND	0507	
0018 AND NOT	0615	
0019 LD	0710	
0020 LD	0715	
0021 OR LD		
0022 AND TIM 20		
0023 OR LD		
0024 LD	0005	
0025 OR	0004	
0026 AND TIM 00		
0027 LD	0708	
0028 LD	0707	
0029 OR LD		
0030 OR LD		
0031 LD	0007	
0032 OR LD		
0033 KEEP(11)	0500	
0034 LD	0500	
0035 AND	0506	
0036 AND NOT	0714	
0037 AND NOT	0007	
0038 TIM 00	#010	
0039 LD NOT	T0	
0040 AND	0500	
0041 AND NOT	0714	
0042 OR	0007	
0043 IL(02)		
0044 LD	0004	
0045 OR	0005	
0046 AND NOT	0007	
0047 AND NOT	0714	
0048 DIFD(14)	0600	
0049 LD	0600	

0050 LD	0007	
0051 KEEP(11)	0607	
0052 ILC(03)		
0053 LD	0500	
0054 OR	0506	
0055 AND NOT	0714	
0056 AND NOT	0501	
0057 DIFD(14)	0002	
0058 LD	0602	
0059 LD	0007	
0060 KEEP(11)	0615	
0061 LD	0072	
0063 LD	0708	
0064 OR	0707	
0065 AND TIM OO		
0066 OR LD		
0067 LD	0701	
0068 LD	0007	
0069 OR LD		
0070 KEEP(11)	0501	
0071 LD	0615	
0072 AND NOT	0501	
0073 AND NOT	0007	
0074 AND NOT	0714	
0075 TIM 02	#0050	
0076 LD	0501	
0077 AND NOT	0714	
0078 AND	0506	
0079 AND	0502	
0080 AND NOT	0605	
0081 AND NOT	0007	
0082 TIM 02	#005	
0083 LD	0501	
0084 AND NOT	0714	
0085 AND	0506	
0086 AND	0502	
0087 AND NOT	0605	
0088 AND NOT	0007	
0089 TIM 01	#100	
0090 LD NOTT1		
0091 AND	0502	
0092 AND NOT	0714	
0093 JMP(04)		
0094 LD	0005	
0095 OR	0004	
0096 AND NOT	0714	
0097 DIFD(14)	0602	
0098 LD	0603	

0099 LD	0007	0147 LD	0715
0100 KEEP(11)	0511	0148 OR LD	
0101 JME(05)		0149 LD	0007
0102 LD TIM	0002	0150 OR LD	
0103 AND NOT	0714	0151 KEEP(11)	0504
0104 AND NOT	0605	0152 LD	0712
0105 LD	0708	0153 OR	0715
0106 LD	0712	0154 AND TIM 20	
0107 OR LD		0155 LD	0703
0108 AND TIM 00		0156 OR	0007
0109 OR LD		0157 KEEP(11)	0505
0110 LD	0004	0158 LD	0005
0111 OR	0005	0159 AND	0714
0112 AND TIM 01		0160 AND NOT	0007
0113 LD	0713	0161 AND NOT	0506
0114 LD	0710	0162 TIM 20	# 0010
0115 OR LD		0163 LD	0707
0116 OR LD		0164 AND	0501
0117 LD	0007	0165 AND	0504
0118 OR LD		0166 LD NOT	0005
0119 KEEP(11)	0502	0167 OR	0007
0120 LD	0502	0168 KEEP(11)	0801
0121 AND NOT	0714	0169 LD	0713
0122 AND NOT	0503	0170 AND	0503
0123 DIFD(14)	0604	0171 AND	0504
0124 LD	0604	0172 LD NOT	0505
0125 LD	0007	0173 OR	0007
0126 KEEP(11)	0605	0174 KEEP(11)	0802
0127 LD	0005	0175 LD	0708
0128 AND NOT	0714	0176 AND	0501
0129 AND NOT	0504	0177 AND	0502
0130 AND NOT	0007	0178 LD NOT	0005
0131 TIM	# 0050	0179 OR	0007
0132 LD TIM 03		0180 KEEP(11)	0808
0133 LD	0713	0191 LD	0712
0134 OR	0710	0192 AND	0505
0135 AND TIM 20		0193 AND	0502
0136 OR LD		0194 LD NOT	0005
0137 LD	0702	0195 OR	0007
0138 OR	0007	0196 KEEP(11)	0804
0139 KEEP(11)	0503	0197 LD	0710
0140 LD	0707	0198 AND	0502
0141 LD	0713	0199 AND	0500
0142 OR LD		0200 LD NOT	0005
0143 AND TIM 20		0201 OR	0007
0144 LD TIM 03		0202 KEEP(11)	0805
0145 OR LD		0203 LD	0715
0146 LD	0712	0204 AND	0505

0205 AND	0500
0206 LD NOT	0005
0207 OR	0007
0208 KEEP(11)	0806
0209 LD TIM 02	
0210 LD	0500
0211 LD TIM 03	
0212 OR LD	
0213 OR LD	
0214 AND	0507
0215 AND NOT	0714
0216 LD TIM 20	
0217 OR LD	
0218 LD TIM 01	
0219 AND NOT	0601
0220 LD TIM 01	
0221 AND NOT	0511
0222 OR LD	
0223 LD	0004
0224 LD	0005
0225 OR LD	
0226 LD	0707
0227 AND NOT	0801
0228 LD	0708
0229 AND NOT	0803
0230 LD	0710
0231 AND NOT	0805
0232 LD	0712
0233 AND NOT	0804
0234 LD	0713
0235 AND NOT	0802
0236 LD	0715
0237 AND NOT	0806
0238 LD	0007
0239 OR LD	
0240 OR LD	
0241 OR LD	
0242 OR LD	
0243 OR LD	
0244 OR LD	
0245 KEEP(11)	0506
0246 LD	0004
0247 AND NOT	0714
0248 AND	0501
0249 AND	0503
0250 DIFD(14)	0614
0251 LD	0614
0252 AND	0504

0253 LD	0007
0254 KEEP(11)	0510
0255 LD	0510
0256 OR	0511
0257 OR	0601
0258 LD	0007
0259 KEEP(11)	0714
0260 LD	0003
0261 AND	0714
0263 AND NOT	0002
0264 LD	0508
0265 OR	0509
0266 OR TIM 05	
0267 OR	0007
0268 KEEP(11)	0609
0269 LD	0609
0270 AND NOT	0509
0271 AND NOT	0508
0272 AND NOT	0002
0273 AND	0003
0274 AND NOTTIM	05
0275 AND NOT	0007
0276 TIM 04	#0050
0277 LD NOT	0509
0278 LD TIM 04	
0279 AND	0003
0280 AND NOT	0002
0281 LD TIM 07	
0282 AND	0004
0283 AND NOT	0005
0284 LD TIM 08	
0285 AND	0004
0286 AND NOT	0005
0287 OR LD	
0288 OR LD	
0289 LD	0002
0290 LD	0711
0291 OR	0005
0292 LD NOT	0003
0293 AND NOT	0004
0294 LD	0509
0295 AND NOT	0004
0296 OR LD	
0297 OR LD	
0298 OR TIM 05	
0299 OR	0007
0300 KEEP(11)	0508
0301 LD	0508

0302 AND	0003		0350 AND NOT	0507	
0303 AND NOT	0002		0351 AND	0004	
0304 AND NOT	0509		0352 AND NOTTIM	08	
0305 AND NOT	0007		0353 AND NOT	0509	
0306 TIM 05	# 0030		0354 AND NOT	0007	
0307 LD TIM 05			0355 TIM 07	# 0050	
0308 AND	0003		0356 LD TIM 07		
0309 AND NOT	0002		0357 AND	0004	
0310 LD TIM 08			0358 AND NOT	0005	
0311 AND	0004		0359 LD	0004	
0312 AND NOT	0005		0360 AND	0807	
0313 OR LD			0361 OR LD		
0314 LD	0611		0363 LD	0508	
0315 LD NOT	0003		0364 AND	0509	
0316 AND NOT	0004		0365 LD	0005	
0317 LD	0002		0366 LD NOT	0004	
0318 LD	0005		0367 OR LD		
0319 LD	0711		0368 OR LD		
0320 OR LD			0369 LD	0601	
0321 OR LD			0370 OR	0510	
0322 OR LD			0371 OR	0511	
0323 OR	0007		0372 AND NOT	0714	
0324 KEEP(11)	0509		0373 OR LD		
0325 LD	0509		0374 OR	0007	
0326 AND NOT	0611		0375 KEEP(11)	0507	
0327 AND NOT	0002		0376 LD	0507	
0328 AND NOT	0007		0377 AND	0714	
0329 TIM 06	# 0100		0378 AND	0004	
0330 LD TIM 06			0379 AND NOT	0005	
0331 LD TIM 04			0380 AND NOT	0509	
0332 OR TIM 07			0381 TIM 08	# 0030	
0333 OR	0007		0382 AND NOT	0007	
0334 KEEP(11)	0611		0383 LD	0509	
0335 LD	0004		0384 AND NOT	0711	
0336 AND NOT	0005		0385 AND	0508	
0337 AND	0714		0386 AND NOT	0005	
0338 LD TIM 08			0387 AND NOT	0007	
0339 LD	0508		0388 TIM 09	# 0100	
0340 AND	0509		0389 LD TIM 09		
0341 LD	0507		0390 LD TIM 07		
0342 AND	0508		0391 OR TIM 04		
0343 OR LD			0392 OR	0007	
0344 OR LD			0393 KEEP(11)	0711	
0345 OR	0007		0394 LD	0714	
0346 KEEP(11)	0709		0395 JMP (04)		
0347 LD	0709		0396 LD NOT	0501	
0348 AND NOT	0005		0397 AND NOT	0503	
0349 AND NOT	0508		0398 AND NOT	0505	

0399 AND	0005		0447 AND	0502	
0400 LD NOT	0005		0448 AND	0501	
0401 OR	0007		0449 AND	0505	
0402 KEEP(11)	0700		0450 LD	0505	
0403 LD	0501		0451 AND	0502	
0404 AND	0504		0452 AND NOT	0501	
0405 LD	0501		0453 AND NOT	0505	
0406 AND	0505		0454 OR LD		
0407 LD	0504		0455 CMP(20)		
0408 AND	0505		0456 CNT 43		
0409 OR LD			0457 CNT 41		
0410 OR LD			0458 LD	0002	
0411 AND	0002		0459 AND	0504	
0412 LD NOT	0002		0460 AND	0501	
0413 OR	0007		0461 AND	0504	
0414 KEEP(11)	0704		0463 LD	0005	
0415 LD	0502		0464 AND	0504	
0416 OR	0504		0465 AND NOT	0501	
0417 AND	0002		0466 AND NOT	0503	
0418 AND	0704		0467 OR LD		
0419 AND NOT	0701		0468 CMP(20)		
0420 AND NOT	0007		0469 CNT 42		
0421 TIM (11)	# 0020		0470 CNT 41		
0422 LD	0500		0471 LD	1305	
0423 OR	0504		0472 OR	1906	
0424 AND	0002		0473 LD	0505	
0425 AND	0704		0474 AND NOT	0502	
0426 AND NOT	0702		0475 AND NOT	0704	
0427 AND NOT	0007		0476 OR LD		
0428 TIM 12	# 0020		0477 AND	0002	
0429 LD	0500		0478 AND NOT	0500	
0430 OR	0502		0479 LD	1905	
0431 AND	0002		0480 OR	1906	
0432 AND	0704		0481 LD	0505	
0433 AND NOT	0704		0482 AND NOT	0501	
0434 AND NOT	0007		0483 AND NOT	0704	
0435 LD	0500		0484 OR LD		
0436 AND	0002		0485 AND	0002	
0437 AND	0504		0486 AND	0502	
0438 AND	0505		0487 OR LD		
0439 LD NOT	0005		0488 LD TIM 13		
0440 AND NOT	0504		0489 OR LD		
0441 AND	0500		0490 LD NOT	0002	
0442 AND NOT	0505		0491 OR	0007	
0443 OR LD			0492 KEEP(11)	0703	
0444 CMP(20)	CNT 43		0493 LD	1907	
0445 CNT 42			0494 LD	0503	
0446 LD	0002		0495 AND NOT	0505	

0496 AND NOT	0704	
0497 OR LD		
0498 AND	0002	
0499 AND	0500	
0500 NOP		
0501 NOP		
0502 NOP		
0503 LD	1905	
0504 LD	0505	
0505 AND NOT	0501	
0506 AND NOT	0704	
0507 OR LD		
0508 OR LD		
0509 AND	0002	
0510 AND	0504	
0511 OR LD		
0512 LD TIM 02		
0513 OR LD		
0514 LD NOT	0002	
0515 OR	0007	
0516 KEEP(11)	0702	
0517 LD	1907	
0518 LD	0501	
0519 AND NOT	0505	
0520 AND NOT	0704	
0521 OR LD		
0522 AND	0002	
0523 AND	0502	
0524 LD	1907	
0525 LD	0501	
0526 AND NOT	0503	
0527 AND NOT	0704	
0528 OR LD		
0529 AND	0002	
0530 AND	0504	
0531 OR LD		
0532 LD TIM	11	
0533 OR LD		
0534 LD NOT	0002	
0535 OR	0007	
0536 KEEP(11)	0701	
0537 LD	0707	
0538 AND NOT	0007	
0539 TIM 33	#0015	
0540 LD	0713	
0541 AND NOT	0007	
0542 TIM 34	#0015	
0543 LD	0708	

0544 AND NOT	0007	
0545 TIM 35	#0015	
0546 LD	0712	
0547 AND NOT	0007	
0548 TIM 36	#0015	
0549 LD	0710	
0550 AND NOT	0007	
0551 TIM 37	#0015	
0552 LD	0715	
0553 AND NOT	0007	
0554 TIM 38	#0015	
0555 LD	1907	
0556 LD	0503	
0557 AND NOT	0505	
0558 AND NOT	0700	
0559 OR LD		
0560 AND	0005	
0561 AND	0500	
0562 LD TIM 23		
0563 OR LD		
0564 LD NOT	0005	
0565 LD TIM 33		
0566 OR	0007	
0567 KEEP(11)	0707	
0568 LD	1905	
0569 OR	1906	
0570 LD	0505	
0571 AND NOT	0503	
0572 AND NOT	0700	
0573 OR LD		
0574 AND	0005	
0575 AND	0500	
0576 LD TIM 25		
0577 OR LD		
0578 LD NOT	0005	
0579 LD TIM 35		
0580 OR	0007	
0581 LD	1905	
0582 AND	0005	
0583 AND	0504	
0584 LD TIM 26		
0585 OR LD		
0586 LD NOT	0005	
0587 LD TIM 36		
0588 OR	0007	
0589 KEEP(11)	0712	
0590 LD	1905	
0591 OR	1906	

0592 LD	0503
0593 AND NOT	0501
0594 AND NOT	0700
0595 OR LD	
0596 AND	0005
0597 AND	0504
0598 LD TIM 28	
0599 OR LD	
0600 LD TIM 38	
0601 OR	0007
0602 KEEP(11)	0715
0603 LD	0005
0604 AND	0700
0605 AND	0503
0606 AND	0500
0607 AND NOT	0505
0608 AND NOT	0007
0609 TIM 23	#0020
0610 LD	0005
0611 AND	0700
0612 AND	0501
0613 AND	0502
0614 AND NOT	0505
0615 LD	1905
0616 LD	1906
0617 LD	0505
0618 AND NOT	0501
0619 AND NOT	0704
0620 OR LD	
0621 OR LD	
0622 AND	0002
0623 AND	0504
0624 OR LD	
0625 LD TIM 12	
0626 OR LD	
0627 LD NOT	0002
0628 OR	0007
0629 KEEP(11)	0702
0630 LD	1907
0631 LD	0501
0632 AND NOT	0505
0633 AND NOT	0704
0634 OR LD	
0635 AND	0002
0636 AND	0502
0637 LD	1907
0638 LD	0501
0639 AND NOT	0503

0640 AND NOT	0704
0641 OR LD	
0642 AND	0002
0643 OR	1906
0644 LD	0505
0645 AND NOT	0501
0646 AND NOT	0700
0647 OR LD	
0648 AND	0005
0649 AND	0502
0650 LD TIM 27	
0651 OR LD	
0653 LD NOT	0005
0654 LD TIM 37	
0655 OR	0007
0656 KEEP(11)	0710
0657 LD	1907
0658 LD	0501
0659 AND NOT	0505
0660 AND NOT	0700
0661 OR LD	
0662 AND	0005
0663 AND	0502
0664 LD TIM 24	
0665 OR LD	
0666 LD NOT	0005
0667 LD TIM 34	
0668 OR	0007
0669 KEEP(11)	0713
0670 LD	1907
0671 LD	0501
0672 AND NOT	0503
0673 AND NOT	0700
0674 OR LD	
0675 TIM 24	#0020
0676 LD	0005
0677 AND	0700
0678 AND	0505
0679 AND NOT	0503
0680 AND	0500
0681 AND NOT	0007
0682 TIM 25	#0020
0683 LD	0005
0684 AND	0700
0685 AND	0501
0686 AND	0504
0687 AND NOT	0503
0688 AND NOT	0007

0689 TIM 20	# 0020	0697 LD	0002
0690 LD	0005	0698 AND	0700
0691 AND	0700	0699 AND	0503
0692 AND	0505	0700 AND	0504
0693 AND	0502	0701 AND NOT	050
0694 AND NOT	0501	0702 AND NOT	0007
0695 AND NOT	0007	0703 JME(05)	
0696 TIM 27	# 0020	0704 END(01)	

【例 3-3】 变频调速在某生活小区恒压供水系统中的应用实例

在工业生产和日常生活中，变频调速控制是很常见的，特别是在供水领域的运用已很普遍，大到自来水厂，小到一幢住宅楼。所谓恒压供水是指无论用户端用水量是多少，都能保持管网中水压基本恒定。这样既可满足各部位的用户对水的需求，又不使电动机空转，造成电能的浪费。为了实现上述目标，利用变频器根据给定压力信号和反馈压力信号，调节水泵转速，从而达到控制管网中水压恒定的目的。

那么，实用中又是如何实现的？以某生活小区住宅楼宇自动恒压供水为例，说明变频器在恒压供水系统中，如何快速、及时地调节泵的转速以改变水流量，从而实现恒压供水。如何进行正负压力调节，其控制过程及 PID 相关参数的设定又有什么要求？下面就介绍有关变频调速在恒压供水系统中的有关应用知识。

1. 水泵供水的基本模型与主要参数

（1）基本模型

图 3-18 所示是一生活小区水泵供水的基本模型，水泵将水池中的水抽出并上扬至所需高度，以便向生活小区供水。

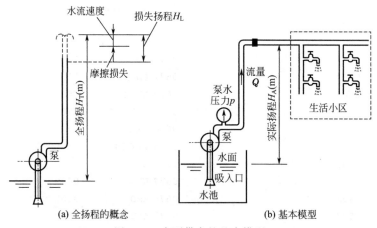

图 3-18 水泵供水的基本模型

（2）主要参数

1）流量   流量是泵在单位时间内所抽送液体的数量，常用的流量是体积流量，用 Q 表示，其单位是 m^3/h。

2）扬程   扬程是指单位质量的液体通过泵后所获得的能量。扬程主要包括三个方面：

① 提高水位所需的能量；

② 克服水在管路中流动阻力所需的能量；

③ 使水流具有一定的流速所需的能量。通常用所抽送液体的液柱高度 H 表示，其单位是 m。习惯上常将水从一个位置上扬到另一个位置时水位的变化量（即对应的水位差）来代表扬程。

3）全扬程　全扬程也叫总扬程，是表征水泵泵水能力的物理量，包括把水从水池的水面上扬到最高水位所需的能量、克服管阻所需的能量和保持流速所需的能量，符号是 H_T。在数值上等于在没有管阻、也不计流速的情况下，水泵能够上扬水的最大高度。

4）实际扬程　实际扬程是通过水泵实际提高水位所需的能量，符号是 H_A。在不计损失和流速的情况下，其主体部分正比于实际的最高水位与水池水面之间的水位差。

5）损失扬程　全扬程与实际扬程之差，即为损失扬程，符号是 H_L。H_T、H_A、H_L 三者之间的关系是：

$$H_T = H_A + H_L$$

6）管阻　表示管道系统（包括水管、阀门等）对水流阻力的物理量，符号是 P。其大小在静态时取决于管路的结构和所处的位置，而在动态情况下，还与供水流量和用水流量之间的平衡情况有关。

2. 供水系统的特性与工作点

（1）供水系统的特性

① 扬程特性　扬程特性即水泵的特性。在管路中阀门全打开的情况下，全扬程 H_T 随流量 Q_u 变化的曲线 $H_T = f(Q_u)$，称为扬程特性。如图 3-19 所示，图中，A_1 点是流量较小（等于 Q_1）时的情形，这时全扬程较大的为 H_{T1}，A_2 点是流量较大（等于 Q_2）时的情形，这时全扬程较小的为 H_{T2}。这表明用户用水越多（流量越大），管道中的摩擦损失以及保持一定的流速所需的能量也越大，故供水系统的全扬程就越小，流量的大小取决于用户。因此，扬程特性反映了用户的用水需求对全扬程的影响。

② 管阻（路）特性　反映为了维持一定的流量而必须克服管阻所需的能量。它与阀门的开度有关，实际上是当阀门开度一定时，为了提高一定流量的水所需要的扬程。因此，这里的流量表示供水流量，用 Q_G 表示，所以管阻特性的函数关系是 $H_T = f(Q_G)$，如图 3-20 所示。显然，当全扬程不大于实际扬程（$H_T \leqslant H_A$）时，是不可能供水（$Q_G = 0$）的。因此，实际扬程也是能够供水的"基本扬程"。在实际的供水管道中流量具有连续性，并不存在"供水流量"与"用水流量"的差别，这里的 Q_G 和 Q_u 是为了便于说明供水能力和用水需求之间的关系而假设的量。

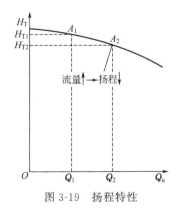

图 3-19　扬程特性

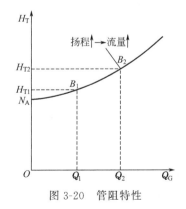

图 3-20　管阻特性

从图 3-20 中可以看出，在供水流量较小（$Q_G = Q_1$）时，所需扬程也较小（$H_T = H_{T1}$），如 B_1 点；反之，在供水流量较大（$Q_G = Q_2$）时，所需扬程也较大（$H_T = H_{T1}$），如 B_2 点。

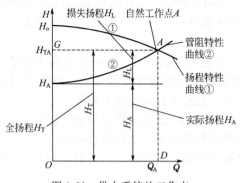

图 3-21 供水系统的工作点

（2）供水系统的工作点

① 工作点 扬程特性曲线和管阻特性曲线的交点，称为供水系统的工作点，如图 3-21 中的 A 点所示。在这一点，系统既要满足扬程特性曲线①，也要符合管阻特性曲线②，供水系统才处于平衡状态，系统稳定运行。如阀门开度为 100%，转速也为 100%，则系统处于额定状态，这时的工作点称为额定工作点，或称为自然工作点。

② 供水功率 供水系统向用户供水时，电动机所消耗的功率 P_G(kW) 称为供水功率，供水功率与流量 Q 和扬程 H_T 的乘积成正比。即：

$$P_G = C_P H_T Q$$

式中，C_P 为比例常数。

由图 3-21 可以看出，供水系统的额定功率与四边形 $ODAG$ 的面积成正比。

3. 节能原理分析

（1）调节流量的方法

在供水系统中，最根本的控制对象是流量。因此，要研究节能问题必须从考虑如何调节流量入手。常见的方法有阀门控制法和转速控制法两种。

① 阀门控制法 即通过开关阀门大小来调节流量，而转速保持不变，通常为额定转速。阀门控制法的实质是：水泵本身的供水能力不变，而是通过改变水路中的阻力大小来改变供水能力，以适应用户对流量的需求。这时管阻特性将随阀门开度的大小而改变，但扬程特性不变。如图 3-22 所示，设用户所需流量从 Q_A 减小为 Q_B，当通过关小阀门来实现时，管阻特性曲线②则改变为曲线③，而扬程特性则仍为曲线①，故供水系统的工作点由 A 点移至 B 点，这时流量减小，但扬程却从 H_{TA} 增大为 H_{TB}，由式 $P_G = C_P H_T Q$ 可知，供水功率 P_G 与四边形 $OEBF$ 的面积成正比。

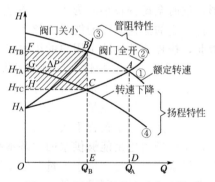

图 3-22 调节流量的方法与比较

② 转速控制法 转速控制法通过改变水泵的转速来调节流量，而阀门开度则保持不变（通常为最大开度）。转速控制法的实质是通过改变水泵的全扬程来适应用户对流量的需求。当水泵的转速改变时，扬程特性将随之改变，而管阻特性则不变。仍以用户所需流量从 Q_A 减小为 Q_B 为例，当转速下降时，扬程特性下降为曲线④，管阻特性则仍为曲线②，故工作点移至 C 点，可见在流量减小为 Q_B 的同时，扬程减小为 H_{TC}，供水功率 P_G 与四边形 $OECH$ 的面积成正比。

（2）转速控制法的节能效果

1）供水功率的比较 比较上述两种调节流量的方法，可以看出在所需流量小于额定流量的情况下，转速控制时扬程比阀门控制时小得多，所以以转速控制方式所需的供水功率比阀门控制方式小很多。图 3-22 所示中 $CBFH$ 阴影部分的面积即表示为两者供水功率之差 ΔP，也就是转速控制方式节约的供水功率，它与 $CBFH$ 面积成正比，这是采用调速供水系统具有节能效果的最基本方面。

2）从水泵的工作效率看节能

① 水泵工作效率的定义　水泵的供水功率 P_G 与轴功率 P_P 之比，即为水泵的工作效率 η_P，即：

$$\eta_P = P_G / P_P$$

式中　P_P——水泵的轴功率，指水泵的输入功率（电动机的输出功率）或水泵取用功率；

　　　　P_G——水泵的供水功率，是根据实际供水扬程和流量算得的功率，是供水系统的输出功率。

因此，这里所说的水泵工作效率，实际上包含了水泵本身的效率和供水系统的效率。

② 水泵工作效率的近似计算公式　水泵工作效率相对值 η_P^* 的近似计算公式如下：

$$\eta_P^* = C_1(Q^*/n^*) - C_2(Q^*/n^*)^2$$

式中　η_P^*，Q^*，n^*——效率、流量和转速的相对值（即实际值与额定值之比的百分数）；

　　　　C_1，C_2——常数，由制造厂提供。

C_1 与 C_2 之间，通常遵循如下规律：$C_1 - C_2 = 1$。上式 $\eta_P^* = C_1(Q^*/n^*) - C_2(Q^*/n^*)^2$ 表明水泵的工作效率主要取决于流量与转速之比。

③ 不同控制方式下的工作效率　由上式可知，当通过关小阀门来减小流量时，由于转速不变，$n^* = 1$，比值 $Q^*/n^* = Q^*$，其效率曲线如图 3-23 中的曲线①所示。当流量 $Q^* = 60\%$ 时，其效率将降至 B 点。可见，随着流量的减小，水泵工作效率的降低是十分显著的。而在转速控制方式下，由于在阀门开度不变的情况下，流量 Q^* 和转速 n^* 是成正比的，比值 Q^*/n^* 不变。其效率曲线因转速而变化，在 60% n_N 时的效率曲线如图 3-24 中的曲线②所示。当流量 $Q^* = 60\%$ 时，效率由 C 点决定，它和 $Q^* = 100\%$ 时的效率（A 点）是相等的。就是说，采用转速控制方式时，水泵的工作效率总是处于最佳状态。所以，转速控制方式与阀门控制方式相比，水泵的工作效率要大得多，这是采用变频调速供水系统具有节能效果的第二个方面。

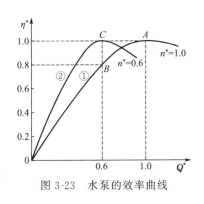

图 3-23　水泵的效率曲线

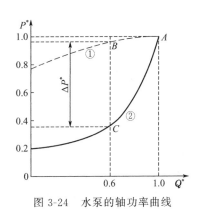

图 3-24　水泵的轴功率曲线

3）从电动机的效率看节能　水泵厂在生产水泵时，由于：①对用户的管路情况无法预测；②管阻特性难以准确计算；③必须对用户的需求留有足够余量等原因，在决定额定扬程和额定流量时，通常余量也较大。所以在实际的运行过程中，即使在用水量的高峰期，电动机也常常并不处于满载状态，其效率和功率因数都较低。

采用了转速控制方式后，可将排水阀完全打开而适当降低转速，由于电动机在低频运行时变频器的输出电压也将下降，从而可以提高电动机的工作效率，这是变频调速供水系统具有节能效果的第三个方面。

综合起来，水泵的轴功率与流量间的关系如图 3-24 所示。图中，曲线①是调节阀门开度时的功率曲线，当流量 $Q^* = 60\%$ 时，所消耗的功率由 B 点决定；曲线②是调节转速时功率曲线，当 $Q^* = 60\%$ 时，所消耗的功率由 C 点决定。由图可知，与调节阀门开度相比，调节转速时所节约的功率 ΔP 是相当可观的。

4. 二次方律负载实现变频调速后如何获得最佳节能效果

如图 3-25(a) 所示，曲线 0 是二次方律负载的机械特性。曲线 1 是电动机在 U/f 控制方式下转矩补偿为 0（电压调节比 $K_U =$ 频率调节比 K_f 时）的有效转矩线，与图 3-25(b) 中的曲线 1 对应。当转速为 n_X（$n_X < n_N$）时，由曲线 0 可知，负载转矩为 T_{LX}，由曲线 1 可知，电动机的有效转矩为 T_{MX}。

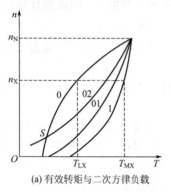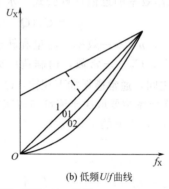

(a) 有效转矩与二次方律负载　　　　　(b) 低频 U/f 曲线

图 3-25　电动机的有效转矩与低频 U/f 曲线

很明显，即使转矩补偿为 0，在低频运行时，电动机的转矩与负载转矩相比，仍有较大余量，这说明该拖动系统还有相当大的节能余量。

为此变频器设置了若干低频 $U/f(K_U < K_f)$ 线，如图 3-25(b) 中曲线 01 和曲线 02 所示，与此对应的有效转矩线如图 3-25(a) 中的曲线 01 和曲线 02 所示。但在选择低 U/f 线时，有时也会发生难启动的问题，如图 3-25(a) 中的曲线 01 和曲线 02 的交点 S 点所示，显然在 S 点以下，拖动系统不能启动，可采取以下对策。

① U/f 线选用曲线 01。

② 适当加大启动频率，以避免死点区域。

应该注意的是，几乎所有变频器在出厂时都将 U/f 线设定在具有一定补偿量的情况下（$U/f > 1$）。如果用户未经功能预置，直接接上水泵或风机运行，节能效果就不明显了。个别情况下，甚至会出现低频运行时因励磁电流过大而跳闸的现象。

5. 变频调运恒压供水系统的组成

（1）恒压供水的控制要求

对供水系统进行控制，实质就是为了满足用户对流量的需求，所以流量是供水系统的基本控制对象，而流量的大小取决于水泵的扬程。但扬程难以进行具体测量和控制，考虑到在动态情况下，管道中水压的大小与供水能力（用供水流量 Q_G 表示）和用水需求（用水流量 Q_u 表示）之间的平衡情况有关，即：

如供水能力 $Q_G >$ 用水需求 Q_u，则压力上升（p 增大）；

如供水能力 $Q_G <$ 用水需求 Q_u，则压力下降（p 减小）；

如供水能力 $Q_G =$ 用水需求 Q_u，则压力不变（$p =$ 常数）。

可见，供水能力与用水需求之间的矛盾具体地反映在流体压力上的变化，从而压力就成为用来作为控制流量大小的参变量。这就是说，保持供水系统中某处压力的恒定，也就保证了该处的供水能力和用水流量处于平衡状态，这就是恒压供水所要达到的控制要求。

（2）恒压供水系统构成和工作原理

1）恒压供水系统构成 恒压供水系统框图如图 3-26 所示，由图可知变频器有两个控制信号：

① 目标信号 X_T 即给定端 2 上得到的信号，该信号是一个与压力的控制目标相对应的值，通常用百分数表示，也可以用键盘直接给定。

② 反馈信号 X_F 即反馈信号端 4 上得到的信号，是压力传感器 SP 反馈回来的信号，该信号是一个反映实际压力的信号。

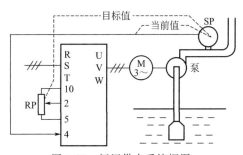

图 3-26 恒压供水系统框图

2）某生活小区恒压供水控制系统 图 3-27 所示是某生活小区住宅楼宇自动恒压供水控制系统电路图。

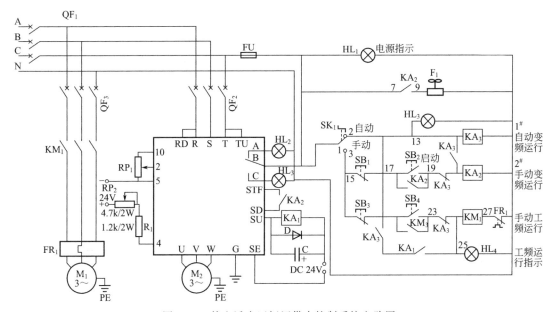

图 3-27 某生活小区恒压供水控制系统电路图

① 主电路 该装置主电路采用变频常用泵和工频备用泵自动与手动双重运行模式。由于管道设计采取了易分解结构，各泵可以独立运行、检修。两台水泵中一台变频运行，当用户用水量增加、变频调速达到上限值时，自动切换到工频备用泵运行，原变频常用泵继续以较低频率运行，以满足用户用水量要求。图中 M_2 为主泵电动机，M_1 为备用泵电动机，QF_1、QF_2、QF_3 为低压断路器，KM_1 为接触器，FR_1 为热继电器。

② 控制电路 该电路主要由三菱 FR-A540 变频器和外围控制电路组成。

a.该控制电路可以实现变频、工频、一用一备自动与手动转换控制运行，通过内置的频率信号变化范围，设定开关量输出，控制主泵电动机和备用泵电动机之间的相互切换。

b.压力给定和流量反馈通过电位器 RP_1 和流量传感器 RP_2 实现。

c.利用变频器内 PID 控制，比较给定压力信号和反馈信号的大小，输出相应的 $0\sim5V$ 电压控制信号，自动控制水泵进行调速运行。

d.控制系统的各控制参数可通过变频器面板进行显示。

e.具有短路、过电流、过载等保护功能。

3）PID 调节功能 系统之所以能实现恒压供水，主要就是利用变频器的 PID 调节功能。现代变频器一般都具有 PID 调节功能，其内部框图如图 3-28 中虚线框所示。由图可知，X_T 与 X_F 两者相减的合成信号 $X_D（X_D＝X_T－X_F）$ 经过 PID 调节处理后得到频率给定信号，从而决定变频器的输出频率 f_X。

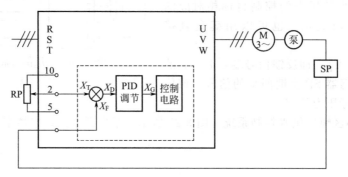

图 3-28 变频器的 PID 控制

当用水流量减小时，供水能力 Q_G 大于用水流量 Q_u，则压力上升，X_F 增大→合成信号 X_D 减小→变频器输出频率 f_X 减小→电动机转速 n_X 减小→供水能力 Q_G 减小，直至压力大小回复到目标值，供水能力与用水流量重新平衡（$Q_G＝Q_u$）时为止。反之，当用水流量增加，使 $Q_G＜Q_u$ 时，则 X_F 减小→X_D 增大→f_X 增大→n_X 增大→Q_G 增大→$Q_G＝Q_u$，又达到新的平衡。

假定管道工作压力的目标值为 0.5MPa，压力传感器的量程为 0～1MPa，则目标值为 50%，同时对应于流量传感器在 0～1MPa 范围内，流量传感器中压差信号电流范围是 6.4～16mA 的输出。这时，对应于目标值为 0.5MPa（50%）的实际流量传感器中信号电流值为 12.8mA，见表 3-3。

表 3-3 各控制量间的关系

给定目标值电压信号范围	反馈电流信号范围	实际执行量调整范围		
5(100%)～0V(0%)	20(100%)～4mA(0%)	16mA → 1MPa(100%) 12.8mA → 0.5MPa(50%) 6.4mA → 0MPa(0%)		

6. 变频器的选型及功能预置

（1）变频器的选型与控制方式

1）变频器的选型 现在大部分变频器制造商都专门设计生产适用于"风机、水泵专用型"的变频器，无特殊情况下可直接选用。但对于用于特殊场合（如抽吸杂质、泥沙）的水泵，应考虑其过载能力，建议选用通用型变频器。因为风机、水泵专用型变频器有如下主要特点：

① 过载能力较低。这是因为风机、水泵在运动中很少发生过载。

② 具有闭环控制和 PID 调节功能。水泵在具体运行时常常需要进行闭环控制，如在供水系统中，要求进行恒压供水控制，在中央空调系统中要求恒温控制、恒温差控制等。故此类变频器大多设置了 PID 调节功能。

③ 具有"一控多"的切换功能。为了减少设备投资，常采用 1 台变频器控制若干台水泵的控制方式，所以许多变频器专门设置了切换功能，在选型时应注意。

2）控制方式与 U/f 设定　对于二次方律负载，以选用 U/f 控制方式为宜。大部分变频器都给出了两条以上"负补偿"的 U/f 线，不同的变频器对 U/f 线的设计方法略有差异。例如，变频器对所提供的 U/f 线是从小到大编号，编号越大补偿量也越大。有些可直接预置起点补偿量，当 $f_X=0$ 时的补偿量为 $u_C\%$（此值等于 $U_C/U_N\times100\%$，U_C 为起点补偿电压）。对于水泵来说，就宜选用负补偿程度较轻的 U/f 线。

（2）变频器的基本功能预置

1）最高频率　水泵属二次方律负载，当转速超过其额定转速时，转矩将按平方规律增加。例如，当转速超过额定转速 10%（$n_X=1.1n_N$）时，转矩将超过额定转矩 21%（$T_X=1.21T_N$），导致电动机严重过载。因此，变频器的工作频率是不允许超过额定频率的，其最高频率只能与额定频率相等，即 $f_{max}=f_N=50Hz$。

2）上限频率　一般上限频率也可以等于额定频率，但最好以预置得低点为宜，主要有如下考虑。

① 由于变频器内部往往具有转差初补偿功能，因此，同是在 $50Hz$ 的情况下，水泵在变频运行时，实际转速高于工频运行时的转速，从而增大了水泵和电动机的负载。

② 变频调速系统在 $50Hz$ 运行还不如直接在工频下运行，这样可减少变频器本身的损耗。

所以，将上限频率预置为 $49Hz$ 或 $49.5Hz$ 是恰当的。

3）下限频率　在供水系统中，转速过低，会出现水泵的全扬程小于实际扬程，形成水泵"空转"的现象。所以，在多数情况下，下限频率应设定为 $30\sim35Hz$。特殊需要可以设定得更低，根据具体情况而定。

4）启动频率　水泵在启动前，其叶轮全部在水中，启动时，存在着一定的阻力。在从零开始启动时的一段频率内，实际上转不起来，应适当预置启动频率，使其在启动瞬间有一定冲力，也可采用自动或自动转矩补偿功能。如用手动可将补偿量预置得小一点，如果带负载困难时，再逐渐增加补偿量，直至能够带动负载为止。若补偿量预置得较大，则观察拖动系统在负载最轻时的电流大小。如电流过大，说明磁路严重饱和，应适当降低补偿量。当启动电流为额定电流的 15% 时，启动转矩可达额定转矩的 20% 左右，现场设置应视具体情况而定。

5）升速与降速时间　对于水泵，它不同于频繁地启动与制动的负载，其升、降速时间的长短并不涉及生产效率问题。因此，可将升、降速时间预置得长一些，通常确定升降速时间的原则是：在启动过程中其最大启动电流接近或等于电动机的额定电流，升、降速时间相等即可。

6）暂停（睡眠与苏醒）功能　在日常供水系统中，夜间的用水量常常是很少的，即使水泵在下限频率下运行，供水压力仍能超过目标值，这时，可使主水泵暂停运行，如图 3-29 所示。

① 暂停运行（睡眠）功能　在恒压供水系统中，当由于用水流量太小而使压力超过其预置值（如图 3-29 中的 P_{SL} 所示）时，便开始计时。如在预置的时间 t_d 内压力又低于预置值 P_{SL} 时，则不必暂停；但如压力大于预置值的时间超过了 t_d 时，则令主水泵暂停（睡眠）。在主水泵停机期间，为了不影响个别用户的用水，应启动附加的小功率水泵以保证供水，也有采用气压罐来保证一定的供水能力。

② 暂停中止（唤醒）功能　当由于用水流量增大，使供水压力低于压力下限值 P_{WU} 时，暂停中止（唤醒），又进入正常的恒压供水运行状态。

7. 变频器的 PID 调节功能

PID 控制属于闭环控制，是使控制系统的被控量在各种情况下，都能迅速而准确地无限

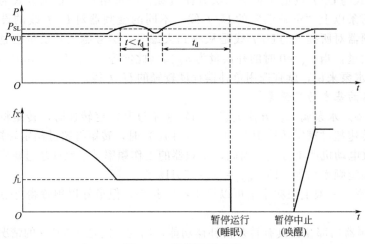

图 3-29　暂停运行功能

接近控制目标的一种手段。具体地说，就是随时将传感器测得的实际信号（称为反馈信号）与被控量的目标信号相比较，以判断是否已经达到预定的控制目标。如尚未达到，则根据两者的差值进行调整，直至达到预定的控制目标为止。

（1）变频器的 PID 接线

各种系列的变频器都有标准接线端子，只不过标志的符号各厂家有所区别，它们的这些接线端子、功能和使用要求相差不大。

1）PID 控制基本原理接线图如图 3-30 所示。

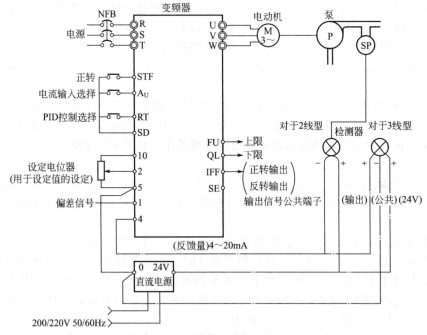

图 3-30　PID 控制基本原理接线图

2）控制系统的接线。

① 反馈信号的接入。图中 SP 是流量传感器，将红线与黑线分别接至外接电源＋24V 与

负极上，绿线接至变频器 4 端上，电源负极接至 5 端子上。

② 目标信号的接入。这里采用由电位器输入目标信号的方式，目标信号通常接在给定频率的输入端，当变频器预置为 PID 工作方式时，2 端所得到的便是目标信号。

（2）PID 控制的工作过程

PID 控制的基本工作过程如图 3-31 所示。

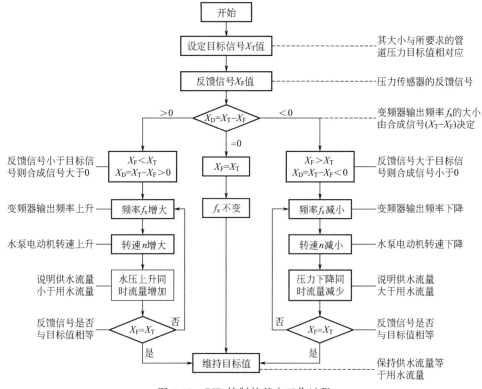

图 3-31 PID 控制的基本工作过程

如图 3-32 所示，模拟了 PID 控制的整个控制工作过程以及各参数在过程控制时的功能，这样便于理解。

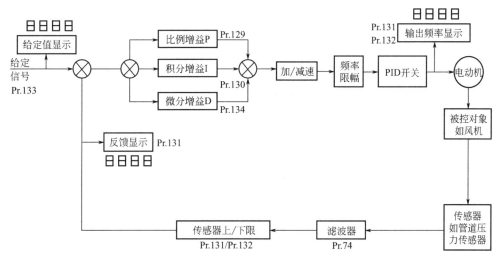

图 3-32 PID 控制过程中各参数的功能

（3）变频器中 PID 调节功能设定

1）PID 输入与输出（I/O）端子功能　PID 输入与输出（I/O）端子功能见表 3-4。设定信号与反馈信号的实现见表 3-5。

表 3-4　PID 输入与输出（I/O）端子功能

信号		使用端子	功能	说明	备注	
输入	X14	按照 Pr.180～Pr.186 的设定	PID 控制选择	X14 闭合时选择 PID 控制	设定 Pr.128 为 10、11、20 和 21 中的任意值	
	2	2	设定值输入	输入 PID 的设定值		
	1	1	偏差信号输入	输入外部计算的偏差信号		
	4	4	反馈量输入	从传感器来的 4～20mA 反馈量		
输出	FUP	按照 Pr.191～Pr.195 的设定	上限输出	输出指示反馈量信号已超过上限值	（Pr.128＝20,21）	集电极开路输出
	FDN		下限输出	输出指示反馈量信号已超过下限值		
	RL		正(反)转方向信号输出	参数单元显示"Hi"表示正转（FWD）或显示"Low"表示反转（REV）或停止(STOP)	（Pr.128＝10、11、20、21）	
	SE	SE	输出公共端子	FUP、FDN 和 RL 的公共端子		

表 3-5　设定信号与反馈信号的实现

信号值	端子	说明	
设定值	通过端子 2～5	设定 0V 为 0％、5V 为 100％	当 Pr.73＝5 时端子选择为 5V
	Pr.133	在 Pr.133 中设定值(％)	0％～100％
偏差信号	通过端子 1～5	设定−5V 为−100％、0V 为 0％和＋5V 为＋100％	Pr.73＝5,端子 1 输入电压无效
反馈值	通过端子 4、5	4mA 相当于 0％,20mA 相当于 100％	A_U 端子需开通

① 输入信号

a. PID 控制选择端子 X14　X14 的闭合、断开由参数 Pr.180～Pr.186 设定。当 X14 信号接通时，开始 PID 控制；反之信号关断时，变频器的运行不含 PID 的作用。

b. 设定值输入端子 2　由变频器端子 2～5 输入 PID 设定值（目标值）。Pr.73 设定为 5，且 A_U 端子开通，运行有效；否则外部输入无效。0V 电压对应 0％，5V 电压对应于 100％变化量。

c. 偏差信号输入端子 1　偏差信号由端子 1～5 输入。当输入外部计算偏差信号时，参数 Pr.128 设定为"10"或"11"。0V 电压对应 0％，＋5V 电压对应于 100％变化量。

d. 反馈量输入端子 4　从传感器来的 4～20mA 的反馈量由端子 4、5 输入。4mA 对应于 0％，20mA 对应 100％变化量。

注意：反馈量选择电流信号控制时，选择电流输入端子 A_U 一定要接通，否则无效。该例中 Pr.128 设定 PID 为负作用时，选择"20"。

② 输出信号

a. 上限输出端 FUP。输出指示反馈量信号已超过上限值。

b. 下限输出端 FDN。输出指示反馈量信号已超过下限值。

c. 正（反）转方向信号输出端子 RL。按照参数 Pr.191～Pr.195 的要求设定。

参数单元显示"Hi"表示正转（FWD）或显示"Low"表示反转（REV）或停止（STOP）。

d. 输出公共端子 SE 是 FUP、FDN 和 RL 的公共端子。

2）端子功能设定

① 输入端子功能由参数 Pr.180～Pr.186 的功能选择决定。具体见表 3-6。

表 3-6　输入端子功能设定

参数号	端子符号	信号名称	设定值	功能	备注
183	RT	X14	14	PID 控制有效	"ON"有效，"OFF"无效
184	A_U	A_U	4	电流输入选择	"ON"有效，"OFF"无效

② 输出端子功能由参数 Pr.190～Pr.196 的功能选择决定。具体见表 3-7。

表 3-7　输出端子功能设定

参数号	端子符号	信号名称	设定值	功能
191	SU	SU	1	频率到达输出信号
192	IPF	RL	16	PID 正反转方向显示
193	OL	FDN	14	PID 下限
194	FU	FUP	15	PID 上限

3）PID 参数功能设定

① PID 参数功能

a. Pr.128　PID 动作选择，该功能设定范围为 0～3 四种控制方式，具体说明如下：

参数值为 10　对于加热或压力等控制，PID 为负作用。

参数值为 11　对于冷却等控制，PID 为正作用。

上述两种对应于端子 1，偏差信号输入有效。即取偏差电压信号与给定电压信号叠加，输入有效。以给定电压信号为主速控制信号，偏差信号频率为辅助输入信号。

参数值为 20　对于加热或压力等控制，PID 为负作用。

参数值为 21　对于冷却等控制，PID 为正作用。

上述两种对应于端子 4，检测值输入有效。本例即取电流信号为主速设定，给定信号为辅助信号。

b. Pr.129　P 增益，该功能设定范围分为两种控制：一种是无比例控制，参数值为 9999；另一种是有比例控制，参数设置范围为 0.1～10。

P 增益是决定 P 动作对偏差响应程度的参数，增益取大时响应快，增益取小时响应滞后，但过大将产生振荡。偏差在 100% 时，最高频率为 100%，P 增益为 1。一般设定在 1.0～1.5 之间。

c. Pr.130　I 积分时间常数，该功能设定范围分为两种控制：一种是无积分控制，设定值为 9999；另一种是有积分控制，参数设定范围为 0.1～3600s。积分时间长时响应迟缓，对外部扰动的控制能力变差；积分时间短时，响应速度快，过小时将发生振荡。通常在 0.1～0.5 之间。

d. Pr.131、Pr.132　PID 检测值的上限与下限，该功能设定范围同样分为两种方式控制：一种是上、下限功能无效；另一种是上、下限功能有效。当设定上限、下限时，如果检测值超过此设定范围，就输出 FUP 信号与报警信号，检测值为 4mA 等于 0%，20mA 等于 100% 的变化量。

e. Pr. 133　用 PU 操作面板模式设定 PID 目标值，设定值范围 0%～100%。仅在 PU 操作或 PU/外部组合模式下对于 PU 指令有效。

对于外部操作，频率设定电压值由端子 2～5 间的电压决定。频率设定电压的偏置和增益，要由 Pr. 902 值等于 0V 时偏置频率对应于 0%、Pr. 903 值等于 Pr. 73 设定的频率电压的输出频率对应于 100% 来校正。频率设定由电流偏差确定，要由 Pr. 904 设定值 4mA 等于偏置频率对应于 0% 的输出频率、Pr. 905 设定值等于 20mA 设定的偏差频率对应于 100% 的输出频率来校正。

f. Pr. 134　D 微分时间常数，该功能设定范围也同样分为两种控制：一种是无微分控制，参数值为 9999；另一种是有微分控制，参数值在 0.01～10.00s。微分时间常数仅向微分作用提供一个与比例作用相同的检测值，随着时间的增加，偏差改变会有较大的响应，通常在 0.01～0.2 之间设定。

② PID 功能参数设定

Pr. 128＝20　　　　　　压力控制为负作用

Pr. 129＝10　　　　　　比例控制 P

Pr. 130＝5s　　　　　　积分时间

Pr. 131＝100%　　　　　控制范围上限

Pr. 132＝0%　　　　　　控制范围下限

Pr. 134　0.1～0.3s　　微分时间

(4) PID 控制调试

1) 正作用和负作用

① 正作用　当偏差 f_X 为负时，增加执行量（输出频率上升）；当偏差 f_X 为正时，则减小执行量（输出频率下降）。

例如，制冷或流量控制如下：

例如，在空调机中，室内温度太高，要求电动机制冷转速也高；反之，室内温度太低，要求电动机制冷转速要降低，以保持恒温。

例如，在恒压供水中，用户用水流量增加时，水泵电动机转速上升；用户用水流量减小时，水泵电动机转速下降，以保持一定的压力和流量。

② 负作用　就是当偏差 f_X 值为正时，增加执行量（输出频率上升）；当偏差 f_X 值为负时，则减小执行量（输出频率下降）。

例如，加热或压力控制如下：

例如，在空压机的恒压控制中，压力越高，要求电动机转速越低；反之压力降低，要求电动机转速升高，以保持一定压力。

例如，在电炉加热控制中，炉料冷态，温度低，要求电炉加热升温，当温度超过一定值时，要求电炉停止加热，温度下降，以保持一定温度。

偏差与执行量（输出频率）之间的关系见表 3-8。

表 3-8 偏差与执行量之间的关系

偏差	偏差	
作用　　执行量	正	负
负作用	↗	↘
正作用	↘	↗

2）PID 控制模拟调试

① 手动模拟调试　在系统运行之前，可以先用手动模拟方法对 PID 功能进行初步调试，PID 功能手动模拟调试如图 3-33 所示。

a.模拟量确定

Pr.73＝5　即模拟量电压 0～5V。0V 对应于设定输出值为 0％；5V 对应于设定输出值为 100％。

频率 50～0Hz　控制运转频率范围，实际频率设定为 30Hz 左右。

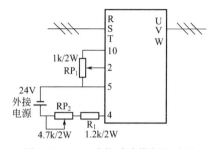

图 3-33　PID 功能手动模拟调试图

压力 0～1MPa　实际控制压力范围。

b.给定电压范围是 0～5V，目标值设定为 0.5MPa，对应的电压为 2.5V，变化量为 50％。

② 反馈信号确定

a.模拟量选择　电压外接 0～24V。

b.模拟电流信号范围　电流随 RP_2 阻值的变化而变化，最小值为 24V/[(4.7＋1.2)kΩ]＝0.0041A，最大为 24V/1.2kΩ＝0.02A；4mA 对应于传感器的输出值为 0％，20mA 对应于传感器的输出值为 100％。

③ 执行量信号调整范围　流量传感器压力为 0～1MPa，对应于 RP_2 电阻值变化引起的流量传感器内电流值变化如下：

$$0MPa(0％)→2550Ω→6.4mA$$
$$0.5MPa(50％)→605Ω→12.8mA$$
$$1MPa(100％)→300Ω→16mA$$

将目标值预置为实际数值，即调节图 3-33 中 RP_1，将给定电压设置为 2.5V 左右，将一个手控的电压或电流信号（参看图 3-33，调节 RP_2 电阻值为 600Ω 左右）接至变频器的反馈信号输入端子 4。

缓慢地调节反馈信号，当反馈信号超过目标信号时，变频器的输入频率将不断上升，直至最高频率；反之，当反馈信号低于目标信号时，变频器的输入频率将不断下降，直至频率为下限或 0Hz，上升或下降的快慢反映了积分时间的大小。

3）系统调试　由于 PID 的取值与系统的惯性大小有很大关系，因此，很难一次调定，这里根据经验介绍一个大致的调试过程。

调试过程中，首先将微分功能 D 调为 0，即无微分控制。在许多要求不高的控制系统中，微分功能可以不用，将比例放大和积分时间可设定较大一点或保持变频器出厂设定值不变，使系统运行起来，观察其工作情况。

如果在压力下降或上升后难以恢复，说明反应太慢，则应加大比例增益 K_P，修正 Pr.129 参数，直至比较满意为止。在增大 K_P 后，虽然反应快了，但却容易在目标值附近波动，说明系统有振荡，应加大积分时间（即修正 Pr.130 参数），直至基本不振荡为止。

总之，在反应太慢时，应增大 K_P，或减小积分时间；在发生振荡时，应调小 K_P 或加大积分时间，最后调整微分时间，使 D 微微增大，使过程控制更加稳定。至此调试结束。

8. 恒压供水系统中变频调速的应用实践训练

① 根据控制要求选择合适的器件及型号，合理选择变频器。

② 按图 3-27 和图 3-30 进行安装接线。

③ 根据控制要求进行参数设置。

有关参数设置见表 3-9，PID 功能参数设置方法见前文所述。

表 3-9　有关参数设置值

参数号	名称	设定值
Pr. 1	上限频率	45Hz
Pr. 2	下限频率	20Hz
Pr. 3	基底频率	50Hz
Pr. 7	加速时间	15s
Pr. 8	减速时间	20s
Pr. 9	电子过电流保护	根据电动机额定电流确定
Pr. 19	基底频率电压	380V
Pr. 41	频率到达动作范围	±5%

④ 根据控制要求对变频恒压供水系统进行模拟调试。

⑤ 若采用 PLC 控制代替本任务中的有关继电控制，试设计有关控制电路，编写控制程序并进行安装调试。

【例 3-4】　大楼恒压供水变频调速控制应用实例

在通风或供水系统中，风机和水泵的功率都是根据最大流量来选择的，但实际使用中流量随各种因素而变化（如季节、温度、工艺、产量等），往往比最大流量小得多。要减小流量，通常情况下只能调节挡板或阀门的开度，即通过关小和开大阀门/挡板的开度来调节流量。阀门控制法的实质是通过改变管网阻力大小来改变流量，然而当所需流量减小时，这种控制方式会使得压力增加，故轴功率的降低有限，此时，过剩的风机、水泵功率将导致压力增加造成很大的能量损耗。

所谓恒压供水，是指在供水管道网中用水量发生变化时，出水口的压力保持不变的供水方式。供水管道网出口压力值是根据用户需求确定的，图 3-34 所示为恒压供水系统图。

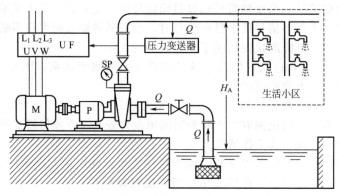

图 3-34　恒压供水系统图

1. 变频调速机理

根据转速公式可知，当转差率 s 变化不大时，异步电动机的转速 n 基本上与电源频率 f_1 成正比。连续调节电源频率，就可以平滑地改变电动机的转速，但是，单一地调节电源频率，将导致电动机运行性能的恶化，因此对变频调速应满足以下两个要求：

① 主磁通 $\Phi_m \leqslant \Phi_N$ 以防止定子铁芯过饱和；

② 电动机的过载能力（或最大电磁转矩 T_{max}）尽可能保持不变。

随着电力电子技术的发展，已出现了各种性能良好、工作可靠的变频调速电源装置，推动着变频调速的广泛应用。额定频率时称为基频，调频时可以从基频向下调，也可从基频向上调。

（1）基频以下的变频调速

电动机正常运行时，定子漏阻抗压降很小，可以认为 $U_1 \approx E_1 = 4.44 f_1 N_1 k w_1 \Phi_m$。

若端电压 U_1 不变，则当频率 f_1 减小时，主磁通 Φ_m 将增加，这将导致磁路过分饱和，励磁电流增大，功率因数降低，铁芯损耗增大；而当 f_1 增大时，Φ_m 将减小，电磁转矩及最大转矩下降，过载能力降低，电动机的容量也得不到充分利用。因此，为了使电动机能保持较好的运行性能，也就是变频的同时必须调压，实现定子电压和频率的协调控制。若保持 $U_1/f_1 =$ 恒值，电动机最大电磁转矩 T_{max} 在基频附近可视为恒值，在频率更低时，随着频率 f_1 下调，最大转矩 T_{max} 将变小，见下式。

$$T_{max} = \pm \frac{m_1 p}{4\pi}\left(\frac{U_1}{f_1}\right)^2 \frac{f_1}{\left[\pm r_1 + \sqrt{r_1^2 + (x_{1\sigma} + x'_{2\sigma})^2}\right]} \approx \frac{m_1 p}{2\pi f_1} \frac{1}{2} \frac{U_1^2}{(x_{1\sigma} + x'_{2\sigma})} \propto \left(\frac{U_1}{f_1}\right)^2$$

其机械特性见图 3-35。

假定变极调速前后定子的功率因数、效率均不变，为了确保电动机得到充分利用，每相绕组中的电流应均为额定值，于是变频前后电动机的输出功率和输出转矩分别满足下列关系：

$$P_2 = m_1 U_1 I_{1N} \cos\varphi_1 \eta_N \propto U_1 \propto \left(\frac{U_1}{f_1}\right) f_1$$

结论：由于基频以下的调速过程中保持 $U_1/f_1 =$ 常数，基频以下的变频调速属于恒转矩调速，$T_2 = 9550 \dfrac{P_2}{n} \propto \dfrac{U_1}{f_1}$，其输出功率正比于定子频率（或转速）。

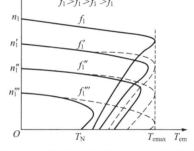

图 3-35　基频以下变频调速的机械特性

（2）基频以上的变频调速

当定子频率超过基频时，受电动机绕组绝缘耐压的限制，定子电压无法进一步提高，只能保持 $U_1 = U_N$。最大电磁转矩、临界转差率公式：

$$T_{max} = \frac{m_1 p U_N^2}{4\pi f_1 \left[\pm r_1 + \sqrt{r_1^2 + (x_{1\sigma} + x'_{2\sigma})^2}\right]} \approx \frac{m_1 p U_N^2}{4\pi f_1 (x_{1\sigma} + x'_{2\sigma})} = \frac{m_1 p U_N^2}{8\pi^2 f_1^2 (L_{1\sigma} + L'_{2\sigma})} \propto \frac{1}{f_1^2}$$

$$s_m = \frac{r'_2}{\sqrt{r_1^2 + (x_{1\sigma} + x'_{2\sigma})^2}} \approx \frac{r'_2}{x_{1\sigma} + x'_{2\sigma}} = \frac{r'_2}{2\pi f_1 (L_{1\sigma} + L'_{2\sigma})} \propto \frac{1}{f_1}$$

假定变极调速前后定子的功率因数、效率均不变，为了确保电动机得到充分利用，每相绕组中的电流应均为额定值，于是变极前后电动机的输出功率和输出转矩分别满足下列关系：

$$P_2 = m_1 U_1 I_{1N} \cos\varphi_1 \eta_N \propto U_1$$

$$T_2 = 9550 \frac{P_2}{n} \propto \frac{U_1}{f_1}$$

结论：由于基频以上的调速过程中保持 $U_1 = U_N$，基频以上的变频调速属于恒功率调速，其机械特性如图 3-36 所示，其输出转矩反比于定子绕组的供电频率（或转速）。

综合基频以下和基频以上两种情况，可以得到图 3-37 所示的异步电动机变频调速控制特性，转矩在基频以下属于恒转矩调速，而在基频以上属于恒功率调速；如果 f_1 是连续可调的，则变频调速是无级调速。

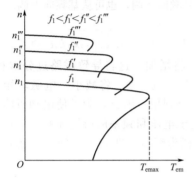

图 3-36　基频以上变频调速时的机械特性

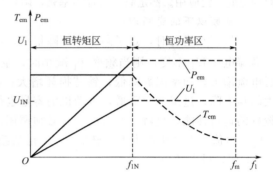

图 3-37　异步电动机变频调速控制特性

2. 供水系统概述

（1）供水系统基本模型

恒压供水系统组成如图 3-34 所示，M 是电动机，P 是水泵，水泵的作用是把水从水池吸入，加压后输送到所需要的地方。采用变频调速后可实现恒压供水控制。

（2）供水系统的主要参数

① 流量　单位时间内流过管道内某一截面的水流量，在管道截面积不变的情况下，其大小决定于水流的速度。其符号是 Q，常用单位是 m^3/s。

② 扬程　单位重量的水通过水泵所获得的能量。其符号是 H，在工程应用时，常体现为液体上扬的高度，故常用单位是 m。

③ 全扬程　水泵在流量趋近于 0 时，管路内无任何损失的扬程，也叫理想空载扬程。其符号为 H_0。

④ 静扬程　在供水系统中，实际的最高水位与最低水位之间的水位差，它表明了实际需要的上扬高度，故又叫实际扬程。其符号是 H_A，在图上体现为从水池的水平面到管路最高之间的扬程。

⑤ 损失扬程　主要包括供水时克服各部分管道内的摩擦和其他损耗所需要的扬程，以及为了使水流具备一定流速所需要的扬程等。其符号是 H_L。

⑥ 供水扬程　水泵供水流量为 Q 时实际所需的扬程。其符号是 H_G。

⑦ 管阻　阀门和管道系统对水流的阻力。与管道的直径、长度、管路各部分的阻力系数以及液体的流速等因素有关。其符号是 R。因为管阻不是常数，通常用扬程与流量的关系曲线来描述。

（3）水泵装置的主要特性

① 扬程特性　以管路中的阀门开度不变为前提，表明在某一转速下，供水扬程与流量间关系的曲线，$H_G = f(Q)$，称为扬程特性曲线，如图 3-38 中的曲线 1 所示。在供水系统中，水泵是供水的"源"，因此，扬程特性可以看成是"水源特性"，或者说是"水源"（即水泵）的外特性。其物理意义是：扬程特性反映了用户的用水需求状况对供水扬程的影响。

在这里，流量的大小取决于用户，即用户的用水流量越大，管道中的摩擦损耗及增大流量所需的扬程也越大，故供水扬程越小。所以扬程特性说明，供水扬程是全扬程减去损失扬程的结果，即：$H_G = H_0 - H_L$。

② 管阻特性　以水泵的转速不变为前提，表明阀门在某一开度下，供水扬程与流量间关系的曲线 $H_G = f(Q)$，称为管阻特性曲线，其物理意义是管道系统的负载特性，它是为了在管道内得到一定量的流量，水泵必须提供的扬程。

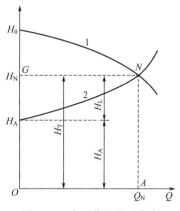

图 3-38　水泵装置的工作点

如图 3-38 的曲线 2 所示，管阻特性是由管阻（阀门开度）来控制供水能力的特性曲线。当供水流量 Q 接近 0 时，所需的扬程等于静扬程 H_A。其物理意义是：如果全扬程小于静扬程，将不能供水。所以管阻特性表明，为了得到一定流量，所需要的供水扬程是静扬程加上损失扬程的结果，即：$H_G = H_A + H_L$。

因此，静扬程也是能够供水的基本扬程，静扬程也可以认为是水泵装置的"空载损失扬程"。

③ 供水系统的工作点　扬程特性曲线和管阻特性曲线的交点，称为供水系统的工作点，如图 3-38 中的 N 点。在这一点，供水系统既满足了扬程特性，也符合了管阻特性。供水系统处于平衡状态，系统稳定运行。如阀门开度为 100%、转速为 100%，则系统处于额定状态，这时的工作点称为额定工作点，或自然工作点。

（4）调节流量的方法和比较

如上所述，在供水系统中，最根本的控制对象是流量。因此，要讨论节能问题，必须从考察调节流量的方法入手。常见的方法有阀门控制法和转速控制法两种。

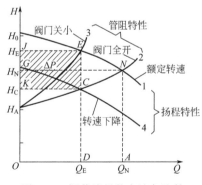

图 3-39　调节流量的方法与比较
1,4—扬程特性曲线；2,3—管阻特性曲线

① 阀门控制法　水泵本身的供水能力不变，而是通过改变水路中的阻力大小来强行改变流量，以适应用户对流量的需求。这时，管阻特性将随阀门开度的改变而改变，但扬程特性不变。如图 3-39 所示，设用户所需流量 Q_X 为额定流量 Q_N 的 60%，当通过关小阀门来实现时，管阻特性将改变为曲线 3，而扬程特性则仍为曲线 1，故供水系统的工作点移至 E 点，这时流量减小为 $Q_E = Q_X = Q_N \times 60\%$；扬程增加为 H_E，供水功率 P_G 与 $ODEJ$ 面积成正比。

② 转速控制法　转速控制法是指通过改变水泵的转速来调节流量，而阀门开度则保持不变（通常为最大开度）。转速控制法的实质是通过改变水泵的供水能力来适应用户对流量的需求。当水泵的转速改变时，扬程特性将随之改变，而管阻特性不变。仍以用户所需流量等于 Q_N 的 60% 为例，当通过降低转速使 $Q_X = Q_N \times 60\%$ 时，扬程特性为曲线 4，管阻特性则仍为曲线 2，故工作点移至 C 点。这时，流量减小为 Q_X，扬程减小为 H_C，供水功率 P_G 与 $ODCK$ 面积成正比。

比较上述两种调节流量的方法可以看出，在所需流量小于额定流量 Q_N 的情况下，转速控制时的扬程比阀门控制时小得多，所以转速控制方式所需的供水功率也比阀门控制方式小得多。两者之差便是转速控制方式节约的供水功率，它与 $KCEJ$ 面积（图中的阴影部分）成正比。这是变频调速供水系统具有节能效果的最基本的方面。

3. 恒压供水系统

(1) 恒压供水的目的和优点

对供水系统的控制，归根结底是为了满足用户对流量的需求，所以流量是供水系统的基本控制对象。而如上所述，供水流量的大小取决于扬程，但扬程难以进行具体测量和控制。考虑到在动态情况下，管道中水压的大小与供水能力（由供水流量表示 Q_C）和用水需求（由用水流量 Q_U 表示）之间的平衡情况有关，即：

① 如果 $Q_C > Q_U$，则压力上升；

② 如果 $Q_C = Q_U$，则压力不变；

③ 如果 $Q_C < Q_U$，则压力下降。

可见供水能力与用水需求之间的矛盾具体反映在流体压力的变化上，所以压力就是用来作为控制流量大小的参变量。就是说，保持供水系统中某处压力的恒定，就保证了该处供水能力和用水流量处于平衡状态，恰到好处地满足了用户所需的用水量，这就是恒压供水所需要达到的目的。

(2) 恒压供水的优点

① 节省建设投资。变频供水取代了水塔、高位水箱等，减少了建筑面积，并降低了整个建筑的结构设计强度，又使泵房小型化，从而极大减少了投资，从而高效节能。

② 避免水的二次污染。变频供水减少了中间环节，避免了高价水箱带来的二次污染，保护性能好。多台水泵的循环软启动，以减少对电网设备、供水管网的冲击，延长水泵寿命。

③ 具有手动和自动功能。

手动功能：用户可方便地对每台循环变量泵逐一进行变频调速运行，对每台定量泵进行启停运转，此功能特别方便调试和检修。

自动功能：各级泵各自定时轮流切换，使各个水泵能均匀工作。压力调节精度高，运行压力稳定。

(3) 恒压供水的系统组成

图 3-40 所示为变频器内部控制框图。主泵电动机 M 由变频器 UF 供电，变频器有两个模拟信号的输入端。一个是目标信号输入端，即给定端 VRF。当 PID 功能有效时，VRF 端自动成为目标信号的输入端，目标信号从电位器 RP 上取出。目标信号是与压力的控制目标相对应的值，显示屏上通常以百分数表示。目标信号也可以由键盘直接给定，而不通过外接电路来给定。另一个是反馈信号输入端，即辅助给定端 VPF。当 PID 功能有效时，VPF 端自动成为反馈信号的输入端，接受从压力变送器 SP 反馈回来的信号。图中压力变送器 SP 的电源由变频器提供（端子 24V-GDN），其输出线信号便是反映实际压力的信号 X_F，接至变频器的 VPF。反馈信号的大小在显示屏上也用百分数表示。

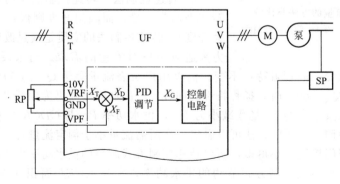

图 3-40　变频器内部控制框图

压力传感器的输出信号是随压力而变的电压或电流信号。当信号距离较远时，可采取电流信号，用以减少线路压降引起的误差；当信号距离较近时，可以采取电压信号。

目标信号的确定：目标信号除了和压力控制目标有关，还和压力变送器 SP 的量程有关。例如，设用户所要求的供水压力为 0.6MPa，压力变送器的输出信号为 4～20mA，则当压力变送器的量程为 0～1MPa 时，20mA 与 1MPa 对应，而与目标压力对应的反馈量为13.6mA，是压力表全量程的 60%，所以目标值就预设为 60%。

（4）系统的工作过程

因为压力要求恒定，所以采用具有 PID 调节功能的闭环控制。现代的变频器一般都具有 PID 调节功能，其内部的框图如图 3-40 中点划线框所示。

图 3-41 所示是变频调速恒压供水系统在正常工作下的 PID 调节过程。图 3-41(a) 是管道内流量 Q 的变化情况；图 3-41(b) 是供水压力 p 的变化情况，由于 PID 的调节结果，它的变化是很小的；图 3-41(c) 是管道内流量发生变化（从而供水压力也变化）时的PID 调节量 Δ_{PID}，Δ_{PID} 值只是在压力反馈量 X_F 与目标值 X_T 之间有偏差时才出现，在无偏差值时，$\Delta_{PID} = 0$；图 3-41(d) 所示是变频器输出频率 f_X和电动机转速 n_X 的变化情况。

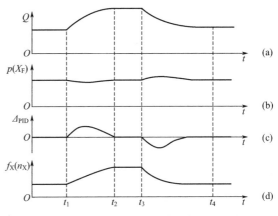

图 3-41　恒压供水系统正常工作下的 PID 调节过程

① 稳态运行。水泵装置供水能力与用户的用水需求处于平衡状态（$Q_C = Q_U$），供水压力稳定而无变化，反馈信号与目标信号近乎相等，PID 的调节量 Δ_{PID} 为 0，电动机在频率 f_X 下匀速运行，如图 3-41 中的 $0～t_1$段所示。

② 用水量增加。当用户用水量增加，超过了供水能力（$Q_C < Q_U$）时，供水压力 p 有所下降，反馈信号 X_F 减小，合成信号（$X_T - X_F$）则增大，PID 产生正的调节量（$\Delta_{PID} > 0$），变频器的输出频率 f_X 和电动机的速度 n_X 上升，使供水能力 Q_G 增大，压力恢复，如图 3-41 中 $t_1～t_2$ 段所示。

③ 用水量减小。当用户用水量减小，低于厂供水能力（$Q_C > Q_U$）时，供水压力 p 有所上升，反馈信号 X_F 增大，合成信号（$X_T - X_F$）则减小，PID 产生负的调节量（$\Delta_{PID} < 0$），变频器的输出频率 f_X 和电动机的速度 n_X 下降，使供水能力 Q_G 减小，压力恢复，如图 3-41 中 $t_3～t_4$ 段所示。

当压力大小恢复到目标值时，供水能力与用水需求又取得新的平衡，系统恢复稳定运行，如图 3-41 中 t_4 以后的情形。

（5）多台水泵的切换功能

由于在不同的时间和季节，用水量的变化是很大的，为此若干台水泵同时供水，本着多用多开、少用少开的原则，既满足了系统对恒压供水的要求，又可以节约用电。

大体上说多泵供水主要有一控多方式、一主多辅方式和一控一切换方式三种类型。

1）一控多方式　供水系统由若干流量相同或接近的水泵组成。为了减少设备投资，由一台变频器进行统一控制。

加泵过程：当供水流量小于变频器在恒压工频下的流量时，由 1 号泵在变频泵控制情况下自动调速供水，当用水流量增大时，变频泵 1 的转速升高。当变频泵 1 的转速升高到上限转速时，水力仍然不足，经过短暂延时，确认系统用水量已经增大后，将 1 号泵切换为工频工作，同时变频器的输出频率迅速降为 0Hz，然后使 2 号泵投入变频运行，当 2 号泵也达到上限频率而水压仍不足时，又使 2 号泵切换为工频运行，3 号泵投入变频工作。以此类推逐渐投入水泵实现恒压供水。

减泵过程：当用水流量减小，变频泵已达到下限频率，而压力仍偏高，各并联工频泵按次序关泵停机。此方案所需设备费用较少，但因只有一台水泵实行变频调速，故节能效果较差。

以一控三为例，如图 3-42 所示。图中，接触器 $1KM_2$、$2KM_2$、$3KM_2$ 分别用于将各台水泵电动机接至变频器；接触器 $1KM_3$、$2KM_3$、$3KM_3$ 分别用于将各台水泵电动机直接接至工频电源。

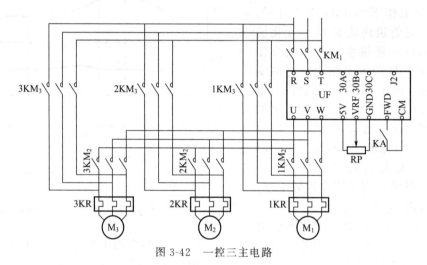

图 3-42 一控三主电路

一般说来，在多台水泵供水系统中，应用 PLC 进行控制是十分灵活而方便的。但近年来，由于变频器在恒压供水领域的广泛应用，各变频器制造厂纷纷推出了具有内置 PID 功能的新系列变频器，简化了控制系统，提高了可靠性和通用性。

2）一主多辅方式 上述的切换控制系统中，当进行变频与工频切换时，如处理不当，容易出现过电流的问题。为了避免与工频之间的切换，有的供水方式采用一主多辅的控制方式，如图 3-43 所示。

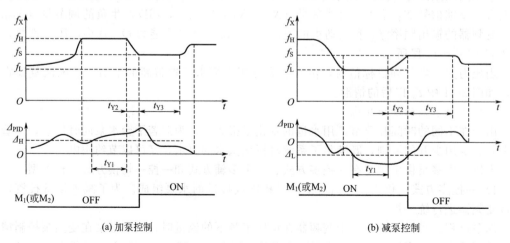

(a) 加泵控制　　　　　　　　　　　　　　　(b) 减泵控制

图 3-43 一主二辅加减泵控制

供水的基本结构是一台主泵 M_0，容量较大，进行变频调速。多台辅助泵容量较小，都由工频电源直接供电，但其启动和停止由变频器控制。一主多辅供水系统中都不必进行变频和工频之间的切换，只需要进行辅助泵之间的加泵和减泵控制。具体地说，当主泵已在上限频率下运行，但供水系统压力仍然偏低时，应加泵，如果因用水量增加压力又偏低，则再增加一台辅助泵，保证系统的压力恒定，以此类推。

反之，当主泵已在下限频率下运行，但供水系统压力仍然偏低，应减泵，如果因用水量减少，压力又偏高，则再减少一台辅助泵，保证系统的压力恒定，以此类推。

① 加泵控制 其主要特点是，PID 的调节量是否超过限值作为加泵或减泵的依据。当变频器的输出频率 f_X 因受上限频率 f_H 的限制而不能再上升，而管网压力仍偏低，PID 的调节量 Δ_{PID} 将超过上限值 Δ_H，Δ_{PID} 每超过上限值 Δ_H，变频器都将计时，当 Δ_{PID} 超过上限位值 Δ_H 的时间超过确认时间 t_{Y1} 说明确实需要加泵。一主二辅加泵控制如图 3-43(a) 所示。加泵的准备阶段、实施阶段、完成阶段如下所述：

a. 加泵的准备阶段：变频器把输出频率按预置的减速时间下降至加减泵控制频率 f_S，降速所需时间为 t_{Y2}，在此过程中，变频器的 PID 调节器功能将暂停。

b. 加泵的实施阶段：启动一台辅助泵 M_1（如果 M_1 已在运行，则启动 M_2，以此类推）。

c. 加泵的完成阶段：变频器在输出频率为 f_S 的状态下维持时间 t_{Y3}，在这段时间内，将禁止再次加泵。设置 t_{Y3} 的目的是防止在加泵过程中，由于 Δ_{PID} 尚未回到正常范围而再次加泵。

② 减泵控制 当变频器的输出频率 f_X 因受下限频率 f_L 的限制而不能再下降，而管网压力仍偏高，PID 的调节量 Δ_{PID} 将超过下限值 Δ_L，Δ_{PID} 每超过下限值 Δ_L，变频器都将计时，当 Δ_{PID} 超过下限值 Δ_L 的时间超过确认时间 t_{Y1}，说明确实需要减泵，一主二辅减泵控制如图 3-43(b) 所示，这时减泵的过程如下所述：

a. 减泵的准备阶段：变频器把输出频率按预置的加速时间上升至加减泵控制频率 f_S，所需时间为 t_{Y2}，在此过程中，变频器的 PID 调节器功能将暂停。

b. 减泵的实施阶段：停止一台辅助泵 M_1（如果 M_1、M_2 都已在运行，则应先停 M_2，以此类推）。

c. 减泵的完成阶段：变频器在输出频率为 f_S 的状态下维持时间 t_{Y3}，在这段时间内，将禁止再次减泵。设置 t_{Y3} 的目的是防止在减泵过程中，由于 Δ_{PID} 尚未回到正常范围而再次减泵。

3）一控一切换方式 以两台泵为例，即每台水泵都由一台变频器来控制。这时，需指定一台泵作为主泵，系统的工作过程如下：首先启动 1 号泵（主泵），进行变频控制；当 1 号泵变频器的输出频率已经上升到 50Hz，而水压仍不足时，2 号泵启动并升速，使 1 号泵、2 号泵同时进行变频控制。当 1 号泵变频器的输出频率下降到下限频率（如 30Hz），而水压偏高时，2 号泵减速并停止，进入 1 号泵进行变频控制的状态。此方案的一次性投入费用较高，但节能效果是最好的，可以很快收回设备费用。

但此方式也有不足之处，就是在只有一台变频器运行并切换到工频过程中会造成管网短时失压，在设计时应充分地引起重视。另外，必须设置一套备用系统，如软启动器就可作为备用设备。当变频器发生 PLC 故障时，可用软启动器手动轮流启动各泵运行供水。我国在初期大多采用一控多方式，经济较发达地区采用一控一方式的也不少。但总的趋势是采用二控三、二控四、三控五方案。

（6）暂停功能

在生活供水系统中，夜间的用水量常常是很少的，即使水泵在下限频率下运行，供水压力仍可能超过目标值，为了更好地节约能源，这时，可使容量较大的主泵暂停运行（睡眠），启动容量较小的辅助小泵或气压罐来维持管网中的压力。当进入白天时，用水量又增加，令主泵中止暂停（唤醒）。下面主要介绍两种控制方式。

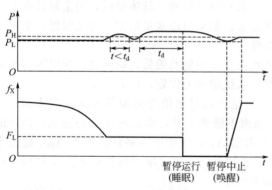

图 3-44　以压力为基准的暂停功能

① 以压力为基准的暂停功能　在恒压供水系统中，当由于用水流量太小而使压力超过某预置值（如图 3-44 中的 P_H）时，便开始计时，如在确认时间 t_d 内，压力又低于预置值 P_H 时，对于这种偶发性的过压，则不必暂停；但如压力超过预置值的时间超过了确认时间 t_d 时，则令水泵暂停（睡眠）。当用水流量增大，使供水压力低于压力下限值 P_L 时，暂停中止（唤醒），又进入正常的恒压供水运行状态。

② 以频率为基准的暂停功能　采用PID恒压供水时，在用户的用水量很小时，为了保持管网压力，变频器的输出频率必须不断地下降，当变频器的频率下降到 f_{SL} 时，令主泵暂停，同样为了防止短时间的水泵启停而引起的振荡，也需要设置一个确认时间 t_d，只有当超过下限频率的时间大于确认时间 t_d 时，变频器使主泵休眠。主泵休眠后，如果用户的用水量增加，使管网压力低于下限值 P_L 时，暂停中止（唤醒）。

（7）水锤效应

① 水锤效应的概念　异步电动机在全电压启动时，从静止状态加速到额定转速所需时间只有 0.25s。这意味着在 0.25s 的时间里，水的流量从零猛增到额定流量。由于流体具有动量和一定程度的可压缩性，因此，在极短时间内流量的巨大变化将引起对管道的压强过高或过低的冲击，并产生空化现象。压力冲击将使管壁受力而产生噪声，犹如锤子敲击管子一样，故称为水锤效应。水锤效应具有极大的破坏性：压强过高，将引起管子的破裂，反之，压强过低，又会导致管子的瘪塌。此外，水锤效应也可能损坏阀门和固定件。

在直接停机时，供水系统的水头将克服电动机的惯性而使系统急剧地停止。这也同样会引起压力冲击和水锤效应。产生水锤效应的根本原因，是在启动和制动过程中的动态转矩太大。在启动过程中，异步电动机和水泵的机械特性如图 3-45 所示，曲线 1 是异步电动机的机械特性，曲线 2 是水泵的机械特性，阴影部分是动态转矩 T_J（即两者之差）。

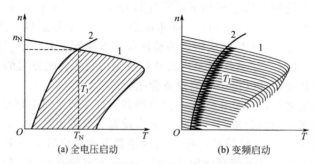

图 3-45　水泵的全电压启动和变频启动

1—异步电动机的机械特性曲线；2—水泵的机械特性曲线

在拖动系统中，决定加速过程的是动态转矩 T_J：

$$T_J = T_M - T_L$$

由图 3-45(a) 可知，水泵在直接启动过程中，拖动系统动态转矩 T_J 是很大的，所以，加速过程很快。

② 水锤效应的消除 采用了变频调速后，可以通过对升速时间的预置来延长启动过程，动态转矩大为减小，如图 3-45(b) 所示。图中的锯齿状线是升速过程中的动态转矩（即不同频率时的电动机机械特性与水泵机械特性之差）。在停机过程中，同样可以通过对降速时间的预置来延长停机过程，使动态转矩大为减小，从而彻底消除水锤效应。

4. 大楼的恒压供水实例

（1）供水系统的构成

某大楼的供水系统实际扬程 $H_A = 30\text{m}$，要求供水压力保持在 0.5MPa，压力变送器的量程是 0～1MPa，采用图 3-46 所示的一主二辅供水系统。

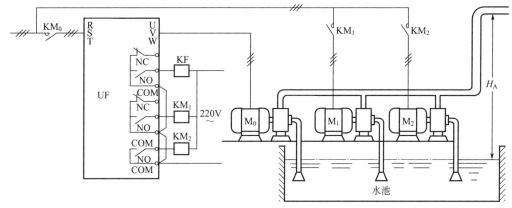

图 3-46 一主二辅供水系统

主泵电动机：22kW、42.5A、1470r/min，由变频器控制。

配用变频器：配用西门子 MM440 系列变频器，29kV·A（适配电动机为 22kW），45A。

辅泵电动机：5.5kW、11.6A、1440r/min，直接接到工频电源上。

（2）功能预置

① 基本功能的预置见表 3-10。

表 3-10 基本功能的预置

功能码	功能名称	数据码	数据码含义
P0210	供电电压	380V	
P0290	变频器过载时的措施	0	降低频率，防止跳闸
P1080	最低频率	30Hz	根据静扬程进行预置
P1082	最高频率	50Hz	上限频率为 50Hz
P1120	斜坡上升时间	20s	
P1121	斜坡下降时间	20s	

② 转矩提升功能的预置。西门子变频器的 U/f 线如图 3-47 所示。变频器提供了多条补偿程度不同的 U/f 供用户选择。西门子系列不同的 U/f 控制为线性 U/f 控制、带磁通电流控制的 U/f 控制、二次方特性的 U/f 控制、可编程的 U/f 控制、节能方式的 U/f 控制、用于纺织机械的 U/f 控制和用于纺织机械的带磁通电流控制功能的 U/f 控制。对于离心式水泵低速运行，P1300 选择二次方律转矩提升方式 U/f 控制。相关功能预置见表 3-11。

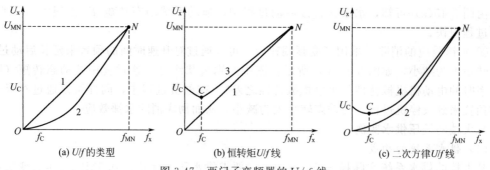

图 3-47 西门子变频器的 U/f 线

表 3-11 相关功能预置

功能码	功能名称	数据码	数据码含义
P1300	变频器的控制方式	2	二次方律转矩提升方式
P1312	起始提升	10%	提升量为额定电流的 10%

（3）恒压供水的过程控制

1）通道选择与信号范围

① 控制系统的接线图如图 3-48 所示。

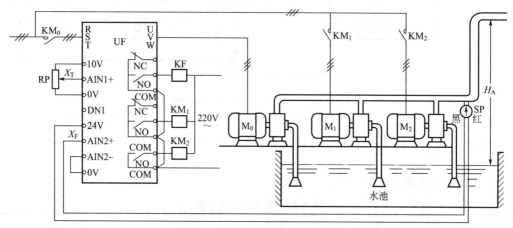

图 3-48 恒压供水系统的接线

② 目标信号的确定。压力变送器的量程为 0～1MPa，而要求的供水压力是 0.5MPa，目标信号应为 50%。

③ 相关功能的设置如表 3-12 所示。

表 3-12 反馈信号相关功能的设置

功能码	功能名称	数据码	数据码含义
P2200	允许 PID 控制投入	1	PID 功能有效
P2253	PID 设定值信号源	755	目标信号从 AIN1＋端输入
P2264	PID 反馈信号	755	反馈信号从 AIN2＋端输入
P2266	反馈信号的上限值	60%	与上限压力对应（0.6MPa）
P2268	反馈信号的下限值	40%	与下限压力对应（0.4MPa）
P2271	传感器的反馈形式	0	负反馈

④ 反馈形式的判断。在 PID 无效的情况下，如增大频率，反馈信号也随之增大，则为负反馈；如增大频率，反馈信号反而减小，则为正反馈。

2）PID 的预置与工况

① 工况示意图如图 3-49 所示。

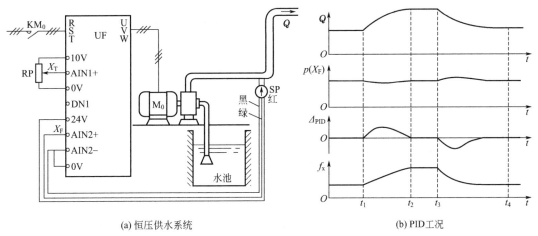

(a) 恒压供水系统　　　　　　　　　　(b) PID 工况

图 3-49　恒压供水的工况

② 调试功能见表 3-13。

表 3-13　调试功能的设置

功能码	功能名称	数据码	数据码含义
P2280	PID 增益系数	5	比例增益为 5
P2285	PID 积分时间	10s	积分时间为 10s
P2291	PID 输出上限	10%	上、下限预置得越小，则加、减泵的切换越频繁
P2292	PID 输出下限	−10%	
P2293	PID 上升时间	20s	启动时防止因加速太快而跳闸

③ 调试。在流量比较稳定的情况下，如反馈信号时而大于目标信号，时而小于目标信号，说明系统发生了振荡，应减小 P，或增大 I。

当流量发生变化（增大或减小）后．反馈信号难以迅速地回复到等于目标信号时，说明系统反应迟缓，应增大 P，或减小 I。

（4）切换控制

① 加、减泵控制要点如图 3-43 所示。

② 功能预置见表 3-14。

表 3-14　加、减泵功能预置

功能码	功能名称	数据码	数据码定义	说明
P2371	辅助泵分级控制	2	$M_1 + M_2$	有 2 台辅助泵参与控制
P2372	辅助泵分级循环	1	分级循环	运行时间短者先加后减
P2373	PID 回线宽度	20%	上下限宽度	即 Δ_H 和 Δ_L 之间的宽度
P2374	加泵延时	300s		加泵确认时间，图 3-43 中 t_{Y1}
P2375	减泵延时	300s		减泵确认时间，图 3-43 中 t_{Y1}

续表

功能码	功能名称	数据码	数据码定义	说明
P2376	PID 调节量极限	40%		Δ_{PID} 超过极限时,立即加、减泵
P2377	禁止加、减泵时间	400s		Δ_{PID} 未回到正常范围时不能加、减泵(图 3-43 中 t_{Y3})
P2378	加、减泵控制频率	85%		切换过渡频率,即图 3-43 中 f_S(42.5Hz)

(5) 睡眠与唤醒控制

① 睡眠与唤醒控制特点如图 3-50 所示。

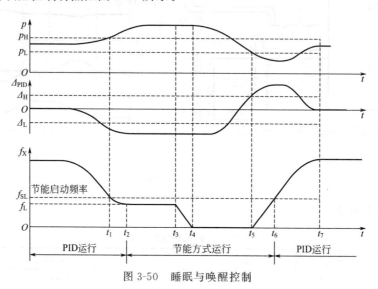

图 3-50　睡眠与唤醒控制

② 睡眠与唤醒功能设置见表 3-15。

表 3-15　睡眠与唤醒功能设置

功能码	功能名称	数据码	数据码定义
P2390	节能设定值	35Hz	节能启动频率,即图 3-50 中 f_{SL}
P2391	节能定时器	240s	定时器计时时间,即确认时间
P2392	节能再启动设定	40%	PID 调节量的唤醒值,即图 3-50 中 Δ_H

【例 3-5】　变频器在冲天炉风机系统的应用实例

在铸造企业,风机是冲天炉熔炼生产中最重要的设备之一,其主要作用是将大量的空气,经过压缩后形成高压高速气流,通过管道送往冲天熔炼炉内,与焦炭充分燃烧产生高温使钢铁熔化变成铁水,供浇注成产品,以便于加工制造。空气的充足与否直接影响到产品的质量,所以必须不断地送入大量的空气,以保证冲天熔炼炉的正常工作。

某铸造厂 5T 冲天炉鼓风机,电动机容量为 22kW,原来是通过调节风门风量来控制的,现要求改为变频调速控制。因炉前温度较高,不适宜由司炉工在炉前进行操作控制,现要求将变频器放在较远处的配电柜内。那么该如何实现呢?下面结合风机变频调速的改造来介绍其相关知识。

1. 变频器在冲天炉风机系统中应用的相关知识

(1) 风机的机械特性与主要参数

1) 风机的机械特性　风机是一种压缩和输送气体的机械,通过风机后排出风的压力较小者为通风机，较大者为鼓风机，统称为风机。

① 二次方律风机　此类风机机械特性具有二次方律的特点，如图 3-51 所示。这种类型的风机有离心式风机、混流式风机、轴流式风机等，其中以离心式风机应用最为普遍，其特性也最为典型。图 3-52 所示是鼓风机典型的风量-压力曲线。

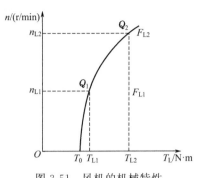

图 3-51　风机的机械特性

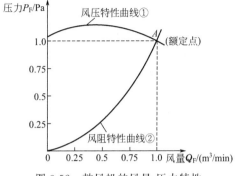

图 3-52　鼓风机的风量-压力特性

② 恒转矩鼓风机　该类型主要是罗茨风机，其基本结构如图 3-53（a）所示。由图可知，在机壳内有两个形状相同的叶轮，它装在互相平行的两根轴上，两轴上装有完全相同且互相啮合的一对齿轮，一个为主动轮，另一个为从动轮。在主动轮的带动下，两个叶轮同步反向旋转，使低压腔的容积逐渐增大，气体经进气口进入低压腔，并随着叶轮的旋转而进入高压腔。在高压腔内，又由于容积的逐渐减小

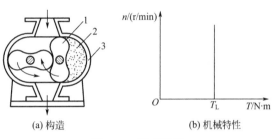

图 3-53　罗茨风机
1—叶轮；2—气体容积；3—机壳

而压缩气体，使气体从排气口排出。罗茨风机主要用于气压要求较高的场合，其机械特件具有恒转矩的特点，如图 3-53（b）所示。

2）风机的主要参数和特性

① 主要参数

a. 风压　是指管路中单位面积上风的压力，用 p_F 表示。本任务中风机的静压为 34320Pa。

b. 风量　即空气的流量，指单位时间内排出气体的量，用 Q_F 表示。本任务中风机的风量为 $21.8m^3/min$。如图 3-54 所示。

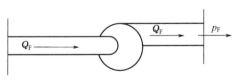

图 3-54　风机运行示意图

② 风压特性　在转速不变的情况下，风压 p_F 和风量 Q_F 之间的关系曲线，称为风压特性曲线，如图 3-52 中的曲线①所示。风压特性与水泵的扬程特性相当，但在风量很小时，风压也较小。随着风量的增大，风压也逐渐增大。增大到一定程度后，风量再增大，风压又开始减小。因此，风压特性呈中间高两边低的形状。

③ 风阻特性　在风门开度不变的情况下，表示风量与风压关系的曲线，如图 3-52 中曲线②所示。风阻特性与供水系统的管阻特性相当，形状也相似。

④ 通风系统的工作点　风压特性与风阻特性的交点，即为通风系统的工作点，坐标所

标数字为标幺值。如图 3-52 中的 A 点所示，图中坐标所标数字为标幺值。

（2）风机的控制方法

通常调节风量和压力大小的方法有两种。

① 调节风门开度　若转速不变，则风压特性也不变。这时，风阻特性则随风门开度的改变而改变，如图 3-55(a) 中的曲线③和④所示。

由于风机消耗的功率与风压和风量的乘积成正比。在通过关小风门来减小风量时，消耗的电功率虽然也有所减小，但减小得不多，如图 3-55(b) 的曲线①所示。

采用这种方式的优点是投资小、控制简单，缺点是风量调节范围小、进风量稳定性差、风量损失严重、能耗大。

② 调节转速　若风门开度不变，则风阻特性也不变，这时风压特性则随转速的改变而改变，如图 3-55(c) 中的曲线⑤、曲线⑥、曲线⑦所示。

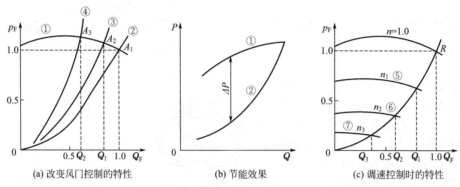

图 3-55　风机的工作特性（图中坐标所标数字为标幺值）

由于风机属于二次方律负载，消耗的电功率与转速的三次方成比例，如图 3-55(b) 中的曲线②所示。由图可知，在所需风量相同的情况下，调节转速的方法所消耗的功率比调节风门开度的方法所消耗的功率要小得多，由此可以节能。

（3）节能分析

由图 3-52(b) 中曲线①和曲线②对比可知，所需风量相同的情况下，调节转速的方法所消耗的功率要小得多，其差为 ΔP。风机的风量 Q_F、压力 p_F、轴功率 P 与转速 n 间的关系是：

风量 Q_F 正比于 n；

压力 p_F 正比于 n^2；

轴功率 P 正比于 n^3。

从而可以推出下列关系式：

$$Q_{F1} = Q_{F2}\left(\frac{n_1}{n_2}\right)$$

$$p_{F1} = p_{F2}\left(\frac{n_1}{n_2}\right)^2$$

$$P_1 = P_2\left(\frac{n_1}{n_2}\right)^3$$

轴功率 P(kW) 计算公式如下：

$$P = \frac{Q_F p_F}{\eta_c \eta_b} \times 10^{-3}$$

式中，Q_F 为风量 $\mathrm{m^3/s}$；p_F 为压力，Pa；η_b 为鼓风机的效率；η_c 为传动装置效率，直接传动时为 1。

当采用不同的调节方法时，电动机的输入功率、轴输出功率（即风机轴功率）与风量的关系曲线如图 3-56 所示，图中坐标所标数字为标幺值。从图中可以看出，采用不同的调节方法时电动机的输入功率、轴功率不同。最下面一条曲线为调速控制时风机所需的，即电动机的轴输出功率。而输出端风门控制方法因其耗能大，现已很少采用，风门控制一般均在输入端进行。

例如，当流量 Q_F 减小到 80%，转速 n 也下降至 80% 时，风机的风压将下降到 64%，而轴功率 P 将下降到 51.2%，即：

$$Q_F = 80\% \quad n = 80\% \quad p_F = (Q_F n) \times 100\% = (80\% \times 80\%) \times 100\% = 64\%$$

$$P = (p_F n) \times 100\% = (64\% \times 80\%) \times 100\% = 51.2\%$$

由此可列出调速风机转速 n 与流量 Q_F、风压 p_F、轴功率 P 间的关系，见表 3-16。

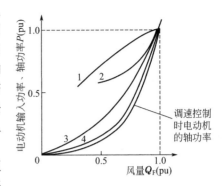

图 3-56 功率-风量特性
1—输出端风门控制时电动机的输入功率；
2—输入端风门控制时电动机的输入功率；
3—转差功率调速控制时电动机的输入功率；
4—变频器调速控制时电动机的输入功率

表 3-16 调速风机转速 n 与流量 Q_F、风压 p_F、轴功率 P 间的关系

转速 n/%	流量 Q_F/%	风压 p_F/%	轴功率 P/%
100	100	100	100
90	90	81	72.9
80	80	64	51.2
70	70	49	34.3
50	50	25	12.5
40	40	16	6.4

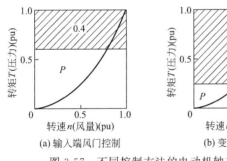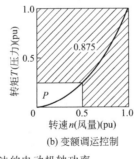

(a) 输入端风门控制　　　(b) 变额调运控制

图 3-57 不同控制方法的电动机轴功率

当风量为 50% 时，可节约的电能如图 3-57 所示，图中坐标所标数字为标幺值。图中画斜线部分的面积表示风量调节到 50% 时的节电量。当采用变频调速时，所需电源功率仅为全风量的 12.5%。当然这是理想情况下得到的结果，还需要考虑到由于转速下降引起的效率下降及附加控制装置的效率等。即使这样，其节能效果还是十分显著的，因此，采用变频调速对风机进行控制是节能的有效途径。

（4）冲天炉风机的变频调速系统

1）控制电路 对于本任务分析中的冲天炉鼓风机，其变频调速控制电路如图 3-58 所示。该电路采用升降速远程控制功能，图中 SA 为 KA_2 电源控制开关，按钮开关 SB_1 和 SB_2 用于控制中间继电器 KA_3，由 KA_3 控制接触器 KM，从而控制变频器的通电与断电。

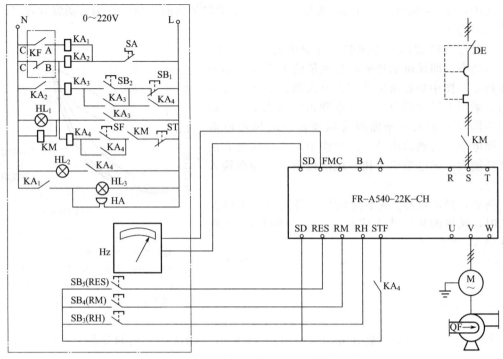

图 3-58 冲天炉鼓风机的变频调速控制电路

ST 和 SF 用于控制继电器 KA_4，从而控制变频器的运行与停止。KM 和 KA_4 之间具有联锁关系：KM 未接通之前，KA_4 不能通电；KA_4 未断开时，KM 也不能断电。

SB_3 为升速按钮，SB_4 为降速按钮，SB_5 为复位按钮，KA_1 为报警控制，KA_2 为电源控制，KM 是变频器通电控制，KA_4 是启动运行控制，HL_1 是变频器通电指示，HL_2 是变频器运行指示，HL_3 和 HA 是变频器发生故障时声光报警指示，Hz 是频率指示。

2）主要器件的选择

① 变频器的选择 选择途径有两个：一是可以根据用途，参照变频器说明书上的适配电动机功率，来选择变频器；二是可以由用户根据电动机功率，通过计算来选配变频器。

本实例选择三菱变频器，电动机额定功率为 22kW，电动机额定电流为 44.6A。

变频器额定输出电流≥电动机额定电流×1.1＝44.6A×1.1＝49.06A

变频器应选择额定输出电流为 49.06A，另外考虑增加一个挡位电流，其费用会增高，且对于风机、泵类的电动机一般不会过载，所以变频器选择 FR-A540-22K-CH，其额定容量为 32.8kV·A，其额定电流为 43A，能满足该电动机的控制要求。

② 主要电器的选择 主电路及控制电路中各元器件的型号规格分别见表 3-17 和表 3-18。

表 3-17 主电路及控制电路中各元器件型号规格及参数

名称	器件选择要求	型号规格及参数	说明
三相交流电源	电源容量是负载的 1.2～1.5 倍	$(1.2\sim1.5)P_N$	P_N 为负载的额定功率
输入侧电缆	导线安全载流量应大于等于负载电流	PVC 绝缘铜电缆 BV-500 $3\times25+1\times16\text{mm}^2$	
自动空气开关	$I_{QN}=(1.3\sim1.4)I_N=(1.3\sim1.4)\times43=55.9\sim60.2A$ 选 $I_{QN}=63A$	DZ20-100/63A	I_{QN} 为空气断路器的额定电流 I_N 为变频器的额定电流

名称	器件选择要求	型号规格及参数	说明
交流接触器	$I_{KN} \geq I_N$ $I_{KN} = 50A$	CJ20-63 220V 63A	I_{KN} 为主触头的额定电流
变频器	变频器额定输出电流≥电动机额定电流×1.1	440 系列 FR-A540-22K-CH32.8kV·A/43A	对风机、泵类应用一般不会过载(平方转矩负载)
输出侧电缆	导线安全载流量应大于负载电流。接地线尽量用粗的,线路越短越好	PVC 绝缘铜电缆 BV-500 $3 \times 25 + 1 \times 16 mm^2$	按公式 $\Delta U = 3 I_{MN} R_0 L / 1000$ 计算,I_{MN} 为电机额定电流,A;L 为导线长度,m;R_0 为单位导线的电阻,Ω/m
交流电动机	满足设备负载要求	型号:Y-200L2-6 电压 380V、电流 44.6A 功率 22kW、频率 50Hz 转速 980r/min	
罗茨鼓风机	满足加工工艺要求	型号 L30X40LD-1 流量 $21.8m^3/min$ 功率 22kW 转速 980r/min 静压 34320Pa 介质密度 $1.2kg/m^3$ 振率≤6.3mm/s	

表 3-18　主电路及控制电路中各元器件型号规格

名称	型号规格	数量	名称	型号规格	数量
信号灯	AD_1-220V	3	自锁按钮	LAY3-11	7
蜂鸣器	AG16-22SM/220V	1	多股线	RV-500	若干
中间继电器	SQX-10F-33/220V	4	I/O 线	$0.1mm^2$ RVVP 多股屏蔽线	若干
按钮	LA19-11	7	接地线	$2.5mm^2$	若干

2. 变频器在冲天炉风机系统中的应用实践训练

① 控制电路如图 3-58 所示,对所选元器件进行安装、接线。

② 运行参数　设定见表 3-19。

表 3-19　运行参数设定

功能参数	名称	设定值	单位	备注
Pr.0	转矩补偿	2%		基底频率电压
Pr.1	上限频率	49.5	Hz	
Pr.2	下限频率	20	Hz	
Pr.3	基底频率	50	Hz	
Pr.7	加速时间	30	s	
Pr.8	减速时间	60	s	
Pr.9	电动机额定电流	44.6	A	50Hz
Pr.14	适用负荷选择	1		变转矩负载
Pr.19	基底频率电压	380	V	

功能参数	名称	设定值	单位	备注
Pr.59	遥控频率记忆	1		
Pr.71	恒转矩电动机△接法	18		
Pr.79	外部控制模式	2		
Pr.180	清除	0		
Pr.181	减速	1		
Pr.182	加速	2		

③ 接线完毕，经检查无误后，即可进行通电试车。

④ 修改运行频率 Pr.7、Pr.8、Pr.181、Pr.182 参数，反复调试远程控制变频器通断电和启停。

⑤ 注意事项。

a. 先看懂控制原理图，然后认真按原理图接线。

b. 通电试车前，先检查控制电源部分，看 KM 能否控制变频器的电源进线 R、S、T，再逐一检查各元器件动作顺序是否正确。经反复检查无误后，再将变频器电源进线 R、S、T 通电输入，进行试车调试。

c. 现场调试要注意安全。

【例 3-6】 变频器在鼓风机程控调速控制中的应用实例

目前，在纺织行业中，仍有不少企业依旧使用变极的方法对风机进行调速，其不但调节灵活性差，而且耗电量也大。若使用变频调速技术，利用变频器的程控调速功能对风机进行速度控制，就能根据纺织车间的不同季节对车间温度、湿度的要求，合理调节风量，做到通风换气、降温除湿，达到自动保持温度、湿度恒定的要求。这样，既可降低劳动强度和生产成本，又可实现节能增效。

某纺织厂有 5 个纺织车间，每个车间有两台鼓风机，其中一台为 30kW、一台为 37kW，若利用变频器对其鼓风机进行程控调速改造，就能达到上述要求。那么，具体又如何实现呢？本实例将介绍这方面的相关知识。

1. 变频器在鼓风机程控调速控制中应用的相关知识

(1) 利用变频器对鼓风机进行程控调速改造

关于鼓风机和变频器方面的相关知识在前面的有关实例中已经介绍，在此不再重复。下面主要介绍利用变频器对鼓风机进行程控调速改造方面的有关知识。

1) 查询有关技术资料 根据未改造前的相关记录，统计全年运行时间。若每月运行 30 天，每天按 24h 计算，全年总运行时间为 8640h。其中，夏季高温期为 4 个月（6～9 月），累计时间为 $T_1=2880h$；春秋冬季中低温期为 8 个月（1～5 月、10～12 月），累计时间为 $T_2=5760h$。在夏季高温期每天的 10 时至 18 时时段是室外温度最高时间，而每天的 22 时至次日 7 时时段是当日温度最低时间，其余时段为当日平均温度时间。因此，变频器对风机控制的频率只有根据不同时段的温度差异来设定，才能使车间室内温度保持相对恒定。

2) 测定与计算控制频率

夏季高温期　　10 时至 18 时　　最高频率设定为 48Hz

　　　　　　　22 时至次日 7 时　最低频率设定为 35～38Hz

　　　　　　　其余时段　　　　综合频率设定为 43Hz

春秋冬季低温期　10 时至 18 时　　最高频率设定为 28Hz

　　21 时至次日 7 时　　　最低频率设定为 15～18Hz
　　其余时段　　　　　　综合频率为 23Hz

　　3）有关电路

　　① 主电路　保持原电气柜中降压启动装置及换极控制部分（以作备用）不变，增加变频器调速控制电路。利用变频器对鼓风机进行程控调速控制的主电路如图 3-59 所示。

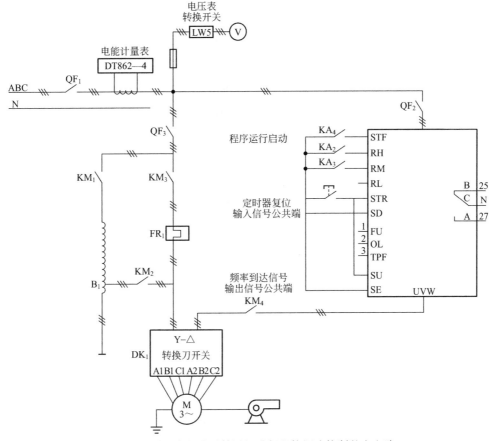

图 3-59　利用变频器对鼓风机进行程控调速控制的主电路

　　② 控制电路　利用变频器对鼓风机进行程控调速控制的控制电路如图 3-60 所示。

　　启动设备前，首先将电动机 Y/△刀开关拨至△形接法挡位（高速），其次将选择开关拨至工频或变频位置。

　　若选择高频运行，SK_1 的 1-2 接通，按图顺序启动工频运行；若选择变频运行，SK_1 的 1-3 接通，将选择开关拨至夏季高温期或春秋冬中低温期运行。

　　若选择高温运行，SK_2 的 17-18 接通，然后按图顺序启动变频运行；若选择中低温运行，SK_2 的 17-19 接通，其余操作同上。

　　（2）节能分析

　　1）运行时间　全年总运行时间为 8640h，其中，高温期为 4 个月，累计时间为 $T_1=$ 2880h；春秋冬中低温期为 8 个月，累计时间为 $T_2=5760h$。

　　2）节电率　根据高温期综合频率设定为 43Hz、春秋冬中低温期综合频率设定为 23Hz，计算公式如下：

$$\Delta n_1=[1-(f_X/f_1)^3]\times100\%-K$$

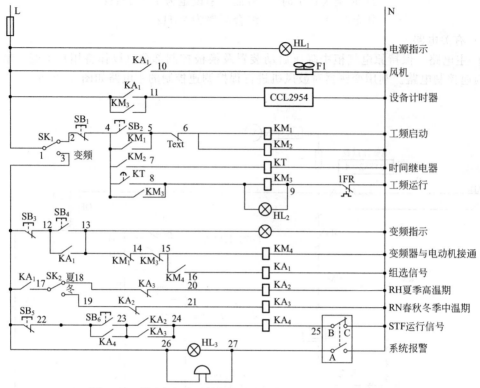

图 3-60 利用变频器对鼓风机进行程控调速控制的控制电路

式中，f_X 为设定运行频率；f_1 为供电电源频率；K 为高温期变频损耗及影响节电因素的扣减系数，一般取 $2\%\sim6\%$。

① 高温期的平均节电率　此处 K 取 4%，则：

$$\Delta n_1=[1-(43\div50)^3]\times100\%-4\%=36.4\%-4\%=32.4\%$$

② 中低温期的平均节电率　此处 K 取 6%，则：

$$\Delta n_1=[1-(23\div50)^3]\times100\%-6\%=90.27\%-6\%=84.27\%$$

3）节电量

① 风机变频调速改造前消耗功率

a. 风机 1（$P_1=30kW$）

• 高温期高速 $50Hz$ 运行时，输入功率 $P_{11}=27kW$。

• 中低温期低速 $50Hz$ 运行时，输入功率 $P_{12}=13.5kW$。

b. 风机 2（$P_2=37kW$）

• 高温期高速 $50Hz$ 运行时，输入功率 $P_{21}=34kW$。

• 中低温期低速 $50Hz$ 运行时，输入功率 $P_{22}=16kW$。

② 风机变频调速改造后节电量

a. 风机 1（$P_1=30kW$）

• 高温期节电量。因高温期节电量

$$\sum A_H=P_{11}T_1\Delta n_1$$

则：

$$\sum A_H=P_{11}T_1\Delta n_1=27kW\times2880h\times32.4\%=25194kW\cdot h$$

• 低温期节电量。因低温期节电量

$$\sum A_{L1} = P_{12}\{1 - [(f_X/f_1)^3 + K]\}T_2$$

则：

$$\sum A_{L1} = 13.5 \times \{1 - [(40/50)^3 + 4\%]\} \times 5760 = 34836 \text{kW} \cdot \text{h}$$

所以，全年节电 60030kW·h。若电价取 0.5 元/(kW·h)，则年节省电费 30015 元。

b. 风机 2（$P_2 = 37$kW）

· 高温期节电量

$$\sum A_{H2} = P_{21}T_1\Delta n_1 = 34\text{kW} \times 2880\text{h} \times 32.4\% = 31726\text{kW} \cdot \text{h}$$

· 低温期节电量

$$\sum A_{L2} = P_{21}\{1 - [(f_x/f_1)^3 + K]\}T_2 = 16 \times \{1 - [(40/50)^3 + 4\%]\} \times 5760 = 41287\text{kW} \cdot \text{h}$$

所以，全年节电 73013kW·h。若电价取 0.5 元/(kW·h)，则年节省电费 36506.5 元。

由此，两台风机年节电 133043kW·h，节省电费约 6.6 万元，其经济效益还是相当可观的。

2. 变频器在鼓风机程控调速控制中的应用实践训练

① 按控制要求合理选择元器件。选择方法可参考本实例中的有关叙述。

② 按照图 3-59 和图 3-60 装接主电路和控制电路。

③ 运行参数设定见表 3-20。

表 3-20　运行参数设定值

序号	参数号	设定值	说明
1	Pr. 1	49Hz	上限频率
2	Pr. 2	0	下限频率
3	Pr. 3	50Hz	基底频率
4	Pr. 7	20s	加速时间
5	Pr. 8	30s	减速时间
6	Pr. 13	5	启动频率
7	Pr. 20	50	加减速基准频率
8	Pr. 76	3	程序运行时间到输出
9	Pr. 79	5	程序运行模式
10	Pr. 200	3	运行时间以小时为单位
11	Pr. 231		现场基准时间设定

④ 按照运行曲线图 3-61，参照表 3-21，模拟夏季高温期设置参数。所接电路和设置的参数经检查无误后，即可进行通电调试。

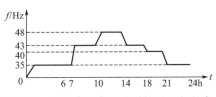

图 3-61　夏季高温期调速时间及运行频率

表 3-21　夏季高温期参数设定

序号	运行			参数设定值
1	正转	35	0 点正	Pr. 201=1　35　0:00
2	正转	43	7 点正	Pr. 202=1　43　7:00
3	正转	48	10 点正	Pr. 203=1　48　10:00
4	正转	43	14 点正	Pr. 204=1　43　14:00
5	正转	40	18 点正	Pr. 205=1　40　18:00
6	正转	35	21 点正	Pr. 206=1　35　21:00

注意：如果在执行预定程序过程中，变频器电源断开后又接通（包括瞬间停电），内部定时器将复位，并且电源恢复后变频器也不会重新启动。若要再继续开始运行，则必须关断预定程序开始信号，然后再打开，重新启动，就可以了。

⑤ 按照运行曲线图 3-62，参照表 3-22，修改运行参数，模拟春秋冬季中低温期设置参数，经检查无误后，即可进行通电调试。

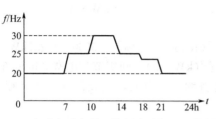

图 3-62　春秋冬季中低温期调速时间及运行频率

表 3-22　春秋冬季中低温期参数设定

序号	运行			参数设定值		
1	正转	18	0 点正	Pr. 201＝1	18	0:00
2	正转	23	7 点正	Pr. 202＝1	23	7:00
3	正转	28	10 点正	Pr. 203＝1	28	10:00
4	正转	23	14 点正	Pr. 204＝1	23	14:00
5	正转	21	18 点正	Pr. 205＝1	21	18:00
6	正转	18	21 点正	Pr. 206＝1	18	21:00

⑥ 若采用 PLC 对本实例中的鼓风机进行控制，变频调速部分不变。试设计有关控制电路，编写有关程序，然后进行安装调试。

【例 3-7】　变频器在轧钢厂供水系统中的应用实例

根据生产工艺要求，轧钢厂在生产过程中，随时要补充软水作为工业冷却用水。过去是用改变阀门的方法调节水的流量和压力（扬程）。现将变频器接入供水控制系统中，根据工艺所需的流量和压力来调节电动机的速度，从而控制流量和压力，以达到节能的目的。

1. 工艺对控制提出的要求

供水系统如图 3-63 所示，共装有三台水泵，每台水泵电动机的容量均为 75kW，其中两台工作，一台备用。具体要求如下：

① 三台水泵，分别可以调速和定速运行，变频器只能作一台电动机的变频电源。故各台电动机的启动、停止必须相互联锁，用逻辑电路控制，以保证可靠切换。

② 两台水泵工作时，一台由工频供电，另一台由变频器供电，两台的运行也必须有互锁控制。

③ 当电动机由变频切换至工频电网运行时，必须延时 5s 进行定速运行后接触器才自动合闸，以防止操作过电压。

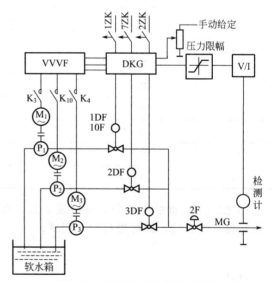

图 3-63　某轧钢厂软水供水系统

④ 当电动机由工频电网切换至变频器供电运行时，必须延时 10s 后接触器才闭合，以防止电动机高速产生的感应电势损坏电力电子器件。

⑤ 为确保上述工艺要求的实现，控制、保护、检测单元全集中于一个控制柜内。变频器接线图如图 3-64 所示。软水泵运行以管压为给定量决定水泵运行工况。

① 管压 $H \geqslant 0.8$，一台定速，一台变速，一台备用。

② 管压 $H \leqslant 0.64$，一台定速或变速，另两台备用。

③ 管压 $H \leqslant 0.52$，一台变速，两台备用。

④ 管出口的流量-压力传感器的电流信号（4～20mA 直流），经函数发生器变为开关控制信号，启动电动机和管阀门。

⑤ 变频运行的电动机，由压力信号的大小进行三种不同频率（速度）的切换。

2. 变频器的选型

选用日本富士公司生产的 FRENIC5000 系列 SPWM 电压型变频器，主回路采用大功率晶体管（CTR）模块，用单片微型计算机控制，其电路原理图如图 3-65 所示。

（1）电路特点

变频器的主电路为典型的交-直-交电压型变频方式。控制电路由 FRH 设定频率，经过 ACC/DEC 变成频率基准和电压基准信号，分别经过 A/D 和 U/f 进入 CPU 内，形成 PWM 脉冲，经驱动电路 BD 驱动 GTR 大功率晶体管给电动机提供变频电源。

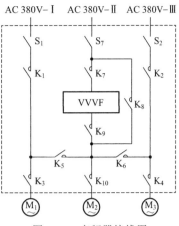

图 3-64 变频器接线图

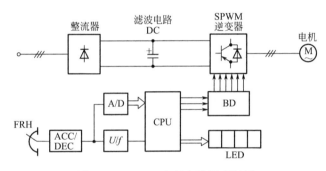

图 3-65 SPWM 变频电路原理框图

FRH—频率设定；ACC/DEC—加/减速控制；A/D—模数转换；U/f—压/频变换；
BD—基极驱动电路；CPU—微处理器；LED—显示器

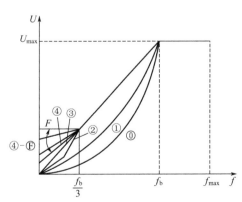

图 3-66 变频器的转矩特性（$U_{\max}$、$f_{\max}$、f_b）

（2）技术特性

① 转矩特性（图 3-66） 变频器设有 16 种 U-f 特性模式设定开关和转矩提升设定开关，可提供 16 种不同的提升曲线以获得所需的转矩特性。图 3-66 中的 ⓪、① 曲线专供水泵、风机使用。

② 频率特性（图 3-67） 变频器提供 3 挡 12 种不同频率变化和相应输出电压的范围，以满足不同调速范围的需求，一般最低输出频率为 1Hz，最高输出频率为 240Hz。此外，还按工艺要求设定最高频率、基频、上下限频率等。U/f 比率一旦确定下来，检测回路即对变频器的输出频率进行测量并在 LED 上显示。

③ 加/减速特性（图 3-68） 针对负载的不同惯量设定加/减速时间。选择合适的加速时间可实现电动机的软启动，启动电流被限制在 1.5 倍额定电流之内。对于水泵电动机加/减速时间选择在 0.2～20s 即可。

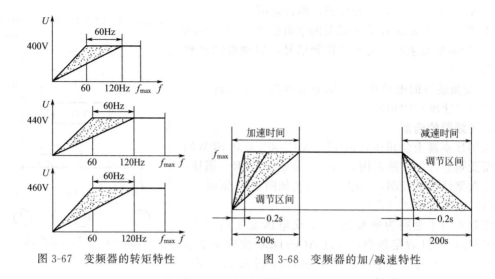

图 3-67   变频器的转矩特性   图 3-68   变频器的加/减速特性

④ 制动特性   借助变频器内部的 DC 制动电阻进行调节，制动转矩可分别调速为 20%、40%、60%、80% 和 100%。

⑤ 保护特性   变频器保护功能齐全，从而保证并提高了节能装置的可靠性。此外，变频器设有故障显示，便于分析和排除故障。

3. 变频器的原理接线图

图 3-69 是变频器供水系统的接线图，现将其特点归纳如下：

① 变频器电源端的连接（R，S，T）相序与电动机转向无关，一般通过电动机端的连接（U，V，W）来改变电动机转向。特别应注意电源端与电动机端不能接反，否则会烧坏变频器。

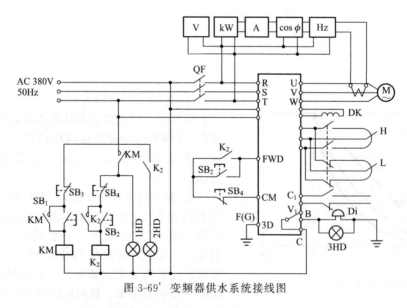

图 3-69′   变频器供水系统接线图

② 接触器 KM、电源自动开关 QF 的型号容量应恰当选择。

③ 变频器控制柜上装有电压（V）、功率（kW）、电流（A）、功率因数（cosφ）、频率（Hz）等模拟电表，便于对电动机进行监控。

④ 控制端 FWD、CM、C_1、V_1 等连接的控制继电器如 K_2，应选用灵敏度高的双触点微型继电器，额定值 DC 15V，5mA。

⑤ 频率设定可以手动也可根据压力、流量大小自动切换。

⑥ 装有 DK 电抗线圈是为了改善系统的功率因数。

⑦ 设有事故报警电路，一旦变频器发生故障，就有声光报警功能。

⑧ 三台电动机均要安装独立的过载保护。

4. 运行与操作

① 变频器调试完毕即可投入运行，操作简便。从发出指令到变频器开动延时 1~2s 即可显示频率值。

② 电动机启动特性改善。使启动电流小于 1.5 倍额定电流，实现电动机软启动，启动时间为 10~20s。

③ 保护功能齐全，发生事故时首先变频器跳闸，备用工频电源和备用泵立即自行启动。

5. 使用时应注意的事项

① 水泵转速调节范围不宜太大，通常不低于额定转速的 50%。当转速低于 50%，水泵本身的效率明显下降。在调频时应避开泵机组的机械共振频率，否则将会损坏泵机组。

② 由 SPWM 变频器驱动异步电动机时，因高次谐波的影响会产生噪声，可在变频器和电动机之间装设补偿器（为总阻抗的 3%~4%），噪声可降低 5~10dB。

③ 由 SPWM 变频器驱动异步电动机时，电动机的电流比工频供电时大 5% 左右，电动机低速运行时冷却风扇能力又下降，使电动机的温升增高。应采取措施限制负荷或减少运行时间。

④ 变频器周围环境温度应低于 35℃，当环境温度高于 35℃时，功率模块性能变差，尤其是长期运行的水泵，可能会损坏模块。

⑤ 选用变频器的容量要与电动机电流相匹配，并且可考虑提高容量 1~2 个档次。尤其是工作环境温度高、常年连续运行的水泵更应如此。

6. 水泵变频调速运行的经济分析

① 使用变频器后，水泵电动机工作电流从 110A 下降至 60~90A，电动机温升明显下降，同时减少了机械磨损，维修工作量也大大减少。

② 保护功能可靠，消除电动机因过载或单相运行而烧坏电动机的现象，确保安全生产。

③ 节能效果明显。表 3-23 给出一台水泵在变频调速前后各项指标测出的数据。初步估计，一台 75kW 的电动机，一年可节电 247000kW·h，节省电费 5.4 万元 [以 0.22 元/（kW·h）来计]。以一台与其配套的变频器加上外围设备价格为 8 万元，投资回收时间不超过两年。

表 3-23 水泵变频调速前后各项指标的对比

项目 电源	功率/kW	电压/V	电流/A	频率/Hz	功率因数 （cosφ）	流量 /(m³/h)	水压 /MPa	电动机转速 /(r/min)
工频	64.9	387	110	50	0.908	240	0.64	2920
变频	36.7	387	62	40	0.933	210	0.48	2483

④ 企业综合节能效果。水泵变频调速装置连续运行 331 天（7944h）未发生任何设备故障。根据 1991 年 1~6 月统计数据，供水量比 1990 年未装变频器时同期比较净增 22 万吨，即增产 12.9%，耗电降低 42.5%。上述结果证明，水泵变频调速在技术上和经济效益上都是可行的。

【例 3-8】 高压变频器在火力发电厂灰浆泵系统中的应用实例

1. 灰浆泵改为变频调速前存在的问题

本系统共有五台灰浆泵，系统图见图 3-70，功率分别为 1# 泵电动机 500kW，2#、3# 泵电动机 310kW，4#、5# 泵电动机 400kW。变频器安装在 4#、5# 灰浆泵上，每台日排灰量在 2.5 万立方米左右。变频前存在的问题：

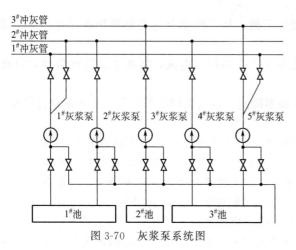

图 3-70 灰浆泵系统图

① 由于发电机组的负荷变化大，特别是白天与夜间相差更大。故灰浆泵的排灰量也随时变化，使灰浆泵电动机启动频繁，致使电动机的使用寿命缩短。

② 灰浆泵输送的介质是锅炉燃烧后的粉灰，对泵的出口门磨损严重。每年用于灰浆泵出口门的维修费用要在 10 万元左右。

③ 由于机组的调峰需要，开一台泵不够，加开一台又多余；为了保持灰浆泵前池水位，又需开动一台冲水泵，故白白消耗了大量的电能。为此，决定采用变频调速予以改造，以达到节能降耗之目的。

2. 变频器、电动机、灰浆泵的技术规格

（1）变频器的规格

型号	6SC2415-1	ABOO，SIMOVERT A 型（西门子公司）	
输入频率	50Hz	输入电压	400V
变频范围	5～50Hz	输出电压	400V
输出功率	510kV·A	输出电流	740A
防护等级	IP20		

（2）电动机的规格

型号	Y4005-6	额定功率	400kW
额定电压	6000V	额定电流	47A
频率	50Hz	额定转速	985r/min
功率因数	0.83		

（3）灰浆泵的规格

型号	2502J-1-70	扬程	≤80m
流量	1030m³/h	轴功率	300.8kW
配用功率	400kW	转速	980r/min
效率	74.6%	粒度	<40mm

3. 变频器简介

变频调速系统采用"高-低-高"形式，即 6kV 电源接至降压变压器的高压侧，其低压侧则接至变频器的输入端，变频器输出再经升压变压器接至电动机，其系统图见图 3-71。

6SC2415-1 ABOO 型变频器是德国西门子公司的早期产品。用晶闸管六脉冲的交-直-交电流型变频器，其主回路见图 3-72。

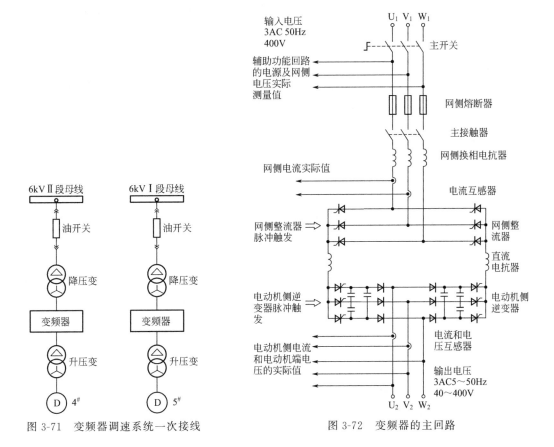

图 3-71　变频器调速系统一次接线　　　图 3-72　变频器的主回路

（1）功率变换部分

控制方式采用矢量控制，通过触发脉冲控制整流器晶闸管的导通角，实现对电动机定子电流的调节；通过触发脉冲控制电动机侧逆变器晶闸管的导通角，实现对电动机频率的调节，以达到对电动机转矩的控制。

主开关选用隔离开关。

网侧熔断器选用快速熔断器以对晶闸管实现短路保护。

网侧换相电抗器用于限制因整流器晶闸管换相而引起的电压下降，且抑制过高的 $\mathrm{d}i/\mathrm{d}t$ 值。

主接触器选用三相交流接触器。

电流互感器用于测量网侧和电动机侧的电流。

直流电抗器作为网侧整流器和电动机侧逆变器之间的隔离，对直流环电流起平波作用，并限制负荷功率的上升率。

逆变器用 6 只晶闸管作开关，6 只二极管使电动机和强迫换相回路隔离，6 只电容器构成强迫换相电路。

（2）控制部分

采用六脉冲方波的控制方式，全部由微处理器进行数字控制，具有可靠、稳定的性能。

4. 变频调速的优点

（1）能够节省大量的电能

灰浆泵排灰量变化时，在变频改造前只能通过启动大泵或小泵进行分级调整；或靠启动冲灰泵增减水量来控制水位，这样显然不经济。变频后，通过调整频率改变泵的转速，达到改变排灰量的目的。变频调速使机械设备或生产过程处于最佳状态下运行，免除了节流阀、闸门和挡板带来的附加损耗，从而节省了大量的能源。

（2）延长电动机的使用寿命

由于电动机的启动电流为额定电流的 5～7 倍，冲击转矩很大，影响电动机寿命。变频启动是一种软启动方式，可避免对电动机的机械冲击，且保护了管路系统。

（3）减轻操作人员的劳动强度

当发电负荷发生变化时，变频前只能靠换泵来控制排灰量，改变阀门、出入口门的操作量亦很大。变频后直接通过增减频率即可调速，操作简单、灵活。

（4）减轻对电网的谐波污染

变频器反馈到电网的谐波由无功功率、换流能量、谐波电流等组成，SIMDVERT-A 系列变频器能使反馈到电网的谐波分量限制在允许的幅值范围内。

（5）有可靠的保护措施

除变频器自身设置的过流、过压、欠压保护外，还可实现流量及水位的反馈控制。

（6）减少设备的磨损

由于电动机转速一般都降至额定转速以下，灰浆泵及其管路的磨损程度大大减小。

5.调试及运行

电动机变频启动后缓慢增加频率，由于灰浆泵管路长度为 7.5km，将其全部充水需 40min 左右，因此，当频率升至 30～35Hz 时应保持 40min，再缓慢增加频率。若频率升高大快，灰浆泵负荷很大，会使变频器过载而跳闸:

6.变频调速应用前后的经济效益比较

（1）直接经济效益

① 节省电费　变频前电动机消耗功率:

$$P = \sqrt{3}UI\cos\phi = \sqrt{3} \times 6.3 \times 38 \times 0.83 = 344(kW)$$

变频后，平均以工作频率 45Hz 计算，电动机消耗功率:

$$P = \sqrt{3} \times 0.35 \times 550 \times 0.83 = 276(kW)$$

年节省电费＝（344－276）×8760×0.38＝22.64（万元）［电价为 0.38 元/（kW·h）］。

② 年节省出口调节门费用　一台泵有两个出口调节门，每个按 1 万元计算，则 5 台泵共节省 5×2×1＝10（万元）。

③ 节省冲灰水泵电费　若采用变频调速可以利用调速来调整灰浆泵的前池水位。这样就可省去一台冲灰水泵。冲灰水泵的功率为 110kW，出力按额定功率的 80%，工作时间按全年的 1/3 计算，则年节省电费＝110×80%×1/3×8760×0.38＝9.76（万元）。

④ 变频器本身消耗电费

$$17 \times 8760 \times 0.38 = 5.66(万元)$$

$$合计年节省费用 = 22.64 + 10 + 9.76 - 5.66 = 36.74(万元)$$

（2）间接经济效益

变频调速后避免了启动时对电动机的冲击，延长了电动机的使用寿命。此外，还减少了 6kV 高压开关的操作次数，延长了该开关的使用寿命。

【例3-9】　华为电气 TD2100 供水专用变频器应用实例

华为电气 TD2100 供水专用变频器相当于一台通用变频器加上 PLC 功能，成为集供水控制和供水管理于一体的系统。由于内置有专用 PI 调节器，故只需加一个压力传感器，即可方便地组成供水闭环控制系统。在采用循环泵方式运行时，可实现 4 台泵控制、定时轮换控制，使各泵工作时间均衡，防止泵的锈死，图 3-73 为 4 台循环泵方式下变频器的接线图。下面介绍该系列变频器的主要功能。

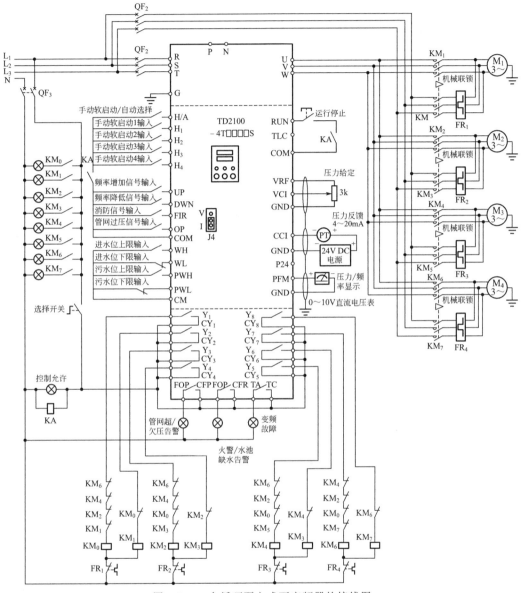

图 3-73　4 台循环泵方式下变频器的接线图

1. 用户密码设定

设置用户密码，只有密码输入正确后，才能进入系统进行控制和查询；否则不能查阅参数或更改操作。

2. 8 种供水模式选择

系统共有 8 种供水控制模式可供选择，能实现 4 台泵的变频循环切换。8 种供水模式主要根据先启先停、先启后停两种切换方式以及循环泵方式或固定泵方式等来进行选择。当变频泵台数≤3 时，还可灵活配置最多 6 台消防泵或 1 台污水泵以及 1 台休眠泵，以满足各种供水的要求。具体如表 3-24 所示。

表 3-24　泵的切换功能码表

功能码 F25 值	泵的切换方式	变频泵台数/台	普通工频泵/台	消防泵/台	污水泵/台	休眠泵/台
0		1	≤6	≤6		
1	先启先停	2		≤4	≤1	≤1
2		3	=0	≤2		
3		4		=0	=0	=0
4		1	≤6	≤6		
5	先启后停（适合泵容量不同场合）	2		=0	≤1	≤1
6		3	=0	≤2		
7		4		=0	=0	=0

3. 6 段定时压力给定设置

为了适应生活供水中的压力和流量波动，如白天的 3 个用水高峰期流量波动特别大，本系统提供了 6 段的定时压力给定控制，以满足用户使用。图 3-74 为 24h 流量波动和多段压力控制的设定图。设定分为用户指定日和用户常规日两类压力给定控制。其中，用户指定日包括周六或周日等休息日；用户常规日是指除用户指定日以外的日期。用户可以自由选择是否打开或关闭常规日控制。

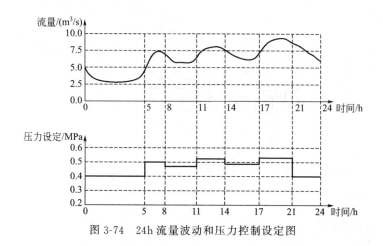

图 3-74　24h 流量波动和压力控制设定图

4. 休眠泵控制功能

休眠泵控制功能特别适用于深夜供水量急剧减少的情况。可任意指定每日休眠工作的启/停时刻，并设定休眠时的压力给定值。休眠期间，开启低功率的"休眠小泵"，变频器只监测管网压力，一旦管网压力低于设定的休眠压力时，系统被"唤醒"，变频泵自动投入工作。当管网压力高于设定值时，系统再次进入"休眠"状态，即只有休眠小泵运行。实现休眠泵的控制，可使系统达到最佳的节水、节电功能。休眠功能的具体控制程序如图 3-75 所示。

5. 定时轮换控制

定时轮换控制功能可有效地防止因备用泵长期不用而发生的锈死现象，提高设备综合利用率，降低泵房维护费用。

当泵的容量基本相同时，选择定时轮换比较合适，系统不会产生振荡（指加/减泵的过程中）。

6. 排污泵控制功能

变频器内置污水检测液位传感器。当检测到泵房污水积水到达警戒水位时，可投入自动

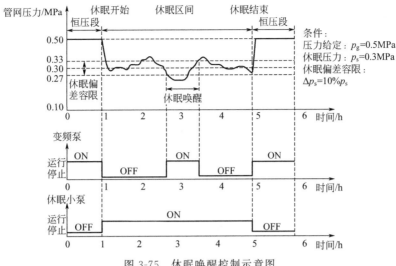

图 3-75 休眠唤醒控制示意图

排污控制。如图 3-76 所示，其信号连接只需两组导电探头（可用硬铜线代替），固定于污水池中，引出 3 根导线接至变频器端子（PWH、PWL、CM）即可实现污水液位的上、下限检测。通过内部电路和接口便能实现污水泵的自动启/停控制。

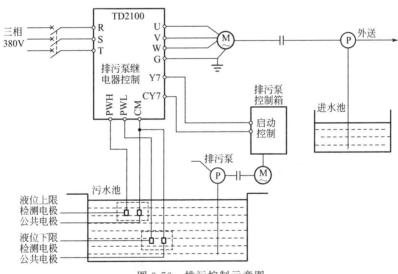

图 3-76 排污控制示意图

7. 进水池液位检测及控制

内置液位传感器很容易实现水池液位的检测和控制。当检测水池水位低的信号或输入外部低水位开关信号时（控制板上另有选择开关），系统发出报警信号，并停止运行。当水池恢复正常水位，或外部输入正常水位开关信号时，系统又恢复运行。该功能可有效防止水泵因缺水而损坏。图 3-77 为进水池水位控制示意图。

8. 故障自动电话拨号

故障自动电话拨号系统内置自动拨号发生器，当供水系统或变频器发生故障时，通过内置的 RS232C 串行通信接口与外接的 MODEM 设备进行信号连接，自动启动预先设定的电话号码或其他信息，及时通知设备维护人员进行相应处理。图 3-78 为故障自动电话拨号系统的示意图。

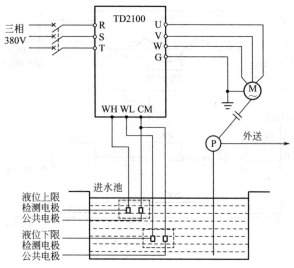

图 3-77　进水池水位控制示意图

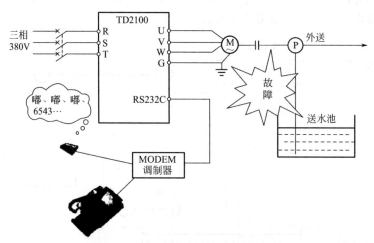

图 3-78　故障自动电话拨号系统的示意图

第二节　变频器在机床方面的应用

【例 3-10】　自动车床的变频器控制应用实例

自动车床主要用于高速加工滚珠丝杠等精密部件，由通常的凸轮控制改变为复合数控车床后，有效地提高了生产效率，成为可稳定精密加工与具有良好性能的机械。以前，主要使用带制动器的电动机，配置带轮及齿轮，然而，由于对电动机维护性及快速响应的要求，使得人们广泛地利用变频器实施控制，与数控装置结合起来，缩短了自动车床的加工周期。

自动车床对变频器的要求有以下几个方面：不经过停止状态直接由正转状态变为反转状态；变频器的输出频率为 120Hz 以上；具有急剧减速的再生制动装置，同时具有制动功能，减速结束时不采用机械闸即可以完全停车；低速时速度变化率小，运行平滑。自动车床的变频器控制原理及输出特性如图 3-79 所示。

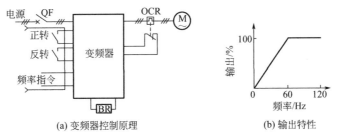

(a) 变频器控制原理　　　　(b) 输出特性

图 3-79　自动车床

此例中，制动装置的晶体管装设在变频器内，制动电阻另外设置。数据装置检测的正转、反转及频率指令为变频器的输入信号。选用比电动机容量大一点的变频器可以缩短加速时间，一种运行模式与工件形状如图 3-80 所示。

由此图可知，工件加工时具有频繁的加速与停止操作，此例中加工模式为主动停止，此时刀具旋转进行攻螺纹加工。

利用变频器控制后，缩短了加工周期，使生产率提高，速度再现性好，产品质量稳定；可以将过去的带制动器电动机更换为通用电动机，故不需要维护。具体应用时应该注意下列事项：由于制动电阻的大小是由减速频率决定的，故应该根据最繁重运行模式进行选择；由于温度高，因此，

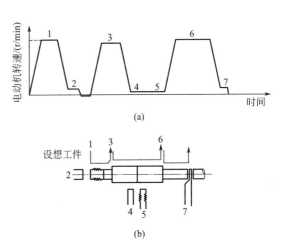

(a)

(b)

图 3-80　一种运行模式与工件形状
1,3,6—切削；2—切螺纹；4—螺纹底孔加工；
5—攻螺纹；7—端面切断

应该适当考虑安装位置；需要充分注意电动机的低频振动，如果在低速时要求足够大的转矩，则可以使用他动力源通风型专用电动机；由于速度可调范围大，故需要考虑机械部件的匹配，以防止发生谐振。

【例 3-11】　数控车床的变频器控制应用实例

进入 20 世纪 70 年代，人们开始研究将数控车床主轴由齿轮变速转变为直流调速的问题，至 70 年代中期，数控车床的主轴采用了直流调速。到了 80 年代，开始采用变频器控制。尽管造价较高，小型机较少使用，但是，由于近年来生产的通用变频器性能价格比高，因此，小型机及廉价数控车床主轴的变频器控制不断增加，经济效益显著。

如果主轴采用齿轮变速，其速度最多只有 30 段可供选择，难以进行精密恒定线速度控制，并且，需要按期维修离合器。直流型主轴虽然可以无级调速，但必须维护换向器，最高转速亦受到限制。然而，将主轴采用变频器控制即可消除这些限制。另外，使用通用型变频器可以对标准电动机直接变速传动，因此，可以去掉离合器，实现主轴的无级调速。将通用变频器 FR-K420 应用于数控车床主轴控制，基本控制原理如图 3-81 所示。

过去的数控车床，一般利用时间控制器确认电动机达到指令速度后进刀，在变频器控制系统中由于该变频器具有速度一致信号，故可以按指令信号进刀，提高生产效率。数控车床

的一种运行模式如图 3-82 所示。

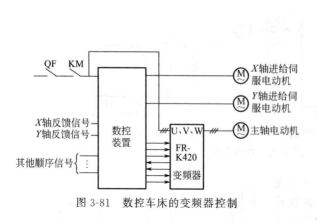

图 3-81　数控车床的变频器控制

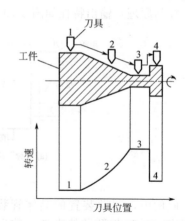

图 3-82　数控车床的一种运行模式
1～4—对应刀具加工位置数控车床的主轴转速

　　被加工工件直径按锥形变化时，主轴的速度应该连续平滑变化，从而实现恒定线速度的高精度与高效率切削。对于以前采用直流主轴的高级数控车床，交流主轴引入变频器控制后具有下列优点：由于不需要维护电刷，则主轴电动机的安装位置可以自由选择；基于高精度主轴，可以实现对铝等软工件的高效率切削，以及高精度最终切削；因采用全封闭电动机，故适应环境能力强；由于不需要励磁线圈，故可以节约电能。对于以前采用离合器变速的车床，采用通用变频器后无须对离合器进行维护，容易实现高速恒功率运转，而且能够实现精密的恒线速度控制，此外，还简化了机械传动机构。

　　具体应用时需要注意几方面的问题：使用标准电动机时，因其运行在 30Hz 以下时会导致冷却能力下降，因此，如果长时间低速切削，则尽量使用强制冷却式电动机；由于变频器启动转矩通常不及直流电动机大，启动时间相对较长，因而，如果要求数控车床具有快速启动特性，则需要根据电动机容量选择相对较大容量的变频器；变频器在 150% 以上过电流时，一般采取瞬时跳闸的保护方式，因此，在粗加工重切削、偏心负载切削等工况下，可能发生跳闸，因此，如果把变频器应用于此类切削的车床，则需要选择较大容量的变频器；变频器传动时，转矩脉动频率相对于运转频率而变化，当转矩脉动频率与工件转速达到一定比例关系时，工件切削面会产生纹路。

【例 3-12】　立式车床的变频器控制应用实例

　　立式车床主要用于加工铁路车辆的车轮、汽车的轮毂等口径及重量大的工件，为了简化维修，提高生产率及节能，可以采用变频器。由于立式车床的加工工件重量大，故其主轴电动机的容量也大，传动调速部件的齿轮、离合器等机械部分的尺寸也很大，故利用变频器控制效益显著。此外，对于大外径工件，由外向内连续切削时，采用变频器控制可以实现恒线速切削，提高作业效率。由于立式车床多数不需要突然加、减速，因此，一般选用通用变频器而不用专用变频器。主轴传动采用中容量变频器，刀架进给采用小容量变频器，立式车床控制原理如图 3-83 所示。

　　工件的惯性是电动机惯性的十倍以上，因此，必须设置制动装置，刀架进给虽然需要横向移动，但并不需要大的转矩，故一般可选用数千瓦的变频器。如果要求高精度切换，则可以为立式车床配置数控伺服电动机。工件形状和运行模式如图 3-84 所示。

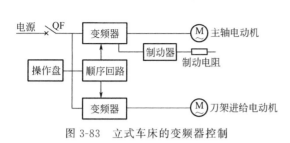

图 3-83　立式车床的变频器控制

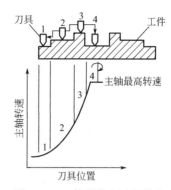

图 3-84　工件形状和运行模式

1～4—对应刀具加工位置数控车床的主轴转速

由于工件的直径很大，因此，可根据刀具的加工位置使主轴转速连续变化，实现恒线速度切削。采用变频器后，去掉了齿轮及离合器等机械部分，使得维护方便。

因为立式车床的工件（包括底座）的惯性较大，因此，将机械式制动由电气式制动替换具有明显的优越性。由于容易实现高速运转，故可以高效率加工铝等软工件。无级变速可以满足恒线速度加工要求，故可以提高生产效率。因为立式车床底座附件惯性很大，故在应用通用变频器时，需要充分注意制动装置以及制动电阻的容量。

【例 3-13】　立式万能机床的变频器控制应用实例

如果从控制性能考虑，机床的主相控制一般应该采用直流电动机传动，然而，在有粉尘、油雾等恶劣条件下，直流电动机的换向器维护是一个困难的问题，采用变频器控制笼形电动机的主轴则容易实现高速运行，而且维护量很小。

对于立式万能机床，使用变频器控制可以实现高速切削，提高生产效率，由于高速运行，使得带有大量切削热量的切削粉屑可以从工件上排除掉，故消除了发热的影响；高速切削可以减小切削时的阻力，从而可以抑制加工变质层，提高被加工工件的质量；由于使用了结构简单且牢固的笼形电动机，因此，在恶劣环境下不需要维护，而且可以把电动机装在主轴箱内，实现万能机床的小型化及轻量化，同时也便于操作，由于可以使电动机本身高速化，与利用皮带及齿轮增速方式相比，转矩惯量比变小，车床的切削能力和加、减速时间等控制性能得到有效改善。

具体应用时注意下列问题：抑制变速齿轮产生的齿轮噪声或者消除此噪声。因为有齿轮噪声时，即使加工精度良好也难以获得精密感。由于万能机床有多种加工工具，负载惯量变化较大，故需要把齿轮间隙包含在控制系统内，而且要保证实现稳定且高精度的控制。

【例 3-14】　旋转平面磨床的变频器控制应用实例

旋转平面传动一直采用直流电动机或液压马达，但是，工作时油温上升，导致机械部分产生热畸变，这种状况对于所谓的镜面抛光的加工精度影响严重，同时，液压系统的维护也很困难，采用变频器控制后可以有效地解决这些问题。图 3-85 表示出平面磨床台面与砂轮的关系。

图中的台面采用变频器控制时，如果砂轮接近旋转台面中心，则增加台面转速；反之，如果砂轮接近外圆则减少台面转速，重复这个操作过程即可以保证台面上工件的研磨速度恒定，而与其位置无关，提高了加工精度及生产效率。

旋转平面磨床变频器控制原理如图 3-86 所示。图中的可变电阻 $RP_1 \sim RP_5$ 用来设定变频器的输出频率，根据图 3-86(b) 所示的特性设定。可变电阻 RP_3 装设在机械部分，其阻值随着砂轮的位置而变化，故应该选用高精度且可靠的产品。由 RP_2、RP_4 设定外周速度；RP_3 最大时调整 RP_5，设定中心速度；根据 RP_1 设定最大速度。

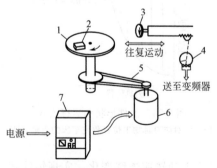

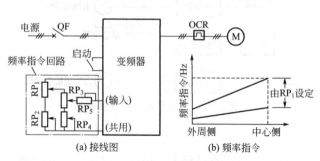

图 3-85　磨床台面与砂轮的关系

1—台面；2—工件；3—砂轮；4—位置表；

5—皮带；6—电动机；7—变频器

(a) 接线图　　　　(b) 频率指令

图 3-86　旋转平面磨床的控制

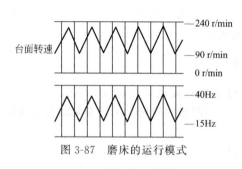

图 3-87　磨床的运行模式

假定磨床的运行模式如图 3-87 所示。由可变电阻 $RP_1 \sim RP_5$ 构成的回路给出变频器的频率指令，其中，RP_3 与砂轮的往复运动联动，砂轮靠近中心时频率变大，反之，靠近外围时变小，因此，可以看出台面转速很好地跟踪了变频器的频率指令。

采用变频器控制后，使得平面磨床具有下列特点：速度设定方式比以前的方式容易，而且操作简便；不要求油压保养，使机器运转率提高；同液压马达控制方式相比，对机械部件的热影响降低，提高了产品质量；系统的速度跟踪性能提高，使得线速度变化减小，有效地改善了工件的表面粗糙度。

具体应用时应该注意：为了尽可能减小负载变化对转速的影响，应该保证在最高电动机转速时的机械强度，由于磨床的运行模式为反复加、减速，因此，选择变频器及电动机时，应该确实保证在等效额定负载之内，尤其应该注意制动器的负载，为了确保磨面的粗糙度及精度，应该选择振动小的电动机。

【例 3-15】　剃齿机的变频器控制应用实例

一般由电动机驱动整形器，对工件进行精密的研磨，它根据工件的材料、大小及加工要求等条件改变整形器速度，采用变频器控制可以提高其性能。

剃齿机是整形机的一种，它的剃齿器与作为工件的齿轮啮合，根据正转及反转方向不断切换旋转，从而将齿轮部的两面打磨光滑。例如，加工汽车齿轮齿部的剃齿机，需要依据齿轮的尺寸、材料及加工条件等改变剃齿器的速度。过去，基本上采用机械式变速机构，性能较差。现在，利用高性能的变频器调速可以有效地提高整形机的操作效率，缩短变速作业时间，充分改善系统的维护性。剃齿机的变频器控制原理如图 3-88 所示。变频器根据控制盘交替变化的正、反转指令，控制电动机使其在一定速度范围内做正、反转变速运行。

剃齿机的一种运行模式如图 3-89 所示。进行数次正、反转运行后，即完成了一个齿轮的加工过程。尽量缩短正、反转时间,可以压缩加工时间。恒定速度运行部分的数值因工件而异。

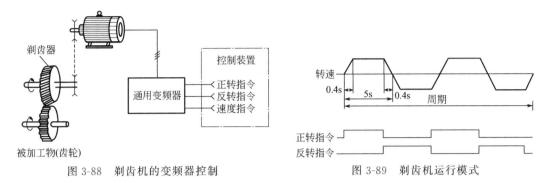

图 3-88 剃齿机的变频器控制   图 3-89 剃齿机运行模式

使用变频器控制具有多方面优点:由于为无触点正、反转运行,故不需要维修;正、反转换向时的冲击电流小,因此可以采用较小容量的电源设备;可以进行 60Hz 以上的高速运行,扩大了加工件的适用范围,提高了机械的能力;与机械式变速器相比,缩短了变速时的作业时间,故可以大幅度提高作业效率。

由于需要反复进行正、反转运行,而且要求尽可能缩短加工周期,因此,应用时应注意两方面问题:一是变频器的制动能力,一般来说,通用变频器内装的制动电路并不是连续额定工作的,故应该注意其工作是否在允许范围内;二是确定最短加、减速时间。为了缩短加工周期,应该尽可能减小与机器研磨无关的加、减速时间,通过计算出的加、减速时间,确定变频器及电动机的容量。

【例 3-16】 变频器在磨床改造中的应用实例

1. 改造前的磨床主轴调速系统

由轴承制造的磨床主轴电动机转速很高,需要的电源频率为 200Hz、400Hz,甚至更高。以前主轴电动机的电源由中频发电机组供给,该机组体积大、效率低、耗电多、噪声大。另外,中频发电机组的输出易受电网电压的影响,使轴承的加工精度降低。变频器的应用,使这些问题得到了很好的解决。把变频器用于高速磨床主轴电动机的调速,取代原中频发电机组。

2. 调速系统的改造

(1) 变频器的选用

选用日本三肯 MF-15K 型变频器,调频范围为 $0 \sim 400\text{Hz}$,电压调节范围为 $0 \sim 380\text{V}$,额定电流为 30A,可满足磨床主轴电动机的控制要求。

(2) 系统改造接线

原磨床主轴电动机调速系统如图 3-90 所示。

用变频器代替磨床中频发电机组,只需在磨床的控制台上安装好变频器,按图 3-91 接线即可,其他控制电器保持不变。

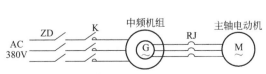

图 3-90 原磨床主轴电动机调速系统

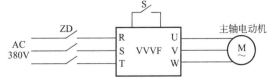

图 3-91 用变频器改造后的主轴电动机调速系统

（3）调试及运行

磨床主轴电动机的结构和电气特性比较特殊，它的惯性小，低频阻抗小，低频工作时电流大。因此，不宜让变频器长时间工作在低频状态。调试时加速时间不要设定太长，不宜在0～180Hz区间长时间运行。此外，在运行中不要频繁地启动、制动。

现将变频器与发电机组运行的实测数据作比较，如表3-25所示。

表 3-25 实测数据

轴承型号	2007108Z/01		2007124Z/02		测试仪器
测试项目	中频机组	变频器	中频机组	变频器	
电压/V	207	211	218	211	万用表
频率/Hz	181	192	192	192	频率表
最大电流/A	12	7	40	33	钳形表
工作电流/A	9.6	5.8	17	16	钳形表
空载电流/A	8	4	8.3	4	钳形表
转速/(r/min)	11337	11510	11936	11508	光电转速表
能耗/kW	5.6	2.4	6	2.6	功率表
噪声/dB	91	27	91	26	噪声监测仪
表面粗糙度	合格	合格	合格	合格	0.63～1.25mm 范围内

3. 改造效果

（1）节电

使用变频器可节电56%，因原中频发电机组效率低，变频器本身的效率在95%以上。

（2）降低噪声

经实测，噪声由原来的90dB降到30dB以下，大大改善了工作环境。

（3）提高产品质量

变频器的输出受电网电压波动影响小，故加工轴承的表面粗糙度稳定。

（4）节省维修费用

原中频发电机组维修资料表明，仅更换轴承及大修费用每年每台节省500元。而变频器的可靠性很高，平均无故障运行时间可达10年以上。

（5）节省空间

变频器体积小，可在墙上或在支架上安装，不必占用地面面积。

【例 3-17】 变频器在机床等设备高速电主轴上的应用实例

1. 高频变频器用于高速电主轴

（1）高速电主轴

一般把额定转速超过3600r/min的交流异步电动机称为高速电动机。高速电主轴即变频调速下的高速电动机。高速电主轴近年来发展很快，正向着高速、大功率、高效率、小体积的方向发展。目前高速电主轴的最高转速是260000r/min，为意大利GAMFOR公司的产品；同类产品还有德国GMH公司产品。电主轴的功率一般在15kW以下，近年来也有19～30kW的产品问世。

过去，高速电主轴的电源由中频发电机组提供，但由于它自身功耗大、机械故障多、噪声大（90dB）等，现已被高性能、高可靠性的变频器所代替。

（2）高频变频器简介

20 世纪 80 年代初日本春日公司研制的 KVFG-H 系列变频器（0～400Hz）适用于 24000r/min 的高速电主轴。在此基础上改型的 KVFG-H 系列适用于转速更高的场合，该变频器具有如下特点：

① 采用专用微处理器，实现全数字 SPWM 控制，输出电流为正弦波，频率精度为 0.1Hz。

② 具有可靠的保护功能。

③ 具有 70 种控制功能和 20 个外接控制端子可与 PLC 连接。图 3-92 为其控制框图。

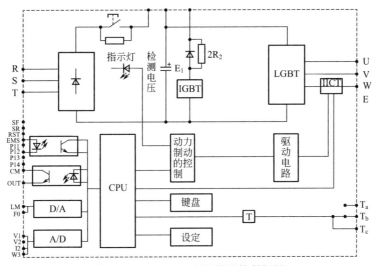

图 3-92 KVFG-H 变频器的控制框图

2. 高频变频器的容量选择

合理选择高频变频器的容量比较重要，一般变频器容量应大于电主轴的容量。表 3-26 给出日本东芝公司提供的参考数据，供选用。

表 3-26 变频器的容量选择

高速电主轴转速/(r/min)	功率/kW	变频器容量/kV·A	功率电抗器
12000	0.40	1.5	
	0.75	2.5	
	1.50	3.5	
	2.20	5.5	
	3.70	8.0	
	5.50	11.0	
21600	0.4	2.5	7A-1MH
	0.75	3.5	7A-1MH
	1.5	5.5	10A-0.7MH
	2.2	8	10A-0.7MH
	3.7	11	16A-0.55MH

新一代高频变频器的功率器件一般选用 IGBT，使载波频率成倍提高，因谐波产生的电

主轴温升得到有效抑制，故选择比电主轴功率大一挡的变频器基本上能满足要求。电主轴运行中的另一问题是变频器应提供足够稳定的转矩。当变频器容量确定后，最高转速时的转矩必然会降低，而电主轴的转矩又与电流成正比。因此，为了使高频变频器的容量选择得既经济又合理，应当综合考虑功率和电流两个因素来选择变频器容量。

3. 变频器在高速电主轴上应用的其他问题

（1）变频器与电主轴的电气指标应相符

KVLG-H 系列中有 16 种恒转矩 U/f 曲线供用户选用。在调试中应使额定电压与额定频率的交点落在 U/f 曲线上。

（2）应充分考虑电主轴的特性

由于高速电主轴上的电动机异于标准型异步电动机，其惯性小，低频阻抗小，工作电流大，不适于长期低频运行。此外，加速时间不可过长，启动制动不能太频繁。

（3）应根据使用环境选择不同的安装方式

① 一般工作环境下，高频变频器要安装在保护等级 IP23 的金属机箱内，箱内有通风道满足散热要求。

② 在需防尘防潮的场合，应选用 IP54 的专用金属机箱，满足多尘、腐蚀气体、高湿度下变频器正常运行的要求。

③ 在需克服冷凝的场合，当设备长时间断电会引起凝结，应自动启动箱体加热系统，使箱内温度略高于环境温度。另一种方法是当设备停止运行时，使变频器仍处于通电状态，达到防止冷凝的目的。

4. 高频变频器在电主轴上的应用前景

随着生产技术的进步和设备效率的提高，高速电主轴在机床制造工业（轴承磨床、内圆磨床）、高速气流纺机、高速离心机、导航设备上应用日益广泛，成为变频器应用的重要领域之一。

【例 3-18】 变频器在车床主运动拖动系统中的应用实例

车床在金属切削机床中应用最为广泛，主要用于切削具有旋转表面的工件，如车削工件的外圆、内圆、端面、螺纹等。普通车床的拖动系统主要包括主运动和进给运动，其主运动拖动系统通常采用电磁离合器配合齿轮箱进行调速，此调速系统存在体积大、结构复杂、噪声大、电磁离合器损坏率较高、调速性能差等缺点。

而采用变频器对其进行调速控制，可以克服以上不足，提高车床的综合性能。为充分利用现有车床，采用变频器对其主运动拖动系统进行改造，不失为一种既经济实用，又能提高其调速性能的好方法。那么，如何对车床主运动拖动系统进行改造？其控制电路又是怎样的？如何选择变频器和进行功能预置呢？下面将介绍其相关知识。

1. 普通车床构造与拖动系统

（1）普通车床构造

普通车床的外形如图 3-93 所示，主要部件有：

① 头架　用于固定工件。内藏齿轮箱，是主要的传动机构之一。

② 尾架　用于顶住工件，是固定工件用的辅助部件。

③ 刀架　用于固定车刀。

④ 主轴变速箱　用于调节主轴的转速（即工件的转速）。

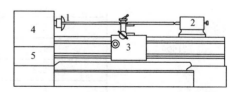

图 3-93　普通车床的外形
1—头架；2—尾架；3—刀架；
4—主轴变速箱；5—进给箱

⑤ 进给箱 在自动进给时，用于和齿轮箱配合，控制刀具的进给运动。

（2）车床的拖动系统

普通车床的拖动系统主要包括以下两种运动：

① 主运动 车床的主轴带动工件的旋转运动是普通车床的主运动，带动主轴旋转的拖动系统为主拖动系统。

② 进给运动 车床的进给运动是刀架做横向或纵向的直线运动。由于在车削螺纹时，刀架的移动速度必须和工件的旋转速度严格配合，故大多数中、小型车床的进给运动通常是由主电动机经进给传动链而拖动的，并无独立的进给拖动系统。也有的车床为了提高工作效率，配置了单独的进给电动机，用于刀架的快速移动。

（3）对主拖动系统的要求

① 由于有车削螺纹的需要，要求主拖动系统能够正、反转。

② 为了便于在安装工件时进行调整，要求具有点动功能。

2. 变频调速拖动系统的分析

（1）基本数据

某型号精密车床，原拖动系统采用电磁离合器配合齿轮箱进行调速。具体情况如下。

1）基本数据

① 主轴转速有 75r/min、120r/min、200r/min、300r/min、500r/min、800r/min、1200r/min、2000r/min。

② 电动机额定容量 2.2kW。

③ 电动机额定转速 1440r/min。

2）主要计算数据

① 调速范围

$$D = \frac{n_{\max}}{n_{\min}} = \frac{2000}{75} = 26.67$$

② 计算转速

$$n_D = 300\text{r/min}$$

即：$n_L \leqslant 300\text{r/min}$ 为恒转矩区；$n_L \geqslant 500\text{r/min}$ 为恒功率区。

③ 各挡转速下的负载转矩 负载的实际功率按 2kW 计算，则各挡转速下负载转矩的计算结果见表 3-27。

表 3-27 各挡转速下的负载转矩

转速挡	1	2	3	4	5	6	7	8
转速/(r/min)	75	120	200	300	500	800	1200	2000
转矩/N·m	63.7	63.7	63.7	63.7	38.2	23.9	15.9	9.55

④ 电动机额定转矩

$$T_{MN} = \frac{9550 P_{MN}}{n_{MN}} = \frac{9550 \times 2.2}{1440} = 14.6(\text{N·m})$$

（2）调速方案的选择

① 频率调节范围限制在额定频率以下 如图 3-94 所示，车床的机械特性如曲线①所示，电动机的有效转矩线如曲线②所示。

这时，电动机必须满足：

$$T_{MN} > T_L = 63.7\text{N·m}$$

$$n_{MN} \geq n_L = 20007 r/min$$

所以
$$P_{MN} > P_L = \frac{63.7 \times 2000}{9550} = 13.34(kW)$$

取
$$P_{MN} = 15kW$$

可见，所需电动机的容量比原来增大了近 7 倍。

② 频率调节范围达 100Hz，一挡传动比 因为车床的大部分机械特性属于恒功率性质，而电动机在额定频率以上的有效转矩线也具有恒功率性质。因此，从充分利用电动机的潜能出发，将电动机的最高工作频率增大为 100Hz。这时，电动机的有效转矩线如图 3-95 中曲线③所示。

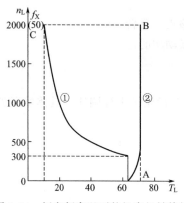

图 3-94   额定频率以下的机床机械特性

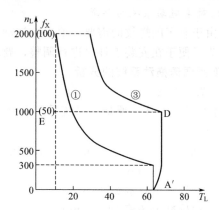

图 3-95   二倍频以下的机床机械特性

在这种情况下，电动机的额定转速只需和负载最高转速的 1/2 相等就可以了，即：
$$n_{MN} \geq n_L/2 = 1000 r/min$$

所以
$$P_{MN} > P_L = \frac{63.7 \times 1000}{9550} = 6.67(kW)$$

取
$$P_{MN} = 7.5kW$$

所需电动机容量虽然减小了一半，但仍比原来的大 3 倍多。

③ 频率调节范围达 100Hz，两挡传动比   这时，电动机折算到负载轴上的机械特性如图 3-96 中的曲线④和曲线④′所示。曲线④是低速挡（传动比较大）时的有效转矩线；曲线④′是高速挡（传动比较小）时的有效转矩线。

由图 3-96 可知，在这种情况下，电动机的有效转矩线与负载的机械特性曲线十分贴近，其额定转速只需与负载的计算转速相当，即：$n_{MN} \geq 300 r/min$

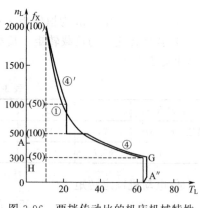

图 3-96   两挡传动比的机床机械特性

所以 $P_{MN} > P_L = \dfrac{63.7 \times 300}{9550} = 2.0(kW)$

取
$$P_{MN} = 2.2kW$$

可见，如采用两挡传动比，原来的电动机可以留用，而不必增大其容量了。

（3）两挡传动比调速系统的计算

1）决定高速挡和低速挡的分界转速

① 电动机的额定转速与负载的 300r/min 相对应；

② 分界转速 n_D 在低速挡与电动机的最高工作频率 f_{max} 相对应，而 f_{max} 不宜超过额定频率 f_N 的两倍，故取：

$$n_D = 300 \times 2 = 600 (\text{r/min})$$

拖动系统的工作区见表 3-28。

表 3-28 拖动系统的工作区

工作区	低速挡		高速挡	
	恒转矩区	恒功率区	恒转矩区	恒功率区
负载转速范围	75～300	300～600	600～1000	1000～2000
工作频率范围	12.5～50	50～100	30～50	50～100
电动机转速范围	360～1440	1440～2880	864～1440	1440～2880

2）确定系统的传动比

① 低速挡的传动比 $\lambda_L = 1440/300 = 4.8$

取 $\lambda_L = 5$

② 高速挡的传动比 $\lambda_H = 1440/1000 = 1.44$

取 $\lambda_H = 1.5$

3）核算   核算时所用的公式如下：

① 低速挡负载的折算转矩（即折算到电动机轴上的转矩）

$$T_{LX}' = T_{LX}/\lambda_L$$

式中 T_{LX}'——第 X 挡转速时负载转矩的折算值，N·m；

        T_{LX}——第 X 挡转速时负载轴上的转矩，N·m。

② 高速挡负载的折算转矩

$$T_{HX}' = T_{HX}/\lambda_H$$

③ 电动机的过载能力

$$\beta_X = \beta_{MN} T_{MX}/T_{LX}'$$

式中 β_X——电动机在 X 挡过载转速时的能力；

       β_{MN}——电动机的额定过载能力；

       T_{MX}——第 X 挡转速时的电动机转矩，N·m。

根据上述公式，将计算结果列于表 3-29 中。

将表中的各挡负载转矩进行相比，可以看出：除第 6 挡（$n_L = 800$r/min）电动机的有效转矩与负载转矩相比略显逊色外，其余各转速挡电动机的有效转矩与过载能力都能满足要求；在第 6 挡，电动机的有效转矩为负载转矩的 14.6/15.9＝0.92 倍，在实际工作中，已能满足要求。

表 3-29 各挡转速的转矩核算结果

转速挡	1	2	3	4	5	6	7	8
负载转速/(r/min)	75	120	200	300	500	800	1200	2000
传动比	5					1.5		
电动机转速/(r/min)	375	600	1000	1500	2500	1200	1800	3000
电动机工作频率/Hz	13	21	35	52	87	42	62.5	104

续表

转速挡	1	2	3	4	5	6	7	8
电动机的调频比	0.26	0.42	0.7	1.04	1.74	0.84	1.25	2.08
电动机有效转矩/N·m	14.6	14.6	14.6	14.0	8.4	14.6	11.7	7.0
负载转矩/N·m	63.7	63.7	63.7	63.7	38.2	23.9	15.9	9.55
负载转矩折算值/N·m	12.7	12.7	12.7	12.7	7.64	15.9	10.6	6.37
带负载的过载能力	2.87	2.87	2.87	2.87	2.75	2.3	2.76	2.75

3. 利用变频器对车床主运动拖动系统进行改造

（1）变频器的容量选择

考虑到车床在低速车削毛坯时，常常出现较大的过载现象，且过载时间有可能超过 1min。因此，变频器的容量应比正常的配用电动机容量加大一挡。

上述车床中的电动机容量是 2.2kW，故选择：

变频器容量　　　　　　$S_N = 6.9 \text{kV·A}$（配用 $P_{MN} = 3.7 \text{kW}$ 电动机）

额定电流　　　　　　　　　　　　$I_N = 9 \text{A}$

（2）变频器控制方式的选择

① U/f 控制方式　车床除了在车削毛坯时，负荷大小有较大变化外，以后的车削过程中，负荷的变化通常是很小的。因此，就切削精度而言，选择 U/f 控制方式是能够满足要求的。但在低速切削时，需要预置较大的 U/f，在负载较轻的情况下，电动机的磁路常处于饱和状态，励磁电流较大。因此，从节能的角度看，并不理想。

② 无反馈矢量控制方式　新系列变频器在无反馈矢量控制方式下，已经能够做到在 0.5Hz 时稳定运行。所以，完全可以满足普通车床主拖动系统的要求。由于无反馈矢量控制方式能够克服 U/f 控制方式的缺点，故可以说，是一种最佳选择。

③ 有反馈矢量控制方式　有反馈矢量控制方式虽然是运行性能最为完善的一种控制方式，但由于需要增加编码器等转速反馈环节，不但增加了费用，而且编码器的安装也比较麻烦。所以，除非该车床对加工精度有特殊需要，一般没有必要选择此种控制方式。

目前，国产变频器大多只有 U/f 控制功能，但在价格和售后服务等方面较有优势，可以作为首选对象；大部分进口变频器的矢量控制功能都是既可以无反馈也可以有反馈的；但也有变频器只配置了无反馈控制方式，如日本日立公司生产的 SJ00 系列变频器。如采用无反馈矢量控制方式，则进行选择时需要注意其能够稳定运行的最低频率（部分变频器在无反馈矢量控制方式下的实际稳定运行的最低频率为 5～6Hz）。

通过上述几种控制方式的比较，结合本例，可选用 U/f 控制方式的变频器，型号为 FR-A540-3.7K-CH。

（3）变频器的频率给定

变频器的频率给定方式可以有多种，可根据具体情况进行选择。

① 无级调速频率给定　从调速的角度看，采用无级调速方案不但增加了转速的选择性，且电路也比较简单，是一种理想的方案。它既可以直接通过变频器的面板进行调速，也可以通过外接电位器调速，如图 3-97 所示。

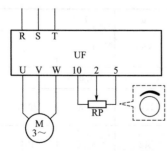

图 3-97　无级调速频率给定

但在进行无级调速时，必须注意：当采用两挡传动比时，存在着一个电动机的有效转矩线小于负载机械特性的区域，如图 3-96 所示。在这个区域（约为 $600\sim800r/min$）内，当负载较重时，有可能出现电动机带不动的情况。操作人员应根据负载的具体情况，决定是否需要避开该转速段。

② 分段调速频率给定　由于该车床原有的调速装置是由一个手柄旋转 9 个位置（包括 0 位）控制 4 个电磁离合器来进行调速的。为了防止在改造后操作人员一时难以掌握，要求调节转速的操作方法不变。故采用电阻分压式给定方法，如图 3-98 所示。图中，各挡电阻值的大小应计算得使各挡的转速与改造前相同。

③ 利用 PLC 进行分段调速频率给定　如果车床还需要进行较为复杂的程序控制而应用了 PLC，则分段调速频率给定可通过 PLC 结合变频器的多挡转速功能来实现，如图 3-99 所示。

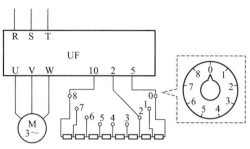

图 3-98　分段调速频率给定

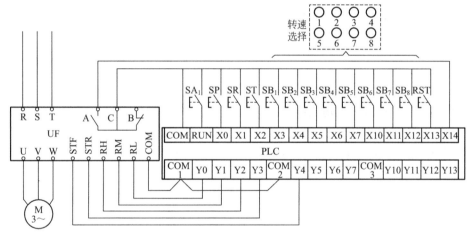

图 3-99　利用 PLC 进行分段调速频率给定

图中，转速挡由按钮开关（或触摸开关）来选择，通过 PLC 控制变频器的多段速度，选择端子 RH、RM、RL 的不同组合，得到 8 挡转速。电动机的正转、反转和停止分别由按钮开关 SF、SR、ST 来进行控制。

（4）变频调速系统的控制电路

1）控制电路　通过前面的分析，本车床主拖动系统采用外接电位器调速的控制电路如图 3-100 所示。图中，接触器 KM 用于接通变频器的电源，由 SB_1 和 SB_2 控制。继电器 KA_1 用于正转，由 SF 和 ST 控制；KA_2 用于反转，由 SB 和 ST 控制。

正转和反转只有在变频器接通电源后才能进行；变频器只有在正、反转都不工作时才能切断电源。由于车床需要有点动功能，故在电路中增加了点动控制按钮 SJ 和继电器 KA_3。

2）主要电器的选择

① 空气断路器 Q

$$I_{QN} \geqslant (1.3\sim1.4)I_N = (1.3\sim1.4)\times9 = 11.7\sim12.6(A)$$

选 $$I_{QN} = 20A$$

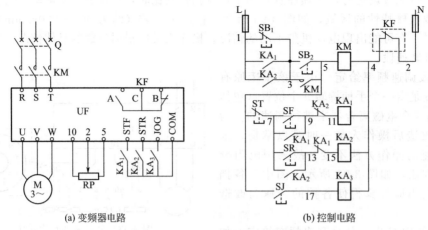

(a) 变频器电路　　　　　　　　　　　　　(b) 控制电路

图 3-100　车床变频调速的控制电路

② 接触器 KM

$$I_{KN} \geqslant I_N = 9A$$

选　　　　　　　　　　　　　$$I_{KN} = 10A$$

③ 调速电位器　选 2kΩ/2W 电位器或 10kΩ/1W 的多圈电位器。

4. 系统改造操作实践训练

（1）按照控制要求，安装控制电路

按照图 3-100，装接变频器控制电路和有关控制电路。

（2）对变频器的功能进行预置

按照控制要求，要对下列功能参数进行预置。

1）基本频率与最高频率

① 基本频率　在额定电压下，基本频率预置为 50Hz。

② 最高频率　当给定信号达到最大时，对应的最高频率预置为 100Hz。

2）U/f　预置方法如下：使车床运行在最低速挡，按最大切削量切削最大直径的工件，逐渐加大 U/f，直至能够正常切削，然后退刀，观察空载时是否因过电流而跳闸。如不跳闸，则预置完毕。

3）升、降速时间　考虑到车削螺纹的需要，将升、降速时间预置为 1s。由于变频器容量已经提高了一挡，升速时不会跳闸。为了避免降速过程中跳闸，将降速时的直流电压限值预置为 680V（过电压跳闸值通常大于 700V）。经过试验，能够满足工作需要。

4）电动机的过载保护　由于所选变频器容量提高了一挡，故必须准确预置电子式热保护装置的参数。在正常情况下，变频器的电流取用比为：

$$I = \frac{I_{MN}}{I_N} \times 100\% = \frac{4.8}{9.0}A \times 100\% = 53\%$$

因此，将保护电流的百分数预置为 55% 是适宜的。

5）点动频率　根据用户要求，将点动频率预置为 5Hz。

对照上文所叙述的参数，对变频器的参数进行逐一设置。

（3）系统调试

结合实际情况进行现场调试，根据控制要求进行适当修改，以满足车床主拖动系统的控制要求。

【例 3-19】　变频器在龙门刨床拖动系统中的应用实例

以 A 系列龙门刨床为例，其刨台拖动系统采用 G-M（发电机-电动机组）调速系统，如图 3-101 所示。该调速系统结构比较复杂，尽管直流电动机在额定转速以上，可以进行具有恒功率性质的弱磁调速，但由于在弱磁调速时无法利用电流反馈和速度反馈环节来改善机械特性，故不能用于切削过程中。同时，该系统中的电动机功率比负载实际所需功率要大很多。

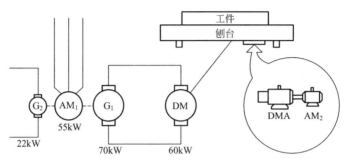

图 3-101　龙门刨床刨台 G-M 拖动系统

若采用变频器对其进行速度控制，系统框图如图 3-102 所示，就可以克服以上不足。那么如何运用变频器对其进行速度控制呢？下面介绍相关知识。

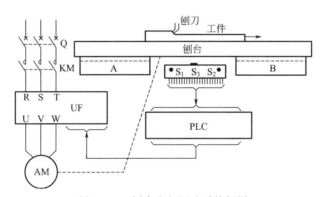

图 3-102　刨台变频调速系统框图

1. 龙门刨床简介

（1）龙门刨床的刨台运动

1）龙门刨床的基本结构　龙门刨床主要用来加工机床床身、箱体、横梁、立柱、导轨等大型机件的水平面、垂直面、倾斜面以及导轨面等，是重要的工作母机之一。主要由以下 7 个部分组成，如图 3-103 所示。

① 床身　床身是一个箱形体，上有 V 形和 U 形导轨，用于安置工作台。

② 刨台　刨台也叫工作台，用于安置工件。下有传动机构，可顺着床身的导轨做往复运动。

③ 横梁　横梁用于安置垂直刀架。在切削过程中严禁动作，仅在更换工件时移动，用以调整刀架的高度。

④ 左右垂直刀架　安装在横梁上，可沿水平方向移动，

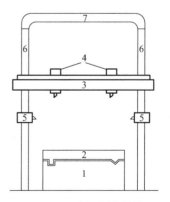

图 3-103　龙门刨床结构

1—床身；2—刨台；3—横梁；
4—左右垂直刀架；5—左右侧刀架；
6—立柱；7—龙门顶

刨刀也可沿刀架本身的导轨垂直移动。

⑤ 左右侧刀架　安置在立柱上，可上、下移动。

⑥ 立柱　立柱用于安置横梁及刀架。

⑦ 龙门顶　龙门顶用于紧固立柱。

2) 龙门刨床的刨台运动　龙门刨床的刨削过程是工件（安置在刨台上）与刨刀之间做相对运动的过程。因为刨刀是不动的，所以，龙门刨床的主运动就是刨台频繁的往复运动。

① 刨台运动的往复周期　刨台运动一个周期主要有五个时段，即切入工件时段 t_1、正常切削时段 t_2、退出工件时段 t_3、高速返回时段 t_4 和缓冲时段 t_5。如图 3-104 所示。

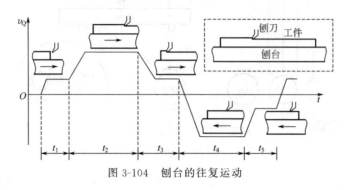

图 3-104　刨台的往复运动

② 刨台的调速　以 A 系列龙门刨床为例，其最低刨削速度是 4.5m/min，最高刨削速度是 90m/min，调速范围为 20。

为了提高电动机的工作效率，龙门刨床采取两级齿轮变速箱变速的机电联合调速方法，即 45m/min 以下为低速挡，45m/min 以上为高速挡。

③ 刨台运动的负荷性质　刨台的计算转速具体地说是 25m/min。

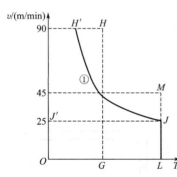

图 3-105　刨台运动的机械特性曲线

a. 切削速度 $v_Q \leqslant 25\text{m/min}$，在这一速度段，由于受刨刀允许切削力的限制，在调速过程中负荷具有恒转矩性质。

b. 切削速度 $v_Q > 25\text{m/min}$，在这一速度段，由于受横梁与立柱等机械结构强度的限制，在调速过程中负荷具有恒功率性质。其机械特性如图 3-105 所示。

④ 刨台对电动机机械特性的要求　龙门刨床在刨削过程中，由于工件表面不平、工件材质不均匀以及工件内部存在砂眼等原因，负载转矩可能发生变化。当负载转矩发生变化时，要求电动机的转速变化越小越好，即要求电动机有较硬的机械特性。

将负荷变化引起的转速变化 Δn_M 与最低速时的理想空载转速 n_{OL} 之比称为静差率 s，即：

$$s = \frac{\Delta n_M}{n_{OL}} \times 100\%$$

龙门刨床对静差率的要求是 $s \leqslant 0.05 \sim 0.1$。

对静差率的要求实际上也就是对电动机机械特性硬的要求，即要求电动机的机械特性越硬越好。

⑤ 对刨台控制的要求

a. 控制程序　刨台的往复运动必须能够满足每个往复周期的转速变化和控制程序。

b. 转速的调节 刨台的刨削速率和高速返回的速率都必须能够十分方便地进行调节。

c. 点动功能 刨台必须能够点动，常称为"刨台步进"和"刨台步退"，以利于切削前的调整。

d. 联锁功能

• 与横梁、刀架的联锁 刨台的往复运动与横梁的移动、刀架的运动之间，必须有可靠的联锁。

• 与油泵电动机的联锁 一方面，只有在油泵正常供油的情况下，才允许进行刨台的往复运动；另一方面，如果在刨台往复运动过程中，油泵电动机因发生故障而停机，刨台将不允许在刨削中停止运行，而必须等刨台返回至起始位置时再停止。

（2）刨台变频调速

1）刨台变频调速系统的组成及控制原理 刨台变频调速系统的控制电路如图 3-106 所示。刨台的拖动系统采用变频调速后，主拖动系统只需要一台异步电动机就可以，与图 3-101 所示的直流电动机调速系统相比，系统结构变得简单多了。

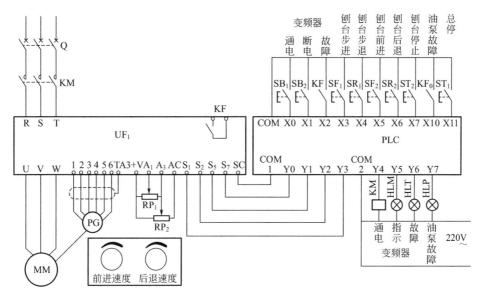

图 3-106 刨台变频调速系统的控制电路

由专用接近开关得到的信号，接至 PLC 的输入端；PLC 的输出端控制变频器，以调整刨台在各时间段的转速，该控制电路比较简单明了。

① 变频器的通电 当空气断路器合闸后，由按钮 SB_1 和 SB_2 控制接触器 KM，进而控制变频器的通电与断电，并由指示灯 HLM 进行指示。

② 速度调节

a. 刨台的刨削速度和返回速度分别通过电位器 RP_1 和 RP_2 来调节。

b. 刨台步进和步退的转速由变频器预置的点动频率决定。

③ 往返运动的启动 通过按钮 SF_2 和 SR_2 来控制，具体按哪个按钮，需根据刨台的初始位置来决定。

④ 故障处理 一旦变频器发生故障，触点 KF 闭合，一方面切断变频器的电源，同时，指示灯 HLT 亮，进行报警。

⑤ 油泵故障处理 一旦油泵发生故障，继电器 KF_0 闭合，PLC 将使刨台在该往复周期结束之后，停止刨台的继续运行。同时，指示灯 HLP 亮，进行报警。

⑥ 停机处理　正常情况下，按 ST_2，则刨台应在一个往复周期结束之后才切断变频器的电源。如遇紧急情况，则按 ST_1，使整台刨床停止运行。

2）电动机的选择

① 原刨台电动机的数据

$$P_{MN} = 60kW, n_{MN} = 1880r/min$$

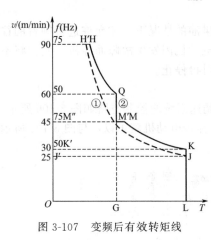

图 3-107　变频后有效转矩线

② 异步电动机容量的确定　由于负载的高速段具有恒功率特性，而电动机在额定频率以上也具有恒功率特性。因此，为了充分发挥电动机的潜力，电动机的工作频率应适当提高至额定频率以上，使其有效转矩线如图 3-107 中的曲线②所示。图中，曲线①是负载的机械特性。由图可以看出，所需电动机的容量与 $OLKK'$ 面积成正比，和负载实际所需功率十分接近。上述 A 系列龙门刨床的主运动在采用变频调速后，电动机的容量可减小为原来直流电动机的 3/4，即 45kW 就已经足够。但考虑到异步电动机在额定频率以上时，尽管从发热的角度看，其有效转矩具有恒功率的特点，但在高频时其过载能力有所下降，为留有余地，选择 55kW 的电动机，其最高工作频率定为 75Hz。

③ 异步电动机的选型　一般来说，以选用变频调速专用电动机为宜。今选用 YVP250M-4 型异步电动机，主要额定数据为：$P_{MN} = 55kW$，$I_{MN} = 105A$，$T_{MN} = 350.1N \cdot m$。

3）变频器的选择

① 变频器的型号　考虑到龙门刨床本身对机械特性的硬度和动态响应能力的要求较高。近年来，龙门刨床常常与铣削或磨削兼用，而铣削和磨削时的进刀速度只约有刨削时的百分之一，故要求拖动系统具有良好的低速运行性能。

综合各方面因素，本系统选用日本安川公司生产的 CIMR-G7A 系列变频器。该变频器即使工作在无反馈矢量控制的情况下，也能在 0.3Hz 时运行，其输出转矩达到额定转矩的 150%，能够满足拖动的要求。

② 变频器的容量　变频器的容量只需和配用电动机容量相符即可。因电动机为 55kW，则变频器应选 98kV·A，额定电流为 128A。

（3）主电路其他电器的选择

1）空气开关 Q

$$I_{QN} \geq (1.3 \sim 1.4)I_N = (1.3 \sim 1.4) \times 128 = 166.4 \sim 179.2(A)$$

选　　　　　　　　　　　$I_{QN} = 170A$

2）接触器 KM

$$I_{KN} \geq I_N = 128A$$

选　　　　　　　　　　　$I_{KN} = 160A$

3）制动电阻与制动单元　如前所述，刨台在工作过程中，处于频繁的往复运行的状态。为了提高工作效率，缩短辅助时间，刨台的升、降速时间应尽量短。因此，直流回路中的制动电阻与制动单元是必不可少的。

① 制动电阻的值　根据说明书，选取制动电阻 $R_B = 10\Omega$。

② 制动电阻的容量　说明书提供的参考容量是 12kW，但考虑到刨台的往复十分频繁，故制动电阻的容量应比一般情况下的容量大 1～2 挡。

选制动电阻的容量 $P_B = 30kW$。

2. 龙门刨床的刀架变频调速系统

（1）龙门刨床的刀架结构

① 垂直刀架　垂直刀架有两个，装在横梁上，由同一台电动机拖动，只能左右移动。

② 侧刀架　侧刀架有两个，左右各一个，装在立柱上，各自由一台电动机拖动，只能上下移动。

（2）对刀架运动的基本要求

① 刀架既可以自动进给，也可以快速移动，由进刀箱上的机械手柄的位置来决定。快速移动与自动进给不能同时进行。

② 自动进给在每次刨台后退结束时进行，进刀量的多少由机械机构控制。

③ 在刨台自动循环时，刀架不能快速移动。

④ 刀架的移动都有限位控制。

⑤ 刀架在切削完毕返回之前，必须"抬刀"，以免刨刀在返回过程中在工件上留下划痕，影响光洁度。抬刀动作由抬刀电磁铁来完成。

（3）进刀量的控制

刨台在往复运动过程中，每次从刨台返回转为刨台前进时，刀架应进行一次进刀运动，进刀量通常通过机电结合的方式进行控制。具体结构如图3-108所示。

当刨台返回完毕准备反向时，给出进刀信号，刀架电动机开始旋转，刀架进刀。与此同时，进刀圆盘也开始转动，如图中虚线框内所示，当圆盘上的齿顶开继电器时，电动机断电，停止进刀，不同的进刀量将通过不同的圆盘来控制。

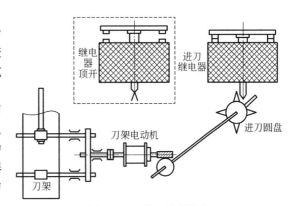

图3-108　进刀控制结构

也有的刀架是采用较精密的电子时间继电器，通过控制进刀的时间来控制进刀量的。

（4）刀架的变频调速

1）刀架变频调速的控制电路　由于变频器能够十分准确地控制运行频率和升、降速时间，而PLC又能够准确地计时。因此，采用PLC配合变频调速来控制进刀量，不但简化了系统的机械结构，还能提高控制进刀量的精度。

刀架变频调速的控制电路如图3-109所示，有关说明如下：

① UF_2 是左、右刀架共用的变频器，UF_3 是垂直刀架用变频器；可以用一个三位切换开关 SAN_2 来控制，SAN_2 的三个位置分别是：左刀架、右刀架和左右刀架同时移动。

② SBV_1 和 SBV_2 是控制变频器 UF_3 的按钮开关，SBN_1 和 SBN_2 是控制变频器 UF_2 的按钮开关，SAV 和 SAN_1 是用于切换移动方向的旋钮开关。

③ KF_2 和 KF_3 分别是变频器 UF_2 和变频器 UF_3 的故障信号。

④ SBV、SBR、SBL 分别是垂直刀架、左刀架和右刀架的快速移动按钮。

2）刀架电动机的选择　三台刀架电动机的容量都是1.5kW。刀架的移动都是在不切削时进行的。因此，电动机的负载大小是比较恒定的。如果更换了刨刀，更换前后的负荷大小将有所变化，但变化也极小。此外，刀架电动机的负载属于短时负载，在工作期间，电动机的发热将达不到额定温升，因此，电动机可以在过载状态下运行。

3）变频器的选择　由于刀架电动机的负荷变化不大，因此，变频器即使是 U/f 控制

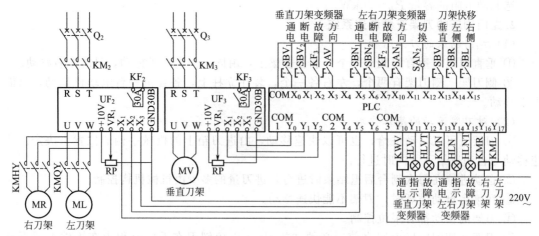

图 3-109　刀架变频调速的控制电路

方式也能满足要求，选择变频器时应主要考虑经济因素。今选国产的森兰 SB60 系列变频器。

考虑到刀架电动机可能工作在过载状态下，故变频器的容量宜适当加大。垂直刀架用变频器选 3.6kV·A（配 2.2kW 电动机）、5.5A 的变频器，而左右刀架用变频器则选 6.4kV·A、9.7A（配 37kW 电动机）。

4）其他电器的选择

① 空气开关

Q_2　　　　　　$I_{QN} \geqslant (1.3 \sim 1.4)I_N = (1.3 \sim 1.4) \times 9.7 = 12.61 \sim 13.58(A)$

选　$I_{QN} = 15A$

Q_3　　　　　　$I_{QN} \geqslant (1.3 \sim 1.4)I_N = (1.3 \sim 1.4) \times 5.5 = 7.15 \sim 7.7(A)$

选　　　　　　　　　$I_{QN} = 15A$

② 接触器

KM_2　　　　　　　　$I_{KN} \geqslant I_N = 9.7A$

选　　　　　　　　　$I_{KN} = 10A$

KM_3　　　　　　　　$I_{KN} \geqslant I_N = 5.5A$

选　　　　　　　　　$I_{KN} = 10A$

③ 制动电阻和制动单元　因为自动进刀时速度很低，停止时可直接采用直流制动方式；快速移动时则因为属于辅助操作，次数也不多，对制动时间无严格要求，因此，不必配置制动电阻和制动单元。

3. 采用变频器对龙门刨床进行速度控制的操作实践训练 1

（1）按照控制要求安装控制电路

按照图 3-106，装接变频器控制电路和有关控制电路。

（2）对变频器的功能进行预置

按照控制要求，要对下列功能参数进行预置。

1）频率给定功能

B1—01＝1　　　　控制输入端 A_1 和 A_3 均为输入电压给定信号。

H3—05＝2　　　　当 S_5 断开时，由输入端 A_1 的给定信号决定变频器的输出频率；当 S_5 闭合时，由输入端 A_3 的给定信号决定变频器输出频率。

H1—03＝3　　　　使 S_5 成为多挡速 1 的输入端，并实现上述功能。

H1—06＝6	使 S_8 成为点动信号输入端。
d1—17＝10Hz	点动频率预置为 10Hz。

2）运行指令

b1—02＝1	由控制端子输入运行指令。
b1—03＝0	按预置的降速时间减速并停止。
B2—1＝0.5Hz	电动机转速降至 0.5Hz 开始"零速控制"（无速度反馈时，则开始直流制动）。
b2—2＝100％	直流制动电流等于电动机的额定电流（无速度反馈时）。
E2—03＝30A	直流励磁电流（有速度反馈时）。
b1—04＝0.5s	直流制动时间为 0.5s。
L3—05＝1	运行中自处理功能有效。
L3—06＝160％	运行中自处理的电流限值为电动机额定电流的 160％。

3）升降速特性

① 升降速时间

C1—01＝5s	升速时间预置为 5s。
C1—02＝5s	降速时间预置为 5s。

② 升降速方式

C2—01＝0.5s	升速开始时的 s 字时间。
C2—02＝0.5s	升速结束时的 s 字时间。
C2—03＝0.5s	降速开始时的 s 字时间。
C2—04＝0.5s	降速结束时的 s 字时间。

③ 升降速自处理

L3—01＝1	升速中的自处理功能有效。
L3—04＝1	降速中的自处理功能有效。

④ 转矩限制功能

L7—01＝200％	正转时转矩限制为电动机额定转矩的 200％。
L7—02＝200％	反转时转矩限制为电动机额定转矩的 200％。
L7—03＝200％	正转再生状态时的转矩限制为电动机额定转矩的 200％。
L7—04＝200％	反转再生状态时的转矩限制为电动机额定转矩的 200％。

⑤ 过载保护功能

E2—01＝105A	电动机的额定电流为 105A。
L1—01＝2	适用于变频专用电动机。

（3）编制 PLC 控制程序

参考程序梯形图如图 3-110 所示。

（4）系统调试

结合实际情况进行现场调试，根据控制要求进行适当修改，以满足刨床刨台拖动系统的控制要求。

4. 采用变频器对龙门刨床进行速度控制的操作实践训练 2

（1）按照控制要求安装控制电路

按照图 3-109，装接变频器控制电路和有关控制电路。

（2）对变频器的功能进行预置

按照控制要求，要对下列功能参数进行预置。

① 频率给定功能

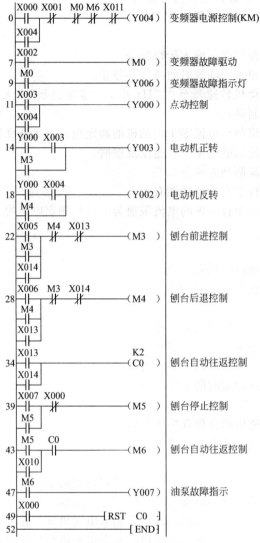

图 3-110 梯形图程序

F001＝0　　只用主给定信号或辅助给定信号。

F002＝2　　从 VR₁ 端输入给定信号。

② 运行控制功能

F004＝1　　由外接端子控制变频器的运行。

F005＝2　　变频器面板上的停止按钮有效。

F006＝0　　正、反转由电位控制。

F007＝2　　停机时首先按预置的降速时间降速，然后实行直流制动。

③ 升、降速功能

F009＝5s　　升速时间预置为 5s。

F010＝5s　　降速时间预置为 5s。

④ 电动机的过载保护

F011＝2　　变频器的电子热保护功能有效。

F012＝60%　　当电动机的电流超过 3.3A 时，过载保护开始起作用。

⑤ 控制方式

F013＝0　　选择 U/f 开环控制方式。

F000＝0　　U/f 线为直线。

F101＝50Hz 基本频率为 50Hz。

F102＝380V 最大输出电压为 380V。

F103＝15　转矩补偿选择第 15 挡。

⑥ 输入端子功能

F500＝13　端子 X_1 为正转功能。

F501＝14　端子 X_2 为反转功能。

F502＝10　端子 X_3 为点动功能。

（3）编制 PLC 程序

PLC 梯形图程序如图 3-111 所示。

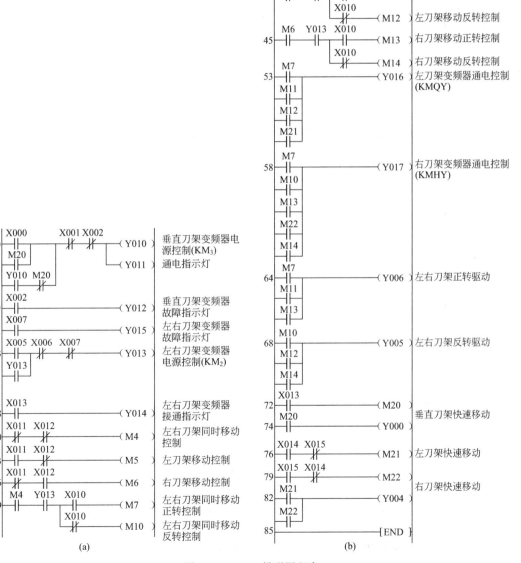

图 3-111　PLC 梯形图程序

（4）系统调试

结合刀架实际运行情况进行现场调试，根据控制要求进行适当修改，以实现刨床刀架拖动系统的控制功能。

5. 应用变频器自行设计一个龙门刨床的主电路

本应用实例主要应用变频器对龙门刨床的刨台和刀架进行速度控制，在此基础上自行设计的龙门刨床的主电路如图 3-112 所示。

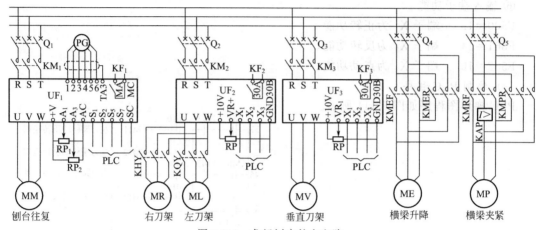

图 3-112　龙门刨床的主电路

图中，刨台往复电动机（MM）由变频器 UF_1 控制，变频器的通电和断电由空气断路器 Q_1 和接触器 KM_1 控制；刨台前进和后退的转速大小分别由电位器 RP_1 和 RP_2 控制，正、反转及点动（刨台步进和步退）则由 PLC 控制。

垂直刀架电动机（MV）由变频器 UF_1 控制，变频器的通电和断电由空气断路器 Q_3 和接触器 KM_3 控制；转速大小直接由电位器控制，正、反转及点动（刀架的快速移动）则由 PLC 控制。

左、右刀架电动机（ML 和 MR）由同一台变频器 UF_2 控制，变频器的通电和断电由空气断路器 Q_2 和接触器 KM_2 控制。与垂直刀架电动机一样，其转速大小直接由电位器控制，正、反转及点动（刀架的快速移动）则由 PLC 控制。

由于横梁的移动不需要调速，横梁升降电动机（ME）和横梁夹紧电动机（MP）不需要变频器来控制，但其工作过程也由 PLC 控制。

试自行设计有关控制电路，利用 PLC 对龙门刨床主电路进行功能控制，通过变频器进行速度控制，并进行安装调试。

【例 3-20】　变频器在龙门铣床改造中的应用实例

1. X2010A 工作台进给机构改造前的状况

龙门铣床是工业部门加工较大型工件的主要设备，其电气控制系统包括工作台的主传动（图 3-113）和进给机构的逻辑时序控制（图 3-114）两大部分。传统龙门铣床的主传动一般采用直流可逆调速拖动方式，由于控制电路采用分立元件构成，增加了该工作台被动控制系统的故障率，而且现在有些分立元件国家已经停止生产。此系统的故障率高、维护困难，严重影响了龙门铣床的铣削质量和效率，有必要对工作台进给机构进行技术更新和改造。

2. 龙门铣床工作台电力拖动控制系统的工艺要求

龙门铣床工作台电力拖动系统属于平稳快速的位置控制系统。对龙门铣床工作台的一般

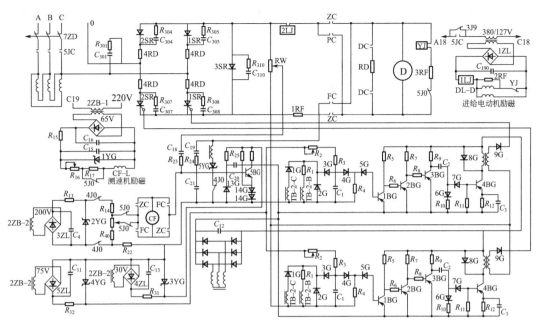

图 3-113　X2010A 龙门铣床工作台进给机构改造前的主传动电气控制原理图

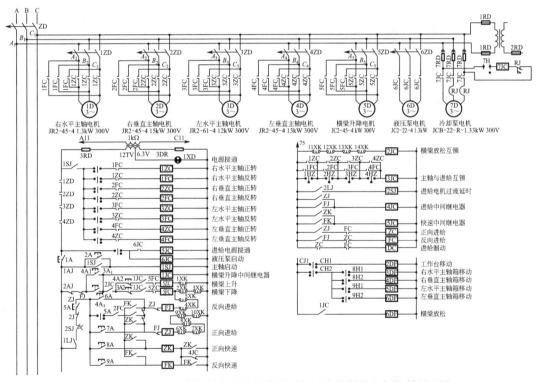

图 3-114　X2010A 龙门铣床进给机构的逻辑时序控制的电气控制原理图

工艺要求主要表现在拖动系统的速度图上，如图 3-115 所示。这种速度图表示铣床工作台工作铣削行程和反向返回过程的速度变化。由时间 $t=0$ 开始到 t_7 为止，是正向铣削速度变化，而由 t_7 开始到 t_{10} 为止表示反向运转铣床工作台空行程返回原位置的速度变化。其中：

第一段，$0 \leqslant t \leqslant t_1$，铣床工作台空行程启动；第二段，$t_1 \leqslant t \leqslant t_2$，铣床工作台以稳定转速 n_1 运转，铣头开始切入被加工零件，一般称为切入速度，n_1 的大小与被加工材料和刀具条件有关；第三段，$t_2 \leqslant t \leqslant t_4$，铣床工作台速度越来越大，直到稳定的工作速度 n_2；第四段，$t_4 \leqslant t \leqslant t_5$，刀具在铣削过程中减速，直到 n_3；第五段，$t_5 \leqslant t \leqslant t_6$，铣床工作台保持 n_3 速度条件下刀具离开工件，这个速度称为抛出速度，一般与被加工工件材质和刀具条件有关，否则将造成铣削断裂损伤工件加工表面；第六段，$t_6 \leqslant t \leqslant t_8$，铣床工作台空行程制动，以最大减速度制动，速度过零后反向再加速，这时铣床工作台空行程反向退回；第七段，$t_8 \leqslant t \leqslant t_9$，铣床工作台以最大速度空行程反向退回；第八段，$t_9 \leqslant t \leqslant t_{10}$，铣床工作台退回到原加工位置，以最大减速度制动到零，应当刚好是再铣削的开始位置。如此可再重复上面所述的切削加工循环。

3. 控制系统的构造

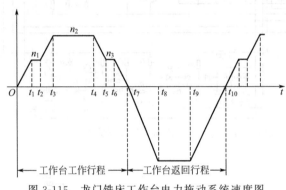

图 3-115 龙门铣床工作台电力拖动系统速度图

像图 3-115 这样的速度图，一般能满足龙门铣床、刨床工作台工作，但也存在不足之处。例如刀具切入和抛出钢件时必须保持在较低速度下进行，为此在启动过程和制动过程就得有一段稳速运行阶段（为了获得切入和抛出速度而设置），这样就拖长了工作周期。此外，在启动开始和切入钢件后的加速过程，在制动开始和抛出后的制动过程，都存在加速度变化率过大，亦即电流变化率过大的问题，从而产生速度超调、机械振动冲击、铣床工作台反向前冲程大等不利现象。总之，原直流调速系统不能兼顾既平稳又快速的控制要求，即要保证启、制动的平稳性，势必增加过渡过程的时间，从而影响快速性，降低生产效率。

如果采用磁通矢量控制的通用变频器取代原直流电动机控制系统，实现对工作台的速度和换向控制，由于磁通矢量控制的通用变频器和异步电动机所组成的变频调速系统具有很硬的机械硬度，既保证了铣削质量，又避免了转速闭环超调振荡问题。用 PLC 取代部分继电接触器线路，组成具有 BANG-BANG 功能的调节器，实现对铣床的各种复杂逻辑与时序控制。PLC 根据操作箱指令和现场信号，按预先编制好的程序对工作台的工况进行自动或人工控制，以便满足各种加工工艺要求。选用 FRN15G9S-4JE 电压型通用变频器，该通用变频器在无速度传感器的开环运行条件下，采用磁通矢量控制和电动机参数自动测试等功能后，其调速性能达到并超过了原直流调速系统。

为方便操作实现远控，变频器设置成外部控制状态。图 3-116 是它的接线原理图，所有工作台的动作都由 PLC 控制。当 PLC 输出继电器 0504·0502 为 "ON" 时工作台前进，速度由电位器 RP 调节；当 0502·0503·0505 为 "ON" 时，工作台以最高速后退。同理，0504·0506 为 "ON" 时，工作台点动前进；0505·0506 为 "ON" 时，点动后退。在快速制动过程，一旦电动机反馈的 "泵升电势" 使变频器直流母线电压达到 800V，制动单元立即导通，迅速释放电动机的储能，可实现安全快速的制动。变频器内的晶体管 Y_1 在输出频率 $f_1 < 1.5 Hz$ 时导通，PLC 的输入 0001 与输出 0501 继电器相继闭合，变频器 X2-CM 为 "ON" 时，电动机开始直流制动，以便克服惯性急停。

PLC 的应用充分体现了可靠、快速、灵活的控制特点，实现了以往难以做到的多种复杂控制和故障保护，使系统具备了小型化、操作维护简单化和控制智能化。当然该系统如果用一个 C60P，那么所有的继电器就可省去，系统会更加可靠。

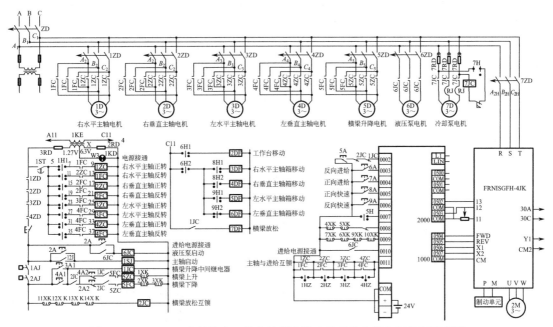

图 3-116　X2010A 龙门铣床工作台控制电路改造后的全部电气控制原理图

4. 控制系统改造时应注意的几个问题

（1）交流电动机的容量至少要高一个挡

因为龙门铣床工作台经常工作在低速加工状态，为了保证加工质量，要求电动机低速转矩大，考虑到交流电动机机械特性的性质，在选择交流电动机时，不能按直流电动机换成交流电动机时电动机容量的计算转换方法选择交流电动机的容量。交流电动机容量要比计算结果至少要高一个挡。

（2）变频器一定要加制动单元和制动电阻

由于工作台工作在往复工作状态，特别是带大型工件后惯性很大，需加制动装置。变频器加装制动装置制动，即在停车时将惯性能量通过制动单元消耗在制动电阻上，通过恰当计算选择制动电阻和制动单元，使工作台能够启动，制动时间控制在尽可能短的时间之内。

（3）与改造无关的电路也应作仔细的检查

任何技改项目，都应做到改造后的操作过程越简单越好，最多保持原来的操作习惯，与改造无关的部分应尽量不更改现有的电路操作元件和指示仪表。要特别注意那些尽管电路上没有进行改造，但是输入、输出信号与本次改造有关的电路。对于这些与改造无关的电路一定要作仔细的检查，不能轻易相信图纸（也许由于某种原因改动而实际电路在图纸上没有做标记），对怀疑有问题的地方可以换线或换电路器件。

第三节　变频器在装卸与搬运方面的应用

【例 3-21】　升降吊车的变频器控制应用实例

在工厂中，升降吊车是重物装卸时不可缺少的工具，有时是生产线的一个组成部分，要求提高吊车的作业效率。升降吊车的控制主要采用手动操作方式，但作为生产过程的一个组成部分，根据定位精度、防振动、平稳加减速等要求，实现自动控制是一种有效方法。因此，采用变频器控制，实现提升电动机与平移电动机的调速，只有下列优点：平移时采用软启动和停止，可以避免通常直接启动或用电磁制动器急刹车时所造成的振动，实现吊车的平稳运行；吊车提升与放下速度可随负载的作业内容任意变化；采用高速及低速二挡切换，可以提高停止精度，减少细微的位置校正次数，提高吊车的作业效率。

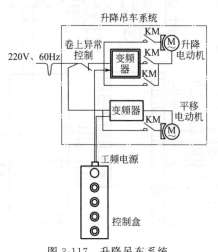

图 3-117　升降吊车系统

升降吊车配有升降、平移及行走目的的 2～3 台电动机，使其能在 X、Y、Z 轴三个方向自由移动。每台电动机根据其各自的用途分别配备变频器。选择电动机及变频器容量时，应该充分考虑上升时所吊重物的安全系数，停止及保持控制利用电磁制动器实现。吊车下放时为负负载，变为连续的再生运行状态，如果通用变频器电源不具有反馈功能，当选用变频器及制动电阻时，其容量应该固有充分裕量。平移及行走电动机的变频器容量选择，应该根据各自的需要，选择相当于电动机容量或者大一点容量的变频器，尤其在减速时，如果希望在短时间内停止，由于负载的惯性很大，所以通常利用制动装置。装有升降及平移变频器的升降吊车系统如图 3-117 所示。

该控制系统配置了防止提升超过极限的异常限制装置，一旦机器出现故障，则此限制开关动作，直接切断提升主电源，使电动机停止，同时由电磁制动器动作保持住重物。另外，为了防止因变频器故障时吊车停止在半空中，系统中设置了异常放大控制回路，可以从地面的悬吊式操作盒进行控制操作，图 3-118 为一种升降吊车运行模式。

应用变频器控制后，可取得以下效果：由于使电动机运行的开关元件为无触点式，使得电磁接触器具有半永久性寿命；电动机的启动电流被限制得很小，因此，频繁启动及停止时，电动机的热耗降低，寿命延长，由于电磁制动器在低速时动作，故其衬里使用期得到延长，保养费用降低；吊车运行平滑，在加、减速时冲击和振动变小，减小了负载的摇晃，运行安全性大幅度提高；由于升降机精细的升降

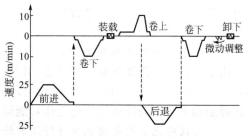

图 3-118　升降吊车运行模式

速度控制，有效地提高了产品（如电镀抛光）的质量；对于锻模搬运升降机，由于可以实现精确定位，故可以提高作业效率。

具体应用时注意下列事项：变频器跳闸时电动机断电，因此行走失控或落下时的危险性较大，应该设计完善的安全装置，使得电磁制动器自动作用；在外降机上装置变频器时，应该选用与变频器材料相同的耐高温及耐振材料；除了保证电滑轮不脱线外，还应该采取其他安全措施，保证一旦突然断电时紧急制动器能够起作用，代替变频器工作；由于变频器控制时电动机启动转矩小，故应该使电动机容量适当增大；另外，在下放时电动机为连续再生运行状态，因此，应该充分考虑包括变频器在内的容量确定问题。

【例 3-22】　输送平台车的变频器控制应用实例

在工厂内各工段之间运送钢材等重物时，经常使用平台车。为了提高平台车运送速度，

增加运载重量，提高运输能力，需要增大电动机的输出功率，同时，传动装置的尺寸及重量也会加大。为此，采用在工频以上的高速区内有恒功率输出特性的变频器控制，可以解决该问题，在不增加电动机尺寸的情况下，可以有效增加运送能力。利用工频以上频率使电动机加速，则不改变传动部分的尺寸即可实现高速化。对于平台车，在装载货物时，为了防止货物倒塌，对最高速度有限制。然而，在卸货后，空载时负载转矩很小，可以加快运行速度，故可以利用变频器的高速运行区域。另外，由于拖动电动机装设在平台车上，如果环境条件较差，如粉尘多、振动强烈时，最适宜使用易于变频器控制的笼形电动机。例如，现有一台运送平台车，采用两台电动机传动，变频器控制系统如图 3-119 所示。

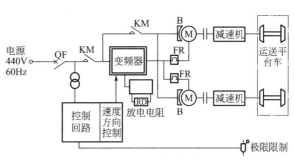

图 3-119　平台车的变频器控制

　　变频器容量为两台电动机容量之和。两台电动机始终按同一频率控制，即电动机之间没有大幅度的负载不平衡，即使在加、减速运行时，两台电动机的负载转矩也适当分配。为了防止在运行轨道的两端速度失控，必须考虑相应的安全措施。一般通过变频器使用电气制动（即再生制动），使平台车停止。另外，应该考虑异常情况时能够使用电磁制动器紧急制动，实现停车。减速时负载能量一般全部由变频器的再生制动电阻消耗，故应选择大容量制动电阻。平台车的一种运行模式如图 3-120 所示。

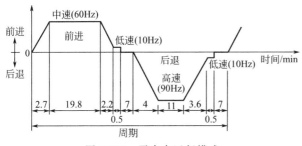

图 3-120　平台车运行模式

输送平台车在装载时中速行驶，空载时高速行驶。其次，减速度由变频器的加、减速时间设定器设定最佳值，保证货物不倒塌、与车轮不打滑。使用变频器控制后具有下列优点：由于加、减速时按恒加、减速运行，故运行平稳，没有振动，提高了作业安全性；可采用全封闭户外型标准电动机，故与通常的变速电动机一样不受设置场所限制，系统的维护性好，运行周期缩短。

　　具体应用时，应该注意两方面问题：由于变频器装设在平台上，故需对其盘面采取可靠的防振措施；因为变频器电源由滑轮供电，故应防止脱线，可采取双重导电方式，如果发生脱线事故，应该具有紧急制动保护系统。

【例 3-23】　塔式起重机的变频器控制应用实例

　　塔式起重机是自动仓库的重要设备，为了节能及提高生产效率，要求使吊车小型化与高速化。塔式起重机行走和装卸货物的铲叉，一直采用直流电动机等变速装置或变极电动机，为了提高定位精度，并使传动装置小型化，采用变频器传动是一种有效方法。使用变频器控制可以达到下列目的：对于过去用于装卸铲叉的变极电动机，采用变频器控制可以任意设定高速或低速，故可以提高停止精度；行走与装卸不能同对进行，因此，可以用一台变频器轮流切换使用；对于小容量电动机，行走与装卸分别使用内装再生制动装置的变频器，有时更为经济；如果希望塔式起重机高速运动，则需加大电动机容量，相应地增大了传动装置的尺寸及重量；采用变频器控制后，可以采用标准的法兰盘电动机或齿轮电动机。

塔式起重机采用变频器控制后具有如下优点：可以实现高速化与小型化，故使自动仓库实现节能与节省空间；由于不需要测速发电机与冷却扇，使电缆配线数减少，同直流电动机相比，因不需要换向器，使得维护简单；尽管铲叉的额定速度低，无须大范围调速，但与使用变极电动机相比，变频器控制的调速范围更大，提高了停止精度，电动机尺寸变小；在不改变电动机功率的前提下，实现高速运行。

在系统设计与应用时，注意两方面问题：一是电动机在 60Hz 以上高速运行时，标准减速器可能无法使用，但是，六极电动机即使以 90Hz 高速运转，由于减速器输入轴转速与四极电动机 60Hz 时相同，故可以使用市售减速器及齿轮电动机；二是如果为了缩短工作周期而减小加、减速时间，则可能因电动机加速转矩不够而加大电动机容量，故需考虑加、减速特性。

【例 3-24】 出料传送带与粉末供料器的变频器控制应用实例

提高原料制造生产效率的关键是加强混料与计量的精度。粉末出料供给器位于计量器与混料器之前，根据原料的种类及大小控制供给量，并使出料传送带速度同步变化。将变频器引入该生产过程，并使原料供给量均匀，提高混料与计量精度，保证产品质量稳定。粉末供料器电动机一般使用标准齿轮电动机恒速运行，或者采用电磁转差离合器式变速电动机与机械式变速器。

引入变频器控制后，可以达到下列目的：通过使现有电动机高速化提高生产率；与机械式变速器相比可以实现远程操作，而且容易实现与下级传送带的联动比例运行；通过对供料器调速，控制供给量，使其根据粉末的种类及大小而变化，故容易实现原料混合比的最优化；由于拖动电动机位于多粉尘环境，利用变频器控制后，可以采用笼形全封闭户外型电动机，容易维护。出料传送带与粉末供料器的变频器控制原理如图 3-121 所示。

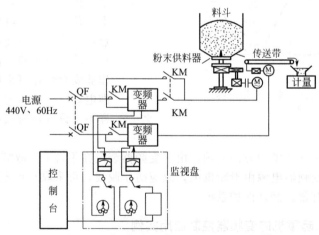

图 3-121 出料传送带与粉末供料器的变频控制

通过远程集中管理室，设定相应于最佳粉末供给量的供料器速度，并与此联动，按一定比例控制传送带速度；另外，传送带与供料器还可以分别手动操作。出料传送带选用齿轮式标准电动机，粉末供料器采用标准电动机。

采用变频器控制可以取得下列效果：对于多种原料组合，可以远程高精度控制；与机械式或电气式不同，变频器控制系统维护与保养过程简单；因产品混合比恒定，提高了产品质量，同时也提高了材料利用率。

在控制系统设计与应用过程中，应该考虑两方面的问题：一是粉末供料器在启动时的负载转矩比恒速运行时大，而变频器控制的电动机，其启动转矩与工频电源运转时的启动转矩相比小一些，故应该考虑负载特性，选择比原来容量大的电动机与变频器；二是由于料斗内粉末或其温度的影响，可能产生堵塞现象，使得启动转矩异常大而无法启动，此时，应该用工频电源直接启动，然后，利用工频电源与变频器切换选择开关，转换为变频器运行方式。

【例 3-25】 变频器在 125t 桥式起重机上的应用实例

变频器在工业企业各个方面被广泛地使用，但在起重机特别是大吨位起重机上的应用，国内报道较少。由于起重机负载特性特殊以及使用安全的要求，对变频器的性能要求极高。国内只在小吨位的起重机上试它，没有定型的产品；国外少数工业发达国家有此类产品，但所用起重机专用变频器的售价往往是通用变频器的几倍。故本例阐述的采用通用变频器来开发适合大吨位起重机的调速系统具有非常实用的意义。

1. 起重机对变频器控制提出的要求

125/15t 桥式起重机的技术数据如下：

起重量：主提升 125t；副提升 15t。

提升速度：主提升 1.8/0.18m/min；副提升 0.723/7.23m/min。

桥架运行速度：大车 23.5/4m/min；小车 12.3/3m/min。

起重机对变频器提出的要求：

① 在重负载下（满载的 1.25 倍），起重机在各挡速度下仍平稳地工作。

② 满负载时能在空中停止并重新启动，不产生溜钩现象。

③ 大、小车运行机构定位准确；正反向切换时间不大于 2s。

④ 下放重物时电动机工作于制动状态，能量必须迅速释放。

2. 变频调速系统框图说明

主提升机构系统图如图 3-122 所示。图中变频器选用日本安川公司 VS616G5 系列通用变频器，由于起重机在下放重物时，电动机持续在制动工作状态，故变频器的容量适当予以

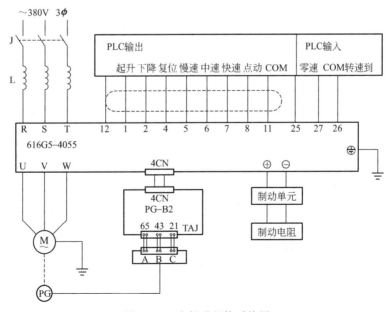

图 3-122 主提升机构系统图

放大。起重机电控系统的配置如表 3-30 所示。

表 3-30　起重机电控系统配置

项目	变频器 VS616G5	电动机(容量)	备注
主提升机构	55kW	YTSP280M-8(45kW)	变频电动机带光洋编码器
副提升机构	30kW	YZSP200L2-6(22kW)	变频电动机带光洋编码器
大车	30kW	YZ160M2-6×2(7.5kW×2)	普通电动机
小车	7.5kW	YZ160L-8(7.5kW)	普通电动机

由于起重机整套电气电路并不十分复杂，故选用日本富士公司的 NBO-P24R3-AC PLC。使用 PLC 不但简化了原有的线路，而且通过 PLC 实现了逻辑控制和时间参数的精确调整。

主、副提升机构采用由带 PG-B2 速度反馈卡的交流变频器和带速度编码器的变频电机组成矢量控制的 PWM 交流变频调速系统。该速度闭环的变频器的调速比高达 1：1000。启动转矩在零速时可达 150%，调速精度在 ±0.02% 以内。

大、小车系统由于是平移直线运动，故采用了无速度传感器矢量控制变频器，其速度控制范围为 1：100，1Hz 时启动转矩可达 150%．调速精度在 ±0.2% 以内。

3. 变频器制动单元选择

日本安川公司 VS616G5 系列变频器具有四种控制模式，并有极高的启动转矩，在国内很多电梯改造项目中有广泛的应用，特别适应位能负载特性。但是，电梯带有配重平衡块，下降时的制动转矩比一般起重机小了很多，故本系统必须另行购置专用的制动单元和制动电阻以保证足够的制动转矩。制动单元和制动电阻的正确选用是本系统成功的重要环节。

安川系列变频器供选择的制动单元有两种，分别为 CDBR-4030 和 CDBR-4050，后者的制动电流大于前者。最后决定选用后者，且须适配制动电阻，因为制动电阻的阻值决定制动电流大小亦即制动时间的长短，也是非常重要的参数；此外，起重机需要维持长时间的制动转矩，制动电阻的功率必须加大。例如，本系统中功率最大的变频器是 55kW，标准的制动电阻功率为 6kW，为适应起重机制动特性，须加大 1 倍，选用 12kW。

4. 变频器和 PLC 的配合

因为起重机有机械抱闸，在主、副提升机构上升或下降以及在空中停止的瞬间，机械抱闸与变频器加/减速时间的匹配非常重要。在运行过程中，既要防止溜钩现象，又要防止由于时间匹配不当而引起电动机的堵转导致变频器跳闸使工作间断。通过分析变频器在各种状态下的工作特性，应用 PLC 和变频器之间的信号配合和软件设计可满足此要求。

5. 试验结果

为了确保大吨位变频起重机完全达到设计要求，进行了提升机构模拟负载试验。其中，副钩为 15t，设定工作挡 3-0-3，空钩载荷为 30.6%，负载为 62%、92%、123%，速度分为三挡：10%n_c、60%n_c、100%n_c。主钩为 125t，载荷分为：空钩载荷为 17%，负载为 62.1%、106%、125%，速度分为三挡：10%n_c、60%n_c、100%n_c。试验数据如表 3-31、表 3-32 所示。试验证明，变频调速方案的各项技术数据均优于其他调速方案，各项技术指标达到设计要求。例如迅速准确地移动和定位，良好的低速性能，不但提高了起重机的工作效率，而且可满足某些精密安装设备需要的准确定位要求，且节能效果明显。

表 3-31 主提升机构

工作状态	负载	频率/Hz	实际转速/(r/min)	电流/A	溜钩距离/mm
上升	17.8%负载	$10\%n_c$ 5	75	37	14/6
		$60\%n_c$ 30	450	38.2	24/6
		$100\%n_c$ 50	750	37~40	38/6
	62.1%负载	$10\%n_c$ 5	74	69~72	14/6
		$60\%n_c$ 30	450	65~66	26/6
		$100\%n_c$ 50	751	65~67	40/6
	106%负载	$10\%n_c$ 5	75	69.4	14/6
		$60\%n_c$ 30	450	69.5	28/6
		$100\%n_c$ 50	750	69.4	44/6
	125%负载	$100\%n_c$ 50		98	
下降	17.8%负载	$10\%n_c$ 5	75	36	16/6
		$60\%n_c$ 30	450	36.5	28/6
		$100\%n_c$ 50	750	36.5	40/6
	62.1%负载	$10\%n_c$ 5	75	39~42	16/6
		$60\%n_c$ 30	450	42	30/6
		$100\%n_c$ 50	750	39~41	42/6
	106%负载	$10\%n_c$ 5	75	69.4	16/6
		$60\%n_c$ 30	450	69.5	32/6
		$100\%n_c$ 50	750	69.4	46/6
	125%负载	$100\%n_c$ 50		72	
17.8%、62.1%、123%额定负载；速度750r/min			静差率0		

表 3-32 副提升机构

工作状态	负载	频率/Hz	实际转速/(r/min)	电流/A
上升	30%负载	$10\%n_c$ 5	75	25
		$60\%n_c$ 30	450	24.1
		$100\%n_c$ 30	749	23.7
	62%负载	$10\%n_c$ 5	74	31.5
		$60\%n_c$ 30	450	31.7
		$100\%n_c$ 50	750	32
	92%负载	$10\%n_c$ 5	75	39.2
		$60\%n_c$ 30	450	39.5
		$100\%n_c$ 50	750	42.5
	123%负载	$100\%n_c$ 50		43.8
下降	30%负载	$10\%n_c$ 5	75	21.5
		$60\%n_c$ 30	450	22.5
		$100\%n_c$ 50	749	23

续表

工作状态	负载	频率/Hz	实际转速/(r/min)	电流/A
下降	62%负载	$10\%n_c$ 5	74	24.2
		$60\%n_c$ 30	450	25.1
		$100\%n_c$ 50	750	25.8
	92%负载	$10\%n_c$ 5	75	26.1
		$60\%n_c$ 30	450	27.5
		$100\%n_c$ 50	750	30
	123%负载	$100\%n_c$ 50		31
30%、92%、123%额定负载；速度750r/min			静差率 0	

【例 3-26】 起重机械的变频器控制应用实例

起重机械的种类很多，但其拖动系统基本特点大同小异。这里仅对工厂常见的桥式起重机作简要介绍，其基本结构如图 3-123 所示。

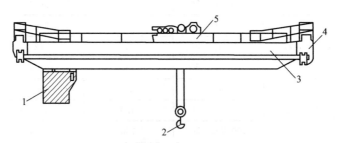

图 3-123　桥式起重机的基本结构

1—驾驶室；2—主钩；3—主梁；4—端梁；5—小车

对于升降类恒转矩负载，如提升机、电梯等，这类负载的特点是启动时冲击电流大，在其下降过程中需要一定制动转矩，同时会有能量回馈，因此要求变频器有一定余量。通用变频器本身提供的制动转矩往往不能满足要求，必须外加制动单元。

1. 起重机械调速系统概述

（1）起重机械的机构类别

不同起重机械的结构是很不相同的，但大体上说，其基本的机构类别有起升机构、运行机构、变幅机构和旋转机构四种。

① 起升机构，即重物上升或下降的机构，这是起重机械的基本功能，是任何起重机械都不可缺少的部分。

② 运行机构，即起重机械平行移动的机构，多数起重机械是在一定的轨道上"行走"的。

③ 变幅机构，即臂架伸长或缩短的机构。

④ 旋转机构，即起重机械旋转移动的机构。

（2）起重机械的负载特点

起重机械的各类机构都属于恒转矩负载。此外，不同的机构还有各自的特点：

① 起升机构。由于重物在空间具有位能，因此是位能负载。其特点是：重物上升时，电动机克服各种阻力（包括重物的重力、摩擦阻力等）做功，属于阻力负载；重物下降时，由于重物本身具有按重力加速度下降的能力（位能），因此，当重物的重力大于传动机构的

摩擦阻力时，重物本身的重力（位能）是下降的动力，电动机成为能量的接受者，故属于动力负载。但当重物的重力小于传动机构的摩擦阻力时，重物仍须由电动机拖动下降，仍属于阻力负载。

② 运行机构。室内起重机的运行机构都是阻力负载，室外起重机有时在较大的风力作用下成为动力负载。

③ 变幅机构。变幅机构的负载特点与幅度有关：幅度大时，有时具有动力负载的特点，幅度小时，则一般为阻力负载。

④ 旋转机构。旋转机构主要用于室外起重机，和运行机构一样，其负载特点视风力的大小而定。

（3）起重机械的调速方法和节能比较

① 原拖动系统的调速方法 起重机械各部分的拖动系统，一般都需要调速，由于异步电动机与其他电动机相比，结构简单，易于维护。因此，在变频调速问世之前，已经发明了多种调速方法，获得了广泛的应用。例如，增大或改变转子回路内电阻的调速、电磁调速电动机等。比较常见的是采用绕线转子异步电动机，其主电路如图3-124所示。调速方法是通过集电环和电刷在转子回路内串入若干段电阻，由接触器来控制接入电阻的数量，从而控制转速。

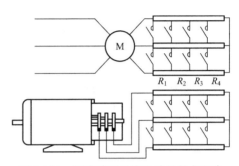

图 3-124 绕线转子异步电动机的主电路

② 绕线转子异步电动机调速时的功率损耗 如图 3-125(a) 所示，异步电动机的自然特性为曲线 1，当负载转矩为 T_L 时，工作点为 A 点。转子侧的能量分配如图 3-125(a) 中的 ΔP，转子回路中的能量损耗是很小的。当异步电动机的转子回路中串入电阻后，机械特性如图 3-125(a) 中的曲线 2 所示。这时，机械特性变软，在转矩不变（仍为 T_L）的情况下，拖动系统的工作点由 A 点移至 B 点，转速由 n_1 下降为 n_2。功率分配情况的变化如下：

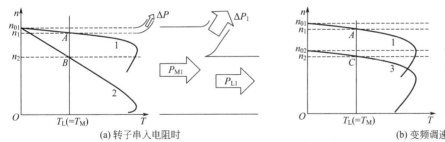

(a) 转子串入电阻时

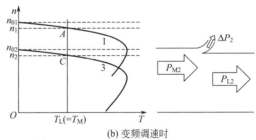

(b) 变频调速时

图 3-125 转子功率分配的比较

同步转速未变，故电磁功率 P_{M1} 与未调速前相同，即：

$$P_{M1} = T_L n_{01}/9550$$

电动机轴上的转速变为 n_2，输出功率 P_{L1} 将随之下降，即：

$$P_{L1} = T_L n_2/9550$$

电动机的功率损耗为：

$$\Delta P_1 = T_L(n_{01} - n_2)/9550 = T_L \Delta n_2/9550$$

功率损耗在电磁功率中所占的比例是相当大的。事实上，转速的下降（或者说机械功率的减少）是通过在转子的外接电阻中消耗能量来实现的。并且，转速越低，机械特性越软，功率损耗在电磁功率中所占的比例也越大，是很不经济的。

③ 变频调速的功率损耗 异步电动机在改变频率后，其机械特性基本上与自然机械特性平行。所以，在不同转速下的转差大致相等，如图 3-125(b) 中的曲线 3 所示，当负载转矩为 T_L 时，拖动系统的工作点为 C 点。这时同步转速下降为 n_{02}，故电磁功率 P_{M2} 也随之下降，即：

$$P_2 = T_L \Delta n_{02}/9550$$

电动机轴上的转速也是 n_2，故输出功率 P_{L2} 与上式相同，即：

$$P_{L2} = T_L \Delta n_{02}/9550$$

电动机的功率损失为：

$$\Delta P_2 = T_L(n_{02} - n_2)/9550 = T_L(n_{01} - n_1)/9550 = T_L \Delta n_1/9550$$

可见，变频调速后的功率损耗与额定转速时功率损耗基本相等，如图 3-125 右侧所示。所以，两种调速方法相比，变频调速的功率损耗要小得多，节能效果是十分显著的。此外，如果变频调速系统再配上电源反馈选件，则在吊钩下放重物时，还可将重物释放的位能反馈给电源，进一步节电。

2. 起重机械变频调速系统要点

(1) 必须注意的问题

① 重物上升时启动转矩 T_S 较大，通常在额定转矩 T_N 的 150% 以上。考虑到在实际工作中可能发生的电源电压下降以及短时过载等因素，一般情况下，启动转矩 T_S 应按照额定转矩 T_N 的 150%~180% 来进行选择，即：

$$T_S = (150\% \sim 180\%) T_N$$

② 因为各部分的拖动系统都有机械式制动器，所以，必须充分考虑电动机在启动和制动时与机械式制动器动作之间的配合。这一点在起升机构中尤其重要。

③ 起升机构中，上升时在重物刚离开"床面"（地面）的瞬间，以及下降时在重物刚到达床面（地面）的瞬间，负载转矩的变化是十分激烈的，应引起注意。

④ 起升装置在调整缆绳松弛度时，以及移动装置在进行定位控制时，都需要点动运行，应充分注意点动时的工作特性。

(2) 变频器容量的选择

在起重机械中，因为升、降速时的电流放大，应求出对应于最大启动转矩和升降速转矩的电动机电流。

通常，起重机械用的变频器容量按以下步骤求出：

① 恒定负载上升时的电动机容量 P_{MN} (kW)，即：

$$P_{MN} \geqslant \frac{G_N v}{6120 \eta}$$

式中，G_N 为额定质量，kg，具体计算时，应考虑须有 125% 的过载能力；v 为额定线速度，m/min；η 为机械效率。

② 变频器的额定电流为：

$$变频器额定电流 > 电动机额定电流 \times \frac{k_1 k_2}{k_3}$$

式中，k_1 为所需最大转矩/电动机额定转矩；k_2 为变频器的过载能力，通常取 $k_2 = 1.5$；k_3 为裕量，通常取 $k_3 = 1.1$。

3. 起重电动机的工作状态

(1) 起升机构的主要特点

起升机构的大致组成如图 3-126 所示，M 是电动机，DS 是减速机构，R 是卷筒，卷筒的半径为 r，G 是重物。

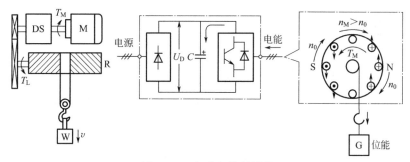

图 3-126　起升机构的结构

在起升机构中，主要有电动机的转矩、重力转矩和摩擦转矩三种。

① 电动机的转矩 T_M。即由电动机产生的转矩，是主动转矩，其方向可正可负。

② 重力转矩 T_G。由重物及吊钩等作用于卷筒的转矩，其大小等于重物及吊钩等的质量 W 与卷筒半径 r 的乘积：$T_G = Wr$，T_G 的方向永远是向下的。

③ 摩擦转矩 T_0。由于减速机构的传动比较大，传动比 λ 最大可达 50，因此，减速机构的摩擦转矩（包括其他损耗转矩）不可小视。摩擦转矩的特点是其方向永远与运动方向相反。

（2）升降过程中的电动机工作状态

① 重物上升　重物的上升，完全是电动机正向转矩作用的结果。这时，电动机的旋转方向与转矩方向相同，处于电动机状态，其机械特性在第一象限，如图 3-127（b）中的曲线 1 所示，工作点为 Q_1 点，转速为 n_1。

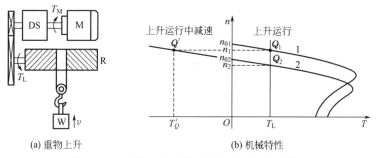

(a) 重物上升　　　　　　(b) 机械特性

图 3-127　重物上升时的工作示意图和机械特性

当通过降低频率而减速时，在频率刚下降的瞬间，机械特性已经切换至曲线 2 了，工作点由 Q_1 至 Q' 点，进入第二象限，电动机处于再生制动状态（发电机状态），其转矩变为反方向的制动转矩，使转速迅速下降，并重新进入第一象限，至 Q_2，又处于稳定运行状态。Q_2 点便是频率降低后的新的工作点，这时，转速已降为 n_2。

② 空钩（或轻载）下降　空钩（或轻载）时，重物自身是不能下降的，必须由电动机反向运行来实现。电动机的转矩和转速都是负的，故机械特性曲线在第 3 象限，如图 3-128 的曲线 1 所示，工作点为 Q_1 点，转速为 n_1。

当通过降低频率而减速时，在频率刚下降的瞬间，机械特性已经切换至曲线 2，工作点由 Q_1 变至 Q' 点，进入第四象限，电动机处于反向的再生制动状态（发电机状态），其转矩变为正方向，以阻止重物下降，所以也是制动转矩，使下降的速度减慢，并重新进入第三象限，至 Q_2，又处于稳定运行状态。Q_2 是频率降低后的新的工作点，这时转速为 n_2。

③ 重载下降　重载时，重物将因自身的重力而下降，电动机的转速将超过同步转速而

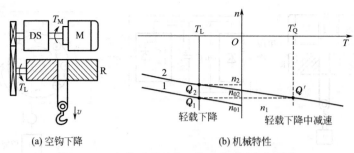

(a) 空钩下降 (b) 机械特性

图 3-128 空钩下降时的工作示意图和机械特性

进入再生制动状态。电动机的旋转方向是反转（下降）的，但其转矩的方向却与旋转方向相反，是正方向的，其机械特性如图 3-129 所示，工作点为 Q_2。这时，电动机的作用是防止重物由于重力加速度的原因而不断加速，以达到使重物匀速下降的目的。在这种情况下，摩擦转矩将阻碍重物下降，故重物在下降时构成的负载转矩比上升时小。

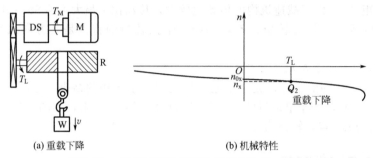

(a) 重载下降 (b) 机械特性

图 3-129 重载下降时的工作示意图和机械特性

（3）与传统拖动系统的比较

传统绕线式异步电动机机械特性如图 3-130 所示，重物上升时工作在第一象限，降速的改变通过增加转子所串电阻来实现，从 A 到 A' 到 B，转速从 n_1 到 n_2。轻载下放重物与提升重物相同，只是工作在第三象限曲线 3、4 的 C、D 点。重载下放重物电动机接法仍然是正方向，只是转子串了足够大的电阻，使特性曲线倾斜到第四象限的 E 点。与变频调速方式重载下放重物比较，两种方法都工作在第四象限，但电动机工作状态却不一样。

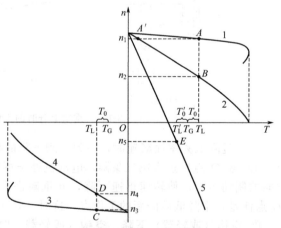

图 3-130 绕线式转子异步电动机的机械特性

4. 再生电能的处理

（1）升、降过程中的两种再生制动状态

如上所述，起升机构在升、降过程中，有两种工作过程使电动机处于再生制动状态：

① 降速过程 这是电力拖动系统从高速到低速时的过渡过程，和其他机械的降速过程完全相同。由于多数情况下时间较短，所以，各变频器生产厂生产的制动电阻的容量，都是按短时运行计算的。

② 重载下降过程 从本质上说，这是重物的位能从高到低的转移过程，是电力拖动系

统释放位能，通过电动机转换成电能的过程，属于正常工作的稳态运行过程。

（2）电能的处理

起升机构在释放位能时产生的电能，可以有以下两种处理方法：

① 通过制动电阻消耗掉，与通常的再生制动相同，但由于是稳态运行过程，对时间并无限制，故在计算制动电阻的容量时，必须按长期运行考虑。

② 通过反馈单元反馈给电网。

（3）制动电阻的粗略计算

制动电阻的精确计算是十分复杂的，这里只介绍制动电阻的粗略计算，虽然不十分严谨，但在实际应用中是比较准确实用的。

① 位能的最大释放功率　即起升机构在装载最大负荷情况下以最高速度下降时电动机的最高功率，实际上就是电动机的额定功率。

② 耗能电阻的容量　电动机在再生制动状态下发出的能量是全部消耗在耗能电阻上的，因此耗能电阻的容量和电动机容量相等，即

$$P_{RB} = P_{MN}$$

③ 电阻值的计算　由于耗能电阻是接在直流回路上的，电压为 U_D，故电阻值的计算方法是

$$R_B \leqslant \frac{U_D^2}{P_{MN}}$$

④ 制动单元的计算　制动单元的允许电流可按工作电流的两倍考虑。即

$$I_B \geqslant \frac{2U_D}{R_B}$$

（4）电能的反馈

近年来，不少变频器系列都推出了电源反馈选件，其基本接法如图 3-131 所示。

图中，RG 是电源反馈选件，接线端 P 和 N 分别是直流母线的"＋"极和"－"极。当直流电压超过限值时，电源反馈选件 RG 将把直流电压逆变成三相交流电反馈回电源去。这样，就把直流母线上过多的再生电能又送回电源了。这种方式不但进一步节约了电能，并且还具有抑制谐波电流的功效。此外，在起重机械中，起升机构和其他机构的变频器常常采用公用直流母线的方式，即若干台变频器的整流部分是公用的。由于各台变频器不可能同时处于再生制动状态，

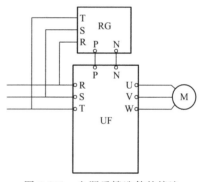

图 3-131　电源反馈选件的接法

因此可以真相补偿。公用直流母线方式与电源反馈相结合，结构简洁，并可使起重机械各台变频器的电源稳定，不受电源电压波动的影响，在矢量控制的情况下，还可以通过提高电动机的额定电压来减小变频器的容量。

5. 起重机溜钩的防止

（1）产生溜钩的原因和危害

① 起升机构中的制动器　在起升机构中，由于重物具有重力的原因，如果没有专门的制动装置，重物在空中是停不住的。为此，电动机轴上必须加装制动器，常用的有电磁铁制动器和液压电磁制动器等。多数制动器都采用常闭式，即线圈断电时制动器依靠弹簧的力量将轴抱住，线圈通电时松开。

② 产生溜钩的原因　在重物开始升降或停住时，要求制动器和电动机的动作之间，必

须紧密配合。由于制动器从抱紧到松开，以及从松开到抱紧的动作过程需要时间（约0.6s），而电动机转矩的产生或消失，是在通电或断电瞬间就立刻反映的。因此，两者在动作的配合上极易出现问题。如电动机已经通电，而制动器尚未松开，将导致电动机的严重过载；反之，如电动机已经断电，而制动器尚未抱紧，则重物必将下滑，出现溜钩现象。

（2）原拖动系统的防溜钩措施

① 由停止到运行　电磁制动器线圈与电动机同时通电。这时，存在着以下问题：对于电动机来说，在刚通电瞬间，电磁制动器尚未松开，而电动机已经产生了转矩，这必将延长启动电流存在的时间；对于制动器来说，在松开过程中，必将具有制动瓦与制动轮之间进行滑动摩擦的过程，影响制动瓦的寿命。

② 由运行到停止　使制动器先于电动机断电，以确保电动机在制动器已经抱住的情况下断电。这时对于电动机来说，由于在断电前制动器已经在逐渐地抱紧了，必将加大断电前的电流；对于制动器来说，在开始抱紧和电动机断电之间，也必将具有制动瓦与制动轮之间进行滑动摩擦的过程，影响制动瓦的寿命。即使这样，在要求重物准确停位的场合，仍不能满足要求。操作人员往往通过反复点动来达到准确停位的目的。这又将导致电动机和传动机构不断受到冲击以及继电器、接触器的频繁动作，从而影响它们的寿命。

（3）变频调速系统中的防溜钩措施

不同品牌的变频器，防止溜钩的措施也各不相同。这里介绍日本三菱 FR-540A 系列变频器对于溜钩的防止方法，因为其较有参考价值。其控制过程如图 3-132 所示。

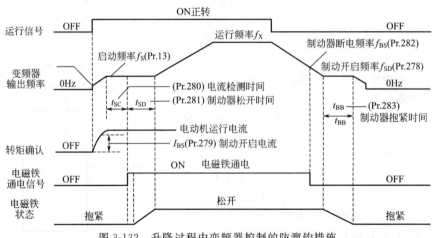

图 3-132　升降过程中变频器控制的防溜钩措施

1）重物下降的控制过程

① 设定一个升降起始频率 f_S，当变频器的工作频率上升到 f_S 时，将暂停上升。为了确保当制动电磁铁松开后，变频器已能控制住重物的升降而不会溜钩，所以，在工作频率达到 f_S 的同时，变频器将开始检测电流，并设定检测电流所需时间 t_{SC}。

② 发出松开指令。当变频器确认已经有足够大的输出电流时，将发出一个松开指令，使制动电磁铁开始通电。

③ 设定一个 f_S 的维持时间 t_{SD}。t_{SD} 的长短应略大于制动电磁铁从通电到完全松开所需要的时间。

④ 变频器将工作频率上升至所需频率。

2）重物停住的控制过程

① 设定一个"停止起始频率" f_{SD}。当变频器的工作频率下降到 f_{SD} 时，变频器将输出

一个频率到达信号，发出制动电磁铁断电指令。

② 设定一个 f_{SD} 的维持时间 t_{BB}。t_{BB} 的长短应略大于制动电磁铁从开始释放到完全抱住所需要的时间。

③ 变频器的工作频率将下降至 0。

6. 桥式起重机的变频调速

（1）桥式起重机拖动系统的构成

桥式起重机俗称行车，是工矿企业中应用得十分广泛的一种起重机械。它主要由以下机构组成：

1）桥架是桥式起重机的基本构件，它又由主梁、端梁和大台构成。

① 主梁用于铺设供小车运行的钢轨。

② 端梁在主梁的两侧，用于和主梁连接并承受全部载荷。

③ 大台在主梁外侧，为安装和检修大、小车运行机构而设。

2）大车运行机构。用于拖动整台起重机顺着车间做横向运动（以驾驶者的坐向为准）。它由电动机、制动器、减速装置和车轮等组成。

3）小车运行机构。用于拖动吊钩及重物顺着桥架做纵向运动。它也由电动机、制动器、减速装置和车轮等组成。

4）起升机构。用于拖动重物做上升或下降的起升运动。它由电动机、减速装置、卷筒和制动器等组成。大型起重机（超过 10t）有两个起升机构：主起升机构（主钩）和副起升机构（副钩）。通常，主钩与副钩不能同时起吊重物。

（2）采用变频调速的基本考虑

1）大车拖动系统

① 主要特点　多数桥式起重机采用分别拖动方式（即两侧各用一台电动机拖动），调速范围一般在 6∶1 以内。

② 拖动方案　采用普通的笼形异步电动机；两台电动机可共用一台变频器，因此，只能采用 U/f 控制方式，变频器的容量 P_N 应为一台电动机容量 P_{MN} 的两倍以上。

2）小车拖动系统

① 主要特点　只用一台变频器，由于行程较短，故调速范围较小，一般在 4∶1 以内。

② 拖动方案　也采用普通的笼形异步电动机，配容量等级相同的变频器，可采用 U/f 控制方式或无反馈矢量控制方式。

3）吊钩拖动系统

① 主要特点　主钩和副钩分别用一台电动机拖动，调速范围较大，可达 10∶1 或更大。如上所述，对于拖动系统和电磁制动器之间的配合要求很高。

② 拖动方案　选用变频调速专用的笼形异步电动机，每台电动机分别配置变频器，采用带速度反馈的矢量控制方式。

4）制动方法　采取再生制动、直流制动和电磁机械制动相结合的方法。

① 首先，通过变频调速系统的再生制动和直流制动把运动中的大车、小车或吊钩迅速而准确地将转速降为零（使它们停住），待电磁制动器将轴抱住后再取消运行信号。

② 大车与小车用变频器，由于再生制动仅出现在降速过程中，再生电能通过制动电阻消耗掉即可。但对于吊钩用变频器，由于所需制动电阻的容量较大，所以体积大，且所产生的热量也相当可观，故如果经济条件许可，应尽量采用电源反馈选件。

③ 此外，如条件许可，应考虑采用大车、小车和吊钩用变频器共用直流电源的方式。

5）变频调速系统的控制要点　桥式起重机拖动系统的控制动作包括大车的左、右行及速度换挡，小车的前、后行及速度换挡，吊钩的升、降及速度换挡等。所有这些都可以通过

PLC 进行无触点控制。

（3）变频器选型

1）型号　因为起重机具有四象限运行特点，所以采用无反馈矢量控制方式，选用三菱 FR-540A 系列变频器。

2）容量　因为 $P_{MN}=11\text{kW}$，$I_{MN}=24.6\text{A}$，所以选 $S_N=23.6\text{kV}$（15kW），$I_N=31\text{A}$。

（4）变频调速特点

1）电动机和变频器接法如图 3-133 所示。

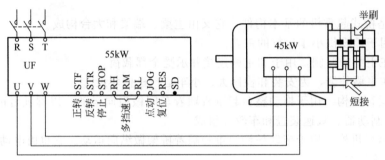

图 3-133　电动机和变频器接法

2）功能预置见表 3-33。

表 3-33　功能预置

功能码	功能名称	数据码	数据码含义
Pr. 1	上限频率	50Hz	
Pr. 2	下限频率	0Hz	
Pr. 3	基底频率	50Hz	基本频率
Pr. 7	加速时间	5s	
Pr. 8	减速时间	5s	
Pr. 19	基底频率电压	380V	
Pr. 65	再试选择	3	仅在过流或过压跳闸时允许重合闸
Pr. 67	再试次数	2	允许再试 2 次，即自动重合闸 2 次
Pr. 68	再试等待时间	1s	

3）电动机参数的自测定

① 相关功能预置见表 3-34。

表 3-34　相关功能预置

功能码	功能名称	数据码	数据码含义
Pr. 80	电动机容量	11kW	预置了这两个功能，就选择了矢量控制方式
Pr. 81	电动机的磁极数	6	
Pr. 71	适用电动机	3	非三菱标准电动机
Pr. 9	电子过电流保护	28A	
Pr. 83	电动机额定电压	380V	
Pr. 84	电动机额定频率	50Hz	
Pr. 95	自动调整设定/状态	1	电动机不旋转自动测量

② 变频器通电。变频器通电时,电磁制动器不通电,保持对电动机轴的抱紧状态。

③ 变换模式。变频器从编程模式切换成运行模式。

④ "启动"电动机。如面板操作,按 FWD 键或 REV 键;如为外接端子操作,则接通 STF 端子或 STR 端子。

⑤ 自动测量完成。上述运行状态维持约 25s,至显示屏显示 "3" 或 "103" 时,自动测量结束。如为面板操作,接 STOP 键;如为外接端子操作,则断开 STF 端子或 STR 端子即可。

(5) 起升装置的防溜钩

① 电磁制动器的接法如图 3-134 所示。

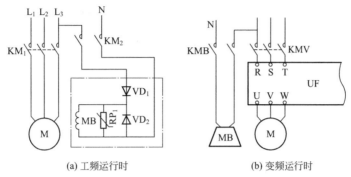

(a) 工频运行时　　　　　　(b) 变频运行时

图 3-134　电磁制动器的接法

② 提升机变频控制电路如图 3-135 所示。

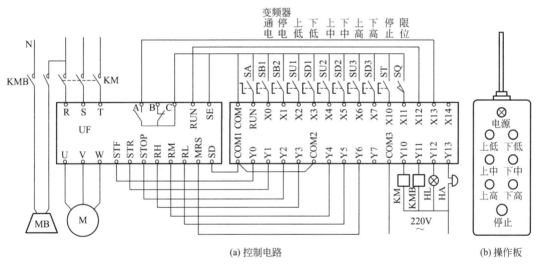

(a) 控制电路　　　　　　(b) 操作板

图 3-135　提升机变频控制电路

③ 起升装置的防溜钩控制如图 3-132 所示。防溜钩功能设置见表 3-35。

表 3-35　防溜钩功能设置

功能码	功能名称	数据码	数据码含义
Pr.60	程序制动模式	8	程序制动模式有效,制动器无动作完成信号
Pr.13	启动频率	1Hz	f_S
Pr.190	RUN 端子功能	20	电磁制动器通电指令

功能码	功能名称	数据码	数据码含义
Pr. 278	制动开启频率	3Hz	f_{SD}
Pr. 279	制动开启电流	110%	I_{BS}（110%电动机额定电流）
Pr. 280	开启电流检测时间	0.3s	t_{SC}（发出制动器通电信号）
Pr. 281	制动器松开完成时间	0.3s	t_{SD}（输出频率开始上升）
Pr. 282	制动操作频率	6Hz	f_{BS}（电磁制动器断电）
Pr. 283	制动器抱紧完成时间	0.3s	t_{BB}（输出频率下降至0Hz）

7. 用 MM440 变频器输入端子实现多段频率调速控制的操作训练

（1）训练目的

① 进一步掌握变频器基本参数的输入方法。

② 掌握变频器的多段速频率控制。

（2）训练器材

① MM440 变频器实验操作台 1 套。

② 三相交流笼形异步电动机 1 台。

（3）训练内容

MM440 变频器的 6 个数字输入（DIN1～DIN6），可以通过 P0701～P0706 设置实现多频控制。每一频段的频率可分别由 P1001～P1015 参数设置，最多可实现 15 频段控制。在多频段控制中，电动机转速方向是由 P1001～P1015 参数所设置的频率正负决定的。6 个数字输入端口，哪些可用作电动机启停控制，哪些可用作多频率控制，是由用户任意确定的。一旦确定了某一数字输入端口控制功能，其内部参数的设置值必须与端口的控制功能相对应。

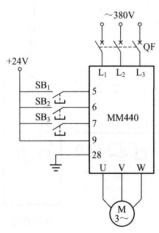

图 3-136 三段频率调速
控制电路接线图

MM440 变频器控制实现电动机三段速频率运转。DIN3 端口设为电动机启/停控制，DIN1 和 DIN2 端口设为三段速频率输入选择，三段速度设置如下：

第一段：输出频率为 15Hz，电动机转速为 840r/min；

第二段：输出频率为 35Hz，电动机转速为 1960r/min；

第三段：输出频率为 50Hz，电动机转速为 2800r/min。

（4）训练步骤

① 三段频率调速控制电路接线图如图 3-136 所示，可照此进行接线操作。

② 参数设置。检查电路接线正确后，合上主电源开关 QF。恢复变频器出厂默认值：设定 19010＝30 和 P0970＝1，按下 P 键，开始复位，复位过程大约为 3min，这样可保证变频器的参数恢复到出厂默认值。

设置电动机参数：电动机参数见表 2-40。电动机参数设置完成后，设 P0010＝0，变频器当前处于准备状态，可正常运行。设置三段固定频率控制参数，见表 3-36。

表 3-36 三段固定频率控制参数

参数号	出厂值	设置值	说明
P0003	1	1	设用户访问级为标准级
P0004	0	7	命令和数字 I/O

续表

参数号	出厂值	设置值	说明
P0700	2	2	命令源选择"由端子排输入"
P0003	1	2	设用户访问级为扩展级
P0701	1	17	选择固定频率
P0702	1	17	选择固定频率
P0703	1	1	ON 接通正转,OFF 停止
P0004	0	10	设定值通道和斜坡函数发生器
P1000	2	3	选择固定频率设定值
P1001	0	15	设置固定频率 1(Hz)
P1002	5	35	设置固定频率 2(Hz)
P1003	10	50	设置固定频率 3(Hz)

③ 操作控制。当按下自锁按钮 SB_3 时,数字输入端口 DIN3 为 "ON",允许电动机运行。

第一段控制:当 SB_1 按钮接通、SB_2 按钮断开时,变频器数字输入端口 DIN1 为 "ON",端口 DIN2 为 "OFF",变频器工作在由 P1001 参数所设定的频率为 15Hz 的第一段上,电动机运行在对应的 840r/min 的转速上。

第二段控制:当 SB_1 按钮断开、SB_2 按钮接通时,变频器数字输入端口 DIN1 为 "OFF",端口 DIN2 为 "ON",变频器工作在由 P1002 参数所设定的频率为 35Hz 的第二段上,电动机运行在对应的 1960r/min 的转速上。

第三段控制:当 SB_1 按钮接通、SB_2 按钮接通时,变频器数字输入端口 DIN1 为 "ON",端口 DIN2 为 "ON",变频器工作在由 P1003 参数所设定的频率为 50Hz 的第三段上,电动机运行在对应的 2800r/min 的转速上。

电动机停车:当 SB_1、SB_2 按钮都断开时,变频器数字输入端口 DIN1、DIN2 均为 "OFF",电动机停止运行;或在电动机正常运行的任何频段,将 SB_3 断开使数字输入端口 DIN3 为 "OFF",电动机也能停止运行。

【例 3-27】 起重机变频调速控制系统应用实例

1. 起重机的负载特性和要求

起重机对电气传动的要求有:调速、平稳或快速起制动、大车运行纠偏和电气同步、机构协调动作、吊重止摆等,其中调速为一重要要求,起重机的自动控制等也是在调速的基础上实现的。

起重机的基本结构类别和相应的各类负载特点描述如下:

(1) 提升机构

重物上升和下降的机构。该机构是位能负载,上升时是阻力负载,下降时多为动力负载。空钩下降时是动力负载还是阻力负载,由效率、吊具重以及传动机构摩擦阻力等因素来确定。提升机构属于恒转矩负载,在某一负载下的负载转矩不随速度变化,但不同的负载其负载转矩不同。

(2) 运行机构

起重机械在水平方向上移动的机构。室内起重机的运行机构是阻力负载,室外起重机在风力较大时转化为动力负载。

（3）变幅机构

起重机臂架伸长或缩短时的机构。该机构的负载特点与幅度有关，幅度大时，有时具有动力负载的特点，幅度小时一般为阻力负载。

（4）旋转机构

起重机械旋转移动的机构。该机构主要用于室外起重机，其负载特点取决于风力。

2. 电动机运行特性及调速特性

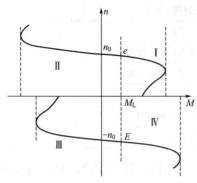

图 3-137　三相异步电动机的
自然特性曲线

在提升机构匀速下降、减速急停、起升、起升减速等工作运行中，重物有时是负载有时是动力。速度有正有负，力矩也有正有负，所以在整个运行周期内系统应能四象限运行，但运行象限的转换应自动快速。对于运行机构也要求能够在快速运行中快速停车，也有一个动能释放的要求，因此也需要能够在各象限之间进行转换。图 3-137 为三相异步电动机的自然特性曲线。电动机运行分为四个象限：Ⅰ，Ⅱ 象限为正转状态；Ⅲ，Ⅳ 象限为反转状态。吊钩提升时，电动机的转速和电动机产生的电磁力矩同向（第Ⅰ象限），电动机带动重物上升。若转子由于某种外力作用速度高于旋转磁场，则电动机进入第Ⅱ象限运行，电动机处于发电状态（即回馈制动状态）。吊钩放下时，电动机反转且产生反向电磁力矩，并在第Ⅲ象限运行。由于重物的重力产生的外力矩与电磁力矩同向，电动机做加速运行，此时转子速度超过旋转磁场的速度（即电动机的同步速度），进入第Ⅳ象限运行，电动机处于发电状态，吸收重物下降释放的位能，电动机产生的电磁力矩与重力产生的外力矩相反，当二者大小相等时，即达到动态平衡（E 点），电动机拖动重物快速下降。由此可见，按电动机的自然特性曲线运行不能满足平稳减速的要求。

变频调速时，对于较理想的状态，电动机的运行特性曲线为一簇自然特性趋向的平移曲线，如图 3-138 所示。提升重物时，开始的加速过程为：$a \to b \to c \to d \to e \to f \to g \to h \to i \to j \to k \to l \to m \to n \to o \to p$，快到位时的减速过程则为加速过程的逆过程，电动机工作在第Ⅰ象限。放下重物时，加速过程为：$a' \to b' \to c' \to d' \to e' \to f' \to g' \to h' \to i' \to j' \to k' \to l' \to m' \to n' \to o' \to p'$，到位时的减速过程亦为其加速过程的逆过程，电动机工作在第Ⅲ、Ⅳ象限。若加减速过程中频率变化较小，则图 3-138 中的平移曲线间距很小，即加减速过程中冲击很小，比较平稳。

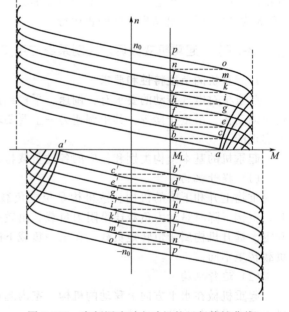

图 3-138　变频调速时电动机的运行特性曲线

3. 电动机的选择

（1）变频调速对电动机的要求

目前，变频器已经发展到除非有超同步调速的要求或 1∶20 以上的高速比低速要求或特低噪声要求外，一般无须选用变频专用电动机作变频系统的电动机。现在国内推出的变频专用电动机由普通电动机加独立风扇组成，以解决电动机在低速转动过程中自冷风扇风量不足而引起的电动机过热问题。

（2）变频起重机中电动机的选型

起重机提升和运行机构的调速比一般不大于 1：20，且为断续工作制，通常接电持续率在 60％以下，负载多为大惯量系统。严格意义上的变频电动机转动惯量较小，响应速度较快，可工作在比额定转速高出很多的工况条件下，这些特性均非起重机的特定要求。普通电动机与变频电动机在不连续工作状态下特性基本一致；在连续工作时考虑到冷却效果限制了普通电动机转矩应用值，普通电动机仅在连续工作时的变频驱动特性比变频电动机稍差。

安川变频器在调速比为 1：20 的范围内确保起重机上普通电动机有 150％的过载力矩值。此外，起重机电动机多用于大惯量短时工作制，通常不工作时间大于或略小于工作时间。电动机在启动过程中可承受 2.5 倍额定电流值，远大于变频启动要求的 1.5 倍值，运行机构的电动机在以额定速度运行时电动机常工作在额定功率以下，因此高频引起的 1.1 倍电流值可不予考虑。但若电动机要求在整个工作周期内在大于 1：4 的速比下持续运行则必须采用他冷式电动机。

提升机构电动机选用适合频繁启动，转动惯量小，启动转矩大的变频用电动机。目前国外以 4 极作变频电动机首选极数。电动机功率为：

$$P = \frac{vW}{\eta} \times 10^{-3}$$

式中，P 为功率，kW；W 为额定起重量（最小幅度时）＋吊钩重量＋钢丝绳重量，N；v 为提升速度，m/s；η 为机械效率。

用变频器驱动异步电动机时，由于变频器的换向冲击电压及开关元件瞬间的开闭而产生冲击电压（浪涌电压）引起电动机绝缘恶化，对电压型 PWM 变频器应尽量缩短变频器与电动机间的接线距离或者考虑加入阻尼回路（滤波器）。

4. 变频器的选用

（1）变频器造型

起重机各机构负载为恒转矩负载，生产厂普遍选用带低速转矩提升功能的电压型变频器，如日本的安川、三菱、富士、德国的西门子及丹麦的丹佛斯等。

电流型逆变器有较强的限流功能及电能回生功能，无须附加再生用变频器，可用于大型起重机或频繁加速的起重机或工作于前级电源容量小的场合。但电流型逆变器不利于空载启动，且需单台配置变频器。

（2）变频器容量选择

① 提升机构　提升机构平均启动转矩一般来说可为额定力矩值的 1.3～1.6 倍。考虑到电源电压波动因素及需通过 125％超载实验等因素，其最大转矩必须有 1.8～2 倍的负载力矩值，以确保其安全使用的要求。通常对普通笼形电动机来讲，等额变频器仅能提供小于150％的超载力矩值，为此可通过提高变频器容量（YZ 型电机）或同时提高变频器和电动机容量（Y 型电机）来获得 200％力矩值。此时变频器容量为：

$$1.5 P_{CN} \geqslant \frac{K}{\eta_M \cos\varphi} \times \frac{C_p g v}{1000} = \frac{K}{\eta_M \cos\varphi} P$$

式中，$\cos\varphi$ 为电动机的功率因数，$\cos\varphi = 0.85$；C_p 为起重机额定提升负载，kg；v 为额定提升速度，m/s；g 为重力加速度，9.81m/s^2；P 为提升额定负载所需功率，kW；η_M 为电动机效率，$\eta_M \approx 0.85$；P_{CN} 为变频器容量，kV·A；K 为系数，$K = 2$。

提升机构变频器容量依据负载功率计算，并考虑两倍的安全力矩。若用在电动机额定功率选定的基础上提高一挡的方法选择变频器的容量，则可能会造成不必要的损失与麻烦。在变频器功率选定的基础上再作电流验证，公式如下：

$$I_{CN} > I_M$$

式中，I_{CN} 为变频器额定电流，A；I_M 为电动机额定电流，A。

② 运行机构　当运行电动机在 300s 内有小于 60s 的加速时间 t 并且启动电流不超过变频器额定值的 1.5 倍时，变频器容量可按下式计算：

$$1.5P_{CN} \geqslant \frac{K}{\eta_M \cos\varphi}\left(\frac{T_j n}{973} + \frac{1}{973}\frac{\sum GD^2 n^2}{375 t_A}\right) = \frac{K}{\eta_M \cos\varphi}(P_j + P_a)$$

式中，K 为电流波形补偿系数，PWM 方式 $K = 1.05 \sim 1.1$；T_j 为负载转矩，N·m；$\sum GD^2$ 为总转动惯量对电动机轴的折算值，kg·m^2；P_j 为负载功率，kW；P_a 为加速功率，kW；t_A 为加速时间，s；n 为电动机额定转速，r/min。

当运行电动机在 300s 内有大于 60s 加速时间 t_A 时，变频器容量按下式取值：

$$P_{CN} \geqslant \frac{K}{\eta_M \cos\varphi}(P_j + P_a), kV \cdot A$$

当认为所需变频器容量过大时，可适当延长启动时间，减少动态电流值。

（3）制动单元及制动电阻的选择

在采用变频器的交流调速控制系统中，电动机是通过降低变频器输出频率实现减速的。当重载快速下降时，由于重力加速度的原因，电动机的旋转速度超过变频器输出频率所对应的同步转速时，电动机处于发电制动状态，负载的机械能将被转换为电能并反馈给变频器，变频器直流回路的电容因充电而使电压升高。为了不使因电压过高而导致变频器的过电压保护电路动作切断变频器的输出，此时可在其直流电路中设一个三极管，当电压超过一定界限时制动三极管将会导通，过剩的电能通过与之相接的制动电阻器转化为热能消耗掉，此装置即为变频器的制动单元。

起重机械在做下降运动时，位能负载将拖动电动机反转，这时，传动机构参与制动。制动时的最大制动转矩：

$$T_B = \frac{\sum GD^2(n_1 - n_2)}{375 t_S} + T_L \eta^2$$

最大制动功率：

$$P_{R(max)} = \frac{T_B - 0.2T_M}{9550}n_1$$

式中，$\sum GD^2$ 为拖动系统的总转动惯量（包括负载、电动机等），N·m^2；t_S 为制动时间，s；T_L 为负载转矩，N·m；T_M 为电动机额定转矩，N·m；T_B 为最大制动转矩，N·m；$P_{R(max)}$ 为制动电阻最大消耗功率，kW；n_1 为起始转速，r/min；n_2 为制动后的转速，r/min。

制动电阻按下式计算：

$$R = \frac{U^2}{P_R}$$

式中，U 为直流回路的电压。

5. 控制线路

起重机提升控制线路图如图 3-139 所示。提升电动机由 FR-A241E 型变频器控制，平移电动机由 FR-A240E 型变频器控制。FR-A241E 型变频器是日本三菱公司专为起重机类负载设计的专用变频器。与其他变频器不同，FR-A241E 型内部有两个逆变桥：一个是普通逆变桥，完成电动机运转状态时的逆变工作；另一个则为能量回馈桥，将电动机处于发电运行状态时所发出的电能回馈给电网。电动机在不同象限工作时，两个逆变桥的工作由变频器自动切换，故 FR-A241E 型变频器具有其他变频器所不具备的 100% 连续制动力矩的功能。除此之外，FR-A241E 型变频器为更适应起重机类负载的要求，设计了以下特有功能：

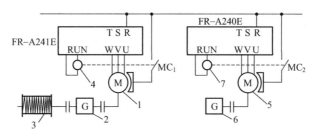

图 3-139　起重机控制线路图

1—提升电动机；2—提升机构变速器；3—提升卷筒；4—电磁制动器；

5—平移电动机；6—平移机构变速器；7—电磁制动器

① 接触停止控制功能。为保证提升上限的精确定位，接触停止控制功能使电磁制动器在电动机产生保持力矩的同时制动，使上限停止时无低速抖动情况。

② 基于负载的频率控制功能。当启动此功能后，在提升重物时变频器会首先测定工作电流以判定负载的大小，然后自动调整运行频率。此功能可依负载自动改变电动机的运行频率，减小空载运行时间。

③ 刹车顺序控制功能。此功能使变频器输出电磁制动器控制的时序，确保提升启动时重物不会下滑。

起重机工作时，先由平移电动机移动吊钩至装载重物的位置，然后放下吊钩，装载重物后提升。提升时变频器先启动并低速运行，待变频器输出稳定后，电磁制动器得电松闸。电动机低速运行一段时间后进行加速，以达到预设的高速或中速（由变频器根据负载自动切换）。稳定运行一段距离后开始减速。当速度低于设定的刹车速度时，变频器输出信号使电磁制动器失电制动，然后变频器停止输出信号，吊钩停稳并定位。平移电动机再根据要求平移至卸载位置，放下吊钩，此时变频器工作在第Ⅳ象限，工作过程与上升时相似。

【例 3-28】　变频器在自动配料系统中的应用实例

1. 配料工艺描述

配料混合控制系统即将两种或两种以上的物料按照一定的配比自动定量加入到混合机内，经过混合达到预定要求后自动出料的系统。该系统可广泛应用于化工、医药、饲料、建材、冶金等行业的配料混合过程控制。

图 3-140 所示为 8 种物料的混合配料系统框图。8 种物料分别放入 8 个贮料仓中，8 个贮料仓在圆锥形中间漏斗上方围成一圈（图中只画出两个贮料仓），物料依次经中间漏斗放入电子秤中进行称量。贮料仓分为上料仓和下料仓，在 8 个上料仓中放入 8 种物料，下料仓的下口接螺旋给料机。为防止螺旋给料机被物料"压死"，在下料仓中设置了上、下阻移式

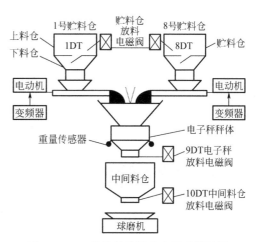

图 3-140　8 种物料的混合配料系统框图

物位计。当物料在下料位时开启上、下料仓的阀门，将物料放入下料仓中；当物料到达下料仓的上料位时，关闭此阀门。

在工作过程中首先启动 1 号螺旋给料机，全速向称重电子秤连续加料，电子秤进行连续称量。当达到称量值的一定值时，螺旋给料机转速开始下降（变频调速），随着物料的增加，螺旋给料机的速度越来越慢；当称重值接近或达到要求的数值时螺旋给料机停车，此时该种物料称量完毕。打开电子秤放料阀门，将物料放入中间贮料仓中暂存。然后启动 2 号给料机称量第二种物料，并按照上述相同方法进行给料控制，称完后也放入中间贮料仓中暂存。依此类推，待 8 种物料均称量完毕后一起放入球磨机中，注水混合后送到下道工序。

2. 控制系统

根据变频器无级变速性能好、变速平稳以及有较好的节能效果等优点，由变频器带动笼

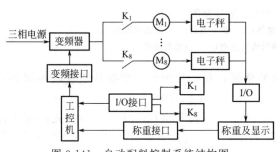

图 3-141　自动配料控制系统结构图

形电动机控制螺旋给料机电动机的转速。配料控制系统由一台工控机、电子秤及信号输入接口、料仓状态检测及控制接口、电动机控制输出接口、变频器输出接口、变频器和电气控制柜等构成，该系统的结构框图如图 3-141 所示。

该系统中，电子秤用来检测贮料仓中所放物料的重量，并就地显示，同时将信号传送到工控机。工控机对这些数据进行处理，将物料产生的瞬时流量信号与设定值进行比较并产生相应的 PID 电流信号（4～20mA），来控制变频器的电源输出频率，调整电动机的运转速度，控制下料量，以达到系统自动配料。料仓状态检测及控制接口检测各种贮料仓仓门的开关状态，并根据需要进行料仓的检测和切换。螺旋给料机电动机控制接口和控制电路负责将电动机接入电源电路，改变变频器的频率来调整该种物料的配料流量。变频接口主要完成对变频器的频率控制。

在启动配料后，计算机根据需要将其中一种物料的螺旋给料机的驱动电动机接入到三相电源，该三相电源为变频器输出的变频三相电源。工控机通过对配料重量的测量利用 PID 算法调整变频器的工作频率，使驱动电动机按图 3-142 所示规律运转，以达到速度最快、精度最高的配料过程。图中，U_1、U_2 表示工控机对变频器输出的控制电压，即表示了工控机对变频器输出电压频率的控制。在给料的开始阶段，变频器输出电

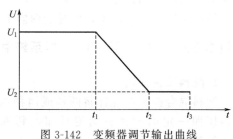

图 3-142　变频器调节输出曲线

压的频率较高，使得螺旋给料机的驱动电动机以较快的速度配料。当配料的重量等于大于调节的设定重量 W_T 时（对应 t_1 时刻），变频器使得电动机转速线性下降，直至降到最低转速（对应 t_2 时刻）。当物料重量达到设定重量时（对应 t_3 时刻），工控机断开该种物料给料机电动机的供电，转入下一种物料的配料过程。

3. 变频器选择和相关参数设定

该系统应用日本富士 FRENIC5000G11S 系列通用变频器。由于系统有时还需要退出大系统以进行校秤，因此在线路中设置了正反转手动开关（XZN）和配料方式手动/自动选择开关（ZJ1）。

变频器的相关参数设定如下：

（1）转矩提升

由于在配料过程中各种物料的比例差别较大，特别是一些微量添加成分，对其流量的控制更加困难。有些物料的配比有时不超过 1％，这些料要靠大料口螺旋配料，变频器输出频率仅 2～3Hz，在如此低的转速下运转，负载阻力矩相当大，对于普通电动机会发生过励磁状态，按这种状态连续运行时，电动机可能过载，变频器保护报警。经过实践，提高 F09 参数的转矩提升值，可有效地在低频区补偿电动机的励磁电压，使低速运行时转矩增强。

另外，适当设定 F40 驱动转矩限制、F41 制动转矩限制参数值，也可减少因电动机过载而变频器跳闸的次数。其动作过程如下：通过计算电动机负载转矩，控制输出频率使计算值不超过限制值。按此作用，即使负载急剧变化，变频器不跳闸，能维持在转矩限制值下继续运行。不过，这类功能动作时，实际的加/减速时间要比设定的动作时间长，这样会影响流量曲线的稳定性，而且会发生堆料现象。实际应用中，要结合具体情况，给予经验值。这里推荐：F40 设定 200％，F41 设定 999。

（2）电子热继电器

按变频器使用说明书设定变频器内部电子热继电器来保护电动机，防止电动机过热：F10 电子热继电器动作模式设定为 1 动作（普通电动机）；F11 动作电流值按电动机额定电流的 1.1 倍设定为 23.43A；F12 热常数按出厂设定为 5min，即动作值的 150％电流连续流过时电子热继电器的动作时间。

但是在实际配料过程中，受物料的种类、季节变化、机械系统等因素的影响，经常使电动机过载，变频器跳闸。虽保护了电动机，但给生产带来了不利。根据三相异步普通电动机过载能力很强的特点，视具体情况，可适当提高变频器参数 F11 的动作电流值，电动机过载次数明显减少。在本系统中 F11 设定为电动机额定电流的 2.5 倍53.2A。此值仍然在本变频器保护范围 10～67.5A 之内（变频器保护范围：变频器额定电流的 20％～135％）。

（3）设定增益

大料门、小流量下料，不仅变频器输出不稳，而且工控机的 PID 输出值也难以稳定，曲线波动大。解决这个问题行之有效的方法就是改变模拟设定频率输入信号对设定频率值的比率，即 F17 频率设定信号增益值，控制电动机在低频下平稳运转。

（4）载波频率

通过设定变频器 F26 参数调整载波频率，可以降低电动机噪声，避开机械系统共振，减小输出电路配线对地漏电流以及减小变频器发生的干扰。

4. 电子秤

电子秤由称重传感器和称重变送器组成。称重变送器将重量信号转换为电压信号输出给工控机，从而实现给料、配料的自动控制。由于称量斗附近空间狭窄，环境恶劣，无法采用传统的砝码标定。因此电子秤的标定采用对比法，实现无砝码标定，即用加力装置、高精度传感器、高精度显示器组成标定设备。由加力装置对称量斗施加一个力，由标定设备测出这个力的大小与电子秤称出的值进行比较，按这种方法对电子秤的有关量值逐一进行标定。这种无砝码标定精度较高，比用砝码标定的劳动强度减少了许多。

当电子秤的称量值达到设定值时停止给料。但是由于给料机有惯性，即使电动机停止后，仍在振动下料。因此必须把称量的偏差作为修正值，提前停止给料机。

给料机的偏差具有随机性，偏差跟原料的湿度及颗粒度有很大的关系。如果只用本次的偏差作为修正值有很大的随机性，这次为正，下次为负，会引起偏差振荡，使称量更加不准确，故引入一个积累修正值的算法，公式如下：

$$k_{n+1} = \frac{(4 \times k_n + e_n)}{5}$$

式中，k_n 为本次称量的修正值；e_n 为本次称量的偏差；k_{n+1} 为下次称量的修正值。

【例 3-29】 变频器在自动加料系统中的应用实例

1. 变频器调速传动带定量供料控制

变频器调速传动带定量供料控制装置主要用于进料量大且连续进料的一些场合。例如，矿石、焦炭、石灰、黄沙等定量供给装置。传动带供料的量主要取决于三个因素，传动带上料的多少，传动带运行的速度和传动带运行的时间。变频器调速传动带定量供料控制装置是通过变频器调速控制传动带运行的速度的方法来实现定量供料的。又通过称重传感器调节传动带上料的偏差，使供料量恒定在设定值上供料。图 3-143 为变频器调速传动带定量供料控制装置的示意图。

由图 3-143 可见，材料从进料斗中卸至传动带，进料斗的出门大小可调，调节出料量。当出料量确定后，则供料量取决于传动带的速度，传动带速度又由变频器驱动的电动机的转速决定。这样，控制变频器的输出频率就控制了供料量。称重传感器反映进料斗卸至传动带上的出料量，通过变频器输出出料量与设定值偏差成正比的模拟信号，作为变频器的反馈信号。

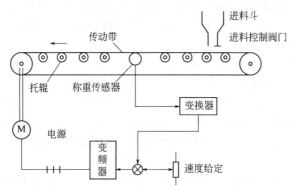

图 3-143 变频器调速传动带定量供料控制装置的示意图

变频器调速传动带定量供料装置的工作过程：速度给定值确定后，定量供料装置就以恒定量供料（供料定量值取决于速度给定量）。当进料斗卸至传动带上的量增加时，称重传感器检测的重量增加，经变频器输出后的模拟信号反馈到变频器频率控制端，变频器的输出频率降低，电动机降速，传动带速度减慢，维持恒定量供料。反之，进料斗掉到传动带上的量减少，则传动带速度加快，保证恒定量供料。

2. 变频器调速称量斗自动加料控制

图 3-144 是大功率电弧炉自动加料系统示意图。自动加料系统由称量和加料两大部分组成。称量部分由 4 组料仓、4 个称料斗、8 个测压头、15 组多速振动给料机、15 台变频器及微机配料控制器组成。加料部分由 1# 固定可逆皮带机、2# 移动可逆皮带机及溜槽组成。

1# 称量斗、2# 称量斗和 3# 称量斗的 2 个料仓装有镍、锰、硅等冶炼所需的合金材料。4# 称料斗的 3 个料仓装有白灰、萤石、炭粉等散状料。根据冶炼不同钢种的要求，由微机配料控制器控制每个称量斗加入物料的数量。称量系统将需加入电弧炉的料配好后卸至 1 号皮带机，再传送给 2 号皮带机，由 2 号皮带机加到电炉内。电炉再进入其他工序工作。

由微机控制变频器调速配料是电弧炉自动加料系统的核心部分，其结构框图如图 3-145 所示。

根据冶炼钢的需要，对 4 个称量斗的进料重量进行设定。设定值分第一重量和目标重量。每个称量斗接收到加料指令后，首先进行粗加料。打开料仓闸门，变频器输出高频给振

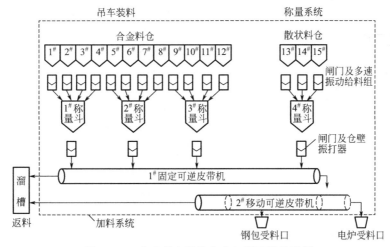

图 3-144 大功率电弧炉自动加料系统示意图

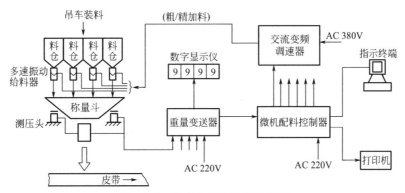

图 3-145 微机自动配料系统框图

动加料机的电动机，使之快速下料。由置于称量斗下的称重测压传感器测取重量信号。当重量等于第一重量设定值时，微机配料控制器控制变频器降低输出频率，降低给料器的振动速度，使之慢速下料，减小料仓闸门，即可由粗加料变为精加料。当称出重量等于目标重量设定值时，微机配料控制器发出停止加料信号，则关闭料仓闸门，变频器停止运行，整个称料工作结束。系统转入其他工序工作。

3. 电炉自动加料系统材料流和信号配合情况

当电炉冶炼工艺需要配送某几种原材料时，PC 机即进行判断，允许加料才可启动电弧自动加料系统。首先进行粗加料，打开料仓闸门，变频器输出高频给振动给料机的电动机，使之快速下料。由置于称量斗下的称重测压传感器测得重量信号，若重量已高于设定值，则由微机配料控制器预告信号给变频器改变频率，降低给料器的振动速度，由粗加料变为精加料（慢速）。若称出重量已大于给定值时，微机发出信号关闭精加料，准备经加料系统倒入电炉内。电炉自动加料系统材料流和信号配合情况如图 3-146 和图 3-147 所示。

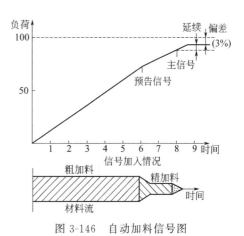

图 3-146 自动加料信号图

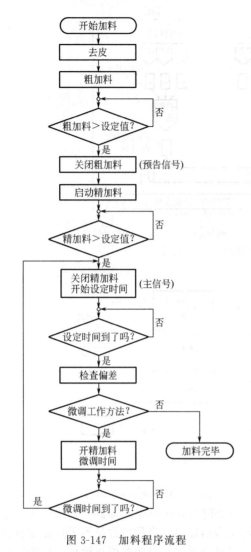

图 3-147 加料程序流程

4. 应用效果分析

① 投产 3 年来，工作正常，从未因加料系统事故影响电炉生产，也从没有发生过因误加料而造成废品的现象。

② 自动称量系统精度高，应用变频器可实现振动给料器的无级变速，调速为最佳粗加料速度，避免超差加料，仅此一项可节约合金料百吨左右。

③ 减轻工人劳动强度，缩短加料时间，节约电能，提高了电炉的生产效率。

【例 3-30】 变频器（和 PLC）在电梯控制中的应用实例

1. PLC 用于电梯控制的特点

（1）稳定性好，可靠性高

采用高集成度器件制造的 PLC，允许输入信号电压的阈值比一般微机大得多，它与外部电路均经过光电隔离，具有很强的抗干扰能力，并具有各种保护功能，一旦出现故障，能迅速停止电梯，不会产生误动作。

（2）结构积木化

PLC 的输入/输出从 32 点到 512 点可以分为很多档次，特别适于不同层数电梯的控制要求。层数越高，所需要的输入/输出点数就越多，可以在 PLC 的多档产品中选择最佳的性能价格比产品。

（3）程序编制简单，容易掌握

PLC 所采用的继电器梯形图符号的编程方法比任何微机的编程都简单，极易为电梯工厂技术人员和工人所掌握，可以在工厂甚至在现场编制或修改程序，亦可把程序写入只读存储器（EPROM）使用。

（4）检修方便

PLC 具有自诊断程序，每次启机都先自行检查，发现故障立即停机。在调试检查程序时，不需要接入电梯，用模拟输入方法，即可检查联机运行的正确性，非常方便。另外，PLC 与外部接线以插座相连，需要修理时拆卸非常方便，比换一个继电器要快几倍，可使停机时间减小到最低程度。

综上所述，PLC 非常适用于交流调速电梯。一般认为：输入/输出为 256 点的 PLC 可以满足 25 层楼电梯控制需要。它与变频器结合成为最理想的低/中速电梯控制方案。

2. PLC-VVVF 变频电梯框图

本电梯选用日本富士 G7 型 30kV·A 变频器作主传动之用，采用日本立石电动机 C200H 型 PLC 处理电梯选层信号、上下呼梯信号、楼层信号、拖动指令和开关门信号等。本系统用数字显示方式作为正常的楼层显示和门联锁及故障自诊断字符显示；G7 型变频器本身具有双 CPU，可进行高速转矩计算、多段速度设定、自动转差补偿等，使得整个系统具有高性能和高可靠性。电梯控制系统框图如图 3-148 所示。

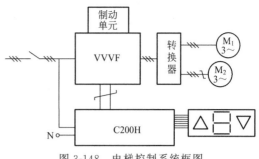

图 3-148　电梯控制系统框图

3. G7 变频器在电梯拖动控制中所起的作用

（1）转差补偿功能

可根据实际负荷情况，自动补偿频率 $0\sim\pm5\mathrm{Hz}$，这对于轻/重车的上下运行进行稳速十分有效，避免了超速、欠速行驶，使电梯运行非常平稳。例如空车上行应为 $50\mathrm{Hz}$ 的正常速度，由于是空载上行，故补偿频率 $-0.1\mathrm{Hz}$；若重车上行为欠速，应自动补偿 $+0.1\mathrm{Hz}$。由于频率有自动补偿功能，虽然是外环系统，但起了速度闭环的作用。

（2）加/减速的 S 形曲线选择功能

S 形曲线最适于电梯运行，它使启动、变速、制动无冲击，体现在加/减速运行中乘客的舒适感非常好。多条 S 形曲线可以通过端子的组合得到 7 种不同的运行速度，通过键盘可设定快速、中速、微动、开关门等状态。一般需要到远层选择快速，需要到邻近层选择中速，等等。

（3）转矩计算功能

能在重车启动时自动选取提升转矩，例如四极电动机的重车上行启动转矩为 140% 左右。

（4）灵敏的故障检测、诊断、显示功能

G7 变频器的特点是可以记忆上述信息，即使停电，也能记忆并保存已发生过的 3 种故障，便于维修。

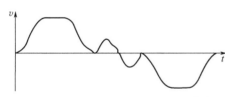

图 3-149　PLC-VVVFF 系统运行曲线

一台变频器可实时控制主机调速及电梯门的开关调速，其调速通过对变频器的不同设置即可进行。调速及加减速门机上只设开关门到位开关，减速可通过 PLC 进行时间设置来完成。图 3-148 中 $\mathrm{M_1}$ 为电梯主拖动电动机，$\mathrm{M_2}$ 为开关门电动机。图 3-149 为实测的 PLC-VVVFF 系统运行曲线。

4. 电梯的加/减速和制动控制

根据动力学原理：

$$a=(v_t-v_0)/t$$

式中，a 为运动加速度，$\mathrm{m/s^2}$；v_t 为末速度，$\mathrm{m/s}$；v_0 为初速度，$\mathrm{m/s}$；t 为加速度时间，s。

设初始条件 $v_t=1.6\mathrm{m/s}$，$v_0=0$，$t=2\mathrm{s}$，则

$$a=(1.6-0)/2=0.8(\mathrm{m/s^2})$$

按有关规程，$0.5\mathrm{m/s^2}<a<1.2\mathrm{m/s^2}$，在实际运行中，如果失重感较强，可以减小 a，一般选择 $t=2.8\mathrm{s}$，$a=0.57\mathrm{m/s^2}$ 时舒适感较好，但效率较差。

电梯减速时，电动机在制动状态运行，其本质是发电运行，它所储存的势能和动能在减速过程中转变为电能，通过变频器主电路的反向续流二极管整流后向滤波电容充电。当电容上的电压增加到 $600\mathrm{V}$ 时，变频器的电压检测起作用，使制动单元中的功率晶体管导通，电能通过制动电阻将多余能量释放掉。当电容上电压由 $600\mathrm{V}$ 降至适当值时，该晶体管又关

断，停止放电，这样循环反复直到电梯停止。制动电阻选定为 15.4Ω，放电电流为 $39A$，制动过程的脉冲功率达 $23kW$。制动单元和变频器的连接图如图 3-150 所示。变频器再生制动状态的波形图如图 3-151 所示。

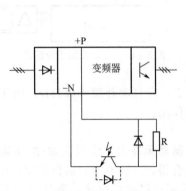

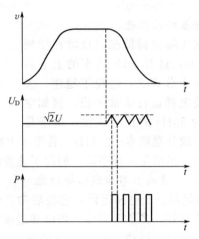

图 3-150　制动单元和变频器的连接图　　图 3-151　变频器再生制动状态的波形图

5. 节能效果分析

记录采用变频器方案前后电网输入电流，以此为根据进行节能比较。

未用变频调速方案时，空车上行启动电流为 $179A$，稳态电流为 $18A$；下行启动电流为 $180A$，稳态电流为 $24A$。

变频方案运行时，空车上行启动电流为 $42A$，稳态运行电流为 $0.8A$；下行启动电流为 $79.8A$，稳态电流为 $15.4A$。

从上下一次循环来考虑：改造前启动电流为 $179＋180＝359(A)$，稳态电流为 $18＋24＝42(A)$；变频改造后，启动电流为 $42＋79.8＝121.8(A)$，稳态运行电流为 $0.8＋15.4＝16.2(A)$，则启动时节能率为：

$$(359－121.8)/359×100\%＝66\%$$

运行时节能率为：

$$(42－16.2)/42×100\%＝61.4\%$$

第四章 ▶▶▶

变频器在生产自动化控制方面中的应用实例

【例 4-1】 变频器在卷取机上的应用实例

1. 卷取机在各种行业中的应用

卷取机是卷取各种成品或半成品的生产机械设备，一般都处于生产线最后一道工序，其卷取物料质量的好坏，直接影响成品或半成品的品质，因而是企业的关键设备之一。同时，该机与前道工序之间有密切的联系，例如，速度的同步、速度的稳定性、调速精度等，故卷取机的电控和传动系统等都比较复杂，投资亦较高，故如何正确选择控制方案和传动方式至关重要。

按照被卷取的成品或半成品物料的不同，大致可分下列几类：

（1）高精度卷取

薄膜厂的录像带、录音带，胶片厂的电影胶片、胶卷，塑料膜厂的包装用膜、农用膜、塑料带，造纸厂的各种纸张，化纤厂的拉丝，冶金厂的薄板、带铜，有色加工厂的铜箔、铝箔，拉丝厂的较细的铜线、合金丝等。

（2）中等精度卷取

直径大于 1mm 的较粗漆包线、钢丝、电缆、电线、橡胶带、皮带、棉纺粗纱，印染厂的清洗、漂白、染色、印花、烘干、整烫工序等。

（3）低精度卷取

刀片厂的成形带钢、织带用棉线、金属和非金属绳等。

2. 卷取机的张力控制方案

（1）检测转矩电流进行张力控制

图 4-1 为以转矩电流作为控制信号的张力控制系统示意图。如图所示，用滚筒 1 移动加工物，在滚筒 2 上施加与旋转方向相反的转矩，使两组滚筒间的加工物具有张力，该张力与滚筒 2 电动机的制动转矩大小成比例，因此，变频器 1 可以选用通用变频器调速；而变频器 2 则必须选用具有转矩控制功能的矢量控制变频器。

（2）利用变频器的特殊功能

应用本方案必须注意到当被加工物突然断裂时，滚筒 2 卸载将反向加速，因此有超速的危险，所以必须使用有速度限制功能的变频器。另外，在进行维修和加工物准备作业时，要求传送带以较低速度运行，故变频器 2 应设置有低速点动功能。

（3）采用拉延的张力控制

① 控制方式　两组滚筒速度差之比称为拉延率，如图 4-2 中所示的拉延率可用下式

表示：

$$D=(v_1-v_2)/v_2$$

式中，D 为拉延率；v_1 和 v_2 为各滚筒上加工物的传送速度。

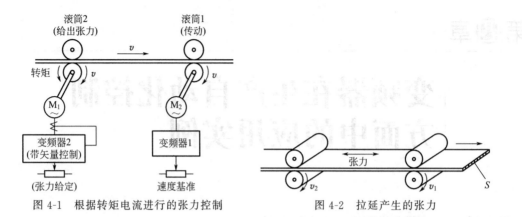

图 4-1 根据转矩电流进行的张力控制　　图 4-2 拉延产生的张力

有拉延的两组滚筒间的加工物产生张力为：

$$T=ES(v_1-v_2)/v_2=ESD$$

式中，T 为张力，N；E 为加工物的弹性系数，N/mm^2；S 为加工物的截面积，mm^2。

可见，拉力与拉延率成比例。但对于弹性系数大的加工物，拉延变化较小，且周围温度、水分含量、厚度不均等因素将引起张力很大变化，故不太实用。对于像轮胎那样弹性系数小的材料，且要求一定张力和一定拉延率时控制比较容易实现。图 4-3 所示为拉延控制的实例。

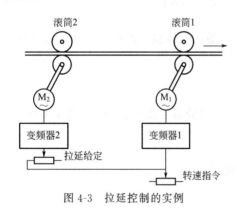

图 4-3 拉延控制的实例

② 对变频器选择的要求　为了提高张力精度，就必须提高拉延精度，也就是提高两台电动机的调速精度。为提高精度应采用带速度反馈控制的变频器。特别是变频器 2 应具有制动功能，适时地提供制动转矩。

（4）采用调节辊的张力控制

① 控制方式　图 4-4 为调节辊装置的示意图。调节辊利用弹簧、气压、重锤在一定方向上施加一定大小的力，不管其位置是否变动，始终使加工物保持一定的张力。使用调节辊时，张力与变频器的控制没有直接关系，但所提供的阻力的大小为 F 的一半。调节辊的张力控制功能只限于在其容许的行程以内。

图 4-5 所示为利用调节辊进行张力控制的实例。安装在调节辊上的同步信号机，将偏离中心位置的位移量变为电信号并取出，作为补偿信号加到变频器 1 上作为频率指令，当调节辊向上偏移时，此信号的极性应使滚筒 1 的速度下降；反之向下偏移时应使速度上升。这样，调节辊被控制在行程的中心位置。这种控制方式的优点在于振动误差可以在机械侧被吸收，所以用简单的 U/f 控制通用变频器即可构成控制系统。

② 设计要求　本方式充分发挥机械侧吸收过渡过程误差的优点，不加复杂控制就可以在短时间进行同步的加/减速。但是根据吸收误差的大小，调节辊的行程也需要增大。

此外，它与其他张力控制方式相比，张力的给定和变更不能用电气方法进行，必须依靠弹簧压力或气压等机械手段进行调整。

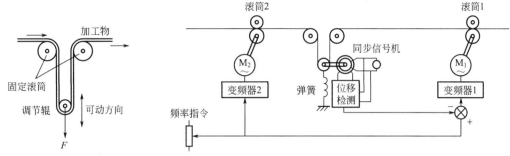

图 4-4　调节辊装置的示意图　　　　　　图 4-5　用调节辊进行张力控制

（5）采用张力检测器的张力控制

① 控制方式　对于高精度张力控制或用调节辊在控制失调时对产品质量影响很大的场合，可采用张力检测器的反馈控制。张力检测器有差动变送器式和测力传感器式等类别。本方式拟在原有转矩电流张力控制的基础上，增加张力检测器进行反馈补偿构成控制系统。图 4-6 为造纸厂的最后工序卷取机和卷放机采用张力检测器的张力控制系统图。该系统要求把已卷在卷筒（卷放机）上的纸再次以恒定张力在卷取机上高质量地卷下来。卷取机传动的电动机以恒速运转以卷取纸张；卷放机的电动机则以再生制动状态运转产生张力，卷取机的滚筒运行与张力控制无关，故这里仅以卷放机为重点进行说明。卷放机采用矢量控制变频器，且带有再生运转功能，用转换开关来选择用张力控制或速度控制。速度控制仅在开机穿通纸张时使用，正常运转使用张力控制。如图，速度控制器 SC 上输入速度指令和反转微速指令，因此 SC 的输入总是以偏差的形式给定。利用张力给定信号调节 SC 的输出限制器，可使实际的转矩指令值 i_T 增减；在稳定状态下，由转矩控制器 TC 输入端比较张力给定和张力反馈值来修正限制器的值，其控制作用是使二者相等。本系统采用这种结构方式，即使卷取过程中纸张发生断裂，卷放机的转速也不会超过反转的微速，可以防止超速运转。

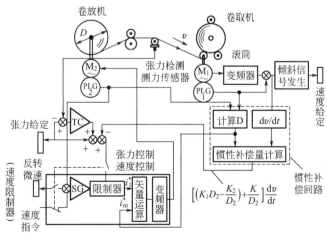

$$\left[\left(K_1 D_2 - \frac{K_2}{D_2}\right) + \frac{K}{D_2}\right]\frac{\mathrm{d}v}{\mathrm{d}t}$$

图 4-6　采用张力检测器的张力控制

② 设计要点　本例所举的造纸机张力控制系统由于卷放机有很大的机械惯性，故卷取机加/减速时，卷放机由于本身的 GD^2 将产生大的张力变化，通过张力反馈控制虽能恢复到正常张力，但过渡过程太大的张力波动将会影响产品的质量，这是不允许的。为了防止这种

波动，加速时应按 GD^2 所对应的惯性转矩减小电动机产生的转矩，而减速时则增大之。利用这种前馈式的补偿转矩来减轻转矩控制器 TC 的负担。这种补偿又称为惯性补偿，它与是否使用张力检测器无关。

此外，卷放机随着时间的推移其直径逐渐减小，这时，转速应同步变化以控制纸的张力和速度保持一定关系，要求变频器具有恒功率输出特性。

3. 卷取机的电气自动控制

（1）高精度卷取机

一般采用如图 4-6 所示的具有张力检测器的张力控制系统，其各控制环节的组成及原理已在前面叙述。

（2）中精度卷取机

可采用反映被卷物料直径变化的传感器，通过 PID 调节器来控制变频器的频率 f 即改变转速，使转速的变化与直径成反比。直径变化传感器有两类：

① 超声波直径测量仪。

② 红外线直径测量仪，其电气图如图 4-7 所示。

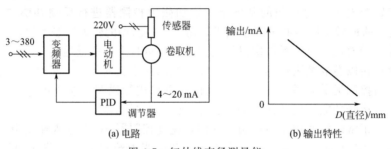

(a) 电路　　　　　　　　　　　(b) 输出特性

图 4-7　红外线直径测量仪

（3）低精度卷取机

可利用变频器具有多段速度控制的功能，以斜折线分段速度代替速度连续变化，如图 4-8 所示。各段速度（频率）值可人为设定时间，亦可自动设定时间，分段数按卷径不同可分为 2～3 段。本方案具有一定经济实用性，已在多家企业使用。

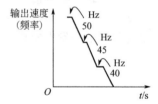

图 4-8　变频器的多段速度控制

【例 4-2】　变频器在自动仓库中的应用实例

近年来，自动仓库正在向无人化和高效率方向发展。其拖动部分，普遍地采用了变频器。现以自动仓库电力拖动中较典型的码垛机为例进行说明。

1. 码垛机对调速系统提出的要求

码垛机主要由行走、升降和叉架三部分构成，如图 4-9 所示。

由于要达到无人化和高效化，故要求提高行走速度且启动和停止时无冲击。码垛机各个部分要求的功能如图 4-10 所示。

在采用变频调速时，必须充分注意启动时电动机产生转矩的时间和制动器松开的时间，以及停止时变频器发出停止信号与制动器抱紧时间之间的配合。否则会因滑落和停止精度不够而长时间在低速下往复调整，从而导致电动机发热。

2. 码垛机中变频器的选用

（1）行走用变频器

行走的运行周期短，又要求高速化，故从耐久和安全的角度考虑，要求提高停止精度和无冲击。

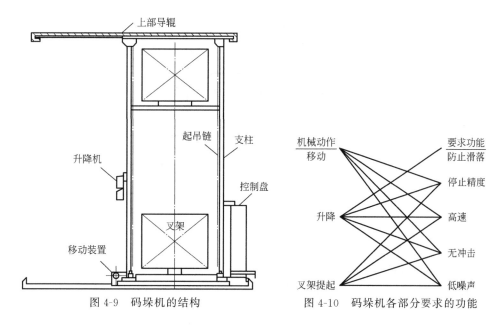

图 4-9　码垛机的结构　　　　　图 4-10　码垛机各部分要求的功能

高速化的方法是提高电动机转速和缩短加/减速时间。当在额定频率以内运行时，可以通过加大变频器容量来缩短加速时间。而当运行频率超过额定频率时，进入恒功率调速区，电动机转矩减小，如图 4-11 所示。

停止精度和行走速度有关，速度越慢即变频器输出频率越低，则爬行距离越短，停止精度就越高。为了确保停止精度，低速时必须有足够的转矩，在矢量控制方式下可以保证有足够的低速转矩。而在 U/f 控制方式下，为了加大低速时转矩，需加大 U/f 比值，这将导致电动机电流超过额定电流。为了避免过流只有选择在较高频率（速度）下开始停车，则停止精度又难以保证。

由图 4-12 可知，负荷的持续率（ED）对电动机的有效转矩有很大影响。由于低速运行的时间较短，故短时间的过载是允许的。

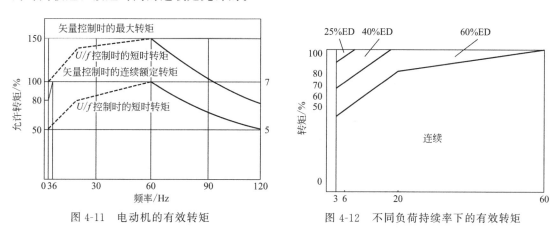

图 4-11　电动机的有效转矩　　　　　图 4-12　不同负荷持续率下的有效转矩

（2）升降用变频器

在升降过程中，由于移动物体具有重力，故需加以特别考虑。一般仅根据变频器的指令信号来松开机械制动器是不充分的，有可能使重物滑落。只有在确认电动机已产生足以带动负载的转矩时，才能松开机械制动器。其专用软件的时序图如图 4-13 所示。

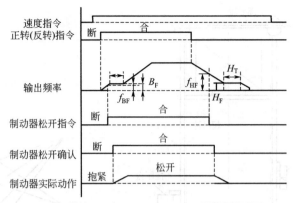

图 4-13　起重防滑落专用软件时序图

（3）升降机构应用变频器实例

① 带防止滑落功能的专用变频器　为了确保安全、停车精度以及无冲击等，可以采用具有内藏防止滑落功能的专用变频器，其接线图如图 4-14 所示。

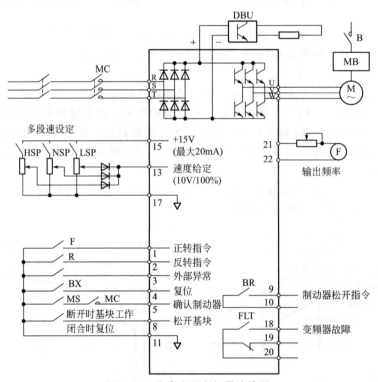

图 4-14　升降专用变频器接线图

② 一台变频器控制两台电动机　图 4-15 所示是由一台变频器控制两台不同用途的电动机的实例。其 U/f 比可通过外部控制来调节，也可预置两种不同的升降时间。

③ 具有电源反馈功能的变频器　当负载在下降过程中需要反馈较大能量时，制动电阻的容量也随之增大，使整个控制装置的体积、重量增大。此时，最好选用具有向电源反馈能量的变频器，如图 4-16 所示。该新型变频器的特点是整流部分也采用可关断器件，当需要反馈能量时，该整流器进入有源逆变运行状态，将直流能量反馈至交流电网。

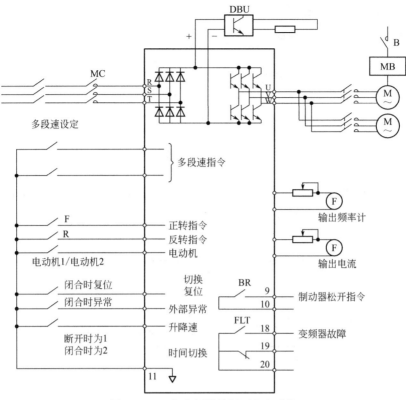

图 4-15　一台变频器控制两台电动机

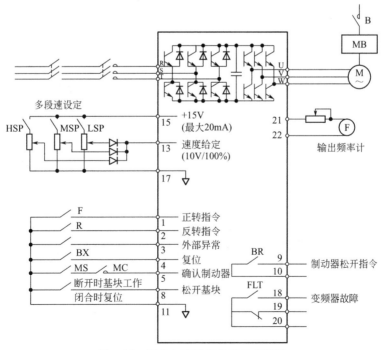

图 4-16　具有电源反馈功能的变频器

【例4-3】 变频器在金属拉丝机上的应用实例

1. 活套式拉丝机对电力拖动提出的要求

在金属制品行业中，活套拉丝机是一种常用的机械，其以拉拔效率高、工艺性能好、磨耗小等优点而得以广泛应用。由于拔丝工艺要求拉丝机启动平稳，能无级调速，低速时启动力矩大，过去一直采用直流拖动。但用直流电动机拖动由于生产环境十分恶劣，使电动机整流子磨损严重、维护困难、故障率高，因此，近年来直流电动机拖动已被交流变频调速拖动所代替。活套式拉丝机为多道次拉拔，其工艺流程示意图如图4-17所示。在进行拉拔时，钢丝坯通过第一个模到第一个转筒，经活套再穿过第二个模到第二个转筒，依此类推。钢丝通过拉拔时，由于模孔呈锥形，使钢丝强迫变形而直径变小。显然，钢丝每通过一个模孔时直径和长度均发生变化，但每个转筒之间的金属丝流量应保持相等。这样只要调节好每个转筒的速度，完全可以使各转筒间金属流量相等，从而实现正常拉拔。

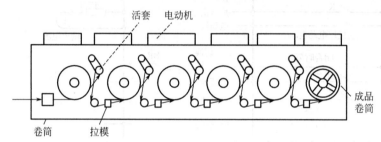

图 4-17 活套式拉丝机工艺流程

在拉拔过程中，由于钢丝抗拉强度、拉模的磨损等因素仍可造成电动机力矩的变化，从而影响电动机转速的波动，需要自动调整转速。

除了以上的内部和外部条件外，拉丝机的启动和停车的同步亦是不可忽略的问题，需要认真解决。

2. 变频器用于拉丝机拖动

下面介绍的系统选用富士G7变频器，该型号变频器的频率分辨率高且稳定性好，启动、停车能自动实现加/减速控制，很适合用于拉丝机拖动。G7型变频器是一种通用变频器，单台使用时控制简单方便；但若多台联动，且各台机在同一时间内速度上升斜率不同，就有可能造成启动或停车时转筒之间产生不同步的现象，造成钢丝拉断，不能正常运行。

为此，设计了一种反串给定控制电路，如图4-18所示。由图可知，在各台机器之间加入PI调节器，因设置的积分时间极短，从第四台机至第一台机启动时间差很小。这样只要

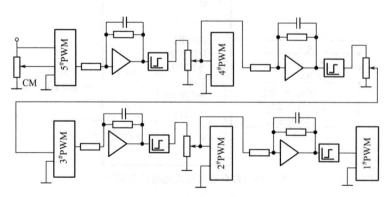

图 4-18 反串给定控制电路

利用第五台 PWM 变频器上的给定积分器，就可以控制整套机组的启动（停车）时间。此外，调整每台给定信号的电位器，就可方便地使速度向步。

再进一步分析 PI 调节器与活套位置的调整，由图 4-19 可知，活套由正常位置到极限位置钢丝绳长度的变化为 $L = L_1 + L_2 = 1.2 (\text{m})$，被拉钢丝直径 $\phi = 1.8\text{mm}$ 时，转筒的线速度为 4.32m/s，则所需时间：

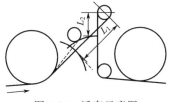

图 4-19　活套示意图

$$t = \frac{L}{v} = \frac{1.2}{4.32} = 0.277(\text{s})$$

而系统使用的 PI 调节器的动态响应时间为：

$$t = RC = 0.1 \times 10^{-6} \times 17.2 = 1.72(\text{ms})$$

该时间和活套由正常位置到极限位置所需时间相差甚远。因而，采用反串给定电路后，不会使钢丝绳拉断或松套。

3. 同步设计

拉丝机是一种多台联动拖动系统，在应用开环变频调速后，要求各台变频器速度上升的斜率和频率值大体相同。现根据工艺要求进行五台机的频率设计。设拉拔路线为钢绳直径 $\phi 3.4\text{mm} \rightarrow \phi 3.14\text{mm} \rightarrow \phi 2.7\text{mm} \rightarrow \phi 2.4\text{mm} \rightarrow \phi 2.15\text{mm} \rightarrow \phi 1.96\text{mm} \rightarrow \phi 1.8\text{mm}$，并设第一台 $n_1 = n$，则：

$$n_2 = \frac{2.7}{2.4}n = 1.26n$$

$$n_3 = \frac{2.4}{2.15}n = 1.116n$$

$$n_4 = \frac{2.15}{1.96}n = 1.097n$$

$$n_5 = \frac{1.96}{1.8}n = 1.09n$$

设机械传动比 $i_1 = 15$，则第一台电动机转速 $n_{1d} = 15n$，故：

$$f_1 = \frac{15n \times 3}{60} = 0.75n$$

第二台机械传动比 $i_2 = 12.66$，$n_{2d} = 16n$，故：

$$f_2 = \frac{16n \times 3}{60} = 0.8n$$

同理，第三台整定 $f_3 = 0.666n$，第四台整定 $f_4 = 0.74n$，第五台整定 $f_5 = 0.69n$。

由各台电动机整定频率可见，最高频率与最低频率之比不能大于 1.2，方可稳定开车。

4. 运行效果

拉丝机变频调速系统自开车以来，已运行三年半，工作正常，其技术性能如下：

最高拉拔速度为 350m/min，调频范围为 $0.5 \sim 80$Hz；

成品直径为 2mm→1.5mm，启动时间为 $0.6 \sim 60$s；

变频器频率分辨率为 0.01Hz，停车时间为 $2 \sim 3$s；

采用变频调速的优点总结如下：

① 由于采用交流电动机，电动机故障减少，三年来少烧坏 29kW 直流电动机（原采用）37 台。

② 由直流调速改为交流调速后，故障停机率减少，据统计 4 台机少停 184 班。

③ 采用变频器后，与原直流 F-D 机组相比，功率因数由 0.65 提高到 0.92 以上。

④ 采用变频调速后，电耗明显降低。为统计 1 个月的电耗量，在 11 号机（改为变频调速）进行电耗计测，而以 12 号机（原直流 F-D 发电机组调速）为比照对象，将其产量、合格率、单耗和耗电量统计列于表 4-1。由表可知，采用变频器后电耗约减少 26％。

表 4-1　不同拖动方案的比较

机台	线径/mm	拉出量/t	合格量/t	合格率/％	耗电量/kW·h	单耗/kW·h
11 号机	φ2.0	23604	23324	98.81	2096	69.7
11 号机	φ2.5	6470	6470	100		
12 号机	φ2.0	24376	24226	99.38	2790	88
12 号机	φ2.5	7326	7326	100		

⑤ 采用变频调速后，启动、停车平稳，张力均匀，减少了运行过程的跳闸次数。

5. 经济效益分析

① 4 台机每年少烧坏直流电动机 37 台次，每台次维修费以 1500 元计算，年节约维修费用约 1.6 万元。

② 4 台机由于采用变频调速，减少电气故障停机 184 个班，以每班产量 1.5t，每吨 300 元利润计，则年增利 8.28 万元。

③ 年节约电能 135 万千瓦时。

④ 投资费用减少 80 万元。

【例 4-4】　变频器在港机设备中的应用实例

港口机械设备具有较长的发展历史，拖动系统采用过各种各样的方法，从早期的直流调速继电器-接触器控制系统，到近代的 AC 定子调压、DC 晶闸管调速装置。电动机主要以绕线式异步电动机和直流电动机为主，其最大的缺点是滑差、整流子、炭刷的存在致使维修不便。进入 20 世纪 80 年代后，随着变频器的迅速发展，变频器进入港机设备的驱动领域，引起人们极大的重视。它克服了以往驱动系统的缺点，在明显提高了可靠性的同时，还具有显著的节能效果。由于异步电动机结构简单、维修方便，适合在有粉尘和振动大的环境中使用，故异步电动机变频调速系统非常适合在港口机械上推广应用。

1. 港机设备的特点

（1）使用环境

运行中的港机设备振动冲击大，空气中煤粉、炭粉、化学物质粉尘严重，海边特有的湿度、盐碱等腐蚀性成分高。在电源质量方面普遍存在变压器容量小、动力电缆线路长、截面小，在大型设备启动工作时，经常造成瞬时欠电压。电压波动范围为 320～400V。

（2）运行特点

港机设备具有以下运行特点：

① 启动转矩大，通常超过 150％以上，若考虑提升时电压降低及超载试验的要求，至少应在启动加速过程中提供 200％转矩。

② 由于港机一般设有机械制动装置，为使电动机转矩与机械制动转矩进行平滑切换，必须充分考虑电动机切入与制动器的动作时序。

③ 当提升或下降时，重物产生的位势负载使电动机处于发电状态，能量要向电源侧回馈。由于大多数通用变频器没有电能回馈能力，此时必须通过制动单元，将这部分能量经制动电阻以热能形式释放掉。

④ 提升机构在抓吊重物离开或接触地面的瞬间负载变化激烈，变频器必须能适应这种冲击负载并对其进行平滑控制。

（3）采用变频器的必要性

① 就门式起重机而言，目前大多采用绕线式异步电动机转子串电阻的有级调速方案，但启动电流大，设备受冲击严重，经常造成机械构件的损伤，严重影响设备使用寿命和正常生产。

② 港机也有选用直流调压调速方案，虽然可以平滑无级调速及软启动，但由于直流电动机存在维护工作量大、电动机成本高、体积大等缺点，不如经久耐用的交流电动机。

③ 变频器具有显著的节能效果。

④ 变频器具有完善的保护及自诊断功能，和 PLC 控制结合可提高系统的可靠性。

2. 港机设备中变频器的选型

图 4-20 为变频器在港机上应用的原理框图。对于不同设备如何选用变频器，对提高系统可靠性十分重要。目前，变频器有以下两种控制方式：

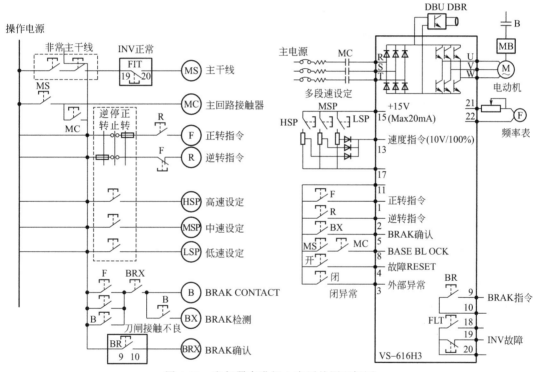

图 4-20 变频器在港机上应用的原理框图

（1）U/f 控制

U/f 控制方式是根据负载特性选择合适的 U-f 曲线进行控制的。为了在低频区增大电动机转矩，变频器设有转矩补偿功能。

如图 4-21 所示，变频器在线实时计算转矩，能在整个输出频率范围内根据负载大小自动调整 U/f 的比例，以满足负载特性要求。

此外，在电动机加速过程中，如果负载转矩过大，超过电动机峰值所决定的转矩值，则电动机将无法跟踪变频器的输出频率，形成失速状态，这在港机作业中是不允许的。为防止失速，当加速时电流峰值超过预先设置的保护值，可通过自动减缓加速特性斜率，以保证电动机转速始终能跟踪变频器输出频率的变化，这就是变频器的失速防止功能。图 4-22 为防止失速示意图。

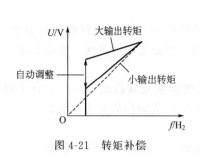

图 4-21 转矩补偿

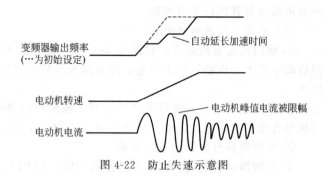

图 4-22 防止失速示意图

（2）矢量控制

矢量控制根据直流电动机的基本控制原理，使异步电动机和磁通矢量和电流矢量相互垂直，可以产生与直流电动机相同的转矩及控制精度、响应速度。由于矢量控制方式能实现转矩控制，因此对于港口装卸设备这类恒转矩负载最为合适。

3. 变频器及其周边设备的容量设计

（1）计算容量前应考虑的因素

1）负载特性

① 重力、摩擦、惯性、流体。

② 恒转矩、恒功率。

③ 负载变化（恒定、冲击、高启动）。

2）运行方式

① 连续运行。

② 中、低速长时间运行。

③ 短时运行。

3）电源质量

① 电源变压器容量大小。

② 电压波动大小。

③ 频率、相数。

④ 负载的最高输出功率和转速。

（2）电动机功率计算

对于提升及变幅机构所需电动机功率为：

$$P_M = \frac{Wv}{6120\eta}$$

式中，W 为负荷质量，kg；v 为额定速度，m/min；η 为机械效率。

行走及旋转机构计算公式与上相同，但需考虑风力造成的阻力，故：

$$P_M = \frac{W\mu v}{6120\eta}$$

式中，μ 为风阻系数。

启动加速转矩 T 为：

$$T = \frac{GD^2 n}{375 t_{min}} + 973 \frac{P_M}{n}$$

式中，GD^2 为转动惯量，kg·m²；n 为电动机额定转速，r/min；t_{min} 为加速的最短时间，s。

（3）变频器容量的计算

计算变频器容量 P_0（单位 kV·A）时，应考虑如下三个原则：

① 变频器容量必须满足负载功率的要求，即：

$$P_a \geqslant \frac{K P_M}{\eta \cos\varphi}$$

② 变频器容量应大于电动机容量，即：

$$P_o \geqslant K \sqrt{3} U_N I_N \times 10^{-3}$$

③ 变频器电流 I_i 应大于电动机额定电流，即：

$$I_i \geqslant K I_N$$

（4）制动电阻的计算

当电动机转速高于变频器频率所对应的同步转速时，处于发电状态的电动机将把负载惯性产生的动能反馈到变频器中。必须将这部分能量通过制动单元，由外接的制动电阻释放掉。图 4-23 为制动回路原理图。

① 制动转矩 T_B 的计算

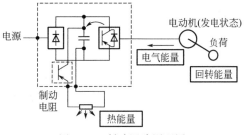

图 4-23　制动回路原理图

$$T_B = \frac{(GD_M^2 + GD_L^2)(n_1 - n_2)}{375 t_s} - T_L$$

式中，GD_M^2 为电动机转动惯量，kg·m^2；GD_L^2 为负载转动惯量，kg·m^2；n_1 为减速初始速度，r/min；n_2 为减速结束速度，r/min；T_L 为负载转矩，kgf·m。

② 制动电阻 R_B 的计算　由图 4-23 可知，制动电流峰值由制动单元中的晶体管允许电流 I_c 决定，即制动电阻的最小值：

$$R_{min} = \frac{U_c}{I_c}$$

制动电阻所需功率 P_B 计算如下：

$$P_B = (T_B - 0.2 T_N) \frac{n_1 + n_2}{2} \times 10^3$$

式中，T_N 为电动机额定转矩，kgf·m；$0.2 T_N$ 表示不加制动转矩，依靠电动机内部消耗亦可获得大约 20% 的制动转矩，故在计算公式中要扣除 $0.2 T_N$。

【例 4-5】　硅胶自动添加变频调速控制系统应用实例

1. 应用目的

目前啤酒生产和市场竞争日趋激烈，生产企业要在竞争之中立于不败之地，当务之急是提高和稳定产品质量。要想提高和稳定啤酒在保质期内的质量，关键因素是准确控制硅胶的添加量和硅胶与啤酒的反应时间。

硅胶添加过程如图 4-24 所示，硅胶添加于发酵罐向待滤罐滤酒的管路中，硅胶与啤酒的反应时间取决于待滤罐的液位高度。如果是人工操作，受外界人

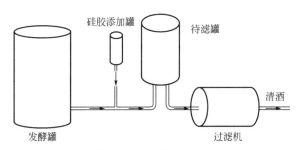

图 4-24　硅胶添加过程

为因素影响比较大，硅胶的添加与啤酒流速很难保持良好的比例关系，产品质量不易保证，不仅工人的劳动强度大，而且容易造成硅胶浪费。为了解决这些问题，设计了硅胶自动添加变频调速控制系统。

2. 控制系统原理结构介绍

在啤酒生产的硅胶添加工艺中，硅胶的添加量与进入到待滤罐中啤酒的流量成比例。硅胶和啤酒的反应时间与待滤罐的液位高度有关，根据控制系统的形成理论，构造出硅胶自动添加变频调速控制系统。其原理框图如图 4-25 所示。该系统的工作过程是：由差压变送器测出待滤罐内的液位高度，送入 1♯SR73A 调节器，通过显示屏显示并与原设定值相比较，得出的偏差经调节器内的智能 PID 调节处理后，分别送入 1 号变频器和 2 号变频器，这两个变频器根据输入信号的大小，按照各自的调节规律分别对主泵电动机和添加泵电动机进行相应的调整。当差压变送器测得待滤罐内的液位高度达到设定值时，PLC 提示或允许待滤罐向过滤机供酒。

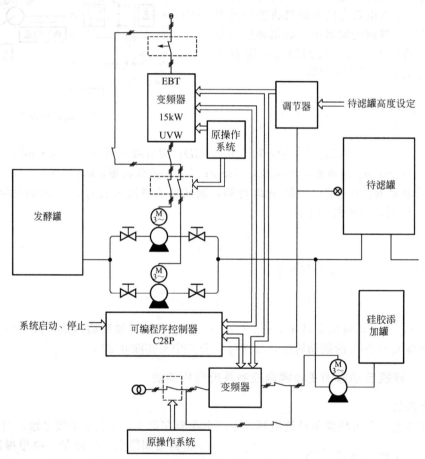

图 4-25　硅胶自动添加变频调速控制系统原理框图

当发酵罐中酒液比较少时，酒液中开始混有大量泡沫。PLC 根据待滤罐内的液位高度和变频器的运行状态作出相应的逻辑判断，停止硅胶添加泵电动机工作，并让主泵电动机低速运行或停止运行。

3. 控制系统组成介绍

（1）PLC 输入/输出端子功能表

本系统所采用的 PLC 是 C28P。具体输入/输出端子分配如表 4-2 所示。

表 4-2 硅胶自动添加变频调速控制系统 PLC 端子分配表

输入信号		输出信号	
INPUT	功能	OUTPUT	功能
0000		0500	启动 15kW 电动机
0001		0501	启动 0.75kW 电动机
0002	VS606 变频器工作异常(0.75kW)	0502	手动给定负端
0003	VS616 变频器工作异常(15kW)	0503	自动给定负端
0004	待滤罐啤酒液位下限报警	0504	给定最大
0005	待滤罐啤酒液位上限报警	0505	给定最小
0006	1# 电动机启动/停止	0506	手动给定正端
0007		0507	自动给定正端
0008	2# 电动机启动/停止	0508	1# 电动机工作
0009		0509	2# 电动机工作
0010	硅胶添加泵启动/停止选择	0510	工作异常报警
0011	待滤罐啤酒液位手动/自动控制		
0012	报警复位		
0013	VS606 变频器频率到达		
0014	VS616 变频器频率到达		
0015			

（2）PLC 程序梯形图

为满足生产工艺要求编制的控制系统的基本控制程序如图 4-26 所示。其中有简易运行状态诊断程序，诊断结果见表 4-3。

表 4-3 硅胶自动添加变频调速控制系统运行状态诊断表

序号	显示码			诊断信息
	0509	0510	0511	
1	○	○	○	啤酒泵 1# 电动机工作
2	○	○	●	啤酒泵 2# 电动机工作
3	○	●	○	硅胶添加泵电动机和啤酒泵 1# 电动机同时工作
4	○	●	●	硅胶添加泵电动机和啤酒泵 2# 电动机同时工作
5	●	○	○	待滤罐内的液位上限报警
6	●	○	●	待滤罐内的液位下限报警
7	●	●	○	VS606 变频器工作异常
8	●	●	●	VS616 变频器工作异常

注：○表示灯不亮，●表示灯亮。

（3）控制系统电气原理

硅胶自动添加变频调速控制系统电气原理如图 4-27 所示。其中变频器采用安川公司生产的 VS616T 和 VS606 系列通用变频器。

4. 控制系统应用时的注意事项

（1）硅胶添加泵一定要工作可靠

一般硅胶添加泵都是柱塞式的，工作磨损比较快，如果不定期更换磨损部件必定影响系统控制效果。当然也可以采用检测待滤罐出口的硅胶与啤酒的比例关系来解决这个问题。

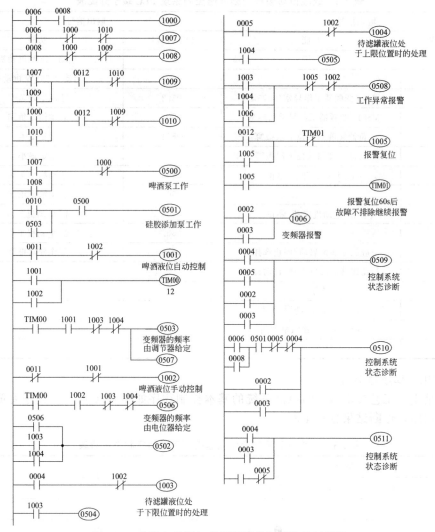

图 4-26 硅胶自动添加变频调速控制系统控制程序

（2）差压变送器一定要反应灵敏和准确

差压变送器属于反馈元件，根据抑制定理，硅胶自动添加变频调速控制系统对它所产生的干扰没有抑制能力。如果它反应不灵敏、不准确，控制系统将无法投入正常的运行状态。

（3）两台变频器中至少有一台具有多速选择功能

一个啤酒厂可能会生产多种类型的啤酒，而硅胶在啤酒中的添加量，因品种不同添加量也会不同，因此需要变频器具有多速选择功能，多速选择功能的控制由 PLC 完成。当然，两台都有多速选择功能最好，以方便现场人工操作。

【例 4-6】 碳纤维生产线变频同步控制系统应用实例

碳纤维既具有碳素材料的固有本质，又具有金属材料的导电和导热性、陶瓷材料的耐热和耐腐蚀性、纺织纤维的柔软可编织性以及高分子材料的轻质和易加工性能，是一材多能和一材多用的功能材料和结构材料。目前，它已广泛用于航天、航空、能源、交通、石油、化工、化肥、农药、纺织机械、建筑材料、环境工程、电子工程、医疗器械、文体器材和劳动保护等领域。

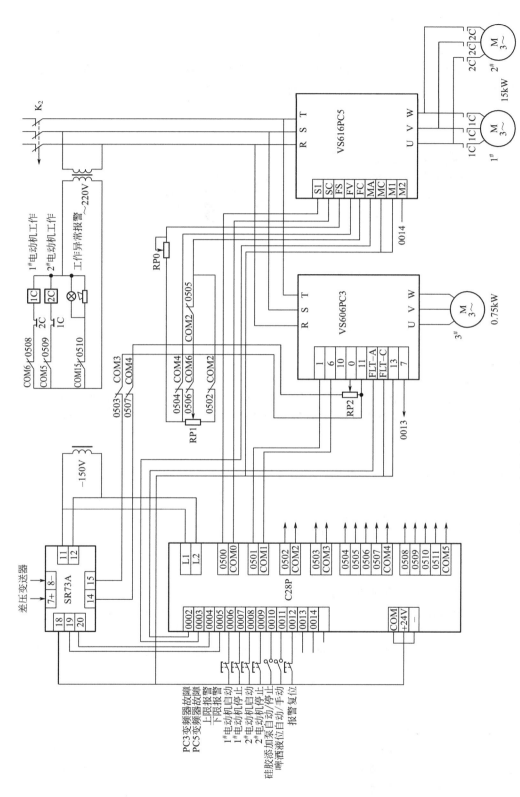

图 4-27　硅胶自动添加变频调速控制系统电气原理

1. 工艺概况与电力拖动控制的要求

碳纤维生产工艺流程图如图 4-28 所示。预氧化机构由两台预氧化炉组成，串联使用。每台预氧化炉在纵向上分 5 个温区，每个温区在横向上由 4 个炉体模块组成，每个模块有一组加热元件。各温区加热温度在 300~800℃ 不等。根据各温区加热温度的不同，加热件有电阻丝、硅碳棒、硅钢棒等三种类型。与每个模块相对应地设一个测温点，总共 40 多个测温点。在预氧化炉温度区域内，影响纤维收缩性最大，是电力拖动控制的关键区域。

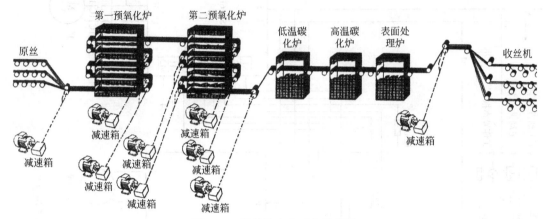

图 4-28 碳纤维生产工艺流程图

碳化机构由 3 台碳化炉串联使用，共 5 个温区、8 个测温点，温度在 800~1200℃。表面处理装置有 1 个温区、1 个测温点。此外，还有燃烧炉、烘干炉各 1 台，各个温区、1 个测温点。整个系统共有 50 多个测温点，需 50 多个控制回路。当纤维进入碳化炉温度区后，碳纤维已经基本形成，碳纤维的高强度已经体现出来，所以在碳化炉温度区不是电力拖动控制的关键区域。

放丝机构由三组完全相同的送丝加捻机组成，每组由一台电动机控制加捻。预氧化机构由 6 台电动机控制纤维丝的传送。在碳化和表面处理过程还有 2 台电动机。总共 11 台电动机需要控制，需 11 个控制回路。但是需要严格同步控制的只有图 4-29 所示的 9 台电动机。在生产过程中要随着预氧化炉温度的变化，不断地调节电动机转速，使张力机构出现线速度差，达到牵拉碳纤维的目的。

2. 碳纤维牵引电力拖动控制系统的配置硬件

整个电力拖动控制系统的硬件配置情况如图 4-29 所示。碳纤维生产对电动机的同步要求很高，同时还要有几个变速段以达到牵拉的目的。因此，每台电动机配一台变频器，变频器应具有磁通电流控制性能，以改善启动转矩，使电动机总是运行在最佳状态。变频器应选择制动电阻，以减小电力拖动控制系统的动态误差。变频器的调速控制信号由同步传动模糊控制器提供。

（1）运行参数设置

如果变频器选用西门子 MICRO MASTER 系列变频器，那么它们的运行条件是：P001＝0；P002＝10；P003＝10；P005＝10~40；P006＝0；P007＝0；P021＝0；P022＝50；P024＝1；P051＝1；P052＝2；P061＝5；P065＝1~3；P081＝电动机额定频率；P082＝电动机额定转速；P083＝电动机额定电流；P084＝电动机额定电压；P085＝电动机额定功率。

（2）PLC 输入与输出端子功能

如果 PLC 选用 OMRON 公司的 C60P，输入与输出端子的分配如表 4-4 所示。

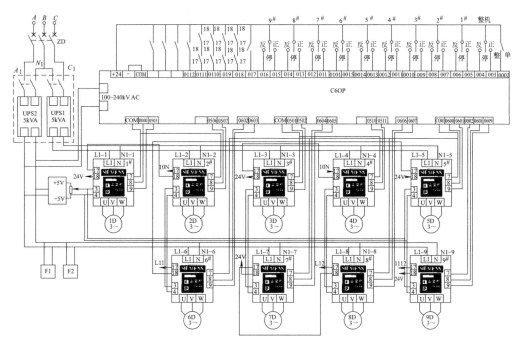

图 4-29 碳纤维生产线电力拖动部分控制系统接线原理图

表 4-4 C60P 输入与输出端子功能

输入信号		输出信号	
INPUT	功能	OUTPUT	功能
0002	整机与单机运行	0500	
0003	整机正向运行	0501	
0004	整机反向运行	0502	
0005	1# 变频器正向运行	0503	
0006	1# 变频器反向运行	0504	1# 变频器正向运行
0007	2# 变频器正向运行	0505	1# 变频器反向运行
0008	2# 变频器反向运行	0506	2# 变频器正向运行
0009	3# 变频器正向运行	0507	2# 变频器反向运行
0010	3# 变频器反向运行	0508	3# 变频器正向运行
0011	4# 变频器正向运行	0509	3# 变频器反向运行
0012	4# 变频器反向运行	0510	4# 变频器正向运行
0013	5# 变频器正向运行	0511	4# 变频器反向运行
0014	5# 变频器反向运行	0600	5# 变频器正向运行
0015	6# 变频器正向运行	0601	5# 变频器反向运行
0100	6# 变频器反向运行	0602	6# 变频器正向运行
0101	7# 变频器正向运行	0603	6# 变频器反向运行
0102	7# 变频器反向运行	0604	7# 变频器正向运行

输入信号		输出信号	
INPUT	功能	OUTPUT	功能
0103	$8^\#$变频器正向运行	0605	$7^\#$变频器反向运行
0104	$8^\#$变频器反向运行	0606	$8^\#$变频器正向运行
0105	$9^\#$变频器正向运行	0607	$8^\#$变频器反向运行
0106	$9^\#$变频器反向运行	0608	$9^\#$变频器正向运行
0107	急停	0609	$9^\#$变频器反向运行
0108	$1^\#$、$2^\#$变频器故障或停机	0610	
0109	$3^\#$、$4^\#$变频器故障或停机	0611	
0110	$5^\#$、$6^\#$变频器故障或停机	0612	
0111	$7^\#$、$8^\#$变频器故障或停机	0613	
0112	$9^\#$变频器故障或停机	0614	
0113		0615	
0114			
0115			

3. 碳纤维同步传动模糊控制器的设计思想

（1）碳纤维模糊控制器的输入输出变量

碳纤维同步传动的控制目的，是在系统运行中保持碳纤维的线速度和张力稳定在设定值。为解决系统变量之间的耦合问题，提高控制精度，在所设计的模糊控制器中应包括碳纤维的线速度和张力两种输入物理量。

模糊控制规则根据实际控制对象和操作人员的控制经验得出。模糊控制器的输入变量可以有误差、误差变化及误差变化的速率三种。在碳纤维多机协调控制传动系统中，对碳纤维传动速度要求较高，且在预氧化区张力不能有大的超调，为保证控制性能，本控制系统采用误差和误差变化为输入变量。由于被控物理量有两个，故控制器输入有线速度误差 e、线速度误差变化 Δe、张力误差 e_f、张力误差变化 Δe_f 共四个，构成多输入的碳纤维模糊控制器。

系统执行部件是变频器，由微机控制变频器输出调节各电动机转速。变频器输出频率是变频器-异步电动机系统的独立控制变量，可实现对碳纤维生产线中碳纤维线速度和张力的调节，故碳纤维模糊控制器的输出控制量取变频器的相对输出频率，即微机运算输出的相对频率设定值。

（2）系统各物理量的设定值和控制范围

张力设定值也因不同碳纤维产品而异，对于民用碳纤维生产系统，张力检测计反馈到微机的电压约为3V，张力误差信号范围设定为±0.4V，误差变化为±0.2V。由于对被控对象缺乏先验知识，以上各误差及误差变化的基本论域只能作初步的选择，待对系统进行具体的调整时才能进一步确定。

系统的变频器输出频率稳定运行时为50Hz，调节范围在±2Hz。因为模糊控制器的输出控制量为相对频率输出，故其基本论域为 ［−2Hz，+2Hz］。控制量的变化对系统中电动机运行状态的调节作用是明显的，输出精度为0.1Hz，因此要求变频器有较高的控制精度。

4. 碳纤维同步传动控制系统开环控制程序清单

碳纤维同步传动控制系统开环控制程序清单见图4-30。程序清单是以梯形图的形式给出的。

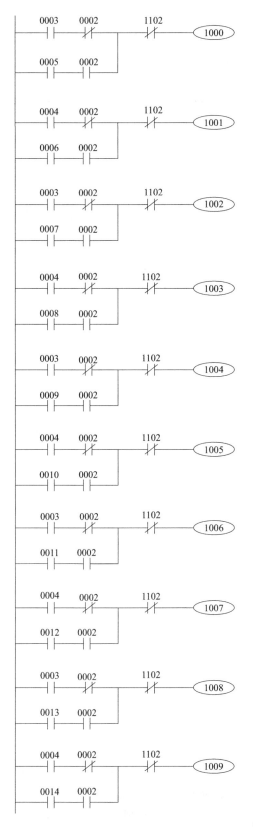
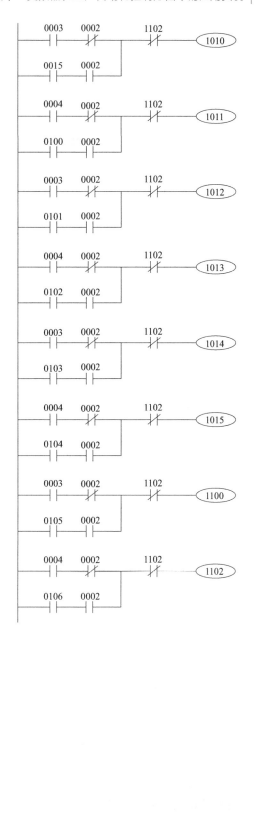

图 4-30

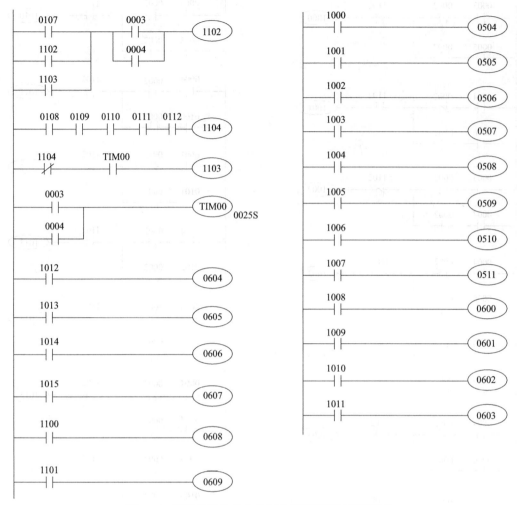

图 4-30　碳纤维同步传动控制系统开环控制程序消单

5. 设计碳纤维同步传动控制系统的注意事项

（1）悬浮在空气中的碳纤维问题

当碳纤维生成后，在车间内的空气当中就悬浮着大量的碳纤维，由于碳纤维的导电性使得电气控制设备很容易发生短路爆炸事故，如果处理不好悬浮碳纤维问题，就无法正常生产。

（2）控制系统被控对象的数学模型发生突变问题

当碳纤维生成时，控制对象的数学模型就立即发生突变，然后系统再恢复正常工作。原因有二：其一，纤维发生质变；其二，悬浮碳纤维。

【例 4-7】　通用变频器在轧花机方面的应用实例

棉花加工行业是国民经济的重要组成部分，棉花加工是纺织工业的第一道工序。因为棉花的加工质量直接影响纺纱、整经、浆染及纺织环节的工况和效率，所以它是最重要的工序。尽管棉花加工过程中有许许多多技术难题急需解决，但是由于棉花加工厂大多处于偏僻的农村，长期以来这一行业不为人们所重视。因此，棉花加工行业中普遍存在着生产效率低、设备故障率高、能耗大、生产成本高、工人劳动强度大等不合理现象，整个棉花加工行业的生产过程均有待于进一步优化，各种设备的生产效率有待于进一步提高。如果能在这一领域进行大规模的技术改造，优化生产过程，将对推进发展农村经济、缩小城乡差别、缩小先进地区和落后地区的差距具有十分现实和深远的意义。

为了缓解上述矛盾，我国于 20 世纪 80 年代末重点引进了国际先进水平的轧花成套设备，在消化吸收的基础上研制成功 MY-121 型锯齿轧花机，其性能达到了美国 80 年代末同类产品的先进水平。这套设备虽然在机械结构方面很先进，但在控制方面很不适应现在的国情，因此影响了整套系统的生产效率和推广应用价值。

1. M-121 型锯齿轧花机工作原理简介

MY-121 型锯齿轧花机的工作原理是：籽棉输送到轧花机上部的储棉厢，通过直流电动机带动两根喂棉辊将籽棉喂入，首先通过清棉刺辊冲击使其呈膨松状态，然后经过上 U 形齿条辊钩拉籽棉，通过钢丝刷的阻挡使其均匀地挂在齿条辊上，然后通过刷棉辊将棉刷到淌棉板上，上 U 形齿条辊经过排杂棒排出的杂质及部分籽棉落在下 U 形齿条辊上继续钩拉并回收，排出的杂质、不孕籽、僵瓣等由排杂铰龙排出机外。

由淌棉板上落下的籽棉均匀地喂入轧花机前厢，通过拨棉刺辊送至旋转的锯片，锯齿通过阻壳肋条将籽棉带进中厢，从拨棉辊和阻壳肋条间失落的部分籽棉，沿导向梳落在回收齿条辊上，通过回收毛刷重新刷到拨棉辊上，在回收过程中籽棉中部分杂质、棉秆、死僵瓣从回收齿条辊下面的排杂网落下，落入排杂铰龙沟中排走。

进入中厢的籽棉通过锯齿钩拉形成籽棉卷，由于锯片的钩拉和轧花肋条的阻挡使皮棉和籽棉分离，籽棉从排杂道中排出机外，锯齿上的皮棉由毛刷刷下通过皮棉道进入皮棉清理机或打包机。

轧花机上排杂排出的杂质，由刮板收集到上排杂铰龙槽中，再由铰龙排出机外，下排杂排出的杂质直接排出到机外。

2. 问题的提出

（1）MY-121 型锯齿轧花机存在的问题

MY-121 型锯齿轧花机虽然在机械结构方面很先进，但在电气控制方面却很不完善，影响了整套系统的生产效率、产品质量和设备运行的安全性，同时带来的电能损耗较大，因此影响了整套设备的推广和应用。其中籽棉物流系统存在的缺陷最为突出。

在轧花机中，籽棉物流系统是最关键的部分，它的作用是根据轧花机的负荷大小（即根据轧花机主电动机电流的大小）调节喂花量，控制棉籽的密度，使轧花机在预定的产量下稳定工作。籽棉物流系统控制的优劣直接影响轧花机的生产能力、产品质量、用电效率和设备运行的安全性等。

原系统采用的方案是：利用直流电动机驱动喂棉辊，用晶闸管整流器及 PI 调节器组成直流调速控制器。实际上，都是用手工操作，这种驱动方案和控制方案存在着下列不足：

① 常规 PI 闭环控制不能稳定运行，经常导致棉卷堵塞，致使轧花机主电动机因堵转而烧毁，机械部件（尤其是上、下 U 形齿条辊）因冲击而损坏，这都间接和直接地严重影响了生产效率。

② 鲁棒性差，当外界因素发生变化时，例如棉花的含水量、纤维丝长的变化，将使籽棉物流系统振荡。

③ 手动操作喂花不准确，影响轧花机的工作效率和棉花加工质量，若控制不当也容易出现堵塞现象。

④ 能耗大，经常发生的堵转现象导致主电动机空转，引起电能大量浪费。

⑤ 直流电动机可靠性差，维护困难，影响生产效率，而且直流电动机炭刷及整流子换相时产生的火花，容易引起火灾（棉花属易燃物品）。

⑥ 操作工人的劳动强度大。

（2）籽棉物流控制的目的、任务和难点

① 籽棉物流控制的目的　稳定轧花机的负荷，使其工作在最佳工作状态，提高工作效率；解决棉卷堵塞问题，确保设备运行的安全性。

② 技术改造的任务　采用合适的闭环控制策略，实现籽棉物流系统的稳定的自动控制；利用高性能的异步机变频调速系统取代直流调速系统，以提高设备的可靠性，消除火灾隐患。

③ 控制的难点　棉花的含水量、纤维丝长变化无常，分散性大，因此被控对象属于不确定型；棉花加工过程十分复杂，影响因素较多，系统是多变量耦合的，而且数学模型难以预测；棉花加工过程中，由于传动机械存在的死区、间隙、静摩擦和棉花的可压缩性等非线性因素的影响，所以系统属于强非线性的环节。

总之，该被控过程具有不确定性、多变量耦合、强非线性的特点，用常规控制不能取得满意的效果，这也是原系统所采用直流调速系统 PI 控制方案不成功的原因。

3. 轧花机变频调速模糊控制系统

（1）基本设计思想

这一被控对象的强非线性、多变量耦合、不确定性和大滞后惯性的特点，增加了控制的难度，用普通的 PI 控制已不能满足生产工艺的要求。而模糊控制理论为解决这一难题提供了一种新途径。怎样用好模糊控制理论是设计控制系统的一个关键。

将 PI 控制策略引入模糊控制器，构成 FUZZY-PI（或 PID）复合控制，是改善模糊控制器稳态性能的一种途径。它是在大偏差范围内采用模糊控制，在小偏差范围内转换成 PID 控制，两者的转换由软件根据事先给定的偏差范围自动实现，这种复合控制有更快的动态响应持性、更小的超调，比模糊控制具有更高的稳态精度。

FUZZY-PI 控制比常规 FUZZY 控制虽然改善了静态特性，但因 FUZZY-PI 控制的参数固定不变，这就很难满足生产过程在不同状态下的要求，从而影响了控制效果，为此决定采用参数自调整 FUZZY-PI 控制，如图 4-31 所示。

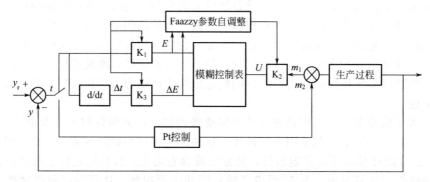

图 4-31　参数自调整的 FUZZY-PI 控制框图

轧花过程是一类不确定性复杂系统，难以获得精确的数学模型。如上所述，采用传统的控制方法难以实现，而采用参数自调整 FUZZY 控制则能收到理想的控制效果，它能在轧花过程中自动修改、完善 FUZZY 控制参数，在过程和相关性显著变化的条件下仍能很好地进行控制，使整个生产过程在最佳工作状态下运行，不仅能保证生产过程的稳定、可靠运行，提高生产效率和产品质量，还能节约原材料，降低能耗，并且能减少操作人员，改善劳动条件，减轻劳动强度。

（2）控制系统的结构及原理

本系统主要由通用变频器、模糊控制器、交流异步电动机、传感器等四部分组成。模糊智能控制器主要由 8 位单片机 P8031AH、EPROM 芯片 C27128、RAM 芯片 HM6116、A/D 转换器 AD7542、D/A 转换器 ADC0809 等组成。

轧花机变频调速模糊控制系统如图 4-32 所示。

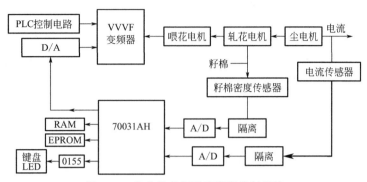

图 4-32　轧花机变频调速模糊控制系统

其工作原理如下：模糊控制器将来自电流传感器的信号与给定值进行比较后，根据模糊控制表确定变频器的输入参考信号，控制变频器的输出频率，调节电动机转速，改变籽棉流量，从而使轧花机及主电动机的负荷稳定在期望值。

（3）FUZZY 控制规则表

根据实际生产过程和操作人员的经验，总结出 FUZZY 控制规则如表 4-5 所示。将这个表存于计算机内存中，当实时控制时直接查找控制表获得控制量，再乘以比例系数 K_3 即可作为输出去控制生产过程。

表 4-5　FUZZY 控制规则

E \ ΔE \ U	偏差变化率												
	-6	-5	-4	-3	-2	-1	0	1	2	3	4	5	6
偏差 -6	6	5	6	5	6	6	6	2	3	1	0	0	0
-5	5	5	5	5	5	5	5	2	3	1	0	0	1
-4	6	5	6	5	6	6	6	2	3	1	0	0	0
-3	6	5	5	5	5	5	5	2	1	0	-1	-1	-1
-2	3	3	3	4	3	3	3	1	0	0	-1	-1	-1
-1	3	3	3	4	3	3	1	0	0	0	-2	-1	-1
0	3	3	3	4	1	1	0	-1	-1	-1	-3	-2	-2
1	1	1	1	1	0	0	-1	-2	-3	-2	-3	-3	-3
2	1	1	1	1	0	-2	-3	-3	-2	-3	-2	-3	-3
3	0	0	0	0	-2	-3	-6	-5	-5	-5	-5	-5	-5
4	0	0	0	-1	-3	-3	-6	-6	-6	-5	-6	-5	-5
5	0	0	0	-1	-3	-3	-6	-6	-6	-6	-6	-5	-5
6	0	0	0	-1	-3	-3	-6	-6	-6	-6	-6	-6	-6

FUZZY 参数自调整就是对参数 K_1、K_2 和 K_3 进行实时修改。当偏差 E 或偏差变化 ΔE 较大时，减小 K_1 和 K_2，增大 K_3，取消积分作用，降低对 E 和 ΔE 的分辨率，以提高快速性，减少超调，保证系统的稳定性，改善动态性能；当偏差 E 或偏差变化 ΔE 较小时，

即系统已经接近稳态，应增大 K_1 和 K_2，减小 K_3，提高对 E 和 ΔE 的分辨率，改善系统的静态性能。

（4）控制系统的软件

控制系统软件应完成 FUZZY 控制、数据采集与实时处理等功能。整个系统软件比较复杂。所设计的系统软件有主控程序、采集与 FUZZY 控制程序、显示程序、在线修改程序等。

FUZZY 控制程序流程图如图 4-33 所示。在 FUZZY 控制过程中，计算输入变量偏差 E 和偏差变化 ΔE，根据偏差和偏差变化调整参数 K_1、K_2 和 K_3，并将 E 和 ΔE 的 FUZZY 量化处理，查找 FUZZY 控制表，然后作输出处理。

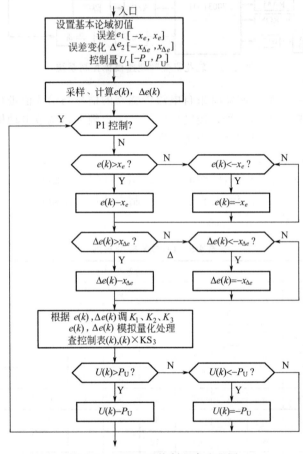

图 4-33　FUZZY 控制程序流程图

应该指出的是：在有条件的工程项目中，应尽量使用模糊控制开发工具，不要自己用通用微型机系统进行研制。所谓模糊控制开发工具，就是"模糊控制用的通用系统"，它由"通用模糊控制器"和"通用模糊控制软件"所组成。典型的模糊微控制器开发系统是 ADS230。该开发系统是一个具有良好用户界面的开发工具，用户无须预先有模糊理论方面的知识，就可利用提示及菜单来使用该系统。它基于 PC 机开发环境，允许用英语定义与规则来实现所需的控制逻辑。用户不仅可以用开发系统来配置 FMC（Fuzzy Micro Controller），而且可以用主板上提供的模拟与数字的 I/O 来测试与调试所需的逻辑。

4. 系统的主要特点

本系统的主要特点是：

① 适用于数学模型不清楚或被控物流不均匀、超大惯性和非线性的场合。

② 结构简单、成本低廉；可靠性高，鲁棒性强，抗干扰能力强。

③ 现场调试简单方便，保护功能齐全，并且具有故障自诊断功能。

④ 具有参数自整定功能，有效地避免失控。

⑤ 调速范围大，平滑度高，具有良好的启动、制动性能。

5. 系统的关键技术

（1）变频器一定要适应农村环境

由于棉花加工厂大多处于偏僻的农村，选择变频器时一定要根据农村电网情况，选用适合农村环境的变频器。如果变频器所适应的电压变化范围较小，可改进变频器欠压保护电路，以适应农村电网情况。

（2）籽棉密度传感器一定要选用智能型

由于目前农村中的棉花质量有很多的人为因素，一般的籽棉密度传感器经常测不准，造成控制系统控制不稳。解决的方法可用若干个籽棉密度传感器检测籽棉密度，把检测结果先送入一个 PLC 作处理，然后再送控制系统。

【例 4-8】　通用变频器在浆染联合机上的应用实例

1. 系统概述

浆染联合机是牛仔布生产中的关键设备之一，其机身长 80 多米，主要分车身和车头两大部分。车身由上浆、染色、水洗和烘干四个部分组成，在给定的工艺条件下，要求同步拖动电动机的转速恒定在（2000±20）r/min 范围内，才能达到稳定经线生产的产品质量。在进行正常经线操作处理时电动机的转速要求在（50±4）r/min 左右，因此对电动机要有较宽的调速范围要求。在原系统中，与该同步拖动配套的电动机是滑差电动机，滑差电动机在结构上存在机械特性软、控制精度低、传动效率低和电能损耗大的致命弱点。因此，用结构简单、体积小、成本低、可靠性高的交流笼形异步电动机取代滑差电动机，用交流变频调速技术控制异步电动机转速，以保持浆染联合机车身同步拖动电动机的转速恒定，是设计浆染联合机自动控制系统的关键之一。由于收卷卷径的不断变化，或车身低速运行处理跳线车头仍在高速工作时，被控对象的动、静态参数或控制系统结构参数发生了较大范围的变化，这一被控对象的特点增加了控制的难度，用普通的线性控制技术和非线性控制技术已不能满足生产工艺的要求。为此特采用单片机系统，配以特定的数学模型来解决这一难题。而特定的数学模型如何选择，是设计浆染联合机控制系统的又一个关键。

2. 控制系统组成

浆染联合机自动控制原理框图如图 4-34 所示。本系统主要由经线导辊群、笼形异步电动机、变频器、PI 调节器、速度传感器五部分组成。采用转速闭环的目的是保证经线速度基本上不随负载变化或受外界的干扰而变化。PI 调节器由 LM741 集成片组成，它将 PLC 送来的给定信号与反馈信号比较后产生的误差信号进行 PI 运算，然后输出一个控制变频器的信号。变频调速器带制动电阻。速度传感器以测速发电机组成，它将转速信号转变成电压信号输入到 PI 调节器中与给定信号比较后产生误差信号。车身同步拖动变频调速系统的控制精度主要取决于检测元件及变送器的精度。

为了协调车身与车头集中又分散的情况，控制系统引入 PLC，使车身与车头之间实现了协调控制。工作原理如下：

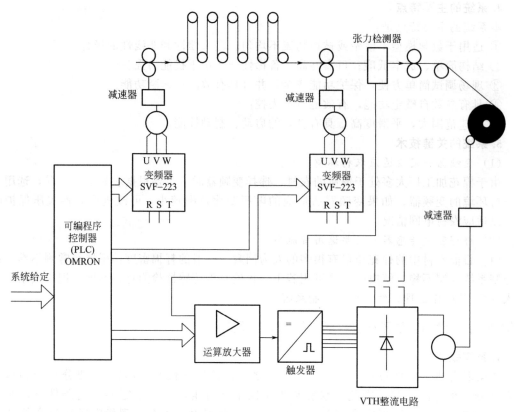

图 4-34 浆染联合机自动控制原理框图

PLC 将来自车身和车头操作台的信号进行协调处理后分别给出车身恒转矩变频调速系统和车头自适应恒张力控制系统的给定信号。当车头换轴时 PLC 将发出命令停止车头自适应恒张力控制系统的工作，降低车身恒转矩变频调速系统的转速。如果在规定的时间内车头换轴不能结束，就发出命令停止车身恒转矩变频调速系统工作。当车身需要低速运行处理跳线时可编程序控制器又将发出命令降低车身恒转矩变频调速系统的转速，同时降低车头自适应控制系统的经线轴卷绕速度。根据闭环抑制定理，经线轴卷绕速度变化不会影响经线轴卷绕张力。

在车身恒转矩变频调速系统内，PI 调节器将来自速度传感器的信号与 PLC 给定值进行比较后，输入到变频器，控制变频器的输出频率，调节电动机转速，改变经线的线速度，使经线速度稳定在期望值内。改变给定信号即可调节经线的线速度。

在车头微机恒张力控制系统内，微机将来自张力传感器、速度传感器的信号和 PLC 给定值按照保持张力恒定的特定数学模型计算出一个双闭环控制系统的给定信号，再用双闭环控制系统，控制调节电动机的转速，使经线轴卷绕的张力稳定在期望值内。

3. PLC 部分

当车头或车身进行经线处理时，车头和车身同时处于低速运行状态。在车头换轴时，车头停止工作，车身处于低速运行状态。如果换轴在规定的时间内没有结束或者储纱箱浮辊到达下限位时，车身自动停止工作。在车头和车身同时处于正常工作状态时，如果储纱箱浮辊到达上限位，车身处于正常运行状态，车头处于低速运行状态；如果储纱箱浮辊到达下限位，车身处于低速运行状态，车头处于正常运行状态。完成上述工作原理的 C28P-PLC 程序梯形图如图 4-35 所示。

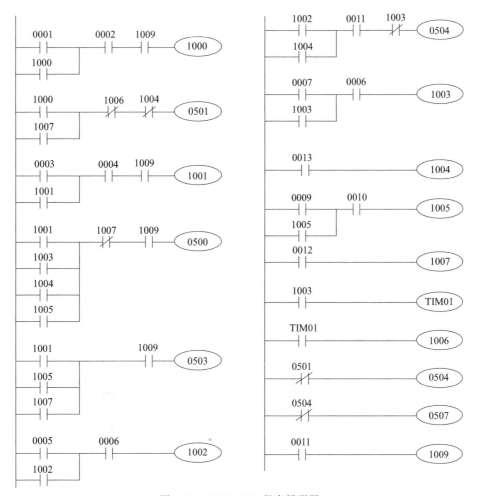

图 4-35　C28P-PLC 程序梯形图

4. 该控制系统设计的缺陷及注意事项

（1）车头直流调速系统没有更换

由于当时的情况不允许更换车头直流调速系统，造成系统工作几年之后经常出现车头控制不稳定的现象。

（2）车身变频器的启动转矩余量太小

系统设计之初对于启动转矩的大小经过反复计算和实验，选择了一种当时启动转矩比较合适的变频器，但是经过数年的运行之后，由于机械磨损等原因，造成启动转矩余量已经没有，导致有时开车困难的现象。

（3）生产工艺没有反转要求也要使用四象限运行变频器

对于动态指标要求高的生产工艺系统没有反转要求也要使用四象限运行的变频器，因为所有的非四象限运行变频器通过合理的选择调节器都可以实现转速由低变高时的最优控制，而当变频器由高变低时却无法实现制动时的最优控制，只有使用四象限运行变频器再通过合理的选择调节器才能实现。使用四象限运行变频器是满足高动态指标要求的必要条件，只要动态指标要求高，即使生产工艺系统没有反转要求，也要使用四象限运行变频器。

总之，要设计工艺要求比较高的电力拖动控制系统，就需要有一个高品质的变频调速系统。对设计者来说，应考虑的关键问题不完全在于如何选择适当的变频调速装置，而在于从调速控制系统结构上充分考虑和利用闭环调节规律，合理地计算和调整各环节的参数，才能实现高品质的性能指标。

【例 4-9】 变频器在聚丙烯造粒机中的应用实例

1. 造粒机工艺流程

（1）设备简介

聚丙烯造粒机组是日本制钢（JSW）的专利产品，是现代化树脂生产中的关键设备，是广州乙烯引进的年产 7 万吨聚丙烯成套设备的重要组成部分。主要传动设备有混炼机（2600kW）、齿轮泵即挤压机（540kW）、水下切粒机（55kW）。其中挤压机和水下切粒机分别采用了芬兰 ABB 和日本安川变频器。生产过程则采用了 C2000 型 PLC 控制器。

（2）工艺流程

造粒机的作用是将聚丙烯粉料和添加剂加温加压混合成熔融聚合物，并将其挤出，切成颗粒。图 4-36 为造粒机组示意图。造粒机组将前工段的聚丙烯粉料和添加剂通过料斗送入搅拌筒，由混炼机主电动机带动双螺杆筒体将物料压入混合段形成聚合物，再经齿轮泵传送通过过滤网经模板挤出。在水箱内由切割机带动切刀将聚合物切成直径为 2.3mm、长度为 3mm 的圆柱形聚丙烯颗粒。最后由颗粒输送系统将其送到脱水干燥装置与分选机（振动筛），把合格的干燥颗粒物送至成品仓。

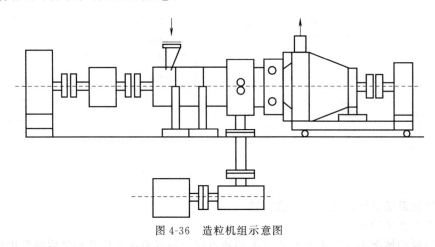

图 4-36　造粒机组示意图

2. 控制系统的构成及控制原理

在造粒机组中，齿轮泵和切粒机均采用变频器控制。根据工艺要求分别采用两个不同的系统结构，齿轮泵为闭环调速控制力式，切粒机则为开环控制。

（1）齿轮泵控制系统的结构

闭环控制主要根据齿轮泵入口压力的大小通过测量变送单元、运算调节单元、信号变换单元和执行单元来实现，如图 4-37 所示。

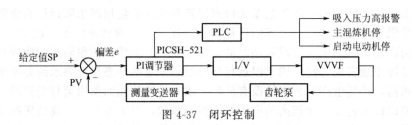

图 4-37　闭环控制

（2）系统控制过程

当 PI 调节器置于自动方式时，通过自动调节可将入口压力控制在 0.5MPa。在生产过程中，若负荷增大，则引起吸入端聚合物的压力增大，通过测量变送器将测量信号送至 PI 调节器的反馈端（PV）并与压力给定值（SP＝0.5MPa）进行比较得出偏差信号 e，经 PI 运算和信号变换 I/V 后，将 0～10V 的电压信号作为变频器的速度控制信号，使齿轮泵的速度升高；反之，则速度降低。当其吸入压力与给定值相等（$f＝0$）时，电动机转速不再改变，从而使齿轮泵的吸入压力得以控制。

手动/自动选择及手动增减速均可通过 PI 调节器单元实现；系统的启停程序及联锁控制则依靠 PLC 来实现。PLC 共有 154 个输入点和 160 个输出点，除上述用途外还可用于故障报警、联锁停车等。

3. 变频器的应用介绍

齿轮泵和造粒机选用的变频器是根据工艺要求进行配置的，设备参数如表 4-6 所示。

表 4-6 齿轮泵和造粒机变频器的选用

设备名称	型号	额定容量/kV·A	额定电压/V	额定电流/A	调速范围/(r/min)	逆变元件	控制方式	调频范围/Hz	频率精度/Hz	生产厂家
齿轮泵	VS-683GT3	1000	660	870	115～1311	GTO	矢量控制	0.1～200	0.01	芬兰 ABB
造粒机	VS-616H3	110	400	144	435～1450	IGBT	PWM 方式	0.1～400	0.01	日本安川

变频器的特点（以齿轮泵为例）：

① 逆变器采用 GTO 构成逆变电路，容量大，开关特性好。

② 采用带数码测速计（PG）的矢量控制，因而动态响应好，力矩大，可达 1Hz 150% 的启动力矩，调速范围高达 1:1000，且调速精度高。

③ 控制回路采用全数字控制，有完善的通信接口可与现场控制盘和控制屏相连，对变频器进行灵活的控制。

VS-68 型大功率矢量控制变频器的控制框图如图 4-38 所示。

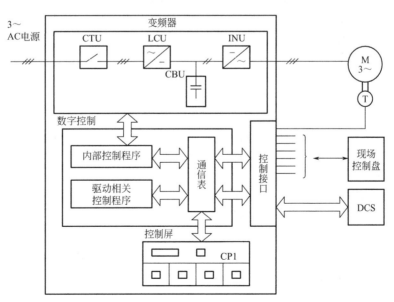

图 4-38 VS-68 型大功率矢量控制变频器的控制框图

CTU—接触器装置；LCU—变换器单元；CBU—电容器组单元；INU—逆变器单元

4. 特性实测

在电动机空载时对变频器的 U/f 特性进行了实测，数据见表 4-7。

表 4-7 变频器的 U/f 特性

速度指令/mA	实际转速/(r/min)	输出电压/V	输出电流/A
6	182	225	166
8	342	210	166
10	505	300	167
12	667	390	167
14	832	480	167
16	997	575	166
18	1151	610	158
20	1311	610	133

造粒机组中的两台变频器经过单机、联动试车和生产的考验，运行平稳，调速精度满足生产工艺要求，在提高产品质量和节电方面均发挥明显的效能。

【例 4-10】 变频器在煮漂机上的应用实例

1. 煮漂机设备概况

煮漂机是印染工业的重要设备之一，其中蒸箱机的传动控制比较复杂，旧系统一般采用多直流电动机的同步传动。蒸箱的结构示意图如图 4-39 所示。图中有 5 台直流电动机，分别是主速电动机、喂给电动机、追随电动机、第 1 滚筒电动机、第 2 滚筒电动机；有两个调节张力用的机械升降滚筒。

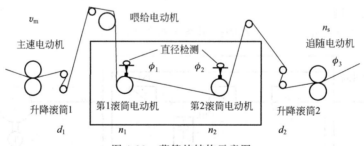

图 4-39 蒸箱的结构示意图

该系统的检测内容主要有直流电动机的速度检测、升降滚筒的位置检测、滚筒上的布径检测以及各种电气量检测等。该系统的外部设定装置有主车速度设定和第 1、第 2 滚筒张力设定。通过上述设定，满足特定的生产工艺。

其电路系统的控制框图如图 4-40 所示。该机的原控制系统全部用模拟电子线路构成，且有数量很多的中间继电器，调试、维修都非常困难。

蒸箱的工艺过程特点是：当第 1 滚筒处于卷取状态，应进行速度控制，则第 2 滚筒处于卷放状态，应进行张力控制。而当第 2 滚筒为速度控制时，第 1 滚筒应转为张力控制。正确处理这两种控制方式是成功设计本工程的关键。

2. 采用变频器改造旧系统

新系统采用 PLC 替代原先的继电接触器控制电路，采用矢量控制变频器替代直流调速系统。PLC 选用日本三菱 ADS 系列，该产品采用模块式，组合灵活，扩充容量方便。设第

1 滚筒为速度控制（卷取），第 2 滚筒为张力控制时控制框图如图 4-41 所示。

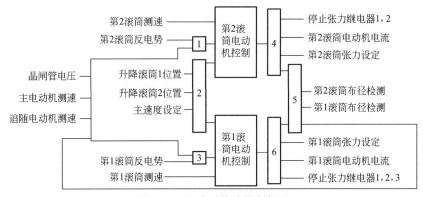

图 4-40 电路系统的控制框图

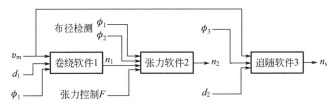

图 4-41 PLC 控制示意图

v_m—主速设定；d_1—升降滚筒 1 的位置；d_2—升降滚筒 2 的位置；F—张力控制设定；n_1—第 1 滚筒
电动机转速；n_2—第 2 滚筒电动机转速；n_s—追随电动机转速；ϕ_1—第 1 滚筒的布直径；
ϕ_2—第 2 滚筒的布直径；ϕ_3—第 3 滚筒的布直径

变频器选用日本三菱 FR-V240E
系列产品，该变频器具有闭环矢量控
制功能，调速比为 1：1000，在 1～
1000r/min 范围内能保持 100％的恒力
矩，完全达到原来直流调速的技术指
标。在滚筒速度控制时，接变频器的
端子 2；当张力控制时，则用变频器的
端子 3 进行控制。考虑到滚筒既会工
作在电动状态的第 3 象限，又可能工
作于能耗制动状态的第 2 象限，故滚
筒变频器必须配置外接的制动单元
FR-BU。图 4-42 为变频器的接线图。

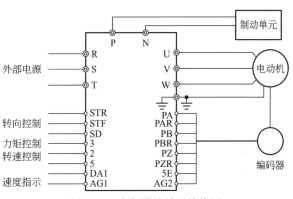

图 4-42 变频器的端子接线图

3. 应用变频器改造的效果

长时间的运行表明，新系统运行稳定，调试维修方便，煮漂后的布质好，深受操作
工人的好评。此次改造证明，在染整行业用交流调速的变频系统代替直流拖动系统是
可行的。

【例 4-11】 变频器在食品机械上的应用实例

食品机械在小规模家庭式企业中应用广泛，对食品机械提出如下要求：重量轻，体积

小，便于操作和维护，安全性好，价格低。近年来，食品机械的拖动系统越来越多地采用变频调速技术，其优越性在于：

① 增加产量，降低成本。

② 提高产品的质量。

③ 安全性能有保障。

表 4-8 列出食品机械中不同类型的设备在采用变频调速后取得的效果。由于通用变频器不断提高性能，用于食品机械后，使产品的质量得到明显提高。

表 4-8　采用变频调速的效果

设备名称	机械名称	采用变频调速的效果
以搬运为主的机械	面包机、果酱机	• 根据原材料大小和材质控制传输带速度,保证质地均匀
	切片机	• 通过调整传输带的速度,可以改变蔬菜片和肉片的宽度
	瓶和罐头的传输机	• 启动和停止过程都应十分柔和,使传输带上的物品不因倒下而破损
	螺旋式输送机	• 通过改变转速,能够控制供应量
混炼·搅拌	搅拌机 ＊混合搅拌机 ＊生奶油制作机	• 根据材料的变化来控制转速,以便设定最佳的搅拌条件 • 在环境恶劣的场所,可使用防腐型、户外型、防爆型电动机 • 采用全封闭型电动机,以有利于卫生和维护
	食品加工用挤出机	• 通过控制转速,确保质量稳定
干燥·热处理	干燥炉 制茶机	• 能自由地根据炉内状况来控制风量 • 通过调节转速以实现节能
计量·包装	配料·计量机 装袋·包装机	• 由一台变频器驱动多台电动机,使炉内温度均匀 • 当原料接近预定量时,可降低转速以提高装袋量的精度
其他	制面机 大型滚析机	• 传输带应能准确定位停住,实现自动化 • 能自由地改变面条的粗细 • 能微调各压延辊的转速比 • 可以节能运行

1.混合搅拌机的变频调速

混合搅拌机是食品机械中用得最多的一种，下面分别说明该机拖动系统的特点和应用变频器后的效果。

（1）混合搅拌机的负载性质

搅拌机的种类很多：有要求高速搅拌点心发泡料的，也有要求低速搅拌馅料的，因而要求变频器有较宽的调速范围。

搅拌机属于恒转矩负载，但亦因温度、黏度变化可能达到正常负载的 2～3 倍，故在选择电动机容量时，必须考虑能承受过载，常按正常容量的 2 倍来选定。图 4-43 所示是典型的搅拌机构造及变频器电路。

（2）搅拌机对变频器的要求

如上所述，搅拌机在采用变频调速时，对于瞬间的过载，要求不跳闸，即要求有"防止失速"的功能。为此要求做到：

① 针对搅拌过程中的负载变化，自动计算出负载转矩，通过转矩、转差补偿功能保持转速稳定。

② 当负载过大时，由防止失速功能使电动机自动降速以抑制过电流。图 4-44 所示为防止失速功能的电流、转矩、转速的对应关系。

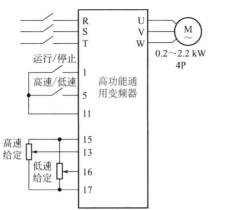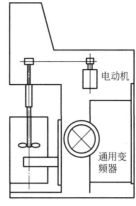

图 4-43　搅拌机的构造和变频器电路

上述保护功能可用图 4-44 的特性来描述。例如，当负载转矩增加至 T_1 时，变频器发出报警信号，在达到 T_1 时，防止失速功能动作（进入下垂特性），电动机进入保护性降速运行状态。若过载时间过长使电动机发热，则由变频器的电子热继电器进行保护。

（3）采用变频器的优点

① 操作简便　用旋钮进行无级调速。

② 低噪声　由于选用低噪声变频器，运行安静，可以安置于店铺和室内。

③ 调速范围广　能调整到满意的转速，针对不同的原料、工艺，均能得到最佳的搅拌效果。

2. 奶油制作机的变频调速

（1）奶油制作机概要

奶油制作机能把熟练工人的操作手艺机械化和软件化，生产出质量高而稳定的奶油。具体而言，即使操作的程序、温度的控制、锤炼的动作数字化。

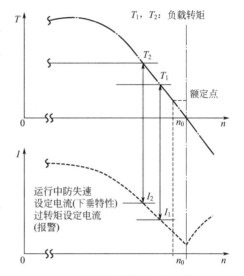

图 4-44　防失速功能的电流、转矩、转速的对应关系

为此，应在变频器内部将旋转方向、转速、运行时间等运行条件和方式编成程序。操作者只要根据说明书投料就可自动地生产出优质奶油。图 4-45 所示为奶油制作机的构造和电路。

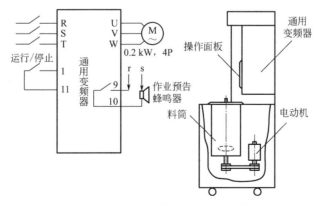

图 4-45　奶油制作机的构造和电路

（2）对变频器提出的要求

① 奶油制作机选用专用的变频器，要求内藏程序控制模式。如果选用通用变频器，就必须充分有效地利用有限的外部输入、输出端子进行多段速定时运行。典型的程序运行图如图 4-46 所示。

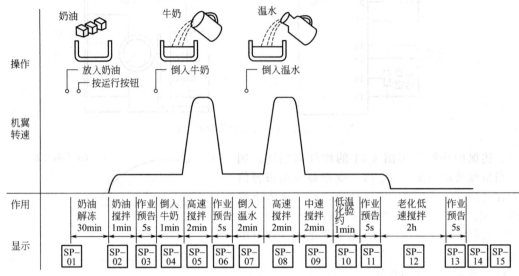

图 4-46　奶油制作机的程序运行图

② 当发生负载短暂异常的情况下要求停机，变频器应具有重合闸的功能。通过此功能，一旦检测出变频器有异常情况，立即进行自诊断，如确认变频器本身无问题，就执行重合闸动作，使电动机继续运行。

③ 该类小型机械设置场所离生活区较近，故变频器的载波频率应设定在 10～15kHz 以上，以消除不愉快的电磁噪声。

（3）采用变频器的优点

① 由于变频器内已储存模拟操作技巧的运行模式，故任何人均可简单地制作出高品质的奶油。

② 由于程序内藏，故机械操作十分简单，只需按一下按钮即可。

③ 显示器可以显示工作频率、电动机的电流、运行程序号、程序的剩余时间等，因此，有充分的时间可为下一步工序作好生产准备。

3. 鱼片制作机的变频调速

（1）鱼片制作机概要

鱼片制作机的功能相当于离心分离机，它将鱼肉、水和添加物进行离心分离，通过脱脂、脱臭等程序制成鱼片干、鱼油等产品。图 4-47 所示为鱼片制作机的构造和电路。表 4-9 为主要电气设备的规格。图中外侧的圆筒和内侧的皮带以不同的速度按相同方向进行高速旋转。因各自的离心力不同而把水、鱼油从不同的出口排出，固体的鱼片则由皮带从另外出口取出。圆筒和皮带分别由不同的变频器进行驱动。

表 4-9　鱼片机的主要电气设备规格

用途	电动机	变频器
驱动旋转圆筒	全封闭、外部风扇、户外型三相、15kW、4P、220V	通用变频器 15kW
驱动皮带	全封闭、外部风扇、户外型三相、3.7kW、4P、220V	通用变频器 3.7kW

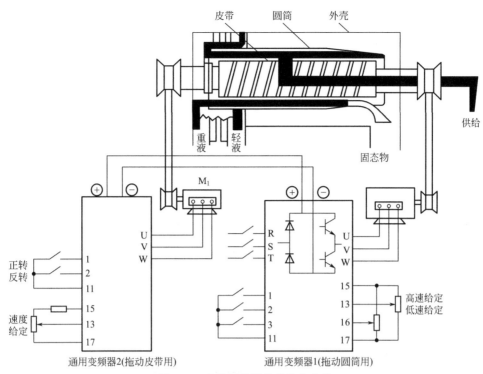

图 4-47　鱼片制作机的构造和电路

鱼片机对变频器有如下要求：

① 负载的惯性大，可达电动机转动惯量的 100～200 倍，故要求加/减速平稳。

② 圆筒和皮带之间有一定的转速差，有利于固态物挤出。因此，皮带用变频器又需运行在再生制动状态。

（2）对变频器提出的要求

① 满足大惯性负载的加/减速特性　鱼片制作机的一周期运行模式如图 4-48 所示。加速过程应采用变频器的全自动补偿方式运行。当加速电流超过设定值时，变频器启动防止失速功能使升速的速率受到限制。减速时也同样有防止失速功能起保护作用。

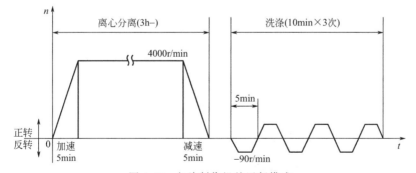

图 4-48　鱼片制作机的运行模式

在加/减速不太频繁的场合，也可采用全范围的直流制动方式，其原理如图 4-49 所示。这种方式在制动时，使直流电流直接流入电动机绕组将旋转动能消耗，形成直流能耗制动。这样就简化了制动控制，无须再外接制动电阻。

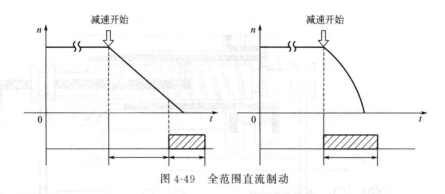

图 4-49　全范围直流制动

②长时间运行在再生制动状态下的特殊接线方式　可把圆筒变频器和皮带变频器用"公共母线"方式进行并联运行，如图 4-50 所示，这样可提高综合运行的效率。图中，由于皮带速度低于圆筒速度，因此电动机 B 长期处于再生制动状态下运行。过去一般的做法是把再生制动的能量反馈到变频器 B 的直流母线上，再通过制动电阻将其消耗。现在采用公共母线方式后，变频器 B 再生的电能，经过变频器 A 由电动机 A 来利用。此外，还有另一种方案即变频器 B 选用附加向电网反馈功能的变频器，亦可达到节电和提高效率的目的。具体电路如图 4-51 所示。

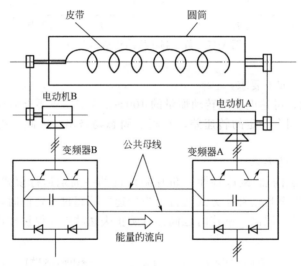

图 4-50　公共母线方式的接线图

（3）采用变频器的优点
①对于大惯性负载的减速可不必用机械制动器，用电气制动可以节省能耗，提高效率。
②有自动重合闸功能，短时停电可不必停车。

【例 4-12】　变频器在制药设备中的应用实例

1. 制药设备利用变频调速进行改造

随着人民生活水平的提高，对药物品种的需求增多。为此各制药厂都在努力开发品质优良的新药以满足人们的需求。其中，抗生素药品使用量大、品种多，是急需开发的药品之一。目前国内外生产抗生素的主要设备是发酵罐，其容量为 5～40t。每一间工厂拥有不同容量的发酵罐，少则几台，多则十多台。国产发酵罐多数是单一速度传动方式，使得药品的成品率低、能耗大、同一台发酵罐不能生产多品种药品，生产周期长。为此，急需对发酵罐进行技术改造。而目前最好的方法是选用变频器对其进行技术改造，以消除上述缺点。用变频器改造后，不但能充分满足工艺要求，而且方便调速，提高发酵功效达 10％，经济效益十分可观。既能调速，又可节能，一举两得。利用变频调速的回收期一般是 1 年左右。为此，不少制药厂都计划进行技术改造。

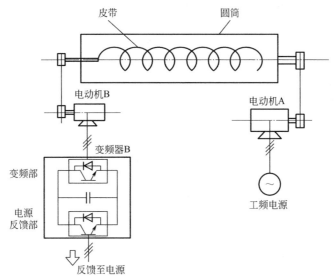

图 4-51　具有向电网反馈功能的变频器电路

2. 制药发酵过程分析

抗生素药品如青霉素、链霉素、四环素、金霉素、红霉素、新霉素等均使用发酵罐来生产。不同菌种生产周期虽有所不同，有几十小时到上百小时，温度、湿度、含氧量、转速、压力亦各不相同，即使同一菌种亦有各自的工艺条件和参数，但发酵过程有三个阶段是相同的，即：

（1）抗氧期

加快样品菌种的生长，需要时间较短。

（2）生产期

使菌种生长达一定浓度，时间较长。

（3）稳定期

使菌种稳定生长，提高合格率，时间较短。

经分析，发酵曲线 $n = f(t)$ 大致有四种情况，如图 4-52 所示。由四种发酵曲线可看出，在不同工艺时间段都需进行调速，故选用变频器进行自动控制，即按不同工艺阶段的时间长短，实现实时的转速调节，以产生最佳效果。

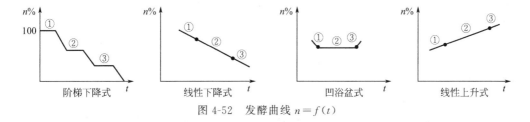

图 4-52　发酵曲线 $n = f(t)$

发酵罐拖动属于恒转矩负载，降速后同时可节电 15%～20%。

当然，发酵过程不仅与转速有关，还与罐内的供氧量、黏度、浓度、温度、湿度有关。必须综合各种因素，摸索制订发酵曲线。通过试验取得效果后，才能予以定案。

3. 制药厂其他设备应用变频器的前景

以下设备应用变频器主要是从节电角度考虑的：

① 各种用途的水泵，诸如冷却水泵、清洗泵、污水泵等。

② 搅拌机、混料机、粉碎机、制片机等。

③ 锅炉房的排风机、引风机、炉排传动电动机。

④ 中央空调系统。

⑤ 空气压缩机。

⑥ 干煤炉、烘箱。

【例 4-13】 变频器在中央空调系统中的应用实例

1. 认识中央空调系统

随着人们生活水平的提高以及现代化建筑的增加，中央空调的应用已比较普遍，那么，中央空调是由哪些部分组成的？各部分又有什么作用？在中央空调系统中是如何运用变频调速的？下面就来介绍其相关知识。

（1）中央空调系统的组成

中央空调系统主要由冷冻主机、冷却水塔与外部热交换系统等部分组成，其系统组成框图如图 4-53 所示。

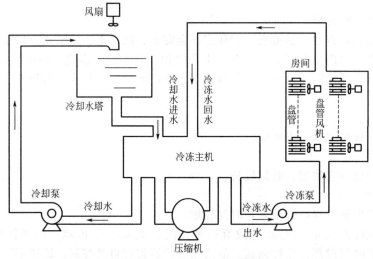

图 4-53 中央空调系统组成框图

1）冷冻主机 冷冻主机也叫制冷装置，是中央空调的制冷源，通往各房间的循环水由冷冻主机进行"内部热交换"，降温为"冷冻水"。冷冻主机近年来也有采用变频调速的。

2）冷却水塔 冷冻主机在制冷过程中必然会释放出热量，使机组发热。冷却水塔用于为冷冻主机提供"冷却水"。冷却水在盘旋流过冷冻主机后，带走冷冻主机所产生的热量，使冷冻主机降温。

3）外部热交换系统

① 冷冻水循环系统 冷冻水循环系统由冷冻泵及冷冻水管组成。水从冷冻机组流出，

冷冻水由冷冻泵加压送入冷冻水管道，在各房间内进行热交换，带走房间内的热量，使房间内的温度下降。同时，冷冻水的温度升高，温度升高了的循环水经冷冻主机后又变成冷冻水，如此往复循环。

从冷冻机组流出、进入房间的冷冻水简称为"出水"，流经所有的房间后回到冷冻机组的冷冻水简称为"回水"。由于回水的温度高于出水的温度，因而形成温差。

② 冷却水循环系统　冷却泵、冷却水管道及冷却水塔组成了冷却水循环系统。冷却主机在进行热交换使水温冷却的同时，释放出大量热量，该热量被冷却水吸收，使冷却水温度升高。冷却泵将升温的冷却水压入冷却水塔，使之在冷却水塔中与大气进行热交换，然后再将降了温的冷却水送回到冷却机组。如此不断循环，带走了冷冻主机释放的热量。

流进冷却主机的冷却水简称为"进水"，从冷却主机流回冷却水塔的冷却水简称为"回水"。同样，回水的温度高于进水的温度，也形成了温差。

4）冷却风机　冷却风机有两种。

① 室内风机（盘管风机）　安装于所有需要降温的房间内，用于将由冷冻水冷却了的冷空气吹入房间，加速房间内的热交换。

② 冷却水塔风机　用于降低冷却水塔中的水温，加速将"回水"带回的热量散发到大气中去。

可以看出，中央空调系统的工作过程是一个不断地进行热交换的能量转换过程。在这里，冷冻水和冷却水循环系统是能量的主要传递者。因此，冷冻水和冷却水循环控制系统是中央空调控制系统的重要组成部分。

5）温度检测　通常使用热电阻或温度传感器检测冷冻水和冷却水的温度变化，与 PID 调节器和变频器组成闭环控制系统。

（2）中央空调实验装置介绍

某中央空调实验装置如图 4-54 所示，主要由以下几部分组成。

① 压缩机　系统采用全封闭活塞式压缩机，正常工作温度仅为 0℃，安全可靠、结构紧凑、噪声低、密封性好，制冷剂为 R22。

② 蒸发器　制冷系统采用透明水箱式蒸发器，易于观察，蒸发器组浸于水中，制冷剂在管内蒸发，在水泵的作用下，水在水箱内流动，以增强制冷效果。

③ 冷凝器　制冷系统采用螺旋管式冷凝器，这是一种热交换设备，用两条平行的铜卷制而成，是具有两个螺旋

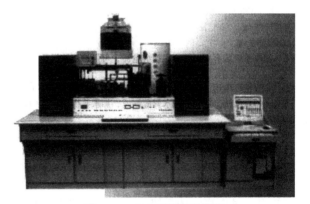

图 4-54　中央空调实验装置

通道的螺旋体。中间的螺旋体是冷却水通道，外部的螺旋体是高压制冷剂的通道。

④ 喷淋式冷却塔　该设备的冷凝方式采用逆流式冷却塔，全透明结构，吸风机装在塔的顶部，结构完全仿真、直观。冷却塔采用吸风式强迫通风，塔内有填充物，以提高冷却效果。从冷凝器出来的温水由冷却水泵送入塔顶后，由布水器的喷嘴旋转向下喷淋。

⑤ 锅炉　锅炉是中央空调制热系统的核心元件，采用英格莱电热管使水与电完全隔离，具有超温保护、防干烧保护、超压保护，确保人机安全。采用进口聚氨发泡保温技术，保温性能好。

⑥ 模拟房间　模拟房间用全透明有机玻璃制作，外形美观、小巧，占地面积小，结构

紧凑，具有全透明结构，一目了然。房间装有盘管、盘管风机、温度控制调节仪。

⑦ 温度控制　本设备实验台的面板上装有温度控制显示仪，可控制温度的范围，能巡回检测出各关键部位的温度。

⑧ 模拟演示　该设备配有 500mm×300mm 系统工作演示板一块，采用环氧敷铜板，四色（红、绿、蓝、黄），LED 形象逼真地显示冷热管道的温度和工作状态。

⑨ 温度控制调节器　两个模拟房间分别装有数码显示的温度控制调节器，温度范围可自行设定。仪器可根据房间温度的具体设定情况自动调节温度，达到设定值。

⑩ 高、低压保护装置　为安全起见，制冷系统装有高、低压保护继电器，可保护压缩机及系统的正常运行。

⑪ 水箱　为节约用水，系统循环使用水资源。通过加水箱来完成媒介水的加入、自动调节、过滤等任务，并装有自动加水系统。如果系统水资源缺乏，加水系统会自动启动补给。

⑫ 总控制部分　实验台总控制部分可完成设备的制冷与制热的转换，以及制冷状态或制热状态的关闭等任务。启动方式全部为微动方式，用微弱的开关信号来控制微处理器，驱动电路工作，从而延长设备的使用寿命。

⑬ 微型计算机接口及控制部分　此中央空调教学实验系统的整机控制及参数显示有两种方式。第一种方式是通过实验台控制面板上的按键来控制各部分的工作状态，进行各项参数的设定及动态显示；第二种方式是通过单片机的串行口与微型计算机的串行接口进行通信，另配有全中文的应用软件，从而使中央空调所需的各项控制及需要显示的各项参数均可在微型计算机的屏幕上完成。

（3）中央空调实验装置的实践训练

1）训练要求

① 熟悉中央空调各部分的结构，并且能够进行一些基本操作。

② 会对中央空调系统进行控制和测试。

2）训练内容

① 开关控制中央空调各部分的工作与停止。设置开关如下：冷却水泵；冷却风机；制冷水泵；压缩机；电磁阀Ⅱ；制热水泵；制冷；制热；停机。

② 温度设定及温度显示（设定可在 0～99℃ 之间进行任意选择）。

③ 压缩机的延时设定（压缩机的开机延时可在 1～30min 之间任意设定）。

④ 各关键点温度动态显示，其中包括：制热当前值；制冷当前值；锅炉进口；锅炉出口；冷却塔进口；冷却塔出口；冷凝器进口；冷凝器出口；蒸发器进口；蒸发器出口；模拟房间Ⅰ；模拟房间Ⅱ。

2. 中央空调的变频调速控制

前面已经对中央空调的结构组成、循环水的控制等进行了系统介绍，本实例将综合应用这些知识，对中央空调系统中变频器的控制方案进行选择和设置有关参数。

（1）循环水系统的组成

循环水系统由两部分组成：一部分是冷却水循环系统；另一部分是冷冻水循环系统。其结构示意图如图 4-55 所示。

（2）循环水系统的特点

一般来说，水泵属于二次方律负载，工作过程中消耗的功率与转速的平方成正比。这是因为水泵的主要用途是供水，对于一般供水系统来说，上述结论是正确的。然而，在某些非供水系统中，例如中央空调的循环水系统，上述结论就不一定正确了。

1）循环水系统的特点

① 用水特点　在水循环系统中，所用的水是不消耗的。从水泵流出的水又将回到水泵

的进口处，并且回水本身具有一定的动能和势能。

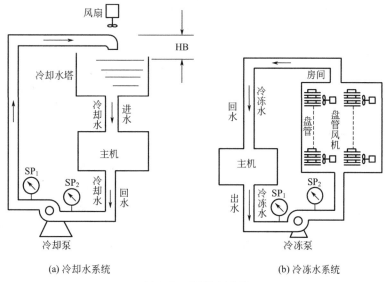

(a) 冷却水系统　　　　　　　　(b) 冷冻水系统

图 4-55　循环水系统

② 调速特点　在循环水系统中，当通过改变转速来调节流量时，水在封闭的管路中具有连续性，即使水泵的转速很低，循环水也能在管路中流动。在水泵转速为"0"的状态下，回水管与出水管中的最高水位永远是相等的。因此，水泵的转速只是改变水的流量，而与扬程无关。

2）压差的概念与功率的计算

循环水系统的工作情况与电路十分类似，水泵的做功情况也可通过水泵出水与回水的压力差 p_D 来描绘。

$$p_D = p_1 - p_2$$

式中，p_1 为出水压力；p_2 为回水压力。

水泵的功率可以计算如下：

$$P = p_D Q = Q^2 R$$

式中，R 为循环水路的管阻；Q 为循环水的流量；p_D 为压差。

由于流量和转速成正比，所以在循环水系统中，水泵的功率与转速的二次方律成正比，即：

$$\frac{P_1}{P_2} = \frac{n_1^2}{n_2^2}$$

式中　P_1，P_2——水泵转速变化前、后的功率；

　　　　n_1，n_2——水泵转速变化前、后的转速。

可见在循环水系统中，当通过改变转速来调节流量时，其节能效果略微逊色于供水系统。

（3）利用变频器控制的循环水系统

冷冻水和冷却水两个循环系统主要完成中央空调系统的外部热交换。循环水系统的回水与进（出）水温度之差，反映了需要进行热交换的热量。因此，一般根据回水与进（出）水温度之差来控制循环水的流动速度，从而控制进行热交换的速度，这是比较合理的控制方法，但是冷冻水和冷却水略有不同，具体的控制如下：

1）冷冻水循环系统的控制　由于冷冻水的出水温度是冷冻机组"冷冻"的结果，常常是比较稳定的。因此，单是回水温度的高低就足以反映房间内的温度。所以，冷冻泵变频调速系统，可以简单地根据回水温度进行控制，即回水温度高，则房间温度高，应提高冷冻泵的循环速度，以节约能源。反之相反。总之，通常对于冷冻水循环系统，控制依据就是回水温度，即通过变频调速实现回水的恒温控制，其控制原理如图 4-56 所示。同时，为了确保最高楼层具有足够的压力，在回水管上接一个压力表，如果回水压力低于规定值，则电动机的转速将不再下降。这样，冷冻水系统变频调速方案就可以有以下两种：

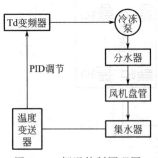

图 4-56 恒温控制原理图

① 压差为主、温度为辅的控制 以压差信号为反馈信号进行恒压差控制，而压差的目标值可以在一定范围内根据回水的温度进行适当调整。当房间温度较低时，使压差的目标值也适当下降一些，减小冷冻泵的平均转速，提高节能效果。这样，既考虑了环境温度的因素，又改善了节能效果。

② 温度（差）为主、压差为辅的控制 以温度或温差信号为反馈信号进行恒温度（差）控制，而目标信号可以根据压差大小作适当的调整。当压差偏高时，说明其负荷较重，应该适当提高目标信号，增加冷冻泵的平均转速，以确保最高楼层具有足够的压力。

2）冷却水循环系统的控制

① 控制的基本情况和依据 冷却水的进水温度就是冷却水塔内的水温，它取决于环境温度和冷却风机的工作情况。由于冷却塔的水温是随环境温度而变的，单测水温不能准确地反映冷冻机组内产生热量的多少。所以，对于冷却泵，以进水和回水间的温差作为控制依据，实现进水和回水间的恒温差控制是比较合理的。温差大，说明冷冻机组产生的热量大，应提高冷却泵的转速，增大冷却水的循环速度；温差小，说明冷冻机组产生的热量小，可以降低冷却泵的转速，减缓冷却水的循环速度，以节约能源。

实践证明，冷却泵的变频调速采用进水和回水间的温差作为控制依据的控制方案是可取的：即进水温度低的时候，应主要着眼于节能效果，温差的目标可以适当地高一点；而在进水温度高的时候，则从保证冷却效果出发，应将温差的目标定得低一些。

② 控制方案 在这里介绍一种冷却泵的控制方案，即利用变频器内置的 PID 调节功能，兼顾节能效果和冷却效果的控制方案。

a. 反馈信号 反馈信号是由温差控制器得到的与温差 Δt 成正比的电流或电压信号。

b. 目标信号 目标信号是一个与进水温度 t_A 相关的并且与目标温差成正比的值，其范围如图 4-57 所示。其基本考虑是：当进水温度高于 32℃时，温差的目标定为 3℃；当进水温度低于 24℃时，温差的目标定为 5℃；当进水温度在 24～32℃之间变化时，温差的目标将按照这个曲线自动调速。

根据此控制要求，可以设计此冷却水循环系统的控制原理，如图 4-58 所示。

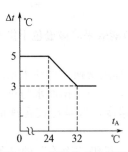

图 4-57 目标信号范围图

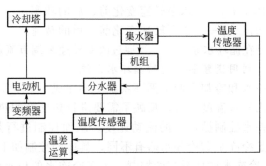

图 4-58 冷却水循环系统的控制原理框图

（4）利用变频器控制的循环水系统的实践训练

1）循环水系统控制的要求　中央空调的水循环系统一般都由若干台水泵组成（如冷却水泵、冷冻水泵等）。现在采用变频调速，要求对三台泵进行控制。具体控制要求是：

① 某空调冷却系统有三台水泵，按设计要求每次运行两台，一台备用，10 天轮换一次。

② 冷却进（回）水温差超出上限温度时，一台水泵全速运行，另一台变频高速运行，冷却进（回）水温差小于下限温度时，一台水泵变频低速运行。

③ 三台泵分别由电动机 M_1、M_2、M_3 拖动，全速运行由则 KM_1、KM_2、KM_3 三个接触器控制，变频调速分别由 KM_4、KM_5、KM_6 三个接触器控制。

2）训练要求

① 根据系统控制要求，选择控制方案。

② 正确设置以下变频器参数：Pr.0、Pr.1、Pr.2、Pr.3、Pr.7、Pr.8、Pr.9、Pr.20、Pr.78、Pr.27、Pr.26、Pr.25、Pr.24、Pr.6、Pr.5、Pr.4。

③ 正确编写有关程序并调试运行。

3）训练材料　中央空调实训设备一套、常用电工工具一套等。

4）训练内容

① 选择控制方案。

a.根据回水与进（出）水温度之差来控制循环水的流动速度，从而控制热交换的速度，这是比较合理的控制方法。

b.中央空调水循环系统的三台水泵采用变频调速时，可以有两种方案。

• 一台变频器方案。各台泵之间的切换方法如下：

先启动 1 号水泵（M_1 拖动），进行恒温度（差）控制。

当 1 号水泵的工作频率上升至 50Hz 时，将它切换至工频电源；同时将变频器的给定频率迅速降到 0Hz，使 2 号水泵（M_2 拖动）与变频器相接，并开始启动，进行恒温度（差）控制。

当 2 号水泵的工作频率也上升至 50Hz 时，也切换至工频电源；同时将变频器的给定频率迅速降到 0Hz，进行恒温度（差）控制。

当冷却进（回）水温差超出上限温度时，1 号水泵工频全速运行，2 号水泵切换到变频状态高速运行，冷却进（回）水温差小于下限温度时，断开 1 号水泵，使 2 号水泵变频低速运行。

若有一台水泵出现故障，则 3 号水泵（M_3 拖动）立即投入使用。

这种方案的主要优点是只用一台变频器，设备投资较少；而缺点是节能效果稍差。

• 全变频方案，即所有的冷冻泵和冷却泵都采用变频调速。其切换方法如下：

先启动 1 号水泵，进行恒温度（差）控制。

当工作频率上升至设定的切换上限值（通常可小于 50Hz，如 45Hz）时，启动 2 号水泵，1 号水泵和 2 号水泵同时进行变频调速，实现恒温度（差）控制。

当 2 台水泵同时运行，而工作频率下降至设定的下限切换值时，可关闭 2 号水泵，使系统进入单台运行的状态。

全频调速系统由于每台水泵都要配置变频器，故设备投资较高，但节能效果却要好得多。

② 参数设置。变频调速通过变频器的七段速度实现控制，需要设定的参数见表 4-10 和表 4-11。

表 4-10 七段速参数

速度	1 速	2 速	3 速	4 速	5 速	6 速	7 速
参数号	Pr. 27	Pr. 26	Pr. 25	Pr. 24	Pr. 6	Pr. 5	Pr. 4
设定值	10	15	20	25	30	40	50

表 4-11 相关参数设置

参数号	设定值	意义
Pr. 0	3%	启动时的力矩
Pr. 1	50Hz	上限频率
Pr. 2	10Hz	下限频率
Pr. 3	50Hz	基底频率
Pr. 7	5s	加速时间
Pr. 8	10s	减速时间
Pr. 9	6	电子过流保护
Pr. 20	50Hz	加减速基准时间
Pr. 78	1	防逆转

③ 主回路接线、PLC 与变频器接线如图 4-59 和图 4-60 所示。

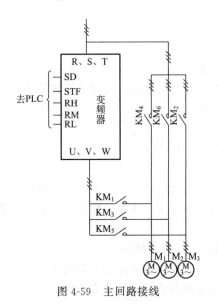

图 4-59 主回路接线

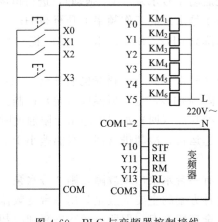

图 4-60 PLC 与变频器控制接线

④ 根据状态控制流程图，编写和调试程序。

根据控制功能，该系统的状态控制流程图如图 4-61 所示。

⑤ 按照控制要求，进行通电调试，观察转速变化。

（5）注意事项

1）由于一台变频器分时控制不同电动机，因此，必须通过接触器、启停按钮、转换开关进行电气和机械互锁，以确保一台变频器只拖动一台水泵，以免一台变频器同时拖动两台水泵而过载。

2）切不可将 R、S、T 与 U、V、W 端子接错，否则会烧坏变频器。

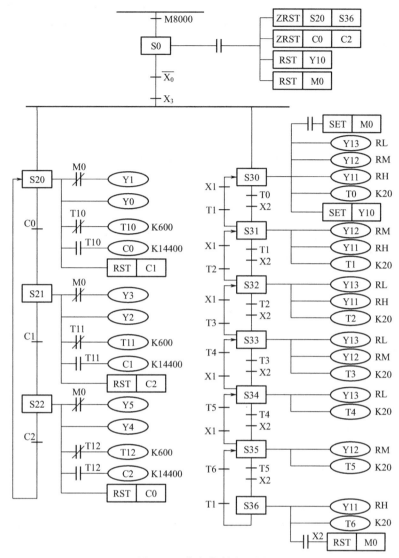

图 4-61　状态控制流程图

3）PLC 的输出端子只相当于一个触点，不能接电源，合则会烧坏电源。

4）运行中若出现报警现象，要复位后重新操作。

5）操作完成后注意断电，并且清理现场。

3. 利用 PLC 和变频器对中央空调进行改造

某酒店中央空调系统的主要设备和控制方式是：450t 冷气主机 2 台，型号为特灵二极式离心机，2 台并联运行；冷冻水泵和冷却水泵各有 3 台，型号均为 TS-200-150315，扬程 32m，配用功率为 37kW。均采用两用一备的方式运行。冷却塔 3 台，风扇电动机 7.5kW，并联运行。

其冷冻主机可以根据负载变化随之加载或减载，而与冷冻主机相匹配的冷冻泵、冷却泵却不能自动调节负载，几乎长期在 100% 负载下运行，造成了能量的极大浪费，也恶化了中央空调的运行环境和运行质量，因而需要改造。

随着变频技术的日益成熟，利用变频器、PLC、数模转换模块、温度传感器、温度模块等器件的有机结合，构成温差闭环自动控制系统，自动调节水泵的输出流量，可达到节能的目的。那么，老式中央空调是通过什么方法对空气温度进行调节的呢？又如何对已有的老式中央空调进行变频控制改造呢？下面就介绍有关中央空调变频改造方面的相关知识。

（1）两种控制方法比较

与变频调速不同，老式空调是用阀门、自动阀调节管路流量，不仅增大了系统节流损失，而且由于对空调的调节是阶段性的，造成整个空调系统工作在波动状态。另外，由于冷冻泵输送的冷水不能跟随系统实际负荷变化使其热力工况平衡，只能由人工调整冷冻主机出水温度和流量。这样，不仅浪费能量，也恶化了系统的运行环境、运行质量。特别是在环境温度偏低、某些末端设备温控稍有失灵或灵敏度不高时，将会导致大面积空调室温偏冷，感觉不适，严重干扰中央空调系统的运行质量。

而通过在冷却泵、冷冻泵上加装变频器，则可解决该问题，还可实现自动控制，并可通过变频节能收回投资。同时变频器的软启动功能及平滑调速的特点可实现对系统的平稳调节，使系统工作状态稳定，并延长了机组及网管的使用寿命。

（2）节能改造的可行性分析

1）改造方案

① 方案1是通过关小水阀门来控制流量，经测试达不到节能效果，且控制不好会引起冷冻水末端压力偏低，造成高层用户温度过高，也常引起冷却水流量偏小，造成冷却水散热不够，温度偏高。

② 方案2是在制冷主机负载较轻时实行间歇停机，但再次启动主机时，主机负荷较大，实际上并不省电，且易造成空调时冷时热的现象，令人产生不适感。

③ 方案3是采用变频器调速，由人工根据负荷轻重调整变频器的频率，这种方法人为因素较大，虽然投资较小，但达不到最大节能效果。

④ 方案4是通过变频器、PLC、数模转换模块、温度模块和温度传感器等构成温差闭环自动控制系统，根据负载轻重自动调整水泵的运行频率，排除了人为操作错误的因素。虽然一次投入成本较高，但这种方法在实际中已经被广泛应用，且被证实是切实可行的高效节能方法。现采用方案4对冷冻泵、冷却泵进行节能改造的现象较为普遍。

2）具体分析　如图4-62所示，中央空调系统的工作过程是一个不断进行能量转换以及热交换的过程。其理想运行状态是：在冷冻水循环系统中，在冷冻泵的作用下冷冻水流经冷

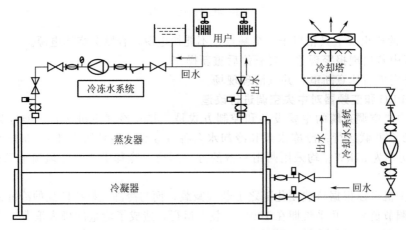

图 4-62　系统结构

⊢⊣—防震器；Ｙ—Ｙ形过滤器；◯—水泵；▪—温度计；◁▷—手柄式蝶阀；ᕯ—压力表

冻主机，在蒸发器进行热交换，吸热降温后（7℃）被送到终端盘管风机或空调风机，经表冷器吸收空调室内空气的热量升温后（12℃），再由冷冻泵送到主机蒸发器形成闭合循环。在冷却水循环系统中，冷却水在冷却泵的作用下流经冷冻机，在冷凝器吸热升温后（37℃）被送到冷却塔，经风扇散热后（32℃）再由冷却泵送到主机，形成循环。在这个过程里，冷冻水、冷却水作为能量传递的载体，从冷冻泵、冷却泵处得到动能不停地循环在各自的管道系统里，不断地将室内的热量经冷冻机的作用，由冷却塔排出。

在中央空调系统设计中，冷冻泵、冷却泵的装机容量取系统最大负荷再增加10％～20％余量，作为设计安全系数。据统计，在传统的中央空调系统中，冷冻水、冷却水循环用电约占系统用电的12％～24％，而在冷冻主机低负荷运行时，冷却水、冷冻水循环用电就达30％～40％。因此，实施对冷冻水和冷却水循环系统的能量自动控制是中央空调系统节能改造及自动控制的主要方面。

3）泵的特性分析与节能原理

① 泵的特性分析　泵是一种平方转矩负载，其流量 Q、扬程 H 及泵的轴功率 T_N 与转速 n 的关系如下：

$$Q_1 = Q_2(n_1/n_2)$$
$$H_1 = H_2(n_1^2/n_2^2)$$
$$T_{N1} = T_{N2}(n_1^3/n_2^2)$$

上式表明，泵的流量与其转速成正比，泵的扬程与其转速的平方成正比，泵的轴功率与其转速的立方成正比。当电动机驱动泵时，电动机的轴功率 $P(kW)$ 可按下式计算：

$$P = \rho QH / \eta_C \eta_F \times 10^{-2}$$

式中，P 为电动机的轴功率，kW；Q 为流量，m^3/s；ρ 为液体的密度，kg/m^3；η_C 为传动装置效率；η_F 为泵的效率；H 为全扬程，m。

② 节能分析　如图 4-63 所示，曲线 1 是当阀门全部打开时，供水系统的阻力特性；曲线 2 是额定转速时，泵的扬程特性。这时供水系统的工作点为 A 点：流量 Q_A、扬程 H_A。由式 $P = \rho QH / \eta_C \eta_F \times 10^{-2}$ 可知电动机轴功率与 $OQ_A AH_A$ 面积成正比。若要将流量减少为 Q_B，主要的调节方法有两种：

a. 转速不变，将阀门关小。这时，阻力特性如曲线 3 所示，工作点移至 B 点：流量 Q_B、扬程 H_B。电动机的轴功率与 $OQ_B BH_B$ 面积成正比。

b. 阀门开度不变，降低转速。这时，扬程特性曲线如曲线 4 所示，工作点移至 C 点，流量仍为 Q_B，但扬程为 H_C。电动机的轴功率与 $OQ_B CH_C$ 面积成正比。

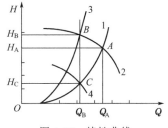

图 4-63　特性曲线

对比以上两种方法，可以十分明显地看出，采用调节转速的方法调节流量，电动机所用的功率将大为减小，是一种能够显著节约能源的方法。

根据以上分析，结合中央空调的运行特征，利用变频器、PLC、数模转换模块、温度模块和温度传感器等组成温差闭环自动控制系统，对中央空调水循环系统进行节能改造是切实可行的，是较完善的高效节能方案。

（3）变频节能改造

某酒店中央空调的变频节能系统结构如图 4-64 所示。变频器的启停及频率自动调节由PLC、数模转换模块、温度传感器、温度模块进行控制，手动/自动切换和手动频率上升、下降由 PLC 控制。

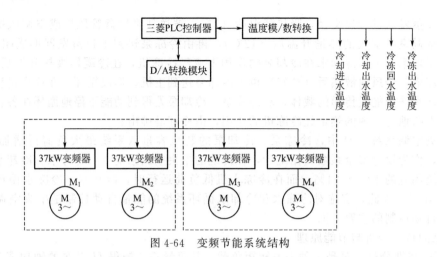

图 4-64 变频节能系统结构

① 对冷冻泵进行变频改造　如图 4-64 所示，PLC 控制器通过温度模块及温度传感器将冷冻机的回水温度和出水温度读入控制器内存，并计算出温差值；然后根据冷冻机的回水与出水的温差值来控制变频器的转速，调节出水的流量，控制热交换的速度。温差大，说明室内温度高，系统负荷大，应提高冷冻泵的转速，加快冷冻水的循环速度和流量，加快热交换的速度；反之温差小，则说明室内温度低，系统负荷小，可降低冷冻泵的转速，减缓冷冻水的循环速度和流量，减缓热交换的速度以节约电能。

② 对冷却泵进行变频改造　由于冷冻机组运行时，其冷凝器的热交换量是由冷却水带到冷却塔散热降温，再由冷却泵送到冷凝器进行不断循环的。冷却水进水出水温差大，则说明冷冻机负荷大，需由冷却水带走的热量大，应提高冷却泵的转速，加大冷却水的循环量；温差小，则说明冷冻机负荷小，需带走的热量小，可降低冷却泵的转速，减小冷却水的循环量，以节约电能。

③ 电路设计　根据具体情况，同时考虑到成本，原有的电气设备应尽可能地加以利用。冷冻泵及冷却泵均采用两用一备的方式运行，因备用泵转换时间与空调主机转换时间一致，均为一个月转换一次，切换频率不高，所以冷冻泵和冷却泵电动机的主备切换控制仍然利用原有电气设备，通过接触器、启停按钮、转换开关进行电气和机械互锁。确保每台水泵只能由一台变频器拖动，避免两台变频器同时拖动同一台水泵造成交流短路事故。并且每台变频器同时间只能拖动一台水泵，以免一台变频器同时拖动两台水泵而过载。冷冻泵与冷却泵改造后的主电路和控制电路如图 4-65 所示，M_3 和 M_6 为备用泵。

（4）主要设备选型

考虑到设备的运行稳定性及性价比，以及水泵电动机的匹配，选用三菱 FR-F540-37K-CH 变频器。PLC 所需 I/O 点数为输入 24 点、输出 14 点.考虑到输入输出需留一定的备用量，以及系统的可靠性和价格因素，选用 FX2N-64MR 三菱 PLC。温度传感器输入模块选用 FX2N-4AD-PT，该模块是温度传感器专用的模拟量输入 A/D 转换模块，有 4 路模拟信号输入通道（CH1、CH2、CH3、CH4），接收冷冻泵和冷却泵进出水温度传感器输出的模拟量信号；温度传感器选用 PT-100 3850RPM/℃电压型温度传感器，其额定温度输入范围为 −100～600℃，电压输出 0～10V，对应的模拟数字输出为 −1000～6000。模拟量输出模块型号为 FX2N-4DA，是 4 通道 D/A 转换模块，每个通道可单独设置电压或电流输出，是一种具有高精确度的输出模块。

① 需要增加的设备　由于保留了原有的继电器接触器控制结构，因此，添置的材料种类相对有限，具体见表 4-12。

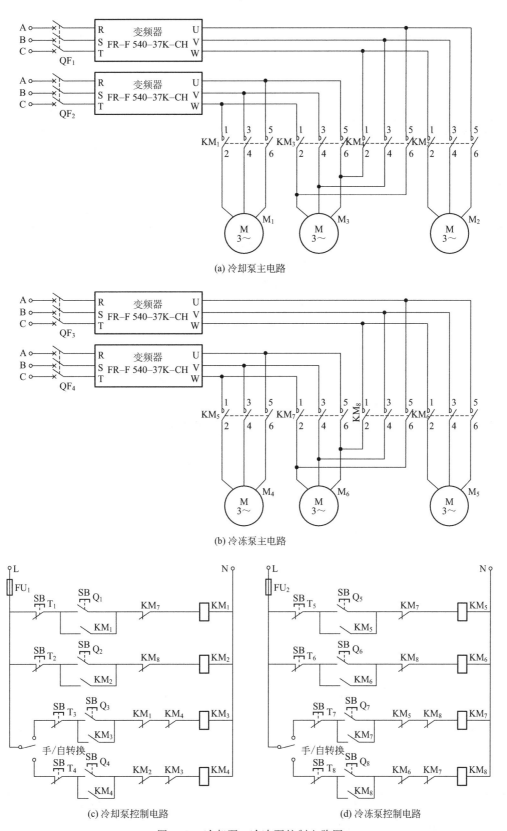

(a) 冷却泵主电路

(b) 冷冻泵主电路

(c) 冷却泵控制电路

(d) 冷冻泵控制电路

图 4-65 冷却泵、冷冻泵控制电路图

表 4-12　元器件类型及型号

名称	数量	型号
PLC	1	FX2N-64MR
变频器	4	FR-F540-37K-CH
温度传感器输入模块	1	FX2N-4AD-PT
温度传感器	4	PT-100 3850RPM/℃
模拟量输出模块	1	FX2N-4DA
转换开关	2	250V/5A
启动按钮	18	250V/5A
停止按钮	2	250V/5A

② 三菱 FR-F540-37K-CH 变频器主要参数的设定

Pr.160：0　　　　　允许所有参数的读/写

Pr.1：50.00　　　　变频器的上限频率为 50Hz

Pr.2：30.00　　　　变频器的下限频率为 30H2

Pr.7：30.00　　　　变频器的加速时间为 30s

Pr.8：30.00　　　　变频器的减速时间为 30s

Pr.9：65.00　　　　变频器的电子热保护为 65A

Pr.52：14　　　　　变频器 PU 面板的第三监视功能为变频器的输出功率

Pr.60：4　　　　　智能模式选择为节能模块

Pr.73：0　　　　　将端子 2-5 间的频率设定为电压信号 0~10V

Pr.79：2　　　　　变频器的操作模式为外部运行

③ PLC 的 I/O 口功能分配　根据控制要求，三菱 PLC（FX2N-64MB）与三菱变频器（FR-F540-37K-CH）的 I/O 口功能分配见表 4-13。

表 4-13　I/O 口的功能分配

X0：1# 冷却泵报警信号	X1：1# 冷却泵运行信号
X2：2# 冷却泵报警信号	X3：2# 冷却泵运行信号
X4：1# 冷冻泵报警信号	X5：1# 冷冻泵运行信号
X6：2# 冷冻泵报警信号	X7：2# 冷冻泵运行信号
X10：冷却泵报警复位	X11：冷冻泵报警复位
X12：冷却泵手/自动调速切换	X13：冷冻泵手/自动调速切换
X14：冷却泵手动频率上升	X15：冷却泵手动频率下降
X16：冷冻泵手动频率上升	X17：冷冻泵手动频率下降
X20：1# 冷却泵启动信号	X21：1# 冷却泵停止信号
X22：2# 冷却泵启动信号	X23：2# 冷却泵停止信号
X24：1# 冷冻泵启动信号	X25：1# 冷冻泵停止信号
X26：2# 冷冻泵启动信号	X27：2# 冷冻泵停止信号
Y2：冷却泵自动调速信号	Y3：冷冻泵自动调速信号
Y4：1# 冷却泵报警信号	Y5：2# 冷却泵报警信号
Y6：1# 冷冻泵报警信号	Y7：2# 冷冻泵报警信号

续表

Y10:1[#]冷却泵启动	Y11:1[#]冷却泵变频器报警复位
Y12:2[#]冷却泵启动	Y13:2[#]冷却泵变频器报警复位
Y14:1[#]冷冻泵启动	Y15:1[#]冷冻泵变频器报警复位
Y16:2[#]冷冻泵启动	Y17:2[#]冷冻泵变频器报警复位

④ PLC 与变频器的连接　连接方式如图 4-66 所示。

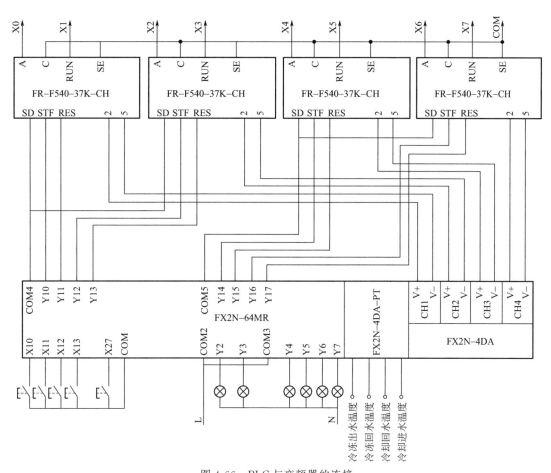

图 4-66　PLC 与变频器的连接

（5）利用 PLC 和变频器对中央空调进行改造的实践训练

1）训练要求

① 掌握对老式中央空调进行变频改造的方法。

② 能正确设置变频器参数。

③ 会对设备进行模拟调试。

2）训练内容

① 设置参数。需要设置的参数为 Pr.160、Pr.1、Pr.2、Pr.7、Pr.8、Pr.9、Pr.52、Pr.60、Pr.73、Pr.79。

② 按照图 4-66，进行电路连接。

③ 编程和输入控制程序，进行模拟调试运行。

部分参考程序及说明如下：

a.冷冻进出水和冷却进出水的温度检测及温差计算程序。该功能程序梯形图如图 4-67 所示。根据计算出来的冷冻进出水温差和冷却进出水温差，分别对冷冻泵变频器和冷却泵变频器进行无级调速自动控制，温差变小，变频器的运行频率下降（频率下限为 30Hz），温差变大，则变频器的运行频率上升（频率上限 50Hz），从而实现恒温差控制，实现最大限度的节能运行。

图 4-67　温度检测及温差计算程序

b.FX2N-4DA 4 通道的 D/A 转换模块程序。该功能程序梯形图如图 4-68 所示。D/A 转换模块的数字量入口地址是：CH1 通道为 D1100；CH2 通道为 D1101；CH3 通道为 D1102；CH4 通道为 D1103。数字量的范围为 -2000～+2000，对应的电压输出为 -10～+10V，变频器输入模拟电压为 0～10V，对应 30～50Hz 的数字量为 1200～2000。为保证 2 台冷却泵之间的变频器运行频率同步一致，使用了 LD M8000 和 MOV D1100 D1101 指令，2 台冷冻泵也使用 LD M8000 和 MOV D1102 D1103 指令。

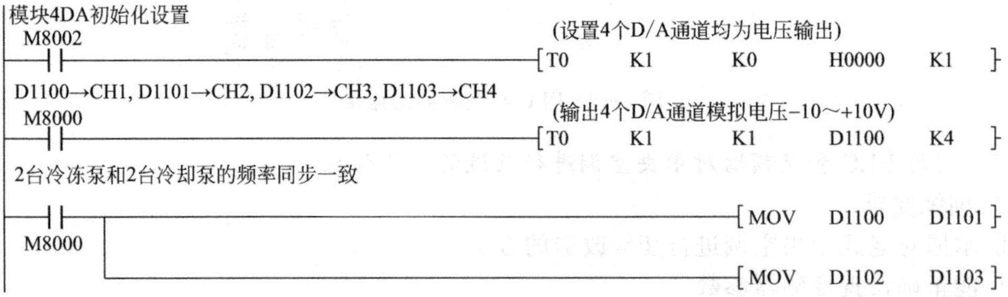

```
模块4DA初始化设置
  M8002                                    (设置4个D/A通道均为电压输出)
  ─┤├─────────────────────────[ TO    K1    K0    H0000    K1 ]
D1100→CH1, D1101→CH2, D1102→CH3, D1103→CH4  (输出4个D/A通道模拟电压-10～+10V)
  M8000
  ─┤├─────────────────────────[ TO    K1    K0    D1100    K4 ]
2台冷冻泵和2台冷却泵的频率同步一致
  ─┤├──────────────────────────────────[ MOV   D1100   D1101 ]
  M8000
         └────────────────────────────[ MOV   D1102   D1103 ]
```

图 4-68　D/A 转换模块程序

c.手动调速 PLC 程序。以冷却泵为例，其手动调速 PLC 控制程序梯形图如图 4-69 所示。X14 为冷却泵手动频率上升，X15 为冷却泵手动频率下降，每次频率调整 0.5Hz，所有手动频率的上限为 50Hz，下限为 30Hz。

d.手动调速和自动调速的切换程序。该功能程序梯形图如图 4-70 所示。X12 为冷却泵手动/自动调速切换开关，X13 为冷冻泵手动/自动调速切换开关。

e. 温差自动调速程序。以冷却泵为例说明，该功能程序梯形图如图 4-71 所示。温差采样周期，因温度变化缓慢，时间定为 5s，能满足实际需要。当温差小于 4.8℃时，变频器运行频率下降，每次调整 0.5Hz；当温差大于 5.2℃时，变频器运行频率上升，每次调整 0.5Hz；当冷却进出水温在 4.8～5.2℃时不调整变频器的运行频率，从而保证冷却泵进出水的温差恒定，实现节能运行。

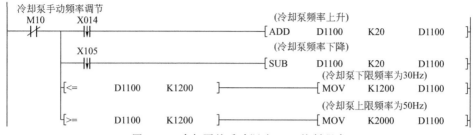

图 4-69 冷却泵的手动调速 PLC 控制程序

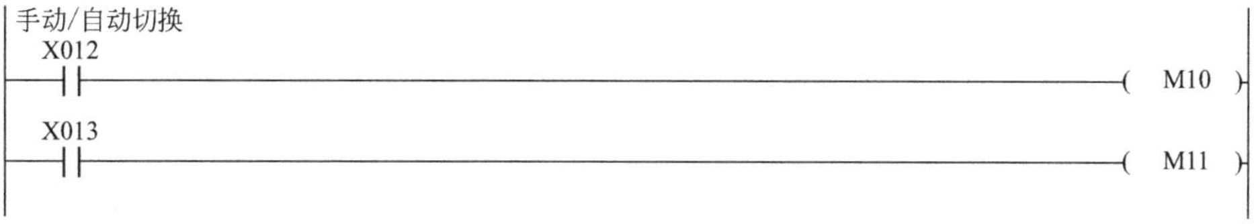

图 4-70 手动调速和自动调速的切换程序

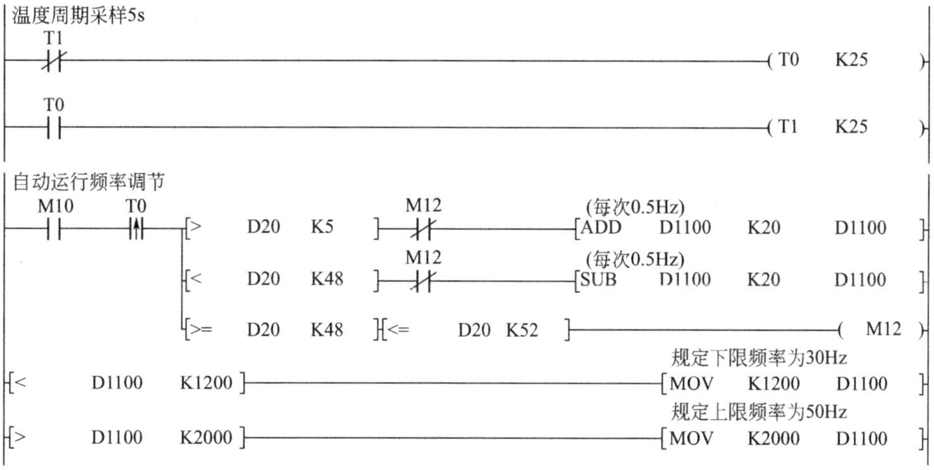

图 4-71 温差自动调速程序

f. 变频器的保护和故障复位控制。变频器的过电流电子热保护动作时，PLC 能自动检测，给出报警信号，提醒值班人员及时处理。该功能程序梯形图如图 4-72 所示。

g. 冷冻泵和冷却泵的变频器运行和停止控制。2 台变频器驱动的冷却泵和 2 台变频器驱动的冷冻泵的启停控制可用简单逻辑顺序进行控制，PLC 程序此处从略，请读者自行补充。

3）注意事项

① 在模拟调试过程中，如果没有传感器等设备，可强制闭合或断开触点或修改数值来调试程序。

② 整套设备安装完毕后，先将编好的程序写入 PLC，设定变频器参数，检查电气部分，

然后进行逐级通电调试。

图 4-72　变频器故障后的 PLC 复位程序

③ 冷冻水和冷却水运行的下限频率应根据实际情况调整在 $25\sim35\,\mathrm{Hz}$ 之间较好。

④ 用高精度温度计检测各点温度，以便检验温度传感器的精确度及校验各工况状态。

⑤ 可根据上述改造过程，分析改造后的节能效果。假设中央空调的冷冻水泵功率 $P_N=37\,\mathrm{kW}$，全速时供水量为 Q_N，每天的平均流量为 $80\%Q_N$，泵的空载损耗约为 $15\%Q_N$，则消耗功率是多少？节电率是多少？如果每天的平均流量为 $90\%Q_N$，则消耗功率为多少？节电率又是多少？

【例 4-14】　工业脱水机变频控制系统应用实例

1. 工业脱水机介绍

离心脱水机广泛用于纺织业的染整、洗水、织造、宾馆旅游业水洗物料的脱水以及陶瓷化工、选矿等领域，目前国内广泛使用的主要有 HSD 型滑动支承式离心脱水机。

该脱水机主要由滑动支承组件、外壳组件、锥体转筒组件驱动电动机等组成。电动机的转轴与锥体连在一起，当电动机转轴旋转时，带水的纺织物在离心力的作用下，将水甩向转筒的外壁，从转筒壁上的排水孔流向底盘从地下排水道排掉，达到脱水的目的。整机支承在三个滑动支承座上，并设有振动振幅控制装置，该控制装置由于纺织物在锥体转筒内放置不平衡，锥体在运转过程中振幅过大时切断主机电源，使机器停止工作，最终起到安全保护的作用。

本系列的离心脱水机的工作流程分为三个部分（如图 4-73 所示）：

（1）进布方式

将湿布穿过落布架，开启落布架电动机，起到牵引布料的作用。此时，转鼓处于低速正转运行状态，将落下来的布均匀地分布在筒体壁上（从下往上叠放），直到布填满容量为止。

（2）脱水方式

将放入转鼓筒体的湿布，通过对转鼓慢慢加速到最高运行转速，利用离心力作用将水分分离开来。当定时器计时到设定时间时进行自动或制动减速，直到转鼓筒体完全停机为止。

（3）出布方式

脱水后的纺织物从锥体转筒经过落布架输送到成品车上，此时脱水机以低速反向运行。

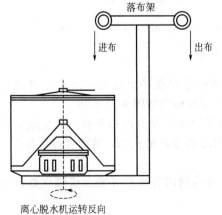

图 4-73　离心脱水机工作原理

2. 控制系统

在脱水机正常工作时，要求低速状态下有足够的力矩保证（0.8Hz）；加、减速要平稳，由于转鼓是圆筒体而且是全不锈钢制造，自重比较重，再加上物料的重量，是非常典型的大惯性、近似的恒转矩负载，必须选用交流变频器并配置制动单元和制动电阻才能满足系统的要求。本系统选用海利普 HOLIP-A 变频器，其接线主回路和控制回路如图 4-74 所示。该变频器具有多种控制方式，能够适应不同场合的控制需求；同时还内置有 PID 调节器和简易型 PLC；频率解析度高达 0.01Hz。

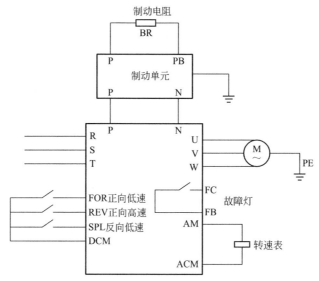

图 4-74　变频控制系统接线原理图

在变频器的外围线路中，主要分三个部分：

① 直流母线 P、N 端接制动单元 P、N 端，然后再由制动单元的 P、PB 端外接制动电阻 BR。本制动单元的内部继电器动作，通过变频器的端子定义瞬间封锁 U/V/W 输出，并在变频器上产生故障信号。

② 控制回路输入端子中，FOR 为正向低速信号，REV 为正向高速信号，SPL 为反向低速信号。

③ 控制回路输出端子中，FB 和 FC 为变频器的故障指示，外接故障灯；AM 和 ACM 外接 0～10V 的直流数显仪（频率或转速指示）。

3. 制动单元和制动电阻

实现脱水机的制动特性必须包含制动单元和制动电阻。

（1）制动单元的设置和应用

制动单元的安装和配线必须注意下述几点：

① 安装环境的温度、湿度、腐蚀情况等必须符合说明书情况。

② 与变频器相连时，请选用不同颜色的导线，防止 P/N 接反，否则将烧毁制动单元并损坏变频器。

③ P、N 配线需选用 600V 耐压等级电导线，配线长度应尽量短，如长度超过 5m，需采用双绞线。

制动单元工作原理如图 4-75 所示，功率开关的动作过程为：

① 当电机在减速时电机以发电状态运行，产生再生能量。电机处于发电状态时，其产生的三相交流电被逆变部分的 6 个续流二极管组成的全桥整流，使变频器内直流中间环节的直流电压升高。

② 直流电压达到使制动单元开（ON）的状态，制动单元的功率开关管导通，电流流过

制动电阻。

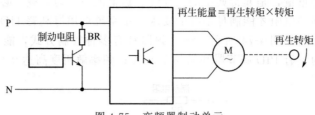

图 4-75 变频器制动单元

③ 制动电阻放出热量，吸收了再生能量，电机的转速降低，直流侧的电压变低。

④ 直流侧的电压降低到使制动单元关断（OFF）的值，制动单元的功率开关管关。这时没有电流流过制动电阻。

⑤ 电机继续减速运转，直流电压再次升高。

⑥ 当直流侧的电压高到使制动单元重新工作时，制动单元重复以上开关（ON/OFF）过程，平衡直流电压，使系统正常运行。当再生能量大时，再生制动单元的开关（ON/OFF）频率增高，使制动转矩增大，单位时间里电能转换为热能的量增大。

制动单元的相关参数和功能设定如下。

① 参数设定。动作电压设定：通过拨码开关可以设定动作电压设定值 660V 或 710V（默认值）。

制动使用率：通过拨码开关可以设定制动单元的工作使用率，默认值为 10%，但由于本系统对制动要求比较高，设置为 75%。

② 故障报警。

模块异常：当直流回路发生短路、过载或 IGBT 模块损坏时制动单元报警，故障继电器动作，红灯亮。

散热器过热：制动单元散热器过热报警，故障继电器动作，红灯亮。

制动单元故障后，其内部继电器马上动作，通过对变频器输入端子定义可瞬间封锁 U/V/W 输出，并在变频器面板显示外部设备故障报警。

（2）制动电阻的选择

在制动单元中，直流母线的电压升降取决于常数 RC，R 为制动电阻的阻值，C 为变频器电解电容的容量。由充放电曲线知道，RC 越小，母线电压的放电速度越快，在变频器中 C 保持一定的情况下，R 越小，母线电压的放电速度越快。

通常由以下公式求取制动电阻的阻值：

$$R = \frac{U_e^2}{0.1047(T_b - 0.2T_m)n}$$

式中，U_e 为制动单元动作电压值，一般为 710V、660V；T_b 为制动转矩，N·m；T_m 为电动机额定转矩，N·m；n 为制动前电动机转速，r/min；R 为制动电阻，Ω。

本系统制动电阻采用 1.5kW/40Ω 的标称规格，可以适应自动脱水机的正常制动。考虑到连线分布、电阻器本身阻值的分布性以及电阻的温度分布等因素，在选定电阻时要留有裕量，一般情况下选 1.2 倍较合适，即阻值 R 为 1.2 倍的计算值。

（3）变频器参数配置

CD0012＝200；CD013＝180；CD033＝1；CD034＝1；CD043＝3；CD121＝180；CD123＝180；CD140＝4；CD142＝10。

过压失速保护功能。变频器在减速运行过程中，由于负载惯性的影响，可能会出现电动机转速的实际下降率低于输出频率的下降率，此时电动机会回馈电能给变频器，造成变频器直流母线电压升高，到 660V 时制动单元动作，由于制动单元存在一定的使用率，如果高惯量的影响持续的话，就会出现直流母线电压持续升高，使用过压失速保护功能，就能在减速运行中自动比较过压失速点与实际的直流母线电压，若后者超过了前者，就让变频器输出功率停止下降，直到再次检测到后者低于前者时，才让变频器实施减速运行。

加减速时间。由于负载惯性的影响，必须将电动机转速的加减速时间设定为合理的数值。如果时间过短，就会出现变频器过流、过压等故障。如果时间过长，设备的运行功率就会大大降低。

【例 4-15】 变频器在尿素合成控制系统中的应用实例

1. 过程控制原理

在尿素合成塔中，氨气和二氧化碳反应生成尿素和水，一次合成率只有 68% 左右，未参加反应的氨气和二氧化碳分离后返回合成塔，循环进行反应以产生尿素，从而使原料气利用率提高，此法称为水溶液全循环法。图 4-76 为水溶液全循环法合成尿素流程图。

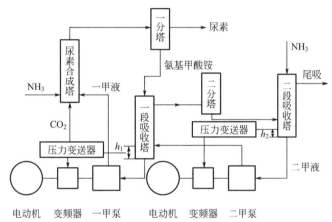

图 4-76 水溶液全循环法合成尿素流程图

尿素合成塔出来的合成气体进入一分塔，分离出未参加反应的 HN_3 和 CO_2 或氨基甲酸铵溶液，经过提浓后称为一甲液，从一段吸收塔流出，由变频电动机驱动一甲泵，将一甲液打入尿素合成塔；一段吸收塔内部分氨基甲酸铵溶液经二分塔进入二段吸收塔，从二段吸收塔流出的二甲液，经变频电动机驱动的二甲泵，将二甲液回收至一段吸收塔，再由一甲泵打入尿素合成塔；通过这样两条线路实现 HN_3 和 CO_2 循环使用。使整个原料气反应转化率提高。本流程的关键技术是：变频器的频率将根据一、二段吸收塔液面的变化而改变，使一甲液、二甲液中的 HN_3、CO_2、H_2O 成分保持在要求的浓度范围之内。其控制原理是：

① 液面的改变引起仪表空气压力的改变，通过压力变送器（一种传感器）给变频器压力信号；

② 压力变送器将压力信号转化为电流信号，使变频器获取 4～20mA 反馈电流；

③ 变频器根据反馈电流的频率，驱动电动机，控制一甲泵和二甲泵。

2. 电动机及变频器选型

（1）变频调速电动机的选用

① 尿素一甲泵　尿素一甲泵型号：3W-2BJ$_1$；输送介质为 100℃的氨基甲酸铵；往复次数为每分钟 63～21 次。要求选配电动机功率 125kW，电动机转速在 1050r/min 之内。根据

工艺要求，选用如下型号电动机：

Y315L-6　P_e=110kW　I_e=205A　U_e=380V　n_e=988r/mim

② 尿素二甲泵　柱塞泵型号 3DT-6/19，减速机型号为 ZQ35，轴转速为 1410r/min，功率为 7.5kW。根据工艺要求选用如下型号电动机：

Y160M-4　U_C=380V　P_e=110kW　I_e=380A　n_e=1460r/min

（2）变频器的选用

① 尿素一甲泵　根据工艺参数及所配电动机选用三肯公司生产的 IPF-110K 型变频器。变频器参数为使用电动机输出功率 110kW，额定容量 146kV·A，额定输出电流为 211A，过载电流额定值 120%，1min（反时特性），额定输入交流电压为三相三线系统 380V/50Hz，允许波动电压为额定电压的 +10%～-15%。

② 尿素二甲泵　根据工艺参数及所配电动机选用三肯公司生产的 IHF-11K 型变频器。变频器参数为使用电动机输出功率 11kW，额定容量为 17kV·A，额定输出电流为 25A，过载电流额定值为 150%，1min（反时特性），额定输入交流电压为三相三线系统 380V/50Hz，允许波动电压为额定电压的 +10%～-15%。

3. 变频器控制原理

图 4-77 所示为变频器主电路及控制电路原理图，K_1、K_2 合上，接触器 1C、2C 合上，变频器工作。K_3、点动开关 2QA 合上，变频器不工作，主电动机工频工作。工频和变频通过 3C 的常闭触点实现互锁。工频主要在变频器出现故障时进行工作。接触器 2C 在变频器出现故障时能断开变频器与电路的连接，起到安全保护的作用。变频器信号电流的改变通过电位器 R 实现，变频器显示器显示调节频率的变化情况。变频器能实现 0～50Hz 范围内工作。调节频率的精度达 1Hz。

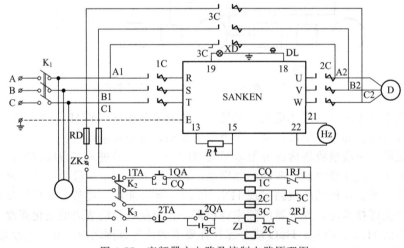

图 4-77　变频器主电路及控制电路原理图

【例 4-16】　变频器在收卷机恒张力控制系统中的应用实例

变频器收卷机控制系统在工业生产中应用非常广泛。印染厂的清洗、漂白、染色、烘干、整烫等工序；化纤厂的拉丝；造纸厂的纸张生产等工序；塑料膜的生产工序；薄板、带铜等生产工序；有色金属加工厂生产钢箔、锡箔等等都需收卷系统。

1. 收卷系统的张力控制方案

在收卷系统中的最基本的要求就是收、放速度同步，其次在同步收卷时，对张力有一定的要求。因此，通常情况都是用张力作为同步控制的设定目标值。收卷系统张力控制的方案很多，下面介绍几种常用的张力控制方案。

（1）采用张力控制器的收卷系统的张力控制

对于高精度张力控制的场合，如造纸厂，要把已卷在卷筒上的纸张再次以恒定张力在收卷机上高质量地转下；铜箔、锡箔、金箔生产过程中也要高精度的张力控制等等，采用张力控制器能保证质量。例如意大利生产的 MW9D-10-0 全自动张力控制器功能齐全、使用方便、精确度高。图 4-78 为采用张力控制器的收卷机原理框图。

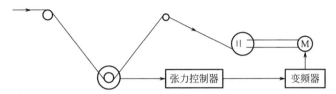

图 4-78　张力控制器的收卷机原理框图

全自动张力控制器 MW-10-0 由一个控制器和张力传感器组成。张力传感器检测施加在检测辊上的张力大小。它利用了承受负载后压力的变化转换为与材料张力成正比的电信号。

控制器的设置和传感器的调整可通过控制面板上的按键简单方便完成。用户可以根据卷径的变化、机械损耗或不同的机器速度灵活使用，以最佳的闭环控制满足输出电压的控制。它的应用范围广泛，它的高放大倍数和快速响应使其也应用在高速机器上。

① 控制面板功能

显示屏：显示屏显示材料的张力。在参数设定功能模式和调速功能模式下，显示设计的参数号和参数值，或材料的张力。

AUTO-LOCK 键：此键用于控制器的自动调整控制的启动，在参数设定功能模式和调整功能模式下，有其他作用。

STOP-MEN 键：此键用于在控制出现偏差的情况时（例如断料、功能键失效等），停止控制器的自动调整控制。在参数设定功能模式和调整功能模式下，有其他作用。

ZERO 键：按下此键可使输出信号为零，制动器和电动机将不输出控制。

SFT/KG 键：用于显示目标张力。在操作期间使用 SET/KG 键和 IN 或 OUT 的组合可修改目标值。

ENTER 键：按 ENTER 键和 IN 键或 OUT 键，进入参数设定模式或退出参数设定模式。

② 参数设定

比例调节：增加比例增益，将提高响应速度，但稳定性降低。相反，减小比例增益，将提高稳定，但响应速度降低。

积分调节：增大积分时间，将提高稳定性，降低响应时间。减小积分时间则相反。

微分调节：增大微分时间，提高响应速度，但降低稳定性。减小微分时间则相反。

存储和载入设定值功能：此参数允许存储当前所有参数值和重新装载参数值。

紧急停止功能：此参数允许在紧急停止时设定制动器/电动机的输出百分比。

加速时间：此参数可获得材料在加速时不受卷材重量引起过张力的影响。

减速时间：此参数可获得在减速时考虑卷材的惯量增加自动转矩。

最小张力报警功能：此参数允许设定零报警的第一张力值。

最大张力报警功能：此参数允许设定零报警的第二张力值。

张力传感器校准功能：这一功能是对张力传感器检测的信号自动进行调零和调整显示

屏。显示张力值与张力传感器检测施加的标准张力值一致。

量程设定及小数位数设定功能：如果不要出厂设定的满度量程和小数位数可以另改满度量程和小数位数。

密码设定功能：为了防止未经允许而改变设定和调整好的参数，可以设置密码。只有输入正确的密码，控制器才允许修正设定和调整好的参数。

③ 控制器电气接线图　图 4-79 为控制器电气接线图。

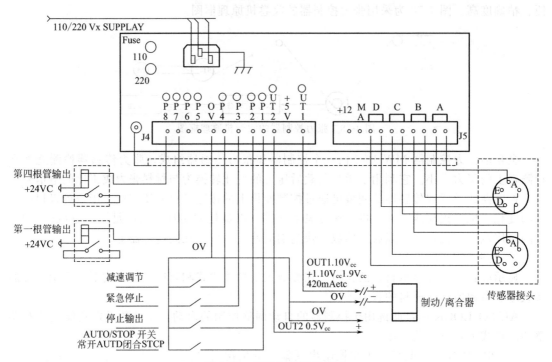

图 4-79　控制器电气接线图

a. 开关接线端（OP1）　此开关通常用于直接控制设备的启动和停止。

b. 停止输出接线端（OP2）　当控制器在 STOP 状态时，使用此开关可在换卷或拖动材料时，使输出端 OU1 为 0。

c. 紧急停止接线端（OP3）　此接点必须常开，闭合时控制器进入紧急停止，输出端输出的参数是设定的百分比。

d. 减速连接端（OP4）　用于急速减速时利用 PID 保持卷材控制的稳定。

e. 模拟控制输出端（OUT1）　此端子用于调整功能，输出信号为 0～10V。

f. 模拟传感器放大输出（OUT2）　输出信号为 0～5V。与张力传感器检测到的张力成正比。

（2）采用调节辊的张力控制

在纺织行业中，采用调节辊的张力控制的方案，应用十分普遍。图 4-80 为调节辊检测装置示意图。

调节辊利用重锤、气压、弹簧等在一定方向上施加一定的力 F，材料上的张力为 $1/2F$，这个张力就是张力目标值。当材料上的实际张

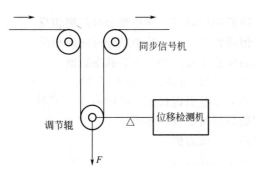

图 4-80　调节辊检测装置示意图

力与张力目标值相等时，同步信号机位移值为零。位移检测机输出 0V 电压。当材料上的实际张力值大于张力目标值时，调节辊上移，同步信号机位移值为正值，位移检测机输出与张力偏移值成正比的正模拟电压值。材料上的实际张力值小于张力目标值时，则输出负的模拟电压值。

2. 变频器收卷恒张力控制系统应用实例

金拉线切丝机是专门用于分切收卷各种窄带包装材料的设备。图 4-81 为金拉线切丝机收卷系统示意图。

由图 4-81 可见，放卷筒的张力由张力器控制，放卷筒的速度由电动机 MR 带动的压辊控制。电动机 MR 通过变频器 *R* 进行调速。金箔宽带经切刀切 60 根金丝，每根金丝都由独立的收卷机收卷到收卷筒上。收卷筒上金丝的松紧程度、均匀性和精确度都取决于收卷系统。

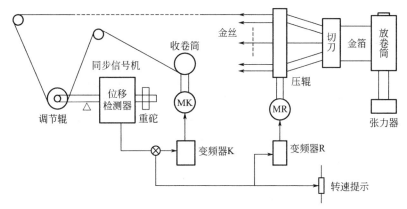

图 4-81　金拉线切丝机收卷系统示意图

收卷系统中，金丝张力的大小由调节辊的下垂力产生。通过调节重砣位置控制调节辊的下垂力，即控制金丝张力的大小。收卷筒是受变频器调速的电动机 MK 控制的。

变频器 R 和变频器 K 由同一转速指令控制变频器的同步输出频率。安装在调节辊上的同步机将偏离中心位置的位移变换成电信号并取出，作为补偿信号和速递指令共同控制变频器 K 的输出频率。

当金丝上的张力与设定值相同时，同步机无电信号输出，变频器保持此时输出频率运行。当金丝上的张力大于设定值时，调节辊上移，同时同步信号机输出负极性电平，使变频器 K 的输出频率下调，收卷筒速度下降，直至调节辊被控制在行程的中心位置，金丝张力返回到设定值。反之，金丝上的张力小于设定值时，收卷筒速度上升，直至金丝张力又返回到设定值。

【例 4-17】　变频器三维电脑刻机中的应用实例

1. 三维电脑刻机

三维电脑刻机是机电一体化的三维数控系统，已被广泛地用于广告、印章、标牌、礼品及微机械等加工行业，可直接对有机玻璃、PVC、木材、大理石、铜、铝及钢等材料进行雕刻加工。

系统由收发机、控制器、雕刻机三部分组成。计算机通过串行接口将设计元件传送给控制器，控制器接到元件后，解释命令，控制雕刻机工作运行。

（1）微机的工作

微机通过运行雕刻软件，进行二维（平面）或三维（立体）雕刻的编辑和输出；还可以直接处理各种加工元件如 HPGL 格式的 2D 和 3D 文件、CAD 文件、G 代码及 M 代码文件、浮雕文件直接传给控制器，再由控制器实施雕刻操作。

（2）控制器的工作

通过 RS-232C 串行接口接收来自微机的设计文件，控制雕刻机工作。控制器首先确定雕刻的加工原点、加工深度及雕刻速度等参数，然后接受微机的设计文件，解释命令（HPGL、G 代码或 M 代码），驱动雕刻机的 X、Y、Z 三个方向步进电动机工作。并根据不同的加工材料可调整主轴转速。

（3）雕刻机的工作

由控制器控制主轴在 X、Y、Z 三个方向精密运动（采用步进电动机驱动滚珠丝杠副的方式）。

三维电脑雕刻机的雕刻主轴，目前主要采用两种。一种是带炭刷的电动工具，另一种是无刷的三相交流电动机。

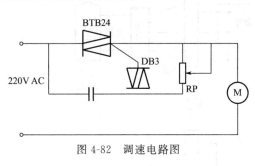

图 4-82　调速电路图

有刷电动机调速控制简单，功率大（500W，1200W，1600W），风冷却，但转速低（一般低于 30000r/min），密封性差。由于雕刻机连续工作时间长，有刷电动机需要经常更换炭刷，密封性差容易进异物损坏电动机。另外，有刷电机轴承润滑困难（不易注油）也是造成其故障率高的原因。主要用于切割材料和雕刻大幅面的文字及图案。调速电路见图 4-82。

无刷电动机采用三相变频调速控制，转速高（可达 60000r/min），密封性好，一般采用循环水冷却方式，寿命长。可加工细小图案（如色版、模具、印章等）和金属、合金等。

变频调速采用 PWM 控制方式，主轴转速只与控制频率有关。市电电压波动对主轴不会产生影响。

2. 使用的变频调速电路

本例所介绍的三维电脑雕刻变频调速系统，采用 PWM 变频、变压调速方式。原理见图 4-83。波形图见图 4-84。

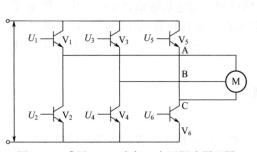

图 4-83　采用 PWM 变频、变压调速原理图

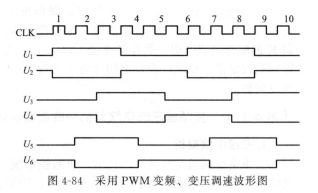

图 4-84　采用 PWM 变频、变压调速波形图

通过环形分配器产生时钟 6 分频，相位差为 120° 的 $V_1 \sim V_6$ 信号，来控制 $V_1 \sim V_6$ 的导通和截止。在 6 个小时钟周期内，控制主轴旋转一周。设时钟频率为 F，则主轴转速为 101r/min。调整 F 即可控制主轴转速。

由于主轴电动机属于感性负载，阻抗 $R = 2\pi FL$。当主轴转速降低时，阻抗 R 减小，流经

$V_1 \sim V_6$ 的电流加大。本系统所用主轴，当转速低于 2000r/min 时，若要保证 $V_1 \sim V_6$ 工作在安全区域，需要降低电平。此时既调压又调频控制主轴旋转，这就是变压变频调速设计原理。

通过改变 A、B、C 接线的相序，可以控制主轴的旋转方向。

3. 电路设计

电路原理框图见图 4-85。

（1）设计原则

与控制器主板接口电路：由于变频调速电路有几十伏的高电压，为了保护主板电路，设计接口电路时将来自主板的控制信号（启动调速信号、加速、减速控制信号）用光电耦合器隔离开。

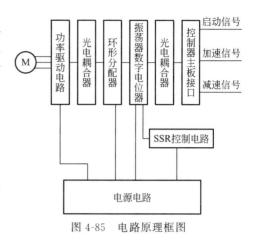

图 4-85　电路原理框图

（2）电源电路

① 设计保护功率驱动部分的电路。当驱动信号逻辑电平不确定时，有时可能造成功率管的损坏。在设计电源电路时，高电平由固态继电器 SSR 控制。当主板启动调速信号到来时，高电平才加到功率管 MOSFET 上。无启动信号，MOSFET 上没有高电平。这样就避免了上电瞬间由于驱动信号逻辑电平不确定损坏 MOSFET。

② 为了防止高电平对调速控制电路的影响，在设计电源时，将调速控制部分电源和高电平不共地。

（3）调速控制电路

转速控制由控制 f 输出频率来实现。本电路主轴转速范围为 7000～60000r/min，则 f 为 70～600Hz。

1）主轴启动控制　主轴启动条件，转速必须大于 4000r/min，设计振荡器时，当启动信号到来时，在短时间内（小于 500ms）控制 f 大于 400Hz，使主轴启动。然后主轴自动回到设定的转速。

2）变压控制电路　为了保证功率管 MOSFET 在安全区域工作，设计了变压电路。使用固态继电器控制高电平。

3）环形分配器电路

① 使用可编程逻辑器件 GAL16V8 产生 $U_1 \sim U_6$。

② 使用 J-K 触发器（4027）产生 $U_1 \sim U_6$。

③ 功率驱动电路过压、过流保护电路。

④ 过压保护：根据振荡频率，控制 U_H。

⑤ 过流保护：通过连接在主轴三相线圈中的功率电阻取样。当电流过大时，反馈控制信号使功率管 MOSFET 截止。

4）具体电路设计

① 与主板接口电路见图 4-86。

② 电源电路（包括 SSR 控制电路）见图 4-87。

③ 振荡器电路（包括数字电位器电路）见图 4-88。

④ 环形分配器电路。

⑤ 使用 J-K 触发器（4027）电路。

⑥ 功率驱动电路。

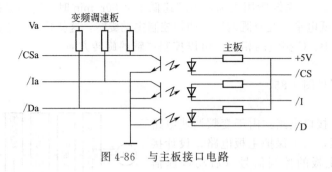

图 4-86　与主板接口电路

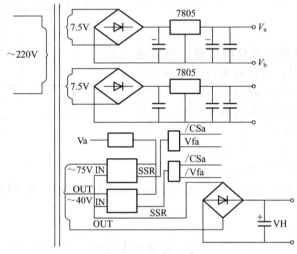

图 4-87　电源电路

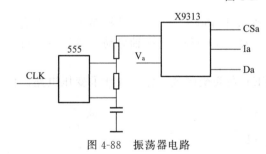

图 4-88　振荡器电路

4. 关键技术

（1）主轴启动技术

主轴启动时，转速必须达到 40000r/min 以上。本电路在振荡器部分增加了启动电路。当启动信号到来时，振荡器输出频率在短时间内达到 6000Hz，使主轴启动。启动后，振荡器频率由数字器控制在用户需要的数值。

（2）低转速控制技术

当主轴转速低于 20000r/min 时，流经主轴线圈的电流加大，产生热量增加。容易烧毁主轴。因此主轴生产厂家规定主轴额定转速为 20000～60000r/min。本电路采用频率检测技术，在振荡器频率小于 2000Hz 时，控制功率输出电路高电平由 70V 降至 40V，主轴转速也调到 7000～60000r/min。

5. 结论

上述使用变频调速技术控制的三维电脑雕刻系统工作运行稳定。

【例 4-18】　变频器在电力生产部门中的应用实例

随着国家电力事业的迅猛发展，电力系统装机容量成倍地增长，一改过去经常发生的"拉闸限电"现象，电力生产基本满足经济快速发展和人民生活逐步提高对用电负荷增长的需求，且供电可靠性也较过去大幅提高，电力生产企业间的竞争也开始加剧，电力市场上的

"竞价上网"方针促使电力生产部门的电力供给也须"物优价廉";由于大多数发电企业的负荷率一般在 60%～70% 之间,节能降耗、提高效益、降低电力生产成本就是电力生产企业的当务之急。

1. 火电厂电动机调速方式的采用

发电厂安全生产供电的可靠性非常重要,因此对采用新技术、新工艺应持慎重态度。变频调速发展到现阶段,已非常完善成熟且设备运行可靠,因此对发电厂的大、中型功率且有调速要求的电动机采用调速运行将使节能效果显著,且可靠性高、操作简单、功率因数和效率高,另有调速性能优良、机械振动小、保护功能完善、自动化程度高等优点。

在电力生产企业中,由于使用大量定速运行的低、中压大功率电动机,因此在生产过程中,使用了较多的诸如风门、调节阀等节流器件,造成了大量的电耗。利用变频调速技术进行调速方式运行可大幅降低上述节流器件所产生的电耗。

由于目前国外变频器较国内变频器性能优良,维护工作量少,虽然价格也高,但电力生产过程的特殊性,要求电动机可靠稳定运行至关重要,故电力生产一些关键部门或场合的调速改造选用了国外产品。对于一些非关键的部门或场合,完全可以采用国产的优良变频器系统,总之,要视具体情况而定。

(1) 电厂内的水泵风机的调速改造

这类设备的调速方式与一般工业部门情况一样,这里不再赘述。

(2) 低压电动机调速方案选择

由于电动机和变频器输入电压等级不同,电动机变频调速有几种方案,如图 4-89 所示。

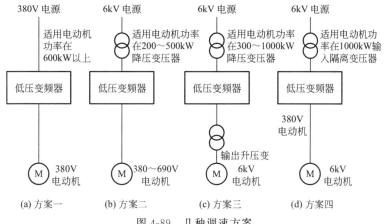

图 4-89　几种调速方案

2. 发电厂高压(中压)辅机电动机的调速改造

在发电厂的发电机中,对高压大容量传动系统进行变频调速技术改造比低压电动机的变频调速技术应用情况要复杂。我国发电厂中大功率电动机供电电压一般为 3～10kV,高压大功率变频调速系统技术含量高,成本比较高,实施的难度要大一些。

(1) 高压电动机调速的考虑

在电动机(高压)定子侧接入变频高压电源,对变频器环节中的功率器件的电压、电流指标就有较高的要求,实施的技术难度大。如果是线式电动机,可在转子线组中引入串级调速或双馈调速。电动机的定子侧接入中压电网,可不使用电网侧变压器。但绕线式电动机有滑环和炭刷,维护想来麻烦,而无刷双馈电动机特性与绕线式电动机基本相同,定子中有两套绕组,一套接中压电网,另一套为控制绕组,相当于绕线式电动机转子绕组接变频调速装置,实现了双馈调速。

　　由于开关及控制器件的电压、电流指标限制，国外许多大公司都相继采用一些成功的技术措施使有限电压耐量的功率器件能在高耐压、大容量调速系统中安全可靠地使用，如英国的罗宾康公司、ARB 公司、西门子公司，还有三菱、富士等公司生产的此类变频器。我国的成都佳灵公司也生产高压变频器产品。

　　高压变频器产品主要采用了两类技术，一个是低耐压器件的多重化技术，另一个是采用耐压器件的多电平技术。

　　① 多重化技术　使用一个多绕组的隔离变压器为几个 PWM 功率单元供电，这些功率单元之间组成串联结构，并用微处理器实现控制，用光导纤维隔离驱动。多重化技术克服了 6、12 脉冲变频器产生的谐波问题，实现无谐波变频。6kV 变频器采用了多重化技术的主电路拓扑。对称三相结构中的每一相都由 5 个额定电压为 690V 的功率单元串联而成，串联后的电压为 690V×5＝3450V，线电压为 6kV。隔离变压器的 15 个二次绕组同时为 15 个功率单元供电。15 个二次绕组又分成 5 组，每组之间有 12°的工作相位差，由变压器不同连接组来实现。下面给出多重化变频器拓扑，如图 4-90 所示。

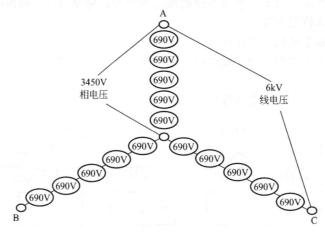

图 4-90　多重化变频器拓扑图

　　每一个功率单元都是一个采用三相输出的 PWM 电压型逆变器，功率开关元件是低压绝缘栅双极型晶体管 IGBT，单元构成见图 4-91，功率单元可输出三状态电平：＋1、0、－1。由 5 个功率单元组成的相电压输出也可产生不同等级的电平；合成后输出电平波形如图 4-92 所示。

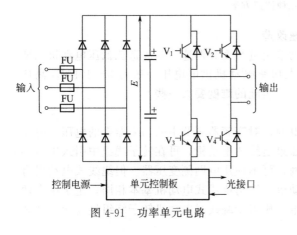

图 4-91　功率单元电路

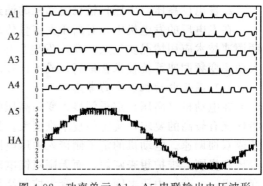

图 4-92　功率单元 A1～A5 串联输出电压波形

采用多重化技术构成的高压变压器采用功率单元串联，用不着考虑器件耐压问题，可作为单元串联多电平 PWM 电压型变压器。这里 PWM 技术的实现由 5 对顺序相移 12°的三角波或基波对电压进行调制。对各项基波调制得 5 个信号再分别控制串接的 5 个功率单元，经叠加输出有 11 级阶梯电平的相电压波形。采用多重化技术的高压变频器的总电压电流畸变率分别可低于 1.2% 和 0.8%，抑制谐波的能力非常强，变频器系统的功率因数可达 0.95 以上。采用多重化技术的高频变压器驱动高压电动机，可实现低噪声并降低 du/dt 值和电动机转矩脉动，并且对高压电动机无特殊要求，适用范围广。

② 多电平技术　使用耐压值有限的功率器件，组成直接用于 6kV 的主电路拓扑，这样的技术即为多电平技术。图 4-93 是 ABB 公司 ACS1000 型 12 脉冲输入三电平中电压变频器主电路结构图。

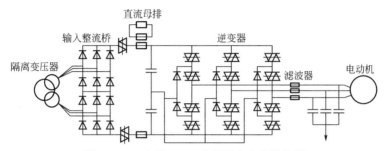

图 4-93　三电平 IGCT 变频器主电路结构图

电路中使用了 12 脉冲二极管整流器和三电平 PWM 逆变器，使用了耐高压的 IGCT 功率器件，电路结构较简单，工作可靠性高，所用 IGCT 功率耐压值可高达 6kV。

如果采用 6kV 耐压的 IGCT 器件，变频器输出电压可达 4.16kV；采用 5.5kV 耐压的 IGCT 器件，变频器输出电压可达 3500V。将星形接法的 6kV 电动机改为三角形接法，则电压等级刚好匹配（$6000V/\sqrt{3}=3500V$）。图 4-93 所示的电路中，将两组三相桥电流电路用整流变压器连接，整流变压器一次侧接成三角形接法，二次侧的一组接成三角形，另一组接成星形，这样整流变压器两个二次绕组的线电压大小相同，相位相差 30°，于是变压器一次绕组中的 5、7 次谐波分量相差 180°，即互换抵消。同理，7、9 次谐波也互相抵消。由于有 2 个电流桥的串联，输出电势叠加形成 12 个波头的整流输出波形。采用这样的电路结构可使整流输出电势中低次谐波的含量减少，输出电势更为平滑。然而由于在变频器逆变器部分采用了三电平方式，因此仍能产生很多的谐波分量，输出波形见图 4-94。

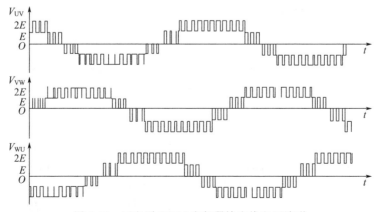

图 4-94　三电平 PWM 变频器输出线电压波形

(2) 发电厂辅机电动机调速方案考虑

发电厂中用辅机电动机多数为6kV，也有少量的3.3kV电压等级，用于拖动风机、水泵的容量较大，一般达几百至上千千瓦；如直接采用高压变频，则技术复杂且投资偏高。下面根据不同情况，对不同的调速方案进行讨论（建议性方案）。

方案1：如果电动机功率低于800kW，较佳的方案是选用380V及660V低压电动机代替原有的高压电动机。

方案2：如果电动机功率在900～1500kW，可考虑的调速方案是使用变压器将6kV高压降到600V（或460V），用低压电流型变频器，再接升压变压器，将电压升至6000V，输出频率可调。这种方案使用可靠但投资较高。

方案3：如果电动机功率在1000～2500kW，则用1.7kV、2.2kV、3.3kV及4.16kV的中压电动机代替原有的6000V中压电动机，再采用三电平技术或多重化技术构成变频系统。

方案4：如果电动机功率在3000kW以上且用6kV电动机拖动，较佳的调速方案是采用多重化技术的单元串联成高压变频器，主要适用于风机、水泵类负载。

(3) 无刷双馈变频调速电动机节能方案

无刷电动机是有着绕线式异步电动机的特性，但无电刷及滑环结构的电动机。原理如图4-95所示。

改进型的无刷双馈电动机有一个定子、一个笼形转子，有公共磁路，定子中有两套不同极对数的绕组，分别称为功率绕组和控制绕组，前者接三相电网，后者接变频装置，如图4-96所示。

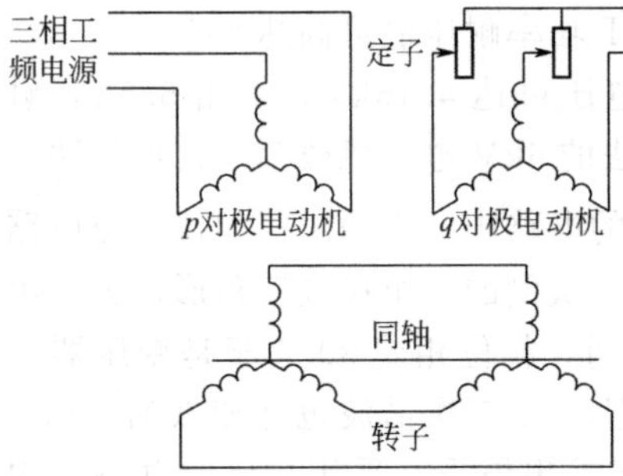

图4-95 无刷双馈电动机原理图

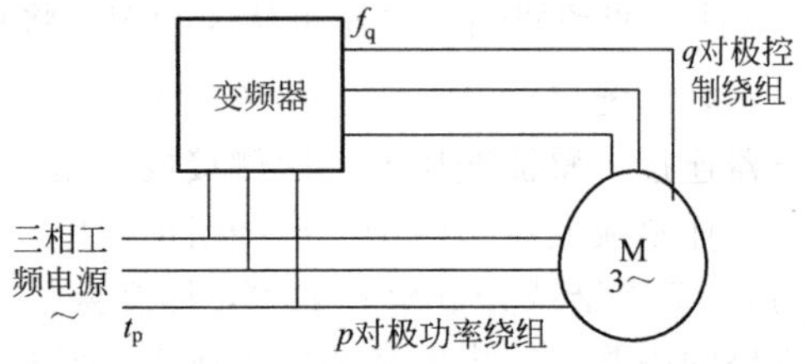

图4-96 无刷双馈变频调速电动机

系统中两种绕组极对数已确定，改变控制绕组变频器的输出频率即可实现电动机调速。电动机的转速 n 与功率绕组磁极对数 p、电源频率 f_p 及控制绕组磁极对数 q 之间的函数关系为 $n=\dfrac{609(f_p \pm f_q)}{\phi+q}$(r/min)，式中 f_q 为变频器输出频率。无刷双馈变频调速电动机可实现双向调速，扩大了调速范围，调速精度高。无刷双馈变频调速电动机及变频调速系统的发展和应用潜力（在发电企业中）很大，但还须经历一个过程。

(4) 中压电动机的调速方案概述

发电厂中，400kW以上的交流异步电动机多为6000V交流电压供电，对于中压电动机的直接启动，启动电流很大，对电网的冲击影响及对电动机本身和被拖动的设备带来的影响都是较大的。尽管采用变极方式启动和其他一些降压启动措施，但上述的影响仍在一定程度上存在。采用变频调速就能从根本上解决这个问题，延长设备使用寿命。

由于CTO、IGBT、IGCT及SGCT等新型功率器件技术的发展，其耐压值越来越高，工作电流指标也逐步提高，促进了中压高压电动机领域的变频调速技术的迅速发展；对于

4500V/3000A 的 GTO 功率器件，直流中间环节电压 2800V，使用 6 只该类型器件构成的变频器容量可达 4000kV·A，使用三电平技术，由 12 只功率器件组成的变频器容量可达 7000kV·A，耐压值达 3.3kV。

如上所述，对于发电企业中的中压电动机的调速应视具体情况选择方案，做到安全可靠、经济。

【例 4-19】　变频器在轧钢主机中的应用实例

1. 轧钢主机运行特点及电气传动方案比较

（1）轧钢主机运行特点

轧钢主机按运行方式分类有低速可逆、中高速不可逆及中高速可逆等类型。各种运行方式的运行特点如下：

① 低速可逆　低速可逆轧钢主机的轧机形式有开坯粗轧机、板坯粗轧机、中厚板轧机、带钢热连轧机（电动机功率 2000～10000kW），中厚板轧机用于精轧（电动机功率 2000～10000kW），各种轧机的调速范围均为 0～120r/min。其中板坯粗轧机、中厚板轧机及带钢热连轧三种轧机的传动系统要求调速范围大，能频繁启制动，能正反转运行且动态响应快。

② 中高速可逆　常见的中高速可逆轧钢主机的轧机形式有单机架可逆冷轧机、森吉米尔轧机两种，其功率范围为 1000～5000kW，调试范围为 0～1800r/min。这类轧钢主机对控制传动系统要求是调速范围大，负载扰动动态响应快。

③ 中高速不可逆　中高速不可逆的轧机形式为带钢冷连轧机，电动机功率范围 1000～5000kW，转速范围 0～1000r/min。控制要求：调速范围广、控制精度高、负载扰动动态响应快。

（2）两种主要电气传动方案

过去曾用晶闸管负载换流，同步电动机位置检测的自控电流型逆变的无换向电动机作轧钢机传动系统，其优点是结构简单，但由于存在转矩脉动，谐波较严重，在主轧机传动系统中的应用已很快被变频调速传动代替了。

轧钢主机的变频调速电气传动系统方案主要有两种：①采用晶闸管的交-交变频调速；②采用大功率可关断器件的交-直-交三电平 PWM 变频调速。

① 交-交变频电气传动方案　此方案适宜低速大功率电动机拖动的轧机，可用同步机也可用异步机构成其拖动系统。根据电动机容量以及对高次谐波治理的要求，相应的有 72 臂和 36 臂的晶闸管换流桥的组合结构，如采用无环流方式，由于系统功率因数较低（0.65），要另外配置无功功率补偿装置，提高系统功率因数；此方案的缺点是需要配置谐波滤波装置、无功补偿装置及抑制高次谐波的平波电抗器。

② 交-直-交三电平 PWM 变频方案　采用大功率的可关断电力电子器件如 GTO、IGBT、HV-IGBT 等构成交-直-交电压型三电平 PWM 变频结构。三电平 PWM 结构可很好地利用元件的容量规格并降低 PWM 载波频率，开关损耗小，使用高阻抗的输入变压器，可将系统功率因数控制在 1，不用另外的控制谐波和降低无功功率部分的装置。但是交-直-交三电平 PWM 变频方案的输入变压器的设计制造特殊，目前还无国内厂家进行生产，且变频装置结构较复杂，维护难度大。

2. 轧机主电动机变频调速运行的特点

实施变频调速的主机既可采用异步电动机拖动，也可采用同步电动机拖动，但构成的系统在性能、运行特性及结构上有各自的特点。

（1）同步电动机变频调速运行的一些特点

① 功率因数可接近 1，效率高达 98%；相同容量的同步电动机比异步机的转动惯量

GD^2 小，体积小，质量轻。

② 电动机实施变频调速，同步电动机的阻尼绕组的热容量也比非调速机要大，这样可改善系统动态稳定性。

③ 高速运用场合，使用转子结构的同步电动机。

④ 大功率场合（5000kW 以上）多采用同步电动机。

（2）异步电动机变频调速运行的一些特点

① 异步电动机的功率因数较低，使用变频多重结构可达 0.85。效率为 85%，异步电动机配用的变频器容量要相对大一些。

② 异步电动机结构简单、抗热冲击性好、无刷免维修。

③ 功率在 2000～5000kW 范围的场合下使用异步电动机作为调速传动的拖动电动机较合适。

3. 变频运行轧机主电动机的一些特殊问题

轧机一般工作在频繁启制动、正反转状态变换频繁、频繁承受突然加负载的冲击的场合。对于传动及电动机系统来讲，要求电动机动态响应快，负载能力强，有很强的抑制机械振动的性能。

（1）变频运行最高频率的确定

对于交-交变频，无环流方式，一般取 1/3～1/2 电源频率，有环流方式可取电源频率的 4/5。

（2）谐波情况

对于交-直-交三电平 PWM 变频调速，输出到电动机的谐波主要出现在调制载波的频率上，一般通过特定的输出交流电抗器滤波处理减小影响。

交-交变频的谐波滤波较复杂。这是因为变频器中的功率开关元件导通关断产生 $\partial U/\partial t$ 浪涌电压，因此电动机设计时要考虑这方面的因素影响。

4. 轧钢主机变频调速系统实例

各类型的轧机中，尤以带钢热轧机（板坯粗轧机、七机架连续精轧机）与带钢冷连轧机（即五机架冷连轧）的特性要求最高（动态响应、控制精度），电动机的容量最大，自动化控制最复杂，可属电气传动设备之最。

20 世纪 90 年代以来轧钢主机的变频传动与控制技术已进入完善成熟的阶段，但市场的激烈竞争迫使世界上各电气厂商不断地推出最新技术。近年，宝钢三期建设及宝钢集团上钢系统大规模改造时引进的新颖电控成套设备就代表着当今世界先进水平。

（1）工程实例

下面给出某集团公司轧机调速应用系统的实例，见表 4-14。

表 4-14 轧机调速应用系统

序号	项目设备	系统配置（交-交变频）		控制	投产	供货
1	宝钢 2050 热轧 R3 粗轧机	轧机	R3 粗轧机	矢量控制 ASR,ACR,AFR 模拟量控制	1988 年	西门子
		同步机	9000kW×1 台			
		变频装置	可控硅元件 3200V/2200A,2p,36 臂			
		变压器	3×5700kV·A			
2	宝钢 1420 冷轧机	轧机	F1～F5 五机架连轧	矢量控制 ASR,ACR,AFR 全数字化	1998 年	西门子
		同步机	2000kW×2 台(上下辊)×5			
		变频装置	2 套×5			
		变压器	2 台×5			

续表

序号	项目设备	系统配置(交-交变频)		控制	投产	供货
3	一钢公司 1780 不锈钢热轧	轧机	粗轧机上辊,下辊　　精轧机 F1~F7	矢量控制 ASR,ACR,AFR 全数字化	已投产	西门子
		同步机	7000kW×2 台　　　　7500kW×7 台			
		变频装置	16920kV·A×2 台　　11.290kV·A×7 台			
		变压器	13500kV·A×2 台　　12.500kV·A×7 台			

序号	项目设备	系统配置(交-直-交三电平 PWM 变频)							控制	投产	供货
4	宝钢 1580 热轧	轧机	SP	R1	R2	F1/F2	F3~F5	F6	F7	矢量控制 ASR,ACR,AFR 全数字化	1996 年	三菱
		同步机/kW	3400	3500	6000	7000	6500	6000	5600			
		变频装置	GTO INV(标称)10000kV·A×10 台									
		变压器	8400kV·A×10 台									

序号	项目设备	系统配置			控制	投产	供货
5	宝钢 1550 冷连轧	轧机	F1~F5 五机架连轧		矢量控制 ASR,ACR 全数字化	2000 年	日立
		异步机	2000kW×2 台(上下辊)×5 台				
		变频装置	IGBT INV×2 套×5				
		变压器	2 台×5				
6	益昌薄板冷连轧	轧机	F1	F2,F3	F4,F5	矢量控制 ASR,ACR 全数字化	2001 年	三菱
		异步机	3800kW×1 台	3800kW×2 台	3800kW×2 台			
		变频装置	CONV5000kW× 1 台 INV4000kV·A× 1 台	CONV9100kW× 1 台 INV5700kV·A× 2 台	CONV9100kW CONV9100kW INV5700kV·A× 2 台			
		变压器	10000kV·A× 1 台	10000kV·A× 1 台	10000kV·A× 1 台			
7	一钢公司 1780 不锈钢热轧	轧机	粗轧机上辊,下辊		精轧机 F1~F7	矢量控制 ASR,ACR,AFR 全数字化	招标中	三菱
		同步机	7500kW×2 台		7500kW×7 台			
		变频装置	GCT 8730kV·A×2 台		GCT 8420kV·A×7 台			
		变压器	9000kV·A×2 台		9000kV·A×7 台			

（2）工程实例中交-直-交三电平变频同步机调速系统的简要介绍（三菱产品）

三电平 PWM 变频原理见图 4-97，逆变器和整流器均为 GCT 中性点钳位式三电平 PWM 变频的对称结构，属电压型。逆变器（或整流器）12 只元件的通断工作次序与状态由菱形调制图表示，对于逆变器，菱形图在空间矢量平面上。理想的元件工作状态由工作表排列组合为 $3^3 = 27$ 种，但由于存在重复点实际只有 9 种状态。

矢量控制系统的输出控制变量（电枢电压三相合成矢量）U 在菱形图上旋转，U 在内面六角形之内工作为二电平 PWM，在外面六角形（18 个小三角形）之内则工作为三电平 PWM，二电平时输出脉冲幅值可为 $\pm E_d$，三电平时输出幅值可为 $\pm 2E_d$。

菱形图中，矢量 U 落在外面小三角形区内，则 12 只 GCT 元件通断顺序为 PPO→PON→PPN→OON（即 U 由 U_1、U_2、U_3、U_4 合成），这 4 个状态的元件导通时间分别为 ΔT_1、ΔT_2、ΔT_3、ΔT_4，分别为 4 个分矢量的幅值。按此调制规律逆变器输出三相电压即为等效的正弦波，见图 4-98。

但是，整流器的菱形图属于有功功率与无功功率（a，q 轴）的矢量平面，PWM 工作原理与逆变器完全相同，控制变量矢量则为整流器输入电压。

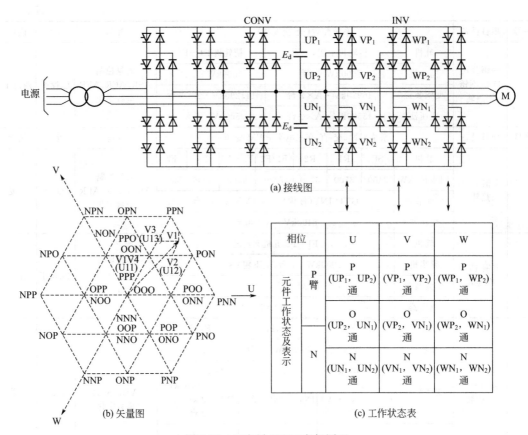

图 4-97　三电平 PWM 变频原理

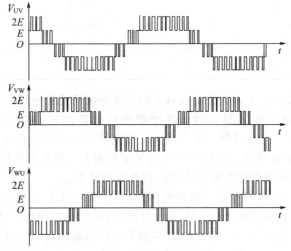

图 4-98　电平 PWM 逆变器输出电压波形

逆变器采用同步矢量控制如图 4-99 所示。

整流器功率因数矢量控制（$\cos\phi=1$）如图 4-100 所示。

功率因数控制的关键在于整流器输入电压 U_C 与电网电压 U_a 由输入交流电抗器与变压器漏抗（20%）进行了"隔离"，二者相位是不同的。通过矢量控制，设定了解耦的无功电

流 I_Q 为零，确保 $\cos\phi = 1$。

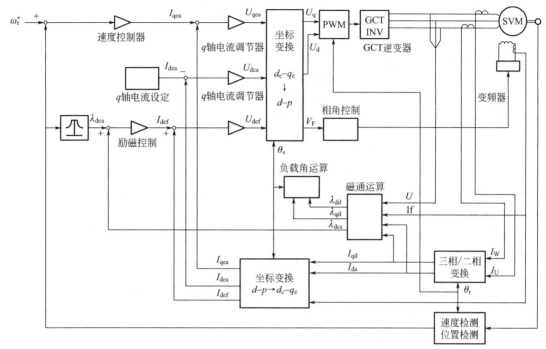

图 4-99　逆变器矢量控制（交-直-交三电平 PWH）

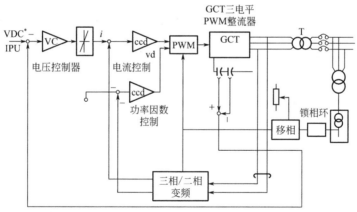

图 4-100　整流器矢量控制（交-直-交三电平 PWM）

控制系统采用多处理器（带 DSP）的全数字化控制系统装置规格与系统性指标。

三菱最新推出的 MELVEC-3000C 型交-直-交 GCT 三电平 PWM 变频同步机调速系统，容量达 20000kV•A，效率为 98.5%，电流高次谐波（25 次）小于 3%，转矩脉动接近 0，外形尺寸为（长×宽×高，m）6.4×1.5×2.3。

（3）结束语

① 轧钢主机交流变频调速是一项复杂的综合性技术，它涉及轧钢工艺、电力电子及变流技术、电力拖动、微机数字化控制、控制理论、电机仿真、电机制造等各专业的高深技术课题。20 世纪 80 年代迅速发展至 90 年代中期，已进入完善成熟的商品实用化阶段。目前，中国建设改造工程的市场中，仍然是国外各大电气厂商在竞争角逐，虽已有国内供货应用实

例，但还离不开关键的元件、器件、材料及设计技术的引进。

② 一套系统进行全面的论证评估应当考虑工程（设计、施工）、生产（运行、维修）与供货（开发、制造）的多方位视角，应当综合平衡考虑系统配置的合理性、技术性能的先进性与工程投资的可行性，而不要停留于理论探讨的学术性。

③ 对系统的选取最终追求的是性能（可靠性、可用性、可维修性），最实用的方法是比较。比较的内容应当包括装备能力（基本技术规格、元件、装置与设备的匹配）、使用功能（操作、监视、通信、维修）、运行性能（动态响应、控制精度、稳定性、谐波、转矩脉动）、经济效能（功率因数、综合效率）、质量寿命（工艺、检验标准）等。

【例 4-20】 变频器在电梯控制系统中的应用实例

目前，变频调速技术在电梯控制系统中的应用主要表现在两个方面：一是在电梯拖动系统中的应用；二是在电梯门机系统中的应用。下面结合实例进行具体介绍。

1. 变频器在电梯拖动系统中的应用

电梯拖动系统是电梯的主要部件之一，它是一个执行机构。其作用是根据电梯控制系统综合电梯各种信号后所发出的运行指令，来完成电梯的启动、加速、匀速、减速、停层的过程，使电梯轿厢上、下运行，到达各层站，达到载客或载货的目的。

电梯拖动系统经历了从简单到复杂的过程。目前用于电梯拖动系统的几种主要方式有：①交流变极（双速）调速拖动系统；②交流电动机定子调压调速拖动系统；③晶闸管励磁-直流发电机-电动机拖动系统；④晶闸管直接供电的直流电动机调速拖动系统；⑤20世纪80年代诞生的交流电动机变压变频（VVVF）调速拖动系统。

（1）电梯拖动系统的发展过程

1889 年，美国奥的斯（OTIS）首先将直流电动机应用于电梯拖动系统。随着 100 多年来科学技术的不断发展，电梯拖动系统也不断地创新。我们可以把电梯拖动系统的发展分为直流控制电梯拖动系统和交流控制电梯拖动系统两大部分。

① 直流控制电梯拖动系统　直流电动机具有调速性能好、调速范围大的特点，因此，很早就应用于电梯上。20 世纪 30 年代采用的晶闸管供电直流发电机-电动机调压调速系统，给电梯的速度控制带来了方便，提高了电梯的舒适感和平层准确度，从而实现了电梯的高速化。但由于这是一个开环有级调速系统，因此这种拖动系统控制的电梯，其负载特性不够理想。20 世纪 60 年代末，随着晶闸管的广泛应用，又采用了晶闸管控制直流发电机励磁电流的方法来改变电动机端电压调速，取代了直流发电机-电动机调压调速系统（即晶闸管励磁-直流发电机-电动机系统）。新的系统采用了闭环控制方式，改善了系统的负载特性，同时使电梯的速度达到了 4m/s。但是采用这种拖动系统控制的电梯，还存在着造价成本高、体积大、耗电量大、维修保养困难等缺点，因此近几年在我国已逐步淘汰。随着电力电子技术的发展与成熟，晶闸管直接供电的直流可逆系统在其他工业产品上得到广泛应用，但由于在电梯中要解决舒适感问题（特别是在低速段），因此，直到 20 世纪 70 年代初采用这种系统的电梯才问世。它与采用直流发电机-电动机拖动系统形式的电梯相比有很多优点，如机房占地面积节省 35%，质量减轻 40%，节能 25%～35%等，其舒适性、平层精度也达到了比较完美的程度。目前，晶闸管直接供电的直流可逆系统的电梯在国内外已被广泛使用。由日本三菱电机株式会社制造的采用这种拖动系统的电梯最高速度可达 10m/s。

② 交流控制电梯拖动系统　交流电动机具有结构紧凑、维护保养简单、价格便宜等特点。因此在 20 世纪 30 年代就被广泛地应用于电梯上。交流变极（双速）拖动系统是电梯拖动系统中较为简单经济的一种。为了提高电梯减速时的舒适感，通常采用笼形双速异步电动机。通过改变电动机极对数的方式，使电梯减速时的速度有两级变化。这种交流变极电梯虽

然存在着舒适感差、平层精度低等缺点，但由于该系统采用开环控制，其控制线路简单，价格便宜。因此采用这种拖动系统控制的电梯目前广泛使用，一般用于载货电梯，其运行速度不大于 $1m/s$。

随着电力电子技术的发展，20 世纪 70 年代初开始有了采用晶闸管的交流电动机定子调压调速拖动系统的电梯，这种系统采用直流测速发电机进行闭环调速，通过速度反馈，对电梯的加速、稳速、减速三个阶段的运行过程进行自动调速控制。同时，加上能耗或涡流制动方式，使得电梯的舒适感与平层精度比交流变极调速电梯大大提高。由于这种系统控制的电梯结构简单，易于维护保养，其成本比晶闸管供电的直流可逆调速系统的电梯低，因此，在一定速度范围内（速度小于 $2m/s$）已取代了晶闸管供电的直流电梯。

进入 20 世纪 80 年代后，日本三菱电机株式会社利用功率晶体管（GTR）和微处理机技术，推出了交流电动机变压变频调速拖动系统电梯（简称 VVVF 系统电梯）。它采用了交流电动机驱动，通过矢量变换控制和正弦波 PWM 控制，使电梯的各项性能指标达到或超过了晶闸管供电直流可逆调速系统的电梯。这种电梯的运行速度目前可达 $12.5m/s$，可满足世界上任何高楼大厦的垂直运输要求。因此 VVVF 系统控制的电梯已完全可以取代各种直流系统控制的电梯。VVVF 电梯具有以往各种交、直流控制系统电梯的所有优点，即舒适感好，平层精度高，机房占地面积小，运行效率高，节省能源等，已成为目前最新最优的电梯拖动系统。

（2）VVVF 系统应用于电梯拖动系统的历史背景

① 电力电子技术的发展　VVVF 系统中的逆变器过去采用晶闸管进行变流（直流→交流），但这种逆变器要附加强迫换流装置（因为普通晶闸管一旦导通后不能自行关断，只有在阴阳极加反向电压才能关断），这就要引入大量的换流元件，使线路复杂化，成本提高，同时晶闸管关断速度不够快，不能满足高速电梯拖动系统的要求。随着功率晶体管（GTR）的出现，由 GTR 组成的逆变器，不需要强迫换流装置，只要控制 GTR 的基极，就可使 GTR 截止或导通，且开关频率很高，适用于数十千伏安以下的高速电梯拖动系统。

② 计算机技术的发展和广泛应用　20 世纪 70 年代末以来，计算机技术进入高速发展阶段，仅仅在几年时间里就已由最初的 1 位机发展到 8 位、16 位和 32 位机，并且各种功能日趋完善，使计算机的运算精度和速度大大提高，可以满足电梯拖动系统的控制要求。这就促使一些电梯厂家将电梯拖动系统由过去的模拟控制改为了数字控制。上海三菱电梯有限公司生产的 SP-VF（MP-VF）型号的电梯就采用了 16 位机对电梯拖动系统进行控制，从而确保了系统的精度和动态性能指标，使电梯的舒适感和平层精度都得到了很大改善。

③ 电气控制技术的发展　随着各种模拟电路技术和数字电路技术不断发展以及各种模拟集成电路和数字集成电路的设计、工艺和制造设备的不断改进，使得矢量变换控制这些过去在理论行动上行得通，现实中不易实现的控制思想得以实现。

④ 用户的要求　由于用户对电梯的舒适性和平层精度的要求越来越高，这对电梯拖动系统的发展也带来了促进作用。用户的要求促使厂家开发出具有高精度、频率响应快、自动化程度高的电梯拖动系统。像 VVVF 电梯拖动系统不仅满足了用户的要求，同时又操作方便、维修保养简单；另外，它还具有节约能源、机房设备占地面积小等优点。

综上所述，将 VVVF 系统用于电梯拖动系统是必然的选择。随着时间的推移，技术的推广，国内越来越多的电梯厂家开始采用 VVVF 技术生产电梯；这些厂家中比较著名的有上海三菱电梯有限公司、天津奥的斯电梯有限公司、迅达电梯及自动扶梯公司、广州日立电梯有限公司、沈阳东芝电梯有限公司、华升富士达电梯有限公司、山东百斯特电梯有限公司、苏州江南电梯有限公司、浙江巨人电梯有限公司等。

（3）VVVF 电梯拖动系统的特点

VVVF 电梯拖动系统的特点基本归纳如下：

① 使用一般交流异步电动机，可用于速度为 0.45～12.5m/s 的电梯，与晶闸管供电的直流控制电梯几乎无差异，振动、噪声也有所降低。

② 节约电能。由于 VVVF 系统提高了传动效率，因此，电动机额定输出功率减少，且系统在电梯加速过程中其输出功率几乎正比于机械输出功率。所以，VVVF 系统比晶闸管供电直流控制系统可节能 5%～10%。比交流定子调比调速系统可节能 50%。

③ 提高功率因数。因为 VVVF 系统在电梯加速、恒速段运行时，可以使整流器中晶闸管的导通角开放较大。

④ 可靠性高。由于 VVVF 系统采用了计算机和大规模集成电路，以及二极管模块、晶闸管模块和大功率晶体管（GTR）模块等，所以，不需要传统的接触器、继电器和一些分立电子元件，变有触点控制为无触点控制，使系统的可靠性明显提高，系统的体积大大减小。

2. VVVF 调速技术在电梯拖动系统中的应用实践

上一小节已对 VVVF 电梯拖动系统做了一般介绍，下面结合上海三菱电梯有限公司生产的 SP-VF 和 MP-VF 系列电梯，对 VVVF 调速技术在电梯拖动系统中的应用做一详细介绍。

（1）电梯产品规格

上海三菱 VVVF 电梯有多种型号和规格，表 4-15 是 SP-VF 型和部分 MP-VF 型的规格参数。

表中 2BC 指双按钮双向集选控制（Two Button control），一般用于单台电梯；OS-21C 的含义是 21 世纪全电子化最佳服务系统，其中 OS 是 Optimum System 的缩写形式。另外电梯的启动频率指电梯在单位时间中连续启动的次数，启动频率越高，对电气系统的要求越高。

（2）电气系统构成

电气系统主要分为驱动、控制、管理及接口（I/O）电路几大部分：

表 4-15　YFCL 电梯规格表

型号		SP-VF		MP-VF	
控制方式		全电脑 VVVF 方式（VFCL 系统）			
操作方式		2BC		2BC	
		OS-21C		OS-21C	
载重量/kg		450～1000		450～1000	
速度/(m/s)		0.75；1.00	1.50；1.75	0.75；1.00	1.50；1.75
层站数	标准	16	24	16	24
	最大	40	40	40	40
提升高度（最大）/m		40　　60	80	60	80
最小层高/mm		2500		2500	
启动频率/(次/h)	理论	120	150	120	150
	最大	150	180	150	180
动力电源	电压/V	220；380		220；380	
	频率/Hz	50；60		50；60	
特征	类型	标准型		特殊型	
	选择功能	限　制		多样化	
	标准化率	较　高		较　低	

电气系统结构示意图如图 4-101 所示，各部分的概况介绍如下：

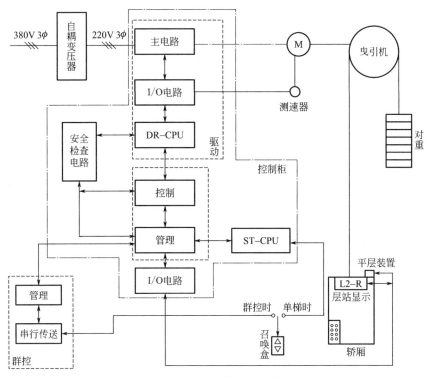

图 4-101　电气系统结构示意图

1）驱动部分　驱动部分采用 VVVF（变压变频）方式对曳引电动机进行速度控制。

由于驱动部分采用了矢量变换和脉宽调制技术，因此与传统的电压型和电流型控制原理有一定区别，它具有减少电动机发热、节能、高性能和高效率的特点。同时由 i8086 微处理器构成的 DR-CPU 实现了对驱动部分的控制，其驱动控制结构简图如图 4-102 所示。

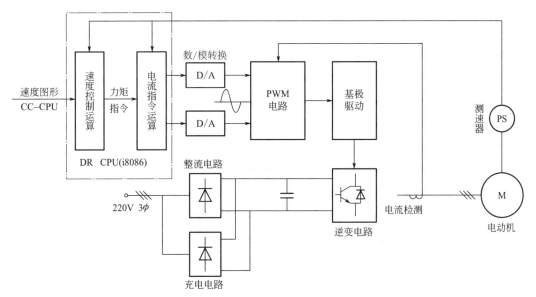

图 4-102　驱动控制结构简图

速度图形采用理想速度图形，由 CC-CPU 给出，在运行过程中 CC-CPU 向 DR-CPU 传送。由于 CC-CPU 与 DR-CPU 的运算速度和运算精度有很大差别，为了使二者能正常而正确地传送信息和提高运算精度，在传送过程中利用下述方法：①在 CC-BUC（总线）和 DR-BUC（总线）之间用 8212 接口进行连接。8212 接口相当于一个信箱，CC-CPU 向 DR-CPU 传送的信息送入 8212 后，8212 即向 DR-CPU 发出可读信号，DR-CPU 接到可读信号后，便从 8212 中读取信息，信息取走后 DR-CPU 向 8212 发出取完信号，8212 即向 CC-CPU 发出可送下一个信息的信号，如此不断地进行信息传送。②DR-CPU 接收到来自 CC-CPU 的数据信息后，先将其放大 $2^6 = 64$ 倍再进行 16 位运算，使运算精度得以提高。

2）控制部分　控制部分 CC-CPU 由 i8085 构成，控制部分的主要功能是对选层器、速度图形和安全检查电路三方面进行控制。

选层器为数据运算式，主要处理层站数据、同步位置、前进位置、同步层和前进层的运算以及选层器的修正运算等。这部分运算是控制部分中较复杂又较重要的运算，运算量也较大，因此，软件比较复杂，控制部分的程序中有相当部分是用以处理选层器运算的。

3）管理部分　管理部分负责处理电梯的各种运行，分标准设计和附加设计两大类，主要通过软件（S/W）实现，电梯的功能模块化设计也主要在管理部分实现。

电气系统的主要运行方式如下：

① 标准设计　无司机运行：a.根据层站召唤运行；b.根据轿内指令运行；c.层站显示器检查；d.选层器修正动作；e.低速自动运行；f.返向基站运行；g.其他运行。

② 附加设计

附加1，有司机运行：a.层站停止开关动作；b.到站预报动作；c.其他特殊运行。

附加2：a.语音报站功能；b.停电时的紧急平层装置；c.备用发电系统供电时的运行方式（手动选择）；d.备用发电系统供电时的运行方式（自动选择）；e.火灾时的运行；f.地震时的运行；g.消防员运行；h.其他特殊运行。

管理部分的内容非常丰富，电梯运行的效率高低和性能好坏，很大程度上取决于管理程序的优劣，因此用户在订货时，应进行选择。

（3）电气控制系统的多计算机总线结构

VVVF 电梯多计算机（CPU）控制系统总线结构如图 4-103 所示。

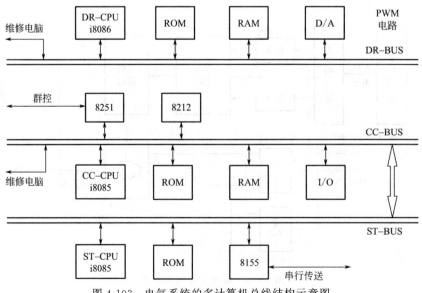

图 4-103　电气系统的多计算机总线结构示意图

（4）VVVF 电梯拖动系统构成

VVVF 电梯拖动系统的构成如图 4-104 所示。

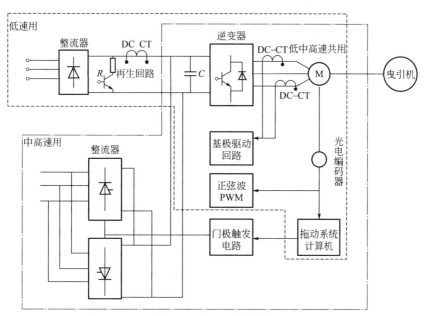

图 4-104　拖动系统框图

1）整流回路　在低速电梯（$0.45\text{m/s} \leqslant v \leqslant 175\text{m/s}$）中，整流器部分采用了由三个二极管模块（Diodce Module 每块模块有 2 个二极管）组成的三相桥式全波整流电路。在中、高速电梯（$2\text{m/s} \leqslant v \leqslant 12.5\text{m/s}$）中整流器部分采用了由六个晶闸管模块（Thyristor Module 每块模块有 2 个晶闸管）组成的两组三相全控桥式整流电路，晶闸管的导通角开放大小由正弦波 PAM（Pulse Amplitude Modulation）控制，输出可调直流电压，事实上电梯在加速、恒速运行时，晶闸管的输出电压基本上是恒定的，仅在减速时，晶闸管模块作为通路将来自于电动机侧的再生能量反馈到电网，此时，其输出电压是连续变化的。

整流回路用的二极管模块以及晶闸管模块是目前世界上先进的功率半导体器件，这种器件的一致性极好，并且具有耐浪涌电压、电流及结点温度高等特点。

2）充电回路　充电回路如图 4-105(a) 所示。充电回路的主要作用是当开关 S 接通时，预先对大容量电解电容器进行充电，以便当主回路整流器开始工作时，不致形成一个很大的冲击电流，而使二极管模块（或晶闸管模块）损坏。充电回路中的变压器（与基极驱动回路共用同一只）采用升压变压器，匝比为 $1:1.1$。当电源电压输入为 U 的主电源合闸后，则充电回路的整流器输出 $U_D = \sqrt{2} \times 1.1U$。当大容量电解电容 C 充电到 $U_{DC} = \sqrt{2}U$ 时（约 2s），给控制微处理器发出充电结束信号，然后由控制微处理器发出电梯可以启动的信号。如果此时电梯不要求启动，则电容 C 继续充电至 $U_D = \sqrt{2} \times 1.1U$。当电梯启动时，主回路整流器开始工作。其输出电压为 $U_Z = \sqrt{2}U$，而电容 C 的电压从 $U_{DC} = \sqrt{2} \times 1.1U$ 经电阻 R_2 放电到 $U_D = \sqrt{2}U$。由于充电回路有一个隔离二极管 V，所以主回路电流不能流向充电回路。充电过程的波形如图 4-105(b) 所示。

3）逆变回路　逆变回路如图 4-106 所示，逆变器采用六个大功率晶体管（GTR）模块，每个模块有一个 GTR 和一个续流二极管。因为大功率晶体管被导通时，相当于起一个开关的作用。所以可以将图 4-106(a) 简化成图 4-106(b)。

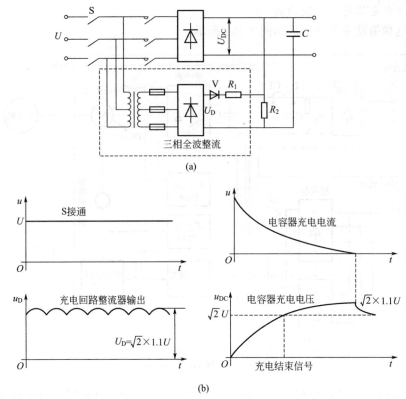

图 4-105　充电回路及波形

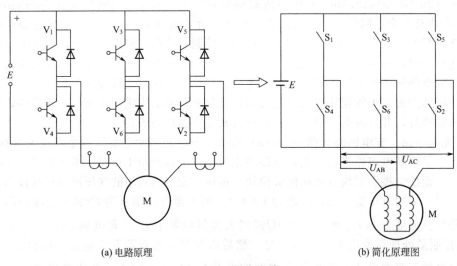

图 4-106　逆变电路

　　当来自正弦波 PWM 控制回路的三相矩形系列脉冲经基极驱动回路放大后，按相序分别触发大功率晶体管基极，使其导通。由于三相系列脉冲每相相位差 120°，所以逆变器中大功率晶体管 V_1、V_3、V_5 分别以 120°角滞后导通。而同一相上、下的大功率晶体管 V_1 和 V_4、V_3 和 V_6 以及 V_5 和 V_2 之间分别在各自的 180°角区间内导通。如 V_1 在 A 相的正半周导通，V_4 在 A 相的负半周导通。这样在每相之间输出电压为一个交变电压，线电压也为一个交变电压。

4）再生回路　再生回路仅用于采用二极管模块的整流器。当电梯运行由恒速状态变为减速状态直至平层停车的这段时间，VVVF 系统处于再生控制工作状态。再生回路就是提供 VVVF 系统再生能量释放的回路，其再生能量消耗在再生回路的电阻上（再生电阻装在控制柜箱体外壳顶部）。

电梯减速时，电动机的再生能量通过逆变器的二极管整流后向直流侧的大容量电解电容器充电，当电容器的电压 U_{DC} 大于充电回路中整流器输出电压 U_D 时，由基极驱动回路发出信号，驱动再生回路中大功率晶体管导通，然后电动机的再生能量以发热方式消耗在再生回路的电阻上，同时，大电容 C 上的电压 U_{DC} 通过该电阻放电至 U_D，此时再生回路中的大功率晶体管截止。则电动机的再生能量重新向大电容充电，重复前面过程，直至电梯完全停止为止。其再生状态波形如图 4-107 所示。

5）基极驱动电路　由正弦波 PWM 控制回路来的系列脉冲信号，必须经基极驱动回路放大后，才能控制逆变器中大功率晶体管的基极，使其导通。

在电梯减速时，VVVF 系统的再生能量必须经过再生回路释放。因此 VVVF 系统在减速再生控制时，主回路大电容的电压 U_{DC} 和充电回路输出的电压 U_D 在基极驱动回路比较后，经信号放大后驱动再生回路中大功率晶体管的导通。

基极驱动回路除以上两个功能以外，还包含了主回路部分安全回路检测的功能，如检测主回路直流侧的过电压、检测主回路直流侧的欠电压、基极驱动回路的逆变器大功率晶体管输出的欠电压、主回路直流侧充电电压的欠电压，检测主回路大容量电容器充电电压是否已达到 $\sqrt{2} \times 1.1U + 5$（V），若达到则向控制微处理器发出充电结束信号等。

6）其他

① 电流检测器　电流检测器 DC-CT 是 VVVF 电梯中的专用电子器件，其作用是检测主回路中的交、直流电流数值，并通过装置本身转换成 2V 或 4V 的直流电压信号，送到 PWM 控制电路，作为电流反馈信号。

VVVF 系统使用了 3 个 DC-CT，其中一个用于主回路直流侧短路电流和过载电流的检测。一般情况下，短路电流整定为额定电流的 120%，过载电流整定为额定电流的 110%，且时间为 10s。另外两

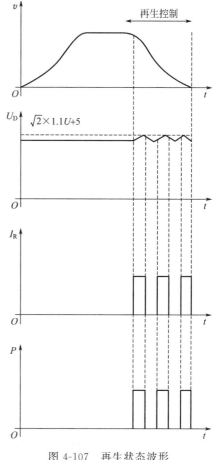

图 4-107　再生状态波形

个 DC-CT 用于逆变器输出交流侧电动机 A 相和 B 相电流的检测，检出的输出直流电压信号输入正弦波 PWM 控制回路，作为电流反馈信号。因为 C 相电流为 A 相与 B 相电流相量之和，所以 C 相的 DC-CT 省略，C 相的电流反馈信号可由正弦波 PWM 控制回路中得到。

② 光电编码器　光电编码器用来对 VVVF 系统电梯速度反馈信号和电梯轿厢实际运行距离进行检测。它由光栅盘和光电检测装置组成。光电编码器与电动机非负载侧轴端同轴安装，其输出为脉冲信号，经控制微处理器计算后可作为电梯运行位置信号，光电编码器具有输出精度高、机械寿命长、无误动作现象等优点。

光栅盘是等分地开通 512 个长方形孔的直径约 150mm 的圆板。由于光电编码器与电动

机同轴，所以当电动机旋转时，光栅盘以相同的转速旋转，经由发光二极管等电子元件组成的检测装置检测，输出为 512 脉冲/转的信号。该信号经放大后直接输入控制微处理器，作为速度反馈信号。

由于 VVVF 系统采用了光电编码器，其输出直接经控制微处理器计算后就可作为电梯运行位置信号，因此不必使用传统的机械式选层器或使用安装于井道的磁感应开关获取电梯减速点信号，这不仅提高了电梯运行可靠性，还解决了发出电梯运行减速点信号所受到的限制等困难。

（5）用于 VVVF 拖动系统的计算机简介

VVVF 拖动系统采用了 16 位微处理器（DR-CPU），其主要功能有速度控制计算、电流指令计算、终端减速图形产生（TSD 图形）及安全检出四种，现介绍如下三种：

1）速度控制计算　速度控制计算就是将速度指令和速度反馈信号比较后，作为转矩指令输出，其计算框图如图 4-108 所示。

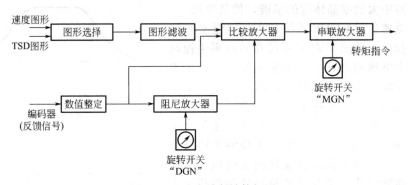

图 4-108　速度控制计算框图

从控制微处理器 CC-CPU 送来的速度图形和拖动系统微处理器产生的 TSD 图形进行比较，选择图形小的作为速度控制计算用图形。由图形滤波器将控制微处理器送来的以 50ms 为周期的速度图形分解为以 10ms 为一周期的图形，速度图形和速度反馈图形进行比较后放大，经串联放大器进行相位和振幅信号放大后作为转矩指令，系统的整个速度控制的增益可由旋转开关"MGN"来调整，旋转开关"DGN"用于调整对系统振荡的抑制。

2）电流指令计算　电流指令计算就是用速度控制计算输出的转矩指令和速度反馈信号来决定电流指令的角度和振幅，然后输出正弦波电流指令。经 D/A 变换和其他变换后，就可作为正弦波电压指令，输入到正弦波 PWM 控制回路。

3）安全检出　安全检出就是电梯产生故障时，通过拖动系统微处理器检出故障信号，然后产生使电梯紧急停止（或其他控制部分停止）的信号。通常有如下几种：

① 传送检出。拖动系统微处理器和控制微处理器信号相互传送异常的检出，此时电梯不能启动。

② 异常低速检出：电梯运行速度过低（2m/min 以下）的检出。此时电梯启动 2s 后，紧急停止。

③ 异常高速检出：电梯运行于额定速度以上时的检出。运行速度为额定速度加 30m/min 时或平层区域为 50m/min 时，电梯紧急停止。

④ 逆运行检出。电梯运行方向和指令方向相反时的检出。此时电梯启动 2s 后，紧急停止。

⑤ 电动机失速检出。此时电梯紧急停止。

⑥ 制动器打滑检出。在制动器线圈失电后抱闸仍打滑时的检出。此时电梯紧急停止。

⑦ 光电编码器和速度图形异常的检出，编码器和速度图形信号的传送及传送线路异常

的检出。此时电梯紧急停止后，不能再启动。

3. VVVF 电梯拖动系统的类型

上海三菱电梯有限公司首先从日本三菱引进技术，在国内电梯行业率先推出了全计算机控制交流变频变压（VVVF）调速电梯（专用变频器控制），在电梯行业引起轰动。十几年来 VVVF 控制技术的电梯已成为电梯行业的追求，并得到了普遍运用。目前国内 VVVF 电梯拖动系统主要有两种类型：专用变频器控制和通用变频器＋PLC 控制。而大部分电梯制造商的 VVVF 控制技术还停留在应用通用变频器＋PLC 的技术基础上，而此类控制与专用变频器控制在多方面有所不同，现介绍如下。

（1）技术共性

① PWM-正弦波脉宽调制。二者都采用正弦波和三角波进行调制（PWM-正弦波脉宽调制），再通过高速逆变器，使电动机得到的正弦波电压非常完美，从而保证了电梯的平稳运行。

② 开关频率。二者都有很高的开关频率（10kHz 左右）。开关频率越高，电梯运行曲线越完美，电梯舒适感越好，电磁兼容性也越好。

③ 可靠性。二者都采用了安全保护措施，使平均无故障时间大大提高，可靠性也明显提高。

（2）器件选用

① 专用变频器采用 1GBT、GTR 和 IPM 模块，拖动采用 16 位或 32 位微处理器。

② 通用变频器＋PLC：采用 ICHT 模块，PLC 采用 16 位微处理器。

可以看出专用变频器不仅可采用 IGBT（大功率绝缘栅极晶体管）模块，还可采用 GTR（大功率晶体管）模块及 IPM（智能控制）模块，并运用 32 位微处理器，技术上明显比通用变频器＋PLC 先进完善。

（3）通信能力和系统开发方面

二者都配有 RS485 接口或 RS422 接口，具有很强的通信能力。但通用变频器＋PLC 控制的电梯，其通信数据量比专用变频器控制的电梯要少。

专用变频器开发的创始阶段较难，但技术成熟后的扩展性强，并且可不断完善升级；而通用变频器＋PLC 开发的初始阶段较容易，但以后的扩展性相对较弱，并受器件选用的约束，较难扩展。

（4）选择范围和安装维修

专用变频器控制技术，由技术引进→技术消化→技术应用（含技术发展过程），已有一个相当完善的过程，国内应用能力也有所提高。它既可用于进口电梯，也可用于国产电梯，选择范围广。而通用变频器＋PLC 控制技术中采用的通用变频器和 PLC 大部分均需进口，技术依赖性强，选择范围小。

二者安装均较方便。由于微处理器的容量问题，专用变频器控制技术在故障检修时，可显示的故障代码内容广泛。而通用变频器＋PLC 控制技术中可显示的故障代码内容较少，因此维修相对不便。

（5）特性

专用变频器是专门为电梯设计的，因此设计时要考虑耐压、耐流、寿命等因素。其要求应用的电动机必须是感应电动机，总体特性较好。通用变频器不是专门为电梯设计的，适用面较广，对一些特殊要求无法达到，其要求应用的电动机为普通电机，总体特性较差。

由此可见，在 VVVF 电梯拖动系统中，应用专用变频器控制技术的各种性能均优于通用变频器＋PLC 控制技术。上海三菱电梯有限公司是应用专用变频器控制技术生产电梯厂家的典型代表，不论它早期生产的 SP-VF 和 MP-VF 系列电梯，还是它现在生产的 CPS 系列化电梯，在 VVVF 电梯拖动系统中均采用了专用变频器控制技术。

4. 变频调速技术在电梯门机系统中的应用

（1）电梯自动门机

为提高工作效率，所有的电梯门都有自动启闭、开关迅速的特点。但为了避免在起止端发生冲击，要求自动门机应具有自动调速的功能。为了使开关迅速，在起止端又不发生撞击，电梯的门在开关时应具有合理的速度变化。

1）开门过程的速度变化 图 4-109 所示是电梯开门速度变化过程：①低速启动运行时段（T_1）；②加速至全速运行时段（T_2）；③减速运行时段（T_3）；④停机，惯性运行至门全开时段（T_4）。

开门时间：$T=T_1+T_2+T_3+T_4(\mathrm{s})$

开门平均速度 $v=S/T(\mathrm{m/s})$，S 为开门宽度。

2）关门过程的速度变化 图 4-110 所示是电梯关门速度变化过程：①全速运行时段（T_1）；②第一级减速运行时段（T_2）；③第二级减速运行时段（T_3）；④停机，惯性运行至门全闭时段（T_4）。

关门时间：$T=T_1+T_2+T_3+T_4(\mathrm{s})$

关门平均速度 $v=S/T(\mathrm{m/s})$，S 为关门宽度。

为使电梯门机自动按上述开、关门速度图形运行，通常都是采用直流电动机加电阻的控制结构，通过改变电阻值达到调速的目的。然而这种方式存在着控制精度差、速度变化率小等缺点。

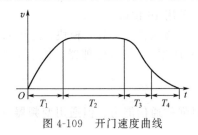

图 4-109 开门速度曲线

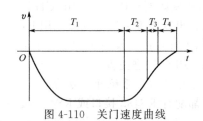

图 4-110 关门速度曲线

（2）电梯 VVVF 门机

自 GPS 系列电梯起，上海三菱电梯有限公司将 VVVF 技术全面应用到电梯门机系统中。VVVF 门机系统主要由电梯专用变频器和无自锁蜗轮蜗杆减速器组成。

这种门机的工作原理是先通过编码器获得闭环控制所需的速度反馈信号，然后由此信号控制电梯专用变频器，并驱动电动机，经无自锁蜗轮蜗杆减速器和同步齿型带，将动力传给门扇和带有终端锁闭装置的终端驱动按杆门刀，实现轿门和厅门的开、关同步运行。由于该电梯专用变频器采用计算机控制进行电压矢量变换和低速逼近运行，自动补偿了开、关门运行误差。通过集中显示门运行模式、运行状态、运行位置、开关门宽度和运行次数，使用户的操作更加方便。

为满足用户不同的运行需求，计算机把堵转、安全触板、光幕信号的处理分解为内外两种，当计算机接收到上述三种信号时，可由用户分别选择外控开门和自动开门方式。在手动运行时，由于采用了全程锁定的技术，提高了检修时的安全性。

总之，采用 VVVF 门机系统后，使电梯开关门运行轻缓平稳、灵敏、高效、安全可靠，大大减少了电路的连线和接口，同时也就减少了故障点，使电梯门机系统从根本上摆脱了事故频发的局面，保证了楼宇交通的畅行。

【例 4-21】 变频器典型应用实例

图 4-111～图 4-117 中给出了日本安川电机公司的通用型变频器 VS-616G11 的标准接线图和几种典型用途的接线图。

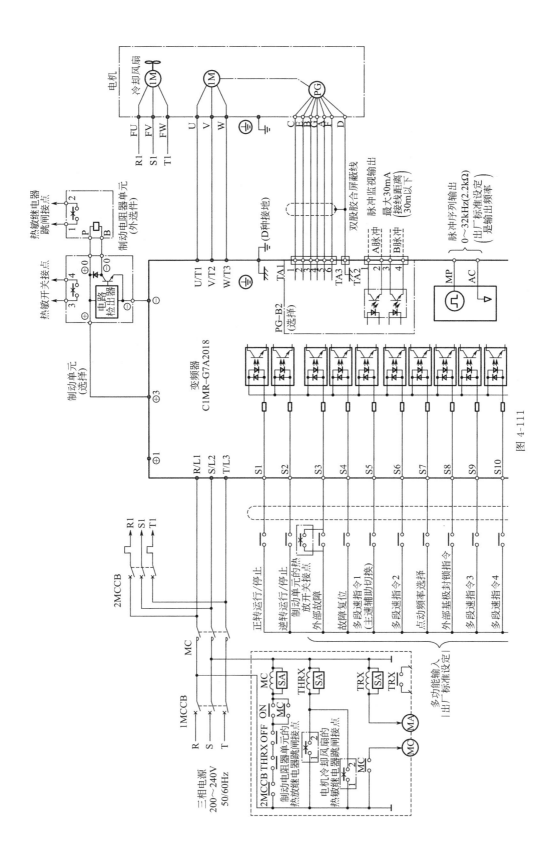

图 4-111

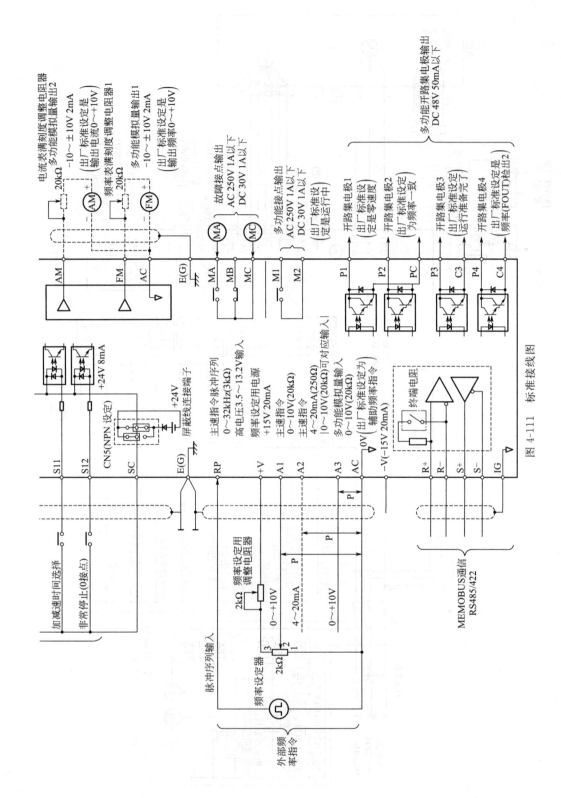

图 4-111 标准接线图

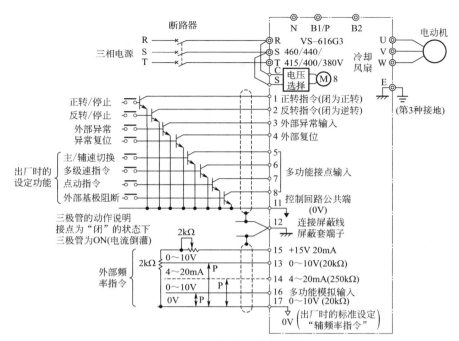

图 4-112　和 PLC 配合运行

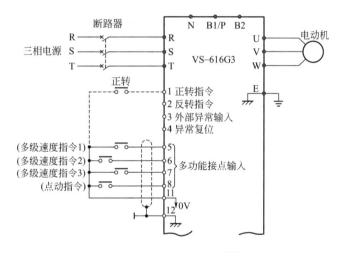

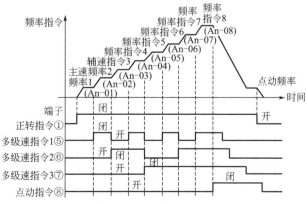

图 4-113　多级调速运行

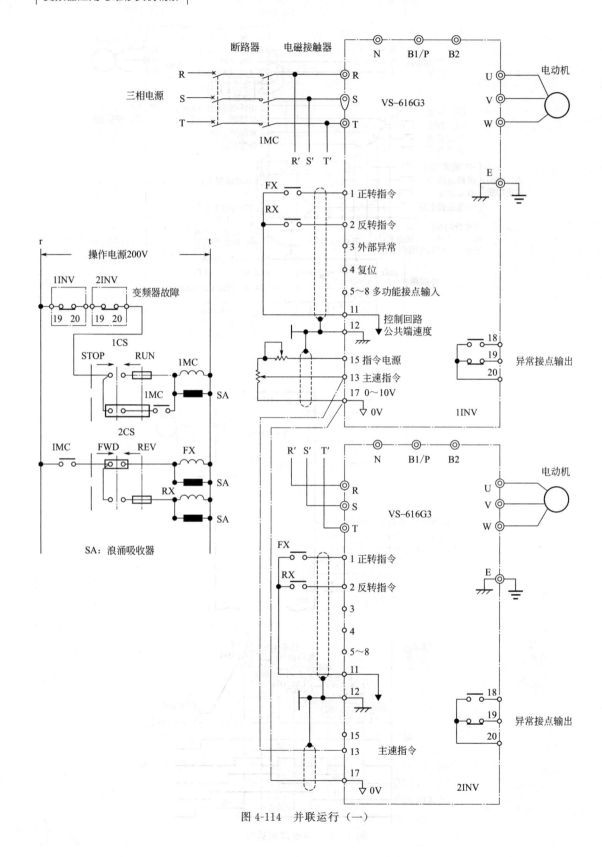

图 4-114 并联运行（一）

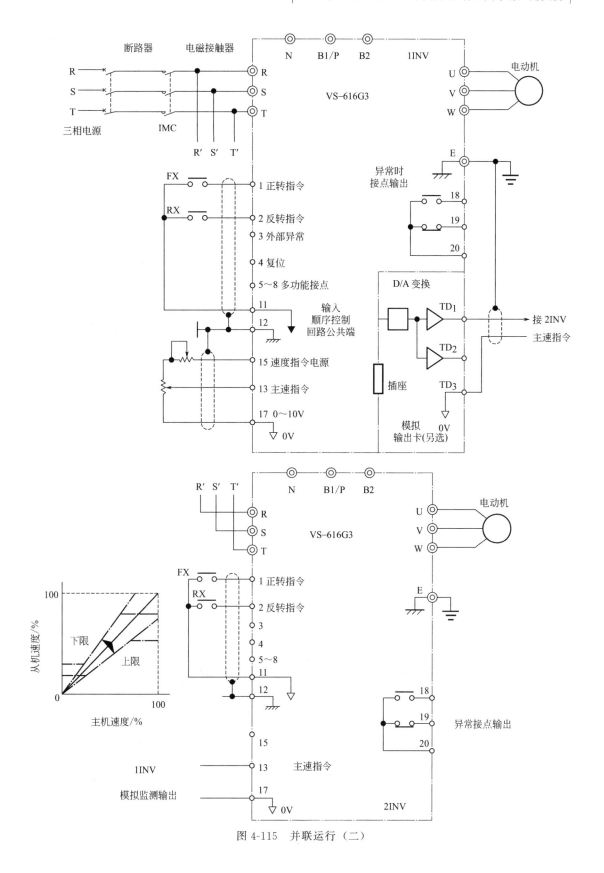

图 4-115　并联运行（二）

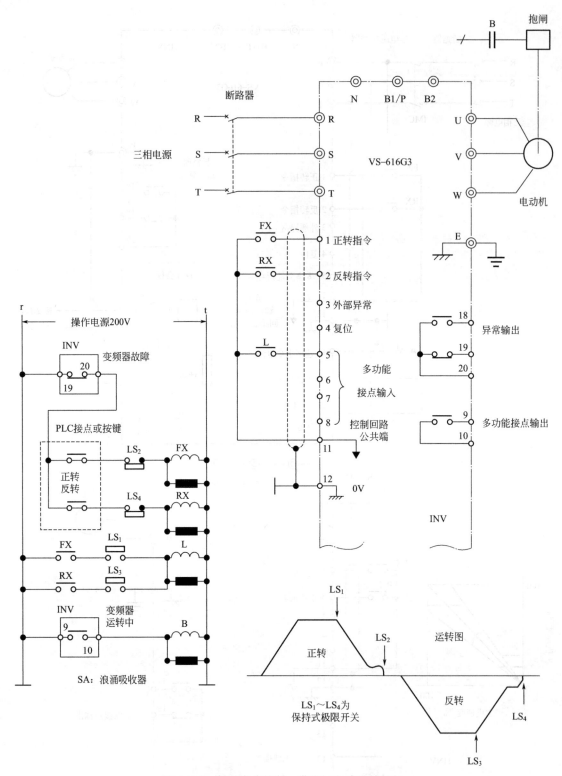

图 4-116 简易定位控制、带抱闸电动机的运行

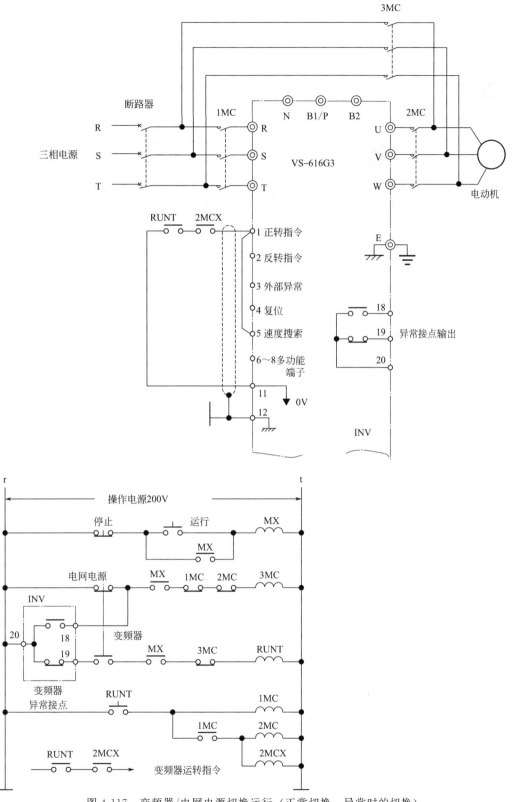

图 4-117 变频器/电网电源切换运行（正常切换、异常时的切换）

第五章 ▶▶▶

变频器与PLC、触摸屏、组态软件、网络等的综合应用实例

【例 5-1】 变频器与 PLC、触摸屏综合控制的恒压供水系统

一、恒压供水系统

1. 水泵供水的基本模型与主要参数

（1）基本模型

图 5-1 所示是一生活小区供水系统的基本模型，水泵将水池中的水抽出并上扬至所需高度，以便向生活小区供水。

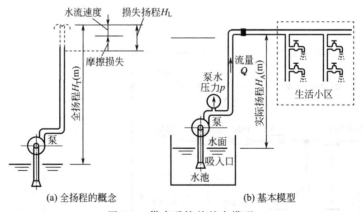

(a) 全扬程的概念　　　　　(b) 基本模型

图 5-1　供水系统的基本模型

（2）主要参数

① 流量　流量是泵在单位时间内所抽送液体的数量，常用的流量是体积用流量，用 Q 表示，其单位是 m^3/s 或 m^3/h。

② 扬程　扬程是指单位质量的液体通过泵后所获得的能量。扬程主要包括 3 个方面：提高水位所需的能量；克服水在管路中流动阻力所需的能量；使水流具有一定的流速所需的能量。扬程通常用所抽送液体的液柱高度 H 表示，其单位是 m，习惯上常将水从一个位置上扬到另一个位置时水位的变化量（即对应的水位差）来代表扬程。

③ 全扬程　全扬程又称总扬程，是表征水泵泵水能力的物理量，包括把水从水池的水

面上扬到最高水位所需的能量、克服管阻所需的能量和保持流速所需的能量，符号是 H_T，在数值上等于在没有管阻，也不计流速的情况下，水泵能够上扬水的最大高度。

④ 实际扬程　实际扬程是通过水泵实际提高水位所需的能量，符号是 H_A，在不计损失和流速的情况下，其主体部分正比于实际的最高水位与水池水面之间的水位差。

⑤ 损失扬程　全扬程与实际扬程之差，即为损失扬程，符号是 H_L，H_T、H_A、H_L 三者之间的关系是：$H_T = H_A + H_L$。

⑥ 管阻　表示管道系统（包括水管、阀门等）对水流阻力的物理量，符号是 P。其大小在静态时主要取决于管路的结构和所处的位置，而在动态情况下，还与供水流量和用水流量之间的平衡情况有关。

2. 供水系统的特性

（1）扬程特性

扬程特性即水泵的特性。在管路中阀门全打开的情况下，全扬程 H_T 随流量 Q_H 变化的曲线 $H_T = f(Q_u)$，称为扬程特性。如图 5-2 所示，图中，A_1 点是流量较小（等于 Q_1）时的情形，这时全扬程较大，为 H_{T1}。A_2 点是流量较大（等于 Q_2）时的情形，这时全扬程较小。这表明用户用水越多（流量越大），管道中的摩擦损失以及保持一定的流速所需的能量也越大，故供水系统的全扬程就越小，流量的大小取决于用户。因此，扬程特性反映了用户的用水需求对全扬程的影响。

（2）管阻（路）特性

管阻（路）特性反映了为了维持一定的流量而必须克服管阻所需的能量。它与阀门的开度有关，实际上是表明当阀门开度一定时，为了提高一定流量的水所需要的扬程。因此，这里的流量表示供水流量，用 Q_G 表示，所以管阻特性的函数关系是 $H_T = f(Q_G)$，如图 5-3 所示。显然，当全扬程不大于实际扬程（$H_T < H_A$）时，是不可能供水（$Q_G = 0$）的。因此，实际扬程也是能够供水的"基本扬程"。在实际的供水管路中流量具有连续性，并不存在供水流量与用水流量的差别，这里的流量是为了便于说明供水能力和用水需求之间的关系而假设的量。

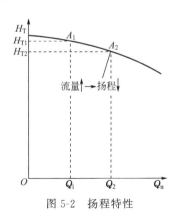

图 5-2　扬程特性

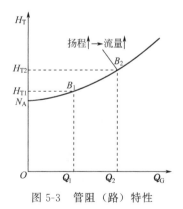

图 5-3　管阻（路）特性

从图 5-3 中可以看出，在供水流量较小（$Q_c = Q_1$）时，所需量程也较小（$H_T = H_{T1}$），如 B_1 点；反之，在供水量较大（$Q_c = Q_2$）时，所需量程也较大（$H_T = H_{T2}$），如 B_2 点。

3. 供水系统的工作点

（1）工作点

扬程特性曲线和管阻特性曲线的交点，称为供水系统的工作点，如图 5-4 中的 A 点所示。在这一点，系统既要满足扬程特性曲线①，也要符合管阻特性曲线②，供水系统才处于平衡状态，系统稳定运行。如阀门开度为 100%，转速也为 100%，则系统处于额定状态，这时的工作点成为额定工作点，或称自然工作点。

（2）供水功率

供水系统向用户供水时，电动机所消耗的功率 P_0(kW) 称为供水功率，供水功率与流程 Q 和扬程 H_T 的乘积成正比，即：

$$P_G = G_P H_T Q$$

式中，G_P 为比例常数。

由图 5-4 可以看出，供水系统的额定功率与 $ODAG$ 面积成正比。

4. 调节流量的方法

在供水系统中，最根本的控制对象是流量。因此，要研究节能问题必须从如何调节流量入手。最常见的方法有阀门控制法和转速控制法两种。

（1）阀门控制法

阀门控制法是通过开关阀门大小来调节流量的方法，即转速保持不变，通常为额定转速。阀门控制法的实质是：水泵本身的供水能力不变，而是通过改变水路中的阻力大小改变供水能力，以适应用户对流量的需求。这时管阻特性将随阀门开度的大小而改变，但扬程特性不变。如图 5-5 所示，设用户所需流量从 Q_A 减小到 Q_B，当通过关小阀门来实现时，管阻特性曲线②则改变为曲线③，而扬程特性仍为曲线①，供水的工作点由 A 点移至 B 点，这时流量减小，但扬程却从 H_{TA} 增大到 H_{TB}，由公式 $P_G = G_P H_T Q$ 可知，供水功率 P_G 与 $OEBF$ 面积成正比。

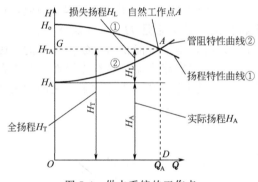

图 5-4　供水系统的工作点

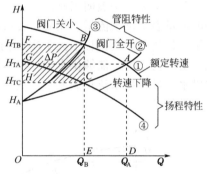

图 5-5　调节流量的方法与比较

（2）转速控制法

转速控制法就是通过改变水泵的转速来调节流量的方法，而阀门开度则保持不变（通常为最大开度）。转速控制法的实质是通过改变水泵的全扬程来适应用户对流量的要求。当水泵的转速改变时，扬程特性将随之改变，而管阻特性不变。仍以用户所需流量 Q_A 减为 Q_B 为例，当转速下降时，扬程特性下降为曲线④，管阻特性则仍为曲线②，故工作点移至 C 点，可见在流量减小为 Q_B 的同时，扬程减小为 H_{TC}，供水功率 P_G 与 $OECH$ 面积成正比。

比较上述两种调节流量的方法，可以看出在所需流量小于额定流量的情况下，转速控制时扬程比阀门控制时小得多，所以转速控制方式所需的供水功率比阀门控制方式小很多。图 5-5 所示中 $CBFH$ 阴影部分的面积即表示为两者供水之差 ΔP，也就是转速控制方式节约的供水功率，它与 $CBFH$ 面积成正比，这是采用调速供水系统具有节能效果的最基本方面。

5. 从水泵的工作效率看节能

（1）工作效率的定义

水泵的供水功率 P_G 与轴功率 P_P 之比，即为水泵的工作效率 η_P，即：

$$\eta_P = P_G / P_P$$

式中，P_P 为水泵的轴功率，是指水泵的输入功率（电动机的输出功率）或是水泵的取用功率；P_G 为水泵的供水功率，是根据实际供水扬程和流量算得的功率，是供水系统的输出功率。

因此，这里所说的水泵工作效率，实际上包含了水泵本身的效率和供水系统的效率。

（2）水泵工作效率的近似计算公式

水泵工作效率相对值 η_P^* 的近似计算公式为：

$$\eta_P^* = C_1(Q^*/n^*) - C_2(Q^*/n^*)^2$$

式中 η_P^*，Q^*，n^*——效率、流量和转速的相对值（即实际值与额定值之比的百分数）；

C_1，C_2——常数，由制造厂提供。

C_1 与 C_2 之间通常遵守如下规律：$C_1 - C_2 = 1$。上式表明水泵的工作效率主要取决于流量与转速之比。

（3）不同控制方式下的工作效率

由上式可知，当通过关小阀门来减小流量时，由于转速不变，$n^* = 1$，比值 $Q^*/n^* = Q^*$。其效率曲线如图 5-6 中的曲线①所示。当流量 $Q^* = 60\%$ 时，其效率将降至 B 点。可见，随着流量的减小，水泵工作效率的降低是十分明显的。而在转速控制方式下，由于阀门开度不变，流量 Q^* 与转速 n^* 是成正比的，比值 Q^*/n^* 不变，其效率曲线如图 5-6 中的曲线②所示。当流量 $Q^* = 60\%$ 时，效率由 C 点决定，它和 $Q^* = 100\%$ 时的效率（A 点）是相等的。就是说，采用转速控制方式时，水泵的工作效率总是处于最佳状态。所以，转速控制方式与阀门控制方式相比，水泵的工作效率要大得多，这是采用变频调速供水系统具有节能效果的第二方面。

6. 从电动机的效率看节能

水泵厂在生产水泵时，由于对用户的管路情况无法预测，管阻特性难以准确计算，必须对用户的需求留有足够的余量等，在决定额定扬程和额定流量时，通常余量也较大。所以在实际运行过程中，即使在用水量的高峰期，电动机也常常并不处于满载状态，其功率因数和效率都比较低。

采用了转速控制方式以后，可将排水阀完全打开而适当降低转速，由于电动机在低频运行时，变频器的输出电压也将降低，从而提高电动机的工作效率，这是变频调速供水系统具有节能效果的第三个方面。

综合起来，水泵的轴功率与流量间的关系如图 5-7 所示。图中，曲线①是调节阀门开度时的功率曲线，当流量 $Q^* = 60\%$ 时，所消耗的功率由 C 点决定。由图可知，与调节阀门开度相比，调节转速时所节约的功率 ΔP^* 是相当可观的。

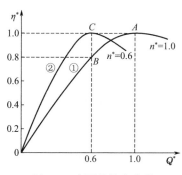

图 5-6 水泵的效率曲线

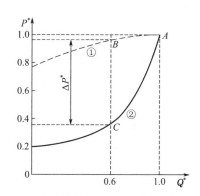

图 5-7 水泵的轴功率与流量间的关系曲线

7. 二次方根负载实现调速后如何获得最佳节能效果

如图 5-8 所示，曲线 0 是二次方根负载的机械特性。曲线 1 是电动机在 U/f 控制方式下转矩补偿为 0（电压调节比 K_U ＝频率调节比 K_f）时的有效转矩线，与图 5-8(b) 中的曲线 1 对应。当转速为 n_X 时，由曲线 0 可知，负载转矩为 T_{LX}，由曲线 1 可知，电动机的有效转矩为 T_{MX}。

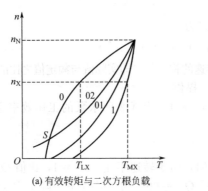

(a) 有效转矩与二次方根负载

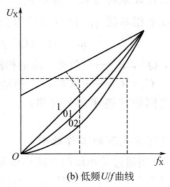

(b) 低频U/f曲线

图 5-8　电动机的有效转矩与低频 U/f 曲线

很明显，即使转矩补偿为 0，在低频运行时，电动机的转矩与负载转矩相比，仍有较大的余量，这说明该拖动系统还有相当大的节能余量。

为此变频器设置了若干低频 $U/f(K_U<K_f)$ 线，如图 5-8(b) 中曲线 01 和曲线 02 所示，与此对应的有效转矩线如图 5-8(a) 中的曲线 01 和曲线 02 所示。但在选择 $U/f(K_U<K_f)$ 线时，有时也会发生难启动的问题，如图 5-8(a) 中曲线 01 和曲线 02 的交点 S 点所示，显然在 S 点以下，拖动系统不能启动，可采取以下对策。

① U/f 线选用曲线 01。

② 适当加大启动频率，以避免死点区域。

应当注意的是，几乎所有变频器在出厂时都将 U/f 线设定在具有一定补偿量的情况下 $(U/f>1)$。如果用户未经功能预置，直接接上水泵或风机运行，节能效果就不明显了。个别情况下，甚至会出现低频运行时的励磁电流过大而跳闸的现象。

二、冷却泵的通信连接

通常 PLC 可以通过下面三种途径来控制变频器：

① 利用 PLC 的模拟量输出模块控制变频器。

② PLC 通过通信接口控制变频器。

③ 利用 PLC 的开关量输入/输出模块控制变频器。

1. PLC 的三种连接方法

（1）利用 PLC 的模拟量输出模块控制变频器

PLC 的模拟量输出模块输出 0～5V 电压或 4～20mA 电流，将其送给变频器的模拟电压或电流输入端，控制变频器的输出频率。这种控制方式的硬件接线简单，但是 PLC 的模拟量输出模块价格相当高，有的用户难以接受。

（2）PLC 通过 485 通信接口控制变频器

这种控制方式的硬线接线简单，但需要增加通信用的接口模块，这种模块的价格可能较高，熟悉通信模块的使用方法和设计通信程序可能要用较多的时间。

（3）利用 PLC 的开关量输入/输出模块控制变频器

PLC 的开关量输入/输出端一般可以与变频器的开关量输入/输出端直接相连。这种控制方式的接线很简单，抗干扰能力强，PLC 的开关量输出模块可以控制变频器的正反转、转速和加减速时间，能实现较复杂的控制要求。虽然只能有级调速，但对于大多数系统，这已足够了。

2. PLC 通过 485 通信接口控制变频器

PLC 通过 485 通信接口控制变频器系统硬件组成如图 5-9 所示，主要由下列组件构成。

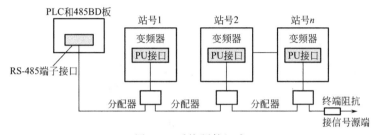

图 5-9　系统硬件组成

① 系统所用 PLC，如 FX2N 系列。

② FX2N-485-BD 为 FX2N 系统 PLC 的通信适配器，主要用于 PLC 与变频器之间数据的发送和接收。

③ SC09 电缆用于 PLC 与计算机之间的数据传送。

④ 通信电缆采用五芯电缆，可自行制作。

3. PLC 与 485 通信接口的连接方式

变频器端的 PU 接口用于 RS-485 通信时的接口端子排定义如图 5-10 所示。五芯电缆线的一端接变频器 FX-485BD，另一端用专用接口压接五芯电缆接变频器的 PU 口，如图 5-11 所示。

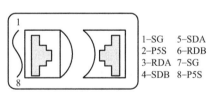

图 5-10　变频器接口端子排定义

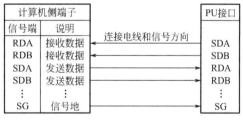

图 5-11　PLC 与变频器的通信连接示意图

4. PLC 和变频器之间的 RS-485 通信协议和数据传送形式

（1）PLC 和变频器之间的 RS-485 通信协议

PLC 和变频器进行通信，通信规格必须在变频器的初始化状态下设定，如果没有进行设定或有一个错误的定位，数据将不能进行通信。且每次参数设定后，需复位变频器，确保参数的设定生效。设定好参数后将按图 5-12 所示的协议进行数据通信。

（2）数据传送形式

① 从 PLC 到变频器的通信请求数据。

② 数据写入时从变频器到 PLC 的应答数据。

③ 数据读出时从变频器到 PLC 的应答数据。

④ 数据读出时从 PLC 到变频器的发送数据。

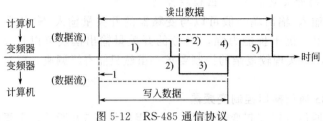

图 5-12　RS-485 通信协议

三、实践训练

利用 PLC 和变频器来实现恒压供水的自动控制，现场压力信号的采集由压力传感器完成。整个系统可由触摸屏进行实时监控。其组成如图 5-13 所示。

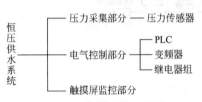

图 5-13　控制系统组成图

1. 工具、仪表和器材准备

（1）工具

电工工具 1 套，电动工具及辅助测量用具等。

（2）仪表

MF-500B 型万用表、数字万用表 DT9202、5050 型绝缘电阻表、频率计、测速表各 1 个。

（3）器材

三菱 FR-A740-7.5k-CHT 变频器、三菱 PLC、三菱触摸屏、0～10V 信号发生器、24V 直流电源、压力变送器各 1 个，7.5kW 电动机 3 台，按钮 2 只，单极开关 7 只，信号灯 2 个，交流接触器 6 个，计算机及 PLC 应用软件、触摸屏软件 1 套，导线若干等。

2. 操作步骤

（1）恒压供水控制系统工作原理

本设计是利用 PLC 控制继电器组，来达到变频-工频切换的。恒压供水系统为闭环控制系统，其工作原理为：供水的压力通过传感器采集给系统，再通过变频器的 A/D 转换模块将模拟量转换成数字量，同时，变频器的 A/D 将压力设定值转换成数字量，两个数据同时经过 PID 控制模块进行比较，PID 根据变频器的参数设置进行数据处理，并将数据处理的结果以运行频率的形式控制输出。PID 控制模块具有比较和差分的功能，供水的压力低于设定压力，变频器就会将运行频率升高，相反则降低，并且可以根据压力变化的快慢进行差分调节。以负作用为例，如果压力在上升接近设定值的过程中，上升速度过快，PID 运算也会自动减少执行量，从而稳定压力，如图 5-14 所示。供水压力经 PID 调节后的输出量，通过交流接触器组进行切换以控制水泵的电动机。在水网中的用水量增大时，会出现一台"变频泵"效率不够的情况，这时就需要其他的水泵以工频的形式参与供水，交流接触器组就负责水泵的切换工作，由 PLC 控制各个接触器是工频供电还是变频供电，按需要选择水泵的运行方式。

（2）变频器的 PID 设定

在 PID 控制下，使用一个标准输出信号为 4～20mA，量程范围为 0～0.5MPa 的传感器作为反馈信号与变频器的给定信号进行比较来调节水泵的供水压力，设定值通过变频器的 2 和 5 端子（0～5V）给定。变频器的 PID 参数设置流程图如图 5-15 所示。

如果需要校准时，则用 Pr.902～Pr.905 校正传感器的输出，在变频器停止时，在 PU 模式下输入设定值，见表 5-1。

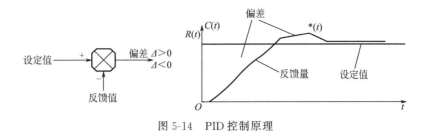

图 5-14　PID 控制原理

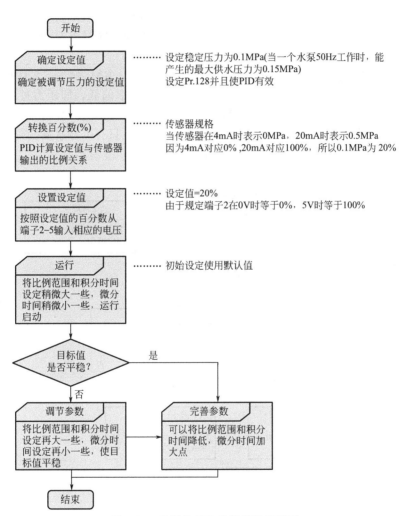

图 5-15　变频器 PID 参数设置流程图

表 5-1　模拟输入电压、电流、频率的校正参数设定表

参数号	功能	设定值	
Pr. 902	设定端子 2 的设定偏置频率	0V	0Hz
Pr. 903	设定端子 2 的频率设定增益	5V	100%
Pr. 904	设定端子 4 的设定偏置频率	4mA	0Hz
Pr. 905	设定端子 4 的频率设定增益	20mA	100%

（3）程序设计

1）设计分析 PLC 在这个项目中的作用是控制交流接触器组进行工频-变频的切换和水泵工作数量的调整。由操作步骤中主回路的接线图可以看出，交流接触器组中的 KM_0 与 KM_1 分别控制 1 号水泵的变频运行和工频运行，而 KM_2 和 KM_3 则控制 2 号水泵的变频与工频，KM_4 与 KM_5 控制 3 号水泵的变频启动，考虑到操作的安全，这里没有把 3 号水泵的工频运行进行连接，即没有实现 3 台水泵同时工频运行。读者可结合实际生产工艺使用的要求，实行 3 台水泵的全工频运行。本项目的运行要求如下所述：

① 系统启动时，KM_0 闭合，1 号水泵以变频方式运行。

② 当变频器的运行频率超出设定值时输出一个上限信号，PLC 通过这个上限信号后将 1 号水泵由变频运行转为工频运行，KM_0 断开，KM_1 吸合，同时 KM_2 吸合，变频启动 2 号水泵。

③ 如果再次接到变频器上限输出信号，则 KM_2 断开，KM_3 吸合，2 号水泵变频转为工频，同时 KM_4 闭合，3 号水泵变频运行。如果变频器频率偏低，即压力过高，则输出下限信号使 PLC 关闭 KM_4、KM_3，开启 KM_2，2 号水泵变频启动。

④ 再次收到下限信号就关闭 KM_2、KM_1，吸合 KM_0，只有 1 号水泵变频工作。

由控制要求可画出本项目 PLC 参考程序流程图，如图 5-16 所示。

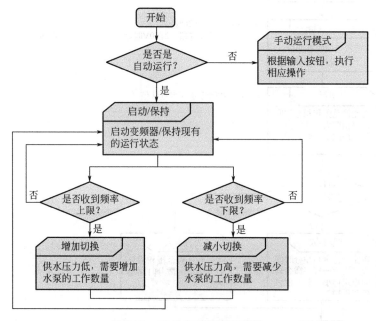

图 5-16 PLC 参考程序流程图

2）分配输入/输出点数 结合项目内容列出恒压供水 PLC 控制的 I/O 分配表，见表 5-2。

表 5-2 恒压供水 I/O 分配表

输入信号			输出信号		
名称	代号	输入点编号	输出点编号	代号	名称
启动按钮	SB_1	X1	Y0	STF	变频运行正转
停止按钮	SB_2	X2	Y1	RT	PID 控制有效端
手自动切换	SA_1	X3	Y4	HL_1	上限指示灯信号

输入信号			输出信号		
名称	代号	输入点编号	输出点编号	代号	名称
上限检测信号	FU	X4	Y5	HL_2	下限指示灯信号
下限检测信号	OL	X5	Y21	KM_0	电动机 1 变频控制接触器
电动机 1 变频运行(手动)	SA_2	X6	Y22	KM_1	电动机 1 工频控制接触器
电动机 1 工频运行(手动)	SA_3	X7	Y23	KM_2	电动机 2 变频控制接触器
电动机 2 变频运行(手动)	SA_4	X10	Y24	KM_3	电动机 2 工频控制接触器
电动机 2 工频运行(手动)	SA_5	X11	Y25	KM_4	电动机 3 变频控制接触器
电动机 3 变频运行(手动)	SA_6	X12	Y26	KM_5	电动机 3 工频控制接触器
电动机 3 工频运行(手动)	SA_7	X13			

3) 画出 FLC 接线图　接线图如图 5-17 所示。

4) 画出变频器控制回路的接线图　变频器控制回路的接线图如图 5-18 所示，变频器启动运行靠 PLC 的 Y0 控制，频率检测的上/下限信号分别通过变频器的输出端子功能 FU、OL 输出至 PLC 的 X4、X5 输入端。PLC 的 X3 输入端为手/自动切换信号输入端，变频器 RT 输入端为手/自动切换开关。调整时，PID 控制是否有效，由 PLC 的输出端 Y1 供给信号。故障报警输出连接 PLC 的 X2 与 COM 端，当系统故障发生时输出接点信号给 PLC，由 PLC 立即控制 Y0 断开，停止输出。PLC 输入端 SB_1 为启动按钮，SB_2 为停止按钮，SA_1 为手自动切换，由 SA_2～SA_7 手动控制变频工频的启动和切换。在自动控制时由压力传感器发出的信号（4～20mA）和被控制信号（给定信号，变频器 2 端，也可用 0～10V 信号发生器供给）进行比较通过 PID 调节输出一个频率可变的信号改变供水量的大小，从而改变了压力的高低，实现了恒压供水控制。

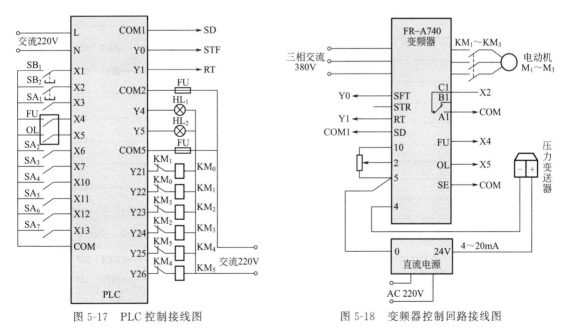

图 5-17　PLC 控制接线图　　　　　图 5-18　变频器控制回路接线图

5) PLC 控制状态流程图和程序梯形图　状态流程图如图 5-19 所示。参考程序梯形图如图 5-20 所示。

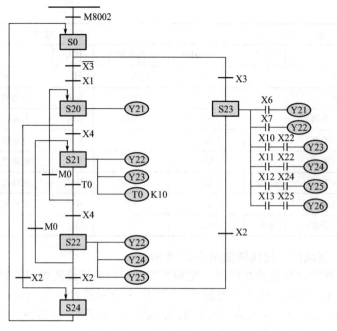

图 5-19　PLC 控制状态流程图

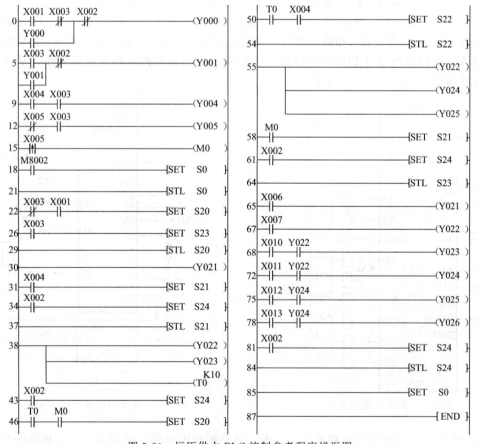

图 5-20　恒压供水 PLC 控制参考程序梯形图

（4）根据系统控制要求进行变频器参数设置

变频器参数设置见表 5-3。

表 5-3　恒压供水控制参数设定表

参数代码	功能	设定数据
Pr. 1	上限频率	50Hz
Pr. 2	下限频率	0Hz
Pr. 3	基准频率	50Hz
Pr. 7	加速时间	3s
Pr. 8	减速时间	3s
Pr. 9	电子过电流保护	14.3A
Pr. 14	适用负载选择	0
Pr. 20	加减速基准频率	50Hz
Pr. 42	输出频率检测	10Hz
Pr. 50	第 2 输出频率检测	50Hz
Pr. 73	模拟量输入的选择	1
Pr. 77	参数写入选择	0
Pr. 78	逆转防止选择	1
Pr. 79	运行模式选择	2
Pr. 80	电动机（容量）	7.5kW
Pr. 81	电动机（极数）	2 极
Pr. 82	电动机励磁电流	13A
Pr. 83	电动机额定电压	380V
Pr. 84	电动机额定频率	50Hz
Pr. 125	端子 2 设定增益频率	50Hz
Pr. 126	端子 4 设定增益频率	50Hz
Pr. 128	PID 动作选择	20
Pr. 129	PID 比例带	100%
Pr. 130	PID 积分时间	10s
Pr. 131	PID 上限	96%
Pr. 132	PID 下限	10%
Pr. 133	PID 动作目标值	20%
Pr. 134	PID 微分时间	2s
Pr. 178	STF 端子功能的选择	60
Pr. 179	STR 端子功能的选择	61
Pr. 183	RT 端子功能的选择	14
Pr. 192	IPF 端子功能的选择	16
Pr. 193	OL 端子功能的选择	4
Pr. 194	FU 端子功能的选择	5
Pr. 195	ABC1 端子功能的选择	99
Pr. 267	端子 4 的输入选择	0
Pr. 858	端子 4 的功能分配	0

（5）根据系统结构进行主电路和控制电路的接线

① 主电路连接如图 5-21 所示。

② 交流接触器及 PLC 控制回路部分连接图如图 5-22 所示，即 Y21～Y26 分别控制继电器 KM_0～KM_5，KM_0 与 KM_1、KM_2 与 KM_3、KM_4 与 KM_5 之间分别互锁，防止它们同时闭合使变频器输出端接入电源输入端。

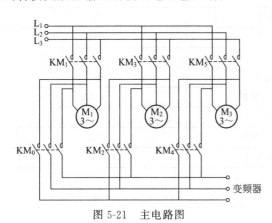

图 5-21　主电路图

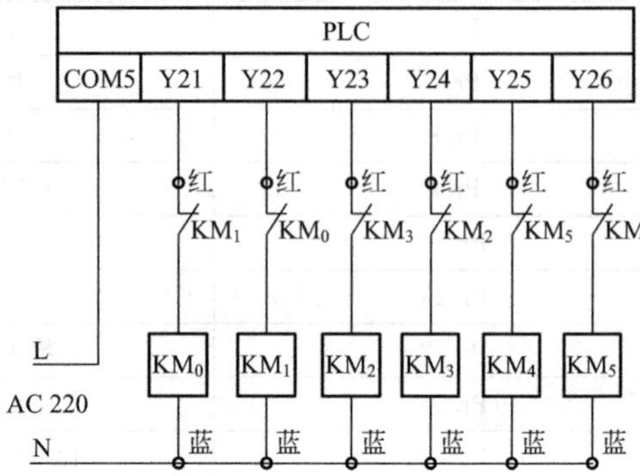

图 5-22　交流接触器控制回路图

（6）监控设计

1）触摸屏的接线。触摸屏与计算机及 PLC 的接线如图 5-23 所示。

图 5-23　触摸屏与计算机及 PLC 的接线

① 触摸屏应用程序设计。在触摸屏应用程序设计中，同样要完成系统的建立及画面的制作等内容。

② 新建触摸屏系统文件。新建一触摸屏编辑文件，所用触摸屏为三菱 GT1000 触摸屏，所用 PLC 为三菱 FX 系列。

2）制作触摸屏画面。具体步骤如下：

① 打开 GT Designer2 软件，设定机器连接属性及其连接驱动，如图 5-24 所示。

图 5-24　设定机器连接属性及其连接驱动

② 设定完成后进入主编辑区编辑制作系统界面，如图 5-25 所示。

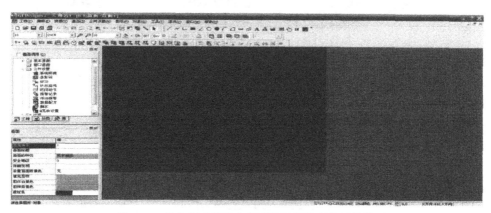

图 5-25　设定完成后进入主编辑区编辑制作系统界面

③ 系统中设置两个界面，分别为手动界面和自动界面，如图 5-26 所示。

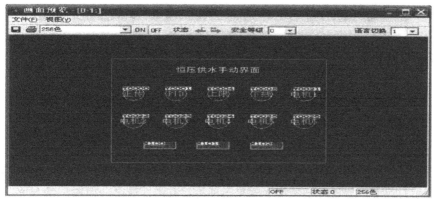

(a) 手动界面设定

(b) 自动界面设定

图 5-26　设置手动界面和自动界面

3) 界面具体操作步骤如下：

① 文本的组态。文本的组态有两种形式：一是可单击【图形】菜单下的文本；二是可直接单击 "A" 进入文本组态，这时界面鼠标由箭头变为十字。然后在界面文本位置上单击即可出现文本对话框，如图 5-27 所示。

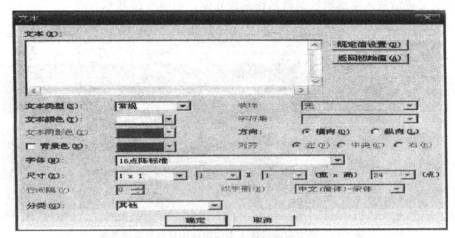

图 5-27 文本对话框

在文本框内输入所需文本即可。如需更改类型、颜色、背景色、字体、尺寸等可自行修改观察其变化。在这里采用默认，单击"确认"，如图 5-28 所示，完成文本输入。

图 5-28 文本输入

② 指示灯的组态。单击"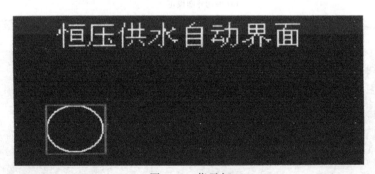"按钮，鼠标由箭头变为十字光标，然后在所需位置单击即可完成指示灯组态，如需继续添加继续单击即可，右击即退出，如图 5-29 所示。

图 5-29 指示灯

如需修改其大小可单击指示灯，然后用鼠标拖曳指示灯四角可进行放大或者缩小，修改指示灯属性需双击指示灯组件，如图 5-30 所示。

设定软元件连接，单击软元件进入图 5-31 所示界面。

在这里选择"Y0"单击"确定"按钮，完成软元件连接设定。显示方式里面有"ON"和"OFF"两种显示形式，可通过不同的颜色设定对界面进行美化，在这里设定"ON"形式，指示灯颜色为绿色，"OFF"时指示灯颜色为红色。文本设定为"正转"，如图 5-32 所示。

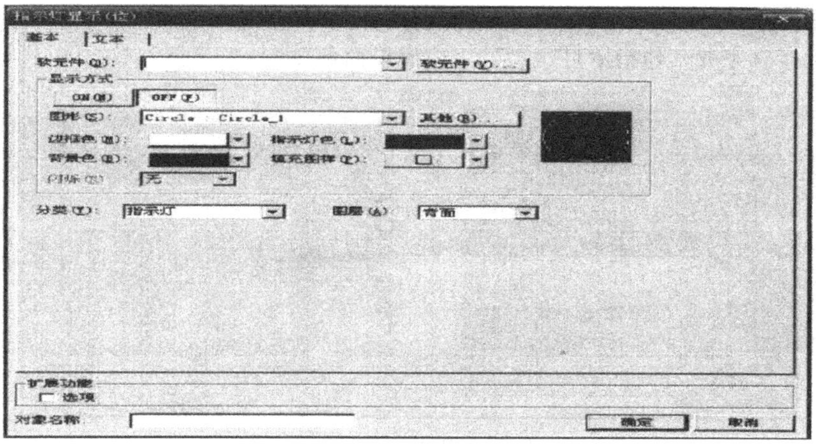

图 5-30 指示灯属性

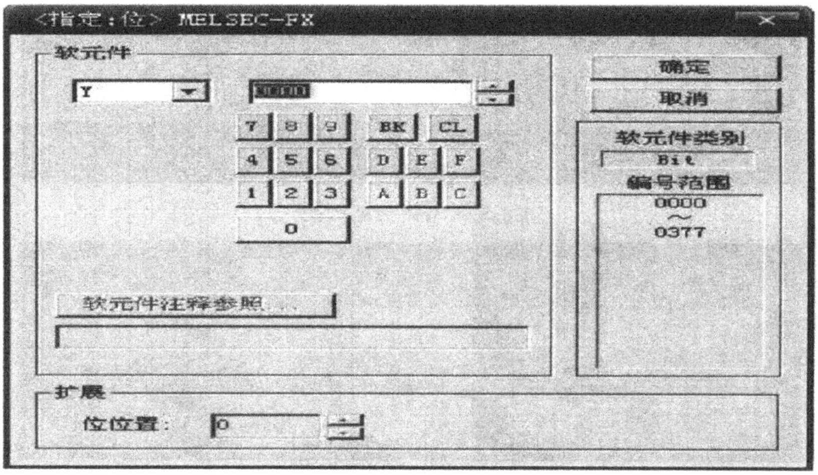

图 5-31 软元件连接

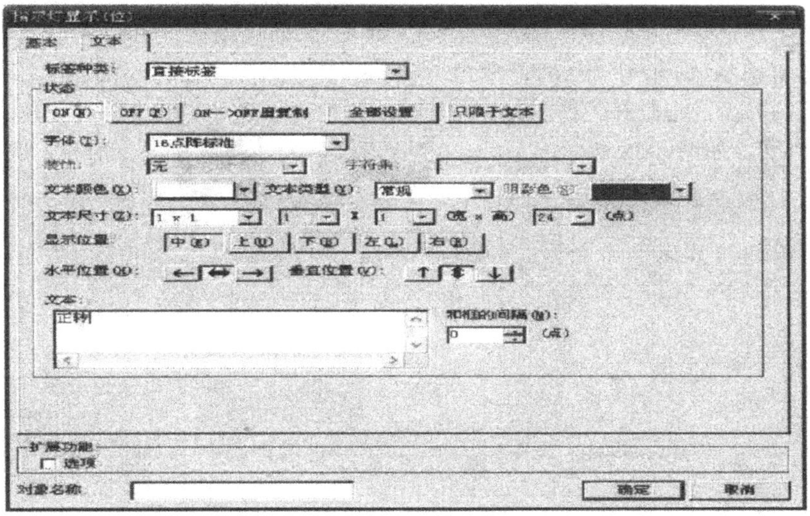

图 5-32 指示灯文本

输入文本后单击"确定"按钮后完成指示灯设定，如图 5-33 所示。

按照以上步骤完成其他指示灯组态，完成后界面如图 5-34 所示。

图 5-33　指示灯

图 5-34　指示灯设定界面

③ 按钮组态。单击"对象"按钮下"开关"下的"位开关"，鼠标由箭头变为十字光标，然后在所需位置单击即可完成指示灯组态，如需继续添加继续单击即可，右击即退出。如图 5-35 所示。

如需修改其大小可单击开关组件，然后用鼠标拖曳指示灯四角可进行放大或者缩小，修改指示灯属性需双击开关组件，如图 5-36 所示。

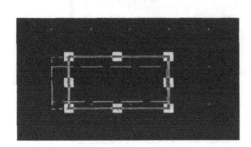

图 5-35　按钮

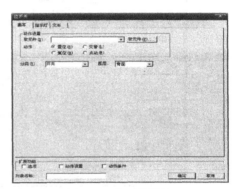

图 5-36　位开关属性

这里首先要设定位开关的动作设置连接，单击"软元件"，如图 5-37 所示，进入软元件设定界面。

软元件类型选择 M 编号为 100，单击"确定"完成位开关软元件设定，动作设置为"点动"，指示灯界面设定位开关指示灯"ON"时颜色为绿色，"OFF"时颜色为红色。文本设定为"启动"，如图 5-38 所示。

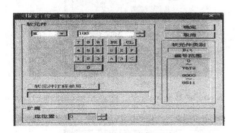

图 5-37　位开关软元件

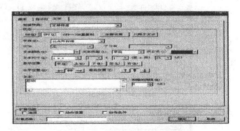

图 5-38　位开关文本设定

单击"确定"按钮，完成位开关属性设定，如图 5-39 所示。

完成后，设定界面如图 5-40 所示。

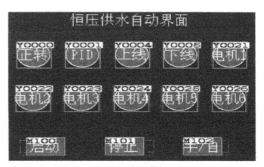

图 5-39　位开关设定　　　　　　　　　图 5-40　设定界面

④ 画面切换开关。单击"对象"按钮下"开关"下的"画面切换开关"，鼠标由箭头变为十字光标，然后在所需位置单击即可完成指示灯组态，如需继续添加继续单击即可，右击即退出，如图 5-41 所示。

如需修改其大小可单击画面切换开关组件，然后用鼠标拖曳指示灯四角可进行放大或者缩小，修改指示灯属性需双击画面切换开关组件，如图 5-42 所示。

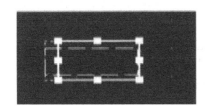

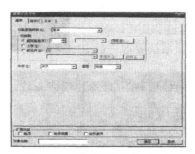

图 5-41　画面切换开关（一）　　　　　图 5-42　画面切换开关（二）

画面切换开关属性除基本界面与位开关属性不一样外其他指示灯、文本属性皆一致，只需调整切换到固定画面编号即可，单击"确定"按钮即可完成画面切换功能，其他设定请参照位开关文本属性及指示灯属性的设定。

其他界面设定请按照以上步骤完成。

4）设置各按键与 PLC 中软元件的对应关系。在上述画面完成后，将除切换按键以外的所有对象均通过属性的修改与 PLC 软元件建立对应关系，见表 5-4。

表 5-4　各对象的属性表

对象	名称	颜色		对应软元件	文本内容	其他
		OFF	ON			
开关	启动	绿色	红色	M100	启动	点动
开关	停止	绿色	红色	M101	停止	点动
开关	手/自	绿色	红色	M102	手/自	点动
开关	电动机1变频(手动)	绿色	红色	M103	电动机1	点动
开关	电动机1工频(手动)	绿色	红色	M104	电动机1	点动
开关	电动机2变频(手动)	绿色	红色	M105	电动机2	点动
开关	电动机2工频(手动)	绿色	红色	M106	电动机2	点动

对象	名称	颜色		对应软元件	文本内容	其他
		OFF	ON			
开关	电动机3变频（手动）	绿色	红色	M107	电动机3	点动
开关	电动机3工频（手动）	绿色	红色	M108	电动机3	点动
开关	画面切换	绿色				
指示灯	变频运行正转	红色	绿色	Y0	变频运行正转	
指示灯	PID控制有效端	红色	绿色	Y1	PID控制有效端	
指示灯	上限指示灯信号	红色	绿色	Y4	上限指示灯信号	
指示灯	下限指示灯信号	红色	绿色	Y5	下限指示灯信号	
指示灯	电动机1变频接触器	红色	绿色	Y21	电动机1变频接触器	

（7）系统运行调试

① 经检查无误后方可通电。在通电后不要急于运行，应先检查各电气设备的连接是否正常，然后进行单一设备的逐个调试。

② 按照系统要求进行变频器参数的设置，并手动运行调试直到正常。在系统手动状态下，则可通过"KM₀～KM₅"和"SA₁～SA₇"按键对系统进行手动调节控制。

③ 按照系统要求进行 PLC 程序的传入，在手动状态下进行模拟运行调试，观察输入和输出点是否和要求一致。

④ 将触摸屏和 PLC 连接构成通信，由已组好态的恒压供水软件画面进行监视和调控。

⑤ 对整个系统统一调试，包括安全和运行情况的稳定性，观察恒压的控制效果，如稳定性不是太好，可根据实际情况按照参数原理要求进行变频器 PID 控制参数的整定，直到系统在自动控制下稳定运行。

⑥ 在系统正常情况下，在自动控制状态下，按下启动按钮，系统就开始自动运行，向用户供水。根据用户多少，由压力变送器时刻感受压力的高低并传给变频器进行变频调速以实现压力的相对恒定，当达到压力的上下限时，内变频器检测信号检出并送给 PLC，进行电动机的变频及工频切换。由此实现了用户用水压力的恒定。

⑦ 当有故障发生时，异常报警输出并停止运行。也可手动按下停止按钮停止运行。

（8）注意事项

① 线路必须检查清楚才能通电。

② 要有准确的实践记录，包括变频器 PID 参数及其对应的系统峰值时间和稳定时间。

③ 对运行中出现的故障现象进行准确的描述分析。

④ 注意不能使变频器的输出电压和工频电压同时加于同一台电动机，否则会损坏变频器。

（9）自我训练

用 PLC 和变频器的多段速组合对恒压供水进行设计。

1）任务

具体任务如下：

① 有 3 台水泵，按设计要求 2 台运行，1 台备用，运行与备用每 10 天轮换 1 次。

② 用水高峰时 1 台工频运行，1 台变频高速运行，用水低谷时，1 台变频低速运行。

③ 变频器的升速与降速由供水压力上限和下限触点控制。

④ 工频水泵投入的条件是在水压下限且变频水泵处于最高速，工频水泵切除的条件是

在水压上限且工频水泵处于最低速运行时。

⑤ 变频器设 7 段速度控制水泵调速。

第 1 段速 15Hz；第 2 段速 20Hz；第 3 段速 25Hz；第 4 段速 30Hz；第 5 段速 35Hz；第 6 段速 40Hz；第 7 段速 45Hz。

2）任务要求

① 电路设计：根据任务，设计主电路图，列出 PLC 控制 I/O 口（输入/输出）元件地址分配表，根据加工工艺，绘制 PLC、变频器接线图及设计梯形图，并设计出有必要的电气安全保护措施。

② 安装与接线要紧固、美观，耗材要少。

③ 触摸屏界面设定如图 5-43 所示。

图 5-43　触摸屏界面设定

【例 5-2】　变频器与 PLC、触摸屏综合控制的物料传送分拣系统

一、基础知识

自动化生产控制的自动分拣和传送控制系统，能对已加工的工件进行分拣和传输，该系统可由传送带与机械手配合组成物料自动分拣控制。

自动分拣控制系统是工业自动控制及现代物流系统的重要组成部分，可实现物料同时进行多门多层连续的分拣。自动化、信息化以及方便的系统集成是目前物流行业控制系统发展的趋势。

自动分拣控制系统的电气控制部分由上位计算机、传感器、光电控制器，以及变频器、电动机及继电器控制部分等构成。自动分拣系统的主要特点如下：

① 能连续、大批量地分拣货物：由于采用流水线自动作业方式，自动分拣系统不受气候、时间、人的体力等的限制，可以连续运行，同时由于自动分拣系统单位时间分拣件数多，比用人工高几十倍，或者更高，同时大大提高了劳动效率，减小了劳动强度。

② 分拣误差率极低：自动分拣系统的分拣误差来自光电传感器和接近开关，减少了分拣的误差。

③ 能最大限度地减少人员的使用。分拣作业本身并不需要使用人员，人员的使用仅局限于在系统出现故障和手动调试时。

④ 传送带与变频器配合可选择最合适的输送速度。

以下是一简单物料传送及分拣系统：该系统由传送系统和分拣系统组成。传送系统由机械手完成工件的抓取和转移；分拣系统由传送带输送并对不同要求的工件进行区别、分类和拣出。此系统结合传感器和位置控制等技术，并运用梯形图编程，实现对铝块及白色、蓝色两种塑料块共三种材料的自动分拣，该系统的通用性极强，可靠性好，程序开发简单，可适应材料分拣生产线的需求。其系统结构图如图 5-44 所示。

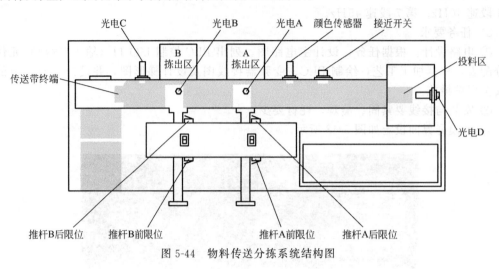

图 5-44　物料传送分拣系统结构图

二、实践训练

1. 训练内容

根据图 5-44 所示的物料分拣控制系统进行物料分拣控制，控制要求如下：

（1）机械手传送系统

机械手传送系统由 3 台直流电动机拖动。通过 3 台电动机的正反转切换来控制机械臂的上下、左右及水平旋转运动，且均为恒压、恒速控制。机械手由电磁铁的通电、断电完成对工件的吸取和释放动作。

具体要求如下：

① 初始状态。机械手电磁铁处于放置工件位置（料盘）上方，机械臂位于上限、左限（伸出）位置，整个系统启动时机械手应优先检测初始状态，并保证处于初始位置。

② 抓取转移工件。当有符合要求的工件到达传送带左端时，机械手开始工作。从初始位置逆时针旋转到被抓工件上方→下降至下限位→吸取工件→停留 1s→上升至上限位→顺时针旋转至机械手料盘正上方→下降至下限位→释放工件→停留 1s→返回初始位置。为避免意外发生，从机械手吸合工件到释放至料盘期间，传送系统不响应停止信号。

③ 工件返回重拣。当需要把被机械手转移的工件取回重新分拣时，机械手首先在废品料盘中吸取工件，然后按照同上述相反的过程把工件放回到传送带终端（传送带左端），然后机械手返回到初始位置。

（2）工件分拣系统

系统由变频器控制的三相异步电动机拖动，可实现正反转变换，有高速（对应频率50Hz）、中速（对应频率30Hz）和低速（对应频率15Hz）3 种速度，从而控制传送带传送速度的快慢。

系统包括 5 个传感检测位置，从右至左分别为：接近开关（感应金属工件）、颜色分辨传感器（感应白色工件，对蓝色不敏感）、位置 A 光电开关、位置 B 光电开关、位置 C 光电开关。

系统有 4 个工件放置区域：投料区、A 拣出区、D 拣出区、传送带终端。具体控制要求如下：

① 变速控制。当传送带正转时，被检测区域中没有检测到任何工件时，电动机以高速运行。反之电动机以低速运行。当传送带反转时，电动机工作在中速 30Hz，即变频器的 X1、X2 同时接通，加、减速时间分别为 2s、1s。

② 材质分拣。当金属工件通过接近开关时被感知，那么该工件到达光电开关 A 处，推杆 A 把金属工件推入 A 拣出区，同时该区计数器加 1。

③ 颜色分拣。当白色工件通过颜色传感器时被感知，那么该工件到达光电开关 B 处，推杆 B 把白色工件推入 B 拣出区，同时该区计数器加 1。

④ 废品分拣。当废品（蓝色工件）到来时，接近开关和颜色传感器均无感应，那么该工件作为废品运送到位置 C 处的光电开关时，延时 1s 后传送带停止，等待机械手来把工件抓走，等待重新加工。

⑤ 工件放置。投放工件时应在投料区内，并且要等前一个工件越过标志线后才能放第二个工件。工件随机、连续摆放，没有个数限制。

⑥ 工件包装。当 A 拣出区或 B 拣出区内达到 4 只工件时，即相应的拣出区计数器累计数值等于 4 时，传送带停止（暂停），等待包装，等待 5s 后包装完毕，传送带继续按照暂停前的状态运行（同时该计数器清零）。

⑦ 工件转移。被分拣工件中混杂着的废品（蓝色）到达传送带终端时需要停止传送，此状态也为暂停状态，当机械手把其转移到废品料盘，且返回初始位置后，暂停状态结束，传送带继续运行在暂停前的状态。

⑧ 返回重拣。当需要把废品区的工件返回到传送带上重新进行分拣时，先按下重拣按钮，此时蜂鸣器长鸣，提示不得在投料区投放工件；等传送带把已经在传送带上的料分拣完毕后，机械手执行工件返回重拣动作。当工件被机械手放回到传送带终端后 1s，传送带以反向中速运行，把该工件送回到投料区（光电开关 D 感应到）后停止，然后立即转换为正向高速进入正常分拣程序。

⑨ 启停控制。按下启动按钮时：系统启动，但需等待机械手检测并回到初始状态后，传送带才开始高速运行等待检测工件。按下停止按钮时：如果机械手吸合工件并正在转移的过程中不响应该停止信号，需等废品工件安全释放到料盘时（或从料盘转移到传送带终端后）才可停止整个传送系统。

2. 实践工具、仪表和器材准备

（1）工具

电工工具 1 套，电动工具及辅助测量用具等。

（2）仪表

MF-500B 型万用表、数字万用表 DT9202、5050 型绝缘电阻表、频率计、测速表等各 1 只。

（3）器材

三菱 FR-A740-5.5k-CHT 变频器、三菱触摸屏、5.5kW 电动机、三菱 PLC 和编程软件各 1 个、按钮 3 个、位置开关 16 个、数码显示器 2 个，中间继电器、导线若干等。

3. 操作步骤

（1）程序设计

① I/O 分配见表 5-5。

表 5-5　物料分拣系统 PLC 控制 I/O 分配表

输入			输出		
名称	代号	输入点编号	输出点编号	代号	名称
机械手上限位	SQ_1	X0	Y0	STF	变频器正转
机械手下限位	SQ_2	X1	Y1	STR	变频器反转
机械手前限位	SQ_3	X2	Y2	RL	低速运行
机械手后限位	SQ_4	X3	Y3	RH	高速运行
机械手左限位	SQ_5	X4	Y4	KA_1	推杆 A 伸出
机械手右限位	SQ_6	X5	Y5	KA_2	推杆 A 缩回
重拣按钮	SB_3	X6	Y6	KA_3	推杆 B 伸出
启动按钮	SB_1	X10	Y7	KA_4	推杆 B 缩回
停止按钮	SB_2	X11	Y10	KA_5	机械手上升
颜色检测开关	SQ_{10}	X12	Y11	KA_6	机械手下降
金属检测开关	SQ_{11}	X13	Y12	KA_7	机械手伸出
光电开关 A	SQ_{12}	X14	Y13	KA_8	机械手缩回
光电开关 B	SQ_{13}	X15	Y14	KA_9	机械手右转
光电开关 C	SQ_{14}	X16	Y15	KA_{10}	机械手左转
光电开关 D	SQ_{15}	X17	Y16	KA_{11}	机械手吸合
推杆 A 前限位	SQ_{20}	X20	Y17	KA_{12}	蜂鸣器
推杆 A 后限位	SQ_{21}	X21	Y20		数码显示 A1
推杆 B 前限位	SQ_{22}	X22	Y21		数码显示 B1
推杆 B 前限位	SQ_{23}	X23	Y22		数码显示 C1
			Y23		数码显示 D1
			Y24		数码显示 A2
			Y25		数码显示 B2
			Y26		数码显示 C2
			Y27		数码显示 D2

② 物料分拣控制系统接线图如图 5-45 所示。

③ 物料分拣系统 PLC 控制参考梯形图如图 5-46 所示。

（2）交频器参数设定

按物料传送要求进行变频器参数设定，见表 5-6、表 5-7。

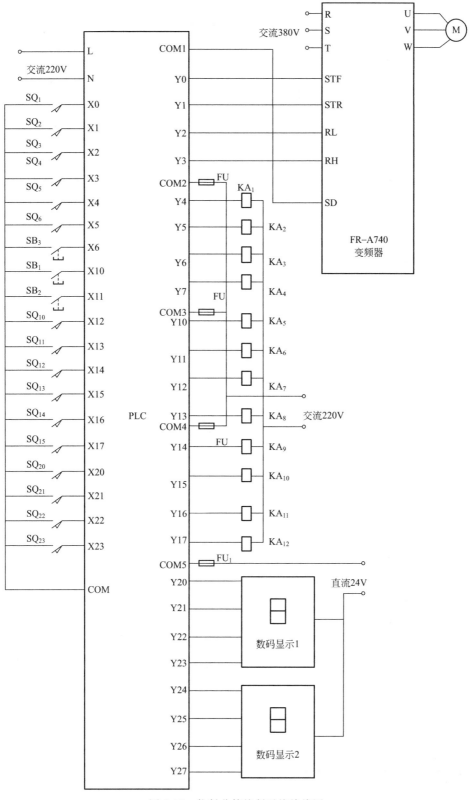

图 5-45 物料分拣控制系统接线图

```
          M8000    X010    X011
0    ├──┤├────┬──┤├──────┤/├─────────────────────────────────( M0    )
                │
                │   M0                                                   K5
                ├──┤├───────────────────────────────────────( T50   )
                │
                │   X014    X012    X013    X015    M90     M3          K50
                └──┤/├────┤/├────┤/├────┤/├────┤/├────┤/├───( T51   )

      T51     M6                   M0      M160
20   ├─┤↑├──┬─┤/├────────────┬───┤├──────┤/├────────[ MOV   K9    K1Y000 ]
      M0      M3             │
     ├─┤├────┤↑├─────────────┤
      Y012    Y016           │
     ├─┤↓├────┤/├────────────┤
      M0      T50     M3     │
     └─┤├────┤↑├────┤/├──────┘

      X013                        M0      M160
43   ├─┤↑├──────────────────┬───┤├──────┤/├────────[ MOV   K5    K1Y000 ]
      X012                  │
     ├─┤↑├──────────────────┤
      T10                   │
     ├─┤↑├──────────────────┤
      T11                   │
     ├─┤↑├──────────────────┤
      Y012    M1      Y016  │
     └─┤↓├────┤├────┤/├─────┘

      X012
63   ├─┤↑├──┬──────────────────────────────────────────────[ SET   M120  ]
      X013  │
     ├─┤↑├──┘

      M120
68   ├──┤├──────────────────────────────────────────────────[ SET   M1    ]

      X013                                                        K1
74   ├──┤├───────────────────────────────────────────────────( C0    )

      C0
78   ├─┤↑├──────────────────────────────────────────────────[ MOV   K1   K1M20 ]

      M0      X013
85   ├─┤↑├────┤↑├────────────────────[ SFTL   M23    M20    K4    K1    ]

      M8000   M20
97   ├──┤├──┬─┤↑├──────────────────────────────────────────[ SET   M25   ]
            │ M21
            ├─┤↑├──────────────────────────────────────────[ SET   M26   ]
            │ M22
            └─┤↑├──────────────────────────────────────────[ SET   M27   ]

      M25     M90                                                 K55
110  ├──┤├────┤/├──────────────────────────────────────────( T250  )

      T250
115  ├──┤├──────────────────────────────────────────────────[ RST   M25   ]
```

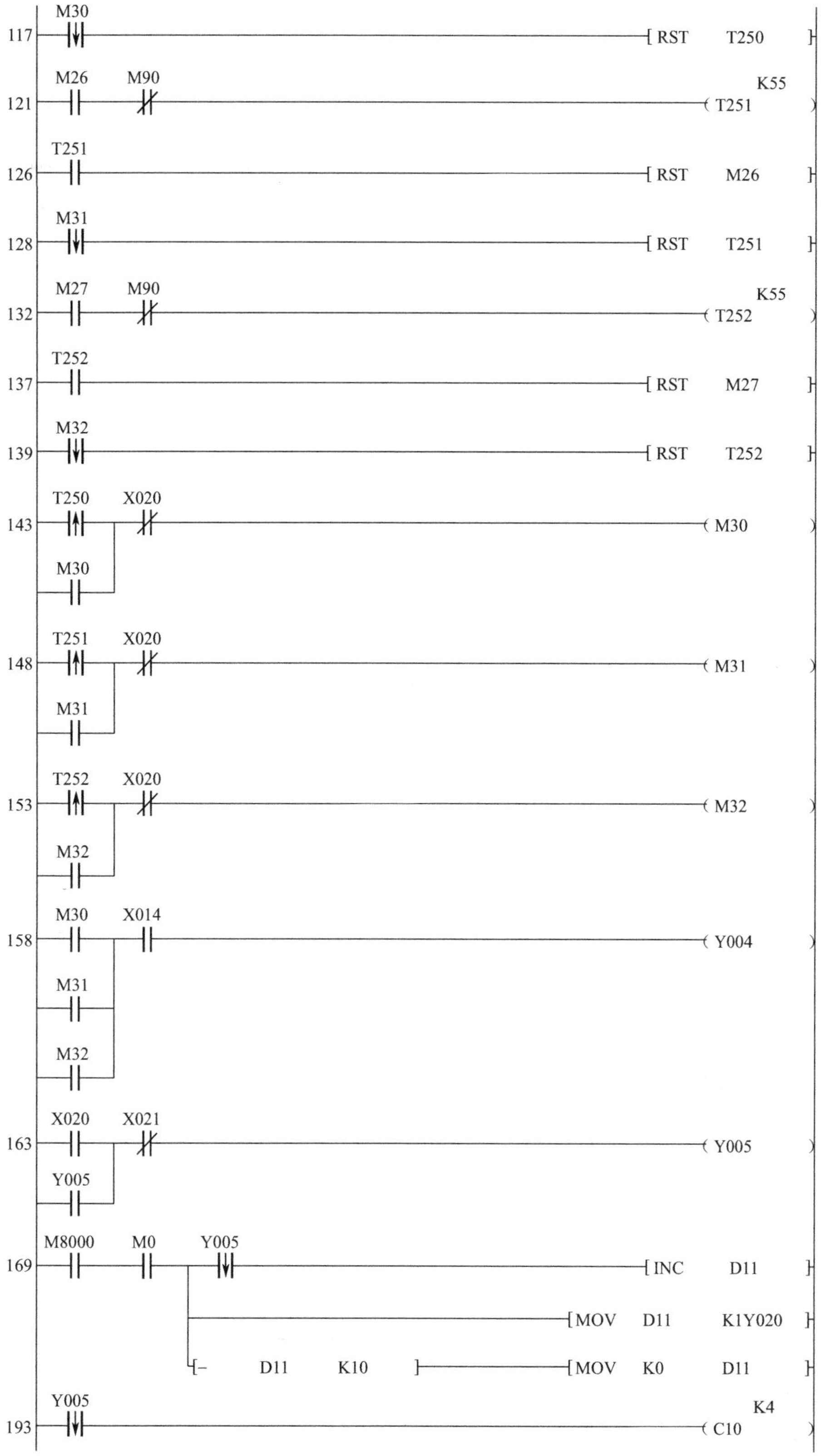
117
M30
RST T250
121
M26
M90
K55
T251
126
T251
RST M26
128
M31
RST T251
132
M27
M90
K55
T252
137
T252
RST M27
139
M32
RST T252
143
T250
X020
M30
M30
148
T251
X020
M31
M31
153
T252
X020
M32
M32
158
M30
X014
Y004
M31
M32
163
X020
X021
Y005
Y005
169
M8000
M0
Y005
INC D11
MOV D11 K1Y020
- D11 K10
MOV K0 D11
193
Y005
K4
C10

图 5-46

```
        C10
198     ┤├────────┬──────────────────────────────────────[ SET    M110  ]
                   │
                   └──────────────────────────────────────[ RST    C10   ]

        M110
202     ┤├────────┬──────────────────────────────────────[ MOV  K0  K1Y000 ]
                   │                                                 K50
                   ├──────────────────────────────────────────────( T10    )
                   │
                   └──────────────────────────────────────[ SET    M90   ]

        M110   T10
212     ┤├─────┤├───┬──────────────────────────────────────[ RST   M110  ]
                    │
                    ├──────────────────────────────────────[ RST    M90   ]
                    │
                    └───────────────────────────[ MOV   K0    D11   ]

        X013
221     ┤├────────────────────────────────────────────────[ SET    M80   ]

        X012
223     ┤↓├───────────────────────────────────────────────[ RST    M80   ]

        X012   M80                                               K1
226     ┤├─────┤/├──────────────────────────────────────────( C1     )

        C1
231     ┤↑↓├──────────────────────────────────────[ MOV   K1    K1M40  ]

        X012                                                    K3
238     ┤├──────────────────────────────────────────────────( T0     )

        M0    T0    M80
242     ┤├───┤↑↓├──┤/├───────────────[ SFTL  M44    M40   K5    K1   ]

        M8000  M40
255     ┤├─────┤↑↓├─┬────────────────────────────────────[ SET    M46   ]
                    │ M41
                    ├┤↑↓├──────────────────────────────────[ SET    M47   ]
                    │ M42
                    ├┤↑↓├──────────────────────────────────[ SET    M48   ]
                    │ M43
                    └┤↑↓├──────────────────────────────────[ SET    M49   ]

        M46   M90                                               K80
272     ┤├────┤/├──────────────────────────────────────────( T253   )

        T253
277     ┤├────────────────────────────────────────────────[ RST    M46   ]

        M50
279     ┤↓├───────────────────────────────────────────────[ RST    T253  ]

        M47   M90                                               K80
283     ┤├────┤/├──────────────────────────────────────────( T254   )

        T254
288     ┤├────────────────────────────────────────────────[ RST    M47   ]
```

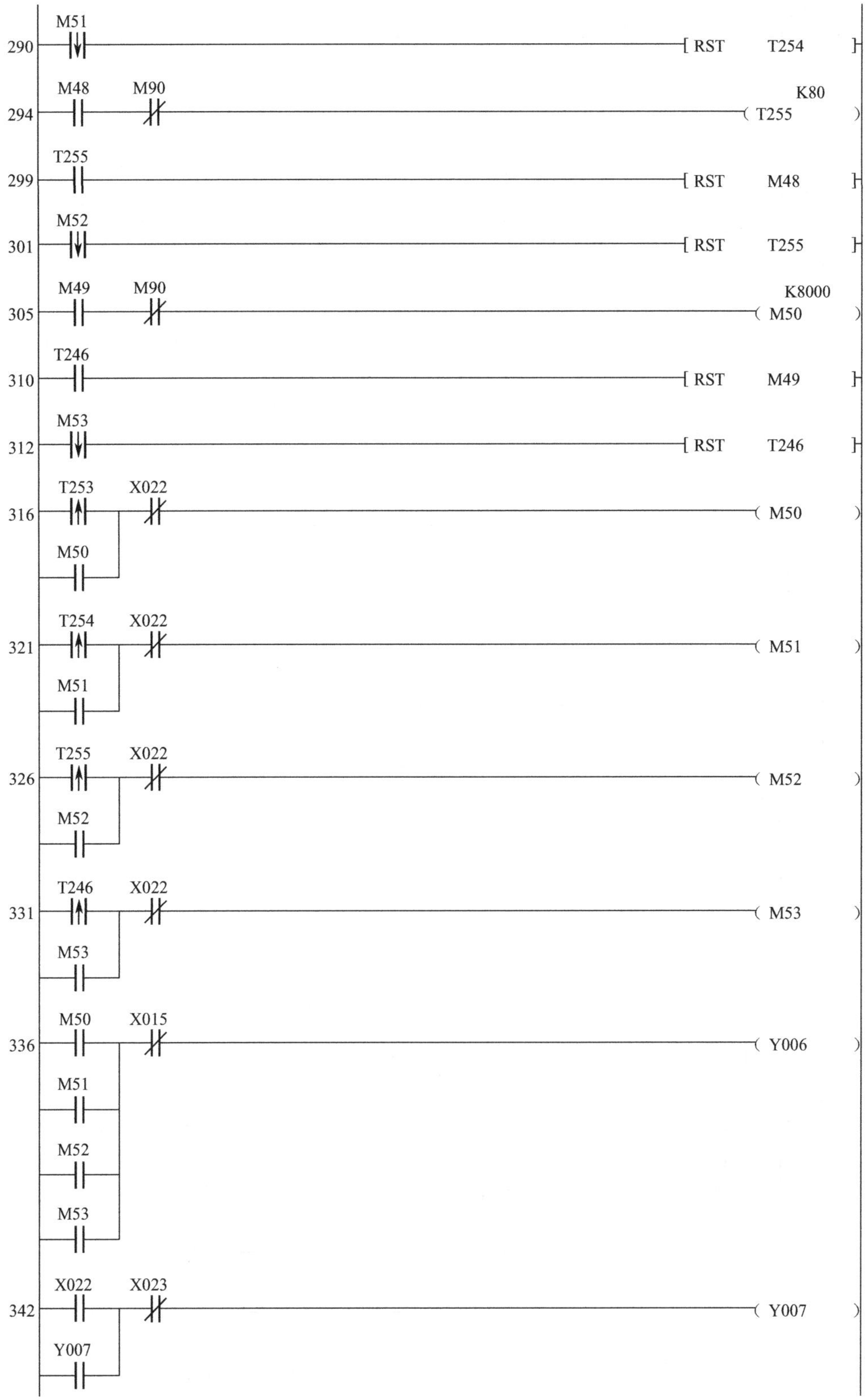

```
      M51
290 ──┤↓├─────────────────────────────────────[ RST    T254  ]

      M48    M90                                       K80
294 ──┤ ├───┤/├──────────────────────────────────( T255      )

      T255
299 ──┤ ├────────────────────────────────────────[ RST    M48   ]

      M52
301 ──┤↓├─────────────────────────────────────[ RST    T255  ]

      M49    M90                                      K8000
305 ──┤ ├───┤/├──────────────────────────────────( M50       )

      T246
310 ──┤ ├────────────────────────────────────────[ RST    M49   ]

      M53
312 ──┤↓├─────────────────────────────────────[ RST    T246  ]

      T253   X022
316 ──┤↑├───┤/├──────────────────────────────────( M50       )
      M50
    ──┤ ├──

      T254   X022
321 ──┤↑├───┤/├──────────────────────────────────( M51       )
      M51
    ──┤ ├──

      T255   X022
326 ──┤↑├───┤/├──────────────────────────────────( M52       )
      M52
    ──┤ ├──

      T246   X022
331 ──┤↑├───┤/├──────────────────────────────────( M53       )
      M53
    ──┤ ├──

      M50    X015
336 ──┤ ├───┤/├──────────────────────────────────( Y006      )
      M51
    ──┤ ├──
      M52
    ──┤ ├──
      M53
    ──┤ ├──

      X022   X023
342 ──┤ ├───┤/├──────────────────────────────────( Y007      )
      Y007
    ──┤ ├──
```

图 5-46

```
       M8000   M0    Y007
346  ┤├──────┤├────┤↓├──────────────────────────────[ INC    D10   ]

                    ├─────────────────────────────[ MOV    D10    K1Y024 ]

                    ├──[  D10    K10  ]──────────[ MOV    K0     D10   ]

       Y007                                                      K4
370  ┤↓├──────────────────────────────────────────────( C11    )

       C11
375  ┤├──────────────────────────────────────────────[ SET    M111  ]

          ├───────────────────────────────────────[ RST    C11   ]

       M111
379  ┤├──────────────────────────────────────────────[ MOV    K0     K1Y000 ]

          ├──────────────────────────────────────────   K50
                                                      ( T11    )

          ├───────────────────────────────────────[ SET    M90   ]

       M111   T11
389  ┤├────┤├───────────────────────────────────────[ RST    M111  ]

                ├──────────────────────────────────[ RST    M90   ]

                ├──────────────────────────────────[ MOV    K0     D10   ]

       M0
398  ┤↑├──────────────────────────────────────────────[ SET    M3    ]
       M7
     ┤↑├┘

       X006
403  ┤├──────────────────────────────────────────────[ SET    M160  ]

       X016
405  ┤↑├──────────────────────────────────────────────[ RST    M160  ]

          ├───────────────────────────────────────[ RST    M162  ]

          ├───────────────────────────────────────[ RST    M163  ]

       M170  M171  M160  M162   X003
410  ┤├────┤/├──┤├───┤/├───┬──┤/├────────────────[ SET    Y013  ]
       T11   M171               X003
     ┤├────┤├┘              ├──┤/├────────────────[ RST    Y013  ]
                               X003  X001
                            ├──┤/├──┤├──────────[ SET    Y011  ]
                               X001
                            ├──┤/├──┬───────────[ RST    Y011  ]

                                    └───────────[ SET    Y016  ]
```

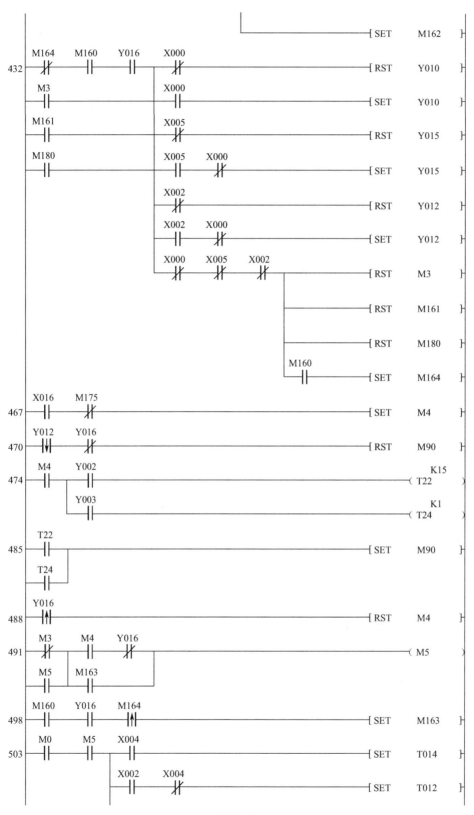

图 5-46

```
        X004
        ─┤/├──────────────────────────────────────[ RST    Y014 ]─

        X002
        ─┤/├──────────────────────────────────────[ RST    Y012 ]─

        X004    X002    X001
        ─┤/├────┤/├─────┤ ├─────────────────────────[ SET    Y011 ]─

        X001
        ─┤/├──────────────────────────────────────[ RST    Y011 ]─
                M160
                ─┤/├──────────────────────────────[ SET    Y016 ]─

        N160    C8
        ─┤ ├────┤ ├────────────────────────────────[ RST    Y016 ]─
                        ────────────────────────────[ RST    M163 ]─

        Y016    M160
        ─┤↓├────┤ ├────────────────────────────────[ SET    M161 ]─

        X001    M160                                        K2
538   ─┤↑├────┤ ├───────────────────────────────────────( C8    )─

        Y016                                               K10
544   ─┤ ├──────────────────────────────────────────────( T23   )─

        T23     M160    X000    X004
548   ─┤ ├────┤/├──┬──┤ ├─────┤/├──────────────────[ SET    Y010 ]─
                     X000
                    └─┤/├──────────────────────────[ RST    Y010 ]─
                                                   ───────( M6    )─

        M6      X005
558   ─┤ ├────┬─┤ ├──────────────────────────────[ SET    Y015 ]─
                X005    X003
               ├─┤/├────┤ ├──────────────────────[ SET    Y013 ]─
                X005
               ├─┤/├────────────────────────────[ RST    Y015 ]─
                X003
               ├─┤/├────────────────────────────[ RST    Y013 ]─
                X005    X003    X001
               ├─┤/├────┤/├──┬──┤ ├──────────────[ SET    Y011 ]─
                             X001
                            └─┤/├────────────────[ RST    Y011 ]─

        Y016    X001    X005    M160
581   ─┤ ├────┤/├────┤/├────┤/├──┬────────────────[ RST    Y016 ]─
                                  ────────────────( M7    )─

        M0
587   ─┤/├──┬──────────────────────────────[ ZRST   M0     M200 ]─
            ├──────────────────────────────[ ZRST   Y020   Y030 ]─
```

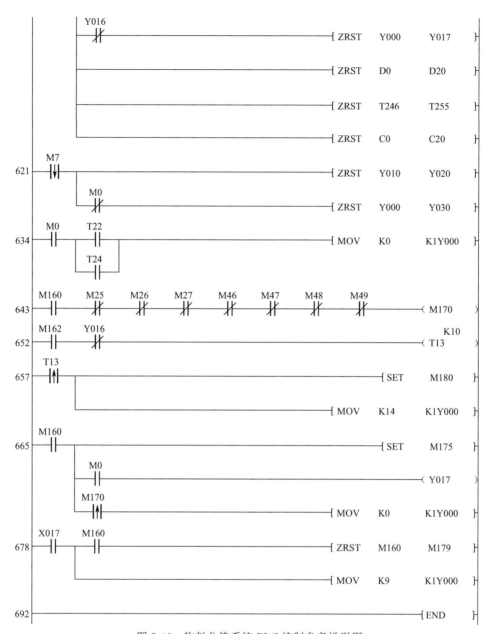

图 5-46　物料分拣系统 PLC 控制参考梯形图

表 5-6　物料传送运行参数表

参数代码	功能	设定数据
Pr. 0	转矩提升	3%
Pr. 1	上限频率	50Hz
Pr. 2	下限频率	0Hz
Pr. 3	基准频率	50Hz
Pr. 4	多段速（高速）	50Hz
Pr. 6	多段速（低速）	15Hz

参数代码	功能	设定数据
Pr. 7	加速时间	3s
Pr. 8	减速时间	2s
Pr. 9	电子过电流保护	14.3A
Pr. 14	适用负载选择	0
Pr. 20	加减速基准频率	50Hz
Pr. 21	加减速时间单位	0
Pr. 25	多段速(中速)	30Hz
Pr. 77	参数写入选择	0
Pr. 78	逆转防止选择	0
Pr. 79	运行模式选择	3
Pr. 80	电动机(容量)	5.5kW
Pr. 81	电动机(极数)	4 极
Pr. 82	电动机励磁电流	13A
Pr. 83	电动机额定电压	380V
Pr. 84	电动机额定频率	50Hz
Pr. 178	STF 端子功能的选择	60
Pr. 179	STR 端子功能的选择	61
Pr. 180	RL 端子功能的选择	0
Pr. 182	RH 端子功能的选择	2

表 5-7 运行状态与接线端子对照表

速度	高速	中速	低速
控制端子	RH	RH,RL	RL
参数代码	Pr. 4	Pr. 25	Pr. 6
设定值/Hz	50	30	15

(3) 监控设计

1) 触摸屏的接线。触摸屏与计算机及 PLC 的接线如图 5-47 所示。

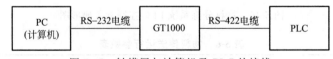

图 5-47 触摸屏与计算机及 PLC 的接线

2) 触摸屏应用程序设计。在触摸屏应用程序设计中,同样要完成系统的建立及画面的制作等内容。

① 新建触摸屏系统文件。新建一触摸屏编辑文件,所用触摸屏为三菱 GT1000 触摸屏,所用 PLC 为三菱 FX 系列。

② 制作触摸屏画面。具体步骤如下:

a. 打开 GT Desginer2 软件,设定机器连接属性及其连接驱动,如图 5-48 所示。

b. 设定完成后进入主编辑区编辑制作系统界面,如图 5-49 所示。

图 5-48 设定机器连接属性及其连接驱动　　图 5-49 进入主编辑区编辑制作系统界面

c. 系统中设置两个界面，分别为启动界面和监控界面，界面设定如图 5-50 所示。

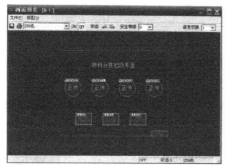

图 5-50 启动界面和监控界面的设定

3）设置各按键与 PLC 中软元件的对应关系。在上述画面完成后，将除切换按键以外的所有对象均通过属性的修改与 PLC 软元件建立对应关系，见表 5-8。

表 5-8 各对象的属性表

对象	名称	颜色		对应软元件	文本内容	其他
		OFF	ON			
开关	启动	绿色	红色	M100	启动	点动
开关	停止	绿色	红色	M101	停止	点动
开关	重检	绿色	红色	M102	重检	点动
开关	画面切换开关	绿色	红色			
开关	画面切换开关	绿色	红色			
指示灯	变频器正转	红色	绿色	Y0	正转	
指示灯	变频器反转	红色	绿色	Y1	反转	
指示灯	低速运行	红色	绿色	Y2	低速	
指示灯	高速运行	红色	绿色	Y3	高速	
指示灯	推杆 A 伸出	红色	绿色	Y4	A 出	
指示灯	推杆 A 缩回	红色	绿色	Y5	A 回	
指示灯	推杆 B 伸出	红色	绿色	Y6	B 出	

续表

对象	名称	颜色		对应软元件	文本内容	其他
		OFF	ON			
指示灯	推杆 B 缩回	红色	绿色	Y7	B 回	
指示灯	机械手上升	红色	绿色	Y10	上升	
指示灯	机械手下降	红色	绿色	Y11	下降	
指示灯	机械手伸出	红色	绿色	Y12	伸出	
指示灯	机械手缩回	红色	绿色	Y13	退回	
指示灯	机械手右转	红色	绿色	Y14	右转	
指示灯	机械手左转	红色	绿色	Y15	左转	
指示灯	机械手吸合	红色	绿色	Y16	吸合	
指示灯	蜂鸣器	红色	绿色	Y17	蜂鸣	

（4）系统的安装接线及运行调试

① 首先将主、控回路按图 5-45 进行连线，并与实际操作中情况相结合。

② 经检查无误后方可通电。

③ 在通电后不要急于运行，应先检查各电气设备的连接是否正常，然后进行单一设备的逐个调试。

④ 按照系统要求进行变频器参数的设置。

⑤ 按照系统要求进行 PLC 程序的编写并传入 PLC 内，并进行模拟运行调试，观察输入和输出点是否和要求一致。

⑥ 对整个系统统一调试，包括安全和运行情况的稳定性。

⑦ 当按下启动按钮 SB₁ 时，系统启动，但需等待机械手检测并回到初始状态后，传送带才开始高速运行等待检测工件，当检测到工件时传送带低速运行，当按下重拣按钮 SB₃ 时，进行物料重拣，系统控制将按照所设定好的程序要求运行。

⑧ 按下停止按钮 SB₂ 时，物料分拣系统停止，如果机械手吸合工件并正在转移的过程中不响应该停止信号，需等废品工件安全释放到料盘时（或从料盘转移到传送带终端后），才可停止整个传送系统。

（5）注意事项

① 线路必须检查清楚才能通电。

② 在系统运行调整中要有准确的实际记录，观察运行是否平稳。

③ 对运行中出现的故障现象进行准确的描述分析。

④ 在运行过程中如遇到问题，则应能分析是程序故障还是外部硬件故障，必须做到对较复杂系统控制的清晰理解。

⑤ 由于系统控制较复杂，必须认真检查，严禁误操作，注意设备及人身安全。

（6）自我训练

用 PLC 和变频器进行物料传送及分拣系统设计、安装与调试。

物料传送及分拣系统由传送系统和分拣系统组成。传送系统由机械手完成工件的抓取和转移；分拣系统由传送带输送并对不同要求的工件进行区别、分类和拣出。

系统控制要求如下：

1）机械手传送系统。该系统由 3 台直流电动机拖动。通过 3 台电动机的正反转切换来控制机械臂的上下、左右及水平旋转运动，且均为恒压、恒速控制。机械手由电磁铁的通电、断电完成对工件的吸取和释放动作。具体动作要求如下：

① 初始状态。机械手电磁铁处于放置工件位置（料盘）上方，机械臂位于上限、左限（伸出）位置。整个系统启动时机械手应优先检测初始状态，并保证处于初始位置。

② 抓取转移工件。当有符合要求的工件到达传送带左端时，机械手开始工作。从初始位置逆时针旋转到被抓工件上方→下降至下限位→吸取工件→停留 1s→上升至上限位→顺时针旋转至机械手料盘正上方→下降至下限位→释放工件→停留 1s→返回初始位置。为避免意外发生，从机械手吸合工件到释放至料盘期间，传送系统不响应停止信号。

2）工件分拣系统。系统由变频器控制的三相异步电动机拖动，有高速（对应频率 50Hz）和低速（对应频率 20Hz）两种速度，从而控制传送带传送速度的快慢。

系统包括六个传感检测位置，从右至左分别为光电开关 D、接近开关（感应金属工件）、颜色分辨传感器（感应白色工件，对蓝色不敏感）、位置 A 光电开关、位置 B 光电开关、位置 C 光电开关。

系统有四个工件放置区域：投料区、A 拣出区、B 拣出区、传送带终端。

模拟工件至少每工位 12 件：蓝色 2 件、白色 5 件、金属 5 件。具体控制要求如下：

① 变速控制。当传送带的被检测区域中没有检测到任何工件时，电动机以高速运行；反之电动机以低速运行；加、减速时间分别为 2s、1s。

② 材质分拣。当金属工件通过接近开关时被感知，那么该工件到达光电开关 A 处，推杆 A 把金属工件推入 A 拣出区，同时该区计数器加 1。

③ 颜色分拣。当白色工件通过颜色传感器时被感知，那么该工件到达光电开关 B 处，拉杆 B 把白色工件推入 B 拣出区，同时该区计数器加 1。

④ 废品分拣。当废品（蓝色工件）到来时，接近开关和颜色传感器均无感应，那么该工件作为废品运送到位置 C 处的光电开关时，延时 1s 后传送带停止，等待机械手来把工件抓走，等待重新加工。

⑤ 工件放置。摆放工件时应在投料区内，并且要等前 1 个工件越过标志线后才能放第 2 个工件（两工件之间的距离约为 85mm）。工件随机、连续摆放，没有个数限制。

⑥ 工件包装。当 A 拣出区或 B 拣出区内达到 4 只工件时，即相应的拣出区计数器累计数值等于 4 时，传送带停止（暂停），等待包装，假设 5s 后包装完毕，传送带继续按照暂停前的状态运行（同时该计数器清零）。

⑦ 工件转移。当传送工件中混杂着的废品（蓝色）到达传送带终端时需要停止传送，此状态也为暂停状态，当机械手把其转移到废品料盘，且返回初始位置后，暂停状态结束，传送带继续运行在暂停前的状态。

⑧ 报警输出。系统一旦检测到白色工件和金属工件摆放过于密集时（间距小于 55mm），分拣系统立即停车并发出声音报警，蜂鸣器产生以 1s 为周期的"嘀、嘀、嘀……"的报警声。此时需手动清除传送带上所有工件，并按下停止按钮，复位报警输出。

⑨ 启停控制。按下启动按钮时，系统启动，但需等待机械手检测并回到初始状态后，传送带才开始高速运行等待检测工件。按下停止按钮时，如果机械手吸合工件并正在转移的过程中不响应该停止信号，需等废品工件安全释放到料盘时才可停止传送系统，除此之外，停止或复位系统的任何一个环节再次启动前需手动清除传送带上的所有工件。

3）监控系统画面如图 5-51 所示。

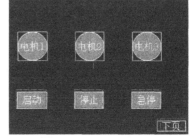

图 5-51　监控系统画面

【例 5-3】 变频器与 PLC、触摸屏综合控制的注塑机

一、基础知识

注塑机是塑料成型加工设备，在一个注塑成型周期中，包括预塑计量、注射充模、保压补缩、冷却定型过程。

注塑机采用 PLC 和变频器配合节省了人力，可提高生产线的自动控制性能和稳定程度，并且设备的安全性能都得到了进一步提升，从而提高了生产效率和设备的使用寿命。

对注塑机电路进行变频调速电气化改造，首先要分析其工作原理，然后确定相应的控制方案，并设计相应的程序。

根据注塑机拖动系统电路原理图（图 5-52）分析电路原理如下：

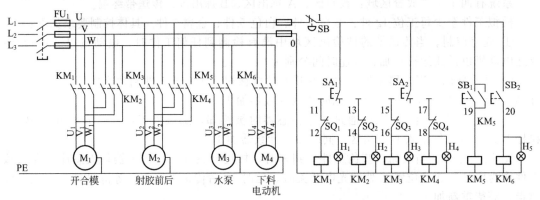

图 5-52 注塑机拖动系统电气原理图

1. 熔胶加热

合上电源开关 ── 温度传感器得电 ── 输入温度参数 ── 动合触点闭合
温控显示仪得电 固态继电器得电
── 加热带开始加热 ── 到达设定温度 ── 温控触点断开
── 固态继电器失电 ── 加热带停止工作 ── 保温为射胶准备

2. 开合模

合上开关 ── 转换开关转向开模 ── KM₁线圈得电 ── KM₁主触点闭合 ──
── 电动机M₁正转 ── 撞下行程开关SQ₁ ── 电动机停止(开模结束)
合上开关 ── 转换开关转向合模 ── KM₂线圈得电 ── KM₂主触点闭合 ──
── 电动机M₁反转 ── 撞下行程开关SQ₂ ── 电动机停止(合模结束)

3. 射胶前进后退

合上开关 ── 转换开关转向前进 ── KM₃线圈得电 ── KM₃主触点闭合 ──
── 电动机M₂正转 ── 撞下行程开关SQ₃ ── 电动机停止(射胶前进结束)
合上开关 ── 转换开关转向后退 ── KM₄线圈得电 ── KM₄主触点闭合 ──
── 电动机M₂反转 ── 撞下行程开关SQ₄ ── 电动机停止(射胶后退结束)

4. 水泵

合上开关 ── 按下水泵启动按钮SB₁ ── KM₅线圈得电 ── KM₅主触点闭合 ──
── 电动机M₃正转 ── 按下急停按钮 ── 水泵停止

5. 射胶

合上开关 ── 按下射胶点动按钮SB₂ ── KM₆线圈得电 ── KM₆主触点闭合 ──
── M₄电动机反转 ── 松开按钮 ── 射胶电动机停止

二、实践训练

1. 训练内容

利用 PLC 和变频器来实现注塑机的自动控制，现场压力信号的采集由压力传感器完成。整个系统可由触摸屏进行实时监控。

2. 具体控制要求

（1）变频器设计要求

① 启动加热熔胶阶段，此时并伴有料仓冷却（水泵自动开启）。

② 等待 5s 后，模具开始合模，先快速（50Hz）合模，3s 后，慢速（20Hz）锁模，直到合模限位接通，合模电动机停止工作。

③ 当温度到达射胶温度（温度传感器节点接通）时开始射胶；射台前移（先高速 50Hz 移动，3s 后再慢速移动），当射台到位后，开始以 40Hz 转速向模具内射胶，5s 后，以低速 20Hz 补胶保压；当到达射胶限位后，射胶电动机停止。

④ 射胶结束，射台以 40Hz 速度后移。当到达限位后，开始熔胶下料，熔胶电动机以 10Hz 的速度后退下料，当到达熔胶限位时，熔胶下料电动机停止，但电加热继续，等待下一次射胶。

⑤ 射胶结束，30s 后零件冷却结束，开模电动机先以 30Hz 的速度开模，3s 后以低速（15Hz）开模，并由顶针顶出零件。当到达开模限位后，电动机停止。整个注塑周期结束。

⑥ 本注塑机也可根据实际情况进行手动控制和调整。手动时为了使设备安装调试方便，在此设计了一个双重功能（手自动切换和手动）按钮，即当按下手自动切换时，当前工步结束，按一次手动执行下一工步，按两次执行下一个工步；以此类推。

（2）PLC 控制要求

1）模具电动机正反转实现合模和开模。

① 合模时：模具电动机先高速正转进行快速合模，当左模接近右模时，模具电动机转入低速运行进行合模。

② 合模结束时：为了做到准确停车，采用传感器控制继电器停止电动机工作。

③ 开模时：模具电动机高速反转进行快速开模。

④ 开模结束时：为了做到准确停车，用传感器控制继电器停止电动机工作。

2）注塑电动机正反转实现注料杆左行或右行。

① 注料杆左行：注塑电动机先高速正转，注料杆快速下降，当注料杆接近挤压位置时，电动机转入低速运行，此时注料杆低速向左进行注塑挤压。

注料杆向左结束时：停车时，为了做到注料杆准确定位，电动机采用传感器控制继电器停止电动机工作。

② 注料杆上升：注塑电动机高速反转，注料杆快速上升。用传感器控制继电器停止电动机动作。

注料杆向右结束：为了做到准确停车，用传感器控制继电器停止电动机动作。

3）原料加热熔化和熔化时间。人工将一定量的塑料原料加入到料筒中，料筒中的塑料原料在加热器的作用下经过一段时间（1min 左右）加热后熔化，此时即可将其挤入模具成型注塑机，可以对很多不同的原材料（例如：聚丙烯、聚氯乙烯、ABS 等）进行加工，由于原材料的性质不同，所以加热熔化的时间长短也不一样。这就要求加热的时间长短根据材料的性质不同进行调整。

4）温度加热器。温度加热器用于对原材料进行加热，温度的高低通过改变加热器两端的电压高低来实现，要求温度的高低可以调整。

5）保模时间。高温原材料挤入模具后，需要在模具中冷却一段时间，让其基本成型后才能打开模具，这一段时间为保模时间。由于产品的大小和原材料性质的不同，不同产品的保模时间有所不同，这就要求保模时间长短可以调整。

3. 工具、仪表和器材准备

（1）工具

电工工具 1 套，电动工具及辅助测量用具等。

（2）仪表

MF-500B 型万用表、数字万用表 DT9202、5050 型绝缘电阻表、频率计、测速表各 1 只。

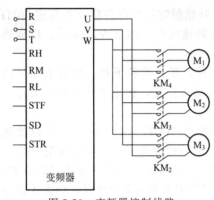

图 5-53　变频器控制线路

（3）器材

三菱 FR-A740-7.5k-CHT 变频器、三菱 PLC、三菱触摸屏、安装绝缘板（900mm×1200mm）、导轨（C45）、组合开关 HZ4-22、熔断器 BZ-001A、热继电器 JRO-20/D、控制变压器（BK-150，380/110-24-6V）、三相异步电动机（Y112M-6，0.75kW、940r/min）、计算机及 PLC 应用软件、触摸屏软件一套，导线若干等。

4. 操作步骤

（1）设计变频器控制线路及参数

变频器控制线路如图 5-53 所示。

结合实际控制应用及要求，设置变频器的参数，见表 5-9。

表 5-9　变频器参数

参数代码	功能	设定数据
Pr.0	转矩提升	4%
Pr.1	上限频率	50Hz
Pr.2	下限频率	0Hz
Pr.3	基准频率	50Hz
Pr.4	多段速设定:1 段速	50Hz
Pr.5	多段速设定:2 段速	20Hz
Pr.6	多段速设定:3 段速	30Hz
Pr.7	加速时间	2s
Pr.8	减速时间	3s
Pr.9	电子过电流保护	1.7A
Pr.14	适用负载选择	0
Pr.20	加减速基准频率	50Hz
Pr.21	加减速时间单位	0
Pr.24	多段速设定:4 段速	40Hz

续表

参数代码	功能	设定数据
Pr. 25	多段速设定:5 段速	10Hz
Pr. 26	多段速设定:6 段速	15Hz
Pr. 77	参数写入选择	0
Pr. 78	逆转防止选择	0
Pr. 79	运行模式选择	3
Pr. 80	电动机(容量)	0.55kW
Pr. 81	电动机(极数)	4 极
Pr. 82	电动机励磁电流	1.5A
Pr. 83	电动机额定电压	380V
Pr. 84	电动机额定频率	50Hz
Pr. 178	STF 端子功能的选择	60
Pr. 179	STR 端子功能的选择	61
Pr. 180	RL 端子功能的选择	0
Pr. 181	RM 端子功能的选择	1
Pr. 182	RH 端子功能的选择	2

（2）PLC 程序设计

1）分配 PLC 控制系统输入、输出地址。PLC 控制系统输入、输出地址分配见表 5-10。

表 5-10　I/O 分配表

输入			输出		
名称	代号	输入点编号	输出点编号	代号	名称
启动按钮	SB$_1$	X10	Y0	KA$_1$	水泵电动机接触器
停止按钮	SB$_2$	X11	Y1	KA	电加热丝接触器
手/自动切换按钮	SA$_1$	X12	Y5	KM$_2$	开合模电动机接触器
开模限位	SQ$_6$	X0	Y6	KM$_3$	下料电动机接触器
急停	SB	X1	Y7	KM$_4$	射胶电动机接触器
合模限位	SQ$_1$	X2	Y10	RH	高速
温度检测节点	BL	X3	Y11	RM	中速
射台前限位	SQ$_2$	X4	Y12	RL	低速
射胶限位	SQ$_3$	X5	Y13	STF	正转
射台后限位	SQ$_4$	X6	Y14	STR	反转
熔胶下料限位	SQ$_5$	X7	Y20	HL$_1$	电源指示灯
手动-合模	SA$_2$	X13	Y21	HL$_2$	熔胶下料电动机
手动-开模	SA$_2$	X14	Y22	HL$_3$	加热指示灯

输入			输出		
名称	代号	输入点编号	输出点编号	代号	名称
手动-熔胶	SA$_3$	X15	Y23	HL$_4$	射台-后退
手动-射台前进	SA$_4$	X16	Y24	HL$_5$	射台-前进
手动-射台后退	SA$_4$	X17	Y25	HL$_6$	合模
手动-高速	SB$_3$	X20	Y26	HL$_7$	开模
手动-中速	SB$_4$	X21			
手动-低速	SB$_5$	X22			
手动-正转	SB$_6$	X23			
手动-反转	SB$_7$	X24			
手动-下料电动机按钮	SB$_8$	X25			

2）设计 PLC 控制系统。PLC 控制系统接线图如图 5-54 所示。

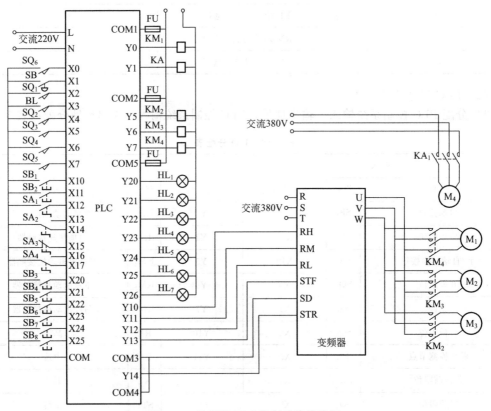

图 5-54 注塑机 PLC 控制系统接线图

3）编制 PLC 程序。

① 画出工作状态流程图。画出的工作状态流程图如图 5-55 所示。

② 编制 PLC 梯形图。PLC 梯形图如图 5-56 所示。

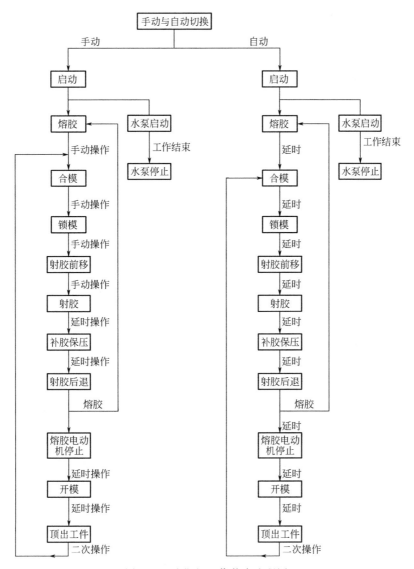

图 5-55　注塑机工作状态流程图

（3）监控设计

1）触摸屏的接线。触摸屏与计算机及 PLC 的接线如图 5-57 所示。

2）触摸屏应用程序设计。在触摸屏应用程序设计中，同样要完成系统的建立及画面的制作等内容。

① 新建触摸屏系统文件。新建一触摸屏编辑文件，所用触摸屏为 GT1000 触摸屏，所用 PLC 为三菱 FX 系列。

② 制作触摸屏画面。具体步骤如下：

a. 打开 GT Designer2 软件，设定机器连接属性及其连接驱动，如图 5-58 所示。

b. 设定完成后进入主编辑区编辑制作系统，如图 5-59 所示。

c. 系统中设置两个界面，分别为自动界面和手动界面，启动界面设定如图 5-60 所示。

d. 设置各按键与 PLC 中软元件的对应关系。在上述画面完成后，将除切换按键以外的所有对象均通过属性的修改与 PLC 软元件建立对应关系，见表 5-11。

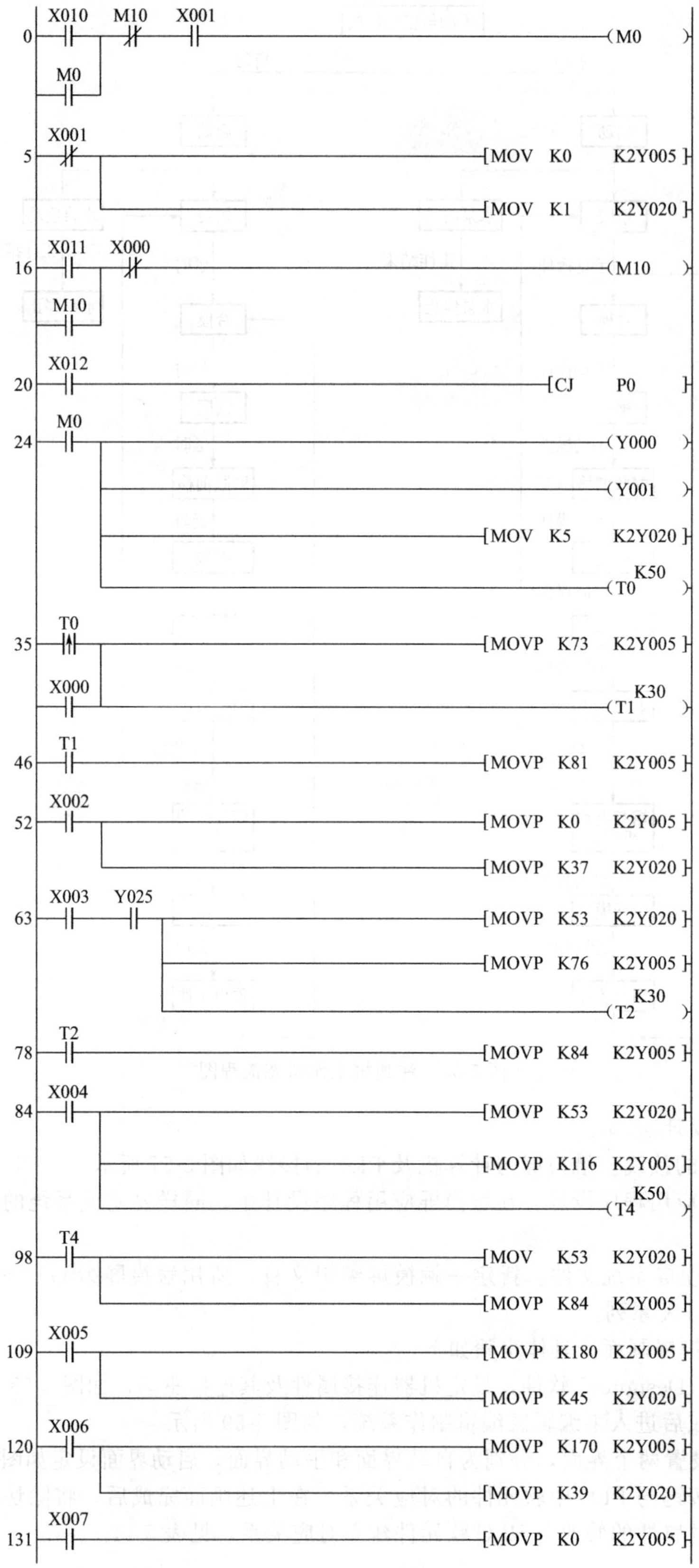
0 X010 M10 X001 (M0)
M0
5 X001 [MOV K0 K2Y005]
[MOV K1 K2Y020]
16 X011 X000 (M10)
M10
20 X012 [CJ P0]
24 M0 (Y000)
(Y001)
[MOV K5 K2Y020]
(T0 K50)
35 T0 [MOVP K73 K2Y005]
X000 (T1 K30)
46 T1 [MOVP K81 K2Y005]
52 X002 [MOVP K0 K2Y005]
[MOVP K37 K2Y020]
63 X003 Y025 [MOVP K53 K2Y020]
[MOVP K76 K2Y005]
(T2 K30)
78 T2 [MOVP K84 K2Y005]
84 X004 [MOVP K53 K2Y020]
[MOVP K116 K2Y005]
(T4 K50)
98 T4 [MOV K53 K2Y020]
[MOVP K84 K2Y005]
109 X005 [MOVP K180 K2Y005]
[MOVP K45 K2Y020]
120 X006 [MOVP K170 K2Y005]
[MOVP K39 K2Y020]
131 X007 [MOVP K0 K2Y005]

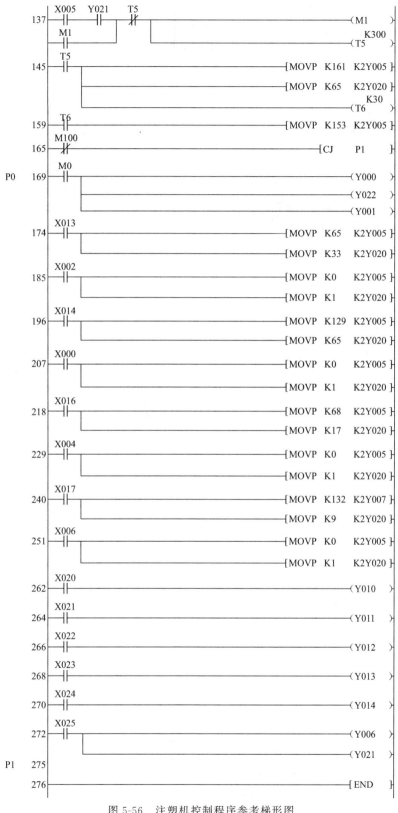

图 5-56　注塑机控制程序参考梯形图

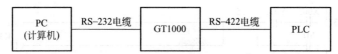

图 5-57　触摸屏与计算机及 PLC 的接线

图 5-58　设定机器连接属性及其连接驱动界面

图 5-59　设定完成后进入主编辑区编辑制作系统

图 5-60　启动界面设定

表 5-11　各对象的属性表

对象	名称	颜色		对应软元件	文本内容	其他
		OFF	ON			
开关	启动按钮	红色	绿色	M100	启动	点动
开关	停止按钮	红色	绿色	M101	停止	点动
开关	急停	红色	绿色	M102	急停	点动
开关	手动—合模	红色	绿色	M103	合模	点动
开关	手动—开模	红色	绿色	M104	开模	点动
开关	手动—熔胶	红色	绿色	M105	熔胶	点动
开关	手动—射台前进	红色	绿色	M106	前进	点动
开关	手动—射台后退	红色	绿色	M107	后退	点动
开关	手动—高速	红色	绿色	M 108	高速	点动
开关	手动—中速	红色	绿色	M109	中速	点动
开关	手动—低速	红色	绿色	M110	低速	点动
开关	手动—正转	红色	绿色	M111	正转	点动
开关	手动—反转	红色	绿色	M112	反转	点动
开关	手动—下料电动机按钮	红色	绿色	M113	下料	点动

续表

对象	名称	颜色		对应软元件	文本内容	其他
		OFF	ON			
开关	画面切换开关	绿色	红色	M114		
开关	画面切换开关	绿色	红色	M115		
指示灯	水泵电动机接触器	红色	绿色	Y0	水泵	
指示灯	电加热丝接触器	红色	绿色	Y1	电热	
指示灯	开合模电动机接触器	红色	绿色	Y5	开合	
指示灯	下料电动机接触器	红色	绿色	Y6	下料	
指示灯	射胶电动机接触器	红色	绿色	Y7	射胶	
指示灯	高速	红色	绿色	Y10	高速	
指示灯	中速	红色	绿色	Y11	中速	
指示灯	低速	红色	绿色	Y12	低速	
指示灯	正转	红色	绿色	Y13	正转	
指示灯	反转	红色	绿色	Y14	反转	
指示灯	电源指示灯	红色	绿色	Y20	电源	
指示灯	熔胶下料电动机	红色	绿色	Y21	熔胶	
指示灯	加热指示灯	红色	绿色	Y22	加热	
指示灯	射台—后退	红色	绿色	Y23	后退	
指示灯	射台—前进	红色	绿色	Y24	前进	
指示灯	合模	红色	绿色	Y25	合模	
指示灯	开模	红色	绿色	Y26	开模	

5. 自我训练

用 PLC 设计三层电梯轿厢控制系统，控制要求如下：

① 电梯的上下运行由曳引电动机拖动，电动机正转电梯上升，电动机反转电梯下降。每层设有召唤按钮 $SB_1 \sim SB_3$、召唤指示灯 $HL_1 \sim HL_3$ 及停靠行程开关 $SQ_1 \sim SQ_3$。

② 响应召唤信号，召唤指示灯亮；电梯到达该层，召唤指示灯熄灭。如电梯在运行中，任何反向召唤均无效，召唤指示灯不亮；其动作要求见表 5-12。

表 5-12 三层电梯轿厢控制系统要求表

序号	输入		输出	
	原停靠层	召唤楼层	运行方向	运行情况
1	1	3	升	上升到 3 层停
2	2	3	升	上升到 3 层停
3	3	3	停	召唤无效
4	1	2	升	上升到 2 层停
5	2	2	停	召唤无效
6	3	2	降	下降到 2 层停
7	1	1	停	召唤无效

序号	输入		输出	
	原停靠层	召唤楼层	运行方向	运行情况
8	2	1	降	下降到 1 层停
9	3	1	降	下降到 1 层停
10	1	2、3	升	先上升到 2 层停,暂停 2s 后上升到 3 层停
11	2	先 1 后 3	降	先下降到 1 层停,运行中反向召唤无效
12	2	先 3 后 1	升	先上升到 3 层停,运行中反向召唤无效
13	3	2、1	降	先下降到 2 层停,暂停 2s 后下降到 1 层停

③ 用触摸屏对系统进行监控。

【例 5-4】 变频器与 PLC、触摸屏在变频恒压供水泵站中的应用

一、变频恒压供水泵站的基本构成

图 5-61 所示为恒压供水泵站的构成示意图,压力传感器用于检测管网中的水压,常装设在泵站的出水口。当用水量大时,水压降低,用水量小时,水压升高。水压传感器将水压的变化转变为电流或电压的变化送给调节器。

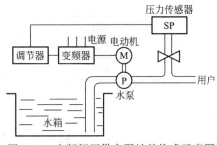

图 5-61 变频恒压供水泵站的构成示意图

调节器是一种电子装置,在系统中完成以下几种功能:

① 调节器设定水管压力的给定值。恒压供水水压的高低根据需要而设定,供水距离越远,用水地点越高,系统所需供水压力越大。给定值即是系统正常工作时的恒压值。另外,有些供水系统可能有多种用水目的,如将生活用水与消防用水共用一个泵站,水压的设定值可能不止一个,一般消防用水的水压要高一些。调节器具有给定值设定功能,可以用数字量进行设定,有的调节器也可以用模拟量方式设定。

② 调节器接收传感器送来的管网水压的实测值。管网实测水压回送到泵站控制装置称为反馈,调节器是反馈的接收点。

③ 调节器根据给定值与实测值的综合,依一定的调节规律发出系统调节信号。调节器接收了水压的实测反馈信号后,将它与给定值比较,得到给定值与实测值之差。如果给定值大于实测值,说明系统水压低于理想水压,要加大水泵电动机的转速;如果水压高于理想水压,要降低水泵电动机的转速。这些都由调节器的输出信号控制。为了实现调节的快速性与系统的稳定性,调节器工作中还有个调节规律问题,传统调节器的调节规律多是比例-积分-微分调节,称为 PID 调节器。调节器的调节参数,如 P、I、D 参数均是可以由使用者设定的,PID 调节过程视调节器的内部构成而定,有数字式调节和模拟量调节两类,以微计算机为核心的调节器多为数字式调节。

调节器的输出信号一般是模拟信号 4～20mA 变化的电流信号和 0～10V 变化的电压信号。在变频恒压供水系统中,执行设备就是变频器。

二、PLC 在恒压供水泵站中的主要任务

（1）代替调节器

实现水压给定值与反馈值的综合与调节工作，实现数字式 PID 调节。一只传统调节器往往只能实现一路 PID 设置，用 PLC 作调节器可同时实现多路 PID 设置，在多功能供水泵站的各类工况中 PID 参数可能不一样，使用 PLC 作数字式调节器就十分方便。

（2）控制水泵的运行与切换

在多泵组恒压供水泵站中，为了使设备均匀地磨损，水泵及电动机是轮换工作的。在设单一变频器的多泵组泵站中，与变频器相连接的水泵（称变频泵）也是轮流担任的。变频泵在运行且达到最高频率时，增加一台工频泵投入运行，PLC 则是泵组管理的执行设备。

（3）变频器的驱动控制

恒压供水泵站中变频器常常采用模拟量控制方式，这需采用具有模拟量输入/输出的 PLC 或采用 PLC 的模拟量扩展模块，水压传感器送来的模拟信号输入到 PLC 或模拟量模块的模拟量输入端，而输出端送出经给定值与反馈值比较并经 PID 处理后得出的模拟量控制信号，并依此信号的变化改变变频器的输出频率。

（4）泵站的其他逻辑控制

除了泵组的运行管理工作外，泵站还有许多逻辑控制工作，如手动/自动操作转换、泵站的工作状态指示、泵站工作异常的报警、系统的自检等，这些都可以在 PLC 的控制程序中安排。

1. 控制要求

设计一个恒压供水实训系统，其控制要求如下：

① 共有两台水泵，要求一台运行，一台备用，自动运行时泵运行累计 100h 轮换一次，手动时不切换。

② 两台水泵分别由 M_1、M_2 电动机拖动，由 KM_1、KM_2 控制。

③ 切换后启动和停电后启动需 5s 报警，运行异常可自动切换到备用泵，并报警。

④ 水压在 $0\sim1MPa$ 可调，通过触摸屏输入调节。

⑤ 触摸屏可以显示设定水压、实际水压、水泵的运行时间、转速、报警信号等。

2. 控制系统的 I/O 分配及系统接线

（1）I/O 分配

根据系统控制要求，选用 F940GOT-SWD 触摸屏，触摸屏和 PLC 输入、输出分配如表 5-13 所示。

表 5-13　触摸屏和 PLC 输入、输出分配

触摸屏输入、输出				PLC 输入、输出			
触摸屏输入		触摸屏输出		PLC 输入		PLC 输出	
软元件	功能	软元件	功能	输入设备	输入继电器	输出设备	输出继电器
M500	自动启动	Y0	1 号泵运行指示	1 号泵水流开关	X1	KM_1（控制 1 号泵接触器）	Y0
M100	手动 1 号泵	Y1	2 号泵运行指示	2 号泵水流开关	X2	KM_2（控制 2 号泵接触器）	Y1
M101	手动 2 号泵	T20	1 号泵故障	过压保护开关	X3	报警器 HA	Y4
M102	停止	T21	2 号泵故障			变频器正转启动端子 STF	Y10
M103	运行时间复位	D101	当前水压				

触摸屏输入、输出				PLC 输入、输出			
触摸屏输入		触摸屏输出		PLC 输入		PLC 输出	
软元件	功能	软元件	功能	输入设备	输入继电器	输出设备	输出继电器
M104	清除报警	D502	泵累计运行的时间				
D500	水压设定	D102	电动机的转速				

（2）系统接线

根据控制系统的控制要求，PLC 选用 FX2N-32MR 型，变频器采用三菱 FR-E540，模拟量处理模块采用输入/输出混合模块 FX$_{ON}$-3A，变频器通过 FX$_{ON}$-3A 的模拟输出来调节电动机的转速。根据控制要求及 I/O 分配，控制系统接线如图 5-62 所示。

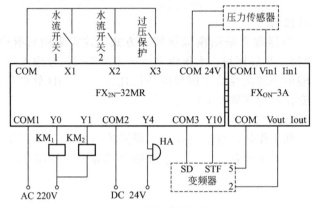

图 5-62　控制系统接线图

3. 触摸屏画面制作

根据系统控制要求，触摸屏画面如图 5-63 所示。

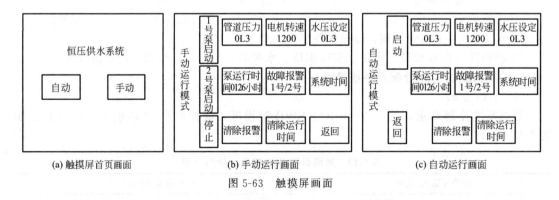

(a) 触摸屏首页画面　　　(b) 手动运行画面　　　(c) 自动运行画面

图 5-63　触摸屏画面

4. 程序的编制

根据系统的控制要求，控制梯形图如图 5-64 所示。

5. 变频器参数的确定和设置

① 上限频率 Pr.1＝50Hz；

② 下限频率 Pr.2＝30Hz；

③ 变频器基准频率 Pr.3＝50Hz；

④ 加速时间 Pr.7＝3s；

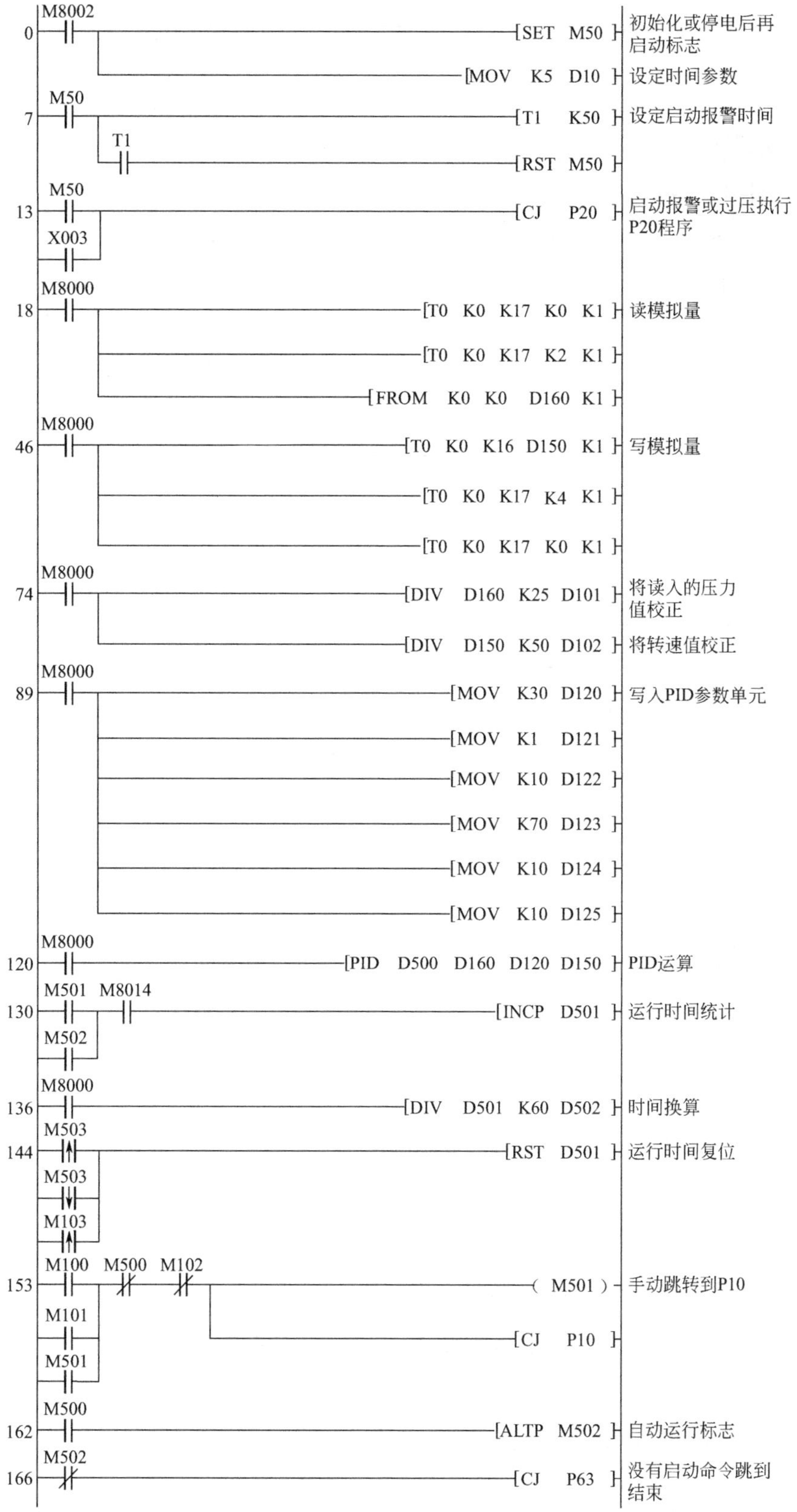

```
        M8002
    0   ──┤├──────────────────────────────[SET  M50 ]   初始化或停电后再
                                                          启动标志
                ────────────────────────[MOV  K5  D10 ]  设定时间参数
        M50
    7   ──┤├──────────────────────────────[T1   K50 ]   设定启动报警时间
            T1
            ──┤├──────────────────────────[RST  M50 ]
        M50
   13   ──┤├──────────────────────────────[CJ   P20 ]   启动报警或过压执行
        X003                                              P20程序
        ──┤├
        M8000
   18   ──┤├────────────────────────[T0  K0  K17  K0  K1 ]   读模拟量
                ────────────────────[T0  K0  K17  K2  K1 ]
                ──────────────────[FROM  K0  K0  D160  K1 ]
        M8000
   46   ──┤├────────────────────────[T0  K0  K16  D150  K1 ]   写模拟量
                ──────────────────────[T0  K0  K17  K4  K1 ]
                ──────────────────────[T0  K0  K17  K0  K1 ]
        M8000
   74   ──┤├────────────────────────[DIV  D160  K25  D101 ]   将读入的压力
                                                               值校正
                ──────────────────[DIV  D150  K50  D102 ]   将转速值校正
        M8000
   89   ──┤├────────────────────────────[MOV  K30  D120 ]   写入PID参数单元
                ────────────────────────[MOV  K1   D121 ]
                ────────────────────────[MOV  K10  D122 ]
                ────────────────────────[MOV  K70  D123 ]
                ────────────────────────[MOV  K10  D124 ]
                ────────────────────────[MOV  K10  D125 ]
        M8000
  120   ──┤├──────────────────[PID  D500  D160  D120  D150 ]   PID运算
        M501  M8014
  130   ──┤├──┤├──────────────────────────[INCP  D501 ]   运行时间统计
        M502
        ──┤├
        M8000
  136   ──┤├────────────────────────[DIV  D501  K60  D502 ]   时间换算
        M503
  144   ──┤↓├────────────────────────────[RST  D501 ]   运行时间复位
        M503
        ──┤↓├
        M103
        ──┤↑├
        M100  M500  M102
  153   ──┤├──┤/├──┤/├──────────────────────( M501 )   手动跳转到P10
        M101
        ──┤├────────────────────[CJ   P10 ]
        M501
        ──┤├
        M500
  162   ──┤├──────────────────────────────[ALTP  M502 ]   自动运行标志
        M502
  166   ──┤/├──────────────────────────────[CJ   P63 ]   没有启动命令跳到
                                                           结束
```

图 5-64

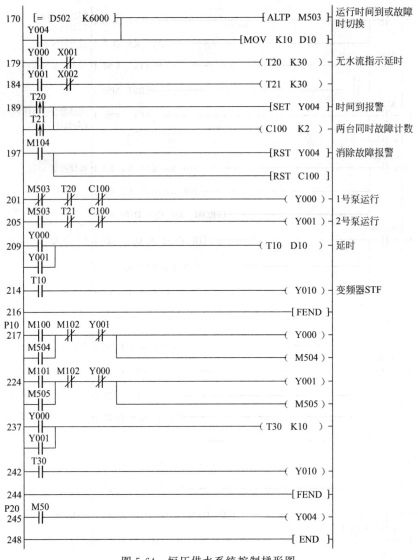

图 5-64 恒压供水系统控制梯形图

⑤ 减速时间 Pr.8＝3s；

⑥ 电子过电流保护 Pr.9＝电动机的额定电流；

⑦ 启动频率 Pr.13＝10Hz；

⑧ 设定端子 2-5 间的频率为电压信号 0～10V，Pr.73＝1；

⑨ 允许所有参数的读/写 Pr.160＝0；

⑩ 操作模式选择（外部运行）Pr.79＝2。

【例 5-5】 变频器与 PLC、触摸屏在中央空调节能改造技术中的应用

一、中央空调系统概述

中央空调系统主要由冷冻机组、冷却水塔、房间风机盘管及循环水系统（包括冷却水和冷冻水系统)、新风机等组成。在冷冻水循环系统中，冷冻水在冷冻机组中进行热交换，在冷冻泵的作用下，将温度降低了的冷冻水（称出水）加压后送入末端设备，使房间的温度下降，然后流回冷冻机组（称回水），如此反复循环。在冷却水循环系统中，冷却水吸收冷冻机组释放的热量，在冷却泵的作用下，将温度升高了的冷却水压入冷却塔（称出水），在冷却塔中与大气进行热交换，然后温度降低了的冷却水又流进冷冻机组（称回水），如此不断循环。中央空调循环水系统的工作示意图如图 5-65 所示。

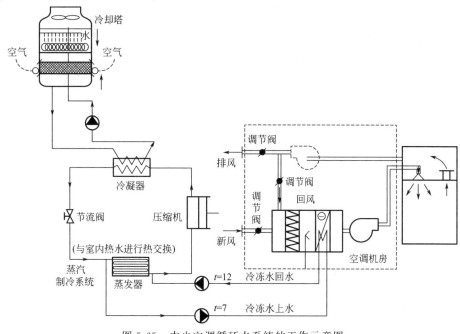

图 5-65 中央空调循环水系统的工作示意图

二、中央空调水系统的节能分析

目前国内仍有许多大型建筑中央空调水系统为定流量系统，水系统的能耗一般占空调系统总能耗量的 15%～20%。现行定水量系统都是按设计工况进行设计的，它以最不利工况为设计标准，空调负荷大都采用估算法，因此冷水机组和水泵容量往往过大。但是几乎所有空调系统，最大负荷出现的时间很少，绝大部分时间在部分负荷下运行。而在实际运行时，由于缺乏先进的中央空调控制与管理技术装备，中央空调系统一直沿用着传统的开关控制方式，不能实现空调冷媒流量跟随末端负荷的变化而动态调节，在部分负荷运行时不仅浪费水泵的能量，制冷机的效率也大大降低。而由于变水量系统中的水泵能够按实际所需的流量和扬程运行，故采用变水量系统成为一种有效的节能手段。所以，要降低空调系统的运行能耗，对现行中央空调水系统进行节能改造是十分有必要的。

1. 变水量系统的基本原理

变水量系统运行的基本原理可用热力学第一定律表述为：

$$q = QC\Delta t \tag{5-1}$$

式中，q 为系统冷负荷；Q 为冷水流量；C 为水的比热容；Δt 为冷水系统送回水温差。

热力学第一定律表明，在冷水系统中，可以根据实际冷负荷的大小调整冷水流量或冷水系统送回水温差。在冷水系统盘管或负荷末端，进行冷水系统设计时，q、C、Δt 已经确定，q 为系统设计工况下的冷负荷，Δt 为按规范确定的温差，一般取 5℃，因此冷水流量 Q 也被确定，系统按这些值设计、选择设备。当系统设计完成并投入运行后，q 成了独立参数，它与室外的气象条件和室内散热量等诸多因素相关。当系统冷负荷 q 变化时，为保证式(5-1) 的平衡，由热力学第一定律，系统也必须相应改变冷水流量 Q 或温差 Δt 的大小。例如，当冷负荷在某一时刻为设计值的 50%，并且冷水送水温度不变，如果改变送回水温差 Δt 而保持流量 Q 不变，则形成定流量系统；如果保持冷水送回水温差 Δt 不变，改变冷水流量 Q 则形成变水量系统。理想的变水量系统，其送回水温差保持不变，而使冷水流量与负荷呈线性关系。如果使流量与负荷真正满足式(5-1)，则必须使用变速水泵。

2. 水泵的基本原理

离心水泵的相似定律又称为比例定律，表示如下：

$$\frac{Q_1}{Q_2} = \frac{n_1}{n_2} \tag{5-2}$$

$$\frac{H_1}{H_2} = \frac{n_1^2}{n_2^2} \tag{5-3}$$

$$\frac{P_1}{P_2} = \frac{n_1^3}{n_2^3} \tag{5-4}$$

式中，Q 为水泵流量；H 为水泵扬程；P 为水泵功率；n 为水泵转速。

3. 水泵变频调速节能原理

中央空调系统中的冷冻水系统、冷却水系统是完成外部热交换的两个循环水系统。以前，对水流量的控制是通过挡板和阀门来调制的，许多电能被白白浪费在挡板和阀门上。如果换成交流调速系统，把浪费在挡板和阀门上的能量节省下来，每台冷冻水泵、冷却水泵平均节能效果就很可观。故采用交流变频技术控制水泵的运行，是目前中央空调水系统节能改造的有效途径之一。

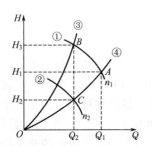

图 5-66 扬程-流量（H-Q）关系曲线

图 5-66 给出了阀门调节和变频调速控制两种状态的扬程-流量（H-Q）关系。图 5-66 中曲线①为泵在转速 n_1 下的扬程-流量特性，曲线②为泵在转速 n_2 下的扬程-流量特性，曲线③为阀门关小时的管阻特性曲线，曲线④为阀门正常时的管阻特性曲线。

假设泵在标准工作点 A 的效率最高，输出流量 Q_1 为 100%，此时轴功率 P_1 与 Q_1、H_1 的乘积（即 AH_1OQ_1 面积）成正比。当流量需从 Q_1 减小到 Q_2 时，如果采用调节阀门方法（相当于增加管网阻力），使管阻特性从曲线④变到曲线③，系统轴功率 P_3 与 Q_2、H_3 的乘积（即 BH_3OQ_2 面积）成正比。如果阀门开度不变，降低转速，泵转速由 n_1 下降到 n_2，在满足同样流量 Q_2 的情况下，泵扬程 H_2 大幅降低，轴功率 P_2 和 P_3 相比较，将显著减小，节省的功率损耗 ΔP 与 BH_3H_2C 面积成正比，节能的效果是十分明显的。

由前面分析可知：对于变频调速来说，转速基本上与电源频率 f 成正比，而对于水泵来说，根据离心水泵相似定律，即式(5-2)～式(5-4)可知：水泵流量与频率成正比，水泵扬程与频率的平方成正比，水泵消耗的功率与频率的三次方成正比。如水泵转速下降到额定转速的 60%，即频率 $f=30\text{Hz}$ 时，其电动机轴功率下降了 78.4%，即节电率为 78.4%。因此，用变频调速的方法来减少水泵流量是值得大力提倡的。

三、中央空调节能改造实例

1. 大厦原中央空调系统的概况

某商贸大厦中央空调为一次泵系统，该大厦冷冻水泵和冷却泵电动机全年恒速运行，冷冻水和冷却水进出水温差都约为 2℃，采用继电接触器控制。

冷水机组：中央空调系统采用两台（一用一备）冷水机组，单机制冷量为 400USRT（美国冷吨，1USRT＝3.517kW），电动机功率为 300kW。

冷冻水泵：冷冻水泵两台（一用一备），电动机功率为 55kW，电动机启动方式为自耦变压器启动。

冷却塔风机：冷却塔三座，每座风机台数为一台，风机额定功率为 5.5kW，额定电流为 13A，电动机启动方式为直接启动。

该大厦中央空调系统的最大负载能力是按照大气最热、负荷最大的条件来设计的，存在着宽裕量，但实际上系统极少在这些极限条件下工作。一年中只有几十天时间中央空调处于最大负荷。大厦原中央空调水系统除了存在很大的能量损耗，同时还会带来以下一系列问题：

① 水流量过大使循环水系统的温差降低，恶化了主机的工作条件，引起主机热交换效率下降，造成额外的电能损失。

② 水泵采用自耦变压器启动，电动机的启动电流较大，会对供电系统带来一定冲击。

③ 传统的水泵启、停控制不能实现软启、软停，在水泵启动和停止时，会出现水锤现象，对管网造成较大冲击，容易对机械零件、轴承、阀门、管道等造成破坏，增加维修工作量和备件费用。

为使循环水量与负荷变化相适应，采用成熟的变频调速技术对循环系统进行改造，是降低水循环系统能耗的较好解决方案。一方面能够控制冷冻（却）泵的转速，即改变冷冻（却）水的流量，来跟踪冷冻（却）水的需求量，随着负载的变化调节水流量，从而节约能源；另一方面，因变频器是软启动方式，电动机在启动时及运转过程中均无冲击电流，可有效延长电动机、接触器及机械零件、轴承、阀门、管道的使用寿命。

2. 节能改造措施

结合大厦原中央空调水系统的实际情况，确定大厦水系统节能改造措施如下：

① 由于系统中冷却水泵功率为 75kW，约占主机功率的 30%，故对冷却水系统和冷冻水系统都进行变流量改造，在保证机组安全可靠运行的基础上，取得最大化的节能效果。

② 冷冻水系统的控制方案采用定温差控制方法，因为冷冻水系统的温差控制适宜用于一次泵定流量系统的改造，施工较容易，将冷冻水的送回水温差控制在 4.5～5℃。

PLC 通过温度传感器及温度模块将冷冻水的出水温度和回水温度读入内存，根据回水和出水的温差值来控制变频器的转速，从而调节冷冻水的流量，控制热交换的速度。温差大，说明室内温度高，应提高冷冻泵的转速，加快冷冻水的循环速度以增加流量，加快热交换的速度；反之温差小，则说明室内温度低，可降低冷冻泵的转速，减小冷冻水的循环速度以降低流量，减缓热交换的速度，达到节能的目的。

③ 冷却水系统的控制方案也采用定温差控制方法，因为冷却水系统定温差控制的主机性能明显优于冷却水出水温度控制，将冷却水的进出水温差控制在 4.5～5℃，其控制过程与冷冻水类似。

④ 由于冷却塔风机的额定功率为 5.5kW，比较小，故不考虑对风机进行变频调速。

⑤ 两台冷却水泵 M_1、M_2 和两台冷冻水泵 M_3、M_4 的转速控制采用变频节能改造方

案。正常情况下，系统运行在变频节能状态，其上限运行频率为 50Hz，下限运行频率为 30Hz；当节能系统出现故障时，可以启动原水泵的控制回路使电动机投入工频运行；在变频节能状态下可以自动调节频率，也可以手动调节频率，每次的调节量为 0.5Hz。两台冷冻水泵（或冷却水泵）可以进行手动轮换。

3. 节能改造控制系统的功能结构图

为了用户直观方便地使用，需要给予人机界面，故采用触摸屏＋PLC＋变频器的控制系统结构，控制系统的功能结构图如图 5-67 所示。

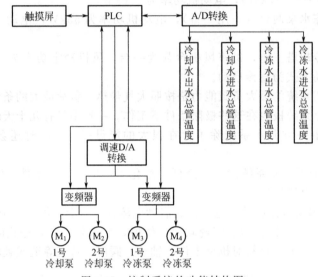

图 5-67 控制系统的功能结构图

4. 节能改造控制系统的设计

因受篇幅限制，这里仅以冷却水泵为例介绍其节能改造控制系统的设计。

（1）设计方案

冷却水泵 M_1 主回路电气原理图如图 5-68 所示，接触器 KM_3 为 M_1 的旁路接触器，当 KM_3 接通后，可启动原水泵的控制回路使电动机投入工频运行，接触器 KM_1 为 M_1 的变频接触器；而冷却水泵 M_2 主回路电气原理图与 M_1 相似，接触器 KM_2、KM_4 分别为冷却水泵 M_2 的变频接触器、旁路接触器，两台冷却水泵的变频接触器通过 PLC 进行控制，旁路接触器通过继电器电路控制，变频接触器和旁路接触器之间有电气互锁。

控制部分通过两个铂温度传感器（PT100）采集冷却水的出水和进水温度，然后通过与之连接的 FX_{2N}-4AD-PT 特殊功能模块，将采集的模拟量转换成数字量传送给 PLC，再通过 PLC 进行运算，将运算的结果通过 FX_{2N}-2DA 将数字量转换成模拟量 [0～10V（DC）] 来控制变频器的转速。出水和进水的温差大，则水泵的转速就大；温差小，则水泵的转速就小，从而使温差保持在一定的范围内（4.5～5℃），达到节能的目的。

（2）控制系统的 I/O 分配及系统接线

根据系统控制要求，选用 F940GOT-SWD 触摸屏，PLC 选用 FX_{2N}-48MR 型，触摸屏和 PLC 输入、输出分配如下：

X0：变频器报警输出信号；M0：冷却泵启动按钮；M1：冷却泵停止按钮；M2：冷却泵手动加速；M3：冷却泵手动减速；M5：变频器报警复位；M6：冷却泵 M_1 运行；M7：冷却泵 M_2 运行；M10：冷却泵手动/自动调速切换；Y0：变频运行信号（STF）；Y1：变频器报警复位；Y4：变频器报警指示；Y6：冷却泵自动调速指示；Y10：冷却泵 M_1 变频

运行；Y11：冷却泵 M$_2$ 变频运行。

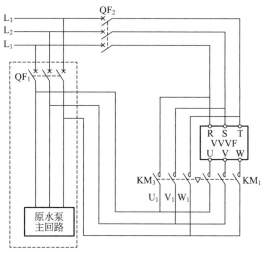

图 5-68　冷却水泵 M$_1$ 的主回路电气原理图

数据寄存器 D20 为冷却水进水温度，D21 为冷却水出水温度，D25 为冷却水出进水温差，D1001 为变频器运行频率显示，D1010 为 D/A 转换前的数字量。

根据控制系统的控制要求，其冷却泵的接线图如图 5-69 所示。

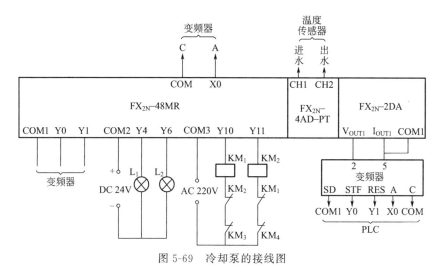

图 5-69　冷却泵的接线图

（3）触摸屏画面制作

触摸屏画面的制作参见图 5-70。

（4）编制程序

控制程序主要内以下几部分组成：冷却水出进水温度检测及温差计算程序、D/A 转换程序、手动调速程序、自动调速程序和变频器、水泵启停报警的控制程序。

冷却水出进水温度检测及温差计算程序：CH1 通道为冷却水进水温度（D20），CH2 通道为冷却水出水温度（D21），D25 为冷却水出进水温差，其程序如图 5-71 所示。

D/A 转换程序：进行 D/A 数模转换的数字量存放在数据寄存器 D1010 中，它通过 FX$_{2N}$-2DA 模块将数字量变成模拟量，由 CH1 通道输出给变频器，从而控制变频器的转速以达到调节水泵转速的目的，其程序如图 5-72 所示。

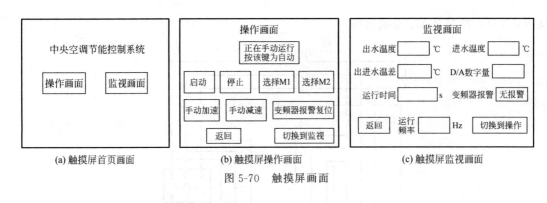

(a) 触摸屏首页画面　　　(b) 触摸屏操作画面　　　(c) 触摸屏监视画面

图 5-70　触摸屏画面

*置冷却水温度采样平均值50

```
                                    *(将冷却水温度采样平均值50写入4AD)
        M8002
  0 ─┤ ├─────────────────────[TO   K0    K1    K50   K2  ]─
```

*读冷却水进、出水温度并修正，然后求出进水温差

```
                                    *(读冷却水进、出水温度值到D20和D21)
        M8000
 10 ─┤ ├──┬──────────────────[FROM K0    K5    D20   K2  ]─
          │                                    进水温度
          │                                    寄存器
          │                         *(修正进水温度值)
          │                    [ADD  D20        K2         D20   ]─
          │                          进水温度               进水温度
          │                          寄存器                 寄存器
          │                         *(修正出水温度值)
          │                    [ADD  D21        K5         D21   ]─
          │                          出水温度               出水温度
          │                          寄存器                 寄存器
          │                         *(求出进水温度差并存入D25中)
          └────────────────────[SUB  D21        D20        D25   ]─
                                     出水温度    进水温度    出进水温差
                                     寄存器      寄存器      寄存器
```

图 5-71　冷却水出进水温度检测及温差计算程序

*将数字量写入2DA，并进行D/A转换

```
                                    *〈待转换的数字量传送到M100~M115〉
        M8000
 41 ─┤ ├──┬──────────────────────────[MOV  D1010      K4M100 ]─
          │                                 数字量数据
          │                                 寄存器
          │                         *〈写低8位数据到BFM#16〉
          ├────────────────────[TO   K1    K16   K2M100  K1  ]─
          │                         *〈BFM17的b2置1，为保持低8位作准备〉
          ├────────────────────[TO   K1    K17   K4      K1  ]─
          │                         *〈BFM17的b2置0，保持低8位数据〉
          ├────────────────────[TO   K1    K17   K0      K1  ]─
          │                         *〈写高4位数据〉
          ├────────────────────[TO   K1    K16   K1M108  K1  ]─
          │                         *〈BFM17的b1置1，为D/A转换作准备〉
          ├────────────────────[TO   K1    K17   K2      K1  ]─
          │                         *〈BFM17的b1置0，通道1的D/A转换开始〉
          └────────────────────[TO   K1    K17   K0      K1  ]─
```

图 5-72　D/A转换程序

手动调速程序：M_2 为冷却泵手动转速上升，每按一次频率上升 0.5Hz；M_3 为冷却泵手动转速下降，每按一次频率下降 0.5Hz；冷却泵的手动和自动频率调整的上限都为 50Hz，下限都为 30Hz，其程序如图 5-73 所示。

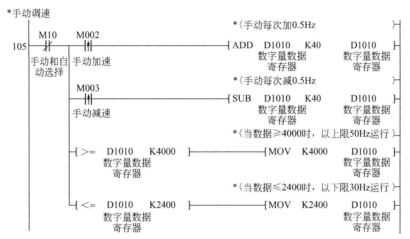

图 5-73 手动调速程序

自动调速程序：因冷却水温度变化缓慢，温差采集周期 4s 比较符合实际需要。当温差大于 5℃时，变频器运行频率开始上升，每次调整 0.5Hz，直到温差小于 5℃或者频率升到 50Hz 时才停止上升；当温差小于 4.5℃时，变频器运行频率开始下降，每次调整 0.5Hz，直到温差大于 4.5℃或者频率下降到 30Hz 时才停止下降。这样，保证了冷却水出进水的恒温差（4.5～5℃）运行，从而达到了最大限度的节能，其程序如图 5-74 所示。

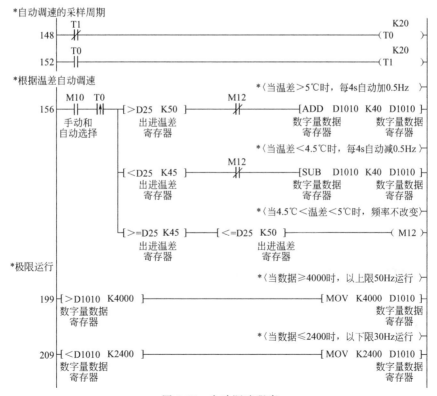

图 5-74 自动调速程序

变频器、水泵启/停/报警的控制程序：变频器的启、停、报警、复位，冷却泵的轮换及变频器频率的设定、频率和时间的显示等均采用基本逻辑指令来控制，其控制程序如图 5-75 所示。将图 5-71～图 5-75 的程序组合起来，即为系统的控制程序。

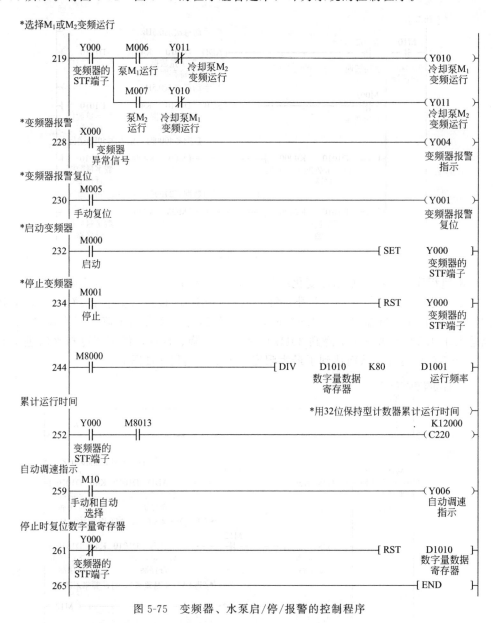

图 5-75 变频器、水泵启/停/报警的控制程序

【例 5-6】 变频器与 PLC、触摸屏控制棉纺生产线中的开棉机

一、控制要求

以棉纺生产线中开棉机为例，通过分析具体控制电路，学习 PLC、变频器与触摸屏在实际生产中的综合应用技术。

开棉机是棉纺生产线的中间机台，开棉机接收抓棉机通过输棉管道送来的原棉，对原棉纤维进行开松并除去其中的杂质。开棉机有两台电动机，打手电动机带动打手刀片对原棉进行开松，给棉电动机向前方机台（混棉机）输送开松后的原棉。

二、控制方案

1. 电路特点

① 开棉机的电气控制系统由 PLC、触摸屏和变频器构成，控制功能强，操作灵活。

② 工艺参数可以在屏幕上修改和设定。例如，可以通过修改打手变频器的频率（40～50Hz）来设定打手的转速，还可以设定打手转速防轧值。

③ 外部有"打手开"和"总停车"两个实际按钮，触摸屏画面上有"给棉开""给棉停""打手点动""给棉正转点动""给棉反转点动"等软按钮。例如，当打手因故障停车时，按触摸屏画面 2 中的"给棉反转点动"按钮，给棉电动机反转，可将停在给棉传送带与打手刀片之间的棉花倒出来。

④ 打手电动机和给棉电动机均受各自变频器控制。

2. 主电路

开棉机主电路如图 5-76 所示。主电路有两台电动机，M_1 是打手电动机，M_2 是给棉电动机（减速电动机），电动机的转速分别受变频器 A_1、A_2 控制，由空气开关 Q_1～Q_4 对电路提供过载和短路保护。

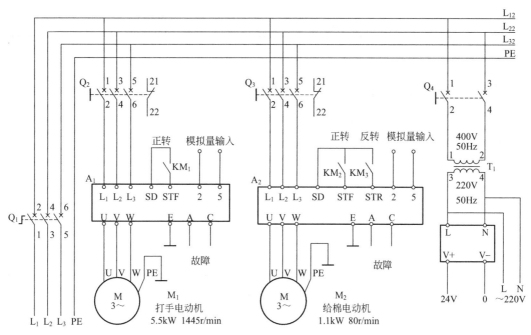

图 5-76　开棉机主电路

打手变频器 A_1 的模拟量输入端连接本机 PLC 模拟量扩展单元 FX_{ON}-3A 的模拟电压 0～10V 输出端，根据不同品质的原棉设置打手不同的转速。

给棉变频器 A_2 的模拟量输入端连接棉纺生产线总控制柜中的给棉调节器，给棉调节器将输棉管道的压力值转换为模拟电压 0～10V 输出。当前方机台原棉需求量大时，管道压力下降，给棉调节器输出模拟量大，使变频器 A_2 输出频率提高，给棉电动机 M_2 转速提高，供给更多的原棉给前级，反之，M_2 转速降低。

电源 380V AC 经变压器 T_1 降压为 220V AC，供 PLC 和 PLC 输出端负载使用，220V AC 经整流后输出 24V DC 供触摸屏电源使用。

3. PLC 控制电路

开棉机 PLC 输入电路如图 5-77 所示。PLC 基本单元的型号为 FX_{2N}-36MR，各输入端子的定义号与功能如表 5-14 所示。

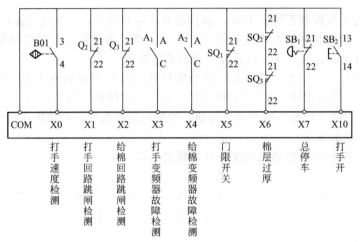

图 5-77　开棉机 PLC 输入电路

表 5-14　输入端子定义号与功能

定义号	功　　能
X0	打手速度检测（传感器 B01、直流二线接近开关）
X1	打手主电路跳闸检测（空气开关 Q_2）
X2	给棉主电路跳闸检测（空气开关 Q_3）
X3	打手变频器故障检测（变频器 A_1 故障输出端）
X4	给棉变频器故障检测（变频器 A_2 故障输出端）
X5	车门门限保护（行程开关 SQ_1）
X6	棉层过厚保护（行程开关 SQ_2、SQ_3）
X7	"总停车"按钮 SB_1
X10	"打手开"按钮 SB_2

开棉机 PLC 输出电路如图 5-78 所示，各输出端子定义号与功能如表 5-15 所示。

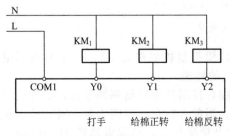

图 5-78　开棉机 PLC 输出电路

表 5-15　输出端子定义号与功能

定义号	功能
Y0	打手接触器（KM_1）
Y1	给棉正转接触器（KM_2）
Y2	给棉反转接触器（KM_3）

PLC 基本单元（FX$_{2N}$-32MR）、模拟量扩展单元（FX$_{ON}$-3A）和触摸屏单元（F940WGOT）连接电路如图 5-79 所示。模拟量扩展单元的输出电压连接打手变频器 A$_1$ 的模拟量输入端。

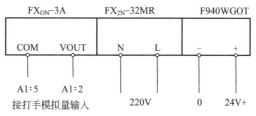

图 5-79 PLC 基本单元、模拟量扩展单元和触摸屏单元连接电路

4. 触摸屏显示画面与控制部件

因为要利用 PLC 程序切换故障画面，所以需要在 GT 软件中设置画面切换控制元件。单击 GT-Designer2 菜单"公共设置"→"系统环境"→"画面切换"，将基本画面窗口中软元件 GD100 改为 PLC 的数据寄存器 D100。

触摸屏画面 1 如图 5-80 所示。打手实际速度（r/mm）储存在数据寄存器 D10，打手防轧设定值（r/min）储存在停电保持数据寄存器 D250，打手速度设定值（Hz）储存在停电保持数据寄存器 D240。给棉指示灯为 M100，"给棉开""给棉停"按钮分别是 M90、M91。触摸"试车操作"按钮，进入触摸屏画面 2。

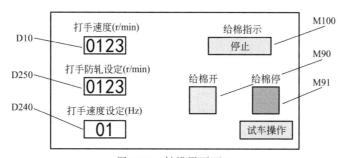

图 5-80 触摸屏画面 1

D250 的上限值为 1400，下限值为 900，D240 的上限值为 50，下限值为 40。超过上、下限的数值禁止输入。

触摸屏画面 2 如图 5-81 所示。"打手点动"给棉正转点动"给棉反转点动"按钮分别是 M60、M70、M80。触摸"返回"按钮，返回触摸屏画面 1。

触摸屏故障显示画面如图 5-82～图 5-88 所示。当出现故障时自动停车并显示相应的故障画面，有利于迅速排除故障。故障排除后触摸"返回"按钮，返回触摸屏画面 1。

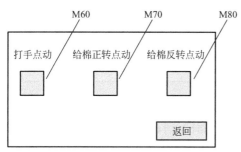

图 5-81 触摸屏画面 2

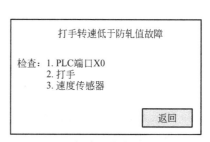

图 5-82 触摸屏故障显示画面 1

图 5-83 触摸屏故障显示画面 2

图 5-84 触摸屏故障显示画面 3

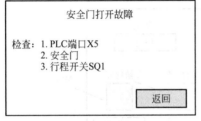

图 5-85 触摸屏故障显示画面 4

图 5-86 触摸屏故障显示画面 5

图 5-87 触摸屏故障显示画面 6

图 5-88 触摸屏故障显示画面 7

5. PLC 程序

开棉机的 PLC 步进指令程序如图 5-89～图 5-95 所示。程序由初始状态继电器 S0～S4 构成，各状态继电器主要功能如表 5-16 所示。

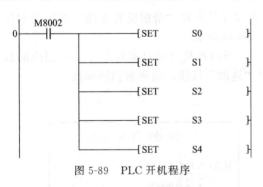

图 5-89 PLC 开机程序

表 5-16 开棉机步进指令程序中状态继电器的功能

定义号	功能
S0	设置故障位、显示故障画面,故障控制字为 K2M0
S1	测试打手转速,并将速度值写入 D10
S2	设定打手变频器输出频率值
S3	打手启动与点动
S4	给棉启动与点动

图 5-89 所示为 PLC 开机程序段。当 PLC 运转时，初始化脉冲 M8002 使初始状态继电器 S0～S4 同时处于活动状态。

图 5-90 所示为 S0 程序段。当打手电动机启动，T10 延时 100s 后，其动合触点闭合，

此时打手已进入稳定运转状态。如果出现 D10＜D250，说明打手实际速度低于打手防轧设定值，可能出现了打手刀片缠棉等故障。传送指令 MOV 将 K3 送入画面控制字寄存器 D100，触摸屏显示故障画面 3；辅助继电器 M0 通电为 1，字元件 K2M0≠0，全机自动停车。出现其他故障的处理方式相同。

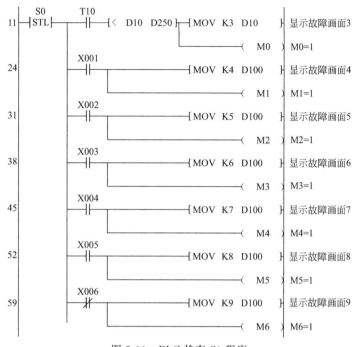

图 5-90　PLC 状态 S0 程序

接近开关传感器 B01 与打手旋转信号盘的位置关系如图 5-91 所示。通过高速计数器 C235 计数。打手每旋转一周，接近开关输出 6 个脉冲信号通过 X0 送到 C235 计数，由于计时周期为 2s，所以打手速度 $\upsilon=30\times C235/6=5\times C235(r/min)$。

图 5-92 所示为 S1 程序段。程序步 66 为定义高速计数器 C235，程序步 72 为 2s 振荡电路。程序步 76 为每经过 2s，C235 的当前值存入 D0，D0 扩大 5 倍存入 D10 并在触摸屏画面 1 显示打手转速当前值。C235 复位后重新计数。

图 5-93 所示为 S2 程序段。打手速度设定值（Hz）存入 D240，由于模拟量输出为 250 对应 10V 输出特性，所以设定频率 $f=$ D240$\times250/50=$ D240$\times5$。程序步 92 将 D240 扩大 5 倍存入 D242，然后将 D242 写入 FX_{ON}-3A 的缓冲存储器 BFM16，启动 D/A 转换，将模拟量送入打手变频器 A_1 的模拟量输入端，从而控制打手电动机的转速。

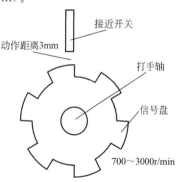

图 5-91　接近开关与打手旋转信号盘的位置关系

图 5-94 所示为 S3 程序段。按下"打手开"按钮 X10，M20 通电自锁，输出继电器 Y0 通电，打手变频器获得正转信号，打手电动机启动。按下"总停车"按钮 X7，打手停车。按下"打手点动"按钮 M60，打手点动运行。打手启动受故障控制字 K2M0 的影响，只有在 K2M0＝0 时打手才能启动。但打手点动不受故障控制字的影响，打手点动只受打手回路

跳闸 X1 和打手变频器故障 X3 的影响。打手启动后，T10 延时 100s，待打手进入稳定工作状态后，再监测打手的速度。T20 延时 20s 后才能启动给棉。

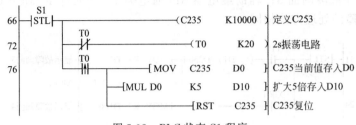

图 5-92　PLC 状态 S1 程序

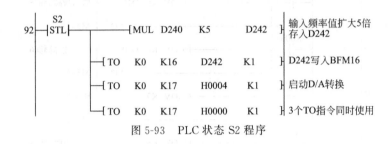

图 5-93　PLC 状态 S2 程序

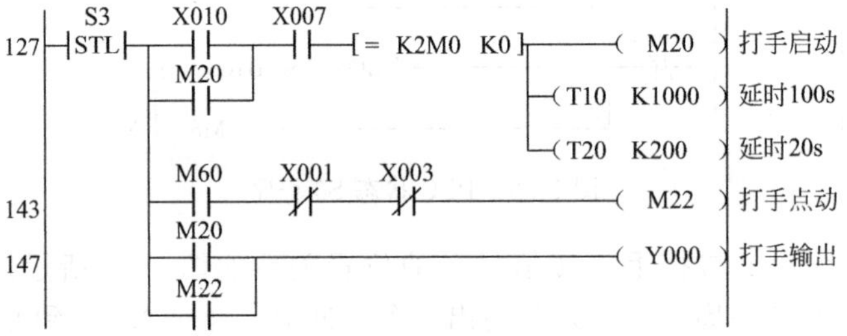

图 5-94　PLC 状态 S3 程序

图 5-95 所示为 S4 程序段。T20 延时 20s 后，按下"给棉开"按钮 M90，M100 通电自锁，触摸屏画面 1 中给棉指示灯亮，Y1 通电，给棉电动机启动。按下"给棉停"按钮 M91，给棉电动机停车。在试车操作时按下"给棉正转点动"按钮 M70，M40 通电，Y1 通电，给棉电动机正转；按下"给棉反转点动"按钮 M80，Y2 通电，给棉电动机反转。试车操作不受故障控制字的影响，给棉点动只受给棉回路跳闸 X2 和给棉变频器故障 X4 的影响。

6. 变频器参数修改

变频器型号为 FR-E540，使用外部操作模式和出厂设定值，其中打手变频器 A_1 的参数修改为：

【1＝50】，上限频率改为 50Hz。

【78＝1】，电动机不可以反转。

【9＝10】，电子过电流保护 10A，等于电动机额定电流。

【1＝50】，选择 10V 模拟输入电压。

给棉变频器 A_2 的参数修改为：

【1＝50】，上限频率改为 50Hz。

【9＝10】，电子过电流保护 10A，等于电动机额定电流。

【73＝1】，选择 10V 模拟输入电压。

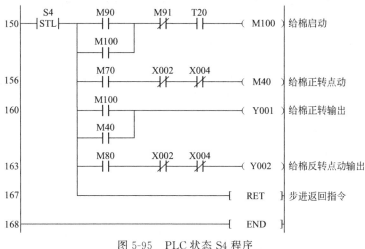

图 5-95　PLC 状态 S4 程序

7. 开机操作

（1）设置工艺参数

① 设置打手速度。在触摸画面 1 中的打手速度设定对话框，输入打手变频器运行频率值（Hz），输入范围 40～50。

② 设置打手防轧值。在触摸画面 1 中的打手防轧设定对话框，输入打手转速值（r/min），输入范围 900～1400。

（2）打手启动

按下"打手开"按钮 SB_2，打手变频器 A_1 获正转信号，打手电动机启动。

（3）给棉启动

打手启动 20s 后，按下触摸屏画面 1 中"给棉开"按钮，给棉变频器 A_2 获正转信号，给棉电动机正转启动。

（4）停机

在运行状态下，按下"总停车"按钮 SB_1，全机停车。

【例 5-7】　由变频器、PLC、触摸屏和 CC-Link 网络组成的电梯群控系统

一、控制要求

设计构建的电梯群控系统由三部电梯构成群控组，采用三菱 Q 系列 PLC 作为主站进行群控调度；采用三菱 FX_{2N} 系列 FLC 负责单台电梯的运动控制；各 PLC 之间使用三菱公司的 CC-Link 网络进行通信，利用触摸屏实时显示电梯的运行状况。

二、相关知识

1. 电梯群控

电梯是用于建筑内部输送人员或货物的提升设备，电梯的使用大大节省了人力，为人们的生活和生产带来了极大的便利。随着现代建筑技术的突飞猛进，涌现出越来越多的高层和超高层建筑，许多建筑物内部需要安装多部电梯才能满足客户的需求。如何对建筑物内的多部电梯进行合理的管理调度，协调各电梯间的运行状况，提高电梯的运行效率和质量，具有重要的现实意义。电梯群控系统的研究备受国际电梯业和学术界的高度关注。目前电梯群控研究正向着智能化、超高速、网络化和环保节能的方向发展。

2. PLC 网络优点

现代工业生产过程正在追求整体过程的综合自动化，即要求把过程控制自动化和信息管理自动化结合起来。PLC 一直以来以高可靠性而著称，并始终活跃于工业自动化控制领域，为自动控制设备提供了可靠的控制方法。显然整体化的控制要求单靠某个 PLC 是做不到的。PLC 具有较强的通信网络能力，PLC 的通信联网功能使 PLC 与 PC 之间，与其他智能控制设备之间可以交换信息，形成统一的控制整体，为 PLC 适应现代大规模工业生产要求奠定了良好的基础。面对复杂的控制要求，PLC 网络应运而生。PLC 网络与其他工业控制局域网相比，具有高性价比、高可靠性等特点。PLC 网络是 CIMS 系统非常重要的组成部分之一。

PLC 网络是指分布在不同地理位置、各自独立工作的 PLC、计算机或现场设备，通过通信组件与通信介质进行物理连接。PLC 网络较单一的 PLC 控制系统，可完成更大规模、更广范围的实时控制，可进行更全面、精确的信息处理。PLC 网络通常具有 3~4 级子网的多级分布式网络，三菱的网络分类根据控制要求大致可分为：工厂级、单元级、现场和传感器/执行器级。PLC 网络具有工艺流程显示、动态画面显示、趋势图生成显示、各类报表制作等多种功能的系统。

现场应用的 PLC 网络类型很多，可以说一个 PLC 公司一个样，而且相互之间多有不同；甚至同一公司的网络类型也不同，网络设置也不尽相同，这样非常不利于多种设备的相互兼容。由于 PLC 网络标准化的推进，各 PLC 厂家的网络化设置已逐渐向若干公认的标准靠近，以便自身生产的 PLC 产品能够接入这些公认的网络中。

3. PLC 网络模型

PLC 网络结构中不同的层所要实现的功能不同。高层中主要传递的是生产管理信息，要求传输的信息量大，通信的范围也比较广，但对通信的实时性要求不高。底层传送的主要是控制命令和过程数据，每次通信的信息量不大，传输的距离较近，但对传输实时性、信息可靠性要求较高。中间层对通信的要求居于高层和底层两者之间。PLC 网络目前有 PP 结构、NBS 模型和 ISO 模型这几种模型，虽然它们各级的具体内涵有所差别，但本质却是一样的。PP 结构特点是：上层负责生产管理，中层负责生产过程的监控，下层负责现场控制与测量。NBS 模型是美国国家标准局为工厂计算机控制系统而提出的，共有 6 级，每级都规定了应该完成的功能，NBS 模型已得到国际认可。ISO 模型是国际标准化组织（ISO）为企业自动化系统建立的模型，同 NBS 模型一样共分为 6 级。

PLC 网络采用多级复合结构，即采用多级通信子网，构成复合型拓扑结构，在不同的子网中配置不同的通信协议，满足各层对通信的不同要求。采用多级复合结构，用户可以根据资金及生产要求，从单台 PLC 到 PLC 网络，从底层到高层逐步扩展，不仅使网络通信具有适应性，而且使网络具有良好的可扩展性。

4. PLC 通信协议

PLC 网络配置中的通信协议大致分两类：一类是通用协议；另一类是公司的专用协议。通用协议主要配置在 PLC 网络的高层子网中，这是 PLC 网络标准化和通用化的趋势的要求，采用的协议通常是 Ethernet 协议或 MAP 规约。通用协议用于不同 PLC 网络之间的互联、PLC 网络与不同局域网的互联，这些都是在高层子网之间进行的。公司的专用协议配置在 PLC 网络的中、低层子网中，故不同 PLC 的网络的中、低层是不能联网的。

按照 PLC 在网络中所处角色不同将 PLC 网络分为下位连接系统、同位连接系统和上位连接系统。

下位连接系统是 PLC 主机通过串行通信，与远程 I/O 单元连接，实现对其远距离检测与控制的系统。

同位连接系统中，各 PLC 是并列的，常采用总线形结构，相互间通过串行通信接口 RS-485（或 RS-422A）连接起来，进行数据传递。同位连接系统中的每个 PLC 都有个站号用以系统的识别，从 0 开始顺序编号。在各个 PLC 内部都设置了一个公共数据区，即数据通信缓冲区。用户在编写应用程序时，需把要发送的数据送入数据通信缓冲区中的发送区，即写操作；从数据通信缓冲区中的接收区读取数据，即读操作，即可实现 PLC 之间的数据通信。

上位连接系统是指上位计算机通过串口与 PLC 相连，并对 PLC 进行集中监视和管理，形成分散控制、集中管理的分布式多级控制系统。在这种自动化综合管理系统中，上位计算机是管理级，它负责与直接控制级、人机界面和上级信息管理级进行信息交换。上位计算机是信息管理与过程控制联系的桥梁。PLC 对设备现场进行检测与控制，是直接控制级。同时 PLC 与上位机通信，接收控制信息和发送现场信息。

为了实现工厂自动化系统要求的多级功能要求，常把下位、同位和上位三种连接系统混合在一起使用，构成复合型 PLC 网络。其中，下位系统主要负责现场信号的采集及执行元件的驱动，位于最下层；同位系统负责控制，居于中间；上位系统负责整个系统的监控优化，处在最高层。

5. 三菱 PLC 网络

三菱公司 MELSECNET PLC 网络主结构为三级复合型拓扑结构：最高层选用 Ethernet 或 MAP 网，中间层采用 MELSECNET/10 网（或 MELSECNET/H 网），底层为 CC-Link（或远程 I/O）链路、FX 系列网络。

Ethernet/MAP 网是企业级网络，用于工厂各部门之间的通信，传输速度可达 100/10Mbit/s。

MELSECNET/10 网（令牌网）是控制级网络，传输速度可达 10Mbit/s，传输距离可达 30km，常用于大、中型 PLC。MELSECNET/10 网可形成令牌环形网或令牌总线网。MELSECNET/10 网具有较高的灵活性，光缆或同轴电缆可以混合使用，一个单 A2AS PLC 系统最多可插装 4 个 MELSECNET/10 网络组件。一个大型的网络系统最多可挂连 255 个网区，每个网区的最大 PLC 数可达 64 台：一个主站及 63 个从站，网络中的任何节点都可传送/接收数据。MELSECNET/10 网具有自诊断功能，其网络监控功能可提供查寻故障所需信息。

MELSECNET/H 网（令牌网）是控制级网络，用于大型 QCPU 系列组成的 PLC 网络。若 QnA、AnU 和 ACPU 系列的 PLC 存在于同一网络上时，可选择与 MELSECNET/H 兼容的 MELSECNET/10 模式。MELSECNET/H 网传输速度可达 25/10Mbit/s，传输距离可达 30km。传输介质可为光缆或同轴电缆，组成双环网或总线网型网络。在 MELSECNET/H 网的大型网络中最多可挂 239 个网区，每个网区可有一个主站及 63 个从站。

CC-Link 是设备级网络设备层。CC-Link 采用屏蔽双绞线组成总线网，通信接口为 RS-485 串行接口。CC-Link 可以构建以 Q、QnA、A 系列大、中型 PLC 为主站的系统，还可以构建以 FX 系列小型 PLC 为主站的 CC-Link 系统。前者 CC-Link 网络可以连接远程 I/O、远程单元和智能化设备，最多可远程连接站点数 64 个，通信速度可达 10Mbit/s，既可以实现数据的高速传送又可实现数据的大量通信。

6. CC-Link

CC-Link 网络在分散控制、实时性、与智能机器通信等方面都具有很强的功能，满足了用户对开放式网络结构与可靠性的要求。可以与各种制造商的产品相连，提供了多厂商设备共同使用的环境。许多厂家生产的传感器和传动装置可以直接与 CC-Link 网络连接，如 ID 控制器、气动阀、条形码读出器、温控器及测量传感器、机器人、显示器终端等。

CC-Link 不仅能配置主控与远程站，还能配置主控与就地站。一台就地 CC-Link 能与主控 PLC 及其他远程工作站进行通信。可以在主控 CC-Link 与本地 CC-Link 之间进行 $N:N$ 的循环传送，构成简易的分散 PLC 系统。

CC-Link 现场总线网络是具有高度可靠性的网络，具备自动在线恢复功能、切断从站功能、待机主控功能、确认链接状态功能及测试和诊断功能，而且具备在线 I/O 更换能力，方便用户的使用。

一般情况下一个 CC-Link 网络可由 1 个主站和 64 个子站组成，它通过屏蔽双绞线实现总线方式连接，双绞线两端需接 110Ω 或 130Ω 的终端电阻。CC-Link 网络数据传输速度最高可以达到 10Mbit/s，但通信距离越长，通信速度越低，见表 5-17。若加上中继器后，其通信距离一般可达数公里，可以满足大多数的工业应用场合的需要。

表 5-17　CC-Link 的通信速度与距离

通信速度/（Mbit/s）	不带中继器时的通信距离/m	带中继器时的通信距离/m	带 T 形分支时的通信距离/m
10	100	4300	1100
5	150	4450	1650
2.5	200	4600	2200
625	600	5800	6600
156	1200	7600	13200

CC-Link 设备用于通信的通信寄存器，也常被称为缓冲存储器（BFM），分为位寄存器和字寄存器，它主要有以下几种：

RX 远程输入：表示从远程站输入 1 位信息到主站；

RY 远程输出：表示从主站输出 1 位信息到远程站；

SB 链接特殊继电器：用 1 位信息表示运行状态和数据链接状态；

SW 链接特殊寄存器：用 16 位信息表示运行状态和数据链接状态；

RWw 远程寄存器：表示从主站输出 16 位信息到一个远程设备站；

RWr 远程寄存器：表示从一个远程设备站输入 16 位信息到主站。

三、控制方案

1. 电梯群控系统的电梯模型

本例使用 1 台三菱 Q 系列 PLC 作为主站，3 台三菱 FX_{2N} 系列 PLC 作为从站，对 3 台电梯实物模型进行群控。各 PLC 之间采用 CC-Link 进行通信，系统总体构成如图 5-96 所示。

如图 5-96 所示，本例采用的电梯模型为四层电梯，包括门厅呼梯按键及指示灯、轿厢内呼梯按键及指示灯、限位开关。

呼梯按键分为门厅呼梯按键和轿厢内呼梯按键，每个呼梯按键均有相应的指示灯。由于该电梯模型为四层，用一个 LED 7 段数码管显示楼层指示即可，显示轿厢当前所在楼层。

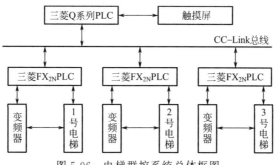

图 5-96　电梯群控系统总体框图

曳引系统由三菱 FR-A700 变频器和异步电动机组成，如图 5-97 所示。通过变频器拖动交流电动机，使电动机转速随电梯运行状态而改变，增加电梯运行的效率和乘坐舒适感。

本例设计的定位系统为槽式光电开关，用以为曳引系统提供加、减速及停止的楼层定位信号。其发射器与接收器分别位于 U 槽的两边。正常情况下，光接收器能接收到光发射器的光信号，光电开关不向 PLC 发出信号。当电梯运行到楼层定位位置时，电梯架上的金属定位片穿过 U 槽，切断了光路，接收器接收不到发射器的信号，光电开关向 PLC 发出信号，通知 PLC 检测到轿厢。实例中以开关模拟槽式光电开关。为了安全考虑，本电梯模型分别在轿厢最顶层和最底层各安装 1 个行程开关，作为电梯轿厢的安全限位。

轿厢门部分上装有两个限位开关，分别负责关门限位和开门限位。

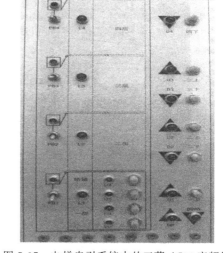

图 5-97　电梯曳引系统中的三菱 A700 变频器

2. PLC 控制网络

（1）主站

本例使用三菱 Q 系列 PLC 作为主站。Q 系列 PLC 是三菱新推出的大/中型 PLC，它属于模块式 PLC，外形如图 5-98 所示，由电源模块、CPU 模块和两个通信模块组成。模块式 PLC 的各个部件如 CPU、电源、I/O 等均采用模块化设计，使用机架和电缆将各模块连接起来，可由用户自由选择模块灵活配置。本系统中使用的 CPU 模块为 Q02J，CC-Link 通信模块为 QJ61BT11。在本系统中，Q PLC 的作用是：作为主站对从站传送过来的电梯门呼梯任务进行调度分配，并借助触摸屏，为电梯群控系统提供相关的监控手段。

（2）从站

本系统中采用的 PLC 基本单元是 FX$_{2N}$-64MR，它作为从站，用于电梯的逻辑控制。具有 32 点输入和 32 点继电器输出，外形如图 5-99 所示。每台 FX$_{2N}$ PLC 控制一台电梯。本系统中，FX$_{2N}$-64MR 使用 CC-Link 通信单元。FX$_{2N}$-32CCL 与其他 PLC 进行通信，FX$_{2N}$-32CCL 如图 5-99 右侧部分所示。

（3）电梯群控系统的 CC-Link 网络拓扑结构

本例的电梯群控系统是由 3 台电梯组成的电梯群控组，由 1 个 CC-Link 主站和 3 个 CC-Link 从站构成，通信单元分别为 Q PLC 的 QJ61BT11 模块和 FX$_{2N}$ 的 FX$_{2N}$-32CCL 单元，通过屏蔽双绞线将设备间连接起来。本系统的 CC-Link 网络拓扑结构如图 5-100 所示。每个从站占用 2 个站号，如图 5-100 所示，从站 1 站号为 1，从站 2 站号为 3，从站 3 站号为 5。

图 5-98 主站三菱 Q 系列 PLC

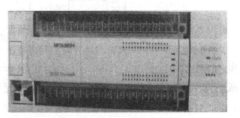

图 5-99 从站 FX_{2N}-64MR 和 FX_{2N}-32CCL

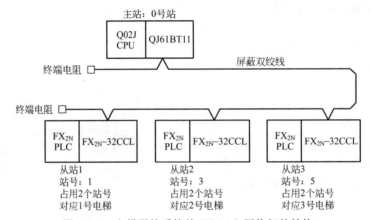

图 5-100 电梯群控系统的 CC-Link 网络拓扑结构

（4）CC-Link 单元 FX_{2N}-32CCL 的配置

图 5-101 FX_{2N}-32CCL 的设置面板

本电梯群控系统中，FX_{2N} 的 CC-Link 通信单元是 FX_{2N}-32CCL，作为 CC-Link 网络的一个远程设备站进行链接。在使用该单元前，需对其进行硬件上的通信设置。如图 5-101 所示，在每个从站的 FX_{2N}-32CCL 的控制面板上都有四个旋钮开关，分别用来设置所在站的站号、占用子站的数目以及传输波特率。

面板第一行的两个旋钮开关"STATION NO."用于站号的设置：一个用于设置站号的十位数字，另一个用于设置站号的个位数字。可以设置的站号为 1～64，设置大于 64 的其他数时系统会出错并报警。

面板第二行的一个旋钮开关"OCCUPY STATION"用于设置占用子站数。将旋钮开关指向 0 表示占用子站的数目为 1；指向 1 表示占用子站的数目为 2；指向 2 表示占用子站的数目为 3；指向 3 表示占用子站的数目为 4；指向其他数时设置无效，如图 5-101 中 OCCUPYSTATION 下面的表格所示。

面板第三行的一个旋钮开关"B RATE"用于设置传输的波特率。其中 0 表示 156kbit/s；1 表示 625kbit/s；2 表示 2.5Mbit/s；3 表示 5Mbit/s；4 表示 10Mbit/s；5～9 设置错误，如图 5-101 中 B RATE 下面的表格所示。

但要注意的是：所有开关的设置必须在关闭 PLC 电源的情况下进行。

本系统中，将 3 个从站 PLC 的通信模块 FX_{2N}-32CCL 的站导分别设置成 1、3、5；占用子站数目均设为 2 个；波特率设置成 10Mbit/s。波特率也可设置成其他数值，只要各单元设置的波特率相同就行。

通信单元硬件设置完成后，网络系统中各站的通信可以通过编写程序实现缓冲寄存器的读写操作来进行数据的交流。FX_{2N}-32CCL 单元中可用的缓冲寄存器 BFM 编号见表 5-18。

表 5-18 电梯群控系统中 FX_{2N}-32CCL 可用的 BFM 编号

读专用 BFM 号	说明	写专用 BFM 号	说明
0#	远程输出 RY00～RY0F	0#	远程输入 RX00～RX0F
1#	远程输出 RY10～RY1F	1#	远程输入 RX10～RX1F
2#	远程输出 RY20～RY2F	2#	远程输入 RX20～RX2F
3#	远程输出 RY30～RY3F	3#	远程输入 RX30～RX3F
8#	远程寄存器 RWw0	8#	远程寄存器 RWr0
9#	远程寄存器 RWw1	9#	远程寄存器 RWr1
10#	远程寄存器 RWw2	10#	远程寄存器 RWr2
11#	远程寄存器 RWw3	11#	远程寄存器 RWr3
12#	远程寄存器 RWw4	12#	远程寄存器 RWr4
13#	远程寄存器 RWw5	13#	远程寄存器 RWr5
14#	远程寄存器 RWw6	14#	远程寄存器 RWr6
15#	远程寄存器 RWw7	15#	远程寄存器 RWr7
24#	波特率设定值		
25#	通信状态		
26#	CC-Link 模块代码		
27#	本站的编号		
28#	占用站数		
29#	出错代码		
30#	FX 系列模块代码（K7040）		

需要注意的是，每 16 个位寄存器（如：RY00～RY0F）共用一个 BFM 编号，因为每个 BFM 都为一个 16 位的二进制数据存储单元。

（5）Q PLC 通信模块 QJ61BT11 配置

如图 5-102 所示，在 Q PLC 的通信模块 QJ61BT11 的面板上同样需要进行组网的硬件设置。QJ61BT11 的面板上的旋钮开关主要用于配置站号和波特率，其设置与 FX_{2N}-32CCL 一样。本例中 QJ61BT11 的站号设为 0，波特率设置为 10Mbit/s。

3. 电梯群控流程

本例中，每台电梯的运动控制由一个 FX_{2N}PLC 独立负责，它作为该系统的从站。主站中的 Q 系列 PLC 接收从站 FX_{2N} 传送过来的门厅呼梯请求信号，按照一定的调度算法，决定由哪台电梯响应。而从站中每台电梯轿厢内的呼梯信号则由相应的 FX_{2N} 独自处理，不参与调度。其群控流程如图 5-103 所示。

图 5-102　QJ61BTll 的设置面板

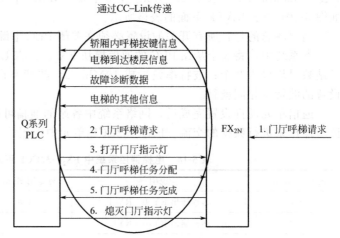

图 5-103　典型的电梯调度流程

步骤 1：从站 FX_{2N} 检测到有门厅呼梯按键按下。

步骤 2：从站 FX_{2N} 判断门厅呼梯是不是在电梯轿厢所在的楼层，如果是，则从站 PLC 直接响应；如果不是，则将门厅呼梯发送给主站 PLC。

步骤 3：Q 系列 PLC 通知所有 FX_{2N} 打开相应楼层的门厅指示灯。

步骤 4：Q 系列 PLC 按一定的调度算法计算出应该由哪台电梯来响应，通知相应从站 FX_{2N} 响应门厅呼梯请求，并且在电梯完成门厅呼梯任务前，屏蔽门厅呼梯请求。

步骤 5：电梯到达相应楼层完成门厅呼梯任务后，从站 FX_{2N} 通知主站 PLC 任务已完成。

步骤 6：主站 Q 系列 PLC 通知所有的 FX_{2N} 熄灭相应门厅指示灯，并且结束对相应门厅呼梯请求的屏蔽。

本例采用改进后的多目标规划电梯群控算法，主要追求三个目标：候梯时间 WT、乘梯时间 RT 和能源消耗 RC。

4. Q 系列 PLC 的软件设计

（1）通信模块的软件配置

主站的 PLC 程序在三菱公司的 GX Developer 软件中设计。打开该软件的"网络参数"设置菜单，选择"CC-Link"后，出现信息设置栏，如图 5-104 所示。

其中，最关键的参数设置如下：

类型：主站（主站的站号：0）；

远程输入（RX）刷新软元件：M112，M112 为接收由从站 FX_{2N} 发送过来的位信息的起始软元件号；

远程输出（RY）刷新软元件：M512，M512 为向从站 FX_{2N} 发送位信息的起始软元件号；

远程寄存器（RWr）刷新软元件：D100，D100 为接收由从站 FX_{2N} 发送过来的字信息的起始软元件号；

远程寄存器（RWw）刷新软元件：D200，D200 为向从站 FX_{2N} 发送字信息的起始软元件号；

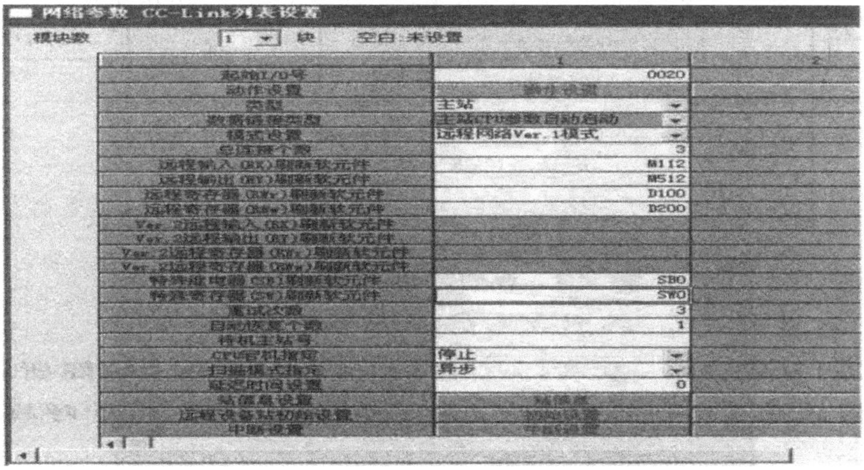

图 5-104 信息设置菜单

特殊继电器（SB）刷新软元件：SB0，SB0 为起始软元件号；

特殊寄存器（SW）刷新软元件：SW0，SW0 为起始软元件号。

Q 系列 PLC 的软件完成通信配置后，使用 QJ61BT11 通信模块接收或发送 CC-Link 网络信息时，直接通过对上述配置表中软元件进行设置来实现，这些软元件的值会根据 QJ61BT11 模块接收到的信息自动更新。完成以上设置后，主站 Q PLC 的软元件与从站 FX_{2N} 通信单元的缓冲存储器（BFM）的对应情况见表 5-19 和表 5-20。

表 5-19 Q PLC 的软元件与 FX_{2N} 通信单元的写专用 BFM 的对应情况

Q PLC 的软元件	FX_{2N} 通信单元的写缓冲 存储器号/写缓冲存储器类型	FX_{2N} 对应的电梯号 CC-Link 站号
M112～M127	0#/位	
M128～M143	1#/位	
M144～M159	2#/位	1# 电梯/站号:1
M160～M175	3#/位	
D100～D107	8#～15#/字	
M176～M191	0#/位	
M192～M207	1#/位	
M208～M223	2#/位	2# 电梯/站号:3
M224～M239	3#/位	
D108～D115	8#～15#/字	
M240～M255	0#/位	
M256～M271	1#/位	
M272～M287	2#/位	3# 电梯/站号:5
M288～M303	3#/位	
D116～D123	8#～15#/字	

表 5-20　**Q PLC 的软元件与 FX_{2N} 通信单元的读专用 BFM 的对应情况**

Q PLC 的软元件	FX$_{2N}$ 通信单元的读缓冲存储器号/读缓冲存储器类型	FX$_{2N}$ 对应的电梯号 CC-Link 站号
M512～M527	0$^{\#}$/位	
M528～M543	1$^{\#}$/位	
M544～M559	2$^{\#}$/位	1$^{\#}$电梯/站号:1
M560～M575	3$^{\#}$/位	
D200～D207	8$^{\#}$～15$^{\#}$/字	
M576～M591	0$^{\#}$/位	
M592～M607	1$^{\#}$/位	
M608～M623	2$^{\#}$/位	2$^{\#}$电梯/站号:3
M624～M639	3$^{\#}$/位	
D208～D215	8$^{\#}$～15$^{\#}$/字	
M640～M655	0$^{\#}$/位	
M656～M671	1$^{\#}$/位	
M672～M687	2$^{\#}$/位	3$^{\#}$电梯/站号:5
M688～M703	3$^{\#}$/位	
D216～D223	8$^{\#}$～15$^{\#}$/字	

（2）检测电梯及网络通信情况

主站 Q PLC 在每一个扫描周期的开始，都需要对整个网络和电梯进行故障检测。如果某台电梯出现故障或者其网络通信中断，设置相关标志，不再对故障电梯进行调度计算，将分配给该电梯的门厅呼梯任务分配给其他正常的电梯。程序如图 5-105 所示。

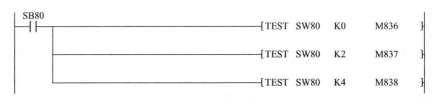

图 5-105　检测电梯及网络通信状况

如图 5-105 所示，TEST 为测试指令，接通表示正在进行离线测试。通过链接寄存器 SB80 与 SW80 判断网络通信是否正常。SB80 用来指示其他站与主站间的通信状态：当所有站都正常时，SB80 为"0"。SW80 用来指示其他站的数据链接状态，其 bit0，bit2，bit4 分别表示 1、3、5 号站的通信状态，若通信正常，则保持状态"0"。因此，若辅助继电器 M836、M837 和 M838 为"1"分别表示对应站号的从站通信故障，即 1～3 号电梯通信故障。

如图 5-106 所示，以 1 号电梯为例判断电梯是否可供调度：M151 为"1"表示 1 号电梯开关门系统故障；M152 为"1"表示 1 号电梯曳引系统故障；M153 为"1"表示 1 号电梯编码器或接近开关故障；M154 为"0"表示 1 号电梯还没有进行初始化，还未准备就绪。出现这些情况中的任一种时，M831 就置位，表示 1 号电梯不能被调度。

同理，如果 2 号电梯和 3 号电梯因为本身故障或与主站不能通信时会使 M832 与 M833 置位，分别表示 2 号电梯与 3 号电梯不能被调度。

M151
M831
M152
M153
M836
M154

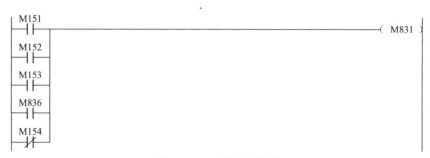

图 5-106　电梯可否调度

M840～M845 这 6 个辅助继电器对应着 1～3 楼的 6 个门厅呼梯任务。M528～M533、M592～M597、M656～M661 分别表示分配给 1～3 号电梯的 6 个门厅呼梯任务。

WOR 指令表示字或，当 M831 被接通时，即 1 号电梯出现故障不能被调动的情况，M528～M535 与 M840～M847 进行或运算，最后将结果存入 M840～M847 中，即将原来的电梯任务传递给最后响应的门厅任务，然后将 M528～M535 清零，即清除对应楼号电梯的门厅呼梯任务。

当某台电梯出现故障后，需要把这台电梯尚未完成的门厅呼梯任务分配给其他正常的电梯，并将故障电梯的任务清零，如图 5-107 所示。

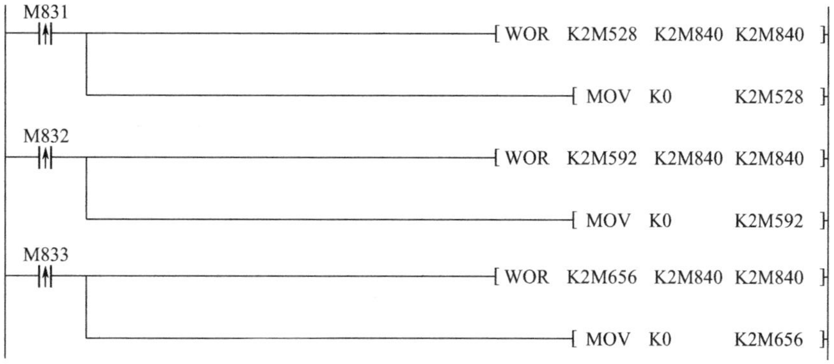
M831
WOR K2M528 K2M840 K2M840
MOV K0 K2M528
M832
WOR K2M592 K2M840 K2M840
MOV K0 K2M592
M833
WOR K2M656 K2M840 K2M840
MOV K0 K2M656

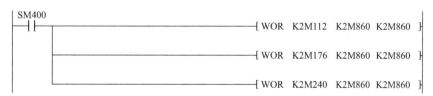

图 5-107　故障处理，回收分配故障电梯的调度任务

(3) 扫描各电梯门厅呼梯信号

如图 5-108 所示，SM400 是 Q 系列 PLC 的特殊继电器，表示常闭触点，只要 PLC 运行即

SM400
WOR K2M112 K2M860 K2M860
WOR K2M176 K2M860 K2M860
WOR K2M240 K2M860 K2M860

图 5-108　扫描门厅呼梯请求

执行后面的操作。M112～M117、M176～M181、M240～M245 这 18 个辅助继电器分别对应着由 3 个从站 FX_{2N} 发送过来的 3 台电梯的门厅呼梯信号。当有门厅呼梯信号产生时，主站 Q PLC 通过 MOV 指令将门厅呼梯任务保存在 M860～M865 这 6 个辅助继电器中，并通过 M544～M549、M608～M613、M672～M677 分别接通 1～3 号电梯相应楼层的门厅按键指示灯，如图 5-109 所示。

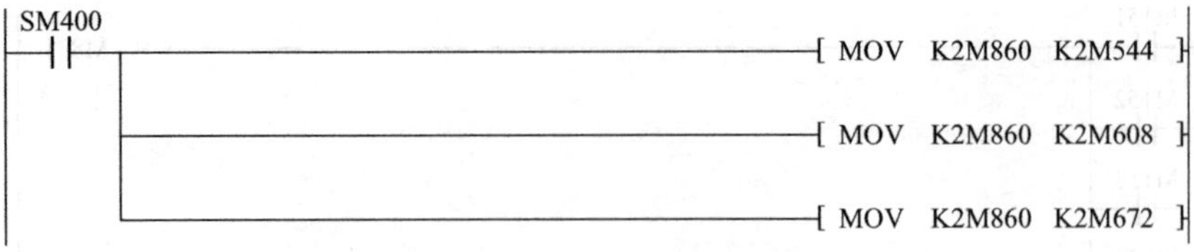

图 5-109 设置门厅指示灯状态

如图 5-110 所示，WAND 指令是字与操作，LD<>指令表示 M800～M807 不等于 0 的话使 M2 置位和 M1 复位。为了防止对门厅呼梯任务进行重复调度计算，使用 M840～M845 作“屏蔽继电器”。当 M860～M865 中某个呼梯任务已经被分配出去时，则将 M840～M845 中对应的继电器复位。通过“WAND K2M860 K2M840 K2M800”使 M800～M805 中存放需要进行调度计算的门厅呼梯任务。若 M800～M805 中有置位的继电器，那么将 M2 置位，进行调度计算，计算完成后，M800～M805 复位。各继电器线圈与门厅呼梯信号的对应关系见表 5-21。

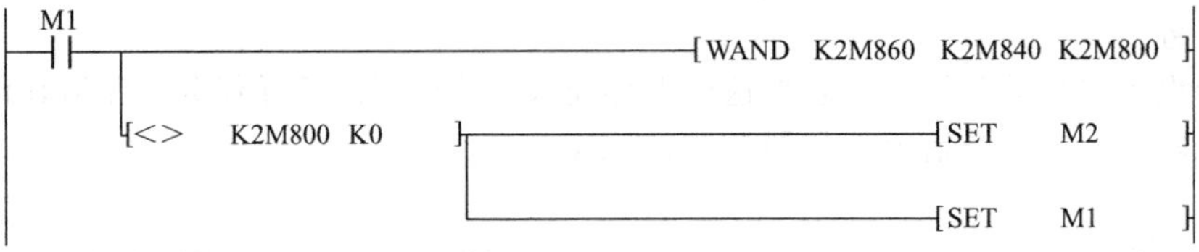

图 5-110 判断是否需要对门厅呼梯进行调度计算

表 5-21 各继电器线圈与门厅呼梯信号的对应关系

任务汇总继电器	M860	M861	M862	M863	M864	M865
屏蔽继电器	M840	M841	M842	M843	M844	M845
调度继电器	M800	M801	M802	M803	M804	M805
对应的门厅呼梯按键	1 层上呼梯	2 层下呼梯	2 层上呼梯	3 层下呼梯	3 层上呼梯	4 层下呼梯

(4) 调度分配流程

当有门厅呼梯任务需要进行调度时，M4800～M805 中相应的继电器会置位。调用子程序 P1 进行调度计算，程序如图 5-111 和图 5-112 所示。如图 5-111 所示，1 层上呼梯任务被启动。如图 5-112 所示，4 层下呼梯任务被启动。

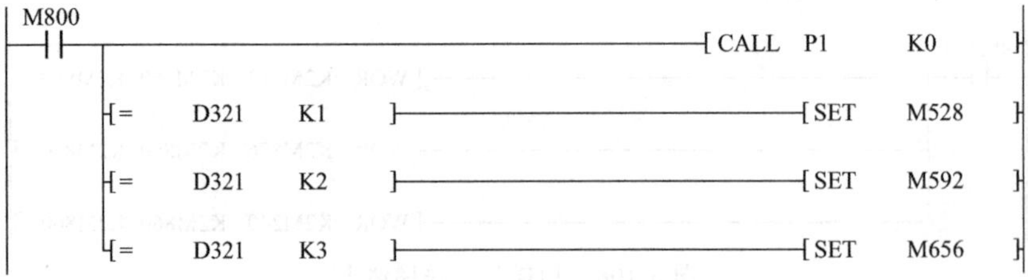

图 5-111 1 层门厅上呼梯

P1 子程序有一个参数，其参数值为 0～5，分别对应 1～4 层楼的 6 个门厅呼梯任务，1 层上行，2 层上行，2 层下行，3 层上行，3 层下行，4 层下行。图 5-111 中，调用 1 楼上呼梯 P1 子程序。P1 程序执行完后，将调度任务分配的电梯号存放在 D321 中。若为 1 号电梯，则 M528 置位；若为 2 号电梯，则 M592 置位；若为 3 号电梯，则 M656 置位。

图 5-112 中，调用 4 楼下呼梯 P1 子程序。

M805
CALL P1 K5
= D321 K1
SET M533
= D321 K2
SET M597
= D321 K3
SET M661

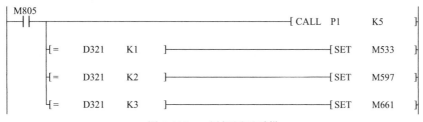

图 5-112 4 层门厅下呼梯

如图 5-113 所示，CML 指令将 M800～M815 中指定的 16 位数据逐位进行取反后，将其结果传送至 M1600～M1615 中。WAND 逻辑积指令，将 M1600～M1615 和 M840～M855 中对应位相与运算后的结果存入 M840～M855 中，即将调度继电器 M800～M805 中的信息取反，然后与屏蔽寄存器相与存入 M840～M805 中。已经分配调度过的电梯呼梯信息，变为零存入 M800～M805。通过设置 M528～M533、M592～M597 和 M656～M661 中的相应继电器，将相应的门厅呼梯任务分配给 1～3 号电梯，同时，将相应楼层门厅呼梯按键的“屏蔽继电器”（M840～M845 中的相应继电器）复位。

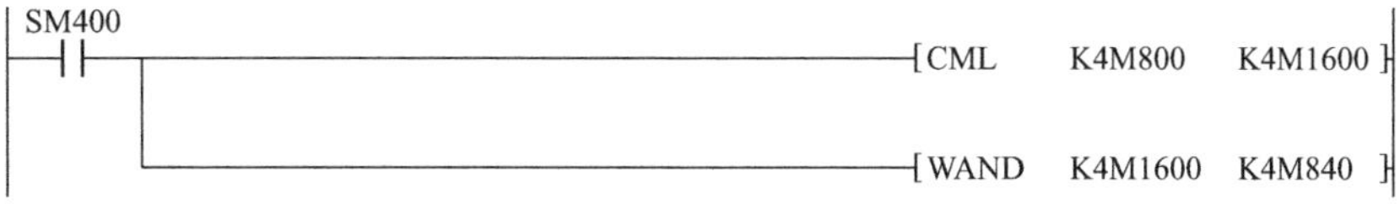

SM400
CML K4M800 K4M1600
WAND K4M1600 K4M840

图 5-113 设置呼梯屏蔽码

如图 5-114 所示，M528 不为零时置 M512 位。同理 M576 或 M640 置位，他们分别对应 1～3 号电梯用于通知从站“有调度任务来了”。

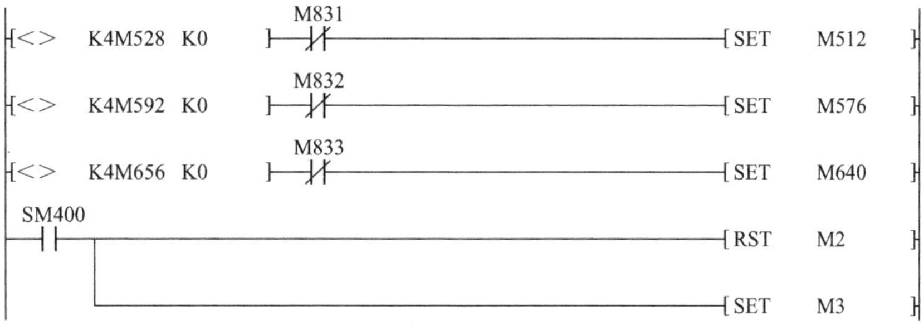

<> K4M528 K0
M831
SET M512
<> K4M592 K0
M832
SET M576
<> K4M656 K0
M833
SET M640
SM400
RST M2
SET M3

图 5-114 通知相应电梯，接受调度任务

如图 5-115 所示，当从站接收到这个通知，便发送一个应答信号，1～3 号电梯分别对应着主站 Q PLC 中的 M149、M213、M277。Q PLC 收到应答以后，便将 M512、M576 和 M640 复位，并重新开始扫描门厅呼梯信号。在 Q PLC 等待从站应答的过程中，若检测到从站故障或通信故障 M831～M833 中的某辅助继电器置位，那么结束对故障电梯应答的等待。

(5) 调度任务完成后的处理

当电梯完成所分配的门厅调度任务后，从站 FX_{2N} 会向 Q PLC 发送一个通知信号：1～3 号电梯分别对应于 M150、M214、M278。同时，FX_{2N} 将所完成门厅呼梯任务的信息码通过 CC-Link 传送到 Q PLC 的数据寄存器中：1～3 号电梯分别对应着 Q PLC 的 D101、D109、D117，具体的信息码见表 5-22。

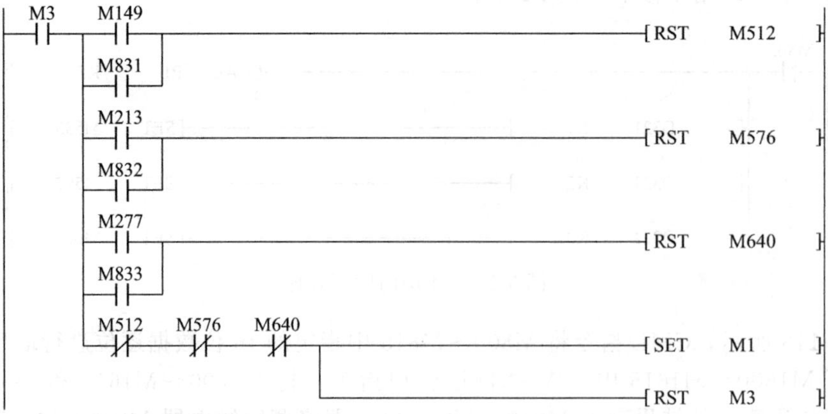

图 5-115　等待从站响应调度任务

表 5-22　完成任务的信息码

完成的门厅呼梯任务	对应的信息码
1 楼上呼梯	0
2 楼下呼梯	1
2 楼上呼梯	2
3 楼下呼梯	3
3 楼上呼梯	4
4 楼下呼梯	5

　　如图 5-116 所示，当 M150、M214 或 M278 位置位，则调用子程序 P2，P2 的功能是复位相关寄存器。P2 有一个参数，取值范围为 1～3，表示完成任务的电梯号。

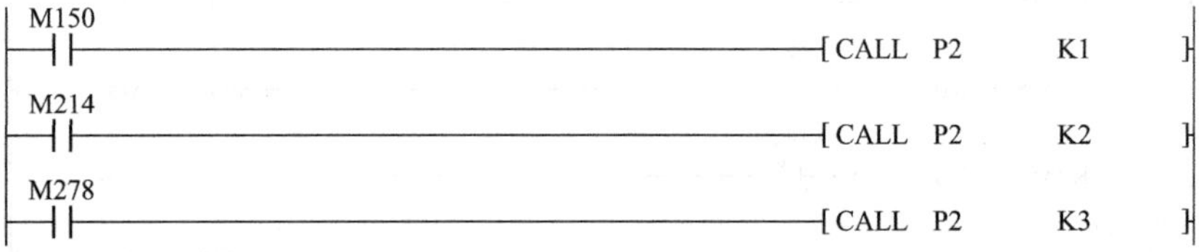

图 5-116　调度任务完成

　　如图 5-117，首先根据传递给子程序的参数，将 D101、D109 或 D117 中的信息码拷贝到 D400 中。

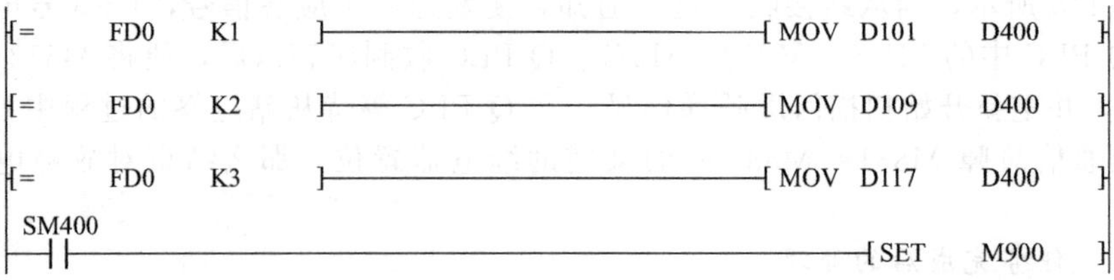

图 5-117　P2 子程序

　　如图 5-118 所示，若 D400＝－1，则表示与任务完成内容相关的信息码尚未传递到主站来，这是因为 FX$_{2N}$－32CCL 的字寄存器的传送速度慢于位寄存器。若 D400≠－1，且

$D400 = K (K = 0 \sim 7)$，则将 M950～M965 中 16 位数据向左移动 D400 中指定位数 n，最低位算起的 n 位变为 0。左移 K 位，放入 K4M950 中。

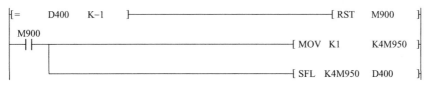

图 5-118　判断完成任务的详细信息是否传送到

如图 5-119 所示，用位的或逻辑运算，将 M840～M845 中的相应继电器位置位，不再屏蔽相应的门厅呼梯请求。如图 5-120 所示，同时将 M528～M533、M592～M597、M656～M661 及 M860～M865 中的相应继电器复位，使各电梯相应的门厅指示灯熄灭。

图 5-119　置位 K4M840

图 5-120　清零相关辅助继电器

例如：若 2 号电梯完成了 2 楼门厅上呼梯任务，如表 5-22 所示，那么信息码 D109＝2。然后如图 5-118 用移位指令使 K2M950 左移 2 位，得到 K2M950 的二进制表示：0000，0100，通过图 5-119 "WOR K2M950 K4M840" 操作将 M842 位置位，解除对 2 楼门厅上呼梯的屏蔽。如图 5-120，位取反操作 "CML K2M950 K2M950" 使 K2M950 的二进制表示为：1111，1011，通过 "WAND K2M950 K2M528 K2M528" 就可以使 M530 清零，从而熄灭 1 号电梯的 2 楼门厅上呼梯指示灯。

5. 从站 PLC 硬件设计

（1）FX$_{2N}$ PLC I/O 分配表

FX$_{2N}$ PLC I/O 分配表见表 5-23。

表 5-23　FX$_{2N}$ PLC I/O 分配表

X0	启动	X4	一层减速
X1	停止	X5	二层平层
X2	下限位	X6	二层加速
X3	一层加速	X7	二层减速

X10	三层平层	Y4	上行指示灯
X11	三层加速	Y5	下行指示灯
X12	三层减速	Y6	
X13	四层平层	Y7	
X14	四层加速	Y10	门厅一层上呼梯指示灯
X15	四层减速	Y11	门厅二层上呼梯指示灯
X16	上限位	Y12	门厅二层下呼梯指示灯
X17		Y13	门厅三层上呼梯指示灯
X20	门厅一层上呼梯	Y14	门厅三层下呼梯指示灯
X21	门厅二层上呼梯	Y15	门厅四层下呼梯指示灯
X22	门厅二层下呼梯	Y16	开门
X23	门厅三层上呼梯	Y17	关门
X24	门厅三层下呼梯	Y20	正转
X25	门厅四层下呼梯	Y21	反转
X26	关门限位开关	Y22	高速
X27	开门限位开关	Y23	中速
X30	一层内呼梯	Y24	低速
X31	二层内呼梯	Y25	
X32	三层内呼梯	Y26	
X33	四层内呼梯	Y27	
X34	开门按钮	Y30	七段数码管
X35	关门按钮	Y31	七段数码管
X36		Y32	七段数码管
X37		Y33	七段数码管
Y0	轿厢一层呼梯指示灯	Y34	七段数码管
Y1	轿厢二层呼梯指示灯	Y35	七段数码管
Y2	轿厢三层呼梯指示灯	Y36	七段数码管
Y3	轿厢四层呼梯指示灯	Y37	

（2）从站 FX_{2N} PLC 外部系统接线图

从站 FX_{2N} PLC 外部系统接线图如图 5-121 所示。

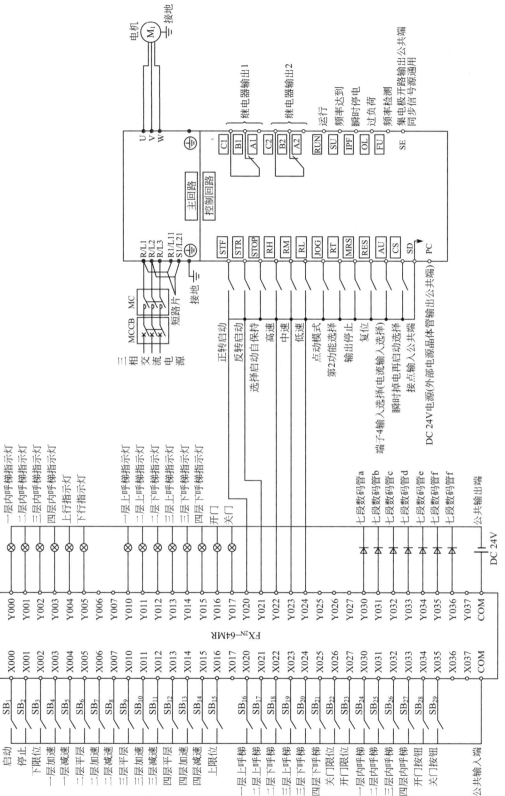

图 5-121　FX$_{2N}$ PLC 外部系统接线图

如图 5-121 所示，从站 PLC 输入主要为门厅呼梯按钮、轿厢呼梯按钮及一些安全限位开关，外部输出为呼梯指示灯和楼层显示数码管。为了使拖曳轿厢的电动机能具有到层减速的功能，输出电动机由变频器控制，以便乘客乘坐感觉更加舒适。开、关门的电动机为了简化系统，用指示灯模拟。

6. 从站 FX$_{2N}$ PLC 的软件设计

FX$_{2N}$ PLC 的软件主要实现三大功能：通信功能、单电梯逻辑控制功能和故障诊断功能。前面部分主要介绍了主、从电动机之间如何进行通信，现以单电梯逻辑控制功能和故障诊断功能的介绍为主。

（1）单电梯逻辑控制

根据电梯运行的特点，将单台电梯分成三种状态：上行、下行和空闲状态。单台电梯控制的基本流程如图 5-122 所示。

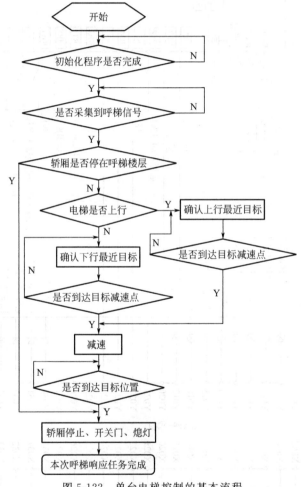

图 5-122　单台电梯控制的基本流程

系统上电后，首先调用初始化子程序将电梯轿厢停到一楼并设置相关参数的初始值。完成初始化后，电梯将进入空闲状态。系统处于空闲状态时，不断扫描本地门厅呼梯按键和轿厢内呼梯按键，以及等待主站分配调度任务。

如果检测到有本地门厅呼梯信号，则先判断轿厢是否停在门厅呼梯的楼层。如果此时轿厢停在门厅呼梯的楼层，则由本地电梯处理，直接打开轿厢门。如果不是，则将门厅呼梯信号发送给主站，由主站统一调度分配。

若电梯接收到本轿厢内呼梯信号或被主站分配了门厅呼梯任务，首先判断轿厢停止的楼层与呼梯楼层是否相同。若不同，电梯将进入上行或下行状态，并计算出综合内呼和外呼中上行最近目标或下行最近目标楼层，由变频器驱动电动机控制电梯朝相应方向运动。

电梯运动过程中，根据槽式光电开关判断电梯当前位置。即将到达目标楼层时，通过控制变频器，使电梯减速、停位。楼层到达后，将相关的呼梯指示灯熄灭。如果是主站分配的任务，需要同时通知主站，所分配任务已完成，使其他电梯熄灭相应门厅呼梯指示灯。

（2）初始化处理

初始化处理程序段如图 5-123 所示，上电并将 PLC 设置为运行状态后，电梯便进入初始化状态。初始化完成后就可以正式工作了。M8002 是初始化脉冲，它仅在 PLC 运行的第一个扫描周期为 1，其余时刻均为 0。初始化工作主要是对相关软元件和通信模块清零：将 D0～D511，M0～M3071 全部清零。通过 T0 指令，FX 系列 PLC 可将数据从 FX 系列 PLC 写入写专用存储器，然后将数据传送给主站；通过 FROM 指令，可以从读专用存储器中将读出由主站传过来的数据读到 PLC 中。T0 指令表示对 PLC 的特殊功能模块 CC-Link 单元的编号从 0 开始的 3 个 BFM 缓冲寄存器进行清零，即对其远程输出 RY 进行清零。第二个 T0 指令表示对 PLC 的特殊功能模块 CC-Link 单元的编号从 8 开始的 8 个 BFM 缓冲寄存器进行清零，即对其远程寄存器 RWw 进行清零，并将 D141 的值初始化为 -1。

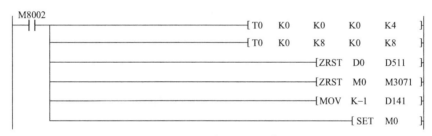

图 5-123　初始化处理程序段

初始化完成后电梯轿厢将停留在 1 楼，电梯进入空闲状态。电梯轿厢的重定位基本流程是：

① 检查轿厢门的状态。确认轿厢门关闭后，电梯向下运行直至触碰到 1 楼的下行限位器 X002；

② 电梯向上运行，直到 PLC 检测到上行减速信号 X015；

③ 电梯向下运行，直到 PLC 检测到下行减速信号 X004；

④ 电梯进入减速状态，直到检测到下行限位器 X002；

⑤ 电梯停止运行，当前楼层为一楼，设置相应标志（如楼层标志、初始化完成标志），返回主程序。

其中，信号 X002、X004、X015 均为电梯上的光电开关。

（3）本地门厅呼梯信号的采集

程序流程如图 5-124 所示，PLC 梯形图见图 5-125。X020～X025 对应着本地门厅按键。

如图 5-124 所示，当本地门厅有按键按下时，FX$_{2N}$ 先判断本地轿厢是否停在新的门厅呼梯楼层。如果停在呼梯楼层，此门厅呼梯请求将直接由本地电梯处理。如果没有，且网络通信正常，那么 FX$_{2N}$ 将呼梯信号发送到主站，主站会控制其他所有 FX$_{2N}$ 的 M370～M375，将所有电梯的相应门厅指示灯打开。从站确认主站收到门厅呼梯请求后，便将 M130～

M135 中相应的线圈清零。若网络通信不正常，那么所有的门厅呼梯信号将保存到 M250～M255 中，以便由本地电梯处理。

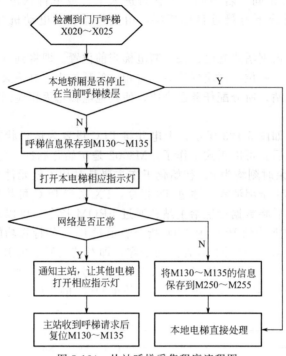

图 5-124　从站呼梯采集程序流程图

如图 5-125 所示，除 1 层和 4 层外，其他每层均有两个门厅呼梯按键，即门厅下行呼梯按键和门厅上行呼梯按键；M102 为"1"表示电梯轿厢正在运动；M100 为"1"表示电梯上行，M101 为"1"表示电梯下行；M301～M304 表示电梯轿厢所在楼层，例如：若轿厢停在 1 层，那么 M301 为"1"。若 M120、M121 为"1"，则表示网络出故障，无法与主站通信；M130～M135 与 M250～M255 保存呼梯信号；M370～M375 存放主站对本地门厅指示灯的控制信息；Y010～Y015 对应着电梯门厅按键指示灯。

如轿厢没有停在 1 层，即 M301 为"0"或者电梯在运行中，即 M102 为"1"的时候，按下了 X20 门厅 1 层上呼梯按钮，接通 M130 1 层上行标志。轿厢没有停到 2 层，即 M302 为"0"或者电梯在运行或上行中，即 M102 或 M100 为"1"的时候，按下了 X21 门厅 2 层上呼梯按钮，接通 M131 2 层上行标志。同理 M132～M135 分别表示 2 层下呼梯、3 层上呼梯、3 层下呼梯和 4 层下呼梯标志寄存器。通过字或命令 WOR 将 6 种呼梯信息传递给 M370～M375，若通信不正常，则将 M130～M135 中的呼梯信息给 M250～M255。

因为网络传递信息的速度比人按呼梯按键的速度要快多了，因此 X20～X25 的信息采集应当使用脉冲上升沿指令，否则会造成每按一次按键，从站对主站均发送若干次呼梯请求，在某些情况下，有可能造成重复开关门。

（4）轿厢呼梯信导的采集

程序段如图 5-126 所示，X30～X33 对应着轿厢内的呼梯按键；Y000～Y003 对应着轿厢内按键指示灯；M102 是电梯运动标志，它为"1"表示电梯轿厢正在运动中；M301～M304 是楼层标志，指示轿厢当前所在的楼层。某楼层对应的轿厢内呼梯当且仅当轿厢没有停在此楼层且在轿厢内按下对应呼梯按钮时才有效。

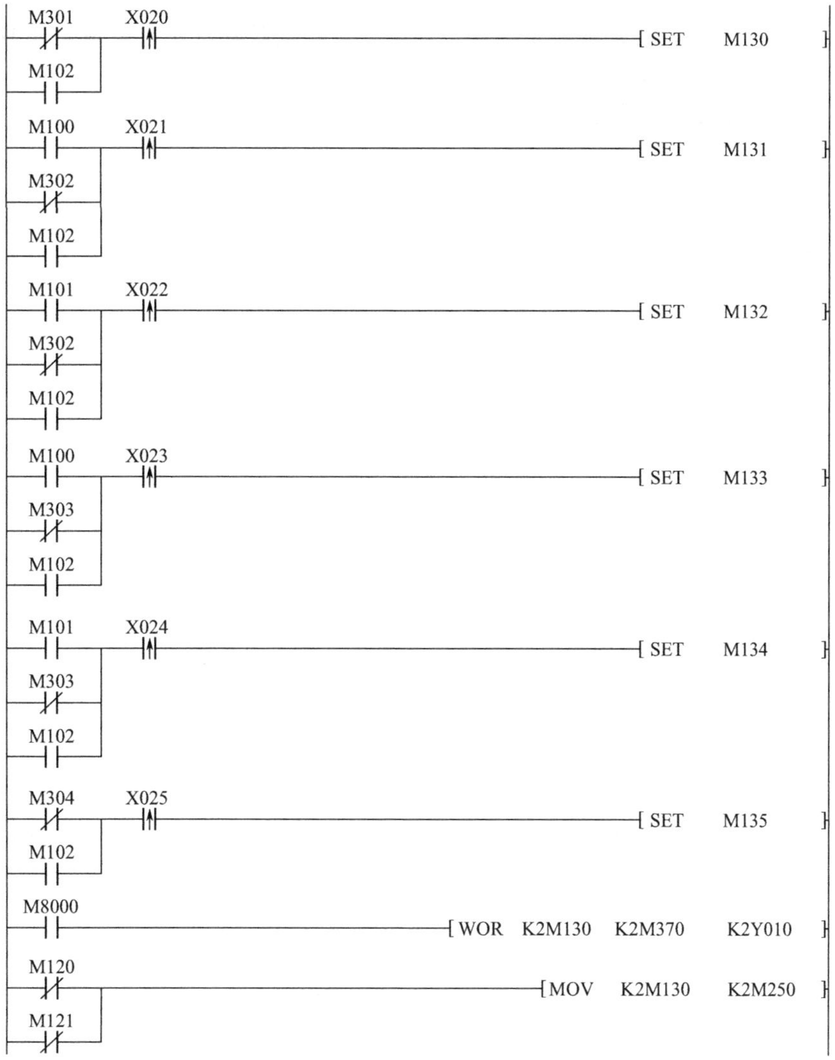

图 5-125 从站门厅呼梯信息采集 PLC 梯形图

图 5-126 轿厢内呼梯按键的采集

（5）上下行方向确定子程序

当 M103 为"1"时，电梯处于空闲状态，一旦接收到呼梯任务，则确定电梯是上行还是下行。基本的程序流程如下：

第一步：扫描有无呼梯任务，程序如图 5-127 所示。

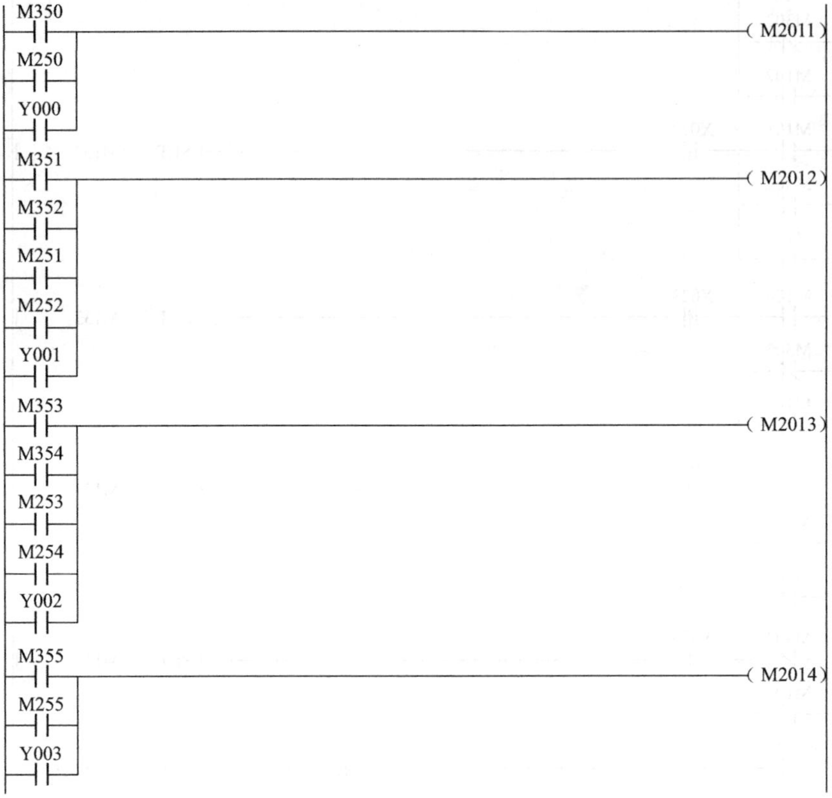

图 5-127　扫描有无呼梯任务

呼梯任务主要有三种：

① 轿厢内呼梯，对应于 Y000～Y003；

② 网络中断时，本地门厅呼梯，对应于 M250～M255；

③ 网络正常时，主站分配的门厅呼梯任务，对应于 M350～M355。

将这三种呼梯任务按楼层数分成 4 组，每个楼层一组，用 M2011～M2014 来表示。如图 5-127 所示，以第二层这组为例：M351、M352 表示主站分配给的门厅 2 层上呼梯任务、2 层下呼梯任务，M251、M252 表示本地的门厅 2 层上呼梯任务、2 层下呼梯任务，Y1 表示轿厢中二层的呼梯任务，这些扫描到了所有 2 层是否有呼梯任务，即 M2012 是否接通。

第二步：确定最高呼梯楼层号。

程序如图 5-128 所示，D0 保存着本地轿厢所在的楼层号。若 M2011 导通即 1 层有呼梯任务，则将 D3 赋值为 1；若 M2012 导通即 2 层有呼梯任务，则将 D3 赋值为 2；若 M2013 导通即 3 层有呼梯任务，则将 D3 赋值为 3；若 M2014 导通即 4 层有呼梯任务，则将 D3 赋值为 4；通过扫描此程序段，将最高呼梯楼层号存储到 D3 中。

第三步：通过比较最高呼梯楼层和当前轿厢所在楼层，可以确定轿厢上行还是下行。

若 D3>D0，则说明轿厢应该向上运行，此时将上行标志 M100 置位；

若 D3<D0，则说明轿厢应该向下运行，此时将下行标志 M101 置位；

M8000
MOV D0 D3
M2011
MOV K1 D3
M2012
MOV K2 D3
M2013
MOV K3 D3
M2014
MOV K4 D3

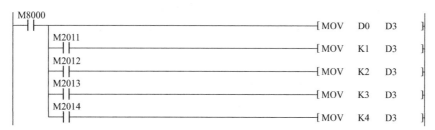

图 5-128　确定最高呼梯楼层号

若 D3＝D0，则说明电梯没有接收到呼梯任务或者呼梯任务就在本地轿厢所在的楼层，此时电梯仍然保持空闲状态 M103 置位。

程序段如图 5-129 所示，其中比较指令是将 D3 与 D0 的值相比较，若 D3＞D0，则将 M2020 置位，M100 上行标志置位，M101 下行标志复位，表示电梯要上行；若 D3＝D0，则将 M2021 置位，M100 上行标志复位，M101 下行标志复位，表示电梯不动；若 D3＜D0，则将 M2022 置位，M100 上行标志复位，M101 下行标志置位，表示电梯下行。

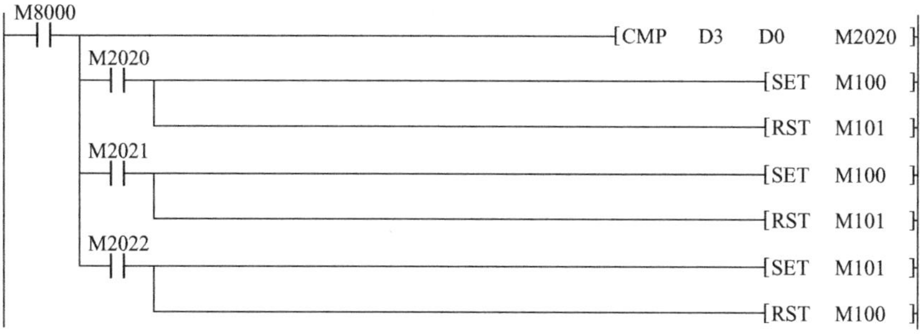

M8000
CMP D3 D0 M2020
M2020
SET M100
RST M101
M2021
SET M100
RST M101
M2022
SET M101
RST M100

图 5-129　确定运动方向

需要说明的是，电梯有三种情况会进入空闲状态：

① 电梯没有呼梯任务；

② 空闲状态下，本地轿厢所在楼层出现呼梯任务，电梯保持空闲状态不变；

③ 电梯运行方向改变时，电梯会将空闲标志 M103 置位至少一个扫描周期，例如，电梯上行到最高楼层后，还有下行任务未完成，此时电梯先复位上行标志 M100，然后置位 M103。

（6）电梯轿厢的楼层定位

如图 5-130 所示，1 层有呼梯任务，轿厢碰到下限位或 2 层平层消息时，或者 2 层有呼梯任务，轿厢碰到 2 层平层消息或 3 层平层消息时 M90 置位，M91～M94 复位……；当轿厢碰到 X4、X7、X11 和 X15 这些楼层的减速信号，M92 置位，Y24 置位时，通过 FX_{2N} 向变频器发送相应的信号，从而使轿厢减速。一旦轿厢到达相应楼层，可使轿厢停位。当轿厢碰到 X3、X6、X11 和 X14 这些楼层的加速信号，M94 置位，Y22 置位时，通过 FX_{2N} 向变频器发送相应的信号，从而使轿厢加速。

（7）开关门程序

如图 5-131 所示，开关门子程序负责电梯的开门和关门。其中 X026 为关门限位开关；X027 为开门限位开关；Y016 为开门；Y017 为关门；X035 为轿厢内的关门按钮。轿厢门在非运行状态被打开，Y016 置位，遇到开门限位 X027 或者此时被按下关门按钮 X035 时，停止开门即 Y016 被复位，开门后延迟一段时间由计数器 T0 控制，关门 Y017 置位，或者按下关门按钮 X035，电梯关门。当电梯门触碰到关门限位 X026 后，关门 Y017 复位，停止关门。延时一段时间后，电梯运行。关门流程为：轿厢门打开直到开门限位后停止开门，延迟几秒后，轿厢门执行关闭动作，直到碰到关门限位停止关门，再延迟一小段时间，才允许电梯上行或下行。

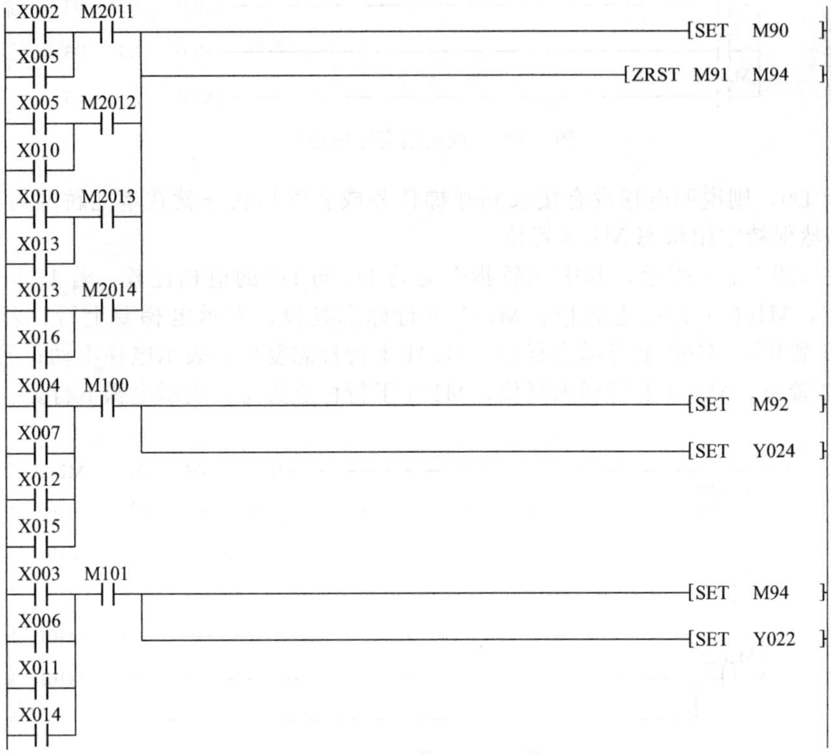

图 5-130　轿厢减速和停止程序段

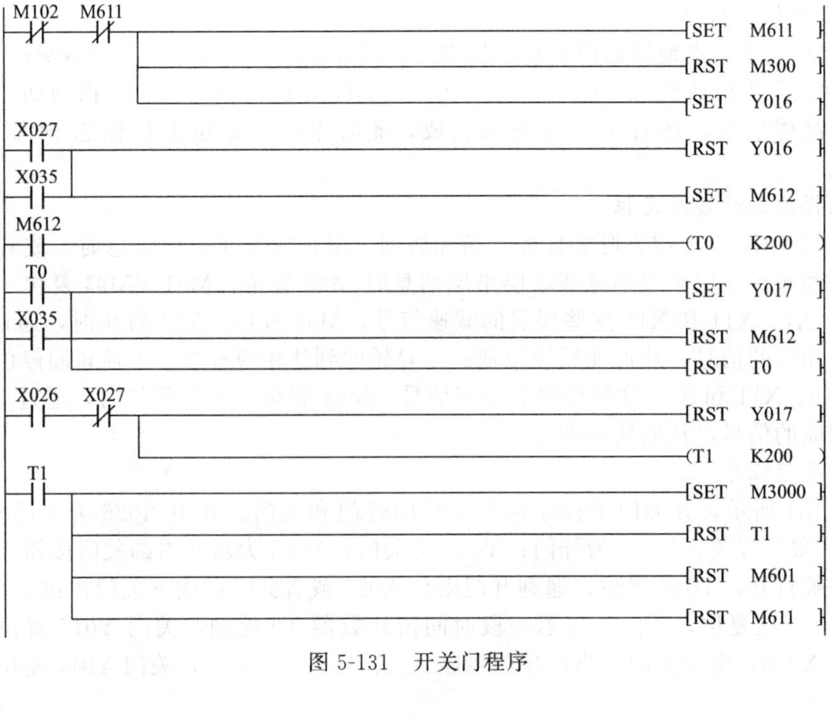

图 5-131　开关门程序

7. 故障诊断功能

为了提高电梯控制系统的智能化，在程序中加入了故障诊断模块，它可以实现电梯常见故障的自动检测。

① 通信网络的故障检测 如果某台电梯发现主站没有工作或与主站通信故障，那么 FX_{2N} 将独自处理本地门厅呼梯请求，则此电梯系统就变成了单电梯控制系统。

判断网络链接正常与否的程序段如图 5-132 所示。

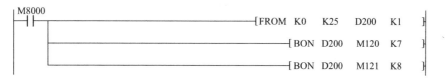

图 5-132 检测网络链接状态

如图 5-132 所示，FX_{2N}-PLC 通过 FROM 指令从 PLC 读取缓冲寄存器中的数据，缓冲寄存器中的数据来源于主站写进来的数据和 FX_{2N}-32CCL 的系统信息。FROM 表示 PLC 基本单元从指定的特殊功能模块指定的 25# 缓冲寄存器 BFM 里将 1 个数据读出，存入 PLC 基本单元的指定位置数据寄存器 D200 中。Bon 指令表示驱动条件成立时，将源地址中指定的位状态（1 或 0）控制终止位状态。将 D200 中的 bit7 的状态存入辅助寄存器 M120 中；将 D200 中的 bit8 的状态存入辅助寄存器 M121 中。通过读取通信单元 FX_{2N}-32CCL 的 25# 寄存器的 bit7 和 bit8，可以判断出网络通信是否正常。若网络通信正常，则软元件 M120 与 M121 均为 "0"，否则为 "1"，借此程序来判断网络链接状态是否正常。

② 电梯开关门系统的故障诊断 当电梯开门或关门一段足够长的时间后（本系统中设置的是 5s），PLC 仍未收到开门或关门限位的信号，则可以判定开关门系统出现故障，如图 5-133 所示。

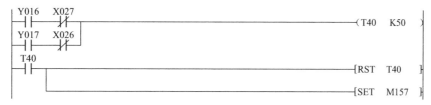

图 5-133 开关门系统的故障诊断

Y016 得电表示电梯已开门；X027 是开门限位；Y017 得电表示电梯已关门；X026 是关门限位。如果开关门系统正常的话，则电梯开门后，在定时器 T40 规定的时间范围（5s）内触碰到开门限位则 T40 线圈不会继续得电，对应的常开触点不能闭合从而使 M157 不会置位，同样电梯关门后，触碰到关门限位也不会使 M157 置位。如果开、关门系统出现故障，则 X026、X027 的常闭触点不能打开，则定时器 T40 开始计时，延时时间到后 M157 置位。

8. 电梯群控系统的人机界面

为了方便电梯管理员对电梯的监控，本系统使用三菱公司的 GT Designer2 开发软件设计了一个基于触摸屏 GOT1275 的电梯群控人机界面，通过触摸屏，可以方便地观测到电梯的运动状态。

本系统中的人机界面主要由三部分组成，分别是主界面、故障详情界面和参数设置界面。GT Designer 中提供 3 种画面类型：基本画面、窗口画面和报表画面。基本画面是触摸屏中最基本的画面，其大小就是屏幕大小。窗口画面是基本画面的子画面，可分为重叠窗口、叠加窗口和按键窗口。重叠窗口是一个弹出式小窗口，可以移动和关闭，最多可同时显示两个重叠窗口；叠加窗口是复合到基本画面上的窗口；按键窗口就是提供软键盘的窗口，它在输入数值时会自动弹出。画面的叠放顺序从最底层到最高层依次是基本画面、叠加窗口、重叠窗口和按键窗口。每个画面都有一个编号，要显示某一个画面，只要将它的编号写入相应的切换软元件，画面间的切换通过改变相应软元件的值来实现。

如图 5-134 所示，主界面属于基本画面，它用来显示各电梯的整体状况，并根据各电梯限位的数值用动画效果模拟电梯的呼梯控制、上升和下降、上行指示和下降指示、到达的楼层。还可以将页面切换到"参数设置"和"故障详情"页面。另外在某些紧急情况下，还能够通过主画面将电梯运行停止。

如图 5-135 所示，故障详情界面属于重叠窗口，主要用来显示电梯出故障的详细情况。当某台电梯出现故障时，点击主界面上的"故障详情"按键就会弹出故障详情窗口，在上面用指示灯指示出电梯的故障类型。

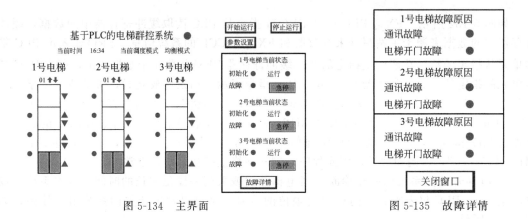

图 5-134 主界面   图 5-135 故障详情

参数设置窗口主要用来设置电梯调度两种模式的三个时间段和电梯群控算法中各目标的权值，如图 5-136 所示，由于本画面使用 GT Designer 在未联机情况下打印而成，因此所有的参数都显示为输入控件的原始值。

参数设置

均衡模式		
时段101 到 01	星期 0 到 0	候梯时间目标的权值 01
时段201 到 01	星期 0 到 0	乘梯时间目标的权值 01
时段301 到 01	星期 0 到 0	能源消耗目标的权值 01
峰值模式		
时段101 到 01	星期 0 到 0	候梯时间目标的权值 01
时段201 到 01	星期 0 到 0	乘梯时间目标的权值 01
时段301 到 01	星期 0 到 0	能源消耗目标的权值 01
未设置的时候默认为空闲模式		
		候梯时间目标的权值 01
		乘梯时间目标的权值 01
		能源消耗目标的权值 01

关闭窗口

图 5-136 参数设置

第六章 ▶▶▶

常用变频器的操作运行和
维护检修应用实例精解

变频器的操作运行及维修是指对长期运行的变频器进行日常检查和定期检修。维修工作可防患于未然，以保证变频器能长期稳定运行，延长使用寿命，是非常重要的工作。但目前我国许多变频器用户没有维修的意识，更谈不上进行常规的维修工作，多是"一旦使用，决不再动，出现问题，拆下修理"。这种观念和做法，使本来很小的问题，发展成大毛病；本来可以避免的故障，变得不可避免。这种做法，常给用户带来较大的损失。

第一节 常用变频器的操作运行实例

常用变频器的产品繁多，无法一一介绍。本节将以 20 世纪 90 年代末日本富士电机最新的几种机型为例来阐述变频器的操作运行及监控保护，其他变频器大同小异。

1. 变频器的操作和显示

（1）电位器型

早期的变频器多采用此方式，现在已基本淘汰，只有小容量简易型变频器，如 FVR-S11S-V 仍采用此方式。其容量为 0.2～1.5kV·A，适配电动机 0.1～0.75kW，输出频率 50/60Hz 自由转换。可用于生产线传送带、风机、水泵和需要适应不同地区额定频率有异的场合（最高输出频率可在 50Hz、60Hz、100Hz、120Hz 四种组合中进行选择）。电位器型 FVR-S11S 的面板外形及操作方法如图 6-1 所示。

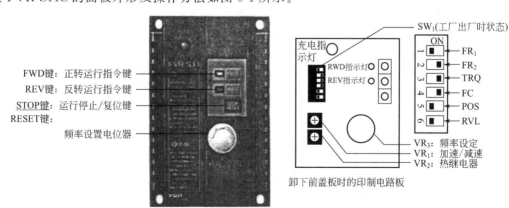

图 6-1　FVR-S11S 面板及操作方法

该变频器只有三个按键：正转（FWD）、反转（REV）、停止（STOP）。三个电位器：面板上的频率设定电位器（VR$_3$），卸下面板置于印制电路板上的加减速电位器（VR$_1$）和过载保护电子热继电器整定用电位器（VR$_2$）。功能选择则由 6 个开关不同的组合完成。

① 选择基本频率　FR$_1$ 置 ON，FR$_2$ 置 ON，f_N＝50Hz；FR$_1$ 置 OFF，FR$_2$ 置 ON，f_N＝60Hz。

② 转矩提升　弱转矩，TRQ 置 ON；强转矩，TRQ 置 OFF。

③ 载波频率　低载波频率 FC 置 ON；高载波频率 FC 置 OFF。

④ 电源接通与 FWD、REV 的联锁　POS 置 ON 解开联锁。

⑤ 防止反转　RVL 置 ON 则不能反转。

（2）键盘型（带遥控操作器）

键盘型是目前国内外变频器最常见的方式，其发展方向是采用程序菜单选择功能画面，故键盘数量大大减少。

现介绍富士电机最新型号 FR5000G-11S 的操作和运行。该变频器的键盘面板外观如图 6-2 所示。键盘面板分键盘和显示器两大部分。它是一台数字操作器，它与变频器的本体通过串行的通信口进行连接，亦可从变频器本体上拆下来进行远距离控制。面板上的 9 个键用于交换画面、变更数据和设定频率。

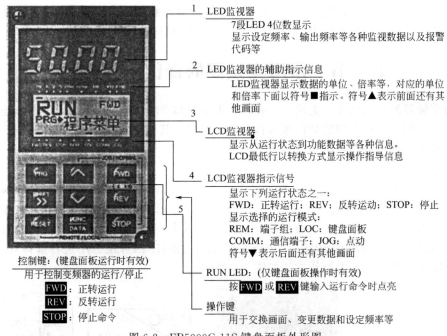

图 6-2　FR5000G-11S 键盘面板外形图

显示器有 5 个内容：如图 6-2 标注的 1～5。其中 1 为 LED 监视器，用 7 段 LED 显示 4 位数，显示的内容为设定频率、输出频率等监控数据及报警代码；2 为 LED 监视器各种辅助信息，如数据的单位（kW）、倍率（×10 或×100）；3 为 LCD 监视器，显示运行状态和功能数据；4 为 LCD 监视器指示信号，显示运行状态，如正转运行（FWD）、反转运行（REV）、停止（STOP）、端子操作（REM）、面板操作（LOC）、通信（COMM）、点动（JOG）等；5 为显示执行（RUN），仅键盘面板操作有效。

（3）串行通信型

用 RS485 接口与上位机连接，最适宜于多挡速度运行和程控运行，如富士电机的 FVR-

S11S-C 就属于这种形式。它在面板上既无电位器也无键盘，它由来自外部的串行通信数据给予运行指令及进行频率设定。其外观如图 6-3 所示。其功能代码在说明书中均有具体规定，如 F07 为加减速时间，可为 0.1～20s；F09 为转矩提升；F11 为电子热继电器动作整定值，为 20%～135% 等。一台主机可控制该类变频器 15 台。

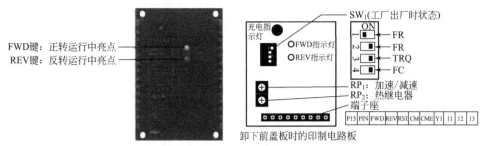

图 6-3　FVR-S11S-C 面板的外形图

2. 变频器主电路和控制端子的连接

现仍以富士低噪声、高性能、多功能 FR5000G-11S 为例来介绍。该系列变频器的基本接线图如图 6-4 所示。

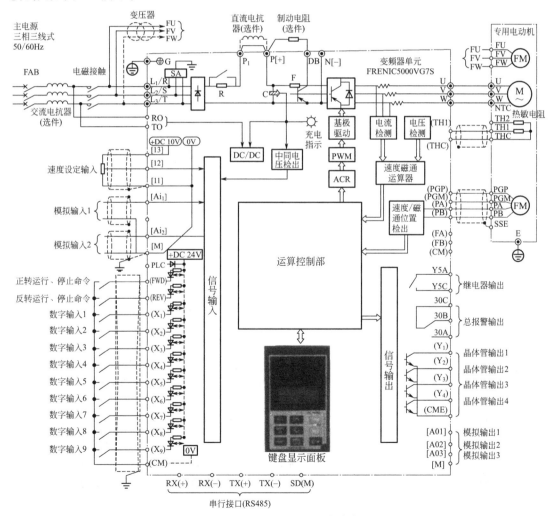

图 6-4　FR5000G-11S 的基本接线图

(1) 主电路连接

① 图 6-4 中符号 "⊥" "G" 为变频器箱体的接地端子，为保证使用安全，该点应按国家电气规程要求接地。

② 变频器的输入端子。此端子在图 6-4 中用 R、S、T 表示。应通过带漏电保护的断路器连接至三相交流电源，连接时可不考虑相序。主电路交流电源不要通过 ON/OFF 来控制变频器的运行和停止，而应采用控制面板上的 FWD、REV 键进行操作。

③ 变频器的输出端子。此端子在图 6-4 中用 U、V、W 表示。根据电动机的转向要求确定其相序，若转向不对可调换 U、V、W 中任意两相的接线。输出端不应接电容器和浪涌吸收器，变频器与电动机之间的连线不宜过长，电动机功率小于 3.7kW，配线长度不超过 50m，否则要增设线路滤波器（OFL 滤波器可另购）。

④ 控制电源辅助输入端子 RO、TO。此端子有两个功能：一是用于防无线电干扰的滤波器电源；二是再生制动运行时，主变频器整流部分与三相交流电源脱开。RO、TO 作为冷却风扇的备用电源。图 6-5 为 30kW 以上的电压型变频器，再生制动时应增设 PWM 交流器，使电动机的能量反馈回电网。这时风机应通过 CN RXTX 适配器转换至 RO-TO 侧，由 R、T 供电。

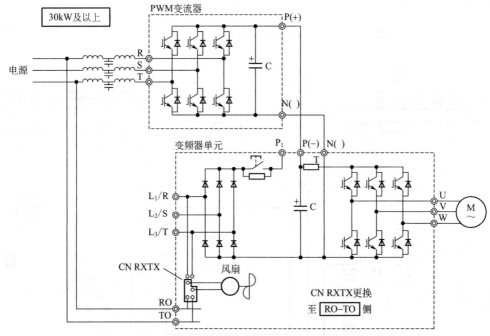

图 6-5　电压型变频器再生制动时的主回路

⑤ 直流电抗器连接端子 P_1 和 P[＋]。这是为了连接改善功率因数的直流电抗器，出厂时这两点连接有短路导体，需连接直机电抗器（选购件）时应先除去短路导体。

⑥ 外部制动电阻连接端子 P[＋] 和 DB。当电动机功率小于 7.5kW 时，变频器内部装有制动电阻连接其上。对于启停频繁或位能负载情况下，内装的制动电阻可能会容量不够，此时需要卸下内部制动电阻，改接外部电阻（另购）。而对于功率大于 15kW 的机种，除外接制动电阻 DB 外，还要对制动特性进行控制以提高制动能力。这时，需增设用功率晶体管控制的制动单元 BU 连接于 P(＋)、N(－)点，图 6-6 为其连接图，CM、THR 为驱动信号输入端。

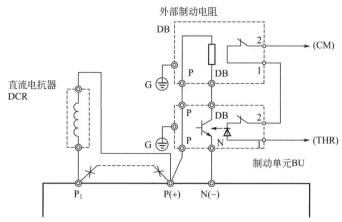

图 6-6　直流电抗器和制动单元连接图

（2）制动端子的连接

① 外接电位器用电源　从 13 和公共端 11 取用该直流电源为+10V，配用 1～5kΩ 电位器，进行频率设定。

② 设定电压信号输入　从 12 和公共端 11 输入，进行频率设定，输入阻抗为 22kΩ，输入直流电压 0～±10V，亦可输入 PID 控制的反馈信号。

③ 设定电流信号输入　从 Ai_1 和公共端 11 输入，进行频率设定，输入阻抗为 250Ω，输入直流电流 4～20mA，亦可输入 PID 控制的反馈信号。

④ 开关量输入端　FWD 为正转开/停，REV 为反转开/停，$X_1～X_9$ 可选择作为电动机报警、报警复位、多步频率选择等命令信号，CM 为其公共点。

⑤ PLC 信号电源　由 PLC 和 M 点输入，PLC 输出信号电源为 DC 24V。

⑥ 晶体管输出　由端子 $Y_1～Y_4$ 输出，公共端为 CME。变频器以晶体管集电极开路门方式输出各种监控信号，如正在运行、频率到达、过载预警等信号。晶体管导通时，最大电流为 50mA。晶体管输出电路如图 6-7 所示。

⑦ 总报警输出继电器　由 30A、30B、30C 输出，触点存量为 AC 250V、0.3A、可控制总报警输出保护动作的报警信号。

⑧ 可选信号输出继电器　可选择和 $Y_1～Y_4$ 端子类似的信号作为其输出信号。

⑨ 通信接口　用 TX(+) 和 TX(-) 端作为 RS485 通信的输入/输出信号端子。最多可控制 31 台变频器。SD 端作连接通信电缆屏蔽层用，此端子在电气上浮置。

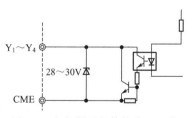

图 6-7　变频器的晶体管输出电路

⑩ 输出输入信号的防干扰措施　a. 模拟信号输入应采用屏蔽线且配线应尽可能短（小于 20m），如图 6-8(a) 所示。b. 模拟信号输入时，由于变频器的高频载波干扰会引起误动作，可在外部输出设备侧并联电容器和铁氧体磁环，如图 6-8(b) 所示。c. 输入开关信号（如 FWD、DRV、$X_1～X_9$、PLC、CM）至变频器时，会发生外部电源和变频器控制电源（DC 24V）之间的串扰。正确的连接应利用 PLC 电源，将外部晶体管的集电极经过二极管接至 PLC，如图 6-8(c) 所示。

3. 变频器的操作和运行

仍以 FR5000G-11S 为例，介绍其实用的操作和运行步骤。

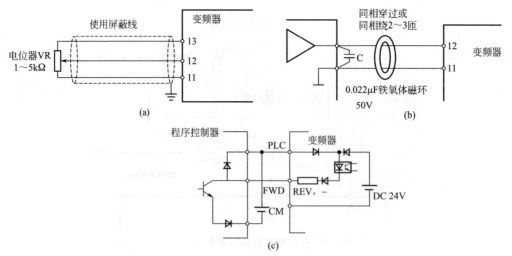

图 6-8 输入信号的防干扰措施

（1）运行前检查和准备

先按图 6-9 将变频器和电源、电动机正确连接，即 R、S、T 接电源，U、V、W 接电动机。

确认电动机为零负载状态，接地端子 G 接地良好，端子间或各暴露的带电部位之间没有短路及对地短路等情况。此时键盘面板显示应如图 6-10 所示，未出现故障字符，LED 闪烁频率为 0.00Hz。

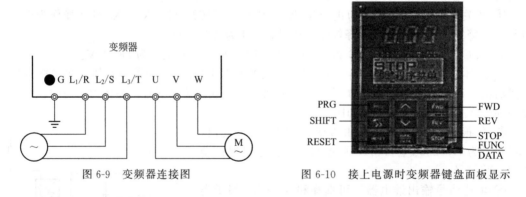

图 6-9 变频器连接图

图 6-10 接上电源时变频器键盘面板显示

（2）试运行

用 $\boxed{\wedge}$ 键设定频率为 5Hz 左右，进行正向旋转按 FWD 键，反向按 REV 键，停止按 STOP 键，检查电动机旋转是否平稳，转向是否正确。如无异常情况，则增加运行频率，继续试运行。

（3）键盘面板操作体系（LCD 画面、层次结构）

1）操作键的功能

$\boxed{\text{PRG}}$：由现行画面转换为菜单画面，或者由运行模式转换到初始画面。

$\boxed{\text{FUNC/DATA}}$：设定频率和功能代码数据存入、LED 监视更换。

$\boxed{\text{FWD}}$：正转运行。

$\boxed{\text{REV}}$：反转运行。

$\boxed{\text{STOP}}$：停止命令。

$\boxed{\wedge}$，$\boxed{\vee}$：数据变更，画面轮换。

$\boxed{\substack{\text{SHIFT} \\ \gg}}$：数位移动或功能组跳跃。

$\boxed{\text{RESET}}$：数据变更取消或报警复位。

2）操作体系

① 正常运行时　操作体系的画面转换层次结构、基本组成如图 6-11 所示。只有运行时，才可由键盘面板设定频率以及更换 LED 的监视内容。

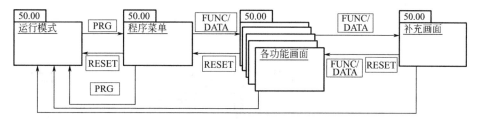

图 6-11　运行时画面转换层次图

当按 FUNC/DATA 键后，即可按菜单方式选择必要的功能画面和补充画面，菜单功能表如表 6-1 所示。补充画面是增加在功能画面上未显示出的功能，例如，修改数据和显示报警原因等。

表 6-1　程序菜单功能表

序号	层次名	内容		
1	运行模式	正常运行状态画面,仅在此画面显示时,才能由键盘面板设定频率以及更换 LED 的监视内容		
2	程序菜单	键盘面板的各功能以菜单方式显示和选择,按照菜单选择必要的功能,按 FUNC/DATA 键,即能显示所选功能的画面。键盘面板的各种功能(菜单)如下表所示		
		序号	菜单名称	概要
		1	数据设定	显示功能代码和名称,选择所需功能,转换为数据设定画面,进行确认和修改数据
		2	数据确认	显示功能代码和数据,选择所需功能,进行数据确认,可转换为和上述一样的数据设定画面,进行修改数据
		3	运行监视	监视运行状态,确认各种运行数据
		4	I/O 检查	作为 I/O 检查,可以对变频器和选件卡的输入/输出模拟量和输入/输出接点的状态进行检查
		5	维护信息	作为维护信息,能确认变频器状态、预期寿命、通信出错情况和 ROM 版本信息等
		6	负载率	作为负载测定,可以测定最大和平均电流以及平均制动功率
		7	报警信息	借此能检查最新发生报警时的运行状态和输入/输出状态
		8	报警原因	能确认最新的报警和同时发生的报警以及报警历史选择报警和按 FUNC/DATA 键,即可显示其报警原因及有关故障诊断内容
		9	数据复写	能将记忆在一台变频器中的功能数据复写到另一台变频器中
3	各功能画面	显示按程序菜单选择的功能画面,借以完成功能		
4	补充画面	作为补充画面,在单独的功能画面上显示未完成功能(例如修改数据、显示报警原因)		

② 报警时 当保护功能动作，即出现报警时，键盘面板从正常运行操作体系自动转换为报警操作体系，显示出报警模式画面以及显示各种报警信息。报警时的程序菜单及功能画面和补充画面仍和正常运行时一样。此外，程序菜单返回报警模式只能通过 PRG 键操作。报警时画面转换层次图如图 6-12 所示。

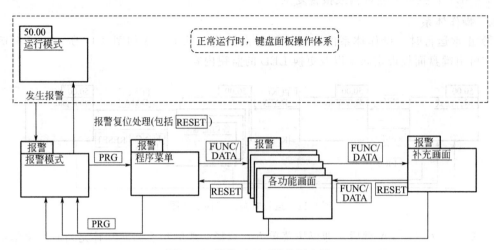

图 6-12 报警时画面转换层次图

（4）键盘面板操作方法举例

1）运行模式 变频器的正常运行画面以操作指令图和棒图两种不同方式显示，二者用功能代码 E45 进行切换，如图 6-13 中（a）为操作指令图，（b）为棒图。由图可见，从棒图中可在变频器的实时频率、电流、转矩等项目中选出任两个项目进行显示。

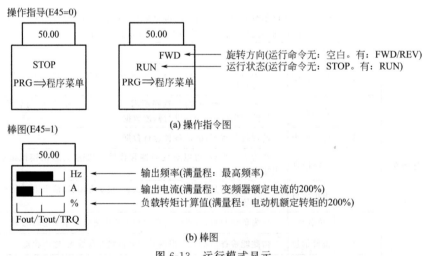

图 6-13 运行模式显示

2）频率设定 在显示运行模式画面后，将功能代码选为 F01＝0，按 ∧ 和 ∨ 键，LED即显示出设定的频率值。开始时，按最小单位数据递增，若用手指连续按住 ∧ 和 ∨ 键，则增减频率速度加快。用 SHIFT 键可任意选择要改变数据的位。再按 PRG 或 RESET 键则可恢复原始的运行模式。

3）菜单画面显示的更换 运行模式时，按 PRG 键即显示为菜单画面。如图 6-14 所示，一个画面只能显示两个项目。按 ∧ 和 ∨ 键可上下移动光标选择项目。再按 FUNC/DATA 键即可显示出相应项目的内容。

4）功能数据设定 功能代码由字母和数字构成，不同的功能组有特定的字母标志。FR-5000 变频器共设 7 组功能组，如表 6-2 所示。

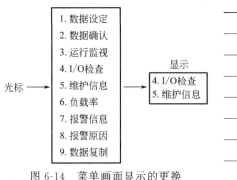

图 6-14　菜单画面显示的更换

表 6-2　功能代码的内容

功能码	功能	说明
F00～F42	基本功能	
E01～E47	扩展端子功能	
C01～C33	频率控制功能	
P01～P09	电动机 1 参数	
H03～H39	高级功能	
A01～A18	电动机 2 参数	
01～29	选件功能	仅在连接有选件卡场合才能选用

由运行模式画面转换为程序菜单画面，选择"1.数据设定"，按 FUNC/DATA 键即展现功能选择画面，显示其功能代码为 F01，功能为频率设定 1，再按 FUNC/DATA 键即展现出数据设定画面。设定过程如图 6-15 所示。

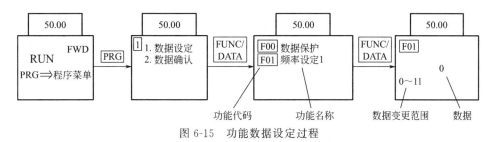

图 6-15　功能数据设定过程

5）运行状态监视 先将运行状态画面转换为程序菜单画面，选择"3.运行监视"，即显示变频器的实时运行状态。运行状态监视共有 4 幅画面，可用 ∧ 和 ∨ 键进行更换，由各画面数据确认其运行状态。图 6-16 为运行状态监视转换图。

6）I/O 巡回检查 由运行状态画面转换为程序菜单画面，选择"4.I/O 检查"，I/O 巡回检查共有 7 个画面，可用 ∧ 和 ∨ 键进行更换，由不同画面确认 I/O 状态。例如，输出端子 Y1～Y5 和输入 X1～X9 显示 ON 和 OFF；模拟量输入 12～32 则显示电压和电流值。对于特殊的测速信号 PG 输入则显示脉冲频率 P/S。

7）维护信息 由运行状态画面转换为程序菜单画面选择"5.维护信息"。维护信息共有 5 个画面，可用 ∧ 和 ∨ 键进行更换。维护信息内容包括：

①变频器累计运行时间（小时）；②变频器箱内最高温度；③变频器中间 DC 回路电压值；④主电容器容量；⑤电容器累计运行时间［同时显示出预测寿命（小时）］；⑥冷却风扇累计运行时间［同时显示出预测寿命（小时）］；⑦通信出错次数。

8）负载率测定 由运行模式画面转换为程序菜单画面，选择"6.负载率"即显示负载测定画面。可测定和显示设定时间（一般为 1h）内的最大电流、平均电流和平均制动功率。

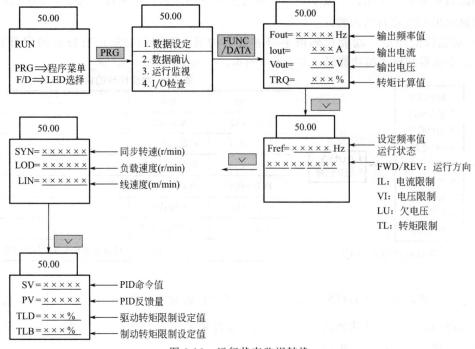

图 6-16　运行状态监视转换

9）报警　报警的功能选择分"7.报警信息"和"8.报警原因"两项。报警信息由 9 幅画面进行更换，由于充分运用了计算机控制的信息资源，多功能 FR-5000 变频器报警信息十分丰富，除大家所熟知的 25 种字符外，还通过画面转换报告故障的生成原因，以便于用户维修。例如，当过流时，显示 QC1 表示加速过程过流；若减速过流则显示 QC2；若恒速过流则显示 QC3。报警画面上除报警代码 QC1 高速闪烁外，同时显示出该时的 f、U、I、T 值。转换画画后可显示累计运行时间直流电压值、变频器的温度，继续换画面可显示各端子的状态；最后一帧画面则可显示 QC1 出现的总次数和上次出现报警的内容及次数。

当选择"8.报警原因"时，即可显示报警历史，将历次该报警项目的产生原因进行显示，以便于用户进行故障诊断。

10）数据复制功能　当 B 变频器需按 A 变频器的功能数据运行时，无须逐项设定数据，可利用"复制功能"一次完成。先将 A 运行模式画面转换为程序菜单画面，选择"9.数据复制"（DATA copy）则画面显示数据复制功能指定为 RFAD，即读出变频器的功能数据。直至读出结束，取下面板上的键盘显示器，安装于 B 变频器上，进行"WRITE"写入模式的操作，即可将 A 变频器的数据写入 B 变频器内。复制功能的流程图如图 6-17 所示。

（5）变频器的功能选择

1）基本功能　FR5000 系列多功能变频器的功能十分丰富，基本功能就有 36 项，限于篇幅，只能扼要介绍其功能代码。

① 频率设定 F01

设定值　0：由 FWD、REV、STOP 键操作；

　　　　1：电压输入（由端子 12）0～+10V 设定；

　　　　2：电流输入（由端子 C1）4～20mA 设定。

② 运行指令 F02

设定值　0：由 FWD、REV、STOP 键操作；

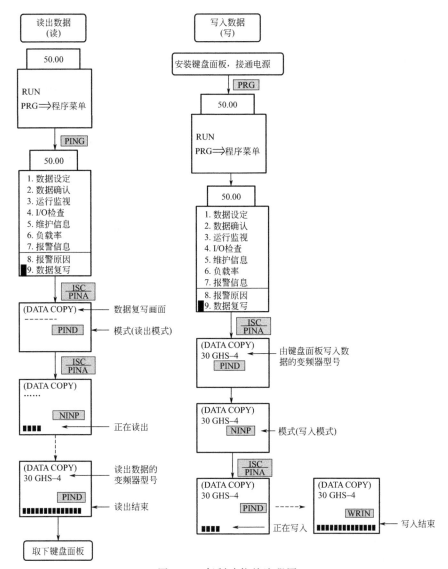

图 6-17　复制功能的流程图

　　　　　1：由外部端子 FWD、REV 输入。

③ 最高频率 F03　设定范围 50～400Hz。

④ 基本频率 F04　设定范围 25～400Hz。

⑤ 额定电压 F05　设定范围 320～480V。

⑥ 最高电压 F06　设定范围 320～480V。

设定电压和频率的关系如图 6-18 所示。

⑦ 加速时间 F07　设定范围 0.01～3600s。

⑧ 减速时间 F08　设定范围 0.01～3600s。

　　当工作于最高频率的加/减速时间以最高频率作为基准设定时，实际时间和设定时间一致；若设定频率小于最高频率，则：实际加/减速时间＝设定值×设定频率÷最高频率。

　　当负载力矩和惯性力矩很大，设定的加/减速时间往往小于必需值。这时变频器的转矩限制功能和失速防止功能将动作。图 6-19 所示为设定频率小于最高频率时，设定加/减速时间的偏差。

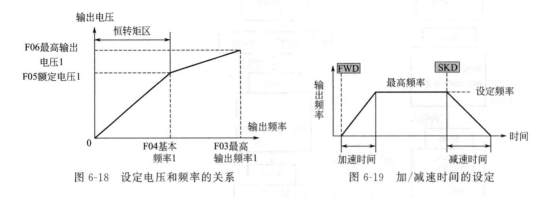

图 6-18　设定电压和频率的关系

图 6-19　加/减速时间的设定

⑨ 转矩提升 F09　转矩提升的作用是为了调节 U/f 特性，分为自动转矩提升、平方律关系转矩负载和恒转矩负载三种情况。

自动提升的 U/f 曲线如图 6-20(a) 所示。

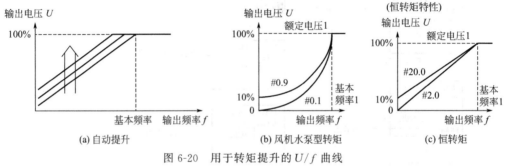

图 6-20　用于转矩提升的 U/f 曲线

当设定范围为 0.1～0.9 时，U/f 曲线可适应风机和泵的负载特性，如图 6-20(b) 所示。

当设定范围为 2～20 时，U/f 曲线可根据设定值调节，适应恒转矩负载特性。启动电压调节范围约为额定电压的 10%，如图 6-20(c) 所示。

⑩ 电子热继电器的过载（OL）动作电流和时间 F12　电子热继电器的功能按照变频器的输出频率、电流和时间进行整定，用以保护电动机以防止过热。一般以设定额定电流值的 150%，并按 F12（热时间常数）整定动作时间。由于低速范围内电动机的冷却特性变坏，一般应选用 F12 较小的值。F12 的设定范围为 0.5～75min，一般选用 F12＝0.5～10。电子热继电器的特性及整定如图 6-21 所示。

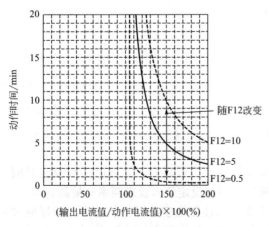

图 6-21　电子热继电器的特性及整定

⑪ 再启动 F4　当变频器运行中发生瞬时停电时，可选择两种工作模式：一是检测出欠电压后，立即报警输出并关闭变频器；二是让速度自然下降的电动机不停转，等待电源恢复，实现自动再启动。具体可分为 4 种功能，即 F14 的设定范围为 0～3。

设定值为 0：按欠电压保护处理，复电时不再启动。

设定值为 1：为重惯性负载适用的自动再启动，即依靠惯性把电动机能量反馈至主回路，使主回路直流电压缓慢下降，复电后自动再启动（检出欠压后，保护功能不动作）。

设定值为 2：检出欠压后，保护功能暂不动作，在继续滑行中，交流电源复电后按其原来的频率加速再启动。停电的等待时间可调，H13 代码可调范围为 0.1～10s。显然，当瞬时停电时间比设定等待时间短即可顺利再启动；若瞬时停电时间比设定等待时间长，则设定频率和电动机实际转速之间不同步，将会引起过流和失速保护动作。本方式的再启动成功，关键是引入速度搜索功能，目的是检测降速运行中电动机的速度，以实现变频器输出和电动机当前速度相当的频率。

⑫ 载波频率 F26　正确调整载波频率可降低电动机噪声，避开机械系统共振，减小输出电路对地的漏电流，亦可减小变频器对外界的电磁干扰。

此频率的设定范围为 0.75～15kHz。载波频率小于 7kHz，可调节电动机噪声的音调，具体选用何值应由用户根据实际情况来定。

设定值过小时，由于高次谐波分量增加，会使输出电流波形畸变，电动机的损耗增加，温升增高。例如，当设定载波频率为 0.75Hz 时，电动机输出转矩将减小 15%。设定值过大时，变频器损耗增加，温升亦会增高。

⑬ 无速度传感器矢量控制（简称"转矩矢量控制"）F42

设定值为 0 时：VVVF 控制；

设定值为 1 时：无速度传感器矢量控制；

设定值为 2 时：矢量控制作用时 F09 功能的自动转矩提升将失效，自动设定为 0.0。

使用转矩矢量控制功能时，应符合以下运行条件：

a. 变频器只接一台电动机。

b. 电动机的参数（额定电流 I_N，空载电流 I_0，定子电阻 R_1，漏抗 X）必须符合要求。应预先进行电动机参数的自整定操作。

c. 为防止过大的分布电容和漏电流以保证控制精度。变频器和电动机之间的电缆长度不大于 50m。

2）频率程序控制功能　下面仍以 FR-5000 系列为例来介绍。

① 跳跃频率 C01～C04　跳跃频率又称频率设定禁止功能。由于在调频过程中，机械设备在某些频率上会与系统的固定频率形成共振而引起较大的机械振动，故变频器设计时应当避开这些共振频率点，该功能就是为了这个目的而设置的。其中 C01～C03 可设置 3 个不同的频率跳跃点，设定位为 0～400Hz 可调，最小调节单位为 1Hz。C04 为跳跃频率的幅值，设定范围为 0～30Hz。跳跃频率的设定如图 6-22 所示。

② 多步转速程序控制功能 C21～C28　该功能是为了使电动机能够以预定的速度按一定的程序运行而设置的，每一步运行时间均可调。与用模拟信号设定输入频率相比，这种控制方式可以对频率进行精确设定，且为和 PLC 连接提供了方便条件。

该功能首先由 C21 设定运行一个周期或多周期反复循环。多步程控一般设置为 7 步，即 C22～C28。C22 设定为步1，C23 定为步 2……依此类推。

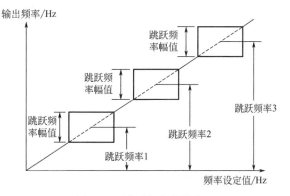

图 6-22　跳跃频率的设定

设定时间可调：0.00～6000s。

旋转方向：F表示正转；R表示反转。

加/减速时间分为1，2，3，4四挡（固定）。

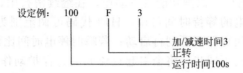

程序运行设定

步1　设定值为　60F2

步2　设定值为　100F1

步3　设定值为　65.5R4

步4　设定值为　55F3

步5　设定值为　50F2

步6　设定值为　70F4

步7　设定值为　35F2

多步频率程序控制的实际运行图如图6-23所示。

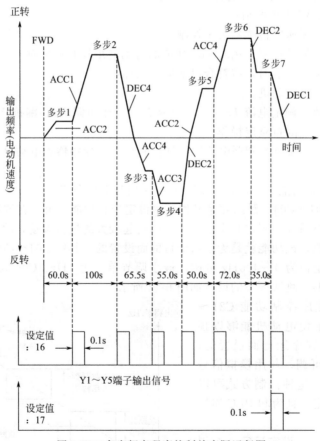

图6-23　多步频率程序控制的实际运行图

3）电动机参数检测和整定

① 电动机参数自动检测和设定 P01～P04　本功能可以先输入电动机的主要技术数据，

如极数（功能码为 P01，设定值 2～14）、容量（P02，设定值 0.01～500kW）、额定电流（P03，设定值 0.00～2000A），然后输入功能码 P04，即自动测定电动机的参数，并自动写入（见表 6-3）。

表 6-3 功能码 P04 设定值的自动写入

P04 设定值	动作状态
0	自检测不动作
2	电动机处于停转状态,自动测量电动机的定子电阻 $R_s\%$ 和 50Hz 下的总漏抗 $X\%$,测出的参数自动写入 P07 和 P08
3	电动机处于停转状态,测 $R_s\%$ 和 $X\%$ 后,电动机在相应频率下转动,再自动测量电动机的空载电流 I_o,并将测出的参数自动写入 P06、P07 和 P08

自检测和整定过程一般需要数十秒时间。当 P04 的设定值为 2 时，电动机按照设定的加速时间，加速至基本频率的一半进行空载电流的整定，再按照设定的减速时间减速，整定时间为加/减速时间之和。

$$R_s\% = \frac{R_s + R}{U_N/(\sqrt{3}\,I_N)} \times 100\%$$

式中，R_s 为电动机定子绕组的电阻值，Ω；R 为输出端配线电缆的电阻值，Ω；U_N 为额定电压，V；I_N 为电动机额定电流，A。

$$X\% = \frac{X_s + X_f \cdot X_m/(X_s + X_M) + X_1}{U_N/(\sqrt{3}\,I_N)} \times 100\%$$

式中，X_s 为电动机定子漏感抗，Ω；X_f 为折算到定子侧的电动机转子漏感抗，Ω；X_m 为电动机励磁感抗，Ω；X_1 为输出端配线电缆的感抗，Ω。

注：计算感抗时的频率为 F04 设定的基本频率。

② 电动机参数在线自整定 P05 电动机经过长时间运行和温升变化，将引起参数的改变，不能保持磁通观测值和速度观测值的正确性，亦即破坏了矢量控制的磁场定向控制原则高性能变频器。没有在线自整定环节，能随着温升的变化减小电动机速度的变化（见表 6-4）。

表 6-4 电动机参数在线自整定

P05 设定值	自整定动作状态
0	不动作
1	动作

③ 电动机转差补偿 P09 电动机负载变化，将改变转差，引起电动机速度变化。转差补偿是按照负载转矩增加正比于变频器输出频率的办法，以达到减小速度变化的目的。设转差＝同步速度－额定速度。则：

$$转差补偿值 = 基本频率 \times \frac{转差(\text{r/min})}{同步速度}(\text{Hz})$$

设定范围为 0.00～15.00Hz。

4）高级功能

① 冷却风扇智能控制 H06 选用此功能时，在变频器电源接通状态下，根据变频器散热器的温度检测值，自动控制冷却风扇的启停。若不选用此功能，则在电源接通状态，冷却风扇连续运行。

② 加/减速曲线模式选择 H07

a. H07 的设定

设定值为 0：直线加速；

设定值为 1：S 形加/减速（弱型）；

设定值为 2：S 形加/减速（强型）；

设定值为 3：曲线加/减速。

b. S 形加减速　目的是减少启动时机械系统的冲击振动，例如电梯这类机械。采用的方法是在加减速开始和结束时缓慢改变输出频率。S 形加/减速曲线如图 6-24 所示，图中 α 为 S 形范围，β 为加/减速时间，均可调。

c. 曲线加/减速　应用该型曲线在恒功率运行区加/减速时，能使加减速时间为最短。曲线加/减速如图 6-25 所示。

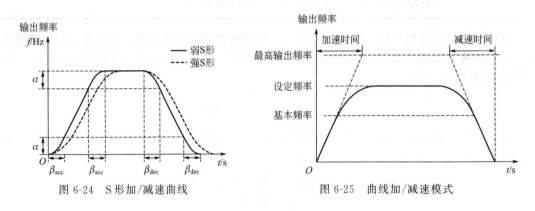

图 6-24　S 形加/减速曲线　　　　　图 6-25　曲线加/减速模式

③ 自动节能 H10　此功能一般用于风机水泵等按平方律变化的负载特性。若用于恒转矩负载和快速变化负载的场合，会使动态的快速响应减慢。在加减速过程和转矩限制功能作用时，自动节能环节会自动停止。

④ 防止失速的瞬时过流限制 H12　通常，当电动机负载急剧变化，使变频器输出电流达到保护动作值以上时，过电流保护即动作引起跳闸。若采用 H12 功能，则可自动控制变频器的频率，限制急剧增大的负载电流，使之不至超过电流保护动作值。该功能又称为"失速保护"，指随着瞬时负载电流的增大降低速度（频率）使尖峰的电流下降，冲过该尖峰后，负载可能平稳进入正常运行。H12 功能应和转矩限制功能配合使用。该功能不能用于起重机、电梯等负载，因在 H12 功能状态作用下，电动机转矩可能会降低，这是该类位势负载所不允许的，会造成失控。

转矩控制命令由外部端子输入，电压值为±10V。+10V 相当于转矩+200%，−10V 相当于转矩−200%，转矩控制的框图如图 6-26 所示。

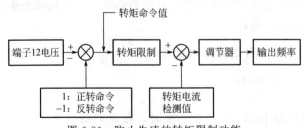

图 6-26　防止失速的转矩限制功能

⑤ PID 控制 H22～H24　PID（比例，积分，微分）用于闭环控制系统，目的是当系统的输出量偏离设定值时，能够迅速准确地消除偏差，回复到设定值，既不振荡，误差也小。

一般 PID 不单独使用，常用 P 控制、PI 控制、PD 控制和 PID 控制等组合控制方式。

P 控制（H22）是操作量（输出频率）和偏差之间有比例关系的控制。P 控制用增益来设定，范围是 0.01～10.0 倍，增益过大响应快，但可能产生振荡；增益过小时，响应滞后。

I 控制（H23）是操作量的变化速度和偏差成正比关系的控制，亦可认为输出按偏差的积分而变化。因此，它可达到使控制量（反馈信号）和目标量（设定频率）一致的效果。I 控制的缺点是对急剧变化的偏差响应慢。I 控制积分时间的可调范围为 01～3600s。

D 控制（H24）是操作量和偏差的微分正比例的控制。由于 D 控制的输出按偏差微分而变，故对急剧的变化量响应很快。D 控制微分时的可调范围为 0.01～10.0s。当设定微分时间增大可使 P 控制引起的振荡很快衰减，但时间过大又会引起振荡，微分时间过小则不能抑制振荡。

PI 控制，仅用 P 控制不能完全消除偏差。为了消除残留偏差，一般采用增加 I 控制的 PI 控制，能消除由于改变目标值或外来扰动引起的偏差。但 I 控制过强会使动态响应迟缓。此外，原系统中若已存在有积分环节，也可单独使用 P 控制。

PD 控制，发生偏差时，很快产生比单独 P 控制要大的操作量，以抑制偏差的增加。偏差减小时，P 的作用随之减弱。PD 控制最适宜用于系统本身已含有积分元件的情况，若只用 P 控制会发生振荡，用 PD 后可使系统迅速稳定。

PID 控制，在 PD 控制的基础上，加以 I 控制可以更好地抑制振荡。采用 PID 控制能获得无差、高精度和稳定的过程控制。PID 控制用于时延大的过程控制系统最为理想。

⑥ RS485 通信功能 H31～H39　设定 RS485 通信的各种条件应符合上位机的要求。具体技术资料在其他许多相关书籍中已有详细论述，此处不一一列出，仅对变频器本身的设定功能码作以下介绍：

H31 设定 RS485 地址，设定范围 1～31；

H32 设定 RS485 故障处理，模式 0～3；

H33 设定 RS485 定时时间，定时值 0.0～60.0s；

H34 设定 RS485 传送速度，1200～19200bit/s；

H35 设定 RS485 数据长度，7 位、8 位；

H36 设定 RS485 奇偶校验，奇数、偶数；

H37 设定 RS485 停止值，1 位、2 位；

H38 设定 RS485 无响应时间，1～60s（按上位机要求）；

H39 设定 RS485 间隔时间，0.00～1.00s。

5）保护功能　当变频器发生异常时，保护功能动作，立即跳闸，并由 LED 显示报警名称（字符），请参阅表 6-5。

表 6-5　变频器报警显示内容

报警名称	键盘面板显示		动作内容
	LED	LCD	
过电流	OC1	加速时过电流 加速时	电动机过电流,输出电路相间或对地短路,变频器输出电流瞬时值大于过电流检出值时,过电流保护功能动作
	OC2	减速时过电流 减速时	
	OC3	恒速时过电流 恒速时	
对地短路	EF	对地短路故障	检测到变频器输出电路对地短路时动作(仅对≥30kW)。对≤22kW 变频器发生对地短路时,作为过电流保护动作。此功能只是保护变频器。为保护人身和防止火警事故等应采用另外的漏电保护继电器或漏电断路器等进行保护

报警名称	键盘面板显示		动作内容
	LED	LCD	
过电压	OU1	加速时过电压 加速时	由于电动机再生电流增加,使主电路直流电压达到过电压检出值时,保护动作(过电压检出值 800V DC)。但是,变频器输入侧错误地输入过高的电压时,不能保护
	OU2	减速时过电压 减速时	
	OU3	恒速时过电压 恒速时	
欠电压	LU	欠电压	电源电压降低等使主电路直流电压低至欠电压检出值以下时,保护功能动作(欠电压检出值:400V DC)。如选择 F14 瞬停再启动功能,则不报警显示。另外,当电压低至不能维持变频器控制电路电压值时,将不能显示
电源缺相	Lin	电源缺相	连接的三相输入电源 L1/R、L2/S、L3/T 中缺任何一相时,变频器将在三相电源电压不平衡状态下运行,可能造成主电路整流二极管和主滤波电容器损坏。在这种情况下,变频器报警和停止运行
散热片过热	OH1	散热片过热	如冷却风扇发生故障等,则散热片温度上升,保护动作
外部报警	OH2	外部报警	当控制电路端子(THR)连接制动单元、制动电阻、外部热继电器等外部设备的报警常闭接点时,按这些接点的信号动作
变频器内过热	OH3	变频器内过热	如变频器内通风散热不良等,则其内部温度上升,保护动作
制动电阻过热	dbH	DB 电阻过热	选择功能 F13 电子热继电器(制动电阻用)时,制动电阻使用频率过高,温度上升,为防止制动电阻烧损,保护动作
电动机 1 过载	OL1	电动机 1 过载	选择 F10 电子热继电器 1 时,设定电动机 1 的动作电流值,按反时限特性保护动作
电动机 2 过载	OL2	电动机 2 过载	切换到电动机 2 驱动,选择 A06 电子热继电器 2,设定电动机 2 的动作电流值,按反时限特性保护动作
变频器过载	OLU	变频器过载	此为变频器主电路半导体元件的温度保护,变频器输出电流超过过载额定值时保护动作
DC 熔断器断路	FUS	DC 熔断器断路	变频器内部的熔断器由于内部电路短路等造成损坏而断路时,保护动作(仅≥30kW 有此保护功能)
存储器异常	Er1	存储器异常	存储器发生数据写入错误时,保护动作
键盘面板通信异常	Er2	面盘通信异常	设定键盘面板运行模式,键盘面板和控制部分传送出错时,保护动作,停止传送
CPU 异常	Er3	CPU 异常	由于噪声等原因,CPU 出错,保护动作
选件异常	Er4	选件通信异常	选件卡使用时出错,保护动作
	Er5	选件异常	
强制停止	Er6	操作错误	由强制停止命令(STOP1、STOP2)使变频器停止运行
输出电路异常	Er7	自整定不良	自整定时,如变频器与电动机之间连接线开路或连接不良,则保护动作
RS485 通信异常	Er8	RS485 通信异常	使用 RS485 通信时出错,保护动作

第二节　常用变频器的维护应用实例

1. 维修和检测

为使变频器能长期可靠连续运行,防患于未然,应对变频器进行日常检查和定期检查。

(1) 日常检查

可不卸除外盖进行通电和启动,目测变频器的运行状况,确认无异常情况。通常应注意如下几点:①键盘面板显示正常;②无异常的噪声、振动和气味;③没有过热或变色等等异常情况;④周围环境符合标准规范。

（2）定期检查

定期检查时要切断电源，停止运行并卸下变频器的外盖。变频器断电后，主电路滤波电容器上仍有较高的充电电压。放电需要一定时间，一般为 5～10min，必须等待充电指示灯熄灭，并用电压表测试，确认此电压低于安全值（＜25V DC）才能开始检查作业。其主要的检查项目如下：

① 周围环境是否符合规范。

② 用万用表测量主电路、控制电路电压是否正常。

③ 显示面板是否清楚，有无缺少字符。

④ 框架结构件有无松动，导体、导线有无破损。

⑤ 检查滤波电容器有无漏液，电容量是否降低。高性能的变频器带有自动指示滤波电容容量的功能，由面板可显示出电容量，并且给出出厂时该电容的容量初始值，并显示容量降低率，推算出电容器的寿命。普及型通用变频器则需要电容量测试仪测量电容量，测出的电容量≥0.85×初始电容量值。

⑥ 电阻、电抗、继电器、接触器检查，主要看有无断线。

⑦ 印制电路板检查应注意连接有无松动，电容器有无漏液，板上线条有无锈蚀、断裂等。

⑧ 冷却风扇和通风道检查。

（3）根据维护信息判断元器件的寿命

① 主电路电容器　主要依据电容量下降比率来判定，若小于初始值的 85％ 即需更换。

② 控制电路上电容器　无法测量电容器的实际容量，只能按照控制电源的累计时间乘以变频器内部温升决定的寿命系数来推断其寿命。运行累计时间以小时（h）为单位，若通电不满 1h，则忽略不计。一般最低定为 6 万小时。

③ 冷却风扇　周围温度对风扇寿命有很大影响，所以高性能变频器显示的风扇寿命只供参考。一般为 3 万～4 万小时（按环境温度为 40℃ 推算寿命）。

（4）检测

1）主电路的测量　由于变频器输入/输出侧电压和电流为非正弦波，含有高次谐波。当选择不同类别的电表进行测量时，其测量结果会发生很大差别，由于目前各类电表其规定频率均为商用频率（50Hz），为了提高测量的准确度，推荐用表 6-6 所示的电表进行测量。此外，功率因数不能用市售功率因数表进行测量，而应用实测的电压、电流值通过下面公式计算后求取：

$$\cos\varphi = \frac{\text{功率}}{\sqrt{3} \times \text{电压} \times \text{电流}} \times 100\%$$

表 6-6　主电路测量时推荐用电表

项目	输入侧（电源）			输出侧（电动机）			直流中间电压 [P（＋）与 N（－）间]
	电压	电流		电压	电流		
表计名称	电流表 $A_{R.S.T}$	电压表 $V_{R.S.T}$	功率表 $W_{R.S.T}$	电流表 $A_{U.V.W}$	电压表 $V_{U.V.W}$	功率表 $W_{U.V.W}$	直流电压表 V
表计种类	动铁式	整流式或动铁式	数字功率表	动铁式	整流式	数字功率表	动圈式
表计符号	⌇	← ⌇		⌇	←		⌒

注：整流式表测量输出电压时，可能产生较大误差。为提高测量准确度，建议使用数字式 AC 功率表。

测量时电表接线如图 6-27 所示。

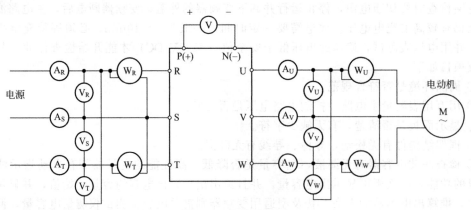

图 6-27　电表接线图

2）绝缘测量　变频器出厂时，已进行过绝缘测试，用户一般不再进行绝缘测试。若需要做时，应按下列步骤进行，否则可能会损坏变频器。

① 主回路　按图 6-28 所示的电路进行接线，保证断开主电源，并将全部输出端短路，以防高压进入控制电路。将 500V DC 兆欧表接于公共线和大地（G 端）间。兆欧表指示位≥5MΩ 为正常。

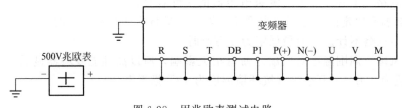

图 6-28　用兆欧表测试电路

② 控制电路　为防止高压损坏电子元件，一般不用兆欧表而改用万用表的高阻挡测量，测量值＞1MΩ 为正常。

3）整流器和逆变器模块测试　在变频器的端子 R、S、T、U、V、W 上，用万用表电阻挡，改换测笔的正负极性，根据读数即可判定模块的好坏。一般不导通时，读数为∞，导通时为数欧姆或几十欧姆。

模块测试所用的电路和符号如图 6-29 所示。模块的好坏可按表 6-7 进行判定。

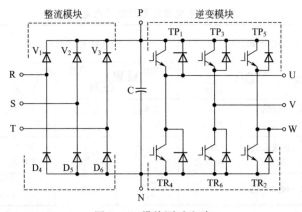

图 6-29　模块测试电路

表 6-7　模块测试电路

模块	项目	电表极性		测定值	项目	电表极性		测定值
		⊕	⊖			⊕	⊖	
整流模块	V_1	R	P	不导通	V_4	R	N	导通
		P	R	导通		N	R	不导通
	V_2	S	P	不导通	V_5	S	N	导通
		P	S	导通		N	S	不导通
	V_3	T	P	不导通	V_6	T	N	导通
		P	T	导通		N	T	不导通
逆变模块	TR_1	U	P	不导通	TR_4	U	N	导通
		P	U	导通		N	V	导通
	TR_3	V	P	不导通	TR_6	V	N	导通
		P	V	导通		N	V	导通
	TR_5	W	P	不导通	TR_2	W	N	导通
		P	W	导通		N	W	不导通

2. 故障诊断

（1）故障的显示与复位

若保护功能动作，变频器立即跳闸，LED 显示故障名称，使电动机处于自由运转状态并停止。在消除故障后，用 RESET 键输入复位信号，可解除跳闸状态。复位命令是按复位信号的后沿边动作，即按 OFF→ON→OFF 方式输入复位信号。

保护动作后的复位程序如图 6-30 所示。

（2）故障诊断

1）过电流

显示字符：OC1（加速）、OC2（减速）、OC3（恒速）。

跳闸原因：过电流或主回路模块过热。

故障诊断：输出端 U、V、W 短路；负载过大；加/减速时间设定不正确；转矩提升量不合理。

2）过电压

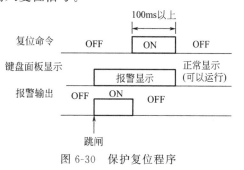

图 6-30　保护复位程序

显示字符：OU1（加速）、OU2（减速）、OU3（恒速）。

跳闸原因：直流母线（P-N 端子）产生过电压。

故障诊断：电源电压不在规范的范围内；主回路直流电压过高；加/减速设定时间不正确，应适当减小负载的转动惯量，如果 OU 是在突卸负载时动作，就要考虑增设制动单元，使滤波电容上的电压不致因充电而升得过高。

3）欠电压

显示字符：LU。

跳闸原因：交流电源欠压（包括瞬时停电）。

故障诊断：供电电路有器件故障或连接不良；在同一电源系统中有大启动电流的负载；供电变压器的容量不合适。

4）变频器过热

显示字符：OH。

跳闸原因：散热器过热。

故障诊断：负载过大，冷却风扇不正常或散热片堵塞。

5）变频器过载

显示字符：OLU。

跳闸原因：负载过大。

故障诊断：负载过大或变频器容量过小。

6）电动机运行不正常

① 电动机不能启动

主回路检查：电源电压检测，充电指示灯是否亮，LCD是否显示报警画面，电动机和变频器的连接是否正确。

输入信号检查：是否输入启动信号和FWD、REV信号，已设定的频率或上限频率是否过低。

功能设定检查：各种功能代码设置是否正确。

负荷检查：负荷是否太大或者机械被堵转。

② 电动机不能调速　可能是由于频率上、下限设定值不正确，或是程序运行时定时设定值过长。当最高频率设定过低也会产生不能调频率的故障。

③ 电动机加速过程中失速　可能是加速设定时间过短或负载过大转矩提升量不够而引起的。

④ 电动机异常发热　要检查负载是否过大，是否连续低速运行，设定的转矩提升是否合适。如不属于这些原因就有可能是变频器输出电压三相（U，V，W）不平衡。

3. 变频器的特殊异常状态及其对策

随着电子设备的广泛应用，噪声问题越来越引起人们的重视，变频器中高达数千赫兹的载波信号决定了它会产生噪声，这样就会对设备和附近的仪表器件产生影响。影响的程度与变频器控制系统、设备抗噪声干扰能力、接线环境、安装距离及接地方法等因素有关。当以下设备和仪器装于变频器附近时，可采取不同的对策：一是必须进行噪声衰减，如传感器（接近开关）、摄像机、手提移动电话、CRT显示器、医疗设备等；二是建议进行噪声衰减，如测量仪器和普通电话。

（1）变频器产生的电磁噪声及其抑制方法

1）噪声的产生　变频器电路产生的SPWM信号是以高速通断直流电压来控制输出电压波形的。急剧上升和下降的输出电压波包含许多高频分量，这些高频分量就是产生噪声的根源。噪声和谐波是有区别的，但它们都会对电子设备运行产生不良影响。谐波通常是指50次以上的高频分量，为2~3kHz，而噪声却为10kHz甚至更高的高频分量。噪声一般可分为两大类：一类是由外部侵入到变频器产生的噪声，使变频器产生误动作；另一类是变频器本身由于高频载波（10kHz以上）产生的噪声，它对周围电子、电信设备产生不良影响。本节的重点是分析后一类噪声。

降低噪声影响的一般办法无非是改善动力线和信号线（包括电话线）的布线方式，控制用的信号线必须选用屏蔽线，屏蔽线外皮接地等。为防止外部噪声侵入变频器的措施有使变频器远离噪声源（如电磁接触器、继电器）、信号线采取数字滤波和屏蔽线接地等。

2）变频器噪声的分类　噪声经过电磁或静电方式的传播，作用于周边设备的信号线上，引起设备误动作。变频器的噪声主要通过变频器本体和接向输入、输出端的电线导体进行辐射，也可能由电源电路线进行传播。变频器噪声的分类如图6-31所示。提高载波频率f_1可以降低噪声，当f_1大于30MHz时，变频器产生的噪声非常小，可以忽略不计。

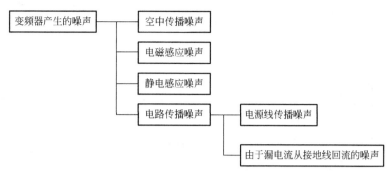

图 6-31　变频器噪声的分类

3）变频器噪声的传播路径　图 6-32 为变频器和周边设备的布置图，图中用①～⑧表示变频器噪声的传播路径。

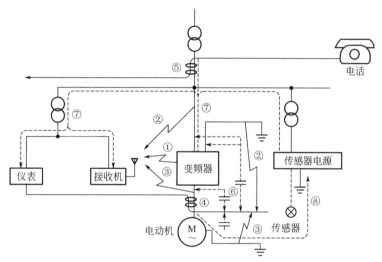

图 6-32　变频器和周边设备的布置图

① 噪声的空中传播　图 6-32 中①②③表示变频器噪声对检测仪器、接收机、传感器的影响路径。由于这些设备对微弱信号很敏感，且线路布线又与变频器很近，置于同一控制柜中，因此很容易通过空中传播噪声信号使这些设备误动作。应使这些设备远离变频器，其信号线要远离变频器输出端子。更为有效的办法是在信号输入端插入噪声滤波器，可有效抑制来自电源线的噪声干扰。图 6-33 所示为噪声的空中传播。

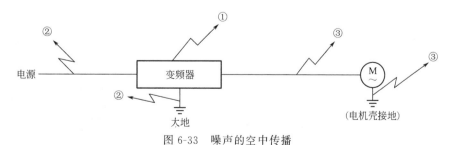

图 6-33　噪声的空中传播

② 电磁感应产生的噪声　图 6-32 中④⑤表示当信号线和动力线平行布线时，通过电磁感应将噪声传至信号线并产生误动作。图 6-34 所示为由电磁感应产生的噪声。

③ 静电感应产生的噪声 图 6-32 中⑥表示由静电感应产生的噪声，其路径如图 6-35 所示。变频器输入、输出侧电流产生的电场通过分布电容耦合到另一控制装置的信号线上，使其受到噪声干扰。

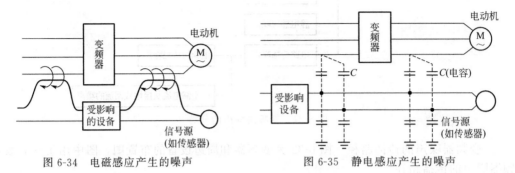

图 6-34 电磁感应产生的噪声　　　　图 6-35 静电感应产生的噪声

④ 通过电源回路传播噪声 图 6-32 中⑦⑧是当周边电子机器和变频器接向同一系统的电源时，变频器产生的噪声通过电源线，逆向流至周边机器产生误动作，如图 6-36 所示。

4）噪声的衰减技术

① 电源电线的噪声衰减 在变频器与电源线之间接入滤波器将减小主导噪声，具体做法如下：

a. 在变频器输入端接入无线电噪声滤波器 FR-BIF（需另购），如图 6-37 所示。在连接时，导线太长会使滤波器的效果变差。同样，变频器的接地线也不能过长。对于兆赫级的噪声频率滤波器效果显著，因滤波器中含有电容器。

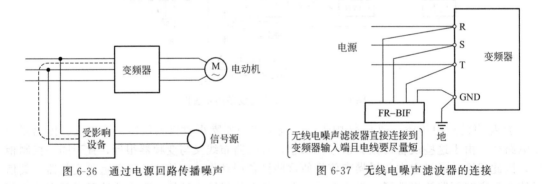

图 6-36 通过电源回路传播噪声　　　　图 6-37 无线电噪声滤波器的连接

b. 在变频器输入和输出端接入线噪声滤波器，如图 6-38 所示。该滤波器由铁芯线圈构成，适应不同的电压和容量。滤波器缠绕的圈数越多（4 圈以上），其滤波效果越好。

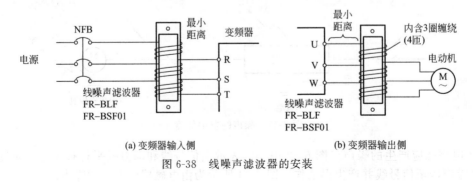

(a) 变频器输入侧　　　　(b) 变频器输出侧

图 6-38 线噪声滤波器的安装

该滤波器对数百千赫兹以上噪声效果很显著。

c. 将无线电噪声和线噪声滤波器联合使用，如图 6-39 所示。可同时对高频及低频噪声进行衰减，效果比单独使用更好。

d. 由 R、C 组成的噪声滤波器，专门接在变频器的电源侧，如图 6-40 所示。该滤波器体积较大，从低频到高频均具有广阔的噪声衰减效果。

e. 切断噪声的传播，选用一种特殊的抑制噪声变压器。该变压器设计的具有极小的初级和次级线圈的磁和静电的耦合，对噪声有极强的衰减作用。该变压器要求不接地，其缺点是占用较大空间，提高了成本。表 6-8 给出采用抑制噪声变压器后噪声衰减的示例。

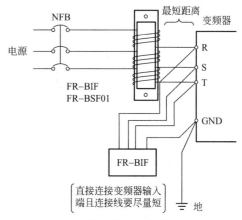

图 6-39　无线电噪声和线噪声滤波器联合使用接线图

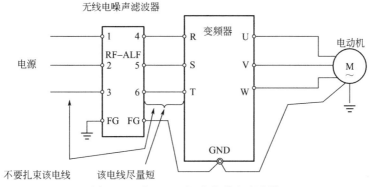

图 6-40　由 R、C 组成的噪声滤波器

表 6-8　不同频率下抑制噪声变压器的效果

测量频率	衰减率	测量频率	衰减率
5kHz		1MHz	＜72dB
7.5kHz		2.5MHz	＜54dB
10kHz		5MHz	＜45dB
25kHz	＜100	7.5MHz	＜37dB
50kHz		10MHz	＜32dB
75kHz		25MHz	＜22dB
100kHz		50MHz	＜28dB
250kHz	＜85dB	75MHz	＜42dB
500kHz	＜74dB	100MHz	＜46dB
750kHz	＜77dB		

② 变频器至电动机配线噪声辐射的衰减　上面提到用各种滤波器插在变频器的输入、输出侧可使噪声衰减。但对于配线线路辐射的噪声可采取如图 6-41 所示的金属导线管和金属箱（内装滤波器）通过接地来切断噪声的辐射。

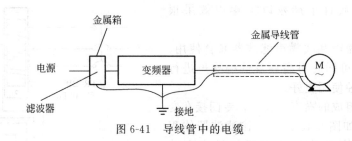

图 6-41　导线管中的电缆

③ 变频器辐射噪声的衰减　通常变频器的辐射噪声相对很小，但若变频器旁有对噪声干扰敏感的精密设备，则应将变频器装入金属箱内屏蔽起来。

④ 当变频器与其他敏感设备置于同一控制柜时的防止噪声干扰措施　可采用图 6-42 所示的变频器与其他设备在控制柜中的连接方法。

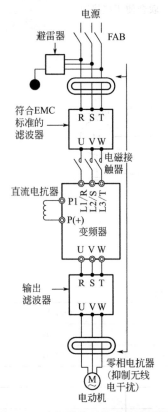

图 6-43　变频器抗干扰选件配置图

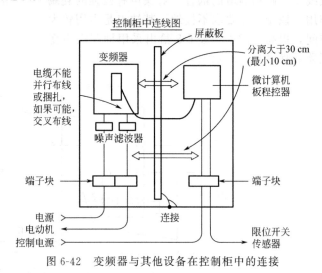

图 6-42　变频器与其他设备在控制柜中的连接

（2）变频器抗噪声选件的配置

上述的滤波器和电抗器均可在购买变频器的同时向厂家直接订货。不同选件名称及安装位置如图 6-43 所示。其中输入、输出滤波器前面已介绍，零相电抗器则用于变频器的无线电干扰，直流电抗器是在交流电源的供电变压器上同时接有晶闸管电控装置或功率因数补偿电容器时才选用的，以减小电源的不平衡度，此外，还有降低输入高次谐波电流的作用。

（3）变频器产生的高次谐波及其抑制技术

1）高次谐波抑制指南　高次谐波不仅是由变频器产生的，而是由各种电子设备产生的，它可能对电源造成污染，这是一个社会问题。变频器本身虽是一种变频电源，但挂上电网后为净化电网，应对其产生谐波的影响进行认真的考虑。下面给出国际商业和工业部门发布的谐波抑制指南（见表 6-9～表 6-11），供参考。

表 6-9　低压小型电气设备（300V/20A 以下）输出谐波电流的允许值

谐波级数 n	3	5	7	9	1	13	15～39
最大允许谐波电流/mA	2.30	1.14	0.77	0.40	0.33	0.21	$0.15 \times (15/n)$

注：整流器输入电压 230V。

表 6-10 高压大容量电气设备每千瓦电源输出谐波电流的允许值 单位：mA

谐波级数 n 电源电压/kV	5	7	11	13	17	19	23	超过 23
6.6	3.5	2.5	1.6	1.30	1.0	0.9	0.76	0.70
22	1.8	1.3	0.82	0.69	0.53	0.47	0.39	0.36
33	1.2	0.86	0.55	0.46	0.35	0.32	0.26	0.24
66	0.59	0.42	0.27	0.23	0.17	0.16	0.13	0.12
77	0.50	0.36	0.23	0.19	0.15	0.13	0.11	0.10
110	0.35	0.25	0.16	0.13	0.10	0.09	0.07	0.07
154	0.25	0.18	0.11	0.09	0.07	0.06	0.05	0.05
220	0.17	0.12	0.08	0.06	0.05	0.04	0.03	0.03
275	0.14	0.10	0.06	0.05	0.04	0.03	0.03	0.02

表 6-11 不同类型电路的谐波含量

谐波级数 n 电路类型	5	7	11	13	17	19	23	25
三相桥								
• 六相整流器	17.5	11.0	4.5	3.0	1.5	1.25	0.75	0.75
• 十二相整流器	2.0	1.5	4.5	3.0	0.2	0.15	0.75	0.75
• 二十四相整流器	2.0	1.5	1.0	0.75	0.2	0.15	0.75	0.75
三相桥（平滑电容）								
• 无电抗器	65	41	8.5	7.7	4.3	3.1	2.6	1.8
• 带电抗器（AC 侧）	38	14.5	7.4	3.4	3.2	1.9	1.7	1.3
• 带电抗器（DC 侧）	30	13	8.4	5.0	4.7	3.2	3.0	2.2
• 带电抗器（AC/DC 侧）	28	9.1	7.2	4.1	3.2	2.4	1.6	1.4
单相桥（平滑电容）								
• 无电抗器	50	24	5.1	4.0	1.5	1.4	—	—
• 带电抗器（AC 侧）	6.0	3.9	1.6	1.2	0.6	0.1	—	—

2）高次谐波对周围设备的影响及其抑制技术

① 串联补偿

a.范围 对于家电产品，如变频空调，一般电压在 220V，功率在 3.7kW 以下，用 AC 电抗器抑制谐波。

对于 5.5kW 以上电动机，电压等级为 380V，除 AC 电抗器外，要增设 DC 电抗器，其功能是增加线路阻抗，有效地抑制谐波。

对于要求特别高的场合，应采用高功率因数变频器，由变频器自身完成谐波衰减。

b.电路 AC 和 DC 电抗的电路如图 6-44 所示。安装 ACL 电抗器除增加线路阻抗外，还可提高电源功率因数达到 0.9；接入 ACL 的缺点是增大电压降约 6%，使电动机的转矩不足。与之相比，DCL 的电压降小（约 1%），且尺寸小，重量轻，功率因数可改善到 0.95。

高功率因数变频器的主电路如图 6-45 所示，它通过用晶体管开关整流器控制电源电流波形，使之接近正弦波，电源谐波由于变频器的接入得到衰减。

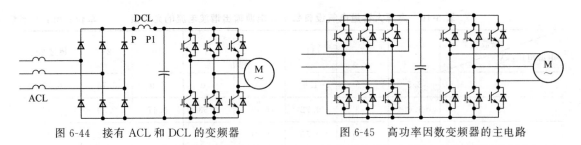

图 6-44　接有 ACL 和 DCL 的变频器　　　　图 6-45　高功率因数变频器的主电路

c.谐波电流计算举例　经过厂家计算已给出某型号变频器的基波电流与额定容量对照表，只要给出电压等级和电动机功率，即可计算各次谐波电流。此外，已知变频器的额定容量可从表 6-12 中查找基波电流值。

表 6-12　基波电流与额定容量

电动机功率/kW	基波电流/A		额定容量/kV·A	
	200V	400V	200V	400V
0.4	1.6	0.8	0.6	0.6
0.75	2.9	1.5	1.0	1.0
1.5	5.6	2.8	2.0	2.0
2.2	8.0	40	2.8	2.8
3.7	13.0	6.5	4.6	4.6
5.5	19.2	9.6	6.8	6.8
7.5	25.7	12.8	9.1	9.1
11	36.9	18.5	13.1	13.1
15	49.9	24.9	17.7	17.7
18.5	61.4	30.7	21.8	21.8
22	73.1	36.6	25.9	25.9
30	99.7	49.8	35.3	35.3
37	122	60.9	43.2	43.2
45	147	73.7	52.2	52.2
55	180	89.9	63.7	63.7
75	245	123	86.8	86.8
90	294	147	104	104
110	359	180	127	127
132	—	216	—	153
160	—	258	—	183
200	—	323	—	229
220	—	255	—	251
250	—	403	—	285
280	—	450	—	319

设电动机功率为 30kW，额定电压为 380V（按 400V 等级），电流为 49.8A，选用变频器的额定容量为 35.3kV·A。

等效容量＝额定容量×整流系数，当不接 AC、DC 电抗器时，整流系数为 3.4，故等效容量＝35.3×3.4＝120(kV·A)。

标准电源电压设为 6600V（电源变压器一次侧），则换算电流为：
$$基波电流×400/6600＝49.8×400/6600＝3.02(A)$$
最后计算出各次谐波：

次数	5	7	11	13	17	19	23	25
谐波电流 mA	3.5	2.5	1.6	1.3	1.0	0.9	0.76	0.7

② 并联补偿 抑制谐波的补偿装置与变频器并联接向电源，通过接入无源和有源滤波器，使电源谐波减少。

如图 6-46(a) 所示的无源滤波器是由 R、L、C 组成的高通滤波器，由特定的参数匹配，使对某次谐波形成谐振，从而达到吸收高次谐波的目的。图 6-46(b) 所示的有源滤波器（APF）的工作原理则是通过对电流中的高次谐波成分进行检测，并根据检测结果运算后输出与高次谐波成分具有反相位的电流信号，再驱动功率器件，接向电源提供谐波补偿电流。为了能够对具有不同次数的高次谐波电流进行补偿，APF 必须采用 PWM 控制方式，实时产生任意相位的电流，使该电流与要补偿的某高次谐波电流反相位。APF 的开关器件也采用 GTO、IGBT 等，目前已成为通用系列化产品，可用于高压或低压大功率变频器的谐波补偿。

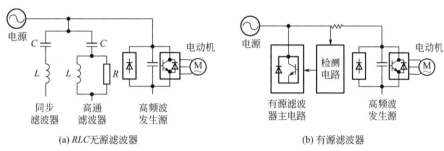

(a) RLC无源滤波器 (b) 有源滤波器

图 6-46 无源和有源滤波器

（4）变频器运行中漏电流和浪涌电压的抑制

近年，随着高速电力电子器件的开发，电压型 PWM 逆变器的载波频率有高频化的趋势。因此，变频器在运行中产生一系列新的问题，从而引起设备故障。这些故障表现为：①产生高频漏电流；②产生传导性或放射性的电磁干扰（EMI）；③电动机绕组绝缘的复合劣化；④电动机产生轴电压或轴承电流等。产生的原因均为逆变器高速开关动作时电压或电流急剧变化。下面将叙述这类故障的机理和抑制技术。

1）逆变器工作时的共模电压 图 6-47 为接入 RL 负载时三相电压型逆变器的电路图。设各相的电压和电流分别为 U_U、U_V、U_W 和 i_U、i_V、i_W，则各项电流的方程式表示如下：

$$U_U-U_C=Ri_U+L\frac{di_U}{dt} \tag{6-1}$$

$$U_V-U_C=Ri_V+L\frac{di_V}{dt} \tag{6-2}$$

$$U_W-U_C=Ri_W+L\frac{di_W}{dt} \tag{6-3}$$

式中，U_C 表示中性点电位，将式(6-1)～式(6-3) 叠加后得：

$$U_U+U_V+U_W-3U_C=\left(R+\frac{d}{dt}\right)(i_U+i_V+i_W) \tag{6-4}$$

由于三相平衡电路 $i_U + i_V + i_W = 0$，故：

$$U_C = \frac{U_C + U_V + U_W}{3} \qquad (6-5)$$

由式 (6-5) 可知，U_C 并不受在负荷阻抗上流过的负荷电流大小的影响。它定义为共模电压（或基准电压），作为一个基准电位，对分析电路中各点电位有用。

电压型逆变器可将其作为一个电压源来考虑，各相输出 0 或 E_d 电压，例如在图 6-48 (a) 中逆变器的 V、W 相输出相压为 0，只有 U 相由于开关通态，使 U_U 由 0 变至 E_d，此时，UV 和 UW 的线电压亦由 0 变至 E_d，则共模电压 U_C 则从 0 变至 $E_d/3$。U 相在开关过程中，逆变器的输出电压如图 6-48(b) 所示，分解为共模电压和交叉电压两种成分。

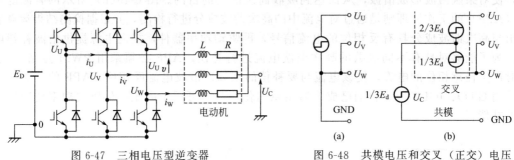

图 6-47　三相电压型逆变器　　　　图 6-48　共模电压和交叉（正交）电压

图 6-48 所示的电路是一种非接地负荷电路，流过负荷的电流只由交叉电压来确定，与共模电压无关。这样，共模电压的大小受逆变器开关的影响，逆变器一相每开关一次只变化 $E_d/3$ 大小，则共模电压将有 0、$E_d/3$、$2/3E_d$、E_d 几种变化。

2）变频调速驱动的高频等值电路　图 6-49 为变频调速驱动系统的构成图。通过三相整流电路将三相交流变换为直流电压源，再由电压型 PWM 逆变器变换为频率可变的交流电压供给交流电动机进行调速驱动。当电压型 PWM 逆变器中的电力电子开关动作时，逆变器的共模电压产生急剧变化，则通过电动机线圈的虚浮电容，由电动机的外壳到接地端之间形成漏电流。该漏电流有可能形成放射性和传导性两类电磁干扰（EMI）。此外，共模电压又是产生轴电压和轴承电流的起因。

电动机的定子绕组嵌入在定子铁芯的槽内，定子绕组的匝间以及定子绕组和电动机机座之间均存在分布电容，称其为虚浮电容。电动机绕组等值电路可用图 6-50 所示的分布参数电路来表示。

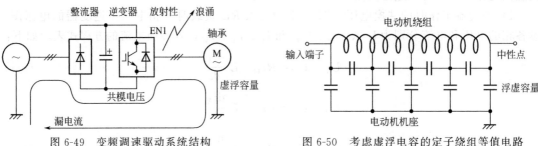

图 6-49　变频调速驱动系统结构　　　　图 6-50　考虑虚浮电容的定子绕组等值电路

当定子绕组输入端突加陡峭变化的电压时，由于分布电容的影响，使绕组各点电压分布不均，使输入端线圈接近端口部分电压高度集中而引起绝缘破坏或老化。这种现象与电力变压器受到雷电冲击电压侵入遭到破坏的现象很相似。一般破坏的部分常是高压侧的线圈，电压常集中于侵入的端点部位。此外，由于绕组的电抗较大，故对于急变的电压来说，绕组几乎不流过电流，而输入电压的高频成分恰巧集中于输入端点附近的分布电容上。

图 6-51 所示为考虑配电线及高频成分影响时的电动机高频等值电路。如上所述，各绕组的分布电容用电动机绕组输入端到机壳之间的电容 C 来模拟。线圈的匝间分布电容由于数值小可以忽略。逆变器和电动机间的配电线用分布电感 L 来表示。图 6-51 电路所表示的工作状态是假设三相与直流负侧母线间处于通态，而只有其中一相与直流正侧通过开关闭合，分析时可按图 6-48 所示的电压型逆变器分解为共模和交叉电压。图中由共模电压流过共模电流（实线），交叉电压流过交叉电流（虚线），它们均通过配电线、绕组、机壳间的分布电容到接地线流通电流。这是一个典型的 LC 串联谐振电路，当其中产生高频谐振电流时，就会产生各式各样的故障。

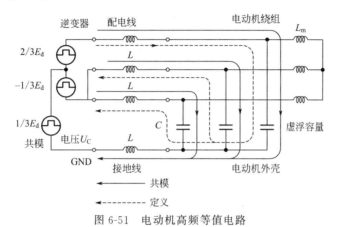

图 6-51 电动机高频等值电路

图 6-52(a) 为用 GTR-PWM 逆变器供电的被试异步电动机驱动系统（3.7kW）通过接地线流过的共模电流波形图。电动机的额定电流为 18.5A，由图可见，谐波电流的峰值高达1.5A，谐振频率为 750kHz。高频电流会对收音机的 AM 频道产生电磁干扰（EMI）。该共模电流可由图 6-52(b) 所示的 RLC 串联谐振电路加上阶跃电压后形成的衰减振荡进行仿真，并得到相似的波形。通过图 6-52(b) 所示的模拟电路可以求出 R_C、L_C、C_C 参数如下：$L_C = 4L/3$，$C_C = 3C$。随着逆变器的开关动作，除产生 EMI 干扰外，共模电压也是产生漏电流的电源。

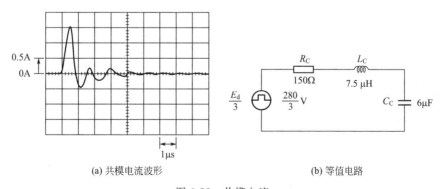

(a) 共模电流波形   (b) 等值电路

图 6-52 共模电流

3）共模电压的抑制

① 抑制方法的分类 由图 6-52(b) 所示的 RLC 串联谐振电路可总结出漏电流的抑制方法为六种。

a.增加阻抗　当漏电流流过线路的阻抗增加时，漏电流减小，一般可增设共模扼流电抗来解决。

b.增加阻尼　可在串联谐振电路中插入阻尼电阻，让高频振荡得到衰减。具体做法：可在共模扼流圈上增加一个带电阻的短路线圈，即成为共模变压器（CMT）。

c.分流　在不希望流过漏电流的路段并联低阻抗回路，则漏电流被分流。例如，用EMI滤波器、变频器输出滤波器等。

d.分压　设置共模电压的分压电路，使被分压后的共模电压加在负载上。

e.抵消漏电流　利用有源滤波器产生与漏电流相位相反的电流，将其抵消。

f.抵消共模电压　也是利用有源噪声消除器（ACC），产生反相位的共模电压将逆变器产生的共模电压抵消。

上述的抑制方法 a.～d. 中可用无源元件来实现，e. 和 f. 则需有源元件。有源电路亦可分为模拟和数字（开关式）两大类，这将在下面介绍。

② 用无源元件法　典型的结构如图 6-53 所示的共模变压器（CMT）。CMT 是在共模扼流圈上增加一个用阻尼电阻 R_t 短路的二次侧线圈，则 R_1 只产生共模电压成分的损耗，而不产生交叉成分损耗。

当 $R_1 = 0$ 时，CMT 的阻抗为零，对漏电流不影响。当 $R_1 = \infty$ 时，CMT 作为一般共模扼流圈工作，但漏电流的尖峰值得到抑制。故 R_1 需适当地设定，图 6-54 所示为按图 6-52 给出的参数做出的共模电流曲线。共模电流已得到抑制。

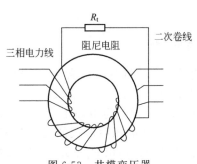

图 6-53　共模变压器

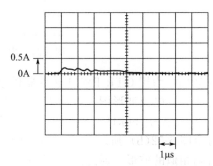

图 6-54　共模电流（有 CMT 时）

③ 用有源元件法　图 6-55 为在变频器输出端接入有源噪声消除器的电路图。有源噪声消除器又称为 ACC，由射极跟随式晶体管 V_{r1}、V_{r2} 和电解电容 C_0 接成桥式电路，输入共模电压信号，通过 C_1 来检测，输出接向共模扼流变压器（变比 1：1）。变频器的共模电压由其输出端通过 Y 连接的电容 C_1 的中性点接出。C_1 的容量为 180pF，与变频器中电力电子器件的输出静电容量相当，故对变频器的正常运行无影响。由于射极跟随晶体管电路具有很高的输入阻抗，故频率特性优良，能十分精确地测出变频器的共模电压。

ACC 的作用是把由变频器产生的共模电压通过共模变压器感生一个反相值将其完全抵消，则共模电流（即漏电流）可被完全抑制。

④ 浪涌电压　图 6-56 所示为电动机端子对机座的电压波形。曲线中叠加有谐波频率 750kHz 的小波，产生 1.5MHz 的高速振荡。过高的 dU/dt 使电动机绝缘老化，甚至被破坏。这种现象与图 6-51 给出的共模谐振频率为 750kHz、交叉谐振频率为 1.5MHz 的结论是完全一致的；因而，可知电动机浪涌电压同时受共模和交叉两种谐振的影响。我们把图 6-51 所示的高频等值电路改绘为图 6-57 所示的仿真用电路对电动机端电压（机壳）进行仿真；图 6-58 所示为其仿真波形，可见它和图 6-56 所示的实测波形非常一致。

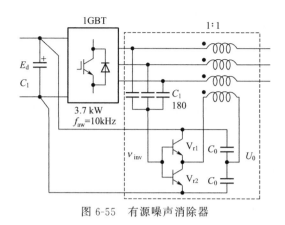

图 6-55　有源噪声消除器

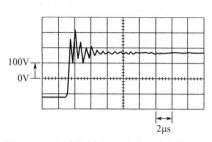

图 6-56　电动机端电压波形（实际测量）

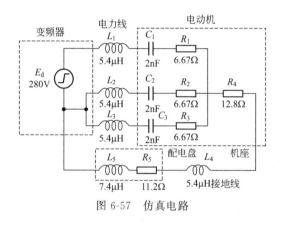

图 6-57　仿真电路

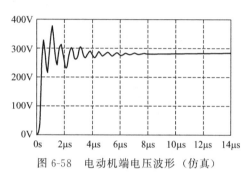

图 6-58　电动机端电压波形（仿真）

对该类振荡现象的抑制，用阻尼的方法是十分有效的。图 6-59 所示为接入 CMT 和 NMF（用小电抗和电阻并联后串于三相线路内，对高频信号起减少振荡的作用）后的端电压波形。由图可见，共模和交叉电压引起的两种振荡被完全抑制。电动机端的 $\mathrm{d}U/\mathrm{d}f$ 大为减小。

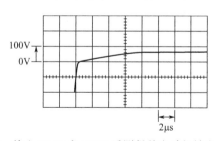

图 6-59　接入 CMT 和 NMF 后测得的电动机端电压波形

第三节　通用变频器控制系统故障诊断应用实例

通用变频器控制系统常见的故障类型主要有过电流、短路、接地、过电压、欠电压、电源缺相、变频器内部过热、变频器过载、电动机过载、CPU 异常、通信异常等，当发生这些故障时，通用变频器保护会立即动作并停机，并显示故障代码或故障类型，大多数情况下可以根据显示的故障代码迅速找到故障原因并排除故障。但也有一些故障的原因是多方面的，并不是由单一原因引起的，因此需要从多个方面查找，逐一排除才能找到故障点。如过电流故障是最常见、最易发生，也是最复杂的故障之一，引起过电流的原因往往需要从多个方面分析查找，才能找到故障的根源，只有这样才能真正排除故障。

1. 通用变频器控制系统常见故障分析

（1）故障报警显示（停机）和运行异常

以下以富士通用变频器为例简述故障诊断过程，强调的是一种思路，而不是具体方法。对于其他品牌通用变频器的故障诊断流程也是一样的，只是故障代码有区别而已。

1）过电流故障

显示字符：OC1（加速时过电流）、OC2（减速时过电流）、OC3（恒速时过电流）。

跳闸原因：过电流或主回路功率模块过热。

故障诊断：可能是短路、接地、过负载、负载突变、加/减速时间设定太短、转矩提升量设定不合理、变频器内部故障或谐波干扰大等。故障诊断流程如图6-60所示。

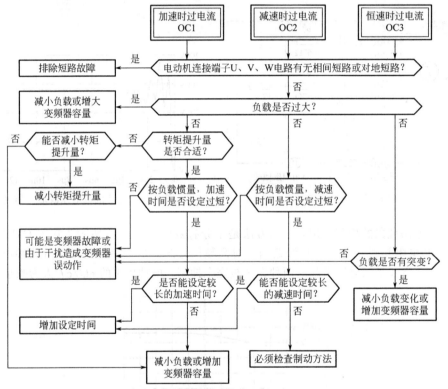

图6-60 过电流故障诊断流程图

分析：通用变频器的过电流故障跳闸是最常见也是最复杂的故障之一，通常它的故障原因并不是单一的，而是包含了过电流、短路、欠电压、接地、过热、谐波干扰等各种可能导致跳闸的因素在内。尤其是采用IPM模块的变频器，在模块内包含过电流、短路、欠电压、接地、过热等保护功能，而这些故障信号都是经过模块的控制引脚的故障输出Fn端引入到控制器的。当控制器收到故障信息后，控制器一方面封锁脉冲输出，另一方面将故障信息显示到控制面板上，一旦模块内部故障，就很难查找故障原因。因此，在排除这类故障时，首先应区分跳闸是由负载还是由通用变频器引起的，若由通用变频器引起，再区分是在加速过程、减速过程还是在恒速过程中出现的过电流跳闸。区分后就能缩小故障查找的范围，以利于快速排除故障。具体做法是，在从外观看不出明显的故障痕迹的前提下，可以先将通用变频器接到电动机的电缆拆下，分别试验通用变频器和电动机。如果通用变频器还连接有外部控制信号电路，最好也断开，这样可用手动方式试验通用变频器，如果正常，说明通用变频器没有问题，但还要进一步检查设定值是否有变化，最好重新设定一遍。然后采用一个试验控制信号或电位器接到外部信号控制端子上，试验通用变频器的外部信号控制性能，如果正常，说明通用变频器完好无损，可以进一步检查外部信号和电动机。对于电动机的检查，应先用万用表和绝缘电阻去检查绝缘情况，如果变频器输出侧安装了接触器，还应检查接触器的触点是否正常。如果上述正常，如条件允许最好采用工频电源启动电动机试验，并使其运行一段时间后观察是否存在异常。外部控制信号一般是各种传感器的输出信号，或来自于控制器，应根据传感器或控制器的检验方法检验，最好采用现场信号校验仪校验。通过以上工作，一般情况下就会将事故原因缩小到一定范围，在上述检查过程中，在哪个环节发现异常，就在哪个环节进一步检查。

如果从通用变频器的故障历史记录中，能查询到跳闸时的电流超过了通用变频器的额定电流，或者超过了电子热继电器的设定值，而三相电压和电流是平衡的，则应考虑是否是电动机过载或负载有突变，如电动机堵转、电动机突然甩负载（在变频器正常运行过程中突然断开负载等）等，前者一般是由于电动机与机械连接部位的机械原因，或电动机轴承出了问题，后者一般发生在外部控制信号丢失的情况。如果三相电流不平衡，则可能是电源侧断相、电动机端子或绕组内部断线等。若跳闸时的电流在通用变频器的额定电流或者电子热继电器的设定值范围内，可判定通用变频器内部的逆变器模块或相关部分发生故障。首先可以通过测量通用变频器主回路输出端子 U、V、W 分别与直流侧的 P、N 端子之间的正、反向电阻来判断逆变器模块是否损坏。如模块无损坏，则是驱动电路出了故障，一般这种情况比较少见。如果是减速时逆变器模块过电流或是通用变频器对地短路跳闸，一般是逆变器桥臂的上半桥或其驱动电路部分发生故障，而加速时逆变器模块过流则是下半桥或其驱动电路部分发生故障。经检查，确认逆变器桥臂损坏，更换后变频器工作正常。

如果通用变频器跳闸后，发现电动机外壳很热，则有可能是载波频率调整得过高所致。如果排除了上述可能发生故障的情况，且变频器没有更换过硬件，在重新启动系统后，应适当降低载波频率。

总结上述，通用变频器运行中出现过电流故障，主要原因可分为变频器外部故障和变频器内部故障两个方面。其外部原因引起过电流保护动作的情况在这里总结如下：

① 电动机负载突变引起较大的冲击电流造成过电流保护动作。

② 电动机内部和电动机电缆绝缘破坏，造成匝间或相间及对地短路，因而导致过电流保护动作。对于对地短路接地故障，如果通用变频器有接地保护，则接地保护动作，如丹佛斯 VLT5000 系列通用变频器会发出故障信息 "EARTH FAULT"。

③ 当通用变频器控制系统中装有测速编码器时，速度反馈信号丢失或非正常时会引起过电流。另外，外部控制信号线断线或传感器故障，也会引起过电流，导致过电流保护动作。现在有的变频器增加了反馈信号断线保护功能，可以通过设定防止这种故障发生。

④ 如果在通用变频器输出侧安装了接触器，接触器的触点瞬间抖动、损坏等也是常见的过电流保护动作的原因，这个地方的故障往往不被人们所重视或被忽视，因为在接触器长期运行过程中，其触点表面会氧化，形成一层膜电阻，导致接触不良，形成缺相运行，并且不容易发现，因此应该仔细用万用表检查触点是否正常。

2）过电压故障

显示字符：OU1（加速时过电压）、OU2（减速时过电压）、OU3（恒速时过电压）。

跳闸原因：直流母线产生过电压。

故障诊断：电源电压过高、制动力矩不足、中间回路直流电压过高、加/减速时间设定得太短、电动机突然甩负载、负载惯性大、载波频率设定不合适等。故障诊断流程如图 6-61 所示。

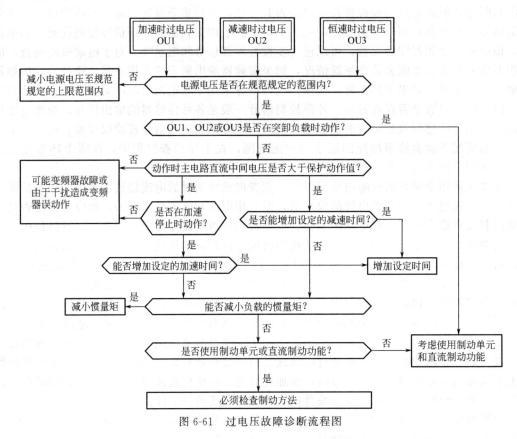

图 6-61 过电压故障诊断流程图

分析：对于通用变频器的过电压保护动作故障，应首先区分是经常发生还是偶然发生，然后区别分析对待。过电压保护动作故障最常见的原因是由于制动力矩小，电动机回馈能量太大，致使中间回路直流电压升高。如果经常发生过电压保护动作，且没有加装外部制动电阻或制动单元，应考虑加装；如果此前已经有外部制动电阻或制动单元，则可能是容量偏小，应更换大一点的，但在这之前应排除不是由于设定的减速时间短造成的，排除的方法是将减速时间设长一些试验一下，如果不再发生，也就排除了故障。当然，在加速过程中出现的，就将加速时间设得长一些，不过这时一般与制动力矩没关系。如果是偶然发生的过电压保护动作故障，则应考虑电动机堵转、电动机突然甩负载、外部控制信号线断线或传感器故障，使控制信号丢失、变频器功率模块故障、载波频率设定值不合适等。这些故障的分析方法与过电流保护动作的分析方法相同，见上述。对单纯由于电源电压过高所引起的过电压保护动作的情况比较少见。

另外一种情况是发生在启动过程中，通用变频器一启动就将启动电路中的启动电阻烧坏，同时变频器显示过电压保护动作，故障原因是变频器内部的启动电阻两端的继电器触点接触不良或晶闸管导通不良。

3）欠电压故障

显示字符：LU。

跳闸原因：交流电源欠电压、缺相、瞬时停电。

故障诊断：电源电压偏低、电源断相、在同一电源系统中有大启动电流的负载启动、变频器内部故障等。故障诊断流程如图 6-62 所示。

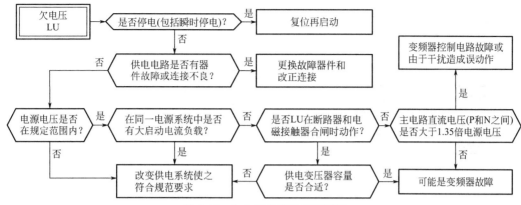

图 6-62　欠电压故障诊断流程图

分析：对于通用变频器的欠电压保护动作故障，如果是瞬时停电的原因或由于受其他负载影响的原因则很容易判断和认定，除此之外，应首先检查电源开关（熔断器式刀开关、熔断器、低压断路器、接触器等及其连线）回路是否有异常，最好用万用表对每一个元件都测量一下，并看一下接线端子处是否有松动的地方，尤其是要注意螺旋式熔断器的检查，有时熔芯熔断后，其熔断指示器不明显，很容易漏检。有时变频器在缺相情况下还能工作，因为多数通用变频器的欠电压保护下限值为 400V，在缺相情况下由于滤波电容的作用，直流电压也可能在下限值以上，这时，通用变频器可能没有任何显示而照常工作，但因为输出电压降低，会造成电动机输出转矩降低，从而频率调不上去，这种故障往往很难被发现。另外，电源线路的线径太小也会致使线路压降大，造成欠电压，不过这种情况多发生在原来供电电压就偏低或供电变压器容量小的情况下，这些情况相比其他原因发生的概率要小。排除了以上原因后，如果问题还没有解决，则问题就出在变频器本身了。

4）变频器过热故障

显示字符：OH。

跳闸原因：散热器过热。

故障诊断：负载过大、环境温度高、散热片吸附灰尘太多、冷却风扇工作不正常或散热片堵塞、变频器内部故障等。故障诊断流程如图 6-63 所示。

分析：对于通用变频器的过热保护动作故障，主要应首先检查冷却风扇是不是工作正常或散热通道是否畅通，冷却风扇损坏是常见的故障，但比较容易发现，只要能及时更换或清扫就能排除故障。如果不属于这类故障，对于负载过大的原因应能区分是偶然发生的还是经常发生的，如果是偶然发生的故障应检查工艺过程，找到引起过载的原因，并采取相应措施，避免其再次发生。这类故障一般发生在原料加工类机械上，如粉碎机、塑料机械等。对于经常发生的情况，最大的可能就是变频器容量偏小或电源电压偏低，应检查这两个方面分别处理。除此之外还有变频器本身故障。另外比较容易被忽视的就是载波频率调整不当、谐波大所致。

5）变频器过载、电动机过载故障

显示字符：OLU、OL1（电动机 1 过载）、OL2（电动机 2 过载）。

跳闸原因：负载过大、保护设定值不正确。

故障诊断：负载过大或变频器容量过小、电子热继电器保护设定值太小、变频器内部故障等。故障诊断流程如图 6-64 所示。

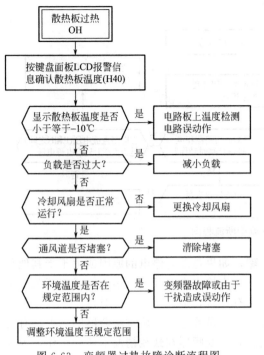

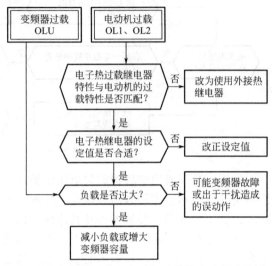

图 6-63 变频器过热故障诊断流程图　　　图 6-64 变频器过载、电动机过载故障诊断流程图

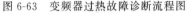

分析：通用变频器的过载、电动机过载保护动作故障是最常见的故障之一，应首先检查电子热继电器保护的设定值是否已达到最大值，如果不是，在确认没有其他异常的情况下，将电子热继电器保护的设定值增大，重新启动后观察电动机电流是否超过变频器的额定值，如果没有超过则可继续运行，否则，应停机检查。如果是新装机，有时是因为 U/f 曲线设定不当或对于矢量控制型通用变频器的电动机参数输入错误，或者载波频率设定不当也会导致变频器过载、电动机过载故障。另外，设定的电动机运行频率太低，导致电动机过热而过载，除上述原因外，可判定为变频器容量偏小。如果不是新装机，此后的检查方法与过电流故障的检测方法相同。

6）外部报警输出

显示字符：OH2。

跳闸原因：外部电路异常。

故障诊断：外部电路连接不正确、变频器故障。故障诊断流程如图 6-65 所示。

分析：对于通用变频器的外部报警输出原因，一般主要发生在与通用变频器连接的外电路上，可以将这些电路普遍检查一遍，如果不能辨别故障点，就将这些连接回路全部从变频器上拆下，然后启动变频器，如果变频器正常，再将这些连接回路一个一个地连回到变频器上，一般就会很快发现故障点。

7）电动机运行不正常故障　分析：电动机运行不正常故障主要与接线错误、参数设定错误、变频器容量太小、负载过大、变频器或电动机本身故障等原因有关，首先应区分是否是新装机或维护后发生，是由负载还是由通用变频器引起的。对于维护后出现电动机运行不正常的故障，只要再重复维护时的检查路径，检查一下连接线是否有松动或遗忘的连接线等，一般就可恢复正常。如果是新装机首先应检查是否有参数设定错误的地方，最简便、快捷的办法是恢复出厂值，在手动方式下启动，这样可以排除是否是通用变频器本身的故障，还是电动机本身的问题，以及参数设定错误，这样区分后就能缩小故障查找的范围，以利于快速排除故障。具体做法是，在从外观看不出明显的故障痕迹的前提下，在手动方式下启动变频器控制系统，如果调速正常，则可断定为参数设定错误所致，重新设定参数即可。在参数设定时除了公用的特性参数外，对于其他的功能参数的设定，最好是一项一项地设定并试运行，直至所需的功能参数全部正常为止，这样在每一步操作中都可以及时发现错误、纠正错误。如果调速不正常，可以先将通用变频器连接到电动机的电缆拆下，分别试验通用变频器和电动机，以区分故障发生在变频器还是电动机。如果通用变频器还连接有外部控制信号电路，最好也断开，这样可用手动方式试验通用变频器，如果正常，说明通用变频器没有问题或没有损坏，但还要进一步检查设定值是否有变化，最好重新设定一遍。另外，电动机运行不正常故障还有振动和噪声问题，振动通常是由电动机的脉动转矩及机械系统的共振引起的，特别是当脉动转矩与机械共振点恰好一致时更为严重。噪声通常分为变频器噪声和电动机噪声，对于电动机噪声，不同的安装场所应采取不同的处理措施，在变频器调试过程中，在保证控制精度的前提下，应尽量减小脉动转矩成分，并应注意确认机械共振点，利用变频器的频率屏蔽功能，使这些共振点排除在运行范围之外。如果是电动机故障，按下列步骤顺序检查。

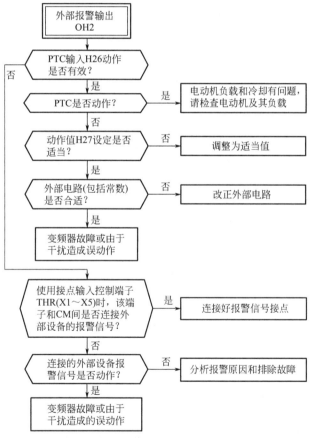

图 6-65 外部报警输出故障诊断流程图

① 电动机不能启动。电动机不能启动故障诊断流程如图 6-66 所示。应做如下几项检查。

a.主回路检查。电源电压检测，充电指示灯是否亮，LCD 是否显示报警画面，电动机和变频器的连接是否正确。

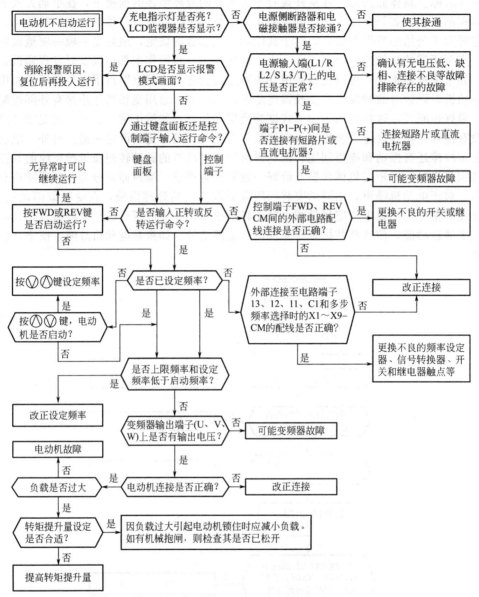

图 6-66　电动机不能启动故障诊断流程图

b. 输入信号检查。是否输入启动信号和 FWD、REV 信号，是否已设定频率或上限频率过低。

c. 功能设定检查。各种功能代码设置是否正确。

d. 负载检查。负载是否太大或者机械系统是否有堵转现象。

e. 在变频器和电动机之间装有热继电器，热继电器动作后未能复位。

② 电动机不能调速。电动机不能调速的原因可能是频率上、下限设定值不正确，或程序运行设定值不正确。当最高频率设定过低时，会产生不能调速故障。故障诊断流程如图 6-67 所示。

③ 电动机加速过程中失速。可能由加速设定时间过短或负载过大，转矩提升量不够而引起。故障诊断流程如图 6-68 所示。

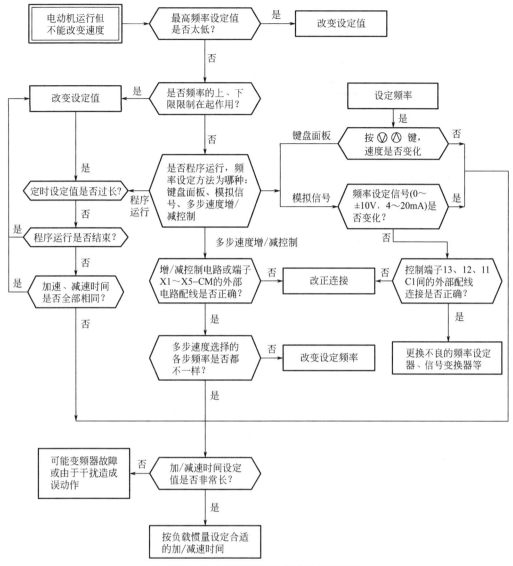

图 6-67 电动机不能调速故障诊断流程图

④ 电动机异常发热。要检查负载是否过大，是否连续低速运行，设定的转矩提升是否合适、是否是谐波分量过大。如不属这些原因就有可能是变频器输出电压三相不平衡。通常可引起电动机过热的原因如下：

a.电动机过载运行。如定、转子之间摩擦（俗称扫膛）、装配不合格、被驱动的机械部分有摩擦或卡住等。

b.电动机缺相运行、三相电压及三相电流的不平衡程度超出规定的允许范围。

c.电源电压过高或过低，超出电动机额定电压的允许变动范围。

d.电动机绕组接线错误。如定子绕组某相端接头接反。

e.电动机绕组存在故障。如绕组匝间或层间短路、绕组接地。

f.定子铁芯硅钢片之间绝缘损坏，以致定子铁芯短路，引起定子铁芯涡流增大，电动机过热。

g.启动频繁，电动机风道阻塞，通风不良。

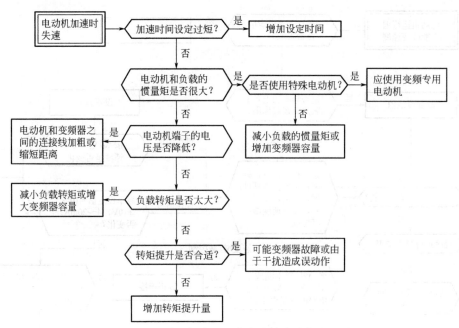

图 6-68 电动机加速过程中失速故障诊断流程图

h. 电动机周围环境温度过高，散热不良，冷却效果差。

电动机异常发热故障诊断流程如图 6-69 所示。电动机过热原因诊断程序如图 6-70 所示，图中程序框格中的故障项目数字为"电动机过热的原因"中的项目。及时准确地检测和诊断电动机过热原因，对于迅速排除因过热引起的故障是非常重要的。因此，在日常维修中，必须按照规定定期检查和维护电气设备，以减少事故损失，保证生产正常进行。

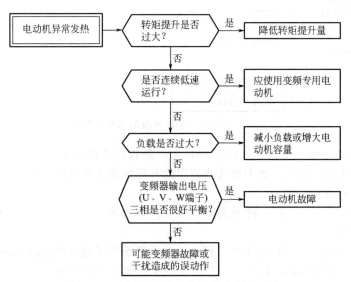

图 6-69 电动机异常发热故障诊断流程图

8）异常故障 如键盘面板通信异常、CPU 异常故障、内部存储器异常、输出电路异常、电源缺相等，异常故障通常表现为不明原因故障。故障诊断流程如图 6-71 所示。

造成不明原因故障的因素很多，大体叙述如下：

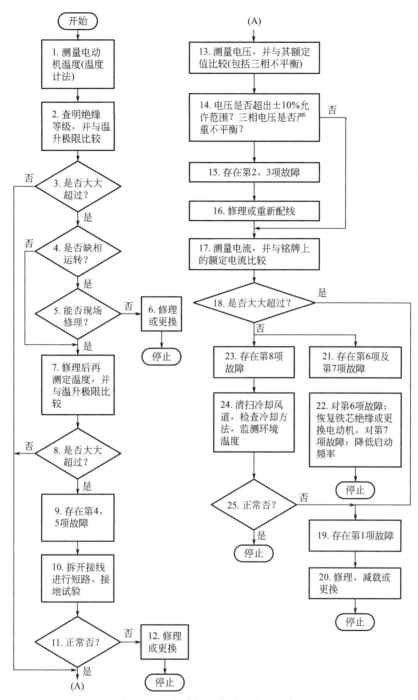

图 6-70　电动机过热原因诊断程序

　　如果通用变频器周围存在干扰源，它们将通过辐射或传导侵入通用变频器的内部，引起异常故障，如控制回路误动作，造成工作不正常或停机，严重时甚至损坏变频器，有时很难查出故障原因。

　　如果通用变频器周围存在振动源，它们会使变频器内部的电子器件造成机械损伤，使接插件松动等，也是引起通用变频器异常故障的主要原因。

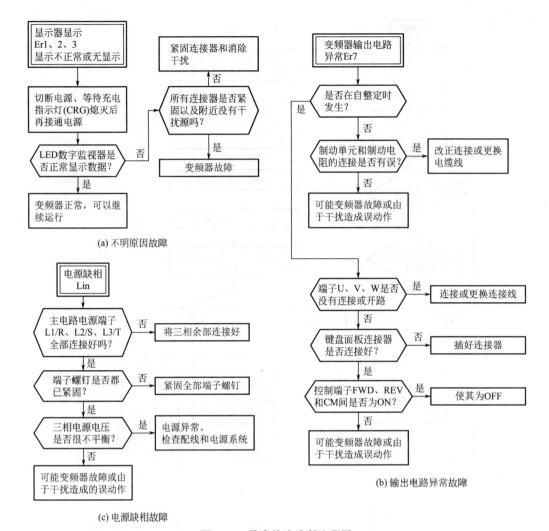

图 6-71　异常故障诊断流程图

如果通用变频器周围存在潮湿、腐蚀性气体及尘埃等将造成电子器件生锈、接触不良、绝缘降低等，在故障前期会引起通用变频器时隐时现的异常故障，严重时造成永久性故障。通用变频器周围环境温度过高或过低，是影响电子器件寿命及可靠性的重要因素，特别是半导体器件，若结温临近或超过规定值将引发异常故障，严重时造成器件损坏的永久性故障。对于特殊的高寒场合，微处理器会因温度过低而不能正常工作，引起通用变频器异常故障。

如果通用变频器的电源异常，将直接导致异常故障，电源异常表现为各种形式，如缺相、低电压、停电，有时也出现它们的混合形式。这些异常现象多半是输电线路因风、雪、雷击造成的，有时也因为同一供电系统内出现对地短路及相间短路。而雷击因地域和季节有很大差异，雷击或感应雷击形成的冲击电压有时也能造成变频器的损坏。有些自行发电单位，也会出现频率波动，并且这些现象有时在短时间内重复出现。另外，如果通用变频器附近有直接启动电动机和电磁炉等设备，产成的电压将降低。对于采用二极管整流器及单相控制电源的通用变频器，虽然在缺相状态也能继续工作，但整流器中个别器件会因电流过大及电容器的脉冲电流过大，引起工作异常。此外，供电变压器一次侧真空断路器断开时，通过耦合在二次侧形成很高的电压冲击尖峰，也将造成通用变频器的异常故障。

如果使用矢量控制型通用变频器，其中的"全频域自动转矩补偿功能"利用变频器内部微处理器的高速运算能力，计算出当前时刻所需的转矩，迅速对输出电压进行修正和补偿，以抵消因外部条件变化而造成的变频器输出转矩变化。可以预先在变频器的内部设置各种故障防止措施，并使故障化解后仍能保持继续运行，如对内部故障自动复位并保持连续运行；负载转矩过大时能自动调整运行曲线；能够对机械系统的异常转矩进行检测等，在一定程度上可以减少和避免异常故障的发生。

（2）变频器干扰故障

众所周知，变频器整流电路和逆变电路中使用了半导体开关元件，采用的是 PWM 控制方式，这就决定了变频器的输入、输出电压和电流除了基波之外，还含有许多的高次谐波成分。这些高次谐波成分将会引起电网电压波形的畸变，产生无线电干扰电波，它们对周边的设备，包括变频器的驱动对象——电动机带来不良的影响。同时由于变频器的使用，电网电源电压中会产生高次谐波的成分，电网电源内有晶闸管整流设备工作时，会引导电源波形产生畸形。另外，由于遭受雷击或电源变压器的开闭、电功率用电器的开闭等产生的浪涌电压，也特使电源波形畸变，这种波形畸变的电网电源给变频器供电时，又将对变频器产生不良影响。分析和降低这些不良影响的措施，是下面讨论的主要内容。

1）外界对变频器的干扰 外界对变频器的干扰，主要是指变频器输入电源有干扰。例如：电源侧的补偿电容器使电网电压发生畸变。同时，电源网络内有较大容量的晶闸管换相、整流等设备时，使电网电压发生畸变，而变频器输入电路的一侧，是将交流电压变成直流电压。这些就是常称的"电网污染"的整流电路。由于这个直流电压是在被滤波电容平滑之后输出给后续电路的，电源供给变频器的实际上是滤波电容的充电电流，这就使输入电压波形产生畸变。这样都会引起整流二极管承受过高的反向电压而损坏。

在变频器输入电路中串入交流电抗器，它对于基波频率下的阻抗是微不足道的。但对于频率较高的高频干扰信号来说，呈现很高的阻抗，能有效地抑制干扰的作用。

除上述的干扰外，电源上还存在一种通过辐射传播的干扰信号。这种干扰信号主要通过吸收方式来削弱。变频器电源输入端，通常都加有吸收电容，也可以再加上专用的"无线电干扰滤波器"来进一步削弱干扰信号。

2）变频器对周边设备的干扰 上面已经讲过变频器能使输入电源电压产生高次谐波。同时，变频器的输出电压和电流除了基波之外，还含有许多高次谐波的成分，这些高次谐波对周围设备会带来不良的影响。其中，供电电源的畸变，使处于同一供电电源的其他设备出现误动作、过热、噪声和振动；产生的无线干扰电波给变频器周围的电视机、收音机、手机等无线电接收装置带来干扰，严重时不能正常工作；对变频器的外部控制信号产生干扰，这些控制信号受干扰后，就不能准确、正常地控制变频器运行，使被变频器驱动的电动机产生噪声、振动和发热现象。

① 对接在同一电源设备带来的干扰。消除或削弱对接在同一电源设备带来的干扰，可以将变频器的输入端串入交流电抗器，在变频器的整流侧插入直流电抗器。也可以在变频器电源输入端插入滤波器，如图 6-72 所示。

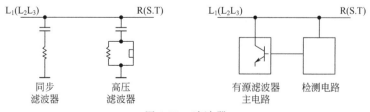

图 6-72 滤波器

LC 滤波器是被动滤波器，它由电抗和电容组成与高次谐波共振的回路，从而达到吸收高次谐波的目的。有源滤波器的工作原理是：通过对电流中高次谐波进行检测，并根据检测结果，输入与高次谐波成分相位相反的电流来削弱高次谐波。

② 无线电干扰波的抑制方法。目前，变频器绝大部分采用 PWM 控制方法。变频器输出信号是高频的开关信号，在变频器的输出电压、输出电流中含有高次谐波，通过静电感应和电磁感应，产生无线电干扰波。这些干扰波有的通过电线传导，有些辐射至空中的电磁波和电场。

电线传导的无线电干扰波的抑制，可以采用噪声滤波变压器，对高次谐波形成绝缘；插入电抗器，以提高对高次谐波成分的阻抗，在变频器的输入端插入滤波器。

辐射无线电干扰波的抑制，较传导无线电干扰波要困难一些。这种无线电干扰的大小，取决于安装变频器设备本身的结构，与电动机电缆线长短等许多因素有关。可以尽量缩短电动机电线，电线采用双续措施，减少阻抗；变频器输入、输出线装入铁管屏蔽；将变频器机壳良好接地；变频器输入、输出端串接电抗器，插入滤波器。

③ 电动机噪声、振动和发热的对策。由于变频器采用了 PWM 控制方式，变频器的输出电压波形不是正弦波，通过电动机的电流也难免含有许多高次谐波。因此，利用变频器对电动机进行调速控制时，电动机绕组和铁芯由于高次谐波的成分而产生噪声和振动。

a. 图 6-73 是电动机采用变频器驱动和采用电网电源直接驱动时的噪声比较。通常，采用变频器对电动机进行驱动时，电动机产生的噪声要比电网电源直接驱动产生的噪声高出 5～10dB(A)。

抑制噪声的主要措施：

· 选用以 IGBT 等为逆变模块的载波频率较高的低噪声变频器。选用变频器专用电动机，在变频器与电动机之间串入电抗器，以减少 PWM 控制方式产生的高次谐波。

· 在变频器与电动机之间插入可以将输出波形转换成正弦波的滤波器。

· 选用低噪声的电抗器。

b. 采用变频器对电动机进行调速控制时，与产生噪声的原因相同，都会使电动机产生振动。特别是较低阶的高次谐波所产生的脉动转矩，给电动机的转矩输出带来较大的振动。若机械系统与这种振动发生共振时，其振动就更为严重。

通常可以采取以下措施减小振动：

· 强化机械结构的刚性，将刚性连接改为强性连接。

· 在变频器与电动机之间串入电抗器。如图 6-74 所示。

· 降低变频器的输出压频比。

· 改变变频器的载波频率。

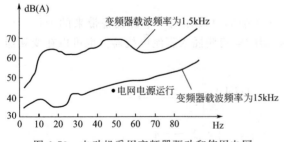

图 6-73　电动机采用变频器驱动和使用电网
电源直接驱动的噪声比较

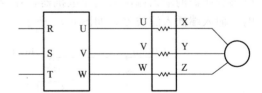

图 6-74　在变频器与电动机之间串入电抗器

在变频器对电动机进行调速过程中，如果调速范围较大时，应先测到机械系统的共振频率，然后利用变频器的频率跳跃功能，避开这些共振频率。

c.电动机过热的对策。采用变频器对电动机进行调速控制，由于高次谐波的原因，即使是对同一电动机，在同一频率下运行，电动机也将增加5%～10%的电流，电动机温度自然会提高。此外，普通电动机的冷却风扇安装在电动机轴上，在连续进行低速运行时，由于自身的冷却风扇的冷却能力不足，而出现电动机过热现象。

电动机过热的对策有以下几种：

- 为电动机另配冷却风扇，改自冷式为他冷式。增加低速运行时的冷却能力。
- 选用较大容量的电动机。
- 改用变频器专用电动机。
- 改变调速方案，避免电动机连续低速运行。

2. 变频器故障的修理

变频器问世已有几十年了，变频器的理论、结构、生产工艺以及相关的元器件都已经到了比较成熟的阶段，特别是变频器的保护功能比较完善。变频器在使用正确的情况下，都比较可靠、稳定、不易损坏。当然，由于各厂商方方面面的差异，各种变频器的质量差异也在所难免。

变频器结构比较复杂，科技含量较高，是一种硬件高度集中、功能软件化的智能化设备。变频器由众多的电子元件、电力电子元件和电气元件组成。这些众多的元件在变频器长期的运行过程中，不可避免地会因为各种各样的原因而出现故障。同时，这些众多的元件中，都有老化和寿命期限的问题，这也是变频器出现故障的一个主要原因。

变频器的故障率与使用寿命之间从概率上看有一定的曲线关系，图6-75为变频器的典型行为率曲线。

图6-75中所指的初期故障是变频器在安装调试和初期运行阶段出现的故障。变频器厂商尽管在生产过程中，对整机的出厂检测能使故障率降低到最低限度，但对个别零件存在的隐患，一般需经过一段时间的运行才能暴露出来。如电解电容这些寿命最薄弱的元件，需运行100h左右的时间，问题才会暴露出来。另外现场安装及调试运行初期的误操作，也是造成此期间故障率较高的原因。

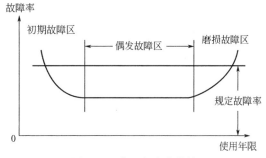

图6-75 典型行为率曲线

偶发故障区，就是所称的使用寿命时间。当变频器投入使用后，在较长时间内很少出故障。这期间的问题，主要是由于个别少数元件发生突发故障，如变频器使用环境潮湿、高温、进异物等引起变频器故障。这些故障的减少，依赖于良好的工作环境和加强平时的维护保养工作。

磨损故障区的故障明显增高，是因为在长期运行过程中，变频器内的众多元器件老化，有些元器件已陆续到了使用寿命而自然损坏。为了延长整个变频器的使用寿命，必须坚持对变频器进行日常检查和定期检修工作。已到或接近使用寿命的元器件及时更新，预防故障的发生，延长使用寿命。

随着变频器的普及应用，在我国各地区各领域各行业中，变频器的拥有量非常可观。在运行过程中受各种各样因素的影响，使变频器里的部分元器件损坏。变频器的修理问题日渐突出，提高修理水平，建立相对稳定的修理队伍，是当前市场急切需要解决的问题。

（1）变频器修理的基本方法

变频器是一种综合性的高科技电子产品。它涉及微电子、电子、电力电子三个领域，具有结构复杂的硬件电路和软件程序,专业性很强。同时,各地区、各国家、各品牌、各型号的变频器设计思维、电路结构、工艺特色各不相同。东南亚地区的变频器和西欧北美地区的变频器差异很大。尤其是几乎所有的变频器生产厂商,仅能提供外部接线和控制电气原理图,对修理起至关重要作用的变频器内部详细的原理图几乎没有,给变频器的修理带来极大的挑战。对于一般用户,主要是变频器的维护和简单故障的处理,进行常规的日常检查和定期检修、维护保养。维修也只是局限于找出故障单元,更换电路板、模块、电解电容、继电器、冷却风机等一些直观性的维修。

具有一定基础的用户,可进而根据故障现象,对电路板上的电路元件进行检查,解决故障问题。对于专业修理技术人员来说,硬件破坏性故障基本上都能排除,使变频器恢复正常工作。软件破坏性故障,通常只能送交生产厂商作恢复处理。

维修变频器是一门专业性很强的实用技术。维修人员必须掌握变频调速技术的基本理论和变频器的工作原理(细分到各部分电路的工作原理),并通过实践不断积累经验,才能具备较高的修理水平。

1) 变频器修理的理论准备工作　变频器是一种牵涉知识面较宽、专业性较强、科技含量较高的较复杂的电子产品。修理变频器,仅靠实践经验,解决一般性的简单故障可以应付,但要想水平达到一定高度是较困难的。只有努力学习、掌握变频器的相关理论知识,将理论分析与修理经验相结合,才能达到较高的修理水平。

变频器修理人员应学习和掌握以下几方面的理论知识。

① 异步电动机基本工作原理。异步电动机的变频调速控制理论依据、机械特性、控制要求和方法,异步电动机制动的相关知识。

② 变频器的基本结构。变频器内部电路的基本功能,逆变电路的基本工作原理。

③ 变频器 U/f 控制方式、转差频率控制方式和矢量控制方式的基本原理,各种控制方式的特点和优缺点。

④ 变频器主回路的结构,其中包括整流电路、逆变电路、直流中间电路、制动电路等;变频器控制电路的基本结构,包括主控制电路、驱动电路、信号检测电路、保护电路、外接口电路、数字操作盘等;变频器开关电源电路的基本结构。

⑤ 变频器的主要功能。系统具有的功能,频率设定功能,保护功能,状态监测功能,其他功能等。

⑥ 变频器的安装、调试和使用方法。

2) 变频器修理常用的主要检测仪器　变频器修理过程中,经常需测量一些参数,如输入输出电压、电流、主回路直流电压、各电路相关点的电压、驱动信号的电压与波形等,需根据参数和波形情况来分析、判断故障所在。最基本的仪器设备有指针式万用表、数字式万用表、示波器、频率计、信号发生器、直流电压源、驱动电路检测仪、电动机带负载等。

① 测输出电压不要用数字式万用表。数字式万用表的交流电压挡,设计时用以测量50Hz 的正弦波信号的电压。它首先对被测量电压进行采样,然后模/数转换,再由芯片进行相关处理,数字显示被测电压的数值。

由于变频器的输出电压是由 PWM 调制过的系列脉冲波,电平的平均值是通过脉冲占空比来进行调节的。而数字式万用表采样的信号正是系列脉冲的峰值,变频器输出电压的峰值是不变的;数字万用表电压挡不可能准确地测出系列脉冲波的平均值。

同时,变频器的载波频率为 $1.5\sim15\text{kHz}$,这样的频率将导致采样和模/数转换工作紊乱,也就不可能测出正确的变频器输出电压值。

② 示波器主要用来观察各相关电路中,PWM 信号的波形和变频器的输出波形。

③ 信号发生器要选择具有方波波形输出的型号,在检查驱动电路是否正常工作时,是

以方波来代替 PWM 信号的。

④ 高压直流电压源的制作：可用已无修理价值，但主回路中的整流和平滑电路又正常的变频器作废物利用，也可自己制作专用直流电压源，如图 6-76 所示。

图 6-76 中，D 为三只 220V 的普通灯泡，作 PN 短路保护用。由于仅给开关电源电路提供高压直流电源，C 取 $1000\mu F/450V$ 即可。在检修控制回路、驱动电路、保护电路时，为了检修方便起见，往往把它们从变频器机壳内取出。目前，变频器控制电路、驱动电路、保护电路、操作面板的电源都是由开关电源提供的。绝大部分变频器开关电源的高压取自主回路的 PN 之间，这个电压由高压直流电压源替代很方便。400V 的变频器，把 380V 三相电源线接入 L_1、L_2、L_3。200V 变频器，把 200V 的相线和中线接入 L_1、L_2、L_3 三个中的任意两个。

⑤ 驱动电路检测仪与示波器配合使用，用来查询驱动电路是否故障，如图 6-77 所示。

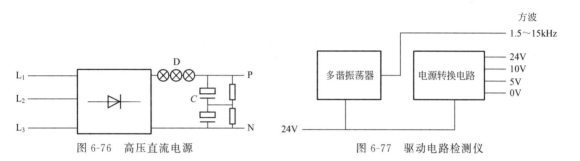

图 6-76　高压直流电源　　　　　图 6-77　驱动电路检测仪

使用这种驱动电路检测仪后，可以把驱动电路板从变频器机内取出，单独对驱动电路进行检查，寻找故障很方便。

⑥ 通信接口电路检测仪。变频器除用操作面板控制和外部控制外，在许多情况下，变频器的控制是通过 PLC 或其他上位机进行的。通信接口电路的故障时有发生，通过通信接口电路检测仪，来检查寻找通信接口的故障。

⑦ 电动机带负载。变频器的一些故障，如过流故障、过压故障、过热故障等等，电动机空载是反映不出的，修理过的变频器通过电动机带负载运行以后，方能鉴定出是否排除了所有故障。

⑧ 红外线测温仪。用以测量变频器内相关部分和部件在运行过程中的实际温度。

3）变频器修理常用的方法　变频器的修理，和修理一般电子产品相比，既有共性，又有其特性。电子产品的修理通常采用逐步缩小法、顺藤摸瓜法或直接切入法。

① 逐步缩小法　所谓逐步缩小法，就是通过对故障现象进行分析，对参数测量作出判断，把故障产生的范围一步一步地缩小，最后落实到故障产生的具体电路或元器件上。实质上是一个肯定、否定、再肯定、再否定，最后肯定（判定）的判断过程。

例如，一台变频器通电后，发现操作盘上无显示。首先判断肯定是无直流供电（可用万用表测量其直流电源电压，进一步证实）。其次发现高压指示灯是亮的（测量 PN 电压进一步证实），否定主回路高压电路的故障，肯定开关电源有问题。测得其他电路的直流电压正常，否定整个开关电源的问题。肯定了开关电源中，给操作盘供电的一路电源有问题。测该路电源的交流电压正常，无直流输出，又无短路现象，最后故障就可以断定是该电源电路的整流管元件损坏。

这个例子是典型的逐步缩小法。它的整个过程，就是通过分析和参数测量，判断、肯定、否定几个回合，最后判断肯定是整流元件损坏。

② 顺藤摸瓜法　顺藤摸瓜法，也是一种寻找故障产生处的方法。

例如，一台变频器输出电压三相不平衡。这种故障显然有两种可能性。一种可能是逆变桥内六个单元至少有一个单元损坏（开路）。另一种可能是六组驱动信号中至少有一组损坏。假设，已确定有一个逆变单元无驱动信号，进一步确定驱动电路中故障产生处，可采用顺藤摸瓜法来寻找。

具体到这个例子，可从上而下地查。即从驱动信号的源头，也就是 CPU 的输出起，往下查。

CPU输出有信号 —→ 光耦输入端 —→ 无信号，CPU到光耦输入端有断线现象
　　　　　　　　　　　　└→ 有信号 —→ 光耦输出端 —→ 无信号，光耦损坏
　　　　　　　　　　　　　　　　　　　　　　　　　　└→ 有信号 —→ 放大电路

输入端有信号 —→ 放大电路输出端无信号，故障产生在放大电路，或放大管或相关元件
损坏。然后进一步落实就很容易了。

也可以从下而上地查。即从驱动信号输出点开始，就是逆变元件的控制端往上查。

逆变元件控制端无驱动信号 —→ 放大电路输出 —→ 有信号，放大电路与逆变元件控制端有断线现象
　　　　　　　　　　　　　　　　　　└→ 无信号 —→ 放大电路输入端 —→ 有信号，放大管或相关
　　　　　　　　　　　　　　　　　　　　　　　　　　　　　　　　　　　　　元件损坏
　　　　　　　　　　　　　　　　　　　　　　　　　　　　　　　　　　└→ 无信号 —→ 光耦输出

　　　→ 有信号，放大电路输入与光耦输出有断线现象
　　　└→ 无信号 —→ 光耦输入端 —→ 有信号，光耦损坏(也可能输出端电源不正常)
　　　　　　　　　　　　　　　　　└→ 无信号 —→ CPU输出有信号，则CPU与光耦输入

之间有断线现象，或光耦输入端直流电源不正常

③ 直接切入法　对于基本原理，各电路工作原理、作用，各元器件的作用等理论方面掌握得比较扎实，又有丰富的修理经验，修理水平较高的人员，通常采用直接切入法。

明确了变频器的故障现象以后，不是先忙于动手，而是先思考。根据故障现象，进行理论分析，结合修理经验，直接判断故障发生处。在该处再核实判断，或更换元件或处理线路，准确、快速地修理好。有志于从事变频器修理的工作者，只要不断地学习，不断地实践，都能达到较高的修理水平。

④ 变频器修理步骤　变频器修理有它的特殊性，它的修理通常可以按下列步骤进行。

第 1 步：测量。首先，要对变频器进行静态参数的测量。通过对静态参数测量，确定该变频器的整流模块和逆变模块是否损坏。这是与修理其他电子产品不同的地方。

变频器中的整流模块和逆变模块是主回路里的大功率、高电压、价格最高昂的元器件。初测可以判断变频器的损坏程度。若整流模块、逆变模块损坏，就属于大故障（这里所说的大故障，是指变频器的损坏程度大，并非是故障难排除）。

更重要的是，若逆变模块、整流模块损坏后，不允许再接通电源。不然，往往会发生严重后果，请修理人员切勿疏忽。

测出逆变模块、整流模块已损坏，不再接通电源，直接拆下相关部件，然后分析、判断模块损坏的原因。经修理恢复正常后，更换新模块，做进一步的修理工作。切忌未找出损坏原因，未作任何处理，就直接更换模块。否则，往往会继续损坏模块。

第 2 步：通电。变频器经过测量后，在确认整流模块、逆变模块都正常的情况下，可接通电源。接通电源几秒钟，认真观察高压指示灯是否亮；是否听到继电器的动作声音（有些变频器晶闸管无此声）；操作盘是否有显示；查看操作盘内存储的历史故障。试运行，测量输入、输出电压等等。

根据这一过程中的各种现象，就可以初步确定变频器故障的范围。

第 3 步：清洗。通过上述过程，对变频器的故障初步确定后，不要急于着手修理。应该拆卸大部件，然后进行清洗工作。除掉尘埃，特别是冷却风机和散热板的风道处。除油污，

重点是冷却风机、主控板、驱动板等部件。通常用工业酒精清洗，清洗后擦干。

第 4 步：更换易老化元件。整个变频器已经清洗干净后，仍然不要去修理。国内的绝大多数变频器用户，只使用不保养，没有做到日常检查和定期检修。因此，一些易老化变质的元件，可能已老化，或接近于老化。这些都是变频器故障发生的原因之一。

在修理实践中，会发现一些故障，从理论上讲，似乎与这些老化元件没有直接关系。但这些老化元件更换之后，故障就消失，变频器恢复正常。这些易老化元件，主要是低压电源滤波电容。表面有异常，或使用 1 年以上的变频器，最好全部更换新的。主回路滤波电容表面有异常，或测量其容量下降到 85％ 左右，或已使用 5 年左右，必须更换新的。冷却风机运行时有异常声音、异常振动，或已使用 2 年左右需更换。继电器触点有氧化、发黑现象，或开关次数已接近极限，需更换。功率电阻表面已发黄，或阻值与标准阻值相差较大，要更换新的。

第 5 步：问题的处理。当故障发生处已确定，就需具体处理问题，主要是更换损坏的元器件。这里要提醒大家的是，更换元器件，既要坚持原则，又要灵活处理。

所谓坚持原则就是更换的新元件与旧元件最好选用同品牌、同规格参数的器件。但由于目前变频器的品牌型号实在太多，有许多元器件在国内市场难以买到，需要灵活处理。灵活处理是指可用其他品牌（或国产或自制），参数相同或相近（不影响使用）的元件替换。还有一方面是技术上的灵活性。例如，主回路中的限流电阻的作用是在接通电源时，减小平滑电容的充电电流。当电压升到一定值，充电电流较小时，这个限流电阻是要被短接的。通常是用继电器或晶闸管的触点动合或导通来短接限流电阻的。在修理变频器过程中，可以灵活地将继电器和晶闸管相互替代。

假设一台变频器原来是用晶闸管来短接限流电阻的，而晶闸管损坏，一时不易买到，就可以考虑用继电器来取代它。具体处理时，要注意控制信号和空间等问题。

还有一些变频器的整流、逆变、晶闸管制作在同一模块中，如果这三种元件仅一种元件损坏，为了节省修理成本，可以把损坏的一种元件，在外面用类似的元件取代。如晶闸管损坏，可以在外面用晶闸管或继电器取代，这样能达到同样的效果。

处理问题一定要灵活，如果没有灵活性的话，将会有相当大比例的变频器无法修理。灵活，是修理人员必须具备的基本能力之一。

第 6 步：试运行。变频器修理完毕，一定要通电试运行。而且，最好用电动机带负载运行。在试运行中，检查各种数据，主要指三相输出电压、压频比是否符合要求；检查各种功能是否正常，在一切正常的情况下，运行半小时以上。

第 7 步：总结。详细地填写修理单。修理单内容主要有变频器品牌机号、故障内容、故障原因、故障处理内容（更换元器件、电路处理情况等）、备注等。对于遇到的新问题和特殊情况，要详细地把故障现象、故障诊断处理、体会记下来，以便今后遇到同样问题时，少走弯路，提高修理效率。

以上是变频器修理的通常步骤，每个人都可以根据自己的修理体会、修理经验，确定适合自己的修理步骤。

（2）变频器主要电路故障分析和处理

变频器的整体结构主要有主回路、驱动电路、开关电源电路、保护电路、通信接口电路、外部控制电路等。

在这些电路中，中央微处理器、数字处理器、ROM、RAM、EPROM 等集成电路涉及程序问题。这种资料每个厂商都是绝对保密的，且各厂家、各品牌其内容也各不相同。一旦这方面出故障，只有厂方和委托代理能够解决。除此之外，变频器的故障，原则上都能解决。

下面将对主要电路的故障分析和处理做较详细的介绍。

1）主回路　主回路主要由整流电路、限流电路、滤波电路、制动电路、逆变电路和传感器组成。图 6-78 是它的结构图。

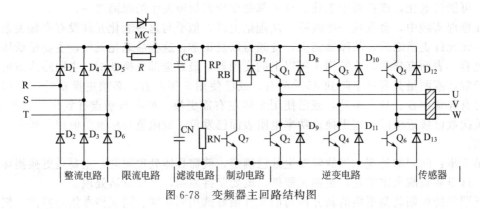

图 6-78　变频器主回路结构图

① 整流电路　整流电路是由一块或三块整流模块组成的全波桥式整流电路。它的作用是把三相（或单相）50Hz、380V（或220V）的交流电源，通过桥式整流模块整流成脉动直流电。

整流电路（整流模块）的故障：

a. 整流模块中的整流二极管一个或多个损坏而开路，导致主回路 PN 电压值下降或无电压值。

b. 整流模块中的整流二极管一个或多个损坏而短路，导致变频器输入电源短路，供电电源跳闸，变频器无法接上电源。

② 限流电路　限流电路是限流电阻和继电器触点（或晶闸管）相并联的电路。变频器开机瞬间会有一个很大的充电电流，为了保护整流模块，充电电路中串联限流电阻以限制充电电流值。随着充电时间的增长，它的充电电流减小。减小到一定数值，继电器动作触点闭合，短接限流电阻。正常运行时，主回路电流流经继电器触点。限流电路故障：

a. 继电器触点氧化，接触不良。此故障将导致变频器工作时，主回路电流部分或全部流经限流电阻，限流电阻被烧毁。

b. 继电器触点烧毁，不能恢复常开态。此故障将导致开机时，限流电阻不起作用，过大的充电电流损坏整流模块。

c. 继电器线包损坏不能工作。此故障将导致变频器工作时，主回路电流全部流经限流电阻，限流电阻被烧毁。

d. 限流电阻烧毁或限流电阻老化损坏。变频器接通电源，主回路无直流电压输出。因此，也就无低压直流供电。操作盘无显示，高压指示灯不亮。

一些变频器限流电路中，不用继电器，而用晶闸管，其故障类似继电器。故障有晶闸管损坏后开路、短路和晶闸管无触发信号三种情况。

③ 滤波电路　滤波电路的作用是将整流电路输出的脉动直流电压，平整为波动较小的直流电压。变频器通常为电压型，由滤波电解电容器对整流电路的输出进行平波。对于380V 电源的变频器，是两个电解电容器串联后使用。匀压电阻 RP、RN 的作用是使直流电压平分到每个电容器上。滤波电路故障：

a. 滤波电容器老化。其容量低于额定值的 85% 时，变频器运行输出电压低于正常值。

b. 滤波电容器开路将导致变频器运行时输出电压低于正常值。短路会导致另一只滤波电容器损坏，进而可能损坏限流电路中的继电器、限流电阻、整流模块。

c.匀压电阻损坏。匀压电阻损坏后，会由于两只电容器受压不均而逐个损坏。

④ 制动电路　制动电路工作时，可以使变频器在减速过程中增加电动机的制动转矩，同时吸收制动过程中产生的泵升电压，使主回路的直流电压不至于过高。制动电路的故障：制动控制管 Q_7 开路，失去制动功能；Q_7 短路，制动电路始终处于工作状态；制动电阻 RB 损坏，增加整流模块的负荷，使整流模块易老化，甚至损坏。

⑤ 逆变电路　逆变电路的基本作用是在驱动信号的控制下，将直流电源转换成频率和电压可以任意调节的交流电源，即变频器的输出电源。它是由六个开关器件（如 GTR、IG-BT）组成的三相桥式逆变电路。这些开关器件都做成模块形式，通常由同一桥臂的上、下两个开关器件组成一个模块。

六个开关器件中的一个或一个以上损坏，会造成输出电压抖动、断相或无输出现象。同一桥臂上下两个开关器件同时短路（主回路短路），会造成短接限流电阻的继电器或晶闸管、整流模块损坏。损坏原因是负载电流过大，主回路直流电压过高，而过流保护和过压保护又未起到保护作用。驱动信号不正常，会导致同一桥臂上下两个开关器件同时导通，逆变模块老化等等。

同时，已有许多小功率变频器采用集成功率模块或智能功率模块。智能功率模块内部高度集成了整流模块、限流电路中的晶闸管、逆变模块、驱动电路、保护电路及各种传感器。它的优点是使变频器外围电路减少，只有一块功率模块，安装方便，体积减小。缺点是智能模块中只要其中的一个部件损坏，整个模块就要更换，导致修理费用增加或无修理价值。

⑥ 主回路常见故障现象、原因和处理方法

a.变频器无显示，PN 之间无直流电压，高压指示灯不亮。主回路无输出直流电压的原因是限流电阻开路，使滤波电路无脉动直流电压输入。主回路无直流电压输出的第二个原因是整流模块损坏，整流电路无脉动直流电压输出。这时不能简单地更换整流模块，还必须进一步查找整流模块损坏的原因。

整流模块损坏的原因可能是：自身老化自然损坏；主回路有短路现象损坏整流模块。判断方法是首先换下整流模块，用万用表检测主回路，若主回路无短路现象，说明整流模块是自然损坏，更换新元件即可。若主回路有短路现象，还要检测出是哪一个元件引起的短路，是制动电路中的 RB 和 Q_7 均短路，还是滤波电容、逆变模块短路等，通过检测具体落实主回路短路的原因。同时还要查找出造成这些元件短路的原因。一句话，要把最后故障源找出，并处理好，才能更换新元件。故障及处理方法如下：

·限流电阻损坏开路，整流电路的脉动直流电压无法送到滤波电路，使主回路无直流电压输出：检查限流电路中的继电器或晶闸管是否损坏，处理之；更换限流电阻。

·逆变模块中，至少有一个桥臂上下两个开关器件短路，造成主回路短路而烧毁整流模块：检查电动机是否损坏，电动机是否有过载或堵转现象，处理之；检查驱动信号是否正常，处理之；检查制动信号是否正常，处理之；更换逆变模块和整流模块。

·制动电路中控制元件短路和制动电阻短路，造成主回路短路而烧毁整流模块：检查制动控制信号是否正常，处理之；更换制动控制元件、制动电阻和整流模块。

·滤波电容器短路，造成主回路短路而烧毁整流模块：检查匀压电阻是否正常，处理之；更换滤波电容器和整流模块；整流模块老化，更换整流模块。

b.变频器输出电压偏低。其原因有二：一是主回路直流电压低于正常值；二是逆变模块老化，驱动信号幅值较低。首先，用万用表测量高压直流值，确定两个原因中的一个。其故障及处理方法：

·整流模块内有一个以上整流二极管损坏，整流电路缺相整流，输出的脉动直流电压低于正常值，使主回路直流电压低于正常值，造成变频器输出电压偏低。处理方法为更换整流模块。

·滤波电容老化，容量下降。在带动电动机运行过程中，充放电量不足，造成变频器输出电压偏低。处理方法为更换滤波电容。

·逆变模块老化。开关元件在导通状态时，有较高的管内电压降，造成变频器输出电压偏低。处理方法为更换逆变模块。

·驱动信号幅值偏低，逆变模块工作在放大状态，而不是在开关状态，造成交频器输出电压偏低。处理方法为检查驱动电路，并处理之（驱动电路见图 6-79）。

c.变频器输出电压缺相（电动机出现缺相运行现象）。变频器输出电压缺相，是由于逆变电路中，有一个桥臂不工作。其故障及处理方法：

·逆变模块中有一个桥臂损坏，更换逆变模块。

·驱动电路有一个桥臂无输出信号，使逆变电路有一个桥臂不工作。检查处理损坏的桥臂驱动电路。

d.变频器输出电压波动（电动机抖动运行）。变频器的输出电压值忽大忽小地波动，被驱动的电动机抖动，是由变频器逆变电路的六个开关元件中，一个或不在同一桥臂的一个以上的开关件不工作或驱动信号不正常造成的。故障及处理方法：

·有一个或不在同一桥臂上的一个以上的开关件损坏而不工作，要更换逆变模块。

·有一个或不在同一桥臂上的一个以上的驱动信号不正常，要检查驱动电路，并处理之。

e.变频器接上电源，供电电源跳闸，或烧断熔丝。这是由于变频器的整流模块短路。分析和处理方法同①。

2）驱动电路　驱动电路的作用是将主控电路中 CPU 产生的六个 PWM 信号，经光电隔离和放大后，为逆变电路的换流器件（逆变模块）提供驱动信号。

对驱动电路的各种要求，因换流器件的不同而不同。同时，一些开发商开发了许多适宜各种换流器件的专用驱动模块。有些品牌、型号的变频器直接采用专用驱动模块。但是，大部分的变频器采用驱动电路。从修理的角度考虑，这里介绍较典型的驱动电路。图 6-79 是较常见的驱动电路（驱动电路电源见图 6-81）。

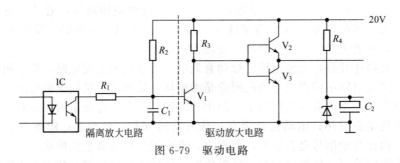

图 6-79　驱动电路

驱动电路由隔离放大电路、驱动放大电路和驱动电路电源组成。三个上桥臂驱动电路是三个独立的驱动电源电路，三个下桥臂驱动电路是一个公共的驱动电源电路。

① 隔离放大电路　顾名思义，驱动电路中的隔离放大电路，能对 PWM 信号起到隔离和放大的作用。为了保护变频器主控电路中的 CPU，所以当 CPU 送出 PWM 信号后，首先通过光电隔离集成电路，将驱动电路和 CPU 隔离。这样驱动电路发生故障或损坏，不至于伤及 CPU，对 CPU 起到了保护作用。

隔离电路根据信号相位的需要，可分为反相隔离电路或同相隔离电路，如图 6-80 所示。隔离电路中的光电隔离集成块容易损坏，它损坏后，主控电路 CPU 产生的 PWM 信号就被阻断。自然，这一路驱动电路中就没有驱动信号输出。

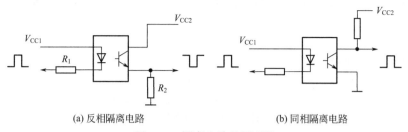

(a) 反相隔离电路　　　　　　　(b) 同相隔离电路

图 6-80　隔离电路的原理图

② 驱动放大电路　驱动放大电路是将光电隔离后的信号，进行功率放大，使之具有一定的驱动能力。这种电路通常采用双管互补放大的电路形式。驱动功率要求大的变频器，驱动放大电路采用二级驱动放大。同时，为了保证 IGBT 所获得的驱动信号幅值控制在安全范围内，有些驱动电路的输出端串联两个极性相反连接的稳压二极管。

驱动放大电路中，容易损坏的元件就是三极管，这部分电路损坏后，若输出信号保持低电平，相对应的换流元件处于截止状态，不可能起到换流作用。

如果输出信号保持高电平，相对应的换流元件就处于导通状态，当同桥臂的另一个换流元件也处于导通状态时，这一桥臂就处于短路状态，这样是会烧毁这一桥臂的逆变模块的。

③ 驱动电路电源　图 6-81 是典型的驱动电路电源。它的作用是给光电隔离集成电路的输出部分和驱动放大电路提供电源。值得一提的是，驱动电路的输出并非 U_P 与 0V（地）之间，而是 U_P 与 U_W 之间。当驱动信号为低电平时，驱动输出电压为负值（约$-U_W$），保证可靠截止，也提高了驱动电路的抗干扰能力。

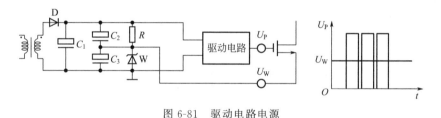

图 6-81　驱动电路电源

④ 驱动电路常见故障现象、原因和处理方法

a.驱动电路无驱动信号输出。

· 光耦隔离集成电路有输入信号，而无输出信号，那是光耦隔离集成电路损坏，通常是由于老化而自然损坏，更换之即可。

· 驱动放大电路中的三极管损坏，更换三极管。

· 驱动电路电源中整流二极管损坏（滤波电容短路、放大电路短路而烧毁整流二极管）使驱动电路无直流供电，导致驱动电路无输出信号。措施：检查滤波电容、放大电路是否有短路现象，处理之。然后，更换整流二极管。

· 驱动电路电源中，滤波电容短路、电容老化导致驱动电路无直流供电，损坏整流二极管。更换滤波电容。

· 驱动电路电源中，稳压二极管开路、使驱动电路有驱动情号，而无驱动输出电压。更换稳压二极管。

b.驱动输出电压偏低。

· 驱动电路电源中的滤波电容老化，容量降低所致，更换滤波电容。

- 驱动放大电路中的二极管老化，更换二极管。
- 驱动电路电源中的稳压二极管老化，稳压值增大所致。更换稳压二极管。

c. 驱动输出电压偏高，静态时无负电压。驱动电路电源中的稳压二极管短路所致。更换稳压二极管。

d. 整个驱动电路被烧毁。这是由于逆变模块损坏过程中，高压串进了驱动电路。恢复相对困难些，可以参照未损坏的驱动电路进行修理恢复。

变频器驱动电路的故障率通常是较高的，而驱动电路无驱动信号输出的故障现象更是常见的。利用驱动电路检测仪，使用方便，检测效果好。

拆下驱动电路板，将驱动电路检测仪的 5V 电源，作为光耦隔离集成电路输入端的电源，20V 电源作为驱动电路的电源，5V 电源接在 N（或 U、V、W）端。把驱动电路检测仪输出的方波信号，作为光耦隔离集成电路的输入信号。然后，用示波器依次从光耦隔离集成电路输入端、放大电路输入端和驱动电路输出端检查信号。根据信号的有无，就能很简单、直观地找出故障发生处。

由于变频器驱动电路中，电源电路的滤波电容器属易老化器件，一般使用一年左右的时间，就要全部更换成新电容器。驱动电路中的光耦隔离集成电路也属于易损坏的器件。检查发现驱动电路无驱动信号输出，可首先去查一下光耦隔离集成电路。若损坏，应该把六只光耦隔离集成电路全部更换。因为有一只出现老化，其他的使用寿命也将到期。如果只是更换已损坏的，可能会使用不久，就因其他光耦隔离集成电路老化损坏，而出现同样的故障现象。

3）保护电路　当变频器出现异常时，为了使变频器因异常造成的损失减小到最小，甚至减小到零，每个品牌的变频器都很重视保护功能，都设法增加保护功能，提高保护功能的有效性。

变频器保护电路具有多样性和复杂性，有常规的检测保护电路、软件综合保护功能等。有些变频器的驱动电路模块、智能功率模块、整流逆变组合模块等，内部都具有保护功能。

对于修理来说，不是所有保护电路的故障都能修复，仅能修复常规检测保护电路的故障。图 6-82 所示的电路是较典型的过流检测保护电路，由电流取样、光耦隔离放大、信号放大输出三部分组成。

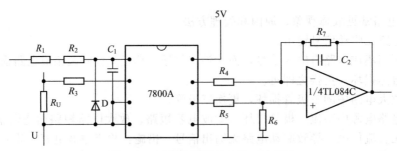

图 6-82　过流检测保护电路（U 相）

① 电流取样电路　这是个电阻降压取样电路。变频器的三相输出电流，分别经过取样电阻 R_U、R_V、R_W，在三个电阻上的电压降与三相输出电流成线形关系，反映电流值的大小，作为三个光耦隔离集成电路输入信号。电压与电流的线性关系，取决于取样电阻的阻值。因此，若取样电路中的取样电阻损坏或变值，就改变了电压与电流之间的线性关系，使保护电路产生误判断的后果。

取样电阻的温度较高，长期处于高温状态下的电阻，容易损坏或改变电阻值。

取样电阻值变大，则同样的输出电流，其电阻上的电压降会增大。检测保护电路获得增大了的电流信号，最后出现假过流保护停机现象。也就是说，变频器的输出电流并没有达到过流值，而由于取样电阻阻值增大，检测保护电路反映出来的结果已达到了过流值，所以，变频器就发出了过流停机信号。

取样电阻开路，变频器输出电压全部加到光耦隔离器 7800A 的输入端，使其损坏。相反，取样电阻阻值变小，起不到过流保护的作用。

取样电阻短路，变频器有输出，但由于这一相的取样信号始终是零电压，变频器发出缺相故障，并停机。

有不少变频器的电流取样采用互感器法。这种方法是将变频器的输出导线穿过电流互感器，输出电流与电流互感器产生的感应电压成正比关系。主回路与检测保护电路之间是隔离的，可把互感器上产生的感应电压直接进行放大。

把取样电阻接成图 6-83 所示的形式，这就成了电压取样电路，当 R_1 和 R_2 的电阻阻值关系确定下来后，电阻 R_2 上的电压降与 PN 之间的电压成线形关系，用来反映 PN 之间的电压值。再配上与电流检测保护电路相似的光耦隔离放大电路、信号放大输出电路，就成了电压检测保护电路。

② 光耦隔离放大电路　检测主回路的电流、电压等信号，采用电阻取样法。为电路安全起见，一定要把取样电路与放大电路相隔，光耦隔离电路就起这个作用。这个电路与驱动电路里的光耦隔离电路极为相似。

③ 信号放大输出电路　检测保护电路的输出信号，先经模/数转换后，作为 CPU 的输入信号，然后经过处理判断后再发出相应信号。也有一些变频器把检测保护电路的输出信号作为比较电路的输入信号，与参数设定信号比较，由比较电路比较判断，输出相应信号。因此，检测保护电路的输出信号对功率没有要求。所

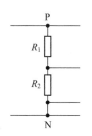

图 6-83　电压取样电路

以，通常检测保护电路的信号放大电路，采用运算放大集成电路。这种集成电路确定放大系数较容易，同时，性能稳定、体积小。本电路选用了四运放集成电路 TL084C，这种放大电路的故障率一般较低。只有运算放大集成电路老化，使用寿命到期后，才出现损坏现象。

④ 电流检测保护电路常见故障

a.假过流。所谓假过流是指变频器显示过流故障而停机，而变频器输出电流并未过流。严重的甚至变频器不带负载也出现过流现象。

· 取样电阻阻值变大。措施：更换标准阻值的电阻。

· 运算放大集成电路上的输入电阻或反馈电阻的阻值发生变化。措施：更换标准电阻。

· 高次谐波干扰信号窜入放大电路。措施：更换检测保护电路中的抗干扰电容器。

b.变频器停机，显示缺相故障。缺相故障的原因有好多种，其中之一是取样电阻损坏。措施：更换取样电阻。

c.变频器运行电流显示值明显小于实际输出电流值。

· 取样电阻中有电阻短路现象，这一相的输出电流测不出来，取样信号始终为零值。变频器 CPU 中计算出来的三相电流的平均值明显减小。措施：更换电阻。

· 光耦隔离集成电路有损坏现象。措施：更换光耦隔离集成电路。

4）开关电源电路　开关电源电路向操作面板、主控板、驱动电路及风机等电路提供低压电源。图 6-84 为富士 G11 型开关电源电路组成的结构图。

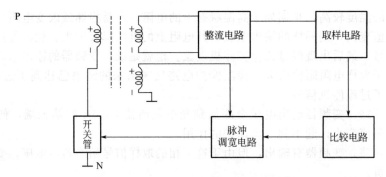

图 6-84　富士 G11 型开关电源电路结构图

直流高压 P 端加到高频脉冲变压器初级端，开关调整管串接脉冲变压器另一个初级端后，再接到直流高压 N 端。开关管周期性地导通、截止，使初级直流电压换成矩形波。由脉冲变压器耦合到次级，再经整流滤波后，就获得相应的直流输出电压。它又对输出电压取样比较，去控制脉冲调宽电路，以改变脉冲宽度的方式，使输出电压稳定。

开关电源电路的激励方式有他励控制式和自励控制式。

自励式电路利用开关管、脉冲变压器等，构成正反馈环路形成自励振荡。变频器中开关电源的稳压控制，通常采用频率控制方式。这种方式是保持导通时间（或截止时间）不变。通过控制开关脉冲频率（周期），相应调节脉冲占空比，使输出电压达到稳定。

开关电源的基本电路组成见图 6-85(a)，V 为开关调整管，T 是脉冲变压器。由于工作

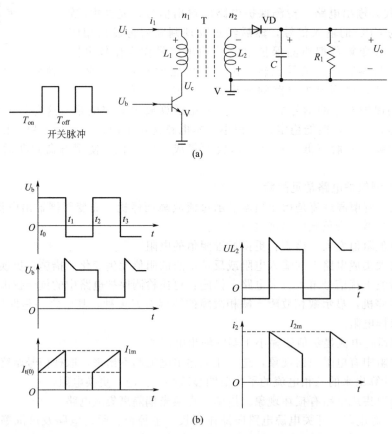

图 6-85　开关电源电路的基本电路及工作波形

频率较高，故采用铁氧体材料的铁芯。VD 为脉冲整流二极管，C 是滤波电容器，R_1 为电源负载。

设 V 为理想开关管，则电路的工作电压、电流波形如图 6-85(b) 所示。

在 $t_0 \sim t_1$ 期间，正脉冲作用到开关管 V 基极，使其饱和导通。$U_{ce}=0$，故初级线圈 L_1 上电压为上正下负。

$$UL_1 = L_1 \frac{\mathrm{d}i_1}{\mathrm{d}t} = U_i, i_1 = \frac{U_i}{L_1}t + I_{t(0)}$$

上式中 $I_{t(0)}$ 由初始态决定。由式可见，初级线圈电流 i_1 线形上升，脉冲变压器次级感应的电压 UL_2 为上负下正，二极管 VD 截止。在开关管 V 导通期间，随 i_1 的上升，变压器中磁能增大，在 t_1 时刻达到最大值 $L_1 I_{1m}^2/2$。

在 $t_1 \sim t_2$ 期间，负脉冲作用到开关管 V 基极，V 截止。初级感应电压为上负下正，$t_1=0$。由同名端连接可知，此时，次级感应电压为上正下负，二极管 VD 导通。脉冲变压器储存的磁能开始释放，使电容器充电，并取得输出直流电压 U_o。

$$U_o = \sqrt{\frac{L_2}{L_1}} \frac{T_{on}}{T_{off}} U_i = \frac{n_2}{n_1} \frac{T_{on}}{T_{off}} U_i$$

该式说明，输出电压 U_o 与输入电压 U_i 成正比，与变压器的匝数比成正比，并与开关晶体管导通时间和截止时间比值 T_{on}/T_{off} 成正比。

开关稳压电源的频率控制方式中，保持 T_{on} 或 T_{off} 不变。改变 T 来调整 T_{on}/T_{off}，就能稳定开关电源的输出电压 U_o。图 6-86 是变频器开关电源电路的实例。

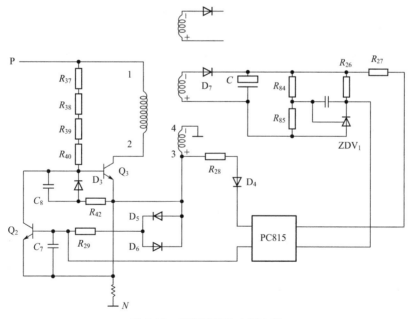

图 6-86　变频器开关电源电路

① 自励振荡电路　由开关管 Q_3、脉冲变压器初级绕组、二极管 Q_2 及相应元件组成自励振荡电路。当变频器接通电源后，主回路产生的直流电压通过电阻 R_{37}、R_{38}、R_{39} 和 R_{40} 对电容 C_8 充电，Q_3 控制极 G 上电压随 C_8 充电而上升，使 Q_3 进入放大状态。脉冲变压器初级产生上正下负的电压 V_1，同时，次级线圈产生 3 正 4 负感应电压 V_2，V_2 经 C_8 控制极电压提升而饱和。V_2 经 R_{29} 对 C_7 进行充电，Q_2 基极电位随 C_7 充电而上升，使 Q_2 饱和，

Q_3 随之截止。脉冲变压器初级线圈电流为 0,次级 3、4 端电压为 0,C_7 通过 R_{29} 放电,导致 Q_2 截止。这时,直流电压又通过 R_{37}、R_{38},R_{39} 和 R_{40} 对电容 C_8 充电。重复上述过程。

在自励振荡电路中:

a. 不正常工作,变频器出现所有的低压直流供电停止。开关管 Q_3 易损坏,脉冲变压器初级无脉冲信号,开关电源电路都不工作。措施:更换开关管。

b. 二极管 D_3 短路,使电容器 C_8 两端短路而不起作用。开关管 Q_3 无法导通饱和,始终处于截止状态。措施:更换损坏的二极管。

c. 电容器 C_8 损坏,开关管 Q_3 无法导通饱和,始终处于截止状态。措施:更换电容器。

d. 三极管 Q_2 短路,造成开关管 Q_3 无法导通饱和;三极管 Q_2 开路,致使开关管 Q_3 长期导通饱和和无法截止。措施:更换损坏的二极管。

e. 二极管 D_6 开路,使 C_7 不可能通过 R_{29} 放电,将延长三极管 Q_2 截止时间,使输出电压偏低。措施:更换损坏的二极管。

f. 二极管 D_5 开路,脉冲变压器 3、4 产生的电压无法加到三极管基极而始终处于截止状态,开关管 Q_3 出现始终处于饱和状态的故障。措施:更换损坏的二极管。

g. 电容器 C_7 短路,三极管无法导通饱和,出现开关管 Q_3 始终处于导通饱和状态的故障;电容器 C_7 开路,开关管 Q_3 的关断周期 T_{off} 太短。措施:更换新电容器。

h. 稳压电路。R_{85} 和 R_{84} 为输出直流电压取样电阻。ZDV_1 比较信号,通过光耦隔离集成电路 PC815 控制三极管 Q_2 的导通。工作过程如下:当输出电压正常时,R_{85} 获取的电压低于 ZDV_1 的控制电压。ZDV_1 不工作,相当于二极管加上反向电压。R_{26} 两端电压可以认为是零电压,光耦隔离集成电路上输入电压而不工作,对三极管 Q_2 无控制作用。当输出直流电压高于允许的差值,R_{85} 上的电压等于或大于 ZDV_1 的控制电压,ZDV_1 稳压管工作。R_{26} 两端电压为直流输出电压与 ZDV_1 稳压电压之差。光耦隔离集成电路获得此电压后工作。3 端上的正电压通过 D_4 和 R_{28} 给三极管 Q_2 提供足够的基极电流,而超前于 C_7 充电电压的作用,使三极管 Q_2 提前导通饱和,导致开关管 Q_3 提前截止,缩短了开关管 Q_3 的导通周期 T_{on},减小了 T_{on}/T_{off} 值,输出电压 U_o 下降,起了稳压的作用。

从上面的分析可知,这种稳压电压是单向稳压。也就是说,输出直流电压高于规定的电压值时,稳压电路能输出直流电压,稳定在规定的电压值上。当输出直流电压低于规定的电压值时,稳压电路不起稳压作用。

稳压管 ZDV_1 短路时,电阻 R_{26} 上始终有高电压,而使稳压信号始终加到三极管 Q_2 的基极上,导致输出直流电压偏低;稳压管 ZDV_1 损坏开路时,电阻 R_{26} 上始终无电压,稳压电路不工作而失去稳压作用。这时,要更换稳压管 ZDV_1。

光耦隔离集成电路 PC815 损坏时,同样不起稳压作用,要更换 PC815。

② 直流电压输出电路 脉冲变压器的次级线圈接上整流二极管和滤波电容器,就组成了各路的直流电压输出电路。需要注意的是,开关电路中的脉冲开关信号频率较高,整流二极管的工作频率较高。二极管应选用高频二极管,滤波电容器的容量可比工频整流电路中的滤波电容器的容量小一些。

③ 开关电源电路的常见故障

a. 变频器所有直流供电无电压。这种故障一定出在脉冲变压器初级线圈上。造成的原因除脉冲变压器线圈损坏外,还有自励振荡电路和稳压电路有问题。

• 无直流供电,脉冲变压器初级线圈上无直流电压,检查主回路是否有直流供电,检查连线是否有虚脱现象,相关降压电阻中是否有开路现象。针对查出的问题一一处理。

• 开关管 Q_3 损坏。这是开关电源电路中损坏率较高的器件之一。检查三极管 Q_2、二极管 D_6 是否损坏,更换损坏的三极管 Q_2、二极管 D_6。

· 三极管 Q_2 损坏，使开关管 Q_3 始终处于导通状态。一方面开关电源电路无直流电压输出，另一方面开关管长期处于导通状态，会因电流过大而损坏。要更换损坏的三极管 Q_2，并进一步检查开关管 Q_3 是否损坏，采取相应的处理方法。

· 二极管 D_6 开路，电容器 C_7 的充电回路不通，电容器 C_7 得不到充电，三极管 Q_2 不可能导通饱和，开关管 Q_3 会始终处于饱和状态。措施：更换二极管 D_6，并检查二极管 D_6 是否损坏，采取相应的措施。

· 电阻 R_{37}、R_{38}、R_{39}、R_{40} 中有开路现象，详细检查，对损坏器件进行更换。

· 脉冲变压器初级线圈开路，更换同类标准的脉冲变压器。

b.输出直流电压普遍偏高。这种现象是由于电源电压偏高、稳压电路未起作用等。

· ZDV_1 可控稳压管开路，输出直流电压偏高，虽然，取样信号已反映出来了，但由于 ZDV_1 开路，光耦隔离集成电路始终得不到输入信号，稳压电路未起到作用。措施：更换损坏的 ZDV_1 稳压管。

· 光耦隔离集成电路 PC815 损坏。措施：更换光耦隔离集成电路 PC815。

· 二极管 D_4 开路。措施：更换二极管 D_4。

c.输出直流电压普遍偏低。

· 可控稳压管 ZDV_1 短路。ZDV_1 短路后，光耦隔离集成电路上始终有输入信号。只要脉冲变压器 3 端出现高电压，三极管 Q_2 会在稳压电路的作用下提前导通饱和。开关管 Q_3 提前截止，导通周期 T_{on} 缩短，输出直流电压降低。措施：更换损坏的可控稳压管 ZDV_1。

· 滤波电容器老化，电容器容量降低。在开关电源电路中的滤波电容器都属于小容量、低耐压的小电解电容器。其使用寿命较短，接近或超过使用期时，电容量大幅度下降，导致输出直流电压偏低。这种小电容器都应及时更换。

d.个别直流电源无电压。这个故障显然是开关电源电路绝大部分工作正常，只是无直流电压输出的这路有故障，所以，只要检查这一路的问题即可。

· 整流二极管损坏。检查出损坏的整流二极管后，再检查直流负载有无短路现象并处理之，然后再更换整流二极管。

· 脉冲变压器绕组损坏。更换同规格的脉冲变压器。

e.个别直流电源电压偏低。

· 滤波电容器老化损坏或电容器容量严重小于标准值。措施：更换不合要求的滤波电容器。

· 直流负载明显增大。检查负载有无损坏，如这一电源供电的集成电路损坏，而使供电电流增大；负载电阻阻值减小而供电电流增大等。措施：查出这一块的问题，有针对性地进行处理。

· 脉冲变压器绕组有局部短路现象，其输出的脉冲电压值偏低。措施：更换同规格的脉冲变压器。

5）通信接口电路　当变频器由 PLC 或上位计算机、人机界面等进行控制时，必须通过通信接口相互传递信号。图 6-87 是 LG 变频器的通信接口电路。变频器通信时，通常采用两线制的 RS485 接口。西门子变频器也一样。两线分别用于传递和接收信号。变频器在接收到信号后和传递信号之前，这两种信号都经过缓冲器 A1701、75176B 等集成电路，以保证良好的通信效果。

所以，变频器主控板上的通信接口电路主要是指这部分电路和信号的抗干扰电路。

① 信号缓冲电路　变频器通信接口通常是 9 针 D 形网络连接头，它连接在变频器主控板的 9 针 D 形网络插座上，经信号缓冲电路后，接到 CPU 相应的引脚上。西门子变频器的缓冲电路选用缓冲器 75176B 集成电路。由于采用通信接口控制方式，最远可达 1000m。除

通信介质采用屏蔽双绞线抗干扰外，在变频器主控板采用电容吸收法和电感抑制法。

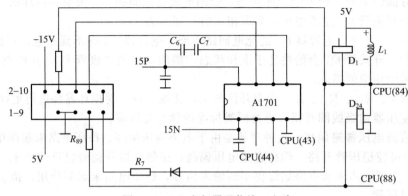

图 6-87　LG 变频器通信接口电路

② 通信接口电路中的常见故障　通信接口电路中常见的故障是上位机显示"通信故障"。

a.连接错误。检查屏蔽连接线是否有断路现象。措施：针对检查结果进行处理。

b.缓冲器 A1701（西门子 75176B）集成电路损坏。措施：更换 A1701（西门子 75176B）集成电路。

6）外部控制电路　变频器外部控制电路主要是指频率设定电压输入、频率设定电流输入、正转、反转、点动及停止运行控制、多挡转速控制。频率设定电压（电流）输入信号通过变频器内的 A/D 转换电路进入 CPU。其他一些控制通过变频器内输入电路的光耦隔离电路传递到 CPU 中。

外部控制电路的主要故障有以下几种：

① 频率设定电压（电流）控制失效　当频率设定电压（电流）信号加到控制端上后，变频器设定频率无反应，或设定频率不准确、不稳定，这种故障原因通常是外部频率控制电路中的 A/D 转换器集成电路损坏，更换之即可。

② 控制功能失效　正转和反转、点动和停止运行控制、多挡转速控制等控制功能失效的原因，主要是变频器输入电路中的光耦隔离电路损坏，更换之。

③ 控制接线端接触不良　这也是外部控制失败的原因之一，必须检查和拧紧控制接线端。

（3）变频器常见故障的分析和处理

变频器的故障是多种多样的。但是，它是有一定规律的，可以归纳为几种类型。变频器自身的故障无非是功率模块损坏、各种各样的故障显示、操作盘无显示、操作盘显示正常但变频器无法启动等等。下面就对上述故障的判断、分析和处理方法作介绍，希望读者能从中领会变频器修理的思路和方法，不要去死记硬背具体什么故障是什么元件损坏。只要把思路和方法掌握了，就具备了一定的修理能力。

1）功率模块损坏　一台有故障的变频器需要修理，不要急于通电检查。首先在静态情况下（即变频器不接电源，不接输出）检查功率模块是否损坏。这样可以避免在功率模块损坏的情况下，接通电源后，造成故障的再扩大和供电电源烧熔断丝或脱闸现象。同时，可以了解变频器的损坏程度（功率模块损坏说明变频器损坏比较严重），做到心中有数。

① 检查方法　检查功率模块的方法很方便，也很简单，可以直接通过 R、S、T、U、V、W 和 P、N 接线柱进行检测。具体方法如下：

a.整流模块的检查。选用万用表电阻挡，红表笔（＋）放在 P 接线柱上，黑表笔（－，COM）分别测 R、S、T 接线柱，电阻值应较小，约几十欧姆，且三个阻值相近。

红表笔放在 N 接线柱上，黑表笔分别测 R、S、T 接线柱，电阻值应很大（伴有充电现象，电阻值逐渐增大），约几百千欧姆。

黑表笔放在 P 接线柱上，红表笔分别测 R、S、T 接线柱，电阻值应很大，约几百千欧姆。

黑表笔放在 N 接线柱上，红表笔分别测 R、S、T 接线柱，电阻值应很小，约几十欧姆。

b. 逆变模块的检查。和检查整流模块方法相同。此方法只能说明逆变模块中的续流二极管正常及逆变开关元件无短路现象。如果逆变开关元件开路和控制极损坏，这种方法检查不出来。

一旦查出功率模块损坏后，就不能再通电源，可直接拆机、清洗，进一步检查修理。

② 整流模块损坏　整流模块损坏可能是模块本身老化自然损坏，也有可能是主回路存在短路现象引起的。金属异物掉进变频器内，可引起主回路短路；导电液体流入变频器，也可使主回路短路；滤波电解电容器或电容器上的分压电阻短路，逆变模块短路以及压敏电阻短路等，都可能引起主回路短路。

故障诊断流程图如图 6-88 所示。

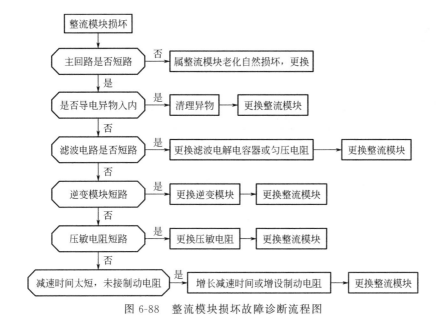

图 6-88　整流模块损坏故障诊断流程图

③ 逆变模块损坏　逆变模块损坏多半是由于驱动电路损坏，致使一个桥臂上的两个开关元件同一时间导通。此外，冷却风机损坏或环境温度过高，使逆变模块长时间处于高温环境下工作也可导致逆变模块损坏。再就是外部负载不正常引起的，如长时间超负荷运行，使逆变模块长时间超负荷运行。负载运行过程中或启动时负荷过重，使电动机出现"堵死"现象等，都能导致逆变模块损坏。故障诊断流程如图 6-89 所示。

上面已谈到，逆变模块损坏多半是由于驱动电路损坏引起的。在这里介绍驱动电路故障分析和处理。

驱动电路故障的原因有驱动电路电源不正常、光耦隔离集成电路损坏、驱动信号放大电路损坏。故障诊断流程如图 6-90 所示。

在驱动电路中，为了使逆变桥中的开关元件在无输入信号时可靠截止，这时加在开关元件的控制信号是负电平。驱动电路的输出接线如图 6-91 所示。

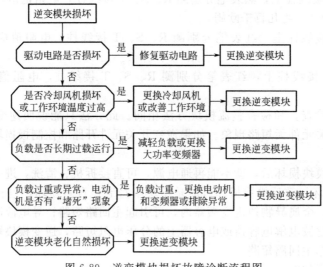

图 6-89　逆变模块损坏故障诊断流程图

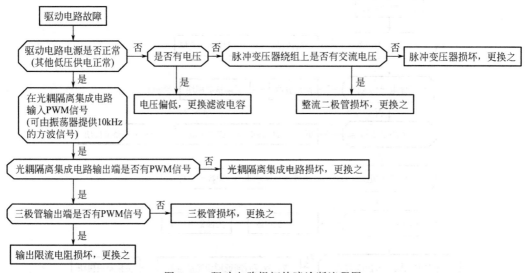

图 6-90　驱动电路损坏故障诊断流程图

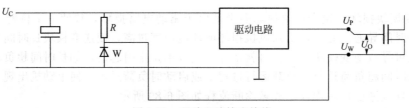

图 6-91　驱动电路输出接线

稳压管 W 和电阻 R 正常时，驱动电路的输出电压 $U_O = U_P - U_W$，当 $U_P = 0$ 时，$U_O = -U_W$。

当稳压管短路时，$U_W = 0$，$U_O = U_P$，变频器能工作，但截止不可靠。同时，因驱动信号电压偏高，也会损坏逆变模块。

当稳压管开路时，$U_W = 0$，$U_O = U_P - U_C$，逆变模块驱动信号等于 $-U_C$ 或零，尽管不会损坏逆变模块，但逆变开关器件始终处于截止状态。

2）无任何显示　变频器通过上述静态检查，可确定整流模块和逆变模块都没有损坏。接通电源后，变频器无任何显示，即操作盘上显示部分不发亮，高压充电显示灯不亮。如果是没有高压充电显示灯的变频器，测量 P、N 之间无直流高压。这种故障现象是变频器无直流电压输出，问题出在主回路上。

拆开变频器，检查主回路。发现高压直流快速熔断丝开路，限流电阻开路。损坏的原因是短接限流电阻的继电器不工作。这种情况可能是继电器本身损坏，也可能是控制继电器的信号未加上（或者短接限流电阻的晶闸管不工作），还可能是限流电阻本身由于老化自然损坏。有的厂商选用的限流电阻功率偏小，也可能导致发热损坏。故障诊断流程如图 6-92 所示。

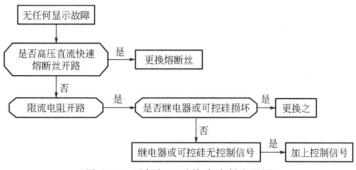

图 6-92　无任何显示故障诊断流程图

3）有充电显示，键盘面板无显示　变频器通电后，有充电显示（或测量 P、N 之间的电压正常），说明变频器主回路直流供电正常。键盘面板无显示的原因是键盘面板上无直流供电。键盘面板上无直流供电可能是整个开关电源不工作，也可能是开关电源工作，而给键盘面板提供电源的这部分不正常。

有两种判断方法。一种是接通电源几秒是否能听到继电器（并接在限流电阻上的继电器）动作的声音，冷却风机是否运转。能听到继电器动作的声音，冷却风机运转，说明开关电源电路总体工作正常。另一种是测量其他集成电路芯片上有无直流供电。有直流供电，说明开关电源电路总体正常。反之，开关电源电路不工作。

开关电源电路不工作，原因多半在脉冲变压器的初级。以 LG 变频器为例，故障通常是开关管损坏；直流高压经电阻、二极管降压后加到脉冲变压器初级绕组，降压电路中的电阻或二极管损坏，直流高压加不到脉冲变压器的初级绕组；直流高压经电阻、二极管给开关管提供基极电流的通路中，电阻或二极管损坏；再就是振荡电路的故障，通常控制三极管损坏，或者控制三极管提供基极电流通路中的二极管损坏。

故障判断流程如图 6-93 所示。

4）有故障显示　在前述"故障报警显示（停机）和运行异常"中分析过故障显示，那是指变频器以外的变频调速系统异常产生的故障显示。这里要分析的故障显示，问题不是出在外部，而是由变频器自身故障引起的。

例如，一台变频器不驱动电动机，或者驱动的电动机没有带负载，而是空载运行，此时出现了过流故障显示。这不是真正的过流故障，是变频器的电流检测保护电路或有关电路出现了故障。这里分析的内容就属于变频器的故障。

① 过流故障（或过载故障）　变频器不驱动电动机，或驱动空载电动机的情况，变频器出现过流故障（或过载故障）现象，这是变频器的电流检测保护电路出了问题。电流检测保

护电路主要由两部分组成，一是电流取样电路（变频器的电流取样，通常采用电阻取样法、互感器取样法），二是信号放大处理电路。

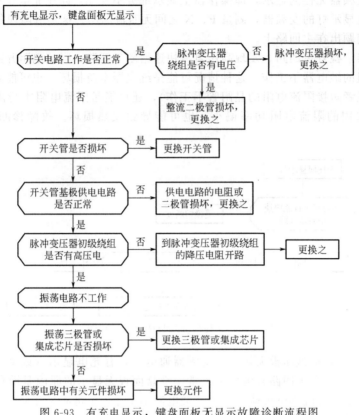

图 6-93　有充电显示，键盘面板无显示故障诊断流程图

　　诊断故障时，可以先把电流取样信号短路或者开路，哪种方法处理方便，就采用哪种方法。例如，电流取样信号是通过插件送入放大电路的，可选用开路方法，拔出电流取样信号的插头即可。若过电流故障仍然存在，可以诊断为放大处理电路的问题。若过电流故障不出现了，问题出在电流取样元器件上。

　　还有一种情况是，干扰信号产生过电流故障。必须增设抗干扰电路，一般对地并联小容量电容器即可。故障诊断流程如图 6-94 所示。

　　② 欠压故障　由变频器引起的欠压故障，主要由变频器直流电压过低，故障保护电路损坏造成。变频器的整流模块损坏缺相，其输出的直流脉动电压过低，滤波电解电容器老化，电容量减少，带负载运行时，出现直流电压过低现象。

　　故障诊断流程如图 6-95 所示。

　　③ 过压故障　变频器出现过压故障，若外部系统正常，各种参数设定也合适，问题就出在变频器内部。变频器内部制动控制电路一旦失控，变频器在降速过程中，尽管有制动电阻，但由于制动控制电路失控，效果上相当于没有接制动电阻，使主回路直流电压在泵生电压的作用下，超出了正常电压，变频器出现过压故障而停机。

　　此外，还可能是变频器的电压取样电路或信号放大处理电路损坏。变频器电压取样通常采用主回路取样和低压直流电源取样两种。其原理和方法相同，两种方法各有利弊。

　　低压直流电源取样的优点是取样电路已在脉冲变压器的次级脱离了主回路，较安全。缺点是电压信号要在低压直流电源上获得，那么开关电源电路就不能再设置稳压功能。主回路取样电路的安全性要差一些，但直接、敏感、开关电源不受限制。

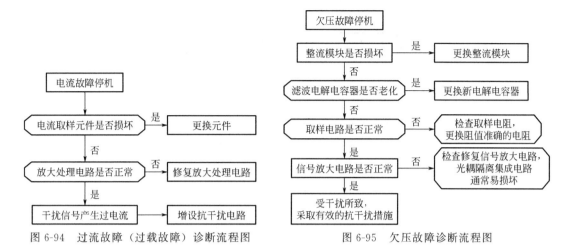

图 6-94　过流故障（过载故障）诊断流程图　　　　图 6-95　欠压故障诊断流程图

故障诊断流程如图 6-96 所示。

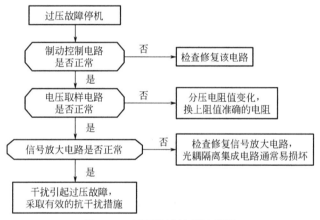

图 6-96　过压故障诊断流程图

④　散热板过热故障　变频器的逆变模块、整流模块老化，导通、饱和电压升高，发热较严重，冷却风机损坏或老化，通风口堵塞，散热板吸附油渍或尘埃，散热器损坏或故障保护电路损坏都能造成散热板过热故障。通常风机易损坏。化纤、纺织等行业由于车间尘埃、油渍较严重，散热板表面有异物，散热性能差，导致散热板过热现象。

故障诊断流程如图 6-97 所示。

⑤　输出缺相故障　变频器输出缺相故障，是指变频器 U、V、W 三个输出端有一个输出端对其他两个输出端无电压。这种情况是由于逆变电路中一个桥臂的上下两个开关元件开路、一个桥臂的上下两组驱动电路不工作，或取样电阻开路（对于电流取样采用电阻法的变频器）等引起的故障。

故障诊断流程如图 6-98 所示。

⑥　通信故障　变频器显示通信故障有两种情况，一种情况是变频器不能与面板通信时出现的故障；另一种是变频器不能通过通信接口与 PLC 或上位机通信时出现的故障。这两种情况都可能是由于 CPU 内存损坏，只能更换主控制板。

故障诊断流程如图 6-99 所示。

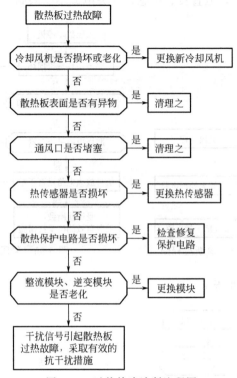

图 6-97 过热故障诊断流程图

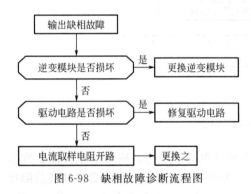

图 6-98 缺相故障诊断流程图

5）无故障显示，但不能工作　变频器经过静态检测，确定整流模块和逆变模块正常的情况下，接通变频器电源后，操作盘上的显示正常，无任何故障显示，但就是不能启动运行。所谓不能启动运行是指变频器使用操作盘操作方式、外控接线端子操作方式和通信接口操作方式中，有一种或一种以上的操作方式不能启动运行。

变频器的三种操作方式是殊途同归的，都是去控制 CPU（也有变频器是由各种控制信息从 CPU 不同的输入端进入 CPU 的）。只要有一种控制方式能够正常运行，就说明 CPU 正常，仅是不能启动运行的这种控制方式的相关电路有故障。三种控制方式全都不能启动运行，通常就可以断定 CPU 出了问题，CPU 出了问题只能更换控制板。

操作盘面板控制方式不能启动运行，通常是操作面板失效，或操作面板与控制板的信号连接接插件接触不良造成的。外控接线端子控制方式是由于控制变频器输出频率的模拟输入信号（电压，电流）没有送入或控制正转/反转的信号未到位。对于通信接口控制方式，是由于通信接口接插件接触不良或通信信号传输、转换电路出现故障。

故障诊断流程如图 6-100 所示。

6）输出电压波动，电动机运行抖动　变频器的输出电压不稳定，有一定的波动，使其驱动的电动机运转产生抖动现象。主要原因是逆变桥的六个开关元件中，通常有一个开关元件不工作，也可能是这个开关元件开路（短路会损坏同桥臂上的另一个开关元件）或者是一路驱动电路工作不正常。还可能是 CPU 出现故障，输出的 PWM 信号不正常，导致变频器的输出电压产生波动现象，使电动机运行抖动。故障诊断流程如图 6-101 所示。

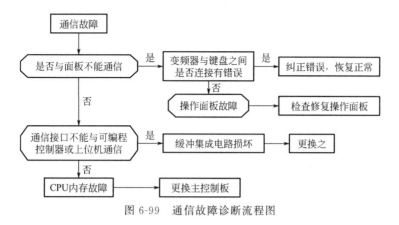

图 6-99 通信故障诊断流程图

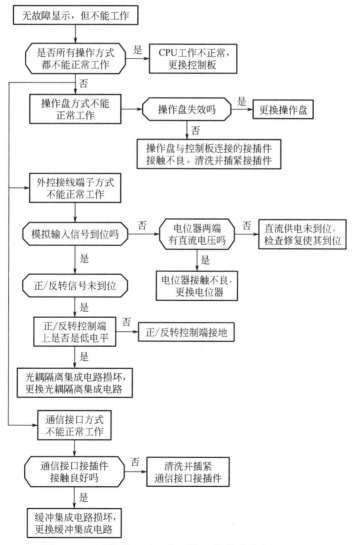

图 6-100 无故障显示，但不能工作故障诊断流程图

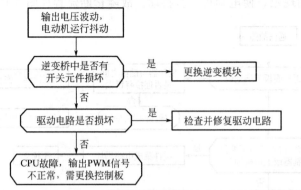

图 6-101 输出电压波动，电动机运行抖动故障诊断流程图

第四节 变频器故障修理实例

一、功率模块损坏故障实例

在变频器修理的步骤中已经讲到，修理变频器的第一步是对待修的变频器进行静态参数的测量。实质就是首先确定这台变频器的整流模块和逆变模块是否损坏，一旦测出功率模块损坏后，不能再通电源，可以拆机进行修理。下面用实例加以说明。

【例 6-1】 西门子 MMV 6SE3221 4.0kW

[故障现象] 静态测量逆变模块正常，整流模块损坏。

[故障分析与判断] 整流模块损坏通常由直流负载过载、短路和元件老化引起。测量 P、N 之间的反向电阻值（万用表正表笔接 N，负表笔接 P），可以反映直流负载是否有过载短路现象。测出 P、N 间电阻值为 150Ω，正常值应大于几十千欧，说明直流负载有过载现象。逆变模块是正常的可以排除，检查滤波大电容、均压电阻均正常，测制动开关元件短路，拆下制动开关元件测 P、N 间电阻值正常。

[故障处理] 更换制动开关元件和整流模块，变频器恢复工作。

[故障原因] 制动开关元件 T 损坏可能是由于变频器减速时间设定过短，制动过程中产生较大的制动电流。当制动开关元件短路后，制动电阻直接置于 P、N 之间产生较大的电流（约为额定电流的 1/2）。

变频器在运行过程中，整流模块的负载电流是正常负载电流与制动电阻上流过的电流之和，整流模块长期处于过载状况下工作而损坏。在生产工艺允许的情况下，增大减速时间可以避免此故障再次发生。

【例 6-2】 台达 VFD-A 11kW

[故障现象] 静态测量逆变模块正常，整流模块损坏。

[故障分析与判断] 测量 P、N 之间的反向电阻值正常。初步判断直流负载无过载及短路现象。拆卸变频器过程中，发现主电路有发生过跳火的痕迹，继而发现短接限流电阻的继电器触点跳火后烧接在一起，这也正是整流模块损坏的原因所在。

[故障处理] 更换继电器、整流模块，变频器恢复正常工作。

［故障原因］如图 6-102 所示，R_D 为限流电阻。

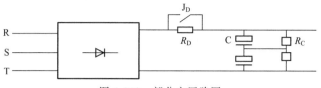

图 6-102　部分主回路图

变频器接通电源瞬间，充电电流经限流电阻 R_D 限值后对滤波电容器充电，当 P、N 间电压升到接近额定值时，继电器 J_D 动合，短接 R_D。继电器 J_D 是常开触点，由于损坏而触点始终闭合，短接限流电阻 R_D，当变频器接通电源时，因 R_D 被短接，产生充电大电流，导致整流模块损坏。继电器触点 J_D 跳火烧接在一起，通常是因为触点氧化，或油污、潮湿导致接触不良而跳火、发热。如果能坚持变频器日常检修工作，保持继电器触点清洁，擦去氧化层，就可以防患于未然，避免这种故障的发生。

【例 6-3】　西门子 MMV　6SE3225　37kW

［故障现象］静态检测逆变模块正常，整流模块损坏。

［故障分析与判断］检测 P、N 间反向电阻小于正常值。拆开变频器发现滤波大电容器组合印制电路板上有滤波大电容器流出的液体痕迹。进一步检查有 2 只滤波大电容器损坏流液，且有严重漏电现象。

［故障处理］更换电容器，清洗滤波大电容器组合印制电路板。再测 P、N 间反向电阻值正常，更换整流模块，变频器恢复正常工作。

［故障原因］滤波电容器流液和损坏的电容器使 P、N 之间反向电阻值减小，导致整流模块过电流而烧坏。按要求进行日常检查和定期检修工作，及早发现损坏的电容器，并及时更换新电容器，这种故障就可以避免。

【例 6-4】　西门子 MMV　6SE3221　XAL275DV539A　11kW

［故障现象］静态检测逆变模块正常，整流模块损坏。

［故障分析与判断］测量 P、N 间的反向电阻值在正常范围内，在主电路部分也未发现异常，初判为整流模块自然老化损坏。但在清洗、检查过程中，发现驱动电路中有元件损坏的迹象，进一步测量有一个元件损坏，导致驱动输出始终是高电平。

［故障处理］更换整流模块，修复驱动电路。

［故障原因］变频器在运行过程中，突然有一路驱动电路损坏，输出始终高电平，致使这一桥臂上的两个逆变开关元件同时导通，而形成短路大电流。整流模块首先损坏，失去高压直流电，避免了逆变模块的损坏。

【例 6-5】　LG iS3 15kW

［故障现象］静态检测整流模块、逆变模块均损坏。

［故障分析与判断］整流模块和逆变模块都损坏，属于较大的损坏故障。通常整流模块的损坏是由逆变模块短路、整流模块过电流引起的。逆变模块损坏主要是由于逆变模块的驱动电路损坏，导致同一桥臂两个开关元件同时导通，形成短路电流而烧毁。另一种情况是突然停电，变频器关机未按照先停止运行再断开电源的顺序进行。变频器的驱动信号发生紊乱现象，也有可能导致同一桥臂两个开关元件同时导通，形成短路大电流。还有可能是变频器

过电流过热保护功能失效，变频器长期过载运行，因温度过高而损坏逆变模块。所以当逆变模块损坏后，一般首先检查驱动电路是否正常，然后再去考虑其他原因。拆开变频器，发现两块模块均已炸裂，可以判断出是短路大电流所致。检查六组驱动输出信号，五组正常，有一组输出恒高电平，图 6-103 为驱动电路原理图。

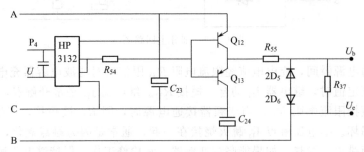

图 6-103　LG iS3 驱动电路图

未运行时 $U_b \sim U_c$ 之间正常电压为 $-5V$，现在电压为 $+15V$，即驱动输出始终为 15V 高电平，测光耦隔离器 3132 输出电压接近 20V 为正常值，这种情况应 Q_{12} 截止、Q_{13} 饱和。Q_{12} 和 Q_{13} 组成的推挽输出为低电平。U_b、U_e 之间电压为负值，现在为 15V，说明 Q_{12} 已损坏成短路状态，Q_{13} 处于放大状态。

[故障处理] 更换 Q_{12}，驱动电路正常工作。

[故障原因] Q_{12} 老化短路，使驱动电路输出始终高电平。变频器在运行中出现一个桥臂两个开关元件短路。同时，过大的短路电流又导致整流模块损坏。

【例 6-6】　西门子 MIDIMASTER　Vector　6SE3221　75kW

[故障现象] 静态检测　逆变模块损坏，整流模块正常。

[故障分析与判断] 逆变模块损坏多半是驱动电路损坏造成的。检查驱动电路果然有电阻损坏的痕迹。图 6-104 为此变频器的上桥臂的驱动电路原理图。

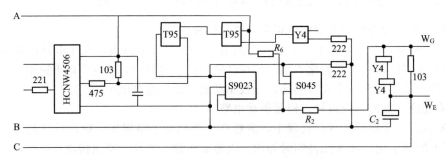

图 6-104　西门子 6SE3221 上桥臂驱动电路图

经检查为 103 电阻损坏短路，这是光电隔离器 4506 输出的上提电阻。这个上提电阻损坏短路，使得 4506 的输入无论是高电平还是低电平，输出送到 T95 的信号始终是高电平，这就导致了 W_G 与 W_E 之间始终为高电平。变频器运行时，造成同一桥臂两个开关元件同时导通而损坏逆变模块。

[故障处理] 更换电阻、驱动电路正常工作。

[故障原因] 这个电阻的损坏实属偶然，损坏的确切原因难以确定，也许是偶然的电火花烧毁，更大的可能性是电阻本身质量问题。电阻损坏短路造成逆变模块损坏的原因上面讲过了。另外要说的是这个电路的设计，上提电阻经过一个电阻 475 后接到 4506 光电隔离器

的输出端，保护了光电隔离器的安全。若没有这个电阻，上提电阻直接连在光电隔离器的输出端，上提电阻损坏短路会导致光电隔离器的损坏。

【例 6-7】 安川 616G5 1.5kW

［故障现象］静态测量整流模块正常，逆变模块损坏。

［故障分析与判断］按照常规首先检查驱动电路，在驱动电路印制板上未发现异常。检测驱动输出信号，发现有一路驱动输出无负压值，而是零电压。在运行状态中测量波形，有一路波形幅值明显大于其他五路。检测负压上的滤波电容正常，检测稳压二极管 Z_{11} 损坏短路，这是造成无负压的原因。

［故障处理］更换稳压二极管，负压出现，恢复正常。

［故障原因］见图 6-105。

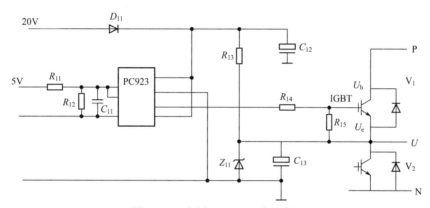

图 6-105 安川 616G5 驱动电路图

当稳压管 Z_{11} 损坏短路后 U_e 直接接地，U_b 与 U_e 之间自然无负电压。光电隔离器 PC923 输出电压 U_o 约为 20V 或 0V。当 $U_o = 0V$ 时，U_b 与 U_e 之间电压为负电压 $-U$；当 $U_o = 20V$ 时，U_b 与 U_e 之间的电压为 $20-U < 20V$。在 U_b 与 U_e 之间无负电压时，IGBT 获得的驱动电压就是 20V 或 0V。IGBT 的控制电压 U_{GE} 值一般为 20～15V 之间。IGBT 的关断栅极驱动负电压应大于或等于 $|-5U|$，以便可靠关断避免误导通。

现在栅极驱动无负电压，一方面驱动信号 20V 已到了最高限值，IGBT 会因驱动信号电压过高而损坏。另一方面，关断驱动信号为 0V，会导致 IGBT 不可靠关断。万一未关断，同一桥臂上的另一支 IGBT 处于导通状态，会引起逆变模块损坏。这台变频器一路驱动输出无负压，两种情况都是造成逆变模块损坏的原因。

【例 6-8】 松下 VF-7F 5.5kW

［故障现象］静态检测整流模块正常，逆变模块损坏。

［故障分析与判断］据用户反映，变频器在正常运行时突然停电，来电后再开变频器，不能正常工作。开机检查除了逆变模块损坏外，其他都正常。包括六路驱动电路的输出电压和波形都正常。

［故障处理］更换逆变模块，变频器恢复正常工作。

［故障原因］变频器运行时突然中途停电，不是每次都会损坏变频器。变频器关机的正常顺序是首先停止运行，待变频器经减速直至无输出后，才断开电源。突然停电是在未收到停止运行指令，逆变电路仍然工作的情况下断开电源，直到直流电压降下来后，全机真正停止工作。如果变频器突然停电，高压直流电压会随滤波电容器放电而逐渐下降。与此同时开

关电源电路的各输出直流电压也随之下降，当产生 PWM 信号的相关芯片电源电压低于正常值后，有可能输出不规则的 PWM 信号，驱动电路输出不规则的驱动信号，逆变模块上仍然加有一定的直流电压，这时逆变模块就有被损坏的可能。突然停电现象在一些发达国家是很少发生的。所以，一般的通用变频器都未采取措施防止突然停电而损坏变频器。其实在变频器中增加这一功能也很简单，只要在瞬间停电时，立即发出自由旋转指令，使变频器立即停止输出，电动机自由旋转。或者在硬件上采取措施，在瞬间停电时，立即使驱动电路全部停止输出，这样就能避免突然停电而损坏变频器的现象发生。

【例 6-9】 富士 G9S 7.5kW

[故障现象] 静态检测整流模块正常，逆变模块损坏。

[故障分析与判断] 打开变频器，变频器内堆积了厚厚的灰尘，变频器输出接线端有明显的跳火烧过的痕迹。清洗后经检查并未发现异常，可以判断逆变模块损坏由输出接线端跳火产生大电流所致。

[故障处理] 清洗变频器内的尘埃、油渍，更换逆变模块，变频器恢复正常。

[故障原因] 变频器是需要维护保养和定期检查维修的，这对减少变频器故障和延长变频器使用寿命是非常重要的。然而，中国的变频器用户绝大部分没有做到这一点，甚至连变频器需维护保养的观念都没有。变频器只要运行正常，就不管它，只是使用，直到变频器出了故障不能运行再修理，或买新的装上继续使用，直到下次损坏。此处所讲的变频器是在纺织车间使用的，空气中的飞絮等尘埃通过冷却风机带进变频器内，越积越多，最后导致尘埃堆积过多，加上油腻和潮湿引起变频器输出端漏电跳火，损坏变频器。

【例 6-10】 丹佛斯 2800 4kW

[故障现象] 静态检测整流模块正常，逆变模块损坏。

[故障分析与判断] 经检查驱动电路未发现异常，且输出波形也正常。其他地方也未发现明显不良痕迹。更换逆变模块，通电开机运行一切正常。发现冷却风机不转，又正值夏天，自然会发生过热现象。查找故障历史记录，未发现过热报警。继而检查热保护电路和热敏电阻，查出热敏电阻损坏。

[故障处理] 经检查控制冷却风机和供电的三极管损坏，更换之，又更换热敏电阻，风机正常运行，过热保护电路参数正常，更换逆变模块，变频器运行正常。

[故障原因] 这台变频器逆变模块损坏的原因就很清楚了，是因为冷却风机不转，散热器温度升高，过热保护电路又不正常工作，未发出过热报警信号，导致逆变模块长期在高温状态下工作，直至逆变模块损坏。

【例 6-11】 三肯-V M05 7.5kW

[故障现象] 静态检测整流模块正常，逆变模块六个开关元件正、反向电阻值有明显差异。

[故障分析与判断] 逆变模块的六个开关元件正、反向电阻值有明显差异，说明模块有异常。为了进一步证实，将变频器接通电源，检测六个开关元件上的电压降，V、W 两个桥臂上下开关元件上的电压均为 1.6V，U 上桥臂开关元件上的压降为 75V，U 下桥臂开关元件上的压降为 1.8V。显然 U 桥臂上的开关器件不正常。运行检测输出电压，低频输出时，输出电压无明显差异，基本上平衡；当输出频率上升到 30Hz 以上时，明显 U 相与 V 相和 W 相之间电压低于 V 相与 W 相之间的电压，说明逆变模块异常。

[故障处理] 更换逆变模块，变频器正常运行。

［故障原因］这种现象属于逆变模块老化而参数发生变化。在本例中具体反映为有一个开关元件（IGBT）由于老化表现出截止时漏电流增大，导致饱和时集电极-发射极饱和电压增大。这样就导致变频器的输出电压不平衡，逆变器开关元件上的直流电压降不平衡的现象。

二、操作盘无任何显示（黑屏）故障实例

当变频器经过静态检测（功率模块正常）后，下一步就是将变频器通电检查。当变频器通电后，操作盘无任何显示，即日常说的黑屏。操作盘无任何显示的原因通常是操作盘上无直流供电。发生故障主要有三个方面的原因，即提供操作盘电源的电路出故障、开关电源故障和高压直流电源故障、下面举例说明。

【例 6-12】　三肯　SVF-503.94C-28-A　37kW

［故障现象］无显示。

［故障分析与判断］无显示故障是由于操作盘无直流供电。上述的三种情况都能使操作盘无直流供电。首先观察变频器高压直流指示灯是否发亮，没有指示灯的变频器检测 P、N 之间是否有正常的直流电压。这台变频器有高压直流供电指示灯，但是熄灭的，用万用表测量，确实无高压直流供电（若高压直流供电指示灯亮，就说明有高压直流供电）。无高压直流供电，开关电路无法正常工作，整个变频器无低压直流供电。变频器整流模块正常而无高压直流供电，造成的原因应该是限流电阻开路，或主回路熔断丝炸开。拆机后果然发现限流电阻已烧断。烧断限流电阻的原因通常是限流电阻老化，或短接限流电阻的继电器（或晶闸管）常开触点通电源后，一直未动作闭合（晶闸管未导通）。

［故障处理］更换继电器和限流电阻，变频器恢复正常运行。

［故障原因］此变频器无显示故障的原因，是继电器老化损坏，不能正常动作。变频器工作时主回路电流流经限流电阻，限流电阻当然会由于吸收功率过大而烧毁。当跟流电阻开路后，变频器接通电源，整流模块输出的电压无法送到主回路的滤波电路上去，使变频器主回路无高压直流供电。开关电路没有工作，操作盘因无直流供电而出现无显示故障。

【例 6-13】　明电舍 VT201SA　7.5kW

［故障现象］无显示。

［故障分析与判断］变频器操作盘无任何显示，高压直流供电指示灯亮，整个变频器无低压直流供电，使开关电源电路不工作。检测开关管上无直流电压，脉冲变压器初级绕组正常。图 6-106 为开关电源部分电路。

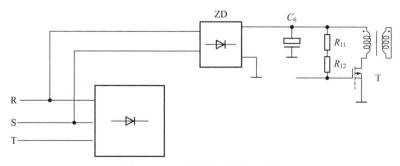

图 6-106　开关电源部分电路图

开关电源电路的高压不是取自主回路的高压直流供电。如图 6-106 所示，R、S 之间的交流电源经 ZD 整流后输出直流电压供给开关电源电路，经查 C_6 老化短路，整流桥 ZD 损坏。

[故障处理] 更换电容器 C_6、整流桥 ZD，变频器恢复正常工作。

[故障原因] 由于电容器 C_6 老化损坏，整流二极管因负载电流过大而损坏，故开关电源电路因无直流供电而不工作，变频器无低压直流供电，表现为接通电源后无显示。

【例 6-14】 西门子 MMV 6SE3221 7.5kW

[故障现象] 无显示。

[故障分析与判断] 变频器高压直流供电正常，操作盘无任何显示，而且变频器控制电路上都没有低压直流供电，属于开关电源电路不工作。图 6-107 为西门子 6SE3221 开关电源部分电路图。

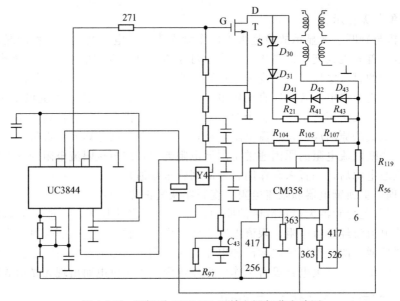

图 6-107 西门子 6SE3221 开关电源部分电路图

检测开关管 T 漏极 D 上电压正常，测得控制极 G 上无脉冲信号而只有一直流电压。这说明 UC3844 输出信号不正常，经检查 UC3844 损坏，同时开关管也损坏。

[故障处理] 更换 UC3844，更换开关管，变频器恢复正常。

[故障原因] UC3844 损坏后输出电流高电平，使开关管长期处于导通状态，长时间过流导致开关管损坏。

【例 6-15】 安川 616G5 5.5kW

[故障现象] 无显示。

[故障分析与判断] 静态检测功率模块正常，接通电源后，无任何显示，P、N 之间高压直流供电电压正常，测得外部控制接线端 15 与 17 无电压。15 端是速度设定用电源 +15V 200mA，17 端是出厂时设定的标准 0V。说明变频器整机无低压直流供电，开关电源电路未工作。图 6-108 为开关电源部分电路原理图。

检测脉冲变压器①、②端电压正常，测开关管 Q_3 的控制极 G 不是脉冲信号，始终是低电平。检查三极管 Q_2 短路。

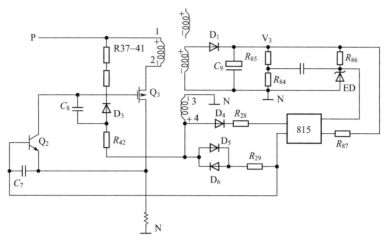

图 6-108 开关电源部分电路原理图

[故障处理] 更换三极管 Q_2，变频器恢复正常。

[故障原因] 变频器开关电源电路不工作的原因是三极管 Q_2 损坏。

【例 6-16】 佳灵 JP6C-9 15kW

[故障现象] 无显示。

[故障分析与判断] 变频器接上三相电源，无任何显示，经检测发现整个变频器无低压直流供电，判断为开关电源电路未工作。图 6-109 为开关电源部分电路图。

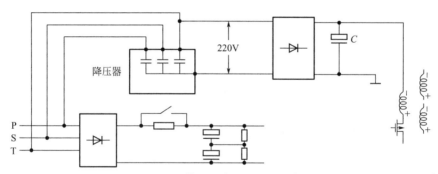

图 6-109 佳灵开关电源部分电路图

由图可见该变频器开关电源电路中的直流供电不是从主回路的高压直流电压获取的，而是通过电容式降压器输出的 220V 交流电压，经全波整流滤波后输出直流电压获得的。经检测三个电容器容量严重下降，且容量不一，致使相电压很低（150V），开关电源电路无法正常工作。

[故障处理] 更换降压器，变频器恢复工作。

[故障原因] 这种电容式降压器的三个相同容量的电容器接成星形，当三相 380V 电源接到三个电容器的独立端上，公共端便成为中线，任一相与中线之间的电压为 220V 的相电压。当三个电容器干涸，容量减少，特别是三个电容器的容量不一时，三相与中线之间的电压就不平衡，或高于 220V 或低于 220V，其偏离 220V 的数值取决于三个电容器容量的差异。这台变频器开关电源电路不工作的原因，明显是三个电容器的容量严重下降，同时容量差异较大，输出电压远低于 220V，致使开关电源电路获得的直流电压太低，无法正常工作。

【例6-17】 安川616PC5 7.5kW

［故障现象］无显示。

［故障分析与判断］变频器接通电源后，操作盘上无任何显示，但高压指示灯亮，且其他低压直流供电正常。这种现象说明，开关电源电路工作正常。只是提供给操作盘的这一路电源有问题。如图6-110所示，检测这一路电源无直流电压，且有短路现象。断开操作盘的供电，测出操作盘侧正常，电源侧仍有短路现象。查为滤波电容器老化损坏短路。更换新电容器，短路现象消除。接通变频器电源，这一路仍无直流电压，测脉冲变压器输出电压正常。所以判定是整流二极管开路。拆下测量，果然如此。更换整流二极管，这一路直流电压恢复正常。

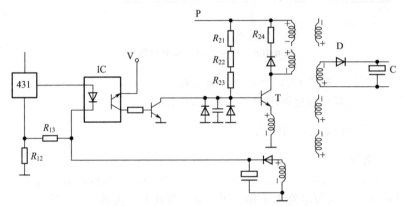

图6-110 安川616PC5开关电源部分电路

［故障处理］更换整流二极管、滤波电容器，变频器恢复正常工作。

［故障原因］这台变频器无显示是由于提供给操作盘的低压直流供电这路电源出了问题。首先是滤波电容器老化损坏短路，引起过电流又将整流二极管损坏断路，导致操作盘无直流供电，出现无任何显示的故障。

三、变频器显示故障实例

（1）显示过电流故障

变频器显示过电流故障，有两种类型，一种是运行过程中出现过电流故障显示；另一种是变频器接通电源后就显示过电流故障，或运行停止后仍出现过电流故障显示，且不能复位。

运行过程中出现过电流故障显示，多半是外部原因或参数设置不合理引起的。例如电动机电缆损坏或电动机线圈短路引起的电动机侧端子短路；电动机过负载严重引起过电流；加减速时间设置过短，变频器在加减速过程中，由于负载电流过大，出现过电流显示等等。当外部故障排除后，按复位按钮或自动复位，这些过电流故障便能排除，变频器是正常的。

变频器接通电源后就显示过电流故障，变频器自动停止运行后，过电流故障无法复位，是假过电流故障。因为是在根本没有输出电流的状况下而显示过电流故障的。这是变频器的电流检测保护电路出了故障。通常是由于电流取样器件，如取样电阻、电流互感器及霍尔元件损坏或参数值改变，放大电路损坏和比较电路运行不正常等等。修理时可以从这些环节上去检查，分析和找出故障所在之处。

【例 6-18】 西门子 MM440 37kW

[故障现象] 显示 F0001（过电流）。

[故障分析与判断] 接通变频器电源，操作盘显示 0001（过电流故障），这时变频器并未运行，当然无输出电压和输出电流，但是显示了过电流故障，明显是假过流故障。这种假过流故障肯定是电流检测保护电路的问题。图 6-111 为西门子 MM440 电流检测保护部分电路原理图。首先检查电流检测保护电路的三相电流输出信号 J、H、L 的电压值。检测结果 J、L 端电压为低电平，是正常情况。而 H 端电压较高为异常。测 TLD84C 输入端②脚和③脚之间有电压值，测 7800⑦脚和⑥脚之间有同样的电压值，测 7800⑦脚和③脚之间无电压。这就可以断定光耦隔离器 7800 损坏。

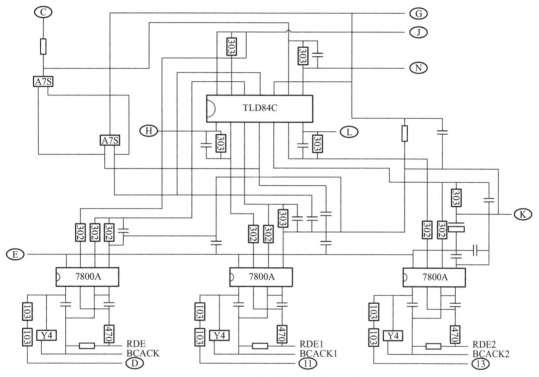

图 6-111 MM440 电流检测保护部分电路原理图

[故障处理] 更换 7800，变频器恢复正常。

[故障原因] 这台变频器接通电源后显示过电流故障是由于光耦隔离器 7800 损坏，而且 7800 的输出端⑦脚内部与⑧脚电源烧连，在⑦脚上出现 5V 电压，经 TLD84C 放大后输出高电平，操作盘显示过电流。

【例 6-19】 安川 616G5 5.5kW

[故障现象] 显示 OC（过电流）。

[故障分析与判断] 变频器接通电源，不带电动机运行，便显示过电流，这是假过电流。检查电流检测保护电路正常。但安川 616G5 变频器的驱动电路的上桥臂驱动电路采用 PC923 作为光耦隔离器，下桥臂驱动电路采用 PC929 作为光耦隔离器。PC929 光耦隔离器具有过电流短路保护功能。图 6-112 为一个桥臂两个驱动电路的原理图。检测 PC929 的过电流输入端⑨脚为高电平，即用于过过电流电平。检测二极管 T_{21} 及电阻 R_{23}、R_{24}、R_{25}、R_{26}

都正常；检测二极管 D_{23} 开路。二极管 D_{23} 开路，造成三极管 T_{21} 始终处于饱和状态，使 PC929 过流输入端输入高电平，PC929 发出过流故障信号，变频器显示 OC（过电流故障）。

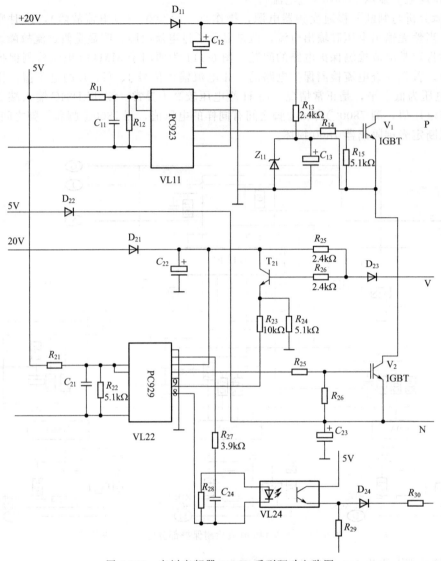

图 6-112 安川变频器 616G5 系列驱动电路图

[故障处理] 更换二极管 D_{23}，变频器恢复正常工作。

[故障原因] 光耦隔离器 PC929 除光电耦合隔离输出驱动信号外，同时具有过电流报警功能。当 PC929 输入前一级送来的驱动信号，经隔离放大后输出驱动信号到 IGBT 的控制极，这时过电流输入端为低电平时，属于正常情况，故障输出端输出高电平。如果过电流输入端为高电平，则故障输出低电平，再通过光耦隔离器 VL24 向 CPU 发送过电流信号，停发驱动信号，并关掉 IGBT。

当逆变开关元件 V_2（IGBT）饱和导通时，集电极与发射极之间的压降 U_{ce} 很小，通过钳位二极管 D_{23} 将三极管基极的输入电压拉至低电平（即置 R_{24}、R_{26} 连接点位低电平），三极管 T_{21} 截止，发射极输出低电平送给 PC929 的⑨脚，这属正常。

当逆变开关元件 V_2 过电流，U_{ce} 电压升高，通过钳位二极管 D_{23}、三极管 T_{21} 基极输入的电位升高，基极电流导通，发射极输出高电平，PC929 的⑨脚输入高电平的过电流故障信号，PC929 的⑪脚输出的驱动电压减小，以抑制集电极电流，保护 IGBT。故障在一定时间内仍未消除，PC929⑥脚输出低电平，经光耦隔离器 VL24 给 CPU 送去过电流报警信号，CPU 收到报警信号后发出过电流报警显示信号，关掉 PWM 信号（即变频器停止运行输出）。

这台变频器的钳位二极管 D_{23} 开路，失去了钳位作用。三极管 T_{21} 始终处于导通状态，PC929 始终输入过电流报警电平。因此，变频器显示 OC（过电流故障），且恢复无效。

【例 6-20】　富士 FVR150G7S　7.5kW

[故障现象] 显示 OC3（过电流故障）。

[故障分析与判断] 变频器接通电源后便显示过电流故障，问题可以锁定在电流检测保护电路上。它的三相输出都装有电流检测放大电路，其检测的电流信号通过接插件送到保护电路。可以通过拔掉三个插头来判断问题在电流检测放大电路还是保护电路。把三个插头拔掉后，过流故障现象消失，说明故障就在电流检测放大电路。然后再把电流检测放大电路的插头逐个插上去。插第一个，未显示过流故障；插第二个，显示过流故障，拔下后又正常；插第三个也正常。说明第二个电流检测放大电路损坏。为了进一步确定，将第二个插头插入、拔出，插入显示过电流故障，拔出就正常。细查第二个电流检测放大电路时，发现只要接上直流供电电源，其输出就为高电平（正常的电流检测放大电路在被检测电流为零时，输出低电平）。经检查运放集成电路损坏。

[故障处理] 更换集成电路，变频器恢复正常。

[故障原因] 这台变频器的三相输出电流的检测放大电路中，有一相电流检测放大电路的集成放大电路损坏，放大电路输出一个不变的高电平，保护电路接收到这个错误信号后，向有关电路发出过电流故障信号，使变频器接通电源就出现过电流显示。

【例 6-21】　台达 VFD-A　1.5kW

[故障现象] 显示 OC-A（过电流）。

[故障分析与判断] 该变频器通电后，显示过电流故障 OC-A，开始认为是电流检测保护电路的问题，对电流检测保护电路进行全面检查测量，并没有查出任何不正常的现象。再次接通电源后，仍然出现过电流故障显示，但可以复位。复位后少许时间，又出现过电流故障显示。这种时有时无的故障现象一般较难找到故障原因，因此对变频器的印制电路板作进一步的清洁处理，也没有消除故障现象。又作常规处理，即更换驱动电路内的滤波电容器。修理任何一台变频器都必须将其小容量的滤波电容器更换掉，因为这些电容器容易老化或干涸，造成容量严重减少，或出现漏电现象。全部更换上新电容器后，再接通电源，变频器不再出现过电流故障显示了。

[故障处理] 更换驱动电路的滤波电容器，变频器不再出现过电流故障显示，变频器恢复正常工作。

[故障原因] 从修理过程可见，并非是电流检测保护电路的问题，而是由于驱动电路的滤波电容器老化。从表面上看，驱动电路似乎与电流检测保护电路无直接关系。实际上在变频器中各电路之间都有一定的影响。例如有些变频器的驱动电路中采用的光耦隔离器是 PC929，这种光耦隔离器除隔离放大驱动信号外，同时具有过电流检测保护的功能。尽管光耦隔离器 PC929 正常，相关的保护电路也正常，但由于驱动电路中的滤波电容器老化干涸后，影响驱动电路质量的同时，也影响到电流检测保护电路中的相关参数，导致过电流现象的出现。

【例 6-22】　三肯-V　M05　7.5kW

[故障现象] 显示 OCA（过电流）。

[故障分析与判断] 静态检测整流模块和逆变模块都正常。接通电源后，变频器显示过电流故障。检查电流检测保护电路未发现问题，又经清洗、更换开关电源电路滤波电容器和驱动电路滤波电容器，仍然显示过电流故障。考虑到逆变电路对电流的检测有影响，首先把逆变模块的三相输出端 U、V、W 断开，然后再给变频器接通电源，结果操作盘显示正常，过电流故障显示消失。进一步检测逆变模块，发现模块由于老化穿透而电流过大，这就是出现过电流显示的原因。

[故障处理] 更换逆变模块，变频器恢复正常。

[故障原因] 变频器在静态下用万用表检测逆变模块仅能测得其每个开关元器件的每极之间正反向电阻值，开关元件各极之间的正反向电阻可以反映开关元器件部分情况的正常与否，而不是全部。也就是说某开关元器件测出的正反向电阻值在正常范围之内，未必该开关元器件就是好的。例如，开关元器件开路，控制极击穿开路，以及开关元器件老化漏电流增大等情况，测量出来的电阻值很难发现有较严重的异常。静态检测时，逆变模块是正常的，实际上它的漏电流已较大，以致使变频器接通电源后显示出过电流故障。

（2）欠压故障

变频器接入正常范围内的电源电压后，操作盘上显示欠压故障。变频器的这种故障由两方面的原因造成，一是被检测的直流电压值确实低于规定值；二是变频器的直流电压正常，而电压检测保护电路有元件损坏或参数值发生了变化。若正常电源电压接入变频器后显示欠压故障，则首先测量电压是否正常。若 P、N 间电压低于正常值的幅度较大，使变频器出现欠压现象，则这种现象的出现通常是由于电源接线端到整流模块输入端有断线现象，或整流模块损坏缺相及主回路滤波大电容器老化，其容量大幅度减小。还有一些变频器的电压取样来自低压直流电压，其电压值过低的原因绝大部分是整流二极管损坏或者滤波电容老化，应从这两个方面着手检查。

被检测的电压值正常，变频器显示欠电压故障，原因就出在电压检测保护电路。首先应该检查串联取样电路中的电阻是否变值，稳压二极管是否正常，然后再检测放大电路和耦合电路。

【例 6-23】　三菱　R-A500-30K　30kW

[故障现象] 显示 E-UVT（低电压保护）。

[故障分析与判断] 变频器接入电源，操作盘显示低电压保护（有些变频器称作欠压保护）。测量电源电压三相电压值正常且平衡，测高压直流供电 P、N 之间电压严重偏低。变频器显示低电压保护确实是由于变频器的高压直流供电低于规定低压限值。检查整流模块正常，变频器使用时间不长，主回路滤波电容器无明显异常，又未到老化时间。检查发现变频器电源输入接线端 T 与整流模块 T 端之间，由于接触不良引起跳火而使连线烧断。相当于两相 380V 电源输入，致使 P、N 之间的直流电压偏低。

[故障处理] 重新连接电源输入端 T 与整流模块输入端 T 之间的连线，变频器恢复正常。

[故障原因] 由于电源电缆与变频器电源输入端松动，导致发热、跳火、烧断连线。有一相电源未进入整流模块的输入端，相当于两相电源被整流，高压直流供电电压偏低，显示低压故障。有些品牌的变频器具有输入缺相故障显示功能，则显示输入缺相故障。

【例 6-24】　富士 FVR150G7S　2. 2kW

[故障现象] 显示 LU（欠压故障）。

[故障分析与判断] 检查高压直流电压正常，显示欠压报警，可能是电压检测保护电路存在故障。首先检查电压取样电路，如图 6-113 所示，电压的取样信号是经二极管 D_{14} 整流输出电压，经 R_{17} 和 R_{20} 分压后从 V-M 之间取得的。经检测 R_{20} 电阻值正常，电阻 R_{17} 老化阻值增大，致使电压取样信号低于欠压报警值。更换电阻 R_{17}，欠压报警消失。

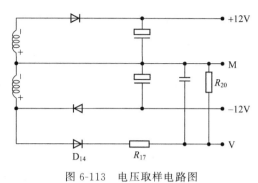

图 6-113　电压取样电路图

[故障处理] 更换电阻，故障消除。

[故障原因] 由于电压取样电路中一个分压电阻老化阻值变大，电压取样信号电压变小，使正常的电压值发出了欠压的信号，造成电压正常而显示欠压故障报警。

【例 6-25】　西门子 MM420　7. 5kW

[故障现象] 显示 F0003（欠电压）。

[故障分析与判断] 变频器接入电源，操作盘显示欠压故障。测量三相电源电压正常，测量 P、N 之间的高压直流供电也正常。这属于假欠电压故障，问题出在电压检测保护电路。首先检查电压取样电路，图 6-114 为电阻分压式电压取样部分电路。测量三个电阻，阻值基本上未变化，检查电容器 C_{31} 干涸并有较严重的漏电现象。将电容器 C_{31} 焊下，重新通电，欠压故障显示消失，确定问题就是出在 C_{31} 电容器上。

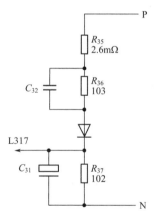

图 6-114　西门子 MM420 电压
取样电路图

[故障处理] 更换电容器，欠压故障不再出现。

[故障原因] 这台变频器电压取样采用了典型的电阻分压式，取样电压取自电阻 R_{37} 上的电压降，即 $U = \dfrac{R_{37}U_{\mathrm{PN}}}{R_{35}+R_{36}+R_{37}}$ 与 U_{PN} 成正比，与 R_{37} 近似成正比关系。电容 C_{31} 在这里主要是对取样电压起缓变化作用。但由于电容 C_{31} 老化干涸，特别是有漏电现象，这就相当于在 R_{37} 上并联了一个电阻，使取样电压 U 减小，出现了显示欠压故障的现象。更换容 C_{37} 后，取样电压恢复了正常值，也就不再显示欠压故障。

【例 6-26】　西门子 MM440　22kW

[故障现象] 显示 F000（欠压）。

[故障分析与判断] 变频器接通电源，操作盘显示欠压故障，检测三相输入电压正常，高压直流供电电压正常，应该是电压检测保护电路有问题。首先检查电压取样电路，电阻阻值正常，电容正常，电压取样值也正常（可以根据电阻串联分压公式计算）。取样电压送入 HCPL788 集成块正常，测 HCPL788 输出为低电平，改变其输入电压，输出电压无反应，仍然为低电平，说明 HCPL788 集成块已损坏，更换 HCPL788 集成块，欠电压显示消失。

[故障处理] 更换集成块 HCPL788，变频器恢复正常。

[故障原因] 这台变频器通电后出现欠压故障，是由于电压检测保护电路中的 HCPL788

集成块损坏，其输出电压始终为低电平，相当于变频器欠压后，取样电压下降至规定值以下，HCPL788 集成块相应输出较低电压值。CPU 接收到欠压报警信号后，便在操作盘上显示出欠电压故障代码。

【例 6-27】 日立 SJ300 5.5kW

［故障现象］显示 03（欠电压）。

［故障分析与判断］变频器接通电源后，显示欠压故障。检测三相电源电压及高压直流供电电压均正常。问题锁定在电压检测保护电路上。图 6-115 为电压取样和光用隔离电路。检查电阻 R_{11}、R_{12}、R_{13}、R_{14} 阻值正常。检测光耦隔离器输入端，发现发光二极管开路。

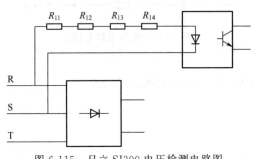

图 6-115 日立 SJ300 电压检测电路图

［故障处理］更换光耦隔离器，欠电压显示消失。

［故障原因］从电压检测保护电路可见，实际上是从电源的线电压上获取电压取样信号的。当电源电压正常时，线电压经过 4 个限流电阻使光耦隔离器的发光二极管导通发光。在光耦隔离器输出端获得一定信号电压，其电压值正反映电源的线电压值，随电源的线电压变化而变化。当光耦隔离器输入端发光二极管开路后，尽管光耦隔离器输入正常的电压值，但发光二极管不能发光，相当于无输入电压。其输出信号反映出无输入电压，CPU 接收到这个信号后，显示欠电压故障。

（3）过电压故障

过电压故障和欠电压故障情况很相似。因为它们的电压检测保护电路除参数不同外，基本电路是相同的。甚至有些变频器的欠压和过压是同一个电压检测保护电路，仅仅是设置的参数不同而已。只要变频器的输入电源电压正常，通常是不可能出现真正的过压现象。这是与欠电压故障有所不同的地方。当然，是指变频器接入电源后，尚未运行时而言。因此当变频器接入电源后，操作盘显示过电压故障，就可以肯定问题出在电压检测保护电路上。分析和判断的方法、过程与欠压故障情况相同。

【例 6-28】 西门子 MM440 11kW

［故障现象］显示 F000（过电压）。

［故障分析与判断］变频器接入电源，操作盘显示过电压故障。问题通常是在电压检测保护电路。检查电压取样电路中的电阻和电容均正常，再检查放大电路中的运放集成电路 TL082 损坏，输出端始终输出高电平。

［故障处理］更换集成电路 TL082，故障消除。

［故障原因］电压检测保护电路中的放大电路是将电压取样信号按一定比例进行放大的。放大电路中的核心器件是运放集成电路。这台变频器采用的运放集成电路为 TL082，TL082 损坏且输出高电平，这个高电平就是出现过电压的信号，因此，CPU 接收到反映过电压的信号后，在操作盘上显示过电压故障。

【例 6-29】 安川 616PC5 3.7kW

［故障现象］显示 0V（过电压）。

[故障分析与判断] 变频器接入电源，操作盘显示过电压故障。检查电压检测保护电路。首先检查电压取样电路，发现有个分压电阻颜色发黄，这是电阻发热温度过高所致，焊下测量其阻值明显小于电阻上所标的数值。更换上同数值电阻再通电，过电压故障消失。

[故障处理] 更换电阻，变频器恢复正常。

[故障原因] 这台变频器的电压取样电路中的一个降压电阻损坏，阻值减小。降压电阻阻值减小势必使降压电阻的总电阻值与取样电阻阻值的比例减小，取样电阻上的电压降，也就是取样电压升高，超出了规定值。经放大电路放大后，大于过电压故障报警电压，导致 CPU 发出过电压报警信号，在操作盘上显示过电压故障。

（4）过热故障

变频器接入电源后就显示过热故障，肯定是过热检测保护电路的问题。通常是由于热敏器老化损坏和检测保护电路中有元件损坏。热敏传感器采用较多的是热敏电阻和热敏开关两种。在运行过程中出现过热故障，除过热检测保护电路有故障外，多半是变频器散热板过热发出的过热故障报警。也可能是冷却风机不转，冷却风机不转的原因又可能是冷却风机损坏或给冷却风机供电的电源有故障，冷却风机无驱动电源。冷却风机运转正常显示过热故障，可能是变频器周围温度过高或通风不良、变频器内和冷却风机由于积附油腻尘埃过多、风量严重减小、散热板散热效果差等方面的原因。

【例 6-30】　安川 616G5　2.2kW

[故障现象] 显示 OH（散热板过热）。

[故障分析与判断] 变频器接入电源后，操作盘显示过热故障。显然不是由于散热板过热发出的报警信号，而是过热检测保护电路的故障。首先检查热敏传感器，热敏传感器是热敏电阻，查其电阻值只有几百欧姆，常温下正常阻值应该是 5kΩ 左右，说明热敏电阻已损坏，电阻值下降。更换热敏电阻后，再接通电源，过热故障显示消失。

[故障处理] 更换热敏电阻，过热故障报警消除，变频器恢复正常。

[故障原因] 造成过热故障报警是由热敏电阻损坏引起的。这是一种负温度系数的热敏电阻，常温下测其电阻值在 5kΩ 左右，当温度升高时，电阻值减小。这个热敏电阻损坏后电阻值只有几百欧姆，阻值小于变频器规定的高温时热敏电阻的阻值，热敏电阻发出过热故障信号。因此，操作盘上显示过热故障报警。

【例 6-31】　佳灵 JP6C-9　11kW

[故障现象] 显示 OH（过热故障）。

[故障分析与判断] 变频器接入输入电源后，便显示过热故障。检查热敏传感器，此热敏传感器采用的是热敏开关。测得热敏开关是断开状态。常温时这种热敏开关应该处于闭合状态，只有当温度达到或超过设定报警温度时，才由闭合状态转换到断开状态，显然是热敏开关损坏断开，才在常温情况下出现过热报警显示。

[故障处理] 更换热敏传感器，过热故障报警消除，变频器恢复正常。

[故障原因] 开关式热敏传感器利用了热敏材料的热胀冷缩或热缩冷胀的特性。此热敏开关在常温下应该闭合，由于元件老化，常温下未能到位，而使开关处于断开状态。这种断开状态对于保护电路来说，相当于输入了过热故障的信号，所以保护电路也给 CPU 送去了过热故障信号，导致在操作盘上显示过热故障。

（5）通信故障

通用变频器通常内带标准的 RS232/RS485 串行通信接口。采用相应协议，可与外部控制系统通信。通信接口出现故障也是常有的现象。反映在变频器内通信故障主要是电平转移芯片损坏所致，当然也有个别变频器是信外传输电路上一些元件的损坏，中断了信号的传输所致。

【例 6-32】 西门子 MM440 11kW

[故障现象] 显示 F0072（通信故障）。

[故障分析与判断] 变频器采用通信接口控制，显示内部通信故障。首先从 RS485 插座向机内检查，未发现信号传输连线有任何异常。进而检查滤波器也正常，再检查电平转移芯片 A176B，发现其工作不正常，确定故障与该芯片有关，故更换 A176B。

[故障处理] 更换 A176B 电平转移芯片，内部通信故障消除，变频器恢复正常工作。

[故障原因] 当变频器内的电平转移芯片 A176B 老化损坏后，通信信号不能正常传送，出现通信故障信号。图 6-116 为西门子 MM440 通信接口原理图。

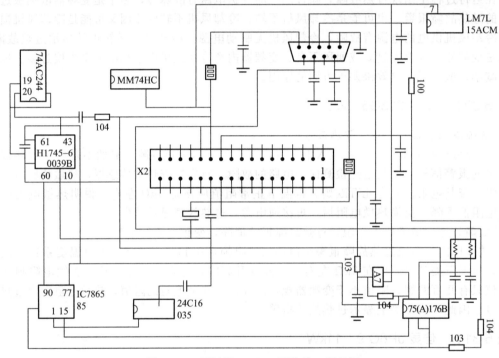

图 6-116 西门子 MM440 通信接口原理图

【例 6-33】 富士 C9S 3.7kW

[故障现象] RS485 的通信异常。

[故障分析与判断] 检查 RS485 接口引进的连线未发现异常，检查滤波器对地漏电现象严重，进一步发现一只电容器老化漏电，致使信号幅值严重衰减。

[故障处理] 更换电容器，RS485 通信故障消除。

[故障原因] 由于滤波器电容老化发生漏电，通信信号幅值过小，低于高电平的最低值，使通信无法正常进行。

（6）其他故障显示

【例 6-34】 西门子 MM420 11kW

[故障现象] 显示 F231（输出电流检测值不平衡）。

[故障分析与判断] 变频器接通电源后，显示输出电流检测值不平衡故障，故障出在变频器输出电流检测保护电路或者驱动电路。西门子变频器 MM420 的输出电流检测保护电路共有三组，电流分别取样于三相输出电流，图 6-117 为一组输出电流检测保护电路的部分电路图。

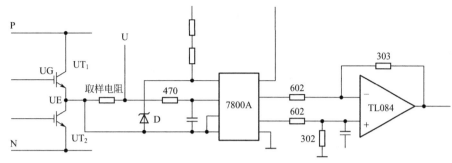

图 6-117　西门子 MM420 部分电流检测保护电路图

从图中可见，取样电阻上的信号经光耦隔离器 7800A 光耦放大后再经放大集成电路 TL084 进行放大，然后送给相关电路处理，作为电流检测信号送到 CPU。首先检查三个 7800A 的工作状态，有两只 7800A 的 $V_{dd1}=10V$，$V_{gnd}=-5V$，$V_{out}=0V$，另一只 7800A 的 $V_{dd1}=20V$，$V_{gnd}=20V$，$V_{out}=0V$。三个电压均不正常，显然是故障状态。

V_{gnd} 即 7800A 的④脚，它与 UT$_1$ 的 e 极相连，又正好是 20V，驱动电路的低压直流供电也是 20V，可能是驱动电路中产生负值电压的稳压二极管 D 短路，导致 UT$_1$ 的 e 极电压 U_e 等于低压直流供电电压 20V。检查稳压二极管 D 果然短路，再查与稳压二极管 D 串联的限流电阻也短路。更换电阻和稳压管后，使 7800A 的电压值恢复正常。

[故障处理] 更换电阻和稳压管，F231 显示消除。

[故障原因] 这台变频器有一路上桥臂驱动电路电源电路中的稳压二极管和限流电阻短路，使驱动电路的输出端 U_C 不是 5V 电压，而是 20V 电压。光耦隔离器 7800A 的④脚与该端相连，所以 7800A④脚上的电压 V_{gnd} 为 20V。7800A 的①脚和④脚串接一个稳压二极管 D，④脚上的电压通过稳压二极管加到①脚，故 7800A 的①脚电压 U_{dd1} 也为 20V（精确值为 19.4V）。这两个不正常的电压使 7800A 的输出电压不是 0V 而是 3V，这样导致三组电流检测保护电路的输出电压不一致，变频器输出电流测量值不平衡。实际上变频器输出电流测量值不平衡故障，不是电流检测保护电路故障产生的，而是驱动电路故障造成的。

【例 6-35】　西门子 MMV　6SE3226　37kW

[故障现象] 显示 F231（输出电流测量值不平衡）。

[故障分析与判断] 变频器接通电源后，操作盘显示输出电流测量值不平衡。首先检测三只 7800A 相关引脚的电压值，未发现有异常，又检测 TL084 三个运算放大器的输入端电压都正常。而测三个运算放大器的输出电压时发现：两个运放输出电压相同，另一个运放输出电压明显偏高。又检查它的输入电阻和反馈电阻，其值未发现变化。说明此运算放大电路已损坏。更换 TL084 后再检测三路运算放大电路的输出电压正常。F231 显示消除。

[故障处理] 更换运算放大集成器 TL084，变频器恢复正常。

[故障原因] 由于电流检测保护电路中的运算放大集成器 TL084 其中有一路运放损坏，出现三个输入信号相同的情况下，三个输出信号不同的现象，故操作盘显示输出电流检测值不平衡故障，更换运算放大集成器后故障消除。

【例6-36】 三菱FR-E500 5.5kW

[故障现象] 显示E6E（制动晶体管异常）。

[故障分析与判断] 变频器接通电源后，显示制动晶体管异常，故障明确指出是制动晶体管。检测制动电阻接线端B与N之间短路，确定是制动晶体管短路。拆开变频器看到功率模块是7MBR35SB120-02，它是集整流电路、逆变电路、制动晶体管和热敏传感器为一体的多功能模块，其模块的引线结构如图6-118所示。

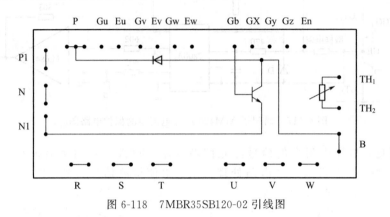

图6-118　7MBR35SB120-02引线图

进一步对模块7MBR35SB120-02进行测量，整流电路正常，逆变电路和热敏电阻都正常。B端和N1端之间短路，实为模块内的制动晶体管损坏，如果把模块的B端与外部接线焊脱，E6E故障消失，进一步证实是模块内的制动晶体管损坏。

[故障处理] 更换功率模块，变频器恢复正常。

[故障原因] 只有在变频器减速过程中，当泵生电压高于设定值时，CPU才发出制动信号，制动电路处于制动工作状态。这台变频器由于功率模块内的制动晶体管短路，因此变频器只要接通电源，就处于非正常的制动状态。相关检测电路便发出制动晶体管异常信号，CPU接到此信号后，操作盘上显示制动晶体管异常故障。

四、运行过程中出现的故障显示实例

上面几种故障显示均是在变频器接通电源，还没有运行时就立即显示故障。下面要介绍的变频器运行过程中出现的故障，是变频器带上负载刚启动运行或者运行中突然出现的，当停止运行后，故障显示消除。

运行过程中出现的故障显示与接通电源就出现的故障显示，它们总的来说都属于相关检测保护电路的问题。它们的区别在于：后者被检测对象的参数绝对不可能出现故障，而显示了故障。例如变频器刚接通电源，并未启动运行，根本就没有输出电流，却显示过流故障；温度正常，却显示过热故障；输入电压正常，却显示过压或欠压等。这是因为检测传感器损坏，或者保护电路损坏。前者是被检测对象的参数没有按设定的关系反映出来。例如，假设变频器的额定电流为10A，设定的过流保护电流值为15A。正常时，当变频器的实际电流大于等于15A时才出现过电流故障。如果这台变频器实际输出电流等于6A时，就出现了过电流故障。这是由于检测传感器、信号放大电路及设定比较电路出现了故障。检测传感器改变了原来的被测量与输出信号的比例关系，放大电路的放大系数改变了，比较电路中的设定值变化了，这些都错误地反映了被测量对象。由上所述，运行中出现的故障显示，应该检查检测保护电路中的器件或电路参数是否发生了变化。

（1）显示过电流故障

变频器在运行过程中显示过流故障。检查变频器所驱动的负载正常，测出变频器的实际输出电流也正常。而变频器显示出来的电流值远比实际电流大，或发生过电流故障信号，问题已很明显，是电流检测保护电路异常。通常首先检查电流取样电路是否正常，然后再检查信号放大电路和比较电路是否正常。

【例 6-37】　富士 FRN5. 5C7S-4C　5. 5kW

［故障现象］使用单位反映这台变频器工作在 40Hz 以下正常，当频率升至 43Hz 就过电流保护，重复多次都是如此。

［故障分析与判断］在修理室进行试运行实验，故障现象与用户反映的情况基本相同。当变频器慢加速上升到 45Hz 便过电流保护停机。而在发生过电流停机时的实际输出电流只有 9A 左右，自然没有达到过电流的电流值。初步可以断定为电流检测保护电路的问题。查三组电流互感器的输出信号，有一组输出信号的电压远比其他两组大，更换电流互感器后，三组输出信号电压相同。再带负载运行，上述现象不再出现。

［故障处理］更换电流互感器，变频器运行正常。

［故障原因］这种过流故障实际上也是一种假过流故障。从修理过程中可见，电流取样电路取出的信号不能真实地反映被测的电流值。在本例中一组电流传感器送出的信号电压已不是原来的电压/电流比值所产生的电压值，输出了比正常值大得多的电压值。所以实际电流虽正常，但电流检测保护电路输出的信号已是过流的信号，变频器错误发出过电流故障信息。

（2）显示输出缺相故障

变频器在运行过程中，出现输出缺相故障显示，通常是由于逆变模块损坏、驱动电路有故障、输出端脱落或接触不良等，所以可以从这几个方面去查找问题。

【例 6-38】　安川 616PC5　5. 5kW

［故障现象］显示 LF（缺相故障）。

［故障分析与判断］变频器接通电源后显示正常，启动运行显示缺相故障，检测输出电压时，发现 W 相无输出。拆机检查 W 相上下桥臂无驱动输出，光耦隔离器 PC929 无输出，PC929 输入端输入的 PWM 信号正常。这说明 PC929 光耦隔离器损坏。光耦隔离器 PC923 也出现同样的现象。更换 PC929、PC923 后，缺相现象消除。

［故障处理］更换 PC929、PC923 光耦隔离器，变频器恢复正常。

［故障原因］由于光耦隔离器 PC929、PC923 老化损坏，无输出信号，导致这两路驱动电路无驱动输出，被驱动的逆变开关不工作，造成缺相故障。

【例 6-39】　三肯-i　15kW

［故障现象］缺相。

［故障分析与判断］变频器运行时，测量三相输出电压发现缺相。拆机检查六路驱动电路工作正常，输出端也未发现有接触不良或断线现象。问题可能出在逆变模块上，用万用表测量 IGBT 逆变模块静态阻值，也未发现异常。进一步对 IGBT 模块的六个 IGBT 管进行开关性能测试，结果测出其中有一个桥臂上的两只 IGBT 管开路。更换 IGBT 模块后，缺相问题解决。

［故障处理］更换 IGBT 模块，变频器运行正常。

［故障原因］由于 IGBT 模块中有一个桥臂上的两只 IGBT 管开路，造成变频器出现缺相故障。IGBT 逆变模块的每个 IGBT 管上都并接有一个缓冲保护二极管，如果 IGBT 管开路，用万用表测量其静态阻值是发现不了的，只有通过开关性能测试才能测出来。

【例 6-40】 丹佛斯 VLT2800 22kW

［故障现象］缺相。

［故障分析与判断］变频器启动运行，测量输出电压时发现 V 相无电压。拆机检查发现 V 相接线端处有明显的烧焦现象。经查由于接线端松动，出现跳火现象，进而把 V 相输出引线烧断。清洗后将 V 相输出引线重新焊接到接线端，三相输出平衡了。

［故障处理］重新焊接输出引线，缺相故障消除。

［故障原因］用户连接电动机电源线时，螺钉未拧紧，或运行过程中由于震动造成松动接触不良。发热、跳火烧断输出引线，输出信号不能送到接线端，从而出现缺相故障。

（3）运行时显示过热故障

变频器在运行过程中，出现过热故障的主要原因是冷却风机运行不正常。当然也有少数情况是测温保护电路的问题。处理这种故障首先检查冷却风机的运行状况。

【例 6-41】 台达 VFP-F 30kW

［故障现象］运行过程中显示 OH（过热故障）。

［故障分析与判断］变频器带负载运行一段时间出现过热故障停机。检查发现冷却风机未工作（不转），拆机检测冷却风机电源 12V，电压正常。说明是风机损坏，更换冷却风机，冷却风机运行正常，变频器运行不再出现过热停机现象。

［故障处理］更换冷却风机，变频器运行正常。

［故障原因］因冷却风机老化损坏不转，散热板散热效果差，温度升高，直至高出极限值，变频器出现过热故障。

【例 6-42】 伦茨 8212E. 1X. 2X 7.5kW

［故障现象］运行中显示 OH（过热故障）。

［故障分析与判断］变频器运行时出现过热故障，引起停机。首先检查冷却风机，发现冷却风机不转。检测冷却风机电源无电压，进一步检测冷却风机供电电源，查出整流二极管开路，更换整流二极管后，冷却电源电压正常，冷却风机仍然不转，更换冷却风机，冷却风机正常运转。

［故障处理］更换二极管、冷却风机，变频器运行不再出现过热报警现象。

［故障原因］变频器的冷却风机老化损坏，引起漏电或短路现象，冷却风机供电电源因电流过大又损坏整流二极管。

【例 6-43】 三星 E5 3.7kW

［故障现象］运行时显示 OH（过热故障）停机。

［故障分析与判断］变频器运行一段时间后，出现过热故障。首先检查冷却风机的运行状况，该变频器的冷却风机在运转，但发现其运转速度明显较慢。拆机检查冷却风机供电电压正常，查看冷却风机表面的油渍、尘埃积聚严重。清洗冷却风机后，转速恢复正常。

［故障处理］清洗冷却风机，变频器运行正常。

［故障原因］变频器的冷却风机太脏，会影响到冷却风机的转速，从而影响进风量。由于进风量不够，散热板易升温，导致过热故障的发生。

五、运行时出现的故障实例

（1）输出电压不平衡

【例 6-44】 三肯-V 37kW

［故障现象］运行时三相输出电压不平衡。

［故障分析与判断］这台变频器运行时，U、V、W 三相都有输出电压。但输出电压在 50Hz 时分别为 380V、340V、380V。这种现象通常是驱动信号幅值偏低或逆变模块老化，导通时管压降增大所致。首先检查六路驱动电路的输出电压值，果然测出 V 相逆变桥臂的上桥臂驱动输出电压低于其他两个桥臂驱动输出电压。再查驱动电路的电源电压和负电压。电源电压正常，负电压偏高。查产生负电压电路中的稳压二极管，发现稳压二极管老化，稳压电压漂移增大。更换稳压二极管，负电压正常，驱动输出电压也正常。变频器重新通电运行，输出电压平衡。

［故障处理］更换稳压二极管，变频器输出电压不平衡的现象消除。

［故障原因］变频器 V 相上桥臂驱动电路中，稳压管稳压电压值漂移增大，使这路驱动的负电压增大，驱动输出电压降低，使 IGBT 管未能深饱和导通。IGBT 管的内压降增大，输出电压下降，产生了上述三相输出电压不平衡现象。

【例 6-45】 富士 G9S 5.5kW

［故障现象］输出电压不平衡。

［故障分析与判断］变频器运行时，三相输出电压不平衡。检查六路驱动电路都没有发现异常，怀疑逆变模块有问题。更换逆变模块后，变频器通电运行，三相输出电压平衡。

［故障处理］更换逆变模块，变频器运行恢复正常。

［故障原因］这台变频器运行时出现三相输出电压不平衡，是由逆变模块老化引起的。一些逆变模块老化后，使其中的 IGBT 管导通时内压降增大，输出电压下降，导致变频器出现三相输出电压不平衡的现象。

【例 6-46】 丹佛斯 VLT2800 7.5kW

［故障现象］输出电压不平衡。

［故障分析与判断］变频器运行时，出现三相输出电压不平衡现象，首先检查驱动电路的输出电压是否正常，结果查出下桥臂有一路驱动输出电压偏低，继而又查出其电源电压偏低。下桥臂三路的驱动电路的电源是脉冲变压器的同一组绕组提供的。其他组电源电压正常。这一组电源电压偏低，估计是电源滤波电容器老化，电容量下降所致。更换滤波器后这一路的电源电压正常。

［故障处理］更换驱动电路的滤波电容器，变频器三相输出平衡。

［故障原因］变频器驱动电路电源的滤波电容器老化、电容量下降是变频器输出电压不平衡的根源。驱动电路电源的滤波电容器老化，电容量下降后，电源电压就会下降，驱动电路的输出电压随之减小，IGBT 管导通时出现欠饱和甚至处于放大工作状态，管内压降增大，输出电压下降，造成三相输出电压不平衡。

（2）输出电压不稳定，出现抖动现象

【例 6-47】　松下 VF-7　3.7kW

［故障现象］变频器运行时，三相输出电压不稳定，且输出电压有抖动现象。

［故障分析与判断］变频器在刚开始启动频率上升的过程中，它的输出电压是由较低电压逐渐升高的，升高过程中输出电压有摆动现象，摆动的幅度随电压的升高而减小。当电压升到一定值时，输出电压就稳定了。如果输出电压升高到额定电压的一半以后仍然摆动，那么变频器就不正常了，称为输出电压有抖动现象。这种现象与输出电压不平衡产生的原因相同，都是逆变电路开关元件在导通时，管压降增大所致。所不同的是输出不平衡是某一桥臂上某开关元件导通时使管压降增大。而三相输出电压抖动则是三个桥臂中都有一个开关元件导通时使管压降增大。较多的情况是三个下桥臂的开关元件导通时使管压降增大。三个下桥臂开关元件同时老化，老化程度又相当，这种可能性很小。通常是下桥臂的三组驱动电路的公共电源出了故障。电源电压偏低或负电压偏高，都会造成三组驱动输出电压偏低，三个下桥臂开关元件未达到深饱和导通，导通时管压增大，所以，变频器出现了输出电压抖动的现象。检查下桥臂驱动电路的电源，果然发现负电压偏高，这是稳压二极管稳压电压上升所致。

［故障处理］更换稳压二极管，变频器恢复正常。

［故障原因］变频器三个下桥臂公共负电压升高，使三个下桥臂开关元件获得的驱动信号低于正常值。导通时处于欠饱和或放大状态，管压降增大，致使输出电压抖动。

（3）变频器运行中突然停机无故障显示，可以再次启动运行

【例 6-48】　富士 G9S　7.5kW

［故障现象］变频器运行时突然停机，无故障显示，可以再次启动运行。运行一段时间，又出现同样的故障。

［故障分析与判断］变频器运行过程中，在无任何故障显示的情况下，突然停机，再启动又能运行，但停机现象仍会发生。变频器故障产生的原因不很明确，产生这种故障的因素很多，检查时又无法发现异常，常称它为"软故障"。可以认为是电路中的器件，特别是易老化的小容量电解电容器不稳定或信号的干扰造成的。因此，把全机的小电解电容器，不管是驱动电路电源上的，还是保护电路、控制电路上的全部更换。之后，这台变频器再也没有出现类似的故障现象了。

［故障处理］更换全机所有小电解电容器，变频器运行不再出现突然停机，又无故障显示的现象了。

［故障原因］变频器内的许多小电解电容器属于比较容易老化的器件，一旦它们进入了老化状态，性能极不稳定。进而导致变频器工作不稳定，产生异常。所以这种小电解电容器使用一年左右就要全部更换。

（4）变频器输出频率不稳定

【例 6-49】　西门子 MM420　37kW

［故障现象］变频器运行时，显示的输出频率不稳定。

［故障分析与判断］用户反映这台西门子 MM420　37kW 的变频器在运行过程中，显示的输出频率不稳定。到现场发现这台变频器设定的工作频率为 37.5Hz。一会儿 37.5Hz 消失，2~3s 后出现 34Hz，继而又慢慢升到 37.5Hz。稳定一段时间，再重复上述现象。当时怀疑主回路中的大滤波电容器老化容量减小，在带负载时，P、N 间高压直流不稳。逐渐

减轻负载，减小输出电流，当输出电流减小到 34A 以下，频率显示稳定，不再出现消失下降又上升的现象。得出结论是输出电流小时，P、N 间的直流高压较稳定，故障消失。当更换一块新滤波电容组成的电路板，故障未能消除，说明问题不在这里。又换上正常变频器上的控制板，上述现象不再出现，当然问题就锁在控制板上了。检查原来的控制板发现小电解电容器外表异常，把控制板上的小电容器全部更换，仍装到出现故障的变频器上，结果变频器的故障消失。

〔故障处理〕更换控制板上的小电解电容器。

〔故障原因〕变频器这种类似故障原因不很明了，可能由多种因素所致。又不易检测出来，常习惯称之为"软故障"。遇到"软故障"，只能根据故障现象，结合变频器相关知识和具体情况进行综合分析，找出产生故障的可能原因。然后按照可能性最大、比较容易处理的优先顺序逐一排除，寻找处理方案。这台变频器的故障现象是输出频率较高、输出电流较大时，输出频率不稳定；当减小负载，输出电流减小时，输出频率是稳定的。说明与负载有关，似乎是主回路滤波电容容量下降严重引起的，但更换电容器后未消除故障。进而发现主控板上的小滤波电容器老化，当 P、N 间直流高电压稍有下降，小滤波电容器老化出现的副作用明显，CPU 供电不足，引起工作不稳定，出现输出频率显示不稳定的故障。

（5）操作面板控制运行正常，外部控制运行不正常

【例 6-50】　三菱 A200　5.5kW

〔故障现象〕变频器用操作面板控制运行正常，用外部接线端电压信号控制，出现频率不稳定的现象。

〔故障分析与判断〕问题明显出在外部控制电路上。正、反转运行控制失效、光耦隔离器损坏的情况较多；电流或电压输入控制输出频率的故障，多由放大集成块和模/数转换集成块损坏所致。

这台变频器用电压输入控制输出频率，输出频率不稳定，跟踪检查电压输入信号。输入电压信号数值正常，而且数值是稳定的（调节电位器接触不良，会出现输出电压不稳定现象），测量信号处理集成电路 M62301FP 的输入电压，数值正常且稳定。但输出电压值有波动现象，这个波动就是产生输出频率波动的原因，可以肯定是 M62301FP 集成块老化，性能不稳定造成的。

〔故障处理〕更换 M62301FP 集成块，变频器恢复正常。

〔故障原因〕由于变频器内集成块 M62301FP 老化性能不稳定，致使 M62301FP 的输入、输出信号不稳定，这个不稳定的信号导致了变频器输出频率的不稳定。

【例 6-51】　富士 FRN22G11S-4CX　34kV·A

〔故障现象〕操作面板控制运行正常，FWD 控制正常，REV 控制失效。

〔故障分析与判断〕变频器可以用多种方式来控制运行。这台变频器其他操作运行的方式都正常，唯独 REV 操作不起作用。实际上是 REV 端的操作信号未能有效地送到 CPU 的接收端，通常是光耦隔离器损坏引起的。首先检查光耦隔离器，检查方法可采用对比法，即 REV 未送信号时，测光耦隔离器输出端的电平状态，然后测送信号后输出端的电平状态。正常情况应该是两种电平状态相反。若两种电平状态不变，就说明光耦隔离器损坏。此次测得的结果是无论 REV 送信号或不送信号，光耦隔离器输出电平是相同的。更换光耦隔离器后，REV 端的控制功能正常。

〔故障处理〕更换光耦隔离器，变频器恢复正常工作。

〔故障原因〕这台变频器由于 REV 端控制电路中的光耦隔离器老化损坏，REV 端的控

制信号被阻断，造成 REV 失去控制功能。

六、变频器的其他故障实例

上面介绍的这些变频器故障是典型单一的故障，实际上有许多变频器的故障是几个故障同时存在的，在修理中要一个一个地分析处理解决。

【例 6-52】 松下 VF-AX 7.5kW

［故障现象］上电显示 00.0Hz，输出频率可设定，按 RUN 键（运行键）无反应。

［故障分析与判断］变频器上电后显示 00.0Hz。按运行键 RUN 无反应，即无法启动运行，同时又没有故障显示。可能是操作键盘失灵，改成外部接线端子控制，空载运行正常。接上电动机（不带负载），无法启动运行，显示 OC（过电流故障报警），空载电动机的电流较小，不可能过电流，说明电流检测保护电路不正常。检查电流检测保护电路时，发现电流取样电阻颜色异常，测量其阻值大于标准值，更换电阻，外部控制变频器恢复正常。操作盘控制仍然失灵，检查发现操作盘与主控板之间的连接插件接触不良，清洗处理后，故障消除。

［故障处理］更换电流取样电阻；清洗操作盘与主控板之间的连接插件。

［故障原因］电流检测保护电路中的电流取样电阻老化，阻值增大。由于取样电阻值比正常值大，所以，检测反映出来的电流值也比实际的电流值大，造成实际未过流而显示过流故障。空载运行正常是由于空载运行时，没有电流流过电流取样电阻，所以，取样信号为零。操作盘控制失灵是由接触不良引起的。

【例 6-53】 三肯-IHF 3.7kW

［故障现象］静态测量模块无异常，接通电源显示正常，按 RUN 键频率升到 50Hz，测输出电压三相不平衡，继而模块冒烟，迅速关机断开电源。

［故障分析与判断］变频器三相输出电压不平衡，有两种可能：逆变模块损坏或者驱动电路无输出驱动信号。又发现模块冒烟，可以肯定模块已损坏。拆下模块，果然如此。这是块智能模块，其驱动电路也在模块之中。更换模块，变频器运行正常，且三相输出电压平衡。运行时发现冷却风机不转，检测冷却风机的供电电源无电压。冷却风机供电电路如图 6-119 所示。

测 CPU 送来了正常的低电平信号，P521④端电压 24V，短接 P521 输出端③④，冷却风机运转。说明光耦隔离器 P521 损坏。更换光耦隔离器 P521，冷却风机运转正常。

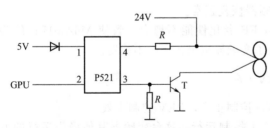

图 6-119 三肯-IHF 冷却风机供电电路图

［故障处理］更换模块及光耦隔离器，变频器三相输出平衡，冷却风机运转正常。

［故障原因］此变频器模块损坏，引起三相输出不平衡。光耦隔离器 P521 损坏，冷却风机供电电路没有给风机供电。

【例 6-54】 西门子 MM420 7.5kW

［故障现象］据用户反映：运行时出现 F002 报警停机。

［故障分析与判断］静态检测模块未发现异常，接通电源也显示正常，有多次 F002（过

流）和 F009（欠压）故障记录。发现机内油腻尘埃较多，按照修理常规先做清洗工作，然后更换所有的小容量电解电容器。之后再安装，变频器运行正常。

[故障处理] 清洗和更换小容量电解电容器，变频器的故障现象消除。

[故障原因] 按照常规出现过电流和欠电压故障，问题都应发生在电流检测保护电路和电压检测保护电路。然而这台变频器仅经过清洗和更换小容量电解电容器，两种故障现象就消除了。这是由于机内的油渍尘埃能破坏一些电路的正常运行。另外，小容量电解电容器也特别容易老化，能使电路的一些参数发生变化，进而引起故障的发生。

【例 6-55】　安川 616PC5　3.7kW

[故障现象] 用户反映输出不平衡。静态检测未发现异常，接通电源启动运行，频率上升到 60Hz。测量三相输出电压，机内突然发出炸声。

[故障分析与判断] 拆开变频器，看到主回路上的限流电阻与滤波大电容被炸。运行过程中炸限流电阻，通常是短接限流电阻的继电器，检查继电器，果然是继电器损坏。更换限流电阻、滤波大电容器和继电器，再次通电运行，测量三相输出电压，三相电压不平衡。检查六路驱动电路，未发现异常，同时更换驱动电路电源电路上的滤波电容器。进一步检查逆变模块，静态检测相关数据正常，进行开关器件开关性能测试时，有一个开关器件不能导通。更换逆变模块，变频器运行正常。

[故障处理] 更换逆变模块、限流电阻、滤波大电容器、继电器和驱动电路供电电路上的小滤波电容器，变频器恢复正常。

[故障原因] 最初变频器输出电压不平衡是由于逆变模块中有一个开关器件断路。在试机过程中，炸限流电阻和滤波大电容器的一个原因是限流电阻上并联的继电器损坏，不能正常工作，触点处于断开状态，主回路的电流通过限流电阻。另一个原因是滤波大电容爆炸损坏严重漏电，漏电大电流流经限流电阻，使限流电阻消耗功率过大而损坏。

【例 6-56】　西门子 MM420　7.5kW

[故障现象] 变频器接通电源显示"——————"且不稳定闪烁，有时只出现"——"。

[故障分析与判断] 变频器显示"——————"是欠电压的一种表现形式，它与显示"003"欠压故障报警的区别在于：前者是因为主控板上 CPU 等芯片上的电源电压不足，但控制电路仍能正常工作，变频器停止输出显示待机；而后者是因为电压低至控制电路已不能正常工作，低电压电路工作，变频器停止输出。手头正好有一块同型号、同功率的变频器的主控板，换上后变频器显示正常，说明变频器的主体无故障，而是主控板上的直流供电电压偏低。进一步检查发现主控板上有一只小滤波电容器（10μF/50V）有老化损坏的痕迹。更换主控板和其他电路上所有的小滤波电容器。显示正常，变频器恢复正常运行。

[故障处理] 更换主控板和其他电路上全部的小滤波电容器。

[故障原因] 变频器主控板上的小电解电容器老化损坏，使主控板的直流供电电压偏低，出现了"——————"故障现象。

【例 6-57】　丹佛斯 3000　2.2kW

[故障现象] 显示屏一闪一闪。

[故障分析与判断] 显示屏一闪一闪的故障现象多半是直流供电电压偏低所致。检查开关电源电路发现有一只滤波电容器（220μF/35V）有明显的损坏痕迹，同时电容器"+"端下的印制电路板已烧焦，线路损坏。做完清洗工作后，修复损坏的电路，更换损坏的电容器和全部小滤波电容器，再次接通电源，显示屏闪烁现象消除，变频器恢复正常。

[故障处理] 修复损坏的线路，更换全部滤波电容器。变频器恢复正常。

[故障原因] 变频器内的大、小滤波电解电容器都是易衰老元件，特别是小电解电容器的使用寿命都较短。滤波电解电容器老化后电容量下降严重，同时漏电现象明显，这样就会导致直流供电电压下降。只要更换老化的电解电容器，直流供电电压即可恢复正常，因供电电压偏低而产生的一些相关故障现象也就随之消除。

【例 6-58】 三肯-IHF 7.5kW

[故障现象] 无规律显示 OCA（过流故障）。

[故障分析与判断] 变频器静态检测无异常，接通电源，显示正常，能启动运行。当频率升到 15Hz，停机显示 OCA。去掉电动机让变频器空载运行，频率升到 50Hz，输出电压平衡，过几秒钟又显示 OCA。关机断开电源，重新接通电源启动又正常，带电动机，开始运行正常，一会儿又重复显示 OCA……检查电流互感器、保护电路均未发现异常。再试运行，同样出现时好时停机显示 OCA 的现象。考虑是否是干扰所致。在电流检测保护电路的输出端上加了一个 $0.047\mu F$ 的吸收电容器，以吸收干扰信号。果然有效，无规律出现 OCA 的现象再没有发生。

[故障处理] 在电流检测保护电路输出端加吸收电容器，干扰信号受到抑制，变频器不再出现 OCA 显示。

[故障原因] 在变频器使用过程中，周围环境有干扰信号，变频器自身也发出干扰信号。不管是外界还是自身的干扰信号都将对变频器产生干扰。如果干扰信号较强或者变频器抗干扰能力有限，往往要使变频器受干扰而出现异常。例如本例中，干扰信号使变频器出现过电流故障。遇到这种情况，必须有针对性地采取相应措施，增强变频器的抗干扰能力。

【例 6-59】 丹佛斯 2800 4kW

[故障现象] 变频器接通电源后，显示屏亮几秒钟后熄灭，过几秒钟又亮，反反复复。

[故障分析与判断] 变频器显示屏出现时亮时灭的现象，是因为开关电源电路提供的直流电压不稳定。多半是开关电源电路中的滤波电容器老化后，容量下降严重，漏电现象严重引起的。所以，首先应将开关电源电路中的全部电解电容器更换，更换后显示屏显示正常。

[故障处理] 更换开关电源电路中的所有滤波电解电容器，显示屏时亮时灭的现象消除。

[故障原因] 变频器开关电源电路中的滤波电容器老化后会引起开关电源电路提供的直流电压不稳定。这种直流供电电压不稳定，导致显示屏时亮时灭的故障出现。

【例 6-60】 明电舍 VT210SA 7.5kW

[故障现象] 变频器接通电源无显示；开关电源电路恢复后，显示正常，能运行，但输出电压不平衡；显示 DM3 报警（查为功率模块内部的保护电路动作）。

[故障分析与判断] 变频器静态测量没有发现异常，接通电源后无显示，高压指示灯亮。这是典型的开关电源电路故障。测低压直流供电电压严重偏低，说明开关电源电路在工作。直流供电电压偏低，通常是由滤波电解电容器老化引起的。更换开关电源电路中的全部滤波电容器，接通电源后，显示正常。按 FWD 运行，输出频率上升，测量三相输出电压不平衡。检测逆变模块没有发现异常。一般来说三相输出不平衡，就有一路驱动电路工作不正常。检查的结果确实是有一路驱动电路无输出信号。进一步检查发现驱动电路无异常，并且用驱动电路检测仪检查时，这路驱动电路工作正常，再查这路驱动电路的输入控制信号 PWM 也正常。再接通电源，显示正常，按 FDW 却又显示 DM3（功率模块内部的保护电路

动作）。这种变频器工作状态的不稳定性，通常又是滤波电容器老化造成的。因此，又更换驱动电路中所有的滤波电容器。然后接通电源，显示正常，运行正常，三相输出电压平衡了。

［故障处理］更换开关电源电路和驱动电路中的所有小电解电容器，按常规将控制电路中的小电解电容器也全部更换，变频器恢复正常。

［故障原因］从修理过程中可以看出，这台变频器的故障原因就是小电解电容器老化。这里不妨告诉大家一个变频器修理的小经验：在一台变频器使用时间较长、较脏的情况下，检查完毕着手修理的时候，首先进行清洗工作，然后把全机所有的小电解电容统统更换，也许有不少故障就消失了。

【例 6-61】 西门子 6SE3222 75kW

［故障现象］显示 F003，继而显示 F005。

［故障分析与判断］变频器接通电源后，显示 F003 是欠压故障，检查高压直流电压和低压直流供电电压未发现异常，检查电压取样电路也正常。检查集成放大电路 TL084，电压异常，更换 TL084 后，显示正常。按 RUN 运行正常，三相输出电压平衡。几分钟后显示 F005（过热）停机，且机内发出异味、冒烟，立即断开电源。打开变频器看到限流电阻发热变色，可以肯定是短接限流电阻的继电器未动作。检查继电器正常，而是给继电器供电的电路故障。经检查是供电电路中的一只三极管损坏。更换三极管后，显示正常。

［故障处理］更换 TL084 和三极管，变频器故障消除。

［故障原因］变频器显示 F003 是由于电压检测保护电路中的集成放大器 TL084 损坏，输出的信号不正常。运行过程中出现过热故障，是因为限流电阻发热，限流电阻发热的直接原因是继电器未动作，继电器供电电路故障又是继电器未动作的根源。

【例 6-62】 安川 616G5 1.5kW

［故障现象］三相输出电压不平衡，频率在 131Hz、138Hz 两者之间交替显示。

［故障分析与判断］接通电源显示正常，启动能够运行，但输出电压三相不平衡。同时输出频率在 131Hz、138Hz 两者之间交替显示。输出电压不平衡是逆变电路中有一个开关元件不工作引起的。首先检查驱动电路，发现有一路驱动电路无输出信号，是 PC929 损坏，更换光耦隔离器 PC929。同时，更换六路驱动电路中的小电解电容器。由于出现输出频率不稳定现象，再把开关电路中的电解电容器也全部更换。接通电源运行，三相输出电压平衡，输出频率不稳定的现象消除。

［故障处理］更换光耦隔离器 PC929 及所有小电解电容器，变频器恢复正常。

［故障原因］由于光耦隔离器 PC929 老化损坏，驱动电路无输出，导致三相输出电压不平衡。输出频率不稳定是由直流供电电压不稳定造成的。所以，把开关电源电路中的小电解电容器全部更换后输出频率不稳定的现象也随之消失。

【例 6-63】 佳灵 JP6C-T9 15kW

［故障现象］变频器接通电源，显示 OUD（过压）报警。

［故障分析与判断］变频器通电显示过压报警，通常是电压检测保护电路异常所致。检测电压检测保护电路未发现异常。检测变频器，发现冷却风机不转。拔掉冷却风机的电源插头，检查冷却风机的供电电源、电压正常，这时 OUD 显示消失。再插上冷却风机，又出现 OUD 显示。表明 OUD 显示的出现，是由冷却风机短路过电流造成的。更换冷却风机后，变频器显示正常。启动运行时出现 OUD 显示，说明低压直流供电电流较大时，低压直流供

电电压下降，控制电路工作异常，发出错误报警 OUD。佳灵 JP6C-T9 变频器开关电源电路直流电压的供电方式如图 6-120 所示。它是由三相 380V 通过 C_1、C_2、C_3 三只 $56\mu F/400V$ 电容器得到中线，然后在相线与中线之间获得相电压的，经整流滤波给开关电源电路提供直流电压的。当三只电容器老化，且老化程度不一，使三相负载不平衡时，相电压就异常。同时再加上负载过重，致使相电压下降，导致开关电源电路输出的低压直流电压下降。因此，更换 $56\mu F/400V$ 电容，再通电运行，显示正常。

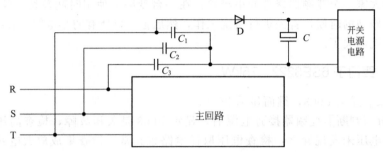

图 6-120 佳灵变频器开关电源电路直流电压图

　　[故障处理] 更换冷却风机，更换三只 $56\mu F/400V$ 电容器，变频器恢复正常。

　　[故障原因] 这台变频器的故障是由于电容式降压器中的三只电容器老化，使相电压不正常。同时，负载电流较大时（包括冷却风机短路），相电压下降严重，低压直流供电电压严重下降，控制电路发出错误的报警信号 OUD。

【例 6-64】　日立 SJ300　5.5kW

　　[故障现象] 开机无显示。

　　[故障分析与判断] 变频器接通电源后无显示，而高压指示灯亮，通常是开关电源电路的故障。日立 SJ300 的开关电源电路的直流供电形式有别于一般变频器，如图 6-121 所示。

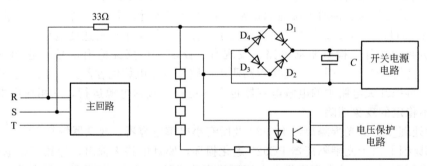

图 6-121 开关电源直流供电电路和电压取样电路图

　　由 R、S 上取得线电压经整流滤波后，提供给开关电源电路。经检查是桥式整流二极管 D_1、D_4 损坏，滤波电容器 C 老化漏电情况严重所致。更换二极管和滤波电容器后，变频器有显示，但显示"— —"。检查开关电源电路输出的低压直流供电电压都正常。又检查电压检测保护电路的部分电路，发现 S 端到光耦隔离器输入端之间的连线开路。将其连线修复后，"— —"显示消失，变频器恢复正常。

　　[故障处理] 更换二极管和滤波电容器，修复 S 端与光耦隔离器输入端之间的连线。

　　[故障原因] 该变频器是由于电容器 C 老化漏电现象严重，致使整流二极管过电流损坏，从而又使开关电源电路得不到直流供电而不能工作，变频器无显示。S 端与光耦隔离器

输入端连线开路，光耦隔离器无输出信号，电压检测保护电路以低电压故障发出报警信号"— —"。

【例 6-65】　三肯-Ⅰ　15kW

[故障现象] 显示 AL4（系统异常）故障。

[故障分析与判断] 变频器接通电源后，显示 AL4（系统异常）故障。系统异常故障这个内容非常丰富，有点无从着手的感觉。变频器运行一段时间后，小电解电容器的老化会导致变频器产生一系列异常，不妨先更换全机所有的小电解电容器，果然见效。变频器再通电源，AL4 显示消失。运行后，输出电压三相平衡，但冷却风机不转；经检查，冷却风机无供电电源的光耦隔离器损坏。更换光耦隔离器，冷却风机运转，变频器恢复正常。

[故障处理] 更换全机所有小电解电容器，更换冷却风机供电电路中的光耦隔离器。

[故障原因] 变频器内小电解电容器老化，引发变频器出现异常，冷却风机不运转是由于光耦隔离器损坏，冷却风机无供电电压。

【例 6-66】　康沃 CONV0　CVF-P1　11kW

[故障现象] 静态检测整流模块、逆变模块都损坏。

[故障分析与判断] 变频器静态检测两块功率模块都损坏。按常规首先检查驱动电路，发现有一组驱动电路没有负电压，是产生负电压的 7.4V 稳压管短路，更换稳压管，更换功率模块，测主电路反向电阻值正常，通电运行正常，三相输出电压平衡。但几分钟后机内冒烟，立即关机断开电源。拆机看到，限流电阻发热变色。检查发现短接限流电阻的继电器动作后，触点未闭合。更换继电器，变频器恢复正常。

[故障处理] 更换功率模块、稳压二极管和继电器。

[故障原因] 变频器驱动电路中产生负电压的稳压管损坏，引起联锁故障。由于驱动输出无负电压，使驱动信号过高，损坏该路驱动的开关元件（短路），使同臂的开关元件也短路。同一桥臂出现短路，短路大电流又将整流模块损坏。限流电阻发热变色，是短接限流电阻的继电器动作后，触点未闭合，主电路工作电流流经限流电阻造成的。

【例 6-67】　LG-Is3　15kW

[故障现象] 根据用户反映，主电路熔断丝损坏。

[故障分析与判断] 变频器打开后，检查主电路熔断丝确实开路，这是主电路电流过大引起的。检查主电路的反向电阻值正常，不存在短路或漏电严重现象。怀疑短接限流电阻的继电器触点有闭合后未断开情况。经检查果然继电器触点烧熔在一起。更换继电器熔断丝，变频器故障消失。

[故障处理] 更换变频器熔断丝，继电器、变频器恢复正常。

【例 6-68】　富士 FRENIC500011S　18.5kW

[故障现象] 静态检测整流模块三个输入端与 N 端的正、反向电阻值正常，与 P 端正、反向电阻值均无穷大。

[故障分析与判断] 变频器整流模块的三个输入端与 P 之间都开路，整流模块中的三个整流二极管全部损坏的可能性极小，通常是整流模块的正极输出端与主回路 P 开路，可能是限流电阻、主回路熔断丝开路所致。检查发现限流电阻开路，短接限流电阻的晶闸管在整流模块中已开路，主回路反向电阻正常。限流电阻是两只 40W 20Ω 的并联电阻，用三只 20W 3Ω 的串联电阻取代，整流模块内的晶闸管由外加继电器取代，如图 6-122 所示。

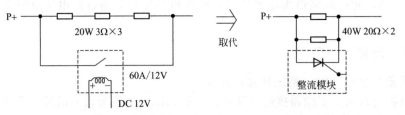

图 6-122 整流模块内的晶闸管由外加继电器取代图

两只 40W 20Ω 电阻并联后的等效电阻为 40W 10Ω，三只 20W 3Ω 电阻串联后的等效电阻为 60W 9Ω。取代的电阻值比被取代的电阻阻值小十分之一，充电电流会有所增加，对整流模块影响不大。而功率由原来的 40W 到现在的 60W，更安全；晶闸管由 60A/12V 的继电器取代，继电器的触点电流值满足额定电流为 37A 的要求。继电器的电源取自冷却风机的供电电路，继电器的工作电流仅占冷却风机电流的 1/5，冷却风机的供电电路增加继电器负载后，仍在它的承受范围内。

[故障处理] 换上取代的组合电阻和继电器，变频器恢复正常。

[故障原因] 这台变频器短接限流电阻的器件是设置在整流模块内的晶闸管。由于晶闸管开路，工作电流通过限流电阻，限流电阻被烧毁；用外装继电器来取代晶闸管。这样少更换一块整流模块，降低了修理成本，同时，又不影响变频器的正常工作。

【例 6-69】 佳灵 JP6C-9 15kW

[故障现象] 这是一台修理过的变频器。上次故障为欠压，其开关电源直流供电通过 380V/220V 电容式电压转换器输出电压只有 150V。当时更换了电容电压转换器（见图 6-123），输出电压达到 220V，运行一段时间后，输出电压又下降到 150V。

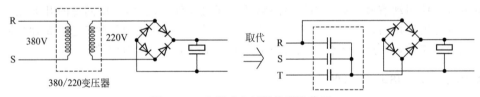

图 6-123 电容式电压转换器取代图

[故障分析与判断] 这种 380V/220V 电容式电压转换器，由于电容器的老化，使转换器输出电压严重下降，而电容器使用寿命有限，经常需要更换电容式电压转换器，所以用 380V/220V 的变压器取代电容式电压转换器是个有效的方法。

[故障处理] 用 380V/220V 变压器取代 380V/220V 电容式电压转换器，变频器恢复正常。这台变频器已运行一年以上，原故障再没有发生。

[故障原因] 由于电容器的老化，使 380V/220V 电容式电压转换器输出电压严重下降，出现欠压故障。变压器输出电压稳定，变压器的使用寿命较长，所以用变压器替换后，可以长期不出现同样的故障。

【例 6-70】 富士 FRENIC5000G9S 7.5kW

[故障现象] 无显示。

[故障分析与判断] 变频器接通电源，主回路高压指示灯亮，操作盘无显示，无低压直流电压。显然是开关电源电路没有工作。检查开关电源电路时发现，开关管设置在整流模块内，经测量整流模块内的开关管 G 极对地短路。按常规就得更换整流模块。检测整流模块

的其他部件都正常，换掉它太可惜，所以采用变通法。外面用一支开关管取代设置在整流模块内的开关管。

由 CVM75CD120 内部结构图（见图 6-124）可知，开关管在复合整流模块中完全是个独立的器件。所以可以在外部用一支开关管取代整流模块内的开关管（见图 6-125），将原接到复合整流模块的 G_8、S_8 和 D_8 断开，接到外部开关管相应的 G、S 和 D 引脚上即可。接通电源，开关电源电路工作正常，变频器运行，效果理想。

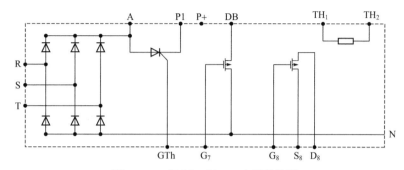

图 6-124　CVM75CD120 内部结构图

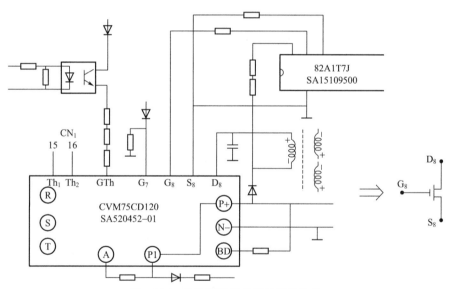

图 6-125　外部接线图及开关管的取代

［故障处理］外部用开关管取代整流模块内的开关管，变频器运行正常。

［故障原因］变频器的复合整流模块内的开关电源电路的开关管损坏，其他器件正常。为减少修理成本，外部用一个开关管取代整流模块内的开关管，开关电源电路工作正常。

【例 6-71】　三菱 FR-E540　5.5kW

［故障现象］显示"C6E"（制动晶体管异常）故障。

［故障分析与判断］变频器接通电源显示"C6E"，查使用手册"C6E"是制动晶体管异常故障。拆开变频器，它使用了 7MBR35RB120 智能模块，制动控制晶体管设置在模块内。静态测其 B 与 N 之间短路，其他部件未见异常。图 6-126 是 7MBR35RB120 的部分内部结构图。

从图 6-126 可见，制动晶体管在智能模块中是个独立的器件。因为用户急需用变频器，手边没有这种模块，便采用变通法。检查其他器件正常，外装一支制动晶体管取代智能模块内的制动晶体管。智能模块上的 Gb、B 断开，接到外部制动晶体管的 G 和 D 端，S 端接 N，同时在 D 与 P 之间，串接一个二极管即可。接通电源"C6E"显示消失，变频器运行正常。

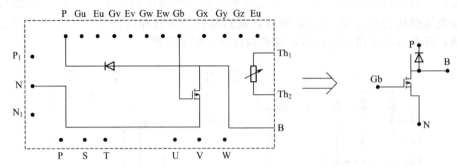

图 6-126　7MBR35RB120-02 部分内部结构图及制动晶体管的取代

［故障处理］外部制动晶体管取代智能模块内的制动晶体管。

［故障原因］智能模块 7MBR35RB120 内设置的制动晶体管损坏。这种智能模块内部集成了多种晶体管和热敏控制元件，外部线路简单明了，但这种模块相对来说故障率也高。集成在内的器件，只要有损坏，整个模块就报废了。所以采用变通法，对修理而言是很有价值的。

【例 6-72】　台达 VFD　300F43A　30kW

［故障现象］静态检测整流模块损坏，逆变模块正常。

［故障分析与判断］静态检测整流模块损坏后，拆机，此台变频器用的整流模块是 SKKH92-16，这种整流模块由二个整流二极管和三个晶闸管组成。手边没有这种模块，也需采用变通法。

由图 6-127 可知，采用 SKKH92-16 模块的变频器接通电源后，首先通过电阻 R 和整流二极管 D 对滤波电容器限流充电，待开关电源电路正常工作后，触发三个晶闸管三相全波整流工作供电。要用 UVO96-12 整流模块取代 SKKH92-16 整流模块，必须将限流电路加到整流模块直流输出后面，见图 6-127。

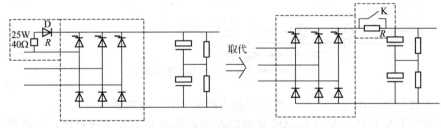

图 6-127　整流模块变通示意图

继电器的工作电源可以借用冷却风机的电源，它的电流仅占冷却风机工作电源的 1/5，是安全的。由于充电电压和充电电流与原来电路相比要高，限流电阻阻值仍用 40Ω，电阻的功率选择 35W，以便保证电阻的安全。

［故障处理］整流模块用 UVO 系列取代 SKKH 系列，将充电限流电路改到整流模块直流输出后面，变频器恢复正常工作。

［故障原因］整流模块的损坏是由直流高压端跳火短路引起的。采用变通法将原来的 SKKH92-16 整流模块由 UVO96-12 整流模块取代，限流电路也做相应的处理。

参考文献

[1]　高安邦，胡乃文.例说 PLC（三菱 FX/A/Q 系列）[M].北京：中国电力出版社，2018.

[2]　高安邦，胡乃文，马欣.通用变频器应用技术完全攻略 [M].北京：化学工业出版社，2017.

[3]　高安邦，高素美.例说 PLC（欧姆龙系列）[M].北京：中国电力出版社，2017.

[4]　高安邦，姜立功，冉旭.三菱 PLC 技术完全攻略 [M].北京：化学工业出版社，2016.

[5]　高安邦，李逸博，马欣.欧姆龙 PLC 技术完全攻略 [M].北京：化学工业出版社，2016.

[6]　高安邦，孙佩芳，黄志欣.机床电气识图技巧与实例 [M].北京：机械工业出版社，2016.

[7]　高安邦，石磊.西门子 S7-200/300/400 系列 PLC 自学手册 [M].第 2 版.北京：中国电力出版社，2015.

[8]　高安邦，冉旭.例说 PLC（西门子 S7-200 系列）[M].北京：中国电力出版社，2015.

[9]　高安邦，石磊，张晓辉.典型工控电气设备应用与维护自学手册 [M].北京：中国电力出版社，2015.

[10]　高安邦，冉旭，高洪升.电气识图一看就会 [M].北京：化学工业出版社，2015.

[11]　高安邦，黄志欣，高洪升.西门子 PLC 完全攻略 [M].北京：化学工业出版社，2015.

[12]　高安邦，陈武，黄宏耀.电力拖动控制线路理实一体化教程 [M].北京：中国电力出版社，2014.

[13]　高安邦，高家宏，孙定霞.机床电气 PLC 编程方法与实例 [M].北京：机械工业出版社，2013.

[14]　高安邦，石磊，胡乃文.日本三菱 FX/A/Q 系列 PLC 自学手册 [M].北京：中国电力出版社，2013.

[15]　高安邦，褚雪莲，韩维民.PLC 技术与应用理实一体化教程 [M].北京：机械工业出版社，2013.

[16]　高安邦，佟星.楼宇自动化技术与应用理实一体化教程 [M].北京：机械工业出版社，2013.

[17]　高安邦，刘曼华，高家宏.德国西门 S7-200 版 PLC 技术与应用理实一体化教程 [M] 北京：机械工业出版社，2013.

[18]　高安邦，智淑亚，董泽斯.新编机床电气控制与 PLC 应用技术 [M].北京：机械工业出版社，2013.

[19]　高安邦，石磊，张晓辉.西门子 S7-200/300/400 系列 PLC 自学手册 [M].北京：中国电力出版社，2013.

[20]　高安邦，董泽斯，吴洪兵.德国西门子 S7-200PLC 版新编机床电气与 PLC 控制技术 [M].北京：机械工业出版社，2012.

[21]　高安邦，石磊，张晓辉.德国西门子 S7-200PLC 版机床电气与 PLC 控制技术理实一体化教程 [M].北京：机械工业出版社，2012.

[22]　高安邦，田敏，俞宁等.德国西门子 S7-200 PLC 工程应用设计 [M].北京：机械工业出版社，2011.

[23]　高安邦，薛岚，刘晓艳等.三菱 PLC 工程应用设计 [M].北京：机械工业出版社，2011.

[24]　高安邦，田敏，成建生等.机电一体化系统设计实用案例精选 [M].北京：中国电力出版社，2010.

[25]　隋秀凛，高安邦.实用机床设计手册 [M].北京：机械工业出版社，2010.

[26]　高安邦，成建生，陈银燕.机床电气与 PLC 控制技术项目教程 [M].北京：机械工业出版社，2010.

[27]　高安邦，杨帅，陈俊生.LonWorks 技术原理与应用 [M].北京：机械工业出版社，2009.

[28]　高安邦，孙社文，单洪等.LonWorks 技术开发和应用 [M].北京：机械工业出版社，2009.

[29]　高安邦等.机电一体化系统设计实例解 [M].北京：机械工业出版社，2008.

[30]　高安邦，智淑亚，徐建俊.新编机床电气与 PLC 控制技术 [M].北京：机械工业出版社，2008.

[31]　高安邦等.机电一体化系统设计禁忌 [M].北京：机械工业出版社，2008.

[32]　高安邦.典型电线电缆设备电气控制 [M].北京：机械工业出版社，1996.

[33]　张海根，高安邦.机电传动控制 [M].北京：高等教育出版社，2001.

[34]　朱伯欣.德国电气技术 [M].上海：上海科学技术文献出版社，1992.

[35]　朱立义.冷冲压工艺与模具设计 [M].重庆：重庆大学出版社，2006.

[36]　张立勋.电气传动与调速系统 [M].北京：中央广播电视大学出版社，2005.

[37]　齐占庆，王振臣.电气控制技术 [M].北京：机械工业出版社，2006.

[38]　唐修波.变频技术及应用 [M].北京：中国劳动社会保障出版社，2006.

[39]　刘建华.直流调速应用 [M].上海：上海科学技术出版社，2007.

[40]　原魁等.变频器基础及应用（第 2 版）[M].北京：冶金工业出版社，2005.

[41]　满永奎等.通用变频器及其应用 [M].北京：机械工业出版社，1995.

[42]　王玉梅.电动机控制与变频调速 [M].北京：中国电力出版社，2011.

[43]　冯垛生，张淼.变频器的应用与维护 [M].广州：华南理工大学出版社，2001.

[44]　李自先.变频器应用维护与修理 [M].北京：人民邮电出版社，2009.

[45]　曾毅等.变频调速控制系统的设计与维护 [M].济南：山东科学技术出版社，2005.

[46]　王仁祥.通用变频器选型与维修技术 [M].北京：中国电力出版社，2004.

[47] 张兴华，崔桂梅.交直流传动技术实训教程［M］.北京：科学技术出版社，2004.

[48] 张少军，杜金城.交流调速原理及应用［M］.北京：中国电力出版社，2003.

[49] 付家才.工业控制工程实践技术［M］.北京：化学工业出版社，2003.

[50] 陈国呈.PWM变频调速及软开关电力换技术［M］.北京：机械工业出版社，2002.

[51] 计春雷.电气应用技术基础实习教程［M］.北京：机械工业出版社，2007.

[52] 刘本锁.数控机床故障分析与维修实训［M］.北京：冶金工业出版社，2008.

[53] 尹昭辉，姜福详，高安邦.数控机床的机电一体化改造设计［J］.电脑学习，2006（4），8.